高等数学错误在哪里？

王得民 著

西安交通大学出版社
XI'AN JIAOTONG UNIVERSITY PRESS

内容简介

本书为作者多年教授高等数学积累所得，将高等数学的知识用反例的形式展现出来，通过十分丰富、有趣的反例，吸引读者的兴趣，帮助读者理解高等数学的基本概念、基本理论，掌握高等数学的基本解题方法和技巧，并有效避免错误。

本书可供教授学习高等数学的师生参考。

图书在版编目(CIP)数据

高等数学错误在哪里/王得民著. —西安：西安交通大学出版社，2016.6
ISBN 978-7-5605-8292-4

Ⅰ.①高… Ⅱ.①王… Ⅲ.①高等数学 Ⅳ.①O13

中国版本图书馆 CIP 数据核字(2016)第 032927 号

书　　名 高等数学错误在哪里
著　　者 王得民
责任编辑 刘雅洁　毛帆

出版发行 西安交通大学出版社
(西安市兴庆南路 10 号　邮政编码 710049)
网　　址 http://www.xjtupress.com
电　　话 (029)82668357　82667874(发行中心)
(029)82668315(总编办)
传　　真 (029)82668280
印　　刷 虎彩印务股份有限公司

开　　本 880mm×1230mm　1/32　**印张** 14　**字数** 398 千字
版次印次 2016 年 6 月第 1 版　2016 年 6 月第 1 次印刷
书　　号 ISBN 978-7-5605-8292-4/O·529
定　　价 29.80 元

读者购书、书店添货、如发现印装质量问题，请与本社发行中心联系、调换。
订购热线：(029)82665248　(029)82665249
投稿热线：(029)82669097　QQ 8377981
电子信箱：lg_book@163.com

前　言

本书似乎是一本高等数学中的诡辩论，这一点可以从书中的许多醒目的标题“$+1=-1$”、“$0=+\infty$”、“$\sin x=\pm 1$”、“$0\neq 0$”……中看出来，实际上本书可以归于高等数学中的反例这一类书。不过，作者不是用通常采用的“举例”的形式表述的，而是采用了所谓“诡辩”的形式加以阐述的，作者这样做的本意是希望引起读者的兴趣、注意和警觉，使其在学习高等数学时有所启迪，有所帮助。

毫无疑问，认真地阅读高等数学教科书中的内容，并通过十分丰富的、说明性的例子，理解书中的基本概念、基本理论，掌握数学的基本方法和解题技巧是十分重要的和必要的。但是，尤其是在高等数学中，相辅相成地给出各种各样的反例也是必不可少的。这不仅对正确、深入地理解教科书中的内容是不可或缺的，而且使读者知道，一旦超过了某个限度就会发生怎样的“毛病”，犯什么样的错误。这并不是作者过份的担心，而是使他(她)们知道，对教科书中细微差别的忽视所导致的后果。

本书集知识性和趣味性于一体，主要是供浏览用的。作者在多年的教学中发现，学生作业中的某些错误并不仅由于粗心大意造成的，于是便有意地根据这些错误编写一些例题，运用到课堂教学中，收到了出乎意料的效果。作者在多年积累的基础上编写了本书，书中所有的题目标题(命题)几乎都是错误的或者是值得怀疑的，每一个问题都有详尽的“论证”或者“推论”过程。如果读者能够从中找出错误之处，找出造成错误的原因以及需要纠正之处和正确的结果，那么，本书的目的就达到了。假若有某些疑虑之处，不妨在读完正文后，参考一下每章后面的“错误与纠正”。

本书是为了学习高等数学的学生们写的，涉及到的概念、定理、结论、公式及方法可阅读教材中的有关部分。另外有少量涉及到教学分析的例子，可供各类学习高等数学的学生阅读或者作为考研者的参考，也可提供给数学教师们在习题课上作为选例。

限于作者的学识水平，本书难免有不当之处，敬请读者指正。

作　者

NOVELISTS AND NOVELS

小说家与小说

[美国] 哈罗德·布鲁姆 著
石平萍 刘戈 译

译林出版社

图书在版编目（CIP）数据

小说家与小说 / （美）哈罗德·布鲁姆
(Harold Bloom) 著 ; 石平萍, 刘戈译. -- 南京 : 译林
出版社, 2025. 7. --（哈罗德·布鲁姆文学批评集）.
ISBN 978-7-5753-0658-4

Ⅰ. I106.4

中国国家版本馆CIP数据核字第20251LS646号

小说家与小说　[美国]哈罗德·布鲁姆／著　石平萍　刘　戈／译

责任编辑　刘　静
特约编辑　韩　萌
装帧设计　胡　苨
校　　对　韩　菲
责任印制　董　虎

原文出版　Chelsea House Publishers, 2005
出版发行　译林出版社
地　　址　南京市湖南路1号A楼，邮编：210009
邮　　箱　yilin@yilin.com
网　　址　www.yilin.com
市场热线　025-86633278
排　　版　南京展望文化发展有限公司
印　　刷　江苏凤凰通达印刷有限公司
开　　本　880毫米 ×1240毫米　1/32
印　　张　20.625
插　　页　2
版　　次　2025年7月第1版
印　　次　2025年7月第1次印刷
书　　号　ISBN 978-7-5753-0658-4
定　　价　98.00元

目　录

前　言

1984 年初，我开始为切尔西出版社编辑文学批评文集，而首部文集《埃德加·爱伦·坡：种种现代批评观念》（*Edgar Allan Poe: Modern Critical Views*）也于 1985 年 1 月付梓出版，因此眼下这套丛书实是这桩堂吉诃德式冒险的二十周年纪念。倘若有人问及，在这一过程中，究竟出版了多少种单行本，我记不得确切的数字，在这漫长的过程中，很多书已绝版，甚至整个丛书已不再继续。我估算足有上千种单行文集，单独一个批评家汇集、推介如此庞大的一整套批评观念，确实可说是疯狂。

有些书出现在极不可能的地方：博洛尼亚、瓦伦西亚、科英布拉、奥斯陆的旅馆客房，法兰克福和尼斯的旧书摊，我旅行所到之处的作家书架。我应马其顿一所大学的要求给它的图书馆寄去一批，也应要求捐了数册给美国监狱服无期徒刑的囚犯。这些年来，这千种书籍触及很多地域、很多人。我今年七十四岁，回顾过去二十年间这一殊为奇怪的努力，尤其在跨越两个世纪之后，叫我颇有些惶惑。

我在编辑手记中已明述，我并不赞同每一篇重印的批评文章所阐发的观点。但这些文章须适度地反映现行的批评模式和教育风气，对于所有这些观念，我自然不是都有兴趣。不过，我是一只恐龙，欢乐地自称“布鲁姆·崇拜莎士比亚·雷龙”（Bloom Brontosaurus Bardolator）。关于想象性文学的伟大这一问题，我只认可三大标准：审美光芒、认知力量、智慧。随着我们的社会（迟缓地）改变偏见和不公，如今所谓的“相关性”，不出一个世代，便会被弃掷在垃圾桶。文学与批评界的时尚人士总会衰退过时。结实的老家具尚可作为古董流传，而糟糕的文学作品和意识形 xiii
态的劝诫不会有这样的命运。

时间腐蚀我们、摧毁我们，而时间更残酷地抹灭庸劣的小说、诗歌、戏剧、故事，不论这些作品道德上如何高洁。走进一座图书馆，看看三十年前的杰作：在被遗忘的书籍当中，仅有寥寥数部仍有价值，而邪恶的湮灭使大多数畅销书成为时间报复的对象。日前，一位曾是我的学生的朋友告诉我，20 世纪美国第一位桂冠诗人是约瑟夫·奥斯兰德。我的记忆力仍相当顽健，却记不得这位诗人的任何诗行。现今一些女性主义浪漫主义学者研究、传授费利西亚·希曼斯夫人的诗歌。这位勇敢的女性赋诗支持她的同性，对于她的诗歌，我只记得《卡萨维安卡》的首句，但也是因为马克·吐温略作了添饰，化作一个对句：

> 男孩站在灼热的甲板上
> **一粒一粒啄食花生米**

我虽称赏奥斯卡·王尔德的壮美宣言“所有艺术皆无用处”，但并不想印证文学于社会无用这一主张。莎士比亚可以代表最高文学造诣的最良善效用：倘若真正地理解了，它能够治愈每个社会所固有的一些暴力。在我看来，美洲迄今所蕴育的作家当中——不论是北美、中美、南美、加勒比海，也不论是用英语、西班牙语、葡萄牙语、法语、意第绪语以及其他语言写作——沃尔特·惠特曼仍是最主要的诗人。惠特曼是医师、诗人—先知，内战时期在华盛顿特区的医院做志愿者，为伤兵包扎伤口、做护士之时，发现了他于社会有用的职业。阅读惠特曼，真正地理解惠特曼，能够使你学会自助，学会治愈你的意识创伤。

在迟暮之年，我将文学批评的功能多半看作鉴赏，在沃尔特·佩特意义上的鉴赏，融合分析与评估。佩特说“为艺术而艺术”之时，言下之意还包含 D. H. 劳伦斯所说的“为人生而艺术”。在惠特曼之后的生机论者当中，劳伦斯是最具挑衅性的，如今被彻底驱逐出英语国家的高等教育。
xiv 女性主义者指控他憎恶女人，将他禁压，说他要求女性禁欲。学生从而不再阅读 20 世纪的一位大作家，一个独特的小说家、讲故事的人、诗人、批评家、先知。

切尔西出版社文学批评系列这项事业如此庞大，无疑也将编者的缺陷与好处历然彰显。在编辑过程中，我的目标始终是力求赅备，并且通常试图撇开个人意见。眼见市场上停售一部重要著作，叫我痛心，尽管我也从我的偶像塞缪尔·约翰逊博士的《诗人列传》里寻得解慰。书商（在当时兼出版与销售）遴择诗人，而约翰逊仍能径直讲出真心话。如今谁还记得这些诗人：耶登、斯普拉特、罗斯康芒、斯特普内？倘若我指出酷似这些诗人的当代人，便要招人怨尤，虽则这样的名字数不胜数。

在这项追求赅备的求索中，我受到更为充分的教益，学会如何为更广大的读者写作。文学批评是个人的行动，也是与公众接触的行动。文学批评产生了许多巨擘，诸如约翰逊、柯勒律治、莱辛、歌德、哈兹里特、圣伯夫、佩特、库尔齐乌斯、瓦莱里、弗莱、燕卜荪、肯尼斯·伯克。但我再版的批评家大多没有这般声望：我不过是将能找到的所有材料堆砌起来罢了。终生的阅读和教授，使我得以从无数人那里学习无数东西，这样的智识负债是不可计数的。我重印过数以百计的批评家的文章，却不可能结识这些人，而他们的思想给我启迪，使我学会如何从他人的思想中学习。 xv

（翁海贞译）

导 言

一

自问世之日起，长篇小说的面目便是散文体浪漫传奇的不孝子，不过如今浪漫传奇已经报了一箭之仇，长篇小说貌似已死，流浪汉小说（以各种奇怪的乔装改扮）得以重生。塞万提斯在《堂吉诃德》中大肆嘲弄浪漫传奇的形式，并驱之如鬼魂，但从马克·吐温开始持续到现在，塞万提斯的影响已经发生了逆转，愁颜骑士[1]所承载的戏仿与幻觉效应超越了主宰其创作生涯的现实主义与自然主义。

这一卷厚重的评论集探讨数十位小说家和一百部左右的小说，其中无法回避地掺杂着詹姆斯·鲍德温的几篇散文和奥利弗·哥尔德史密斯的一部剧作。一些鸿篇巨制没有包括在内，比如乔伊斯的《尤利西斯》和普鲁斯特宏伟的叙事作品，它们都被放入本套二十周年纪念选集的《史诗》卷里。梅尔维尔的《白鲸》不可避免地也与它们为伍。

我冥思苦想着记忆中的这一百来部小说，发现就审美价值而言，自己把塞缪尔·理查逊的《克拉丽莎》排在仅次于《堂吉诃德》的地位。我很清楚这一评判对许多人来说显得怪异，但我会敦促他们去读没有删节的《克拉丽莎》。我知道在我之前，有史以来地位最高的文学评论家约翰逊博士也做过类似的评价。

一些小说没有在这一卷中专门介绍，对此我不无遗憾，尤其是福克纳的《我弥留之际》和品钦的《拍卖第四十九批》，我曾在专著《如何读，为
xvii 什么读》中对它们表达过热烈的欣赏之意。

① 愁颜骑士（the Knight of the Woeful Countenance），堂吉诃德。（本书注释如无特别说明，均为译注。）

二

浪漫传奇的复兴从吐温开始，历经吉卜林和卡夫卡，在D. H. 劳伦斯那里到达了第一个顶峰。荒唐的是，由于一场女性主义的讨伐把劳伦斯几乎逐出了英语世界的学术界，后者如今竟然成了一位被忽视的作家。在美国，浪漫传奇的形式在斯科特·菲茨杰拉德、福克纳和海明威的创作中占主导地位，三者都受到约瑟夫·康拉德的强烈影响。

勃朗特姐妹创作了她们自己的北方浪漫传奇亚体裁，读者可以在厄休拉·K. 勒古恩美丽的奇幻故事《黑暗的左手》中听见其回响。尽管托尼·莫里森认定她只与黑人文学传统有关联，她那高度个人化的艺术创作中融入了福克纳和弗吉尼亚·伍尔夫作品中的浪漫传奇因素。

福克纳对后生晚辈的影响非常广泛，惠及罗伯特·佩恩·沃伦、拉尔夫·埃里森、弗兰纳里·奥康纳、加布里埃尔·加西亚·马尔克斯和科马克·麦卡锡这些风格迥异的作家。从《白鲸》到福克纳，再到麦卡锡的《血色子午线》，可说是一脉相承；而在我看来，《血色子午线》与菲利普·罗斯的《萨巴斯的戏院》、唐·德里罗的《地下世界》、品钦的《梅森和迪克逊》并驾齐驱，是在世美国作家创作的四大宏大叙事。

本卷评论集虽属庞然大物，却无法以微型历史自居，无法将莎士比亚的戏剧生涯画上句号以来最重要的文学形式的萌生、成长及衰落一一尽述。莎士比亚本人对长篇小说的影响在本书中也有体现：从简·奥斯丁和司汤达，历经巴尔扎克和狄更斯，终结于陀思妥耶夫斯基的虚无主义者和哈代的田园悲剧，尔后又在伍尔夫与乔伊斯、劳伦斯与贝克特、艾瑞斯·默多克与创作《萨巴斯的戏院》的菲利普·罗斯那里重获新生。

三

没有人能够预测长篇小说的未来，甚至可以说，没有人能够预测长篇小说是否有未来，除非是发展成姗姗来迟的浪漫传奇的混杂形式。在我看来，伟大的美国图书有几本候选者，但没有一本是严格意义上的长篇小说：《红字》、《白鲸》、《草叶集》、爱默生的《散文集》以及《哈克贝里·费恩历险记》。亨利·詹姆斯的《一位女士的画像》无疑是最精巧的美国小说，但无法与美国文艺复兴时期最强大的作品相抗衡。

尽管我并非有意为之，本书探讨的小说家中有十几位是女性。如果
说英美小说传统由一条单一的主题线索贯穿起来，那便是我所称的新教
xviii 意志，其在小说中首要的实例便是女主人公，不论其塑造者是女性还是
男性。从理查逊的克拉丽莎·哈娄到奥斯丁笔下的女主人公，以及霍桑
的海丝特·白兰，这条线从未中断，一直延续至勃朗特姐妹、哈代、詹姆
斯和伊迪丝·华顿，在E. M. 福斯特、伍尔夫和劳伦斯那里登峰造极。托
尼·莫里森也许是这个小说传统的最后一个典范。这个小说传统歌颂新
教意志，不论其如何世俗化；均视其为女主人公的个人判断权利，更以其
与男拍档交换评价及相互尊重。也许新教意志与长篇小说均处于奄奄
一息的状态，也许怪异的浪漫传奇形式得以复兴之后，会有新的可能性
xix 出现。

米格尔·德·塞万提斯
（1547—1616）

《堂吉诃德》

《堂吉诃德》在西班牙语世界的地位相当于莎士比亚在英语世界、但丁在意大利语世界、歌德在德语世界的地位：他们都是所属语言的荣光。法语世界里没有一枝独秀的类似现象：拉伯雷、蒙田、莫里哀、拉辛与维克多·雨果、波德莱尔、司汤达、巴尔扎克、福楼拜以及普鲁斯特地位相当，不分伯仲。或许可以说塞万提斯的杰作雄霸了过去的五百年，因为那些更为杰出的小说家都是《堂吉诃德》的子孙，《堂吉诃德》对他们的影响不亚于莎士比亚。我在其他场合说过，莎士比亚实际上教会了我们如何与自己交流，而塞万提斯教会我们如何与他人交流。哈姆莱特很少聆听别人说话（除了那个鬼魂），而福斯塔夫如此自得其乐，哈尔王子在他面前，也成了满腹牢骚的学生和不太心甘情愿的聆听者中最有风度的一个。但堂吉诃德与桑丘·潘沙相互倾听，在这个过程中变得成熟起来，在所有文学作品中，他们之间的友谊最有说服力。

堂吉诃德还是哈姆莱特？桑丘·潘沙抑或福斯塔夫？这是一种艰
难的选择。然而，哈姆莱特只有霍拉旭，福斯塔夫孤独终老，临死之际仍
把玩着鲜花，显然正梦想着《圣经·诗篇》第23篇中承诺的筵席，上帝为
身陷敌群的人摆设的筵席。堂吉诃德在桑丘充满关爱的陪伴中安然离
世，这位睿智的仆人还向这位英勇的骑士提议展开全新的征程。诚如艾
米莉·狄金森（货真价实的莎士比亚继承人）所言，也许是莎士比亚一手
创造了不断成长的内在自我，自我的成长被迫成为一段冒险之旅。塞万
提斯的人生充满艰辛且孤独凄凉，他却创造了一个莎士比亚回避的奇迹。
在莎士比亚的笔下，我们能找到水乳交融般的两个伟大性灵吗？安东尼 1
和克莉奥佩特拉都是极具魅力的“巨人”，但他们从不倾听他人说话，也

从不倾听彼此说话。麦克白夫人渐渐淡出，李尔王对着天空自说自话，而普罗斯珀罗在人间根本没有棋逢对手的可能。有时候，我幻想着永生的莎士比亚把他笔下最具生命力的人物集中到一个舞台上：福斯塔夫、哈姆莱特、罗瑟琳、伊阿古、李尔王、麦克白和克莉奥佩特拉。然而在他活着的岁月里，他没有这样选择。

桑丘与堂吉诃德是读者所需要的最好的同伴：与他俩三人同行，如同与幸福随行，还能获得自我洞见。堂吉诃德与桑丘做到了全面深入的互相了解。最终他们真正懂得了彼此，而这正是他们最终要教会我们的
2 东西。

丹尼尔·笛福
（1660—1731）

我们不会把他的祷告及类似的东西当回事，因为那不过是他的快乐之源，他视其为十足的娱乐消遣。

卡尔·马克思谈《鲁滨孙漂流记》

我烦透了那些颜色！
一天我用红色的浆果把一只小山羊
染成了鲜亮的红色，只是想看到
有点不一样的效果。
结果他的妈妈不认他了。

伊丽莎白·毕肖普，《鲁滨孙在英国》

如果《鲁滨孙漂流记》的作者是卡尔·马克思，其道德力度必定会加强，但会牺牲掉我们今天仍然能够感受到的自由的形象。如果作者是伊丽莎白·毕肖普，笛福的叙事会增加一些意象、一些冲动，但会牺牲掉清教徒式的简洁文风，及令人信服的对救赎迹象的追寻。当然，笛福小说的一大优点正是伊恩·瓦特和马丁·普莱斯所强调的一点：日常生活中，道德抉择的难题无处不在。鲁滨孙·克鲁索和摩尔·弗兰德斯都是人——都是凡夫俗子——承受着加尔文和弗洛伊德所称的精神经济学。

笛福早早介入了现代小说作为一种文学样式的发展历程，令人禁不住更想把他写入历史叙事，而非阅读他的作品。历史主义，不论新旧，都是阅读的蹩脚替代品；如我所为，重读《鲁滨孙漂流记》和《摩尔·弗兰德斯》时置其于各自所处的语境，却发现这样做毫无用处。伊恩·瓦特
说了一句很有用的话："与其他小说人物相比，笛福笔下的主人公……让 3
我们更为详尽地了解到他们的货币存量和商品库存。"究其原因，我认为

更多地是与笛福有关，而非他所处的时代；即便他是在维多利亚女王的统治时期创作了这部小说，他对经济动机的痴迷程度丝毫不会减轻。他是一条硬汉子，命运多舛：在伦敦发生大瘟疫与大火的时期，他被抚养长大，成了一名不顺从国教者；人到中年，遭遇破产，被关进新门监狱，还被处以枷刑；做过特工和揭露丑闻的记者，直到由于欠债和通敌罪再次入狱。笛福去世时年事已高，所以可说是一个幸存者，但他历经种种坎坷，这些都反映在他创作的小说中。

约翰逊博士曾说过，只有三部作品应该写得更长一些：《堂吉诃德》、《天路历程》以及《鲁滨孙漂流记》。笛福与约翰·班扬之间有着真切的师承关系，但鲁滨孙·克鲁索和摩尔·弗兰德斯身上丝毫没有堂吉诃德的影子。笛福笔下的主人公都务实而审慎，因为他们必须如此；他们知道，这不是一个嬉戏的世界。

《鲁滨孙漂流记》

我读《鲁滨孙漂流记》的时候已经不再是一个孩子，所以错过了一种至今仍相当普遍的体验；这是一本不会令孩子们失望的书。不过也如狄更斯所言，《鲁滨孙漂流记》“是一部既不会让任何人大笑，也不会让任何人大哭的广受欢迎的书，而且只此一部”。克鲁索奇特的腔调和自我迷惑的情绪反应不会让孩子们觉得费解，这个几乎完美的唯我论者在四分之一世纪的孤独生活里展现出旺盛的精力和创造力，似乎能让孩子们产生共鸣。对于每个孩子对依赖的恐惧，克鲁索的幸存也许是一种含蓄的反驳，同时也预示着他们所渴望但尚未实现的个体独立。或者说，克鲁索有着强大的能力挨过独处的时光，对每个孩子的孤独而言，这也许是一种回应。

笛福与克鲁索之间的相似并非十分明显，但读者依然能感觉到叙事中这种相似性无所不在。在我看来，笛福是最没有反讽意识的作家，而克鲁索的故事充满着强烈的反讽。他是一个焦躁不安、喜欢游荡的人，受他（和读者）无法理解的强力驱使，开始旅行和冒险，陷入了孤立无援的窘境，完全可能因为难以承受的内在性而变得疯狂。然而，他看似深陷“牢狱”，神智却一直保持清醒。笛福承受了很多；新门监狱和枷刑都是噩

梦般的经历。克鲁索承受了更多，但笛福不会把他的主人公刻画成精神
受难者。如弗吉尼亚·伍尔夫所言，笛福“走了一条与心理学家相反的
路——他描绘情感对身体的影响，而非对心理的影响”。这种影响最强烈 4
的时刻，莫过于克鲁索目睹一起沉船事件而备感煎熬：

> 就拿这伙人来说吧，我简直看不出他们中间有任何人能够逃出性命，同时，也找不出任何理由指望他们不同归于尽。他们唯一的希望，就是被搭伴同行的船只救起来。可是这种可能性也很小，因为我实在看不出一点征象和痕迹。
>
> 我看到这种光景，心里忽然产生一种说不出来的嘤嘤求友的强烈要求。有的时候，我不禁脱口而出地大声疾呼：“啊！哪怕有一两个——哪怕只有一个人从这条船逃出性命，跑到我这儿来呢！也好让我有一个伴侣，有一个同类的人说说话儿，交谈交谈啊！”我多年来过着孤寂的生活，从来没有像今天这样强烈地渴望有人往来，也从来没有像今天这样深切地感到没有伴侣的痛苦。
>
> 在人类的感情里，经常存在着一种隐秘的原动力，这种原动力一旦被某种看得见的目标所吸引，或是被某种虽然看不见，却想象得出来的目标所吸引，就会以一种勇往直前的力量推动着我们的灵魂向那目标扑过去，如果达不到目标，就会叫我们痛苦得受不了。
>
> 我是多么渴望着有一个人逃出性命啊！“啊，哪怕只有一个人呢！”这句话在我口中至少也念了一千遍。每逢我这样念的时候，我总是捺不住心头的强烈要求，把两只手捏得死紧，假如我手里这时拿着什么脆软的东西，一定会在不知不觉中把它捏成粉碎；同时我的上下牙也咬得死紧，半天松不开。[①]

以上便是克鲁索的反应，这个动手成瘾的工匠找到了他的自由，却无法承受它全部的崇高。克鲁索是一个最不崇高的人物，却自始至终被嵌入一个崇高的情境，最典型的一桩事件便是他偷窥的可怕食人宴，从中他救下了后来成为他仆人的星期五。面对他的先进技术和清教徒特有的决

① 本书中*Robinson Crusoe*的译文均出自笛福著，徐霞村（方原）译：《鲁滨孙漂流记》，名著名译插图本，北京，人民文学出版社，2003年。

5 心，那些食人族几乎没有任何抵抗，所以食人者星期五很快便皈依新教神学和饮食，这并不显得那么不合情理。普通读者重读此书时，也许会对此感到疑惑：相对而言，克鲁索为何缺乏新教徒典型的内省？这不是说马克思的评语是正确的，克鲁索只在安息日才变成新教徒；而是因为笛福的上帝是一位技术治国论者兼个人主义者，他对细致微妙的情感不太习惯。我们可以把笛福的上帝想象成一个工匠巨人，整个宇宙都是他的手工场，恰如克鲁索在岛上竭尽其能应对所需。所不同的是，克鲁索的崇拜者只有星期五，而笛福的上帝拥有上百万个对他五体投地的星期五。

《摩尔·弗兰德斯》

就《鲁滨孙漂流记》而言，审美评判似乎多余；这部作品已经成为一个流行的神话，它的地位如板上钉钉，毋庸置疑，故而文学评论家们唯有缴械投降。《摩尔·弗兰德斯》则不同，招致了各式各样，甚至两极化的评论，一极是已故诗人兼文学评论家艾伦·塔特，他曾对我说，《摩尔·弗兰德斯》是一部了不起的小说，有着托尔斯泰式的强烈情感；另一极则是同样有资格的一些读者，他们根本不承认这是一部小说。捧杀者有詹姆斯·乔伊斯和威廉·福克纳，前者提到“那个令人难以忘怀的妓女摩尔·弗兰德斯”，后者则将《白鲸》和《摩尔·弗兰德斯》并置，说是自己很想创作的作品（还有一本是米尔恩的小熊维尼系列之一）。重读《摩尔·弗兰德斯》，我竟有些迷惑，我本以为它会写得更好，但它其实属于部分比整体更为生动的一类书，故而记忆里只保留着某些章节和当初的印象，而因为这记忆，很大一部分叙事也被赋予了本不具备的光环。说来奇怪，就叙事而言，这部小说的地位摇摆不定；我们无法笃定自己读的是一部小说，而非宣扬清教信仰的花花绿绿小册子。摩尔是一个令人敬畏的人，总能维持我们对她的兴趣和善意。但是她讲述的故事时而有形，时而松散，屡屡令彼此对立的虚构作品与所谓事实的权威们头疼不已。

马丁·普莱斯指出，《摩尔·弗兰德斯》通篇讲述人的生存，笛福却几乎没有用一个统一的主题贯穿其中。笛福曾进过新门监狱，就这部小说的幻象而言，他只提供了一个关键的暗示；摩尔出生于新门监狱，她将想尽办法避免在那里终老一生。她对现金的追逐简直等同于克鲁索为了在岛上活下去而做出的努力，有所不同的是，摩尔更有想象力，而克鲁索像是患有古怪的强迫症。克鲁索只做他必须做的，摩尔则做得更多，在她的执迷中我们逐渐意识到了一种实实在在的对于冒险的爱好。这种爱好让她吃惊，但恰如马丁·普莱斯所言，她总是“被自己吓住，她总是对自己感到惊讶”。她在行动中学习，她对所做的一切几乎都很投入。激情洋溢是她最迷人的品质，不过她的大多数品质都讨人喜欢。男性读者都为 6
她倾倒，尤其是那些对女性既赞美又贬损的男性读者，其中名声最响的便是乔伊斯和福克纳。

清教的力量，也就是灵魂孜孜不倦寻求自我肯定的驱动力，在摩尔身上展现的程度不亚于班扬笔下的主人公。我认为这是威廉·哈兹里特如此激烈地批判《摩尔·弗兰德斯》的原因，不然的话，我想这位新教异见传统中涌现出来的最伟大的文学评论家应该会欣赏这部作品的。然而，在某一个层面上，他显然觉得摩尔是清教情感的巨大耻辱。查尔斯·兰姆非常敬重摩尔，非常理解她内心深处清教信仰的对立统一是多么地真实，反映出“宗教显灵对一个粗鄙的、未经教化的灵魂的干预性闪耀”，这一点“近似于班扬的柔情”。愤怒的哈兹里特回应:“兰姆先生欣赏《摩尔·弗兰德斯》，那么他愿意娶摩尔·弗兰德斯吗？”对此，一个忠诚的哈兹里特[1]派学者只能回应:“希望那位哈兹里特迎娶了一位摩尔·弗兰德斯，从而在男女关系中享受一次幸福的感觉。”哈兹里特写下这段关于《摩尔·弗兰德斯》的话时，完全失去了分寸感:

> 然而，为了满足好奇心重的读者，我们……可以加一句:《摩尔·弗兰德斯》糟糕透顶、面目可憎，弗兰德斯女士显然是生于罪孽。写得最好的部分是她的童年，好看、感人；还有身陷新门监狱时，在悔恨与顽固不知悔改的情绪中起伏不定；以及她从小酒馆门口牵走马匹，行窃之后却不知何处安放。这是把对偷窃的热爱上升到了一个**理想的**高度，变成了事不关己的机械反应。

哈兹里特不懂摩尔，是因为他无法容忍清教徒的冲动竟然遭到错置，

① 此处作者可能有笔误，“哈兹里特”可能应为“兰姆”。

变成了“把对偷窃的热爱上升到了一个**理想的**高度”。偷马的情节虽然精彩，却赶不上摩尔的第二次行窃，即偷走小孩项链那一节：

> 我现在白日里出去，自己也不知往哪里走，也不知道去找什么东西，直到魔鬼在我走的路上设下一个可怕的陷阱，那陷阱的可怕，还是我从来没见过的。一天经过亚尔德斯盖特街时，我看见一个美丽的孩子，她在一所跳舞学校里上学，正独自走回家去。我的鼓舞者，像个真正的魔鬼，教我去骗这个天真烂漫的小孩。我和她
> 7 谈天，她也向我说了许多话。我拉着她的手，和她一起走，等我走到一条通巴塞罗缪围场的铺砖的小巷，我就引她到巷里去。那小孩说这不是她回家的路。我说：“是的，我亲爱的，我要指给你看怎样回家。”那小孩戴着金珠穿的一条小项圈，我已经看中了。在巷里的黑暗之中，我弯下身来，假装系好小孩的跳舞鞋上松了的带子，顺手摘下她的项圈，小孩没有发觉，我于是又带她往前走。那时魔鬼教我在黑暗的巷里杀死小孩，那么她就不会啼哭了。但是单单这个念头就把我吓住，我几乎站不住脚了。我拉这小孩转过身来，吩咐她再回到先前走的路上去，因为这不是她回家的路。小孩说她会那样走的，我就走进巴塞罗缪围场，然后转到通向巷子的一条路上，走进查土荷斯广场，出来走到圣约翰街；然后穿过斯密士飞鲁，走下七克巷，经过飞鲁巷，直抵荷奴倍恩桥，那时跟常走过那里的一大群人混在一起，就不会被发现了。这样我第二次冲进世界里来。
>
> 想起这个赃物使我忘却了以前的种种反省，我从前的自责很快就消失了；贫困硬化了我的心肠，我自己的困苦使我不顾一切了。最近这件事没有带给我很大的忧虑，因为我既没有加害于这个可怜的小孩，却感到给了她的父母一个应得的教训。他们这样疏忽，让这可怜的小羊独自回家，以后对于孩子要格外当心才是。
>
> 这串金珠值十二到十四金镑。我猜这或许是她母亲从前的东西，因为给小孩戴着太大了，也许是由于母亲的虚荣心，要她在跳舞学校里显得漂亮，故意让她戴这东西。无疑地，这个小孩一定有个女仆跟她同来，但是这个糊涂的轻狂女人，也许在路上碰到熟人聊起来了，于是这个小孩东飘西荡，一直落到我的手里。

> 然而，我并未加害于这个孩子，我连吓她一下都没有，因为我心肠还是很仁慈的。除了穷困逼迫着我做的事情之外，未曾做别的坏事。[1]

非同寻常的时刻便是摩尔说："那时魔鬼教我在黑暗的巷里杀死小
孩，那么她就不会啼哭了。但是单单这个念头就把我吓住，我几乎站不 8
住脚了。"这个时刻令我们感到害怕，也一定令哈兹里特感到震惊。我们不相信摩尔会残杀那个小孩，但她那把自己惊呆的本事的确吓住了我们。我们这才想起，我们不懂摩尔，**因为笛福不懂她**。这是笛福所著《摩尔·弗兰德斯》最奇特的魅力，也是它最奇特的缺陷。纪德[2]笔下的拉夫卡迪奥在思考着自己的罪行时，喃喃地说，让他好奇的不是各种事件，而是他自己，其精神实质与笛福笔下的摩尔毫无二致。新教情感从自身抽离，观望着善与恶的精神对它的争夺，观望着上帝在人的灵魂中放置的巨
大能量，超脱中带着些许疏离、些许惊奇。 9

① 本书中*Moll Flanders*的译文均出自笛福著，梁遇春译：《摩尔·弗兰德斯》，重庆，重庆出版社，2008年。

② 安德烈·纪德(André Gide, 1869—1951)，法国作家，1947年获诺贝尔文学奖。拉夫卡迪奥(Lafcadio)是其长篇小说《梵蒂冈地窖》的主人公，被评论界称为"无动机行为"的化身。

乔纳森·斯威夫特

（1667—1745）

多年以来，我每年都会重读两遍斯威夫特的《木桶的故事》，不是因为我认为这是英语写就的最有力的散文著作（它的确是），而是因为它对我有好处，尽管我对这部伟大作品的厌恶与我对它的钦佩不相上下。我作为一个多思的文学评论家和诺斯替教信徒，几近暮年，仍保有满腔浪漫主义盛期的狂热，因而需要在能够忍受的极限内，尽量多次阅读《木桶的故事》。斯威夫特是西方文学史上最野蛮无情的讽刺作家，而最受其害的牺牲品就包括沉迷于诺斯替式沉思和浪漫主义狂热的评论家。

《木桶的故事》是一部形式奇异的作品，本意是对17世纪“解剖”（anatomy）的戏仿。托马斯·布朗爵士的《流行的假知识》，或者罗伯特·伯顿那气势恢弘的《忧郁的解剖》，都是“解剖”的范例。不可思议的是，《木桶的故事》最重要的部分竟然不在正文之中，而是一个附加的片段：《论精神的机械运转》（*The Mechanical Operation of the Spirit*）。在斯威夫特的《书之战》中，哲学家笛卡尔是现代派弓箭手们的领袖之一，带领他们对抗古代派。笛卡尔是二元论的创始人。二元论在西方常常阴魂不散，分析哲学家吉尔伯特·赖尔称之为“机器中的幽灵”，乔纳森·斯威夫特则更为冷酷地称之为“精神的机械运转”。在《书之战》中，笛卡尔误中亚里士多德射向培根的箭而死，从而为他的极端二元论赎了罪：

> 此时，**亚里士多德**看到培根怒气冲冲地前行，就把弓举至头的
> 高度，射出一箭。但这支箭却错过了那个英勇的**现代派**，从他的头顶
> 10 “嘶嘶”而过，射中了**笛卡尔**；铁箭头立刻就射**穿**了他的**头盔**；穿透
> 皮革和硬纸板，射入他的右眼。剧痛的折磨令这位英勇的**弓箭手**旋
> 转起来，直到死亡降临，宛如一颗具有超强星力的星星，将自己卷入
> 自己的**旋涡**之中。

可怜的笛卡尔甚至连英勇死亡的尊严都得不到，他为自己的认知缺陷付出了代价，死在一支反培根之箭下，他被卷入其中的那个旋涡正是对他有关知觉的论述的戏仿。不过，即便是这一悲惨命运，也强过笛卡尔二元论在《论精神的机械运转》中遭受的凶猛异常的攻击：

> 然而，如果这棵植物在**帝国**和**知识**的田野里扎下了根，那么它的根在**圣地**扎得更深，伸展得更远。在那里，虽然它用了个笼统的名字**狂热**，而且可能是与狂热同源，却长出了性质完全不同的枝丫，即便两者经常被混淆。该词按照其被普遍接受的意思，可被定义为**将灵魂或其官能提升于物质之上**。这一描述整体上是准确的，但我只将其用在**宗教**上来理解；在宗教上有三种将灵魂发射出，或者运送出物质领域之外的普通方法。第一种就是上帝的直接行动，称作**预言**或者**灵感**。第二种是魔鬼的直接行动，称作**着魔**。第三种则是自然因素的产物，超强的想象力、忧郁、愤怒、恐惧、悲伤、痛苦等情绪的后果。这三种方法都曾被作家们详细讲述过，因此我不做深入探讨。但是，**宗教狂热**的第四种方法，或者说发射灵魂的第四种方法，由于纯粹是技巧和**机械操作**的结果，却很少，甚或根本没有作家提及；因为这虽然是一种非常古老的艺术，却只有很少的人懂得，所以长期以来都没有进步和修正，不过后来却因骤然风行而被诸多的修缮之手进行了改进和完善。

所有这四种“方法”都将精神或灵魂减至一种气体，那是任何超验实体在霍布斯和笛卡尔的宇宙中唯一可能的存在状态。在他们的宇宙中，灵魂必须用庄严的运输工具发射至“物质领域之外”。在《木桶的故事》正文中，斯威夫特的确保持着一种极其脆弱的平衡，因为他着魔般地品玩着机械运转的精神这一意象。可怜的灵魂遭受如此操控，只能进 11
行一种形式的运动：偏离。弗洛伊德称作内驱力的东西，在斯威夫特这里只不过是偏离。偏离就是往旁边走，你永远无法走直线。如果你在话语或生活中走偏，你就会发疯。《木桶的故事》讲的就是偏离的问题，因为斯威夫特苦涩地认为，在笛卡尔式的宇宙中别无他物。精神偏离是一种矛盾式的运作，因此从精神跌落成为气体。气体只是通过偏离、转着方向运动。

斯威夫特最主要的攻击对象全都是擅长偏离的能手，他称他们为“博学的**伊奥利斯特们**”，即风神的助手。这些人包括：“所有冒称有灵感的人。”身为作家，斯威夫特常会愤愤不平，而只要涉及伊奥利斯特这一主题，他就会频频狂怒。他把这些人描写成因果不分的灾难预言者：

> 博学的**伊奥利斯特们**认为所有事物的初源均在于**风**，整个宇宙首先从风中被创造出来，最后也必将消融于风；风点燃并吹烈自然的火焰，终有一天也会将之吹**灭**。

斯威夫特笔下的讲故事者被伊奥利斯特们所激怒，终于达到与其主题相匹配的一种情绪爆发，并形成了一种讽刺，而这种讽刺本身就是歇斯底里性的：

> 正是根据祭司们的这个风俗，一些作家认为这些**伊奥利斯特们**有着悠久的历史。因为我刚刚提及的他们传送神迹的方式，与其他远古神谕的出现方式完全一致。那些神谕的灵感来源于某些隐匿的**臭气**，以同样艰难的方式传递给祭司，对民众也产生了类似的影响。的确，这些臭气经常是由**女**祭司们所操控和引导，她们的器官被认为更适合接纳这些神谕之**气**，因为她们的容器容量较大，这些气进去并得到传送，操控得当的话还可顺道激发淫欲；这种淫欲从肉体狂喜中提炼出来，变成精神狂喜。为了巩固这一深刻的猜想，他们还进一步声称，**女**祭司们的这一习惯在我们**现代派伊奥利斯特**的某些高雅的同僚身上依然保留了下来，他们愿意用上述容器接受灵感，正如他
> 12 们的女巫祖先们一样。

这一切以贵格教徒们遭到打击而告终，但讲故事者的力量却非常危险地与他的恐惧密切相关，他害怕自己正在变成他如此费力想要抵制的东西。就像李尔王一样，这个讲故事者害怕郁气从腹部升至脑部，害怕歇斯底里、子宫或者母亲会将他阉割：

哦！狂乱的气恼涌上我的心头来了！
下去，你这向上爬的**怪病**，
你本来该在下面。——[①]

斯威夫特不能，也不想成为那个讲故事者，然而讲故事者却部分代表了斯威夫特针对偏离的疯狂性和作为疯狂的偏离所做出的失败辩论。讲故事者的偏执成了一种可怕的反狂热式的反崇高，是反偏离的偏离，反郁气的郁气：

再者，人类头脑中有某种个性的东西，很容易就在某种情形下，被貌似微不足道的意外接近和碰撞所点燃，发展成熊熊火焰，成为生活中最紧急的情况。重大的变化并不总是由强力之手所引发，而是在合适的时候，由碰巧的改变所造成；而一旦火焰燃起，气体会升至脑部，那里没有出口。因为人体的**上部**，与空气的**中部**类似；材料来源虽千差万别，却最终产出同样的物质和效果。雾自大地升起，水汽产于粪堆，薄雾升自海面，烟生自火；但所有的云朵及其结果全都一样：厕所产生的气味，与圣坛上的熏香，均可提供恰当有用的气体。我认为，我所说的这些都很容易得到认同；那么，正如自然之脸只在阴云烦扰时才会下雨一样，坐落于大脑中的人类理解力也只有被下体升起的郁气所纷扰缠盖后，才能浇灌创造之源，使之产出果实。

这些是讽刺之语吗？这一段本身就是阴云烦扰的，与其说是被自下升起的郁气所烦扰，不如说是源于未能完全抑制的焦虑感，担心**所有人**，包括讲故事者和斯威夫特，都易受精神机械运转的影响。被恰当地称作 13
“大帝”的法王亨利九世（纳瓦拉的亨利）是下一段的主题。此段讲述了战斗前大规模的准备工作，这场战斗的目的可能是为了实现“普世君主制计划”。此段一直写到亨利九世被暗杀，从他的贵体中释放出精神，或者说浓烈的郁气：

① 译文引自莎士比亚著，朱生豪译：《李尔王》，第二幕第四场，收录于《莎士比亚喜剧悲剧集》，南京，译林出版社，2001年。

> 此刻，读者会很好奇，这股令所有国家瞩目的郁气来自何处？是什么样的轮子，什么样的隐形弹簧能够开动如此奇妙的机器？后来大家才发现，这部机器开动的因由在于一位失踪的**女性**，她的眼睛诱使国王勃起，但在射精之前，她就被带到敌国中去了。在如此尴尬的情境之下，一位恼怒的国王会怎么做？

这到底是什么？就斯威夫特而言，这部分文字是温和而放松的，接下来的分析却在修辞和道德内涵上更为阴郁：

> 所有和平手段都试过了，但徒劳无功。聚集在一起的**精液**被激发后，变作胆汁，顺着脊椎管流动，升至脑部。被妓女抛弃的**皮条客**会愤而去砸她的窗户，同样道理，处于相似境地的国王自然也会恼怒不已，于是集结千军万马，满脑子都是围攻、战斗和获胜，除此之外，不作他想。

这些话虽是一种归纳简化，却仍纵情恣肆。不过“被激发”这词是整段的中心，是针对宗教狂热的又一斯威夫特式的攻击，是对浪漫崇高的又一古典主义反讽。作者或讲故事者放弃偏离，变作最镇定、最毒舌的斯威夫特，而这变化本身也是偏离式的。斯威夫特不应因缺乏任何形式的偏离而受责难，因为他所奋争的不是我们的正确理性，而是我们的心智健全。他粗暴地进行奋争，为了我们，也反对我们，为了他自己，也反对他自己。

《格列佛游记》

《木桶的故事》的伟大是令人生畏的，这与该书给我们造成的恣肆印象及其过分超越形式而产生的力量（或者说是刻意为之的无形式性）密
14 切相关。《格列佛游记》是一部写作时间较晚，也较为逊色的作品，却广为普通读者所喜爱，而这是斯威夫特的早期杰作所未能做到的。《木桶的故事》就和它的后代，卡莱尔的《衣裳哲学》一样，对读者的要求过高，不过它给予读者的回报使他们的付出物超所值，而《衣裳哲学》是否也如此，现在看来尚不清楚。格列佛的前两次航行受到（各个年龄段的）孩子们

的喜爱，而第三次和第四次航行更明显与斯威夫特写作《木桶的故事》时的风格相一致，所以如今只对那些因痴迷《木桶的故事》而获益的人有吸引力。

格列佛本人是这本书的力量和弱点所在，而他的性格在伟大的第四次航行中显得尤其含混不清。这第四次航行去的地方是理性的慧骃马和野兽般的野胡所居住的国家，慧骃马和野胡并不分别对应马和人类。格列佛无法抗拒社会透视法学说，①而这既是他真正的弱点，同时也是他作为旁观者所具有的奇特力量之所在。斯威夫特认为人之本性是一片深渊，自我则是遮蔽我们虚无本质的谎言。他几乎毫不掩饰自己的这种担忧，而格列佛正是这种担忧的体现，不过比起《书之战》中叙述者所展示的简化倾向，格列佛要普通平庸得多。可怜的格列佛是个好人，但几乎没有想象力。或许描述他的方式之一是将他称作所有叙事文字中最不具备尼采式特征的人物。格列佛虽然孜孜不倦地出海旅行，却缺乏前往任何地方的欲望，也不想有任何改变。他的骄傲是盲目的，很容易就会放大成骄横夸耀，或者退化为自轻自贱，而这种自轻自贱更像是对所有其他人的蔑视。如果《书之战》中的叙述者是对斯威夫特性格中某一面的斯威夫特式戏仿，即他反笛卡尔、反霍布斯的一面，那么格列佛则是对这位伟大的讽刺作家厌恶人类的倾向做出的斯威夫特式戏仿。

读过“利立浦特游记”的人不会忘记格列佛在第六章结尾处表现出的昏庸：

> 这里我必须为一位品质高尚的夫人的名誉辩护一下，她因为我而蒙受了不白之冤。谁会想到财政大臣竟然会猜忌自己的妻子呢。这全是有人心怀鬼胎，对他挑拨说他的夫人疯狂地爱上了我。这一丑闻一时间在朝廷里传开了，说她有一回曾秘密到过我的住处。对此我必须郑重声明这完全是无中生有，纯属造谣，这位夫人只不过喜欢用天真无邪的坦诚和友谊对待我罢了。我承认她常到我家来，但每次都是公开的……假若不是因为此事关系到一位贵妇人的名誉，我是不会这么唠叨半天的，我自己的名声受点损害倒是小事。我 15

① 透视法学说（perspectivism），认为个人和集团只能在特定的时间及环境和事物的独特关系中认识世界的学说。

> 那时的爵位是**那达克**，而财政大臣自己却不是，大家都知道他只是一个**克拉姆格拉姆**，比我要低一等，就像**英国**侯爵比公爵要低一等一样。不过我也得承认，他在朝廷中的地位比我要高。①

这位伟大的**那达克**深陷利立浦特人的社会视角，忘记了他身体的尺寸是**克拉姆格拉姆**那贞洁的妻子的十二倍，因而即便两人裸身独处，她也是非常安全的。格列佛逃回英国后，没有吸取任何教训，接着又开始了"布罗卜丁奈格之旅"。布罗卜丁奈格是一个巨人的国度，在那里格列佛又是什么都没有学到。

> 这个民族的学术很不完备，只是由伦理、历史、诗歌和数学几个部分组成。应该承认，他们在这几个方面的成就还是很卓越的。可是他们的数学完全应用到有益于生活的事情上去了，用来改良农业以及一切机械技术，所以在我们看来不足称道。至于什么观念、本体、抽象、先验，我是永远也不可能将哪怕是一丁点的要领灌输到他们的头脑中去的。
>
> 他们的字母有二十二个，他们的法律条文一条也不准超过这个数目。不过，事实上绝大部分条文甚至都到不了那么长。法律是以最明白简易的文字写成的，那里的人们也没有那么狡诈，能在法律中找出一种以上的解释。对任何一条法律写文章评头论足都要处以死刑。至于民事诉讼的裁决或刑事审判的程序，由于他们的判例太少，两方面都没有什么可以值得吹嘘的特别的技巧。

尽管这种反讽给人印象深刻，对斯威夫特而言却似乎过于温和，因而当乏味的格列佛离开布罗卜丁奈格时，我们感到很高兴。第三次旅行则更像斯威夫特的风格。这次旅行先将我们带至飞岛勒普塔，该岛既是对柏拉图学派的戏仿，同时又是一个科幻式的惩罚机器，随时准备压服想要自由的世人：

---

① 本书中*Gulliver's Travels*的译文，均出自乔纳森·斯威夫特著，史晓丽、王林译：《格列佛游记》，北京，北京燕山出版社，2002年。

> 若有任何一个城镇试图谋反，或落入叛党手中，或拒绝像平时一样缴纳贡奉，那么国王有一种降服他们的办法。第一种办法是较温和的惩罚措施，飞岛将停留在该镇的上空遮盖它及其周围的土地， 16
> 剥夺他们享受阳光和雨水的权利，这样居民们会遭到饥饿和疾病之苦。若这样做还不足以惩治他们的罪行，飞岛上的人会同时往该地区投掷巨石，叛臣们毫无抵御能力，只有钻到地窖或洞穴里避难，巨石会压塌他们的屋顶。若叛臣们仍然执迷不悟，或继续反抗，国王将采取第二种补救措施，下令飞岛直接落到他们头上，这意味着全城的毁灭。然而这是国王万不得已才采用的过激方法，国王并不愿意这样做，他的大臣们也不敢建议他采取这样的方式，因为这样做会引起民愤，而且大大地损坏他们在大陆的产业。而飞岛是国王的产业。

此处，格列佛那令人抓狂的迟钝已开始让我们感到厌倦；这个木讷的叙述者非常荒谬地与他自己的叙述所呈现的严酷力度格格不入，而这一叙述现在对我们来说，甚至要比对做出这种预言的斯威夫特来说更为严酷。格列佛又继续无动于衷地前往**拉各多**，在那里他参观了规划学院，这个学院是斯威夫特对英国皇家学会的著名嘲讽。不过很奇怪，此处的反讽变得平淡寡味，我怀疑我们读到的不过是反讽的反讽。这种反讽已逐渐失效，因为过多的重复使之变得像是不由自主。不过，也存在这样一种可能，即和接下来讲述虽长生不老，却孱弱有害的**斯特鲁布鲁各人**时一样，此处反讽的反讽是刻意为之的，目的是要为格列佛和疲倦的读者接下来在慧骃马国将遭受的逆转式震惊做出铺垫。慧骃马国也是野胡，一种“奇怪的动物”生活的国度。

对于格列佛的第四次航行，评论界的反应千差万别，令人瞠目，例如萨克雷认为这部分在道德上“可怕、怯懦可耻、渎神”，而T. S. 艾略特却视之为人类精神的重大胜利。艾略特的评判在我看来和萨克雷的一样奇怪。大概这两位作家都相信斯威夫特塑造野胡的目的在于公正再现自然人类，只不过萨克雷从人文主义角度出发，对野胡的形象不以为然，而新基督教派信徒艾略特则过于兴奋以致无法苟同。如果对斯威夫特的这种解读正确的话，那么我们将不得不说，斯威夫特这位伟大的讽刺作家已被他自己对人类的厌恶情绪所淹没，从而自己也变成了一个可怕讽刺，即他也沦落成和那个格列佛一样的不堪造就之人，而他刚刚才逃过了与《木桶的故事》的讲故事者混为一谈的命运。或许这是种合适的惩罚，但是低估斯威夫特的狡黠是不明智的。

17 马丁·普莱斯提醒我们，斯威夫特的观念并不只建立在基督教道德之上，而是也来源于传统的世俗智慧，他的评价是正确的。平静和庄重与基督教教义完全相容，但两者也是世俗美德。不论野胡代表什么，它们并**不是**被剥夺了上帝恩典的世俗人性，因为虽然它们看起来符合对我们假定自然状态的禁欲式恐惧，但它们同样也严重违背了对于人类的经典看法。

很明显，给评论家和普通读者造成负担的是慧骃马的美德，而非野胡的污秽。我自己同意普莱斯的观点，他这样评价慧骃马："它们是理性之马，既不是理想化的人类，也不是针对别人为人类设定的理想做出的讽刺。"慧骃马无疑不能代表人类的理性理想，因为我们没人会希望失去所有的冲动或想象力。它们看起来也不像是对自然神论观念的一种貌似有理的讽刺，那样的讽刺更适合布莱克，而不是斯威夫特，而且无论如何，那样的讽刺与这些认知无比发达的马类身上的所有美好特性均相抵触。理性之马是一种矛盾修辞，因此斯威夫特此处的嘲讽是最难解读的：

> 我的主人听着我的叙述，脸上露出不自然的表情，因为在这个国家，慧骃马几乎没有**怀疑**或**不信**这个概念，它们也不知道在这种情况下该如何表示。记得我曾和我的主人就人性进行过多次交谈，一提到**撒谎**或**虚假**时，主人就感到十分费解，尽管在其他时候它的判断力敏锐。它是这样认为的：语言的用途是让我们相互了解，接受客观的信息；如果有人**讲一些乌有的事**，语言原有的目的性就丧失了；我不仅得不到信息，而且得到的这种乌有信息比不知道真相更糟糕，因为我被误导，将**黑的**当成**白的**，**长的**当成**短的**。这就是它对**撒谎**的认识，而人类对撒谎的认识却透彻得多。

此处我们是否要对格列佛的主人表示钦佩？那匹高贵的慧骃马不仅不知道该如何应对人类**讲乌有之事**的倾向，甚至缺乏最低限度的想象力，
18 以致无法理解人类说谎的需要，即济慈在《海伯利安的陨落》中所说的那

种“并不可鄙的疾病”。既然高贵的慧骃马认为“他完全无法理解”在格列佛的国家“野胡是唯一占统治地位的动物”这一概念，那么我们是否要再次钦佩他的这种无能？这种无能会使我们无法读懂《格列佛游记》（或者就这点而言，也无法读懂《李尔王》）。如果把斯威夫特的理性之马所具备的美德运用到我们的境况中，我们将举步维艰，但这真的是斯威夫特的含义之一吗？如果采取庄严理性的慧骃马的立场，我们又该如何对待那些已然过于明显，并且在美学意义上开始让人无法容忍的斯威夫特式反讽呢？

> 同样我的主人还谈到了侍从们从几只**野胡**身上看到的另外一种特性，它认为完全不可理喻。它说，尽管有的**野胡**年轻肥壮，饮食丰足，但它有时会躲在角落里幻想，它卧着，号叫和呻吟着，赶走那些凑上前的野胡，侍从们也想象不出来它得了什么病。它们发现唯一的治疗方法是让它多干活，然后它准会恢复常态。对此，我出于对同类的偏爱，保持缄默。然而这却让我轻易地找到了**抑郁症**真正的病根，只有**懒惰、奢侈**和**富有的**才会得这种病；如果强迫它们采用**同样的治疗方法**，我担保可以治愈。
>
> 尊贵的主人还注意到一只母**野胡**经常站在堤岸或灌木丛后，凝视它前面走过的年轻的公野胡，然后躲躲闪闪，做出许多怪异的姿势和鬼脸，同时可以察觉到它发出一种特别**刺鼻的气味**；当有一只公**野胡**走近时，它就慢慢后退，不时往后看，假装害怕，逃到一个适宜的地方，它心里明白那只公野胡会尾随而至。

令人困惑的是，斯威夫特似乎想要面面俱到，因而野胡既是我们的代表，又不是我们的代表，而慧骃马既令人敬佩或理想完美，同时又不那么令人敬佩或理想完美。或者说，这就是反讽的本质，势必要让我们感到厌倦，或者最终促使我们渴望真正的崇高，即便它可能变得荒诞怪异？斯威夫特是位令人生畏的强力作家，但作为讽刺家，他比诸如奥威尔这样的现代作家更像卡夫卡。我们并不确切知道该如何去读《在流放地》或《审判》，我们无疑也不确切知道如何解读格列佛的第四次旅行。卡夫卡作品 19
中最值得解读的，正是他刻意用来使自己变得不可解读的那种极度反常的想象力。斯威夫特对读者而言是否也是一个类似的问题？对于《格列佛游记》那令人沮丧的结尾，我们又该做出何种适当的反应呢？

> 对于一个旅行家所能招致的**唯一**的责难，我就为我自己辩护到这里。下面我要和所有尊重我的读者最后道别，然后走进我在**罗则西斯**的小花园中，沉浸在自己的玄想中，用我从**慧嘶马**那里学来的美德课程教导我家中的**野胡**，使它们尽可能成为驯良的动物；经常看着镜子里自己的模样，这样，逐渐让自己养成习惯，可以忍受人出现在自己的面前；为我们国内的**慧嘶马**身上的兽性感到哀伤，但是看在我的主人、它的家人和朋友及**慧嘶马**族的分上，我对之很尊敬，我们的马有幸在外表上和它们相似，可惜，智力却退化了。
>
> 上周，我开始允许我的妻子和我一起用餐，但是要坐在长餐桌的另一头，我还极为简短地回答她的一些问题。可是，**野胡**的气味仍然很难闻，我总是在鼻孔里塞上芸香、薰衣草或烟草叶。尽管人老了，有些老习惯很难改变，我却不是不可救药，总有一天我可以和邻里的**野胡**在一起坐坐，不再害怕它会用牙齿或爪子伤害我。

格列佛此处告别的那些尊重他的“读者”是谁？我们同情格列佛这个可怜的家伙，可至于格列佛夫人，我们与其说同情她，不如说感到纳闷，奇怪她如何能够忍受这样一个令人无法忍受的可怜虫。然而，在此书的最后几段中，虽然我们看到格列佛仍旧是神经错乱的样子，但这几段有着一种持续的魔力，难怪会那么有名：

> 如果**野胡**身上只有天生的那些邪恶和愚昧，我和它们相处并不见得会这样难。看到律师、扒手、上校、傻子、贵族、赌徒、政客、鸨母、
> 20 医生、证人、教唆犯、代理人、叛徒等，我也不生气；他们的存在都是合乎自然的发展。但是，看到丑陋不堪、一个身体心里都有疾病却**趾高气扬**的人，我会立刻火冒三丈；我也无法想象这种动物怎么会有这种恶劣的品性。聪明和贤明的**慧嘶马**，集合了理性动物身上的一切优点，它们的语言中没有表示邪恶概念的词语，除了用来表述**野胡**可恶品性的词之外，没有任何表示可恶的术语。而它们没有察觉**野**

> **胡**自大的脾性，因为它们对人完全缺乏了解，自大在野胡统治的各国显而易见。由于我对人有更多的了解，可以很容易从野生**野胡**身上看到自大的雏形。
>
> 但是在理性统治下的**慧骃马**族，并没有为它们所拥有的种种优秀品质感到骄傲，就像我不会为四肢健全而骄傲一样，任何有头脑的人都不会因此而吹嘘，尽管缺胳膊少腿确实悲惨。我对这个话题探讨得多了一些，主要希望自己在**英国野胡**的社会里不要感到太难受；因此我在这里恳求那些沾染了这种可笑毛病的人不要擅自来到我的面前。

此处到底什么更出色？是对人类虚妄骄傲的明显抨击，还是格列佛的疯狂？他认为他是一个野胡，却渴望成为慧骃马，并且无法忍受他两者均非的事实。正如在《木桶的故事》里那样，斯威夫特大胆地触及反讽的极限，那些极限使得讽刺变得不可能，因为并不存在我们可能会希望回归其中的规范。 21

塞缪尔·理查逊

（1689—1761）

《克拉丽莎》

我初次读《克拉丽莎》，是在20世纪40年代末。当时我还是康奈尔大学的本科生，指导老师是经验丰富的小威廉·M. 塞尔，他是理查逊的铁杆支持者，也是出色的小说评论家。塞尔认为《克拉丽莎》是用英语写就的最好的小说。由于我只会用塞尔教我的方法读小说，所以四十年后，我仍然坚定地认同他对《克拉丽莎》的标准评判，这并没有什么好奇怪的。通过这些年的阅读，我发现这是唯一一部堪与普鲁斯特相媲美的作品，尽管普鲁斯特有明显的优势。这部小说那冗长而令人惊异的结尾，即克拉丽莎被拖长了的死亡过程及其余波，很明显是小说艺术所能达到的巅峰极限之一。我发现自己在读到克拉丽莎临死之处，竭力忍住才能不掉下眼泪。但是作为评论家，我认为这些是**认知性**的眼泪，我也不打算多谈我自己，而是要多说说理查逊不同寻常的再现能力。理查逊之前没有强大的小说家前辈，那么他是如何能够将克拉丽莎·哈娄塑造成后来整个西方小说史上最令人信服的一类俗世圣人、一个坚强的女英雄的，这至今仍是一个谜。

伊恩·瓦特仍然是研究小说兴起的最好的文学史家。他强调，理查逊相较笛福最大的进步，就是解决了情节的问题。其做法是将情节围绕一个单一行为展开。这个单一行为就是两性之间的求爱，而这一行为必然造成理查逊需要做出另一个重大创新：对主人公内心的小说化呈现。这是一种模仿的方式，对此理查逊只有一位绕不过去的前辈：莎士比亚。如果让·亨德里克·范登伯格所言正确，那么历史心理学本质上研究的
22 是成长中的内在自我，包括路德的“内在的人”(1520)，到莎士比亚笔下那些几乎完全世俗化了的悲剧英雄，再到卢梭和华兹华斯笔下带着狂喜

在“自然的感觉”中直面事物之异化的孤独自我。《克拉丽莎》(1747—1748)的出版先于卢梭所有的著作，因此，虽然卢梭本可能就内心情感问题告诉理查逊些什么，却没有教给首位伟大的英国小说家有关内在生命的小说化呈现方法。

至于之后是否有人在这种模仿方法上超越过理查逊，在我看来至少是存疑的。乔治·艾略特的多萝西娅·布鲁克、亨利·詹姆斯的伊莎贝尔·阿彻尔、D. H. 劳伦斯的厄秀拉·布兰文，甚至弗吉尼亚·伍尔夫的克拉丽莎·达罗卫，都未能比原版克拉丽莎更深入地将我们带进对个人意识的描写当中去，甚至相较克拉丽莎那彻底的内在性，她们可能全都在某种程度上有所回缩。普莱斯说过，“理查逊将高度独特化了的人物进行了转变，使得他们那浓厚而熟悉的社会环境在揭示后果的缓慢过程中逐渐消失”。克拉丽莎，在某种程度上还有拉弗雷斯，所体现的这种转变以一种不啻乎悲剧性的内在性，替换了社会和历史语境。如果克拉丽莎是一个圣人和殉道者，那么她所英勇见证的，与其说是对基督的超自然信念，不如说是对自己永在成长的内在自我之崇高操守的自然信念。

* * *

理查逊作为小说家的力量集中在克拉丽莎和拉弗雷斯之间的关系上。那是一种疯狂对立和激烈矛盾的关系。两人之间有着一种西方文学中最为含混的激情，他们摧毁了自身，也摧毁了彼此。我并不想轻易下这样的论断，但在莎士比亚、托尔斯泰或普鲁斯特的作品里，没有哪个爱情故事看上去能在强度和复杂性上，与吞噬克拉丽莎和拉弗雷斯的这种可怕的争斗相比。我们也无法推测理查逊的男女主人公如果结婚，可能会是何种景象，正如我们不能设想永结同心的安东尼和克莉奥佩特拉和谐统治下的世界将是何种景象一样。拉弗雷斯和克拉丽莎是强大的对手，但又诡异地互补。理查逊如此塑造他们，使得他们必须毁灭彼此，这正是理查逊艺术的巅峰。

拉弗雷斯的个人力量虽然强大，最终却被华美垂死的克拉丽莎的超验转变所遮蔽。单是出于这个原因，我就得先从拉弗雷斯开始，不过那的确是个结局；直到克拉丽莎开始死亡之前，她反抗拉弗雷斯的力量只是

促使他变得更像自己。反过来，拉弗雷斯的侵犯极大地增强了克拉丽莎
23 的力量，尽管她为此付出了生命的代价。小说中最可怕的讽刺就是，克拉丽莎缓慢的死亡直接导致了拉弗雷斯的稳步衰退，从英勇的撒旦崇拜者退化成自我毁灭的浪荡子，沉溺在悔恨和迷茫之中。

A. D. 麦克基洛普曾将拉弗雷斯的文学先祖追溯至复辟时期喜剧中的上流社会浪荡子，和德莱顿剧作中赫拉克勒斯式的英雄，例如《奥朗格—泽比》和《格拉纳达的征服》。他的追溯很有用。这一谱系解释了拉弗雷斯身上一些明显的缺陷和为数不多但真实可信的美德：他对社会浮浅表象和虚伪道德持有正常的鄙视，对真正的美德则奇特地充满渴望，而且还直白坦率。但是，复辟时代风趣的浪荡子和赫拉克勒斯式的雄辩家结合在一起，并不比詹姆斯一世时期的英雄—恶棍更配得上克拉丽莎·哈娄。这部小说的魅力，部分在于可以看到拉弗雷斯慢慢意识到，他注定要在克拉丽莎身上遭受失败。转折点并不在于强奸，而是在第266封信靠后部分里的一个瞬间，当时拉弗雷斯突然明白了他和克拉丽莎为彼此建构的困境：

> 可怕的、亲爱的人！——以我的灵魂起誓，她让我发抖！真的，她落在了我——这个世上唯一一个会如此对待她的**男人**——的手中，她不得不讲述**她的**不幸！她则是这个世上唯一会如此震撼我，烦扰我的**女人**。所以我们在这一点上是扯平了。而且我想我比她**惨**得多。因为我几乎没得到什么乐趣，麻烦倒是不少；而**她的**惩罚——她是这么说的——已经**完毕**，但是**我的**何时结束？那惩罚又**会是什么呢**？谁知道？
>
> 这里，我只讲重点（想想吧，当时我是多么痛苦）。我被迫离开，自己唱歌给自己听。我试图唱得欢快些；但我声音嘶哑，闻之并不像歌：我唱出来的竟是那支凄凉的一月三十日之歌。我清清嗓子，想换支轻快些的，却没有办到：最后发出的声音让我就像一曲沉闷的赞美诗中的恶人。
>
> 嗨—呵！——我张着嘴，宛若一只羽毛尚未长成的雏鸢，待在巢里，想要吞下它那凌厉的母鸢叼至嘴边的一只鸡！——
>
> 到底是什么在折磨我呢！——我既不能思考，也不能书

写！——

笔啊，暂且放下吧！——

折磨他的，是他自己那已然展开的结局，是他从残余的浪荡子意识向
外、向下的跌落，跌至因被克拉丽莎击败而构成的那个可怕的内心空间，
是他不得不意识到的真相，即他永远都不能再任性骄横了。克拉丽莎这 24
个伟大的清教徒拒绝给予他尊重，不会按他对自己的评价来接纳他，而且
他也开始明白，他们实际上已然毁掉了彼此。他实际的死亡不过是将他
从克拉丽莎死后他所忍受的生不如死的状态中解脱了出来：

在最后的两个钟头，他不时陷入昏迷；然后又有几次大声叫出来，把她带走！把她带走！但又没提任何人的名字。还有几次，他开口赞美某位女士（我认为是克拉丽莎，在他受到那致命一击的时候，喊的就是她），称她作甜美的完人！圣洁的造物！美丽的受难者！——有一次他说道，朝下看，神圣的精灵，朝下看！——然后他停了下来——但他的嘴唇还在动。

早晨九点，他突然痉挛，然后昏了过去；一刻钟后才醒过来。

我不能略去他最后的言语，因为那些话显示了一种最终的镇静；这可能会给他那些可敬的朋友带去些许安慰。

神圣——他说道，无疑他正对上天说话；因为他垂死的眼睛正朝上望去——一阵剧烈的痉挛让他有好一会儿不能继续说下去——但是缓过劲儿之后，他又非常激动地（抬起眼睛，举起摊开的双手）吐出了**神圣**一词——接着，他小声低语，似乎不想让人听懂；最后，他清楚地说出了这几个词，

以此赎罪！

然后，他的头垂落在枕头上，停止了呼吸；当时大约是十点半。

对神圣的克拉丽莎的崇拜成了拉弗雷斯的宗教，他把她转化成了某种远超圣人，甚或天使的东西。他带着这种崇拜死去。他自己是纯粹的

意志，而如今又被另一个更加纯粹的意志所征服，于是他像崇拜上帝一样崇拜自己的征服者。可以说，临死之时他是一个克拉丽莎教徒，而非基督徒；拉弗雷斯保持了他最后的骄傲，一种独特的荣耀感。这种荣耀感已然超越了悔恨，并且里面也没有剩下什么纯粹的爱情。这很难算是任何道德或精神意义上的赎罪，正如理查逊在某种程度上一定知晓的那样，但
25 肯定是一种美学意义上的赎罪，配得上波德莱尔或者普鲁斯特。

* * *

克拉丽莎的结局远远超越了她情人的结局，这是非常恰如其分的。整个文学批评传统，从瓦特和普莱斯到比我年轻些的当代人，均过于强调克拉丽莎所谓的自我欺骗，而我不同意这一点。塞缪尔·约翰逊博士率先注意到克拉丽莎无法正视她爱上拉弗雷斯的事实，但这在我看来却算不上表里不一，不论她有多么不知情。我们无法选择我们可以自由去爱的对象，但比起世俗虚构文学中任何具有可比性的人物，克拉丽莎都更为坚定地反抗各种模式的专断。她所重视的，是她的意志不能被侵犯，甚至不能被她自己的情感所侵犯，而这正是她的伟大之所在。**她拒绝视自己为任何人的牺牲品**——不论是拉弗雷斯的，她自己家族的，或者她自己施予自身的。

拉弗雷斯成了一个受伤的自恋者，也因此暴躁好斗到底。但克拉丽莎如果愿意，则可以坦言，遭到抑制的是她的爱欲，而非她的自恋。如果拉弗雷斯真的代表了她对得不到的和自身不具备的事物的渴望，那么她的欲望也就随着肉体遭到侵犯而消亡了，这并不那么荒谬。拉弗雷斯在强奸发生后变得愈加随性，而她却转变成了一个二元论者，并且开始了此世生命的死亡。此事件与社会无干，与传统的现实也关系不大。这是一个美学问题，属于崇高范畴内亘古已有的争斗，即总是试图寻求下面三重问题的答案：超过？同等？逊于？她从未逊于拉弗雷斯，而且徒劳地希望他能够被改造成和她同等的样子，但现在她知道她已远远超过了他，事实上超过了她所在世界中的任何人。在崇高的巅峰，她只能开始死亡。

如果她的意愿是不受侵犯，那么意志的独立和操守就必须被死亡所彰显。这种死亡绝不是报复，不论是针对拉弗雷斯、她的家人、她自己，甚

或时间。更确切地说，**她的**死亡是真正的赎罪，可以为牵扯在内的其他每个人带来宽恕。不过我猜测，她更感兴趣的是宽恕她自己，甚至在她宽恕迷茫无措的拉弗雷斯时也是如此。正如萧伯纳笔下的圣女贞德所示，清教圣人与其说关注其他人的苦难，不如说更关注她自身的操守。克拉丽莎和萧伯纳的圣女贞德付出的代价均是陷入一种绝对的内在孤独中，但那不正是新教的精髓吗？

在所有的文学作品中，再没有什么能与克拉丽莎那实际上没完没了的死亡场景相比了。虽然没有人希望该场景能更长，但我的确并不希望它变短。虽然第481封信中实际的死亡时刻很不同寻常，但最能体现克拉丽莎之神化的场景却是在第475封信里： 26

> 她的呼吸十分短促，她又让人多拿了个枕头；之前她已经枕着两个枕头了，多加一个使她在床上坐了起来；这时她说话清楚了些；她看到我们非常担心的样子，就忘记了自己的痛楚而来安慰我们；她向我们告诫了一番，话虽短，却很动人。她谈到了及时做好准备的好处和过迟才忏悔的危险，因为她观察到，到那时头脑和身体一样，已经变得非常虚弱，以至于无法让一个脆弱的灵魂对自己的缺点感到不满。
>
> 她接着说，我恳请你们，我亲爱的朋友，不要哀悼一个并不为她自己感到哀伤，也没有理由为她自己哀伤的人。相反，请为我感到高兴，因为我所有的尘世烦恼都几近结束。相信我，先生们，如果我可以，我不会选择活下去，即便我生命中最快乐的这部分还可重来一遍：虽然我十九年的生命中，有十八年都是非常快乐的。一个人如此暴露在诱惑之中，如此容易在考验中失败，那么得知她所有的危险都将结束时，又怎会不感到高兴呢！——我希望的就是得到亲爱的父母的宽恕和祝福。我的离去看起来会很轻松，不过如果这个愿望能够得到满足的话，我将更为轻松。**但全能的上帝不会让我依赖除他之外的任何人来得到安慰。**[①]

① 原文中本句英文全部大写。

这肯定是最纯粹的新教精神，我们还可以称之为骄傲，尤其是因为克
拉丽莎提醒我们，她不过才十九岁而已。但是，如果我们将她所有的知识
称作一种形式的骄傲的话，那么我们是在伤害她。目前为止，清教徒实际
上已经为我们精神的、智识的、经济的和政治的生活，以及我们的性生活
中所有出了问题的东西背上了骂名。美国是清教主义的衰落之地，因此
也成为其意志所承受苦难的最后一站。而克拉丽莎之死向我们展示了另
一面，即清教意志的荣耀。如果上帝不允许克拉丽莎依赖除他之外的任
何人来得到安慰的话，那么他授予了她清教意志的终极荣誉：只在意志
27 选择给予尊重之处接受尊重，而且只按照它自己的条件。

亨利·菲尔丁
（1707—1754）

马丁·普莱斯说过：“菲尔丁可以奖赏他的主人公们，因为他们没有寻求奖赏。”这话作为批评言论，符合菲尔丁的性情，而且再次告诉了我们菲尔丁创作的是怎样一类小说：一部喜剧《奥德赛》，斯摩莱特和狄更斯作品的先驱，也是乔伊斯的《尤利西斯》的先驱。我的老师弗雷德里克·W. 希尔斯喜欢把《汤姆·琼斯》与《尤利西斯》相比，同时承认菲尔丁作为叙述者既不隐身，也不冷漠。菲尔丁的确是位了不起的创造者，而这肯定是他会惹上一位像塞缪尔·约翰逊博士那样可畏的评论家做敌人的原因。约翰逊博士喜欢亚历山大·蒲柏，同时又鄙视所有小说家中最像蒲柏的这一位。约翰逊高度推崇塞缪尔·理查逊，而贬抑菲尔丁。我也赞同这一点，尽管我并不是不带偏见，因为理查逊的《克拉丽莎》在我看来仍然是英语写就的最好的小说，甚至超过奥斯丁的《爱玛》、艾略特的《米德尔马契》和詹姆斯的《一位女士的画像》。所有这些作品都是《克拉丽莎》的后代。《汤姆·琼斯》则创建了另一条路线，是与《克拉丽莎》相对立的一个传统，狄更斯和乔伊斯都包括在该传统之内，他们都是像菲尔丁一样精力旺盛的小说家，而且在形而上学和心理方面更难以捉摸。

塞缪尔·约翰逊认为菲尔丁眼光粗浅，他很明显对此感到愤恨。这种愤恨是可以理解的，因为约翰逊是一个伟大的道德主义者，他相信人的生命在任何地方都是一种痛苦良多、欢乐太少的境况。作为引人注目的道德主义者，约翰逊是无与伦比的，但他必然低估了菲尔丁在道德上的精明。理查逊和菲尔丁之间的实际问题在于再现方式，在于他们对模仿所持有的不同看法。理查逊和菲尔丁似乎把莎士比亚在他们之间撕裂开来。理查逊吸收了莎士比亚摹画内在的能力，而菲尔丁则继承了莎士比亚描写浪漫传奇世界时的那种奇异的挥洒自如，而这个浪漫传奇世界变得比现实还要真实。 28

尽管鲍斯威尔[①]表示不同意，约翰逊还是认为，“理查逊的一封信里表现出的对于心灵的了解，要多过整部《汤姆·琼斯》”。在约翰逊看来，菲尔丁的人物是“举止人物”，而理查逊的则是“人性人物”。这一区分至少是文学批评；我们会感到许多喜欢菲尔丁甚于理查逊的现代学者之所以偏爱菲尔丁，根据的是柯勒律治情绪化的评价：“多么迷人，多么健康，菲尔丁一贯如此！读过理查逊后再拿起他的书，就像从一间烧着炉子取暖的病室里出来，在五月微风轻拂的一天走进一片开阔的草坪。”这话的说服力等同于理查逊对自己为何不读《汤姆·琼斯》的解释：“有人告诉我，那是一部杂乱无章的白日梦集子，不遵循可能性的规律。”

从1747年12月至1748年12月，七卷本的《克拉丽莎》用了一年多的时间出版完毕；《汤姆·琼斯》在1749年出版。这两部小说之间的竞争不可避免，而且都非常畅销。两部小说一起创建了现代小说——一种今天仍然占主导地位的文学形式。《小说的兴起》(1957) 的作者伊恩·瓦特作为最权威的编年史家，对菲尔丁最关键的力量和局限做出了可能是最公平的评价：

> 菲尔丁努力在这一新的文学体裁中融入莎士比亚的某些优点，这么一来他就远离了形式现实主义，以致无法开创一个切实可行的传统，但他的作品也永远在提醒着我们，如果这一新的文学体裁想要挑战旧的文学形式，那么它必须找到一种途径，不只是能够表达可信的印象，而且能够表达对于生活的明智评价。这种评价只能通过采取比笛福或理查逊或所有人类事务宽广得多的视角来获得。

《汤姆·琼斯》

《汤姆·琼斯》具有哪些莎士比亚式的特点？部分答案肯定在于乡绅威斯屯那粗暴的、恶魔般的、没头没脑的活力，抑或猖狂的肉体自我。马丁·普莱斯称威斯屯为福斯塔夫之后最棒的英语喜剧人物，这一论断看起来无可争议。然而这里仍然有一点疑问。福斯塔夫就像他的前辈巴

① 鲍斯威尔 (James Boswell, 1740—1795)，苏格兰传记作家和日记作家，最著名的作品是他为同时代的英国文学泰斗约翰逊博士 (Samuel Johnson, 1709—1784) 撰写的传记《约翰逊传》。

斯妇一样，是一个英勇的活力论者（vitalist），和她一样将活力论抬升至谐
趣的极点。如陶尔博特·唐纳森[①]所示，巴斯妇就和福斯塔夫一样，是个
伟大的滑稽模仿诗文作者和对《圣经》做出危险篡改的阐释者。但威斯
屯所具有的却是一种没有脑子的活力，所以他自己就成了活力论的一种
逼真的滑稽模仿。不过，菲尔丁的天才使威斯屯突破了再现的局限，从小 29
说中跳出来，进入了一个超模仿领域，在这个领域里福斯塔夫和巴斯妇加
入了堂吉诃德和桑丘·潘沙的行列。威斯屯的简单是如此生机勃勃和充
满肉欲，以至于达到了一种新的复杂，正如下面这段令人惊异的喜剧性逆
转所显示的那样：

> 威斯屯本来早就急不可待，要听到这番会谈的结果了，所以现在正好刚刚来到门口，偷偷窃听；他听到女儿最后发表了心里的思想感情，一下憋不住了，怒气大发，咆哮如虎，冲开屋门，大声嚷道："你这是撒谎！你这是撒弥天大谎！所有这些，都是那个该大卸八块的大混蛋顷（琼）斯闹的；她要是能抓到塔（他），她不管什么时候，都能跟着塔（他）去。"奥维资听到这儿，插嘴拦阻，脸上带出一些恼意，对那个乡绅发话道："威斯屯先生，您这可没按照您答应我的话办哪。您不是早就说过，不动武、不用强吗？""哟，我过去不是没动武吗？"威斯屯喊道，"不是尽量能不动就不动么？可是听着一个丫头撒这样弥天的大谎——真他妈的！她只当，她能把别伦（人）都当沙（傻）瓜玩弄了，就能连我也当沙（傻）瓜玩弄吗？玩弄不了，绝玩弄不了，我了解她比你了解得多。""我很对不起，得跟您说，老先生，"奥维资答道，"我冲着您对您的小姐这种行动看，您好像就一点儿也不了解她。我这样说，我得请您原谅；但是我可认为，看到咱们的亲密交情，看到您自己的愿望意图，还有这阵儿的事态情势，我都应该直言不讳。她是您的女儿，威斯屯先生，我认为，她真替你们威斯屯家争光增荣。要是我是一个会犯嫉妒的人，那我应该因为您有这样一位小姐，总比不论什么别的人都嫉妒得厉害。"——"他妈的！"那位乡绅喊道，"我还是一心一意，都恨不得她就是您的闺女，那才叫好

① 陶尔博特·唐纳森（Talbot Donaldson，1910—1987），美国学者，英国中古文学专家。

哪——我只盼着，能一下就甩掉养活她这种麻烦。”“一点儿不错，我的好朋友，”奥维资喊道，“您所有这些叫苦的麻烦都是您自己找的。只要您用这位年轻的小姐非常应该得到的信任全部信任他，那我敢决然断言，您就会是天地间最幸福的老子。”——“我信任她？”乡绅喊道，“她什么事都不照我咬(要)她的样子办，我咋能信任她？只要她听话，照着我咬(要)她那样去嫁人，那我就十二分地信任她，像您要我捏(那)样。”——“我的好街坊，您没有权利，”奥维资答道，“非要一口咬定了叫她那样答应您不可。令嫒已经承认了您有否决权了，按照天理人意来说，都得说不应该再让您有更多的权利了。”“否决权！”乡绅喊道。“好啦！好啦！我就把这种否决权使出了样儿来给您瞧瞧好啦。去，去，去到你的卧房里，你这顽固倔犟的——”“您这是一点儿不错，威斯屯先生，”奥维资说，“您这是一点儿不错，待
30 她太残暴了。我亲眼见到这种行为，实在看不下去——您必须——您一定得用更好得多的态度对待她才是。她应该受到最好的待遇。”“不错，不错，”乡绅说，“我知道她应该受什么样儿的待遇。这会儿她不在这儿啦，我给您瞧瞧她都该受什么样的待遇吧。您瞧瞧这儿吧，老先生，这是从我那位亲戚——白乐丝屯夫人那儿来的一封信，信里头她不怕麻烦，特为同(通)知我，说那个坏家伙又从狱里出来啦，她在信里嘱咐我，叫我用尽了心、费尽了力，千万要把这个死心眼的丫头看好了。真他妈的！奥维资街坊啊，您可不知道管教闺女都是什么罪孽啊。”

这位乡绅把自己怎样能干精明奉承了一番，来结束他这番话；于是奥维资来了一段词严义正的开场白后，接着把发现琼斯这个秘密的全部过程，以及他对卜利福的气愤，还有一切别的细情，都对乡绅说了：这都是在前几章里已经对读者表明了的。

脾气暴躁得过火的人，绝大部分，也同样都是脾气最容易改变的人。因此，威斯屯刚一听到奥维资打算把琼斯当作他的继承人，马上就顺着这位舅舅，衷心地夸起这位外甥的每一样好处来，同时想要把苏菲娅嫁给琼斯，情意之殷切，和原先想要把她和卜利福拴成对儿，一模一样。

他说到这儿，奥维资又一度不得不插言拦阻，把他和苏菲娅二

> 人所谈到经过都说了一遍,说的时候,表示了一番诧异。
>
> 乡绅一时无言,只因为听了这段故事,脸上露出一片惊讶得几欲发狂的样子。待了好半晌,才到底大声喊道:"哦呵,老街坊,您说这都是什么意思吧。她本来习(喜)宛(欢)塔(他),我敢起咒,那是一点儿也不错的。——他妈的,这回可叫我猜着啦。就跟打枪一样,吧的一下,这回可打着啦。这又都是我老每(妹)子干的好事儿。这个丫头准是又看中了那个婊子养的勋爵啦。我在我那个亲戚那儿——那个白乐丝屯夫人家里,瞅见他们俩在一块儿来着。他把这个丫头闹得晕头转向的啦,准是那么回事——可就是宰了我,塔(他)也是干瞪眼儿。我架(家)里坐地窝儿也不许有勋爵这号东西,再不朝里作官为宦的,作我的门婿。"①

威斯屯片刻之间,一会儿诅咒发誓苏菲娅**不能**嫁琼斯,一会儿又诅咒发誓她**必须**嫁,说的时候都同样是激动暴躁。他的两种态度都让我们感到好笑,而最好笑的则是他从一种立场转向另一立场所表现出的孩子似的轻松随意,流畅无阻,毫不尴尬,毫不反思。作为一个激动暴躁的婴儿,乡绅威斯屯在纸上,或者在银幕上(在约翰·奥斯本编剧、托尼·理查逊执导的电影《汤姆·琼斯》中,乡绅威斯屯由休·格里菲斯饰演),都达到了崇高的高度;但是在纯粹的现实里,他将是个魔鬼。作为艺术再现,他是成功的,因为正如更伟大的福斯塔夫一样,他不受超我的约束。威斯屯令我们感到开心,因为他是失控了的自由,甚至不懂得搞阴谋诡计;然而 31
他的没头没脑几乎要吓着我们。

普莱斯说过,"菲尔丁通过限制他的角色来操控他们",这话一如既往地正确。但威斯屯却是个伟大的例外。他全盘不受操控,放纵无度,超越了所有限制。再没有哪部18世纪的小说能够容纳威斯屯,而这正是《汤姆·琼斯》魅力的另一标志。浪漫传奇文学所具有的某种原始性的东西在威斯屯这个狂野人物身上保留了下来。他几乎不属于仍推崇奥古斯都理念的后斯威夫特时代的小说。菲尔丁就跟蒲柏和斯威夫特一样,把启蒙运动意识和秩序观念与一种流动的活力感结合在一起。约翰逊和

---

① 本书中*Tom Jones*的译文均出自亨利·菲尔丁著,张谷若译:《弃儿汤姆·琼斯史》,上海,上海译文出版社,1993年。

菲尔丁一样，也承袭了蒲柏和斯威夫特的传统，他可能隐约但又精确地感
觉到菲尔丁就像斯威夫特，太过于放纵活力论那魔鬼般的力量。“把这类
作品称作浪漫传奇喜剧并非不合适”，约翰逊这样评价菲尔丁，从而将菲
尔丁归属于那片尚未被理性所净化的黑暗、神奇的领域。约翰逊或许并
32 没想要贬低菲尔丁，而是要引导我们去领会他最令人惊异的力量。

劳伦斯·斯特恩

（1713—1768）

《项狄传》

斯特恩在一封信里说过，《项狄传》的“写作意图是为了难为所有的评论家”，但他或许更清楚自己作品的价值。最伟大的评论家约翰逊博士坚持认为《项狄传》不会长久，这一预言错得离谱。斯特恩为评论界和读者提供了一切；人们会惊叹，有谁能抗拒这样的一部小说，它的主人公—叙述者宣称（第1卷，第14章）“我已经写了六周了，尽可能飞快地写——可我还没有出生呢”？《项狄传》于1760年至1767年间，以九个短卷的形式出版，成为“感性时代”（the Age of Sensibility）的杰作。诺思洛普·弗莱教我们把那个时代称作“感性时代”，那是卢梭的时代，是世俗化、本土化、“东方化”了的《圣经》的时代，劳斯主教[1]在《希伯来圣诗讲稿》中形容其为“激情语言”的真正源头。那也是约翰·洛克的时代，正如我们如今仍生活在西格蒙德·弗洛伊德的时代一样。约翰逊也反对托马斯·格雷和他自己的好友威廉·柯林斯的诗，所以他反对《项狄传》是与他的一贯态度相一致的。亨利·菲尔丁或许颠覆了小说的形式，斯特恩却颠覆了奥古斯都时代的整个再现模式，并真正终结了那个以蒲柏为翘楚的文化事业。

当代有众多的顶尖西班牙语美国小说都是斯特恩式的，不论作者是否读过斯特恩。这不可能是种偶然。我曾对这批优秀小说家中的一位说起过斯特恩是个多么伟大的幻想家，他却和蔼地向我断言，斯特恩的意图不过是要写实。华莱士·史蒂文斯说过，面对非凡的现实，意识可能会取代想象的位置。对斯特恩而言，意识本身就是非凡的现实，因 33

① 劳斯主教（Bishop Lowth，1710—1787），英国国教主教，牛津大学诗歌教授，《希伯来圣诗讲稿》（*Lectures on the Sacred Poetry of the Hebrews*，1753）是其代表作。

此感性与想象融为一体。二元论，不论是笛卡尔式的还是洛克式的，如今都主要是带着弗洛伊德式的伪装为我们所知。“项狄式伪装”也可以如此，因为项狄是个彻头彻尾的弗洛伊德学说信奉者，只是他比弗洛伊德早生了五代。弗洛伊德学说的基本前沿概念——内驱力、肉体自我、内投和投射的非压抑性防御——在《项狄传》中都得到了例证，弗洛伊德学说的核心观点，或者说压抑或防御的转义，也是如此。斯特恩的多数读者立刻就看到了这一点，而他的许多评论家也对此进行了思索。因此，再对《项狄传》进行弗洛伊德式的解读就变得多余。更关键的问题其实是：作为小说家，斯特恩试图通过在心理方面进行二元式、唯我式的强调来为自己做些什么？

多数评论家都同意，在项狄式哲学中存在一个美学和道德规划，但是他们对这一规划的表述却不幸流于陈词滥调。你可以相对容易地总结出蒲柏或菲尔丁针对读者的设计，但要表述斯特恩的设计就难多了。这不仅仅是一个修辞困境；斯特恩是位伟大的讽刺作家和戏仿作家，但蒲柏和菲尔丁也是一样，而斯威夫特甚至在这些领域比斯特恩还要出色。但是，如果说这后三位伟大的奥古斯都作家在认知上都敏锐精细的话，那么斯特恩的敏锐精细则是超凡脱俗、臻于魔境的。斯威夫特的风格狂野凶猛，而斯特恩的则离奇古怪；他的艺术风格真的就如马丁·普莱斯所言，是恶魔式的，堪与尤内斯库的技艺相比。这一比较本质上是正确的，但尤内斯库很难把握好斯特恩那既宏大又精细的写作规模。我更赞成理查德·兰汉姆的做法，他把斯特恩和乔叟相提并论，认为乔叟也是个睿智之人，没有陷入阿诺德式的一本正经。斯特恩就跟乔叟和塞万提斯一样，对于游戏玩乐非常认真，但他对于形式甚至比他们更具有游戏精神。

* * *

对于一个几近完美的唯我论者而言，什么是爱？爱是否不仅仅是性？性是否就是全部？是否每一只颤抖的手都令我们像玩偶一样，尖声叫出这一心心念想之词？斯特恩具有还原论者的特点，他思索这一问题，并且给出了一个肯定的答案：

下士继续说道,我那时一直避免堕入情网。如若不是上天另有安排,我这辈子都不会爱上什么人——但命运是不可抗拒的。

那是一个**星期日**的下午,正如我告诉阁下的那样——

老人和他的妻子出去了——

房子周围一切都寂静无声,宛如深夜——

院子里连一只鸭子或小鸭都没有—— 34

——这时,那个美丽的**修女**来探望我。

我的伤口恢复得很好——炎症消除已经有些时候了,但炎症一消,膝盖的上面和下面就开始痒起来,痒得我难以忍受,彻夜未眠。

让我看看,她跪在我面前的地上说道。她与我的膝盖平行,把手放在膝盖下面的部位——稍稍揉搓就好了,**修女**说道;她用床单裹着我的腿,开始用右手的食指揉搓我膝盖的下面。她的食指沿着绷带上覆盖的法兰绒床单的边缘前后揉动。

五六分钟后,我轻微感觉到了第二根手指的指尖——很快这根手指就和第一根放在了一起,她继续用那种方式一圈一圈地揉搓了好一阵子;这时我突然想到,我将会堕入情网——当我看到她的手是那么白时,我的脸红了——阁下,我在有生之年永远不会再看见一只如此白的手了。

——在那个地方是不会:我的叔叔**托比**说——

尽管下士正在忍受一种最严肃的绝望之情——我叔叔仍然忍不住笑了。

下士继续说道,年轻的**修女**感到她的揉搓——用两根手指揉了这么久——对我来说很有用——就开始用三根手指——渐渐地,她又用上了第四根,然后用整只手:我永远不会再说关于手的字眼了,阁下——但她的手比缎子还软——

——劳驾,**特里姆**,你可以想说多久就说多久,我叔叔**托比**说道,我会很高兴听你的故事的——下士真诚地谢过了他的主人;但是对**修女**的手他已经没什么可说的了,只能重复——于是他开始讲述那只手产生的效果。

下士说道,那个美丽的**修女**继续用整只手在我的膝盖下面揉搓——直到我开始担心她的热情会让她疲倦——"为了基督的爱,"

> 她说，“我可以再做一千回”——说着，她的手拂过法兰绒床单，放到我膝盖上面同样瘙痒的部位，揉搓起来。
>
> 就在那时，我感觉我开始堕入情网了——
>
> 她继续揉啊揉——我觉得她的揉搓从她的手底下扩散开去，阁
> 35 下，蔓延到我身体的每个部分——她揉的时间越久，每一下的时间越
> 长——我血管里的火就燃得越旺——直到最后，有两三下比其他都
> 长——我的激情达到了高潮——我抓起了她的手——
>
> ——于是，你把那只手放至唇边，**特里姆**，我叔叔**托比**说道——然后你说了一番话。
>
> 下士的爱情是否真如我托比叔叔说的那样结束，已不得而知；但这份爱情中包含了自创世以来所写就的所有爱情故事的真谛，这就足够了。(8,22)

堕入情网就是被挑起性欲；不多，也不少。斯特恩有点体弱多病，正如W. B. C. 沃特金斯[①]所言，他异乎寻常地敏感，“——部分是因为他不可避免地在身体方面非常敏感，达到了不正常的地步。他敏锐地感觉到自己血液的流动和心脏的跳动”。斯特恩所谓的好色，很大程度上其实是在认知与肉体上对性刺激的高度敏感。在斯特恩那里，“感性”的含义完全是性方面的，这可以帮助我们看到这一文化词汇的道德与美学本质。对温柔情感的敏锐体会，不论多么细微，也不论是对自己或是别人，都被客体化为一种品质或姿态。这种品质或姿态通过情感回应，偏离了斯多葛式的和奥古斯都式的理性理想。这就是感性或“感伤”(the Sentimental)，在意识形态上摆脱了右翼对资产阶级道德的鼓吹，或者左翼对无产阶级或田园自然美德的美化。这一品质的政治主张虽然在根源上是辉格式的，但却扩散成关于心灵习性之力量与美好的一种普世性、历史性观点。马丁·普莱斯称之为“对人类情感价值的一种激烈的，常常是叛逆性的肯定”。感性的姿态是一种明显自觉的、戏剧化的但又强调真诚的姿态，是对其他所有影响的性欲化转变。斯特恩非常清楚这一点，并且向我们展示和告知这一点。理查德·兰汉姆如此总结道:“对斯特恩而言，我们

① W. B. C. 沃特金斯(W. B. C. Watkins, 1907—1957)，美国学者，英国中古文学专家。

最终不仅变成永不满足的寻欢作乐者，而且变成本质上无可救药的装腔作势者。”

所有的项狄迷都有他们最喜欢的章节，而最让我心动的是整个第7卷，在该卷中特里斯川/斯特恩为了逃避死亡而去法国进行一次感伤之旅。你也可以选第7卷中的两个精彩瞬间：阿曼度斯和阿曼达的故事，或者与纳奈特一起跳的终曲乡村舞。不过，如果我们是寻欢作乐者的话，我们很难选出比第8卷第15章更好的篇章了，这一章后面跟的就是寡妇沃德曼在岗亭里将托比叔叔从两头同时点燃的片段： 36

> 这真的很令人遗憾——但是通过对人的日常观察，你会发现人可以像蜡烛一样被点燃，两头儿都可以——前提是必须有足够长的烛芯伸出来；如果没有烛芯——事情就完了；但如果有的话——从下面点燃，火焰通常会不幸地被自己熄灭——事情也完了。
>
> 对于我而言，如果我总是能够自己决定以哪种方式点燃自己的话——因为我无法忍受被人像野兽一样点燃——我会责成一位主妇不断地从上面将我点燃；因为那样我就能体面地一直向下燃到烛座；也就是说，从头到心脏，从心脏到肝脏，从肝脏到肚肠，等等，再通过静脉和动脉，通过所有的弯弯曲曲以及肠子和肠膜之间的外侧附着，直到盲肠——
>
> 那是我母亲生我的那个夜晚，斯洛普正在和我父亲说话，他提到了**盲肠**——请问，**斯洛普**医生，我叔叔**托比**开口打断了他——请告诉我，我叔叔托比说，**盲肠**是什么；虽然我一把年纪了，可我发誓我直到今天还不知道它在哪里。
>
> **盲肠**嘛，**斯洛普**医生回答道，就在**回肠**和**结肠**之间——
>
> ——在男人体内？我父亲问。
>
> ——在女人体内也完全一样，**斯洛普**医生嚷道——这我可不知道；我父亲说。(8,15)

我们再次看到了斯特恩对人类生存的二元式复杂境况的精彩感悟。严格说来，人并非上帝的清教式蜡烛，带着超越自然的神圣意愿燃烧，而是一支有性欲的蜡烛，带着自然的生存意愿燃烧。特里斯川/斯特恩要求从上面被点燃，大概是被认知火焰点燃，但他也要求“能体面地一直向下燃到烛座”。斯特恩这个热烈的比喻摈弃了笛卡尔式的“机器中的幽灵”（这是吉尔伯特·赖尔的精妙概括），渴望头脑通过感官燃起熊熊火焰。虽然斯特恩可能是所有活力论者中最善于讽刺的，但他最终的亲缘关系应该落在拉伯雷和布莱克那里，这两人都是试图通过改善感官享受来拯
37 救我们的幻象大师。

托比亚斯·斯摩莱特
(1721—1771)

《汉弗莱·克林克》

尽管《汉弗莱·克林克》活力四射，诙谐幽默，斯摩莱特目前仍是18世纪主要英国小说家中最被忽视的一位。由于他不具备理查逊、菲尔丁和斯特恩那样出色的美学成就，我们并不期待他也能激发起评论界对那几位作家一直表现出的那种强烈的兴趣。然而，据我判断，《汉弗莱·克林克》是一部比笛福的《摩尔·弗兰德斯》或哥尔德史密斯的《威克菲尔德的牧师》更具感染力的小说，与范妮·伯内的《伊芙琳娜》相比也要略胜一筹。既然相较于这三部作品，如今很少有人还阅读和研究《汉弗莱·克林克》，该书的衰落或许表明，斯摩莱特身上的某种特质并不能为我们当下的主导鉴赏模式所接纳。托马斯·品钦的时代是对未来持悲观态度的启示录时代，没有为任何讽刺性幻象留下余地，因而难以包容斯摩莱特因急切渴望恢复健康而进行的那场喧闹混乱的旅行。

斯摩莱特是位外科医生。他甚至在创作《汉弗莱·克林克》时，就可能已经知道自己不久于世。自1768年起，他就因健康原因而常住意大利，并于1771年在那里去世，年仅五十岁，《汉弗莱·克林克》才刚刚出版约三个月。构成该书素材的那次旅行的起点在威尔士，蜿蜒穿越整个英格兰，进入斯摩莱特的故乡苏格兰。那是作者离世前的漫长告别，他在国外描写记忆中的英国，从而赋予英国一种独特的生动活泼。

我从来都没搞明白，这部小说为何以汉弗莱·克林克，而不是以中心人物马修·布兰布尔命名。马修·布兰布尔显然是斯摩莱特的代理人。不过，我知道克林克代表的是未来，可能还是斯摩莱特的心力内投，[①]体现了他对一种自己已无机会体验的生活的渴望。克林克和布兰布尔一起浮

① 心力内投（introjection），使（他人态度或外界事物）形成内心形象。

38 出水面，前者是后者的私生子，溺水时被后者救起。两人都经历了名字的转换，并最终拥有了同一个名字：马修·劳埃德。两人相互之间进行的这一奇特洗礼对斯摩莱特而言似乎是一种神秘的移情（transference），因为马修·劳埃德是布兰布尔**从前**的名字，而且也将成为其子汉弗莱·克林克**将来**的名字。斯摩莱特正缓缓走向死亡，他似乎需要一种关于生存的双重幻象：马修·布兰布尔摆脱了几近疯狂的暴躁脾性，善良纯真的年轻人汉弗莱·克林克则重新获得了一度失去的继承权。

我发现，我的许多朋友和学生通常都回避《汉弗莱·克林克》和斯摩莱特，而他们整体而言都是非常优秀的读者。他们之所以如此，是因为厌恶斯摩莱特的创作模式，这种模式在发挥至极致时，趋向于变成怪诞不经的闹剧。就其本身而言，这种模式令人不快，但正如比他伟大许多的斯威夫特一样，斯摩莱特是这一独特亚类型的大师。托马斯·罗兰森①在18世纪90年代初曾为斯摩莱特的作品绘制插图，这并非偶然，因为在小说家斯摩莱特和漫画家罗兰森之间有着深刻的共通之处。斯摩莱特笔下的现实在最紧凑激烈之时，往往变得光怪陆离。在《汉弗莱·克林克》的前面部分，躁动不安的布兰布尔（他的名字起得真合适）②曾经经历过几个濒临疯狂的时刻。他对巴斯温泉水的来源问题进行的思索读来令人作呕，而且他对人类也已厌烦不已："我的好奇心得到了充分的满足：有关人的学问我已经讲够了，现在该费心让自己从事物的新奇中寻些乐子了。"他在所有地方发现的只是"让人生气的事情和嘲笑的对象"。

布兰布尔对自己遇到的一切事物都要嘲讽一番，而他自己作为嘲弄者和讽刺者同时也是被嘲弄和讽刺的对象。我们会觉得他很有趣，对他逐渐产生好感，但他并不是堂吉诃德，而本书中我最喜爱的人物是那个生动却不招人喜欢的利斯马哈戈，他也不是桑丘·潘沙。斯摩莱特很明显对布兰布尔怀有认同感，我们却做不到，而斯摩莱特肯定也没打算让我们那样做。我们可能喜欢看闹剧，但不会希望发现自己身处闹剧之中，在生活里翻腾打滚。我想起我最喜欢的英语闹剧，马洛的《马耳他的犹太人》。我曾经在舞台上出演过一次这部戏，扮演的是福斯塔夫。我是业余

---

① 托马斯·罗兰森（Thomas Rowlandson，1756—1872），英国画家，尤擅漫画，描绘18世纪英国社会生活，创造了各种典型人物的滑稽形象。

② 布兰布尔（Bramble）一词还指有刺灌木，影射其人脾气暴躁。

的，被临时找来救场，表演风格多多少少类似于已故的伟大演员泽罗・莫斯特尔[①]在《尤利西斯在夜镇》中扮演利奥波德・布卢姆时的样子。我最希望在舞台上扮演的角色是巴拉巴斯，那个残忍的马耳他犹太人，但在生活中很显然我更愿意做福斯塔夫，而不是巴拉巴斯。

当一部小说表现为一出现实主义闹剧时，我们就无法享受到心力内投和认同感带来的喜悦，而这正是斯摩莱特的创作模式。一部小说若能在变成闹剧的时候摈弃现实主义，会更为明智。在读斯摩莱特的时候，我有时希望他能读读伊夫林・沃的《衰落与瓦解》、《邪恶的肉体》和《一撮灰尘》，因为我认为沃会对他产生好的影响。不过，那么一来就是希望斯 39
摩莱特不要做斯摩莱特；他的一个长处就是为了扩展闹剧的王国而将现实主义再现方法几乎推至其本身极限之外。或许他自己那激烈的脾性促使他进行这种扩展，因为他可不是只有一点点疯癫，在这一点上他与斯威夫特、斯特恩和塞缪尔・约翰逊博士脾性中的某些地方很相似。

斯特恩在《感伤之旅》中对斯摩莱特进行了粗鲁的讽刺，称他为“博学的斯梅尔方各斯”，说他“怒气冲冲、满怀偏见地出发去旅行，所遇到的任何事物都遭到他的诋毁或扭曲”。斯梅尔方各斯从罗马万神庙出来时，曾如此评价，“这不过是个巨型斗鸡场而已”，而他所有的旅行经历都得到了类似的评价，这令斯特恩忍不住反驳：“斯梅尔方各斯嚷道，我要告诉全世界。你最好还是告诉你的医生，我说。”我们全都会愿意同斯特恩一道旅行，而不是和斯摩莱特一起，但读斯摩莱特的作品仍然是一种无与伦比的宝贵体验。让我们引用一下他最怪诞不经的文字吧，下面这段描写的是落入迈阿密印第安人手中的利斯马哈戈和更为不幸的墨菲所遭受的苦难：

> 不过，通过她的询问，我们了解到，他和墨菲少尉从蒙特利尔的法国医院逃跑后，逃进了森林，希望能到达某个英国人居住地；然而他们走错了路，落入一群迈阿密人手中，成了俘虏。这些印第安人打算把他们两人中的一个送给一位受人尊敬的酋长作养子（那个酋长自己的儿子在战斗中死了），然后把另一个按照风俗杀了作祭品。

① 泽罗・莫斯特尔（Zero Mostel，1915—1977），美国著名演员。

> 在他们两人当中，墨菲年轻些，也更为英俊，所以被选来接替死者的位置，不仅给酋长当儿子，而且还要接手前任的遗孀，一个漂亮的女人；然而，他们沿途经过迈阿密人的各种村落，那里的妇女和孩子们有权折磨所有路过的俘虏，可怜的墨菲被弄得不像样子，乃至当最后到达那位酋长的住所时，他已经完全不合适结婚了。因此，部落的勇士会议决定，墨菲少尉将被送上火刑柱，而那位夫人则要嫁给利斯马哈戈。利斯马哈戈虽然在路上也遭受了折磨，不过他没有被阉割。——他的一节手指被人用生锈了的刀子割掉了，或者不如说是被锯掉了；一个大脚趾被两块石头给挤烂了；一些牙齿也被用一根弯曲的钉子给拔掉了；鼻孔以及其他柔弱部位被塞进了碎芦苇叶；两腿的腓骨被人用战斧尖儿在肉上挖了洞，埋入火药炸开了。
>
> 那些印第安人允许墨菲英勇赴死，为他高唱死亡之歌《德里芒杜》，一起唱的还有利斯马哈戈先生，他也出席了仪式。那些战士和妇人从墨菲身上削下强健的肌肉，大快朵颐，并用各种方法折磨他，而他都毫无惧色，默默承受。之后，一个老妇用一把尖利的刀剜出了他的一只眼睛，并将一块燃烧的煤塞在眼眶里。这种折磨带来的痛楚太过剧烈，他忍不住吼了出来，这不禁引来旁观的印第安人的狂喜喊声。一个战士悄悄走到他身后，用战斧给了他最后致命的一击。
>
> 利斯马哈戈的新娘名叫斯圭克因娜库斯塔，她在这个场合脱颖而出。——她用自己的双手展示了她在折磨人方面的出众才能。——她和最勇敢的战士夺食墨菲的肉；当其他女性都喝得烂醉后，她还足够清醒，和施法酋长玩了一局铁饼游戏，然后又举行了她自己的婚礼，并在当晚就圆了房。上尉和这位多才多艺的女人一起幸福地生活了两年，这期间她给他生了一个儿子，这个儿子如今已经是他母亲部落的代表；然而令上尉万分悲痛的是，他们有次打猎猎到了熊，这个女人吃了过多的生熊肉，最后发热死了。

此处滑稽中透着恐怖，恐怖中又显得滑稽。这些是相当出色的文字，不过显然并非适合所有人的口味。如果是马克·吐温写的这些话，我们会知道该如何去接受，但斯摩莱特赋予这些文字一种危险的味道，反倒让我们有点不知所措，因为我们并不希望如博学的斯梅尔方各斯一般酸腐，甚至也不希望像那个可怕的利斯马哈戈。读斯摩莱特的作品有时就像吃了太多的生熊肉，不过这个比喻只是表现了他的风味有多纯正、浓烈而已。

能够激发罗兰森的灵感并培养出查尔斯·狄更斯（他写作的初源混合了斯摩莱特与本·琼森的风格）这样的人物，这对任何作家来说都算
得上是个优点。斯摩莱特对狄更斯而言，就如马洛对莎士比亚一样。他 41
和马洛都是被一个庞然大物式的后继者所遮蔽的先驱，有时看起来就像被鲸鱼吞噬了的小鱼一样。然而，就斯摩莱特本身而言，他又具有堪与马洛的伟大相媲美之处。两人都将讽刺性闹剧和颠覆性情节剧推向新的极
致，而这同样也足以构成他的一个优点。 42

奥利弗·哥尔德史密斯
(1730—1774)

奥利弗·哥尔德史密斯创作各种文学体裁都得心应手，且风格雅致，这促使评论家不禁要思索一下作家与其为人之间存在的不对称之处。我所知道的一些（而非全部）最多才多艺的作家却有着最平淡寡味的个性，或者，若是他们个性鲜明有趣的话，那么他们作为作家则又非常不讨人喜欢，或者愚蠢，或者令人生厌。哥尔德史密斯似乎是个不幸之人，甚至有点像弗洛伊德所说的"道德受虐狂"，他在四十四岁时成为自己死亡冲动的牺牲品。的确，哥尔德史密斯是体现许多弗洛伊德式见解的一个相当经典的例子，而《威克菲尔德的牧师》和《委曲求全》都为弗洛伊德理论中的许多概念范畴提供了直观阐释。弗洛伊德所说的"肉欲生活中最普遍的退化形式"可以很好地解释年轻的马洛的一些行为。[①]马洛在与出身高贵的女性相处时拘谨羞怯，但在面对酒馆侍女、大学里铺床打扫房间的女仆以及其他类似之人时，却又生气勃勃，充满自信。他曾这样评价后几类女性："你知道的，她们和我们是一类人。"笨拙的托尼·朗普金甚至是一个更具说服力的例子。他喜欢自降身份，与啤酒馆里的人为伍，而这也是一种弗洛伊德式的伪装，是对他那可怕的母亲郝嘉斯夫人的反应形成。[②]

据鲍斯威尔所言，哥尔德史密斯在多数事情上都模仿约翰逊，甚至到了模仿那位评论家举止的地步。约翰逊对他的这位朋友兼崇拜者有过最具权威性的评价："要是只有和可怜的哥蒂写得同样好的人才有资格辱骂他的话，那就几乎没人能对他吹毛求疵。"然而，哥尔德史密斯所有诗作

---

① 马洛（Marlow）是哥尔德史密斯的喜剧《委曲求全》中的男主人公，下文中的托尼·朗普金（Tony Lumpkin）也是剧中人物。

② 反应形成（reaction-formation），也称作"反向形成"，是一种心理防御机制，指无意识的冲动在意识层面上向相反方向发展，人的外表行为或情感表现与其内心的动机欲望完全相反。

中最棒的句子，即《荒村》的结尾段落，正是由约翰逊自己写就的，这真是种奇怪的悲哀：

> 那骄傲的贸易帝国迅速走向衰朽，
> 就如海涛将精工细制的防波堤冲走； 43
> 而自立自强的力量却不为时间撼动，
> 就像岩石能够抵抗巨浪和天空。

如果进行讽刺性解读，可能会将人工建造的堤坝，“精工细制的防波堤”解释为哥尔德史密斯的自我，与大评论家约翰逊的自强自立、坚如岩石的自我形成对比。不过，哥尔德史密斯那精工细制的防波堤尽管不具备约翰逊式的强大力量，却也同样抵抗住了时间的侵蚀。哥尔德史密斯的作品因其奇特的优雅而流传至今。说这些作品奇特，是因为很难对它们进行精确定义，也因为它们跨越了各种文学体裁：从蒲柏式的诗歌《旅行者》，到感伤小说《威克菲尔德的牧师》对《圣经》里《约伯记》进行的班扬式改编，再到《荒村》中哀歌体的田园主义、经久不衰的舞台喜剧《委曲求全》以及死后出版的诗歌《报复》中表现出的温厚有礼，那是对约翰逊博士身边圈子成员们的温和讽刺。

对哥尔德史密斯最有分量的评价来自威廉·哈兹里特。哈兹里特在我看来是仅次于约翰逊的最棒的英语评论家。他说：

> 哥尔德史密斯不论写诗歌还是散文，都是最为勤奋的英语作家之一。……他有一种自然而然的轻松随意。他的一切皆是油然而发、不经雕饰的，却优雅端庄、和谐柔顺、几无瑕疵。

哥尔德史密斯属于一类自然的或无意识的艺术家。他不会引起读者的敌意，这使他能够经久不衰。他似乎是所有作家当中最没有偏见的一个，他写作的时候仿佛对我们没有任何企图。即便是现在，他也没有失去读者，尽管评论家们有时会视他的作品为过时之物。他出奇地接近流行文学，不过他很难与更具感染力的班扬相比。他现在还能打动我们，也许主要是因为他代表了我们同往昔之间的连续性。如若不是因为他，那个往昔似乎已被我们完全弃置脑后了。

《威克菲尔德的牧师》

《威克菲尔德的牧师》的经典地位是毋庸置疑的，不过我并不建议像我刚刚做过的那样，将其同班扬的那部更具震撼力的《天路历程》一起重温。但话说回来，班扬是如此强有力的一位幻象大师，他的位置应该被置于弥尔顿和布莱克的身边。哥尔德史密斯在《威克菲尔德的牧师》中给我们提供了一种温和的神正论，然而神正论很难是温和的。1900年，亨利·詹姆斯为这部小说作序，称之为“我们文学中被惯坏了的孩子”。这
44 部作品极为亲切怡人，以致在他看来是部“快乐的作品”，即“一个快乐的男人所感受到的那种快乐——他娶了天使为妻，或者得了份清闲的肥差”。

和《约伯记》一样，《威克菲尔德的牧师》将一个好人，即普里姆罗斯博士，置于撒旦的操控之下，撒旦在这里就是桑希尔老爷。近来的一些修正主义解读试图将普里姆罗斯博士诠释成一个自以为是的人，而不是真正善良的人；一个自私做作的人，而不是真正纯真的人。这在我看来非常牵强，因为他们忽视了哥尔德史密斯对《约伯记》最令人惊异的修正。哥尔德史密斯非常大胆地将他的约伯设置为叙述者。不论你让约伯做什么，你都不应该让他成为第一人称叙事的主人公。单是看看这样写就的开端会给我们造成什么样的美学和精神效果就够了：

> 我住在乌斯地，名叫约伯；我完美、正直，敬畏神，远离罪恶。

没有人能够陈述自己的美德而不会让我们产生疏离感，也没有人能够讲述自己的苦难而不会令我们感到尴尬。《威克菲尔德的牧师》的开端并不太像第一人称的《约伯记》，但这部分也足以让人产生疑问：

> 我认为，结了婚并生养了众多子女的老实人，比起保持单身、空谈人口的人，要更为有用。正因为此，我接受圣职刚刚一年，就开始认真考虑结婚事宜，并选择了这样的一个妻子，她亲自缝制自己的结婚礼服，不为光洁漂亮，而为经久耐穿。

从最好的方面看，可怜的普里姆罗斯听起来像个华而不实的傻瓜；从最坏的方面看，他则是个让人讨厌的家伙。哥尔德史密斯为何要冒这样的险？普里姆罗斯是不是被有意设置成讽刺的对象，而博舍尔则被设置成一个知晓世情的导师？狄更斯显然不这么认为，普里姆罗斯身上的某些特点在匹克威克先生身上得到了保留。与歌德和狄更斯不同，我们并不觉得普里姆罗斯是个可爱的喜剧人物。不过，我们也不应该对他吹毛求疵。也许他代表的并不是一个世俗化的约伯形象，抑或一种关于真正人性的约翰逊式教育寓言，但我怀疑他基本上就是哥尔德史密斯对约伯的心力内投。这并非在暗示这是一个合成人物，即约伯/普里姆罗斯—哥尔德史密斯的混合体，而是说，普里姆罗斯体现的是哥尔德史密斯充满怜爱的自嘲，抑或一种温和的约伯式戏仿，揶揄不负责任的作者本人对灾祸的偏爱。

哥尔德史密斯冒险使用第一人称叙事，因为他知道普里姆罗斯牧师就是他自己颇具讽刺色彩的自画像，而且他个人的约伯式磨难并不足以 45
产生崇高的效果。但是，生活中的哥尔德史密斯和小说中的牧师都无法避免自我吹嘘，避免有德之人的自命不凡，即便他们都是命运的被动牺牲品。哥尔德史密斯虽然有着不可思议的个性，但他是个文学天才，而普里姆罗斯博士却资质平平。一个平庸的约伯会令我们感到吃惊，哪怕只是因为他令我们想起，《圣经》里的约伯是位多么令人敬畏的道德心理学家和推理者，乃至最终他激怒了约翰·加尔文。加尔文是所有对约伯做过评论的人中最伟大的一个。他在以《约伯记》为题布道时，最终忍耐不住喊道，上帝本该创造一些新的世界来满足约伯。没有人会说上帝应当创造新的世界来满足普里姆罗斯博士。我怀疑，在这一点上，哥尔德史密斯本人大约处在约伯和普里姆罗斯牧师两人中间的地方。

《委曲求全》

《世界公民》《威克菲尔德的牧师》以及那三首主要的诗歌可能是哥尔德史密斯最优秀的作品，但我自己更喜欢《委曲求全》。该剧已经在舞台上演出了两百多年，可以视作莎士比亚之后英语流行戏剧的典范之作。该剧原本是对哥尔德史密斯称作感伤剧的那一类作品的戏仿，感伤剧是与畅笑喜剧（Laughing Comedy）相对立的一种剧作。我们如今已经体会不到《委曲求全》中的讽刺了，不过仍能欣赏到该剧的价值。该剧非常有趣，而且很明显是全程都很有趣。哥尔德史密斯并没打算把《委曲求全》写成一部闹剧，但它无疑就是一部重要的闹剧。凯特·郝嘉斯身上有着莎士比亚剧中人物的味道，尽管把她与《皆大欢喜》中的罗瑟琳相提并论违背了文学鉴赏的原则，正如将托尼·郝嘉斯比作迫克[①]一样。

哥尔德史密斯拥有良好的文学判断力，他把自己的闹剧保持在朴素、简约，甚至是粗糙的状态；对郝嘉斯夫人的描写就体现出一种无情的粗野。而托尼·郝嘉斯对她的惊吓折磨同样具有施虐性质，透着某种残酷，而我们也被迫参与其中：

> **托尼** 不必担心我。她来了。消失吧。她刚从池塘里爬出来，直到腰部都是湿漉漉的，就像条美人鱼。（**郝嘉斯夫人上场**）。
>
> **郝嘉斯夫人** 哦，托尼，我要死了。抖得不行。快被弄死啦。我挺不过去啦。那最后一下颠簸把我们甩在了绿篱笆上，要了我的命。
>
> **托尼** 呜呼，妈妈，那全是你的错。谁叫你半夜跑走，而且一点儿也不识得路。
>
> 46 **郝嘉斯夫人** 我希望我们已经回到家里。我从来没在这么短的旅程中，遇到过如此多的事故。陷在泥浆里，翻进沟里，困在沼泽里，颠得快散架了，最后还迷了路。你说我们现在是在哪儿啊，托尼？
>
> **托尼** 我猜我们是在离家四十英里的克莱克—斯卡尔公地。
>
> **郝嘉斯夫人** 啊，哎呀！啊，哎呀！全国最臭名昭著的地方。我们现在就差被人抢劫了，那样今晚就算齐全啦。
>
> **托尼** 别怕，妈妈，别怕。盘踞在这儿的五个劫匪已被吊死了两个，另外三个也发现不了我们。别怕。是不是有人在我们后面跑？不；那不过是棵树。别怕。
>
> **郝嘉斯夫人** 我会被吓死的。
>
> **托尼** 你有没有看见像顶黑帽子一样的东西在灌木丛后面移动？

---

① 迫克（Puck）是莎士比亚喜剧《仲夏夜之梦》里一个顽皮的小精灵。

郝嘉斯夫人 哦，死亡！

托尼 不，那只是一头牛。别怕，妈妈；别怕。

郝嘉斯夫人 托尼，我千真万确看见有人正朝我们走来。啊！我肯定。要是他发现我们，我们就完了。

托尼（旁白） 真不幸，我继父出来进行晚间散步了。（对她说）啊，那是个匪徒，拿着和我的手臂一般长的枪。一个长得凶神恶煞般的家伙。

郝嘉斯夫人 老天保佑我们！他过来了。

托尼 你藏到那片灌木丛后面，让我来对付他。如果有任何危险，我就会咳嗽并“哼”一声！当我咳嗽时，你一定要躲好。

（郝嘉斯夫人躲到背景中的一棵树后面）。

要找到与此类似的粗野文字，我们就得转向W. S. 吉尔伯特。[①]我们已然身处那种被弗洛伊德的现实原则所笼罩的废话体系，光是出于这个原因，《委曲求全》就有点像吉尔伯特的风格。弗洛伊德在1928年写作关于“幽默”的问题时，在幽默中听出了超我的声音，“正在对遭受胁迫的自我”讲着“和善的安慰话”。在我们考虑莎士比亚最复杂的喜剧《皆大欢喜》或者《终成眷属》之时，这种解读并没有太大用处。但是如果说的是哥尔德史密斯在《委曲求全》中摆脱超我后的放纵，这种方法简直就是醍醐灌顶。作为约伯的哥尔德史密斯极为不自在，即便是那个最和善、最愚蠢的约伯，普里姆罗斯博士。但是当他做托尼·朗普金时，却最为得心应手，因为托尼正是他对自己遭受胁迫的自我所说的和善的安慰话。 47

① W. S. 吉尔伯特（W. S. Gilbert，1836—1911），英国剧作家、诗人，写过富于幽默感的打油诗，以与作曲家萨利文（A. Sullivan，1842—1900）合写的喜剧歌剧闻名，开创了讽刺时弊的艺术风格。

范妮·伯内
（1752—1840）

《伊芙莱娜》

《伊芙莱娜，或一位年轻女士进入社会》（1778）得到了塞缪尔·约翰逊博士的赞赏。在我以及其他许多人的心目中，约翰逊博士是西方文学史上最优秀的评论家。《伊芙莱娜》近来似乎主要吸引了女性主义评论家们的兴趣，不过该书却很难算得上是体现她们理念和情感的先声。熟悉塞缪尔·理查逊小说的读者会立刻察觉范妮·伯内从理查逊那里得到了多么大的益处，而简·奥斯丁的任何一位读者也会对《伊芙莱娜》产生兴趣，为的是想探究理查逊对这两位女性小说家产生的影响有哪些不同。就其本身而言，重读《伊芙莱娜》会获得一种相当混杂的美学体验，至少对我来说是如此。该书最强有力的地方在于它的幽默，也在于范妮·伯内对各种言语模式相当敏锐的听觉。令人比较失望的则是伊芙莱娜本人，她记录下别人的智慧和情绪，自己却展示了一种始终如一的优良品质，而这并不特别适合进行小说化再现。

进入的确是这部小说的核心比喻。伊芙莱娜是作为稍逊一筹的查尔斯·格兰迪森爵士，[①]而非稍逊一筹的克拉丽莎进入社会的。这不是说伊芙莱娜在书中的出场无法取悦我们。范妮·伯内很精明地拖延了伊芙莱娜的出场，让我们直到第8封信那活泼的开端部分才真正与她相识：

> 这房子看起来充满了欢乐；每张面孔都展露着笑容，每个人随时会笑出声来。我四处走动，欣赏着忙乱的场景，感觉相当有趣；通向花园的一个房间正在被改造成莫文上尉的书房。霍华德夫人从没在一个地方多坐一会儿；莫文小姐在织帽子；每个人都那么

48

① 查尔斯·格兰迪森爵士（Sir Charles Grandison）是理查逊第三部小说的同名男主人公。

> 忙！——从一个房间飞也似的奔向另一个房间！——有那么多的命令被下达，又被取消，然后又被下达！到处都只是忙碌混乱。

罗纳德·保罗森夸赞《伊芙莱娜》在新与旧之间、斯摩莱特式的讽刺与前奥斯丁式的反讽情感之间达到了一种谨慎的平衡。每当有人富有见地地论及斯摩莱特对范妮·伯内的影响时（比如保罗森无疑便是如此），我总是感到很惊讶，恰恰因为伊芙莱娜无法被放置在由极度暴躁的马修·布兰布尔陪伴旅行的场景当中，但我们却能想象她同查尔斯·格兰迪森爵士进行优雅的谈话。这再次显露出《伊芙莱娜》作为小说的问题。唉，这个问题就是伊芙莱娜本身。在一个粗暴、风趣的世界里，她永远都是一个异类，太过良善，与其语境格格不入，同时又太过单一，难以吸引读者。苏珊·斯塔福斯曾对伊芙莱娜做出过含蓄辩解，她认为这位女主人公身上最主要的自觉情感①是一种严重的焦虑，因为她不断地处在强奸（或者类似强奸）威胁之中。斯塔福斯有一句生动有趣的评论："伊芙莱娜在伦敦公共场所的行进，几乎就像一位金发姑娘在现代那不勒斯的行进一样平稳。"周遭环绕的都是斯摩莱特式的人物，非斯摩莱特式的伊芙莱娜必须不断斗争来维护她的矜持脆弱。情况显然正是如此，但这再一次给读者造成了麻烦。遭到攻击的矜持脆弱用非喜剧的方式很难再现，因为我们在想象范畴中更为欣赏的总是粗暴的东西，而非美德。

这么一来，将《伊芙莱娜》作为恐惧动态研究或者性侵犯记录来读，都是很成问题的，至少对我来说是如此。虽然我觉得伊芙莱娜的仁善太过乏味，她在我看来却也相当坚强，所受的心理创伤要比一些女性主义评论家认为的要小。人们的心理层面的确发生了历史性变化，18世纪的（同一阶层的）男人和女人之间的共同之处，要多于18世纪的女性知识分子和我们当代的女性主义评论家之间的共同之处。比起我们中的许多人，伊芙莱娜（和范妮·伯内）的恋父情结并不那么严重，也没有对女性困境感到那么沮丧。如今人们太过频繁地犯着一类奇怪的时代错置。

范妮·伯内非常清楚该如何在她父亲身边那强大的文学圈子里生存。伊芙莱娜也与其创造者一样，本质上要比她的世界中的任何男性和

① 自觉情感（affect），引起行动的情感、情绪、欲念的总称。

几乎所有的女性都更为坚强，更为精明。那些人可能会侵犯她的矜持脆
弱，但她却以智取胜，巧妙地打败他们。她的良善并未剥夺她作为操控大
49 师的技巧。她像个异类，是因为她敏感细腻的情感，而不是因为她具有令
人叹服、平衡得当的社会智识。在她的身上多重美德与不可思议的狡黠
50 共存，这与她所处时代的社会心理是颇为相宜的。

简·奥斯丁
（1775—1817）

将简·奥斯丁的再现艺术与莎士比亚的相提并论，这是一种最为奇特，却并非不准确的类比。之所以最为奇特，是因为她总是小心翼翼，避免越界，在这一方面就像本·琼森一样经典，而莎士比亚却是突破了一切极限。奥斯丁的幽默，她的那种反讽修辞，并不特别符合莎士比亚的风格，但她在再现方面的精准却是莎士比亚式的。恰如莎士比亚，奥斯丁呈现给我们的人物，不论主要的还是次要的，均符合各自独特的说话和存在模式，彼此之间又迥然有异。她的女主人公们有着坚定的自我，每个人都被塑造成鲜明的个体，这也显示了奥斯丁的写作潜能，即她创造无穷多样性的潜力。让我们再回到那个奇特的比喻。奥斯丁的作品极为刻意地描写有限的社会阶层，而这一局限似乎构成了一种自相矛盾的心智场所，在其中孕育了如此丰饶的人性。反讽是多数奥斯丁评论家都关注的东西。反讽在她的作品里似乎不仅仅是种转义，而且是语言的条件，不过却很难用反讽来解释她常常表现出来的那种道德和精神力量的效果，不论她有多么含蓄或间接。

伊恩·瓦特在他那部永远有用的《小说的兴起》中，将奥斯丁描绘成范妮·伯内的直接继承人，说她继承了那种结合塞缪尔·理查逊和亨利·菲尔丁两种对立模式而产生的高难度艺术。因此，奥斯丁和伯内一样，被人们认为是在追随写出《查尔斯·格兰迪森爵士》的理查逊，“对日常生活进行仔细而准确的呈现”，同时又仿效菲尔丁，“对叙述内容采取更为超然的态度，并从一种喜剧性的客观视角进行评价”。瓦特又更进了一步，指出奥斯丁讲故事的方式是菲尔丁“自白式作者”的一种谨慎的变体，不过她的反讽并置显得不是出自“干预式作者”之手，“而是出自某种令人敬畏、非人格化的精神，这种精神具有社会和心理理解力”。 51

然而，瓦特知道，奥斯丁其实是理查逊的女儿，而非菲尔丁的女儿，正如她是乔治·艾略特和亨利·詹姆斯的前辈，而非狄更斯和萨克雷的前辈一样。理查逊令人惊奇地将英国新教情感转化成克拉丽莎·哈娄的形象，而奥斯丁本质上是对这种做法的讽刺性修正。她自己的道德和精神关注点融合在女主人公保持个人操守这一至关重要的需要之中，这一需要太过迫切，竟促使她们陷入生活错误之中，而那些错误又是生活所必需的（我使用的是尼采式的表达法）。在这一点上，她们追随的也是她们的悲剧先驱，那个高贵庄重却又犯下大错的克拉丽莎·哈娄。

理查逊的《克拉丽莎》可能仍然是英语写成的最长的小说。这部作品在我看来仍然是最伟大的小说，不论奥斯丁、狄更斯、乔治·艾略特、亨利·詹姆斯和乔伊斯的成就有多大。奥斯丁的伊丽莎白·班内特和爱玛·伍德豪斯，艾略特的多萝西娅·布鲁克和格温多琳·哈勒斯，詹姆斯的伊莎贝尔·阿彻尔和米莉·锡尔——虽然她们均是克拉丽莎·哈娄的直系后代，却难比其崇高。大卫·科波菲尔和利奥波德·布卢姆具有克拉丽莎的操守；的确，乔伊斯笔下的布卢姆可能是所有文学作品中对一个人最为完整的再现。但他们都属于这个世俗化的时代；克拉丽莎·哈娄则恰好位于从新教宗教通向纯粹世俗化圣徒的那道门槛之上。

C. S. 刘易斯解读弥尔顿的方法，让人觉得这个具有最激烈新教徒性情的人是个正统的英国国教徒。而他解读简·奥斯丁的方法也似乎是通过聆听她对《新约全书》的附和。刘易斯相当直白地将奥斯丁称作塞缪尔·约翰逊博士的女儿，后者是最伟大的评论家和严苛的基督教道德主义者：

> 我感到……很肯定，她是约翰逊博士的女儿：她继承了他的常识，他的道德观，甚至他的大部分风格。

创作《拉瑟勒斯》和《漫谈者》时的约翰逊是最汁浓味足的约翰逊，具有经典反讽作家的特点，但我们读约翰逊并不是为了他的反讽，也不是为了他对虚构自我的戏剧性再现。我们读他的作品，和我们读《旧约全书》中的《传道书》是一样的；他写的是智慧文学。毋庸置疑，简·奥斯丁是一位智慧的作家，但我们并不会将《傲慢与偏见》当作《传道书》来读。奥斯丁的宗教思想无疑非常深邃，而塞缪尔·理查逊的则比较粗浅，但《爱玛》和《克拉丽莎》即便是新教小说，也一点都没有体现出宗教色彩。对克拉丽莎·哈娄的塑造最新颖之处，就在于对其死亡过程的缓慢 52
描述中透露出的激烈紧张。这一死亡过程占用了理查逊这部巨著最后三分之一的篇幅，通过清教仪式来赞美她的意志所具有的超自然力量。而这正是理查逊崇高的关注所在：新教意志的自助典范。《克拉丽莎》中悲剧性的东西在《傲慢与偏见》和《爱玛》中变成了严肃喜剧或道德喜剧，在《曼斯菲尔德庄园》和《劝导》中则走向了喜剧的另一面。

《傲慢与偏见》

重读《傲慢与偏见》会给人这样一种感觉：普鲁斯特式的芭蕾舞曲优雅地萦绕着小说的中心情节，即伊丽莎白和达西对彼此真实品质的不断延缓但也是不断深入的了解。“恰当的骄傲”是他们学会在彼此身上发现的东西；此处“恰当”一词几乎不需要进行定义，但使两人彼此产生好感的那种骄傲究竟为何物？让我们看看达西第一次失败的求婚那出色的一幕吧：

> 刚想到这里，突然听到门铃响，她以为是菲茨威廉上校来了，心头不由得为之一振，因为在这之前，他有天夜晚来过一次，这次可能是特地来问候她。但她立即便打消了这个念头，使她万分惊讶的是，进来的竟是达西先生，她的情绪又顿时低落下来。达西匆匆忙忙地立即问她身体好了没有，说他所以来这里，就是希望听到她康复的好消息。伊丽莎白冷漠而不失礼貌地回答了他。达西坐了一会儿，然后站起身来，在屋里踱来踱去。伊丽莎白感到奇怪，但是没有做声。沉默了几分钟后，达西带着激动的神情走到她跟前，说道：
>
> “我克制来克制去，实在撑不住了。这样下去可不行。我的感情再也压抑不住了。请允许我告诉你，我多么敬慕你，多么爱你。”
>
> 伊丽莎白惊讶得简直无法形容。她瞪着眼，红着脸，满腹狐疑，闷声不响。达西见到此情景，以为她在怂恿他讲下去，便立即倾诉了目前和以往对她的一片深情。他说得十分动听，但是除了爱慕之情以外，还要详尽表明其他种种情感……而且吐露起傲慢之情来，绝不

53 比倾诉柔情蜜意来得逊色。他觉得伊丽莎白出身低微，他自己是降格以求，而这家庭方面的障碍，又使得理智与心愿总是两相矛盾。他说得如此激动，似乎由于他在屈尊俯就的缘故，却未必能使他的求婚受到欢迎。

伊丽莎白尽管打心眼里厌恶他，但是能受到这样一个人的爱慕，她又不能不觉得是一种恭维。虽说她的决心不曾有过片刻的动摇，但她知道这会给对方带来痛苦，因此开头还有些过意不去。然而他后来的话激起了她的怨恨，她的怜悯之情完全化作了愤怒。不过她还是尽量保持镇定，准备等他把话说完，再耐着性子回答他。达西临了向她表明，他爱她爱得太强烈了，尽管一再克制，还是觉得克制不住；并且表示说，希望她能接受他的求婚。伊丽莎白不难看出，他说这些话的时候，自以为肯定会得到个满意的答复。他虽然嘴里**说**自己又担忧又焦急，脸上却流露出一副稳操胜券的神气。这种情态只会惹对方更加恼怒，因此，等他一讲完，伊丽莎白便红着脸说道：

“在这种情况下，按照常规，人家向你表白了深情厚意，你不管能不能给以同样的报答，都应该表示一下自己的感激之情。有点感激之情，这也是很自然的，我要是**真**觉得感激的话，现在也会向你表示谢意的。可惜我不能这么做——我从不企望博得你的青睐，再说你这种青睐也表露得极为勉强。很抱歉，我会给别人带来痛苦。不过那完全是无意造成的，而且我希望很快就会过去。你告诉我，你以前有种种顾虑，一直未能向我表明你的好感，现在经过这番解释之后，你很容易就能克制住这种好感。”

达西先生这时正倚着壁炉架，两眼直瞪瞪地盯着她，好像听了她这番话，心里又惊奇又气愤。他气得脸色铁青，整个神态处处显现了内心的烦扰不安。他竭力装出镇定自若的样子，不等到自以为装像了就不开口。这番沉默使伊丽莎白感到可怕。最后，达西以强作镇定的口气说道：

“我真荣幸，竟然得到这样的回答！也许我可以请教一下，我怎
54 么会遭到如此无礼的拒绝？不过这也无关紧要。”[①]

① 本书中*Pride and Prejudice*的译文，均出自奥斯丁著，孙致礼译：《傲慢与偏见》，北京，外语教学与研究出版社，2013年。

斯图亚特・M. 塔夫认为，达西和伊丽莎白都被对方所改变，改变得是如此彻底，以至于他们的“幸福是通过一个很早便开始、很晚才结束的受辱过程才最终获得的”。这里所说的受辱，就是骄傲受到打击。塔夫的学识和洞察力令人印象深刻，但我更倾向于认为伊丽莎白和达西并没有怎么改变，他们只是发现他们相互弥补了对方身上并非完全不合理的骄傲。两人逐渐意识到，他们的意志是天然的同盟，因为他们对于意志并无分歧。什么意志？他们的意志，也是奥斯丁的，既非生存意志，亦非权力意志。他们只是希望能在自己看重之处得到尊重，而且两人均承受不起根本性错误，而这就解释了第一次求婚那一幕所展现的焦虑之情和喜剧效果。达西到底为何会滔滔不绝地谈论自己的骄傲，甚至到了“激烈地”表达他对伊丽莎白“出身低微”(这是奥斯丁严厉的说法) 的看法这样不同寻常的地步？

作为读者，我们已经知道伊丽莎白并不比任何人低微，不论那人是谁。实际上，在小说接近尾声时，我感到(虽然几乎所有的奥斯丁评论家，无疑还有奥斯丁本人，都不同意我的看法) 达西也比不上她，尽管他和蔼可亲，保持着适度的自傲。我并不是想由此说明伊丽莎白比达西更为清晰地体现了奥斯丁式的价值理念；这一点奥斯丁已经表达得非常清楚明白，她的评论家们也进一步发展了她的反讽性看法，即伊丽莎白体现了她的世界中的评判标准。伊丽莎白的意志还具有一种超验力量，使她能够超越于她的世界之上。这有点类似于克拉丽莎・哈娄对其社会的超越，对拉弗雷斯的超越，乃至对她身上任何非自尊意志的东西的超越，这种自尊意志对所遇到的任何其他傲慢意志做出精确评估。

我认为拉尔夫・沃尔多・爱默生(他也是我心目中的圣人) 错了。他否定奥斯丁，将其视作社会惯例和社会反讽的“呆板的”维护者，一个无法对灵魂摆脱社会传统束缚进行赞颂的作家。奥斯丁的终极反讽在于伊丽莎白的内在世界是如此自由，以至于传统对她发挥了无法对我们发挥的理想功能：解放了她的意志，却并未窒息她张扬的个性。不过，即便是莱昂内尔・特里林[①]也应该已使我们感到厌烦。特里林是奥斯丁道德

① 莱昂内尔・特里林 (Lionel Trilling, 1905—1975)，美国文学评论家、著名的“纽约知识分子”中的一员。

的最著名的颂扬者，他针对爱默生的批评，通过将《傲慢与偏见》解读为“作为风格的道德”的胜利来为奥斯丁进行辩护。如果说爱默生想在伊丽莎白·班内特身上看到更多的玛格丽特·富勒[①]的品质（多么可怕的念头！），那么特里林则是想忘掉爱默生式的补偿法则，即没有什么东西
55 可以白白获取：

> 伊丽莎白·班内特和达西的关系是真实、热烈的，但这种关系表达为一种风格上的冲突与和解：一种正式的修辞，传统的、宗教性的修辞，必须找到某种方法来包容女性的活泼，而女性的活泼反过来也必须认可严苛的男性句法包含的原则性很强的要求。这部小说强烈的道德训诫在于这样的事实，即风格的结合并没有对这对恋人中的任何一个造成伤害。

我想说，这话对，也不对。对，因为这对恋人的意志均按相似的对立统一方式运转；不对，因为伊丽莎白的意志更为激烈，因而不可避免地随着她向妻子身份的衰退而变得暗淡，即便达西很可能是那个社会所能为她提供的最好的男人。她的骄傲带着顽皮，甚至有点堂吉诃德的味道。不可思议的是，她既是她父亲的女儿，也是塞缪尔·理查逊的女儿。她的机智是属于班内特先生一类的，精致而机巧，但她的意志，以及她对自己意志感到的骄傲，却又使我们回到克拉丽莎的清教徒式的激情。那种激情使自我保有给予他人尊重的权力，而且只有在给予他人尊重之时，才接受他人的尊重。

《曼斯菲尔德庄园》

约翰·洛克反对意志的人格化：人可以是自由的，但意志不可以，因为意志只能从外部受到约束。一个人睡着时，如果有人将他移至另一个房间并锁上门，他在那里见到了一个想见的朋友，即便如此，他也不能说他拥有见到想见之人的自由。不过洛克暗示，联想的过程的确像是意志

① 玛格丽特·富勒（Margaret Fuller，1810—1850），美国女评论家、文学家，曾为《纽约论坛报》撰写文学评论，著有《19世纪的妇女》《论文学与艺术》等。

受到内在约束似的。按照洛克的说法，联想是推理的一种盲目替代，但仍处于推理过程之内，不过也浸透着自觉情感。头脑通过联想，被不由自主地从一个念头带至另一个念头，充满了偶然性。每个念头出现，随之带着一堆不必要的猜测，就像一间屋子里的住户，而念头本身其实更希望能够独处。根据这种观点，联想正是意志最需要防御的东西。

《曼斯菲尔德庄园》中的范妮·普莱斯和洛克所言的这种受到联想威胁的意志，都可被认为衍生自英国新教精神对意志自主性的强调。范妮是影响弗吉尼亚·伍尔夫《一间自己的房间》的又一先驱。莱昂内尔·特里林这样敏锐地形容她，“显而易见的道德高尚，且自主自觉的道德高尚”，因此几乎不可能讨人喜欢，尽管特里林（和奥斯丁一样）非常喜欢范妮。C. S. 刘易斯虽是正统的道德主义者，却也认为范妮平淡无味： 56
“她很明显是微不足道的，奥斯丁为了平衡这一点，实际上只能把她写成头脑坚毅，除此之外别无他物；既没有激情，亦没有勇气、智慧和谋略。”我要说的则是，除了新教意志外，别无他物。这种意志抗拒联想的力量，维护自身的持续性、自身真实的激情以及自身的独处许可。特里林将这些特点世俗化表述为“原则的许可”，并视《曼斯菲尔德庄园》为这样一部小说，它“在原则中发现了通向自我完整性（即平静）的那条小径”。这种说法很感人，但文学中的世俗化总是一种失败的转义，因为神圣和世俗之间的区别并不真的是文学性的差异，而是社会或政治性的差异。《曼斯菲尔德庄园》的新教色彩并不弱于《失乐园》，即便奥斯丁**作为作家**，和约翰·弥尔顿各成一派。

和洛克式意志一样，范妮·普莱斯努力抗拒偶然性，努力抗拒联想对生活的填充。从实际角度看，那些联想并不真诚，不是因为它们的任意随机性，而是因为它们是不相关的，因为凡是不属于意志自身的东西，均与意志无关。如果范妮本人是种反讽，那么这一反讽也是奥斯丁对自身的一个寓言：她也在努力抗拒着各种影响，不论这些影响是来自他人的，还是文学性的；是来自她的家庭圈子的，还是来自范妮·伯内、菲尔丁和理查逊这个文学圈子的。斯图亚特·塔夫敏锐地指出：“《曼斯菲尔德庄园》是这样的一部小说，在其中许多人物都忙着试图对他人的头脑和生活产生影响，经常是通过竞争或争取控制权的斗争这样的方式。”范妮就像一个意志，只是挣扎着要做自己，她最终成为曼斯菲尔德庄园的精神核心，正是因为她从未试图操控他人的意志。这是新教意志的训诫，不论是洛克或奥斯丁，还是理查逊或乔治·艾略特，均提出了这样的训诫：拒绝攫取权力操控他人意志的做法打开了内观之眼。我们也在华兹华斯和罗斯金[1]身上寻找这样的训诫，但奥斯丁更为微妙地（尽管不如他们那样庄严崇高）提供了这种训诫。范妮是奥斯丁最真实的替身。她非常清楚曼斯菲尔德当下的样子和应当成为的样子，这也意味着她非常清楚托马斯·贝特伦爵士当下的样子或者应当成为的样子。她的眼光必然是道德性的，但也的确可以称作是精神性的，甚或是美学性的。

也许这就是范妮为何不仅得到救赎，而且还能救赎他人的原因。作为最安静、最平凡的幻象大师，她也一直是最坚定的一个：她献身于曼斯菲尔德庄园的未来，曼斯菲尔德庄园代表的是她心目中的秩序理念。简·奥斯丁可能不是处于盛期的雪莱式浪漫主义作家，但范妮·普莱斯与华兹华斯有着密切的联系，因此《曼斯菲尔德庄园》与《远足》是同时代的作品，这并非偶然。华兹华斯式的延续性，将往昔生动带入当下的那种力量，正是范妮以纯粹意志带入曼斯菲尔德庄园的革新计划。这一计
57 划与其说是奥古斯都式的，不如说是浪漫主义式的，因此范妮的意志开始渐变成对于想象的华兹华斯式描述。范妮被放逐到朴茨茅斯的经历对她而言痛苦异常，这并非由于社会差异方面的原因，而是与安宁相关。所谓安宁，就是华兹华斯认为离群索居带来的那种安宁，或者弗吉尼亚·伍尔夫认为一间自己的房间可以带来的那种安宁：

> 她的这个家竟然是这个样子！她原想用这个家把曼斯菲尔德从自己的头脑中挤出去，求助于这个家使自己想到埃德蒙表哥的时候感情能得到克制。相反，她现在念念不忘的是曼斯菲尔德，是曼斯菲尔德她所爱的每一个人，是它那幸福的气氛。这里的一切都与那里迥然不同。她看到这里与那里完全相反的事事物物，无时无刻不想起那里的风雅、礼貌、条理、和谐，尤其是那里的和平与安静。
>
> 对于范妮这样单薄的躯体、怯生怕人的性情来说，在不停的喧闹中生活是巨大的痛苦，即使给这里加上些风雅与和谐，也弥补不了

① 约翰·罗斯金（John Ruskin，1819—1900），英国维多利亚时期著名的艺术评论家、作家。

> 这种痛苦。这种痛苦是最大的痛苦。在曼斯菲尔德从来没有听到过争抢什么东西，没有听到过大喊大叫，没有听到过什么人突然大发雷霆，没有听到过什么人胡蹦乱跳。一切都在秩序井然地进行着，人人都有自己适当的身份，每个人的意见都受到尊重。如果在哪件事情上缺乏温柔体贴，那必然是代之以健全的见识和良好的教养。至于诺利斯姨妈有时带来的小小的刺激，与她现在这个家的不停吵闹相比，那只是短暂而微不足道的，犹若滴水与大海之比。在这里人人都在吵闹，个个都是大喊大叫（也许她妈妈是个例外，她说起话来声音单调、绵软，像贝特伦夫人。只是她的声音出于生活的折磨已有几分烦躁不安）。凡是要什么东西都是大声呼叫，仆人们回话解释时也是从厨房里往外喊。各扇门都在不停地砰砰响，楼梯上总有人上上下下，做什么事情都要带点摔打声，没有一个人规规矩矩地坐着，没有一个人讲话别人会听。
>
> 根据一周的印象，范妮把两个家庭做了个对比。她想借用约翰逊博士关于结婚和独身的著名论断来评论这两个家庭。她心想，虽然在曼斯菲尔德庄园会有一些痛苦，但在朴茨茅斯却没有任何快乐。[①]

此处对约翰逊博士格言的引用虽极为机智，却不含讽刺。奥斯丁其
实是想肯定约翰逊在《漫谈者》第4期中针对菲尔丁和斯摩莱特势不可 58
挡的现实主义（虽然他只是暗示了他们的流行）而发出的强力警告，不论
她的表述多么含蓄：

> 但是，如果范例的力量是如此巨大，会粗暴地攫取记忆，并且产生几乎不受意志干涉的后果，那就要小心了。当选择不受约束时，只有最好的范例才应被展示出来；那些可能会产生强烈影响的范例，不应是会产生有害或不确定后果的东西。

范妮·普莱斯的确喜欢约翰逊式的美学，不论是在生活中，还是在文学中。她可能比简·奥斯丁更要如此。朴茨茅斯属于斯摩莱特的再现方

① 本书中*Mansfield Park*的译文均出自简·奥斯丁著，秭佩译：《曼斯菲尔德庄园》，长沙，湖南人民出版社，1984年。

式，属于《蓝登传》的世界。范妮设法用意志力回到曼斯菲尔德庄园，让曼斯菲尔德庄园恢复本真，这其实也是在设法用意志力修复其创造者的世界，即作为简·奥斯丁幻象的《曼斯菲尔德庄园》。

《爱玛》

1815年，沃尔特·司各特爵士在评论《爱玛》时，相当奇怪地将简·奥斯丁与佛兰德斯画派[1]绘画大师相提并论，可能是因为她对人物的刻画非常精准的缘故。奇怪之处在于，司各特并没有看到奥斯丁是多么纯正的英国人，不过他可能是采用苏格兰人的视角进行评估。我是美国评论家，对我而言，《爱玛》是英语小说中最英国化的一部，而且无疑是最好的英语小说之一。该书比《傲慢与偏见》更算得上是奥斯丁的杰作，是其充满活力的艺术的最高成就。她对自己小说最不准确的预言就是关于《爱玛》的。她说她认为该书的女主人公“除了我自己，没人会喜欢”。

别的许多方面姑且不论，单就爱玛而言，便是极其讨人喜欢的，因为她是如此不同寻常地富有想象力，尽管她的想象力在别人看来常常是危险的和遭到误导的，她自己最后也看到了这一点。在关于存在的刻度尺上，爱玛构成了那些有关崇高的古老问题的答案：更多？同等？或是更少？正如她之前的克拉丽莎·哈娄和之后乔治·艾略特和亨利·詹姆斯笔下最坚强的女主人公们，爱玛·伍德豪斯拥有英勇的意志，而且就像她们一样，她敢于将意志等同于想象力。从社会角度考虑，这一认同是灾难性的，因为新教意志具有对其他自我划分三六九等的趋向，而这种等级划分最终可能会变成个人的幻觉效应。G. 阿莫尔·克莱格说得不错：“社
59 会在《爱玛》中不是一个梯子。它是一个归咎之网，将感情和行为联系起来。”不过爱玛本人在性情上是扩张主义者，而非简约主义者。她过于热烈且随心所欲地追根溯源，乃至超出了该网的承受能力，而且她在醒悟之前，时有可能破坏他人拥有的社会联系和为他人建立的社会联系，那些联系原本会在感情和行为间维持某种稳定性。

① 佛兰德斯画派（the Flemish school of painting），15世纪早期至17世纪佛兰德斯地区（今比利时西部、法国北部、荷兰沿海部分地区）的画派，代表人物有扬·凡·艾克、勃鲁盖尔、鲁本斯等，对欧洲美术的发展有很大影响。

阿莫尔·克雷格又补充道:“《爱玛》并没有为其女主人公进行辩护，也没有嘲笑她。”这一评论很有用。小说对她报以出人意料的爱意(而非充满爱意的反讽)。爱玛·伍德豪斯是简·奥斯丁的至爱，因为她的错误本质上都与想象有关，产生自意志对想象自主权的热烈渴望。光彩夺目的简·费尔法克斯很容易得到人们的爱慕。但我并不同意韦恩·布斯[①]的观点，他将简置于爱玛之上，虽然我很佩服他的表述所显示的微妙平衡:

> 简在许多方面都胜过爱玛，除了缺少使爱玛成为该书女主人公的那种好运。就品位和能力而言，不论是头脑的还是心灵的，她都比爱玛更为出色。

品位、能力、头脑和心灵是令人敬畏的四重组合；想象力和意志结合在一起，则是更令人敬畏的二重组合，而且很明显会将它们的能量引向错误和不幸。简·费尔法克斯肯定要比爱玛·伍德豪斯更**和蔼可亲**，却无趣得多。设定用来让我们着迷的人是爱玛，而且她也的确让我们着迷。奥斯丁写的不是像《失乐园》那样的关于意志的悲剧，而是一部关于意志的伟大喜剧，她的女主人公必须成为意志全部潜力的化身，不论意志暂时会被如何错用。过于随心所欲无疑是爱玛的力量之一，她的性情也的确有点自视过高。当奥斯丁说这些“确实是爱玛境况的真正危害”时，我们如作者所希望的那样，并不会对“危害”一词过于当真，也真的是不怎么当真。

我们能够解释爱玛·伍德豪斯所具有的那些使她能与乔治·艾略特笔下的格温多琳·哈勒斯和詹姆斯笔下的伊莎贝尔·阿彻尔相媲美的品质吗？她所处的纯喜剧性语境似乎构成了她的世界；很明显她并非所有时代的承继者。奥斯丁的高超技巧使我们相信，对于现在已变得非常亲切的爱玛来说，和奈特利先生结婚是再合适不过的选择了。抑或，我们真的这么认为吗？天才的詹姆斯曾暗示，奥斯蒙德那“完美的头脑”的确是囚禁伊莎贝尔精神的牢狱，不过也根本没有什么人真正适合做她的丈夫，因为杜歇和戈德伍德都不完全是和她真正般配的人。假定我们不接受奥斯丁的提示，那么我们是否会觉得，尽管奈特利先生仁慈睿智，却也对爱

① 韦恩·布斯(Wayne Booth, 1921—2005)，美国著名文学评论家，代表作有《小说修辞学》(1961)等。

60 玛构成某种桎梏呢？

我怀疑，体现新教意志的女主人公，从理查逊的克拉丽莎·哈娄到弗吉尼亚·伍尔夫的克拉丽莎·达洛卫，她们永远都找不到合适的结婚对象，因为意志不会结婚。这一困境的寓意或者悲剧性反讽在克拉丽莎身上最为明显，因为如若不是拉弗雷斯道德卑劣的话，他强大的意志和出众的身心其实本应使他成为克拉丽莎真正的丈夫（这一点他非常清楚）。他的死前惊呼（“以此赎罪！”）于事无补，只是帮助建立了英美小说的一个悠久传统，即代表坚强意志的女主人公注定要遭受显性的灾难，或者幸福地嫁给像奈特利先生或《米德尔马契》中的威尔·拉迪斯拉夫那样虽然善良但却乏味的男人。当乔治·艾略特被迫让格温多琳·哈勒斯无可救药地爱上最一本正经的丹尼尔·德隆达时，我们深为叹息，不得不屈从于虚构故事的武断性所带来的悲哀。拉弗雷斯，还是丹尼尔·德隆达？我自己所认识的活泼的女子当中，并没有哪个会不选择前者的，哪怕不是当丈夫！

《爱玛》充满了重大的喜剧性顿悟，我最喜欢的一次是在第3卷第11章。当时爱玛从哈丽特那里得知，奈特利先生成了哈丽特的意中人：

> 哈丽特摆完了证据之后，便请亲爱的伍德豪斯小姐说说，她是否有充分根据抱有希望。
>
> “要不是因为你，”她说，“我起初还真不敢往这上面想。你叫我仔细观察他，看他的态度行事——我就这么办了。可现在我似乎觉得，我也许配得上他，他要是真看中了我，那也不会是什么很奇怪的事。”
>
> 爱玛听了这番话，心里好不酸楚，真是满腹酸楚，费了很大劲儿才这样答道：
>
> “哈丽特，我只想冒昧地说一句：奈特利先生要是不喜欢哪个女人，就绝不会虚情假意，让她觉得他有意于她。”
>
> 哈丽特听到这句可心的话，似乎真要对她的朋友顶礼膜拜了。恰在这时，传来了伍德豪斯先生的脚步声，爱玛这才幸免了目睹那如痴如狂的神态，不然的话，那对她真是可怕的惩罚。伍德豪斯先生穿过门厅走来，哈丽特太激动了，不便跟他见面。“我平静不下来——会吓着伍德豪斯先生的——我还是走开吧。”于是，她的朋友爽爽快
> 61 快地一说好，她就从另一扇门出去了——她刚走掉，爱玛的情绪就不

> 由自主地发泄出来了："哦，天哪！我要是从没见过她有多好啊！"
>
> 白天余下的时间，以及晚上的时间，还不够她用来思考的。过去的几个小时里，一切都来得那么突然，使她慌慌张张不知所措。每时每刻都带来了新的惊异，而每一次又使她感到屈辱。怎么来理解这一切呀！怎么来理解她自欺欺人、自作自受的行径啊！她自己没有理智，盲目行事，铸成的大错啊！她要么一动不动地坐着，要么走来走去，在自己房里踱步，在灌木丛中徘徊——无论在哪里，无论坐还是走，她都觉得自己太软弱无力。她受了别人的欺骗，真是太没有脸面了。她还自己欺骗了自己，更是羞愧难当。她真是不幸，很可能还会发现：这一天只是不幸的开始。[①]

这部分强烈的美学愉悦产生自爱玛不由自主的哀叹"哦，天哪！我要是从没见过她有多好啊！"和"她要么一动不动地坐着，要么走来走去，在自己房里踱步，在灌木丛中徘徊——无论在哪里，无论坐还是走，她都觉得自己太软弱无力"这一细腻的喜剧笔触之间的对比。再没有什么能比"在灌木丛中徘徊"和"无论坐还是走"更好地体现意志所遭受的深重屈辱了。爱玛总是富于想象，现在却被迫忍受屈辱，不得不和那些因相信错觉而导致幻灭、陷入困境的人一样，采取那样的姿势，在那样的地方徘徊。简·奥斯丁似乎很认同爱玛，因此她很聪明地把这一反讽性逆转时刻描写成暂时的炼狱受罚，而非地狱般的彻底崩溃。

《劝导》

"劝导"一词来自拉丁语，意思是"劝告"或"力劝"，用来建议是否应当实施某一特定行为。该词的词根含有"甜蜜"或"愉快"之意，因此是否实施某行为就具有一种味觉含义，而非道德判断的意思。简·奥斯丁选择该词作为她最后一部完整小说的标题。作为书名，该词使人联想起《理智与情感》或《傲慢与偏见》，而不是《爱玛》或《曼斯菲尔德庄园》。作者给我们的不是一个人的姓名或一处房屋和产业的名字，而是一

① 本书中*Emma*的译文均出自简·奥斯丁著，孙致礼译：《爱玛》，南京，译林出版社，2001年。

62 个抽象概念，而且是单独的一个。这个书名主要是指女主人公安妮·埃利奥特在十九岁时接受教母拉塞尔夫人的劝告，没有嫁给年轻的海军军官弗莱德里克·温特沃斯上尉。这证明是个非常糟糕的建议，而且八年之后，安妮和温特沃斯上尉对之做出了补救。正如奥斯丁所有的反讽喜剧一样，女主人公最终有个幸福的结局。然而，每次重读这部完美的小说，我都感到很悲伤。

这似乎并非只是我个人的奇特感觉；当我询问朋友和学生们的阅读体验时，他们也时常提起一种与《劝导》联系在一起的悲伤之感，甚至超过了《曼斯菲尔德庄园》。安妮·埃利奥特文静但善辩，是一个独立自主的人物，绝非孤苦伶仃，她的自我意识也从不动摇。我们读完该书所感到的悲伤并非**她的**悲伤，触动我们的是小说的忧郁氛围。这一氛围充实了小说向我们展现其非凡美学特性的方法，我把这种方法称作这部小说的正典性说服力。

《劝导》在小说中的地位，就如同安妮·埃利奥特在小说人物中的地位——一个强大而又遭到抑制的先驱者。这部小说和这个人物都不够有趣或活泼；《傲慢与偏见》中的伊丽莎白·班内特和《爱玛》中的爱玛·伍德豪斯都有着一种安妮·埃利奥特乍看之下并不具有的神韵。奥斯丁曾说安妮“对我而言几乎是太好了”，她可能指的就是这个意思。安妮对我们来说可能太过含蓄，但对温特沃斯而言并非如此，因为他对她有着某种神秘的理解力。朱丽叶·麦克马斯特注意到“安妮·埃利奥特和温特沃斯上尉之间有种不断进行的婉转交流。他们虽说很少交谈，彼此却能立刻明白对方言语的全部含义，比当时同他们说话的人理解得还要透彻”。

《劝导》中的这种交流依赖于深“情”(affection)，奥斯丁认为此词高于“爱”(love)。在奥斯丁的作品中，男女之间的“情”是种更为深刻、绵长的感情。我认为，安妮·埃利奥特虽然抑郁克制，却一定是奥斯丁本人最喜爱的人物，这样说并不为过，因为她将自己的天赋慷慨地赋予了安妮。亨利·詹姆斯坚持认为，小说家必须是一种感受力(sensibility)，这种感受力绝对不会疏漏任何东西。根据这一检测标准(很明显这是一个很苛刻的标准)，在英语作家中只有奥斯丁、乔治·艾略特和詹姆斯本人，可以和司汤达、福楼拜和托尔斯泰一起，进入人数有限的伟人祠。安

妮 · 埃利奥特可能是所有散文体虚构作品中唯一一个不会疏漏任何东西的人物，不过她并没有成为小说家的危险。我所见过的关于安妮 · 埃利奥特最精准的评价来自斯图亚特 · 塔夫：

> 没人听见安妮，没人看见她，但她却是始终处于中心位置的人
> 物。正是通过她的耳朵、眼睛和思维，我们才关注发生的事情。如果 63
> 说没人意识到她的存在，她却清楚地意识到他人的存在，而且在他们依然浑浑噩噩之时，她已感知到他们身上正在发生着什么。……她能读懂温特沃斯的头脑，在后果使他醒悟之前，她就已经意识到他正为他人和自己造成的麻烦。

这样一个典范人物所具有的美学危险性是显而易见的：小说家如何能使这样的一个人物具有说服力？乔伊斯《尤利西斯》中的博蒂就极具说服力，因为他是如此完整的一个人，体现了乔伊斯最宏大的创作意图。奥斯丁的反讽模式并不适合再现完整性：我们并不会陪着她的人物去往卧室、厨房和厕所。奥斯丁在《理智与情感》中戏仿的东西，在《劝导》中则被抬升为颂扬的典范：某种孤立内敛的特定情感所具有的崇高性。安妮 · 埃利奥特算不上奥斯丁作品中唯一一个善解人意的人物。她的独特之处在于她对他人和自身所具有的那种几乎是超自然的敏锐感觉，而这正是奥斯丁作为小说家最出众的特点。安妮 · 埃利奥特对奥斯丁的作品而言，就和《皆大欢喜》中的罗瑟琳对于莎士比亚作品的意义是一样的：她是这样的一个人物，她几乎达到了只有小说家或剧作家才能拥有的视角掌控能力。人物原本不能拥有这种能力，因为那样一来所有的戏剧性特质均将从小说或剧作中丧失殆尽。C. L. 巴伯曾强调过这一局限性，他的话令人难忘：

> 剧作家试图一次向我们展示一件事物，并且在展示时做到充分真实；因此他的人物趋向极致，不论是喜剧性的，还是严肃性的，均是如此；没有哪个人物，甚至罗瑟琳也没有处在这样的一个位置，能够综览整部戏剧，做到完全平衡，因为若真是那样的话，剧作就不再具有戏剧性了。

我喜欢将巴伯的观点转向反面：罗瑟琳和安妮·埃利奥特是几近完全平衡的角色，几乎能够综览整部戏剧和整部小说，甚至比哈姆莱特或福斯塔夫，或者伊丽莎白·班内特，或者《曼斯菲尔德庄园》中的范妮·普莱斯还要如此。她们的平衡性并不能完全避免视角化，但罗瑟琳的机智和安妮的敏感都是均衡协调的，既不过分张扬，也不过分被动，因而使她们能够比我们更多地享有她们的作者所拥有的平衡性。

奥斯丁从未丧失过戏剧张力；直到小说结束之前，温特沃斯重新对
64 安妮产生的关注令她焦虑不安，我们也同样陷入这种焦虑之中。但是，我们依赖安妮，就像我们应当依赖罗瑟琳一样；评论家们如果对罗瑟琳多些信心，相信她对剧中其他每个角色和对她自己的反应，就会像他们看到雅各的虚荣一样清楚地看到试金石的酸臭。安妮·埃利奥特的反应具有同样动人的权威性；我们必须重视她的话，而小说中除了温特沃斯，其他人物均对她的话置若罔闻。

斯图亚特·塔夫的观点和巴伯的一样准确，即便被推向反面也是如此；奥斯丁的反讽非常莎士比亚化。甚至连读者最初也必然犯下轻视安妮·埃利奥特的错误。伊丽莎白·班内特或罗瑟琳的机智要比安妮·埃利奥特精准的感觉更容易为人所领会。安妮性格的秘密为奥斯丁式的反讽加入了一些华兹华斯式的希望延迟感。莎士比亚具有一种无与伦比的能力，他为我们塑造出这样的人物，不论是主要的还是次要的，均能在她或他各自独立的言语模式中保持完全一致，而彼此又截然不同。奥斯丁也具有这样的能力。在奥斯丁的女主人公当中，安妮·埃利奥特是最后一个我想我们必须称作新教意志的人物，但在她的身上，意志受到了其后裔，即浪漫主义感应想象力（正如我们所见，华兹华斯是这种想象力的预言者）的修正，可能变得更加完美了。或许这也有助于安妮成为如此复杂、如此敏感的一个人物。

简·奥斯丁早先的以伊丽莎白·班内特为典范的女主人公们展现了新教意志。她们是塞缪尔·理查逊的克拉丽莎·哈娄的直系后代，塞缪尔·约翰逊博士作为道德权威的影响时刻清晰可辨。马克思主义批评不可避免地将新教意志视为一种商业事务，即便是该意志的文学再现也遭此待遇，而且谈论被简·奥斯丁排除在外的社会经济现实已然成为风尚，例如谈论西印度群岛的奴隶制，那是她作品中多数人物所享有的经济保

障的根基。但是，所有完美的文学著作都是建立在排除的基础上的，而且没人论证过，加深对文化和帝国主义之间关系的认识会对学习阅读《曼斯菲尔德庄园》有任何裨益。《劝导》在结尾处赞颂了英国海军，而温特沃斯在英国海军中身居高位。毫无疑问，出海时下令鞭打船员维持军纪的温特沃斯，肯定不如在陆地上温柔地与安妮·埃利奥特谈情说爱的温特沃斯令人愉快。但是我要再一次强调，奥斯丁的伟大艺术建立在排除的基础上，英国海上力量的肮脏现实与《劝导》之间的相关性，并不比西印度群岛奴役与《曼斯菲尔德庄园》之间的相关性更大。不过，奥斯丁对新教意志的实际和世俗后果有着极为强烈的兴趣，而这在我看来是一个关键因素，可以帮助我们评价她小说中的女主人公们。 65

奥斯丁所具有的莎士比亚式的内在性在安妮·埃利奥特身上达到顶点。这种内在性修正了克拉丽莎·哈娄那世俗化的新教式殉难（即她在被拉弗雷斯奸污后的缓慢死亡）所体现出的道德强度。促使克拉丽莎放弃生存意志的，正是她试图维护存在完整性的意志，这种意志比生存意志更为强烈。如果屈从于悔悟了的拉弗雷斯，嫁给他，将会危及她存在的实质，即提升她那遭到侵犯的意志。克拉丽莎身上的悲剧性被奥斯丁转化成为反讽喜剧，但意志维护自我的冲动并未在此转变过程中有太大改变。《劝导》强调的重点放置在有意识的彼此尊重之上，男女主人公均看重对方的价值。很明显，对于财富、财产和社会地位等的外在考量在这里仍是关键因素，但对于常识、亲切度、文化、机敏和感情的内在考虑也一样至关重要。在某种意义上（这样说让我很痛苦，因为我是一个狂热的爱默生主义者），拉尔夫·沃尔多·爱默生先于今天的评论家们对奥斯丁做出了马克思主义式批评，因为他指责奥斯丁是一个纯粹的英国国教徒，说她不允许自己的女主人公摆脱社会传统，实现灵魂的真正自由。但这其实是误解了简·奥斯丁。奥斯丁认为传统的功能就是要解放意志，即便传统具有抑制个性的趋势，而缺少了个性，意志也就微不足道了。

奥斯丁主要的几个女主人公——伊丽莎白、爱玛、范妮和安妮——都拥有内在自由，乃至她们的个性无法被压制。奥斯丁作为小说家的艺术不是去过分担心这一内在自由的社会经济起源，尽管在《曼斯菲尔德庄园》和《劝导》中，她的焦虑程度的确有所上升。在奥斯丁的作品中，反讽成为创造的工具，而约翰逊博士将创造定义为诗歌的本质。有这样一种关于内在自由的概念，它的核心在于拒绝接受尊重，除非这种尊重来自自己所尊重之人。这种概念属于最高程度的反讽。奥斯丁作品中最具喜剧性的场景肯定就是伊丽莎白拒绝达西的第一次求婚了。在这一场景中，对意志和尊重之间对立统一关系的反讽几乎到了肆无忌惮的地步。这一高雅喜剧在《爱玛》中得以继续，在《曼斯菲尔德庄园》中则稍有收敛，然后到了《劝导》，就变成了其他的东西，这是毫无疑问的，不过却难以名状。此时奥斯丁已经变成一位非常自觉的大师，她似乎已经改变了意志的本质，就好像意志也能够被说服，成为某种更珍贵、更无私的自我行为。

没有人曾提出过，简·奥斯丁在《劝导》中已经成为一个鼎盛时期的浪漫主义作家；她最喜欢的诗人仍是威廉·柯珀，而非华兹华斯，她最喜欢的散文作家则一直是约翰逊博士。然而，她对想象力和“浪漫爱情”的
66 极度不信任虽然充斥着早期的小说，在《劝导》中却不复存在。安妮和温特沃斯历经八年的无望分离仍然保持着对彼此的爱情，而且两人都富有想象力，能够想象出最终的成功和解。这是浪漫故事的素材，而非讽刺小说的素材。《劝导》中的反讽常常辛辣尖锐，但它们几乎从未针对过安妮·埃利奥特，而且也只是偶尔用在温特沃斯上尉的身上。奥斯丁不对主人公施以自己的招牌式反讽，而《劝导》充斥着某种之前闻所未闻的悲伤之感，这两者之间的关系深奥费解。安妮虽然对自己有信心，却常常陷入焦虑之中，尽管从不允许自己表露出来。她担忧自己可能错失良缘，度过没有意义的一生，那样的生活虽然超越了性失意，却也的确包含了性失意。我只记得一位评论家强调过奥斯丁强烈暗示的东西。她是澳大利亚人安·莫兰。她说“安妮……是一个富有激情的女人。她的心违背她的意志，坚持要求获得满足”。既然安妮八年前拒绝给予温特沃斯尊重，她就感到必须压抑自己的意志，因此成了首位将意志和想象力对立起来的奥斯丁女主人公。

虽然奥斯丁表面上维持着与贵族时代的联系，但她作为作家的真实性促使她在《劝导》中朝向蓬勃发展的民主时代迈进了许多——我们过去将民主时代称作浪漫主义。在安妮·埃利奥特的心智中并没有内在冲突，奥斯丁也没有；但她的心智却有着自我分裂带来的悲哀感，记忆站在了想象力的一边，一起对抗意志。安妮和温特沃斯所具有的那种几近华

兹华斯式的记忆力量引起了吉恩·鲁厄夫的关注。既然奥斯丁不过是偶然成为小说家的，那么我们可能会问，她为何要选择将《劝导》建立在一种相互缅怀的基础之上。毕竟，比起安妮，遭到拒绝的温特沃斯并不那么乐意重燃旧情，然而记忆和想象的融合最终也战胜了他的意志。这是否是简·奥斯丁本人意志的一种松懈？既然在《劝导》之后所写的那部没有完成的《桑迪顿》中，她又回复到了早期模式上去，那么安妮·埃利奥特的故事或许是小说家的一次偏离或者放纵。华兹华斯和《劝导》之间的相似性虽说有限，却真实无误。浪漫主义盛期的英国小说，不论是拜伦式的《简·爱》和《呼啸山庄》，还是华兹华斯式的《亚当·比德》，都显然是后来发展的结果。奥斯丁女主人公的精神气质在《劝导》中并没有改变，但她肯定是一个更难捉摸的人，带着一种因感知生活之局限而产生的新的悲伤气息。《劝导》有时给人带来的这种优雅的哀婉情绪，或许与简·奥斯丁自己糟糕的健康状况有关，是她对自己英年早逝的一种暗示。

斯图亚特·塔夫把华兹华斯和奥斯丁进行过比较，敏锐地指出两人 67
都是“婚姻诗人”，两人都具有“一种责任感，这种责任感被这样的一些人所理解和深刻感知，他们看到他们自己生命的完整和安宁与他人联系在一起，而且并不仅仅从社会秩序的角度来看待所有人的生命”。苏珊·摩根扩展了塔夫的见解，指出奥斯丁的《爱玛》和华兹华斯的伟大诗篇《不朽颂》之间的特殊联系。个人意识的成长是两部作品共同的主题。个人意识的成长对华兹华斯而言包含得与失，但对奥斯丁而言则只有得。爱玛的自我意识的确有所发展，她经历了一种类似华兹华斯式的转变，从几近唯我论式的愉悦转向同情他人而产生的更为复杂的愉悦。安妮·埃利奥特则一开始就比爱玛成熟得多，她的自我意识几乎不需要再有什么成长。她为拒绝了温特沃斯而悔恨不已，这使她免受希望的伤害，而我们知道希望的破坏力正是华兹华斯早年作品令人恐惧的强调重点，尤其是在可怜的玛格丽特的故事里。相反，《劝导》中存在一种情感联合体，奥斯丁用她惯常的高超技巧如此表述：

> 安妮·埃利奥特所经历的这一切具有何等的说服力啊！至少她对自己早期热恋时的意愿，和她对未来充满愉快的信念，具有相当的说服力，而那种急迫的干预和这种信念是截然相反的，简直是对神

> 灵的亵渎，是对人类追求信念的侮辱。年轻时，她被迫谨小慎微；长大了，她却变得非常豁达——人为之花结出自然之果！

此处，学会浪漫完全是回顾性的；安妮已不再认为自己能够学会浪漫。的确，温特沃斯回来了，时隔八年仍然含有怨愤，认为安妮对他的吸引力已经永远不再存在。使他成为一名出色的海军指挥官的那些品质，即决断力和自信心，正是他指责安妮缺乏的东西。奥斯丁以一种几乎是过分小心谨慎的写作技巧追溯了他逐渐放弃这种看法的过程。他被记忆的力量所控制，并且发现，他以为她因怯懦无为而抛弃了他，其实是他误会了。他需要经历一个自我劝导的过程，与此同时安妮在等待着，甚至不知道她在等待，也不知道能有东西重新燃起她的希望，这真是一个美丽的反讽。这一过程的喜剧感带有隐隐的悲哀，因为读者也在等待，思索着偶然性在此事件中到底起到了多大的作用。

虽然苏格拉底前的古希腊哲学家和弗洛伊德都认为不存在偶然事件，但奥斯丁并不这么想。她也认为，性格即命运，但是命运一旦运转起
68 来，在奥斯丁的世界(这个由多种因素决定的社会语境)中，就倾向于回避性格。我重读《劝导》时虽然记得它有个大团圆结局，但当温特沃斯和安妮不由自主地绕开彼此时，我仍然感到很焦虑。直到安妮读到温特沃斯给她的那封相当痛苦的信之前，读者还不能完全相信两人会有一个令人满意的会面：

> “我无法再默默地听下去了。我必须使用我正可利用的这种方式向你说明：你刺伤了我的心，我既痛苦又企盼。请坦白地告诉我吧，为时未晚，趁那种珍贵的感情还没有永久地消失的时候。我再次向你表白对你的爱情。八年前几乎被你全然粉碎的心，现在比以往任何时候都要殷切地思慕着你。不要说男人比女人更容易忘情，不要认为男人的爱情不会是深挚不移的。除了你，我谁也没有爱过。尽管我曾经表现出懦弱、不公，并为此悔恨不已，但绝不是一个朝三暮四的人。是你才把我吸引到巴斯来的，因为我一心想着你，一切为了你，所以才来到巴斯。难道你还没有看出来吗？难道你还不能理解我内心的这一渴望吗？我甚至连这十天的时间都等不及了。如果

> 说，我已觉察出你的真实感情，那么，我想你也一定洞悉了我的心灵。我几乎写不下去了，听到的这一切简直使我难以控制自己的感情。尽管你说得很轻，但是即使你的声音和别人的声音混在一起，我还是可以辨别出来的。说得太好了，你说得真好！你确实对我们两个做出了公正的评价。你是确信男人的心里能够产生真正的、永恒的爱情的，相信这种爱情是一种最强烈的、始终不渝的感情……
>
> “虽然还无法卜知自己的命运和前途，但我必须走了。我将尽快回到这里来，和你们在一起。那时和你说上一句话，对你瞧上一眼，就可使我决定今晚是否跨进你父亲的家门，或者永不登门了。”[①]

我无法想象在《傲慢与偏见》，甚或在《爱玛》或《曼斯菲尔德庄园》中出现这样的一封信。感觉敏锐的读者可能几乎从小说一开始就意识到安妮是多么富有激情，然而直到此刻并没有任何暗示，证明温特沃斯也具有同样的激情。他的这封信虽然符合一位海军指挥官的特点，文笔却很糟糕，并不完全符合奥斯丁的风格，然而它却因此更加令人印象深刻。我们开始意识到，如果说我们此刻之前一直对他还抱有信心的话，那不过是因为安妮对他的爱激发了我们的兴趣。奥斯丁很聪明，她拒绝将温特沃斯本人描写得足够有趣。然而该书的部分效果就在于说服读者相信自己的洞察力和自我说服能力；安妮·埃利奥特对读者而言几乎有点太好
了，她在奥斯丁本人眼里也是如此，但是专心的读者有信心按照安妮应当 69
被感知的样子去感知她。这部最为含蓄的小说中最为含蓄的因素，就是促使读者开动自己的记忆力，去适应安妮因太过坚忍而无法直接表达出来的持久而强烈的渴望之情。

这种渴望之情萦绕着整部小说，影响着安妮和我们自己的感觉。我们对安妮存在感的感知开始等同于我们自己对失去之爱的感觉，不论这有多么不现实或者理想化。重新补救八年前损毁的感情是不大可能的，本会与奥斯丁这部最为“现实主义”的小说显得不协调，但她却很小心地避免了这一点。和作者一样，读者开始愿意希望安妮得到她仍然希望自

① 本书中*Persuasion*的译文均出自简·奥斯丁著，朱炯强译：《劝导》，郑州，河南人民出版社，1984年。

己得到的东西。安·莫兰观察入微，她说奥斯丁"在安妮对自己最不满意的时候，对她最为满意"。读者被奥斯丁所说服，渐渐地安妮也开始有了信心，和读者变得合拍，愿意更为充分地表达自己的渴望。

约翰逊博士在《漫谈者》第29期中有一篇文章，题为《过早考虑不幸的愚蠢性》，他在其中提醒各种焦虑期待的危害，不论是充满忧惧的，还是充满希望的：

> 因为恐惧和希望的对象仍不确定，所以我们不应当信任一个甚于另一个，它们同样都是靠不住的；因为希望会放大快乐，恐惧会加重灾难。众所周知，没有人找到过与其期待相称的快乐，那种期待曾激起了他的欲望，鼓舞了他的追求；也没有人在现实中发现过和自己想象中一般可怕的人生灾祸。

这是约翰逊发表的一系列见解中的一份，这些见解针对的是想象力过剩的危险。他的学生奥斯丁一定读过其中的一些。如果按照那位大评论家的建议，将这类再现排斥在外，那么华兹华斯根本就写不出东西，而奥斯丁也不可能写出《劝导》。然而这是她写的一部非常奇特的作品。她是掌握我们所知的西方小说中最高级排除艺术的大师。简·奥斯丁所写的任何一部小说都可以被称作完美的省略，任何可能打乱她那充满反讽但也是幸福的结局的东西都被省略掉了。《劝导》是她四部经典小说中最不受欢迎的一部，因为它是最奇怪的一部。然而，在我们接近民主时代（她同时代的华兹华斯做了如此多的事情，以在文学中展开这一时代）终
70 结之时，她所有的作品都变得越来越奇怪。虽然她泰然身处贵族时代的最后边界线上，但她和华兹华斯拥有着一种共同的艺术，这种艺术依赖于衰落中的新教意志和一种新近变得活跃的感同身受的想象力之间的分裂，而记忆则被赋予了弥合这一分裂的任务。如果我在本书中的观点有一点正确的话，奥斯丁将能挺过我们即将面对的糟糕时日，因为奇特的独创性和独特的幻象是我们永恒的需要，而在正慵懒地朝我们走来的神权
71 时代中，只有文学能够满足这种需要。

司汤达
(1783—1842)

《红与黑》

尼采曾向司汤达致敬，称他为“奇怪的伊壁鸠鲁[①]主义者和爱询问之人，法国最后一位伟大的心理学家”。然而，司汤达既算不上心理学家，又不只是个心理学家，即便尼采所指的是道德心理学家，情形也是如此。我们不快乐，因为我们虚荣，这话似乎足够正确。若是如此，那么这一洞见的产生似乎与我们的如下信念有关，即我们感到悲伤，是因为我们焦躁不安，无法在桌前坐下来。将司汤达和帕斯卡[②]相比是索然无味的，然而确定他们之间实际的不同之处却是一项复杂的工作。在我看来，帕斯卡是一个真正的虚无主义者；司汤达则属于其他类别。你可以称之为于连·索黑尔。于连吸引我们，但却不会激起我们的喜爱之情。或者我们是喜欢他的？罗伯特·M. 亚当姆斯冷静地总结如下：

> 你喜欢于连·索黑尔与否，不论是他行为中的哪些部分，在一定程度上均取决于你认为你是谁，以及在阅读该书的过程中，你的想象力允许你加入何种共谋或同谋关系中去。

这可能是在承认司汤达的优秀吧，因为读者作为评论者，其基本权利就是质问作家“总之，你以为你是谁？”不论是司汤达还是亚当姆斯，将此话反过来问都是很聪明的，因为我们并没想到作者可以和我们自己一

---

① 伊壁鸠鲁（Epicurus，公元前341—前270），古希腊哲学家、无神论者，伊壁鸠鲁学派的创始人。伊壁鸠鲁派认为人死魂灭，提倡寻求快乐和幸福，但他所主张的快乐绝非肉欲物质享受之乐，而是排除情感困扰后的心灵宁静之乐。

② 帕斯卡（Blaise Pascal，1623—1662），法国数学家、物理学家、哲学家、散文家。

样咄咄逼人。司汤达肆无忌惮地超越了我们，而于连就是他的替身，虽然许多人都不愿承认这一点。我们钦佩于连，因为他有无比丰富的想象力。他还让我们感到有些疏远，因为他拥有超常（虽然断断续续）的能力，能
72 够凭借意志转变他的情感。当然，他被设计为一个小拿破仑，而除非我们是哈兹里特或司汤达，否则这一点可能不会让我们喜欢上他。但是，具有拿破仑的特点只是他身上体现的一股浪潮或运动，而司汤达不过是将自我分裂开来的无数19世纪天才作家中的一个。一个更为重要的运动是拜伦式的，对此亚当姆斯真是感觉敏锐，不可思议地敏锐：

> 当然，我们对于连的观感主要依赖于他对那两位女士的所作所为；此处我们遭遇了小说的核心悖论，即（和两位女士一样）我们并不会真的因为他表现好一些而对他的看法就好一些。正相反。他行为越卑鄙，他要求她们做出的牺牲越痛苦，我们越会被她们爱他的决心所打动。德·莱纳夫人毫不嫉妒，也不在意于连曾试图谋杀她。她不怕丑闻公之于众，离开丈夫和孩子，前去陪伴他度过他的痛苦时刻。玛蒂尔德陷入绝望，因为他不再爱她了，虽然她为了爱他而牺牲得更多。于连的启示没有直接在光天化日之下展现，而只是通过这些虔诚的追随者脸上反射的光芒表现出来。就像耶稣和狄俄尼索斯一样，于连的神迹是在监狱—坟墓的黑暗当中表演的，而他的复活也是当着女人的面进行的。于连的静室通过收回神迹而诱惑着它的皈依者，使它的信徒飘飘欲仙：这就是该书最后重要部分的工作。

我们可以争辩说，于连就像拜伦勋爵一样，具有那种淡然的冷漠，驱使他的女人们回归自我，因此他的功能就是刺激这些非凡（而且是非常不同）的女士彻悟到她们各自的英雄主义。这可以解释我自己对《红与黑》感到最不满意的地方，即于连最后灵魂状态的含混性（或许甚至是含混主义？）：

> 牢里的恶劣空气，于连已不能忍受。幸亏他们通知他赴死的那一天，明媚的阳光使万物洋溢着欢乐，于连也浑身充满了勇气。在露天行走，给了他一种甜美的感觉，仿佛久在海上颠簸的水手登上陆地散步一样。“来吧，一切顺利，”他对自己说，“我一点儿都不缺乏勇气。”

> 这颗头颅从不曾像将要落地时那么富有诗意。从前他在韦尔 73
> 吉的树林里度过的那些最温馨的时刻纷至沓来，极其有力地涌上他的脑际。
>
> 一切都进行得简单、得体，在他这方面则没有任何的矫情。
>
> 两天前，他曾对富凯说：
>
> "激动，我不能保证；这地牢这样恶劣潮湿，使我有时发烧，甚至不清；但是恐惧，不，人们不会看到我脸色发白的。"
>
> 他事先做了安排，在他末日的那天早上，富凯把玛蒂尔德和德·莱纳夫人都带走。
>
> "让她们坐一辆车，"他对他说，"设法让驿车的马不停地奔跑。她们会相互拥抱，或者相互恨得要死。在这两种情况下，可怜的女人都会从可怕的痛苦中解脱一下。"
>
> 于连一定要德·莱纳夫人发誓活下去，好照顾玛蒂尔德的儿子。
>
> "谁知道呢？也许我们死后还有感觉。"有一天他对富凯说，"我相当喜欢在俯视维里埃的大山里的那小山洞里安息，是的，安息，正是这个词。我有好几次跟你讲过，夜里躲进这个山洞，极目远眺法国那些最富庶的省份，野心燃烧着我的心，那时候这就是我的激情……总之，这个山洞对我是很珍贵的，不能不承认它的位置令一个哲学家的灵魂羡慕不已……好吧！贝藏松的这些圣会分子什么都拿来赚钱；如果你知道怎么做，他们会把我的遗体卖给你的……"①

于连最后的超级幽默感让我们深为着迷，但是司汤达对他的男主人公最后的态度又是什么呢？我认为下面这句话并不是反讽："这颗头颅从不曾像将要落地时那么富有诗意。"于连疯狂地爱着德·莱纳夫人；这种疯狂的真诚性是毫无疑问的，那么于连最后日子里的那种超越快乐原则的自杀激情或持续冲动也是毫无疑问的。一些评论家曾评论过于连和堂吉诃德之间所谓的相似点，我却看不到。堂吉诃德一直生活在戏剧世界当中，直到被打击清醒，然后他就死了。其他人所说的疯狂，其实不过是堂吉诃德的伟大。而于连则是陷入了病态；那是一种具有吸引力的疯

① 本书中*The Red and the Black*的译文，均出自司汤达著，郭宏安译：《红与黑》，南京，译林出版社，1994年。

74 狂，因为他比以前更讨人喜爱，但那仍然是种疯狂。司汤达不擅长写结尾；《巴马修道院》的结尾同样无力且突兀。不过，我在做出这些判断时感到自己有点迟疑。或许我只是太喜欢这两部小说了，对于司汤达在接近结尾时明显失去兴趣的表现，我感到愤恨。对于于连之死的最后辩护来自《豹》的作者兰佩杜萨亲王，他是司汤达的敏锐的学生："作者为了摆脱人物而匆匆杀死他。这是一种戏剧性的、诱发共鸣的结局，不同于任何其他写法。"我们想向亲王抗议说，这结局不够戏剧化，但他预见到了我们的抱怨："于连英俊、冲动、充满活力，他最后的几句话是讲给朋友的，告诉他必须买回他的尸体。"很明显，按照《豹》的模式，这种结局具有戏剧性，因为《豹》中的死亡发生在灵魂里，而肉身依然活着。亲王暗示，司汤达式的悲情只属于少数快乐之人；那与其说是一种情感上的悲情，不如说是感觉上的悲情。

玛蒂尔德和于连在一起的第一晚就体现了感觉对情感的喜剧性胜利。"他们的狂喜有些勉强"，司汤达评论道。这有趣的评价过于轻描淡写：

> 德·拉莫尔小姐认为她是在对自己和情人尽义务。"可怜的孩子，"她对自己说，"他表现出了十足的勇气，他应该幸福，不然就是我没有性格。"然而，她宁愿以永恒的不幸为代价，摆脱她正在履行的残酷职责。
>
> 不管她对自己的强迫多么可怕，她还是完全地履行了诺言。
>
> 没有任何悔恨，也没有任何责备，来破坏这个夜晚，在于连看来，这一夜与其说是幸福的，还不如说是奇特的。伟大的天主！跟他最后在维里埃度过的那二十四小时相比，有多大的不同啊！"巴黎的这些高雅规矩找到了败坏一切甚至爱情的秘诀。"他对自己说，不过这对他就极不公正了。
>
> 他站在大衣橱里，脑子里尽是这样的想法。那是在听见隔壁德·拉莫尔夫人的房里第一声响动时，玛蒂尔德让他钻进去的。玛蒂尔德跟着母亲望弥撒去了，女仆们很快离开了套房。于连赶在她们回来结束工作之前，很容易就溜走了。
>
> 他骑上马，到巴黎附近一片森林中寻个最僻静的地方。他感到幸福，更感到惊奇。幸福不时地占据他的心，就像一个年轻少尉有了

> 什么惊人之举，一下子被司令官提升为上校了；他感到自己上升得 75
> 很高很高。前一天还在他上面的那一切，如今在他旁边了，或者在他下面了。渐渐地，他越走越远，幸福也随之增加了。
>
> 如果他的心灵里没有丝毫的柔情，那是因为玛蒂尔德对待他的全部行为，不管听上去多么奇怪，是在履行一种责任。对她来说，那天夜里发生的一件件事都平淡无奇，她没有发现小说里说的那种圆满的极乐，她只发现了不幸和羞耻。
>
> “是我弄错了？难道我对他没有爱情？”她对自己说。

两人漠然相向，这一闹剧拉开了小说最轻快部分的序幕，司汤达对这两个无比虚荣之人之间争斗的描写乃神来之笔。霍布斯对于公民社会原则具有何种意义，司汤达就对性爱原则具有何种意义。两人都不能算是愤世嫉俗者。他们都不仅仅是心理学家，因为他们看到了人性的真相。霍布斯对司汤达而言，正如叔本华对创作《安娜·卡列尼娜》的托尔斯泰而言，意义是一样的。霍布斯作为哲学家，证实了小说家司汤达的见解，而这些见解对司汤达来说至关重要，乃至几乎不需要再进行确认。我想把话说得更直白；如果你反复阅读《红与黑》，那么《利维坦》就变成了迷人的赘言，正如深入了解《安娜·卡列尼娜》会使《作为意志和表象的世界》几乎变得多余一样。司汤达和托尔斯泰以对立的方式成为两性之爱
的真正哲学家，成为洞悉欲望的无意识真理的暗黑形而上学者。 76

玛丽·沃斯通克拉夫特·雪莱
(1797—1851)

《弗兰肯斯坦》

有火在燃
灵魂的运动不愿受限于
自己促狭的存在,而是渴求
超越合适的欲望媒介。

拜伦,《恰尔德·哈罗德游记》,第3篇

巴比伦成灰之前,
梅格斯·佐罗斯特,我的早殇之子,
看到自己的影像行走在花园之中。
他看见了那个幻象,人之魂灵。
要知道生死两世界:
一个为你所见;另一个
却在坟茔之下,那里住着
所有能思生物的幽灵
死亡将他们结合,永不再离分

雪莱,《解放了的普罗米修斯》,第1幕

如果一个观影者对崇高有着模糊但真实的品位,他到附近剧院去观看《弗兰肯斯坦》之无尽版本中的最新一版,那么他就是在分享一种如今已近一百五十年之久的浪漫主义恐怖。玛丽·雪莱在写作《弗兰肯斯坦》时还不满十九岁。她的父母威廉·戈德温和玛丽·沃斯通克拉夫特是两位伟大的叛逆知识分子,她自己则是另一位伟大叛逆和无与伦比的

抒情诗人珀西·比希·雪莱的第二任妻子。如果玛丽·雪莱什么都没写 77
过，她今天也会被人们记住。但她却因为自己而被人们记住，因为她写了一部小说，这部小说不仅自身拥有价值，而且预言了一个智识世界的到来，它描绘的普罗米修斯主义至今仍与我们同在。

对我们大多数人而言，“弗兰肯斯坦”是一个怪物的名字，而不是一个创造出怪物的人的名字，因为普通读者和普通观影者出于明显的困惑，已经一起创造出来一个神话，该神话以玛丽·雪莱小说的一个核心二元对立为坚实基础。若对《弗兰肯斯坦》进行严谨讨论，就得先从理查德·丘吉和穆里尔·斯巴克最先表明的一个观点入手：怪物和他的创造者是一个人的对立两半。斯巴克过于干净利落地表述了这一对立；在她看来，维克多·弗兰肯斯坦代表情感，而他的无名创造物代表智识。按照她的观点，怪物不具有情感，“他身上被当作情感的东西……其实是通过理性渠道达到的智识激情”。斯巴克进一步引申此论断，直至指出怪物没有性别，他要求弗兰肯斯坦给他一个新娘，不过是想找个伴侣。这一结论显然与小说文本不符。

《弗兰肯斯坦》中科学家与其创造物之间的对立关系是非常复杂的，如果被置于浪漫主义文学及其典型神话这一更广阔的语境中，将会得到更为充分的描述。在布莱克和雪莱的作品中，自我的影子或替身是个永恒的概念性意象，而在其他主要浪漫主义作家，尤其是拜伦那里，也是一个频繁出现的意象，不过更为随意、更具描述性。在《弗兰肯斯坦》中，它是主导性的、反复出现的意象，小说所具有的潜在力量主要归功于它。

玛丽·雪莱的丈夫作为男人和诗人，是一个分裂的人，就和他的朋友拜伦一样，不过雪莱的分裂更为彻底。《弗兰肯斯坦；或，现代的普罗米修斯》是玛丽·雪莱这部小说的全名。维克多·弗兰肯斯坦虽然不是雪莱（克莱瓦尔更像雪莱），现代的普罗米修斯对雪莱或拜伦来说却是个非常合适的术语。普罗米修斯是最适合浪漫主义诗歌用途的神话人物，因为除他之外，再没有别的什么传统人物也拥有浪漫主义道德情感的完整幅度和进行创造与破坏的完整浪漫主义能力。

在使用普罗米修斯原型时，没有哪个浪漫主义作家未充分意识到它所具有的模棱两可的潜力。古代的普罗米修斯从其所处的戏剧性情境及其与人类结成的密切反神联盟来看，主要是个应在精神上受到指责的形象，尽管他也常常是个充满同情心的形象。在该神话的诸多版本中，这一联盟对人类而言都是毁灭性的，提坦对人类的仁慈几乎难以弥补普罗米
78 修斯造成的人类从天庭的疏离。在早期基督教对此故事的指涉中，提坦精神的两面也都很明显。被用来比喻受难基督的普罗米修斯也被视为一种类型的撒旦，即刚遭到震怒的天庭驱逐的光之子。

在对弥尔顿的《失乐园》进行的各种浪漫主义解读（弗兰肯斯坦不言而喻也属于这类解读）中，普罗米修斯这一双重身份是个关键因素。布莱克笔下叫作奥克的神秘革命者就是又一版本的普罗米修斯。布莱克将弥尔顿的撒旦视为误入歧途的普罗米修斯，视为遭到压制的欲望，最终成为欲望的影子，即遭到减损的创造力替身。雪莱走得更远。他认为弥尔顿的撒旦是一个不完美的普罗米修斯，一个不够格的普罗米修斯，因为他身上混合在一起的英雄品质和低级品质在读者的头脑里造成不利于艺术精神的“有害诡辩”。

布莱克是一个比雪莱更有系统性的诗人。他在他称作幽灵（Spectre）和流溢（Emanation）的两个象征形象之间建立起对立，这两个形象分别代表欲望的影子和欲望的完全形式。在《弗兰肯斯坦》的结尾是穿越北极荒原穷追不舍的场景。读者在回忆小说这非同寻常的结尾时会发现，布莱克那首描写幽灵和流溢之间冲突的抒情诗中一个类似的象征性情境也使用了相同的意象：

我被幽灵所缠绕，日以继夜
宛若野兽把我的路途阻截。
内心深处的流溢之物
不停哭泣，为了我的罪辜。

无尽无边的深渊里，
我们逡巡漫步，我们放声哭泣；
饥渴贪婪的风中
我的幽灵将你追踪。

他嗅出你雪地中的脚步，

不论你前往何处
穿过寒冷冰雹和风雨。

弗兰肯斯坦的怪物引诱他复仇心切的创造者穿越冰雪世界，就像另一个被幽灵所追逐的流溢之物，显著的不同在于他是一个残缺的流溢之物，是现实的噩梦，而非欲望之梦。虽然怪物为人所憎恶而非热爱，他却是弗兰肯斯坦创造力的完全形式，比他的创造者还要富有想象力。怪物比他的创造者更有智识，也更易动感情；事实上他对弗兰肯斯坦的超越 79
程度，与《失乐园》中弥尔顿的亚当对弥尔顿的上帝的超越程度是一样的（而且方式也一样）。玛丽·雪莱小说中最大的悖论和最令人惊异的成就在于怪物比其创造者还**更具人性**。这个无名的生物是一个现代亚当，正如他的创造者是一个现代的普罗米修斯一样。他比他的创造者更可爱，也更可恨；更可怜，也更可怕。最重要的是，他更有能力给专心的读者以附加意识造成的那种震撼，在其中审美识别迫使对自我进行高度实现。因为正如布莱克的幽灵和流溢之物，或者雪莱的阿刺斯多（Alastor）和灵之灵（Epipsyche），弗兰肯斯坦和他的怪物都是一个自我的两半，一半唯我，一半宽宏。弗兰肯斯坦代表心智和情感转向自身，而他的创造物则是心智和情感富于想象力地向外扩张，通过与其他自我的对抗来找寻更多的人性。

我的意思是，虽然《弗兰肯斯坦》只是一部具有感染力的小说，有着自身的缺陷，在叙事和人物刻画上常常显得笨拙，但它却是一部重要的著作，因为它包含了我们所拥有的浪漫主义自我神话最生动的版本之一，该版本类似于布莱克的《由理生之书》、雪莱的《解放了的普罗米修斯》和拜伦的《曼弗雷德》，以及许多其他作品。由于缺乏上述作品的老练复杂，《弗兰肯斯坦》为我们了解浪漫主义诗人的原型世界提供了一个独特的介绍。

威廉·戈德温虽然具有强烈的倾向性，但也是个强有力的小说家。女儿《弗兰肯斯坦》的史前史源自他最优秀的虚构作品《凯莱布·威廉姆斯》（1794）。戈德温将小说最后三分之一的高潮（而且是痛苦的）部分总结为一种逃跑和追逐模式，“逃犯时刻忧惧遭到最可怕的灾难，而追捕者凭着聪明和机智，使他的受害者总是处于一种最可怕的惊恐状态”。玛丽·雪莱在她小说的最后部分出色地逆转了这一模式，而且她从《凯莱布·威廉姆斯》里也吸取了她的毁灭性主题，即怪物对“整部人类社会机器”(这是凯莱布·威廉姆斯在监狱里时说的话)的战争。穆里尔·斯巴克认为，《弗兰肯斯坦》可以被解读为“对戈德温和雪莱的理性—人文主义”的反对态度，她举出雪莱为妻子的小说所写的含混序言来支持这一观点。雪莱的确担心这部小说被人当作一种警告，针对的对象是不加限制的实验普罗米修斯主义和科学唯物主义所产生的不可避免的道德后果。序言强调：

> 决不能认为，从主人公的性格和境况中自然得出的观点一直为
> 80 我自己所持有；也不能认为，从下文各页正常得出的任何推论会对
> 任何哲学教条产生偏见。

雪莱在自己的作品中自始至终反对戈德温的理性人文主义，但他的反对属于心灵对智识的一种系统而自觉的抗争。在瑞士阿尔卑斯山度过的那个夏天里，玛丽·雪莱构思了《弗兰肯斯坦》，雪莱则创作了两首诗，将小说的主题性冲突提升至真正崇高的高度。在《赞智力美》一诗中，诗人的心灵将一种总是刚好无法为人类感官捕捉的、变幻无常的优雅和美丽解释为生命中唯一的仁慈力量，而且他祈求这种力量能够在他和所有人类的身上变得更持久。《勃朗峰》是一篇更伟大的姐妹诗篇，是对一种可怕的自然景色进行的奇妙沉思。在此诗中，诗人的头脑发出来一种与《赞智力美》有关联的但本质相反的报告。那种力量仍在那里，就在大山的后面或中间，但它对我们进行的外部活动不是冷漠的，就是恶毒的，而且你无法向那种力量祈祷。它可以教导我们，但它教我们的，是我们自己摆脱自然控制的危险的自由，是我们意志的一种需要，即成为唯物主义必然性的一个重要部分。虽然《勃朗峰》最后有一个近乎英雄主义的结尾，但它也是一首恐怖的诗歌，提醒我们弗兰肯斯坦首次对抗他的意识怪物就是在森然耸立的勃朗峰上，听到的躁动音乐也是雪莱“无常”抒情诗中的一首。

在《解放了的普罗米修斯》中，头脑与心灵的分裂没有得到弥合，但心灵获准占据主导地位。主人公普罗米修斯和弗兰肯斯坦一样，制造了一

个怪物，不过这个怪物是朱庇特，即掌管所有机构性和历史性宗教的神，包括有组织的基督教。从这一概念性错误中得到拯救的唯一渠道就是爱；但在这首诗中，正如在雪莱的其他诗中一样，爱的后面常常紧随着毁灭。的确，在雪莱的诗中，灵魂永远要面对的选择就是化妆成爱的毁灭，或者显示为欢乐的痛苦。在雪莱的诗中，摆脱这种境况的权宜之计就是寻找一种具有感觉能力的智识和一颗善解的心，这由普罗米修斯和他的流溢之物——亚细亚——的肉体结合所象征。弗雷德里克・A. 珀特尔这样总结《解放了的普罗米修斯》：它的含义是“头脑必须在纯粹实验性的基础上去真诚地原谅，必须自愿躲避仇恨”，而“情感必须祛除幼年的恶魔，不论是个人的，还是种族的”。以这些深刻而精确的总结为参照，读者可以更好地理解雪莱的抒情诗剧和他的妻子关于现代普罗米修斯的叙述。 81

玛丽・雪莱小说的中心有两个悖论，每一个都阐释了普罗米修斯想象的一种困境。第一个悖论是弗兰肯斯坦**的确**成功制造出了一个自然人，不是像他一样的人，而是向善论者眼中的人；事实上，弗兰肯斯坦做得比这还要好，因为正如我们所见，他的创造物比他还富有想象力。弗兰肯斯坦的悲剧不在于他身上具有的普罗米修斯式的毫无节制，而是产生于他自己的道德错误，即他身上爱的能力的缺失；他**憎恶他的创造物**，惊恐不已，并且逃离了他的责任。

第二个悖论更具讽刺性。如果弗兰肯斯坦是一个美学上更为成功的创造者的话，这个悖论就不会发生，或者将无关紧要；一个美丽的“怪物”，或者甚至是一个说得过去的怪物，本可以不成为怪物。正如第17章中这个创造物的苦涩之言所示：

> 当人类蔑视我时，我如何能够敬重他们？让人类与我彼此友善相待吧，他们接受我，我会感激涕零，带给他们每一种益处。但那是不可能的事情，人类的理性是阻碍我们相交的不可逾越的障碍。

既然创造物的丑陋并非维克多・弗兰肯斯坦的本意，那么这一灾难性情况是如何发生的，就值得我们注意了。

着手创造的维克多・弗兰肯斯坦和如此多的步其后尘者一样，暂时成了一个道德白痴。这样形容他，并非不公平。科学家的伟大发现和发现者的平庸情感之间形成一种对立，其中包含着一种无心的幽默。弗兰肯斯坦发现“太小块的材料”减缓了他的速度，于是决定把他的创造物造成“八英尺高，并相应魁梧”。在他工作的过程中，他允许自己这样梦想：“我将成为一个新物种的创造者和源泉；许多快乐、优秀的生物将因我而拥有生命。”然而，他知道他拥有的是一个“污秽的创造车间”，他没有通过自己创造力的基本检验。当创造物睁开“昏黄的眼睛”时，这个创造者从超级发明者的自由状态跌至大地之子的恐惧之中：“我心中充满了窒息般的恐惧和厌恶。”他逃离了他的责任，引发了后来的事件，最终导致他自己在北极的献祭。对于一个从未完全意识到他人之存在的人来说，这是一个合适的结局。

玛丽·雪莱的小说一直被一个魔鬼般的形象所萦绕，即柯勒律治的老水手。老水手是柯勒律治对浪漫主义神话的一个主要尝试，这个神话讲述遭受炼狱洗涤的自我受困于因自我意识高涨而导致的孤独境地。沃
82 尔顿在介绍这部小说的第二封信中，将自己比作“最富有想象力的现代诗人的产物”。作为一段不为人知的故事的揭露者，沃尔顿自己就是一个普罗米修斯式的探求者，就像他如此为之着迷的弗兰肯斯坦一样。柯勒律治的老水手属于该隐一类的人物，而弗兰肯斯坦命运的讽刺之处在于他也是个该隐，通过他的创造物不由自主地谋杀了他所爱的所有人。老水手得到了惩罚，深受负疚意识诅咒的煎熬，而弗兰肯斯坦遭受的痛苦折磨则是永远无法忘记他创造了一个孤独的意识，这一意识因无法忍受强加于身的孤寂而犯下罪行。

所有被怪物杀害的牺牲者都是无辜之人，这部分显示了玛丽·雪莱对自己神话主题的洞察力。怪物不仅拒绝主动杀死他那有罪的创造者，而且还哀悼他，虽然给他的颂词是模棱两可的，称他为“富有自我牺牲精神的慷慨之人”。作为现代普罗米修斯的弗兰肯斯坦违反了自然，却从由他所创的、堕落的第二自然那里获得了自己的墓志铭。这个第二自然被上帝所遗弃，有意识地重复《失乐园》中堕落撒旦的话，声称“从此以后，罪成了我的善”。创造物那更为宏大、更为有趣的意识比他的创造者存在得更长久，这更符合想象，因为在玛丽·雪莱的小说中，只有他具有人格。弗兰肯斯坦和柯勒律治的水手一样，没有自己的人格；这两个形象之所以吸引我们的注意力，只是因为他们对原初自然犯下了原始之罪。

怪物当然是玛丽·雪莱最出色的创造发明。他的叙述（第11章至第16章）构成了这部小说的最高成就，甚至比高潮部分那场气势恢宏、几乎是超现实主义的追逐更引人入胜。这是一个倾力于对自然人之高贵性进行精彩描述的时代，其中包含了华兹华斯的牧羊人和乞丐，以及W. J. 贝茨所言的济慈那“关于无私的极致化理想”——甚至在这样的一个文学时代里，弗兰肯斯坦的不幸创造物仍作为英雄主义的崇高体现脱颖而出。虽然弗兰肯斯坦缺乏道德想象力，无法理解怪物，但怪物的呼吁却触动着我们深深的怜悯之情：

> 噢，弗兰肯斯坦，不要公正对待所有人，唯独把我踩在脚下，你最该公正对待，甚至最该怜悯爱护的是我。别忘了我是你的创造物；**我应该成为你的亚当，却更像个堕落的天使，你平白无故剥夺了我的快乐**。我到处看到的都是福祉，单单我自己注定被排除在外。
> 我本仁善；苦难将我变成了魔鬼。让我幸福吧，那样我将改邪归正。 83

我用强调字体标注的部分是小说的想象力精华，其目的是要提醒读者回想起小说的题铭：

> 难道我曾要求你，我的创造者，将我从泥土
> 塑造成人？难道我曾乞求过你
> 将我从黑暗中带离？

堕落的亚当这绝望的哀号成为怪物悲叹的主调。弗兰肯斯坦的创造物接受教育的方式是将《失乐园》当作“真实历史”来读，而通过这一快乐的方式，弥尔顿的影响被巧妙地融进小说的叙述当中。因为怪物以人类为标准，这使他自己甚至也认为自己是个遭到遗弃的异类。他已然注定毁灭，而他所接受的弥尔顿式教育则完成了自我意识的致命成长。他讲给创造者的关于自己的故事遵循了一种常见的浪漫主义模式，用他的话讲，就是“我智识的进步”。他获得意识后初次体验到的快乐是因目睹月亮升起而发出的惊叹。他就像卡利班一样，对音乐有着非凡的感受，不论是自然音乐还是人工音乐，而他对自然世界的敏感程度堪比初期诗人

拥有的敏锐性。他常在一间茅草房附近游荡，里面的住户首次激发了他对其他生物的爱。爱的觉醒也导致了他在试图现身之时，体会到爱遭到拒绝的莫大悲哀。他的处境和性格之间的对立性，即他卡在亚当和撒旦之间、自然人和他受挫的欲望之间的困境被他直接与阅读弥尔顿史诗的经历联系在一起：

> 它所描绘的全能的上帝同其创造物交战的景象在我心中激起无比赞叹敬畏之情。我常常将书中的几个场景和我自己联系在一起，因为我们之间有着惊人的相似之处。我就和亚当一样，显而易见同存在的任何其他创造物均无任何联系，可他的境况在其他方面和我的又是天差地别。他被上帝之手造出，完美无缺，快乐富足，受到创造者的精心呵护；他可以同更高级别的生物交谈，从他们身上获取知识；而我却潦倒无助，茕茕孑立。许多次我都认为撒旦才更适合代表我的处境。因为就和他一样，当我看到我的保护者们快乐的模样，我的内心就充满了苦涩，怒火中烧。

要想从如此深的绝望之中解脱出来是不可能的。怪物被逼入一种“冰冷的星辰也在闪烁着嘲弄”的生存状态。于是他宣布要“与人类进行
84 无止境的战争”，并且进入一种比被逐的亚当更为可怕的堕落状态。他重复弥尔顿的话，问了一个具有反讽性的问题：“现在，整个世界都在我面前，我又该去向何方呢？”这个问题的唯一答案，就是去找寻他那可怜的普罗米修斯式创造者。

如果我们从玛丽·雪莱的小说退后一步，以便更好地审视它的原型轮廓的话，我们会将它视为一个受创的孤独意识的探寻之旅，先是寻找安慰，然后复仇，最终寻求一种世界末日般的自我毁灭，一种连带创造者与创造物一起的毁灭。虽然玛丽·雪莱本意可能并非如此，但她小说的基本主题却是与普罗米修斯主义进行必要的抗衡，因为普罗米修斯主义提倡不惜任何代价也要提升意识。弗兰肯斯坦冲破了分隔人类与上帝的壁障，创造出表面上的生命，但他其实只是带来了生不如死的存在。玛丽·雪莱的小说所特有的深切沮丧之感是浪漫主义自我神话的基本要素，因为所有的浪漫主义恐怖都是过度意识的疾病，是自我无法忍受自我

的疾病。克尔凯郭尔说过，撒旦的绝望是绝对的，因为撒旦作为纯粹精神，就是纯粹意识，而且对撒旦（以及所有处在他这种困境中的人）而言，意识的每点增长都是绝望在增长。弗兰肯斯坦的绝望创造物因其不同寻常的处境而达到了纯粹精神的状态，深受意识的折磨。在他的意识中，每一个想法都是一种新的疾病。

浪漫主义诗人通过他称作想象力的东西来与自我意识进行抗争，想象力是一种极为理性的能量，思想可以用之来治愈本身。但是，弗兰肯斯坦的魔鬼虽然处在浪漫主义漫游者或独居者的原型情境中，有时还是一个诗人，他却无法通过讲述自己的故事来摆脱自己的故事。他强烈渴望拥有一个配偶，这显然是试图为自己找寻雪莱式的灵之灵或布莱克式的流溢之物，即自我中的自我。但是，由于他代表着弗兰肯斯坦欲望的梦魇般实现，他本身就是普罗米修斯式渴望的一种流溢。他唯一的替身，就是他的创造者和否定者。

柯勒律治的老水手从意识的煎熬发展到对想象力拥有极微弱的控制，他没能拯救自己，因为他仍处于一种悔恨循环当中，但他至少成了对他人的一种有益告诫，使婚宴客人变得更为睿智和良善。弗兰肯斯坦的创造物既帮不了自己，也帮不了他人，因为他不具有可以返回其中的自然根基。浪漫主义诗人喜欢返至生命和不朽之海的意象，因为在疗伤之水的潮起潮落间，他们能够描绘出一种渴望中的复原过程，一种意识幸存下来的过程，尽管充满了苦痛。玛丽·雪莱以不可思议的恰当性，将她的 85
浪漫主义小说推向冰雪世界中的残酷结局。结冰的海洋不可避免地成为一种象征，代表可怜的魔鬼和他那深受困扰的创造者，不过魔鬼最终成了一种反转了的普罗米修斯主义意象。他最终带着悲哀的胜利之感喊出告别之语，此时他的身上具有了一种理所应当的英雄主义：“我将喜气洋洋地登上我的火葬堆，欢欣无限地忍受烈焰的折磨。”玛丽·雪莱不可能知道，对于1816年夏天她构思这部小说时陪伴在侧的那两位伟大的普罗米修斯式诗人来说，意识的这种终结将会证明是个多么黑暗的预言。1824年拜伦在迈索隆吉写自己的墓志铭时，可能回想起两年前站在雪莱的火葬堆旁的情景，于是他用了一个类似于上述魔鬼之语的意象来总结一种筋疲力尽的存在：

> 不断煎熬我心胸的烈焰
> 犹如火山岛：孤寂，荒废；
> 从没有火炬在这儿点燃：——
> 成了火葬堆！①

偷自天堂的意识之火以孤寂火山岛的形式终结，被大海与其他自我隔绝开来。“那场大火的光芒将会逐渐熄灭；我的灰烬将随风吹入大海”，这是弗兰肯斯坦的创造物的狂喜呼号。从未点燃火炬的烈焰是拜伦的自我意象，但他用另一种语气结束自己的绝命诗，即对战士之坟的渴望，而他找到了这一坟墓。这里没有普罗米修斯式的解脱，不过解脱可能并不是浪漫主义文学的主题。维克多·弗兰肯斯坦的最后话语可能是说给沃尔顿听的。沃尔顿是一个失败了的普罗米修斯，他的船刚刚掉头返航。弗兰肯斯坦的话同时具有戈德温和雪莱的味道。这个现代的普罗米修斯虽然受到了惩戒，但他最后的话却忠于他的欲望，而非他的成就：

> 再见，沃尔顿！在安宁中寻找快乐吧，躲开野心，即便不过是种清白的野心，想在科学和发现方面有所成就而已。可是我为何要说这些？我自己的这些希望破灭了，但别的人或许可以成功。

雪莱的普罗米修斯在冰封的悬崖上受难，他所经受的折磨在复仇女神的嘲讽中达到了巅峰：“所有最好的东西均因此陷入混乱。”对于现代普罗米修斯主义完成的所有工作来说，这似乎是一个合适的总结，也许可
86 以用作玛丽·雪莱这部令人不安的小说的另一种题铭。

① 这几句诗出自拜伦的《这一天我满三十六岁》，译文出自拜伦著，杨德豫译：《拜伦抒情诗七十首》，长沙，湖南人民出版社，1981年。

奥诺雷·德·巴尔扎克
（1799—1850）

《高老头》

我最喜欢巴尔扎克的地方，在于他重新激发了我对阅读的浪漫感觉，而这一点甚至连亨利·詹姆斯和福楼拜都没有做到。就和任何其他年少时首次阅读巴尔扎克的年轻读者一样，我第一次遇到《高老头》里奇妙绝伦的伏脱冷时，就为之倾倒了：

> 在这两个人物与其他人之间，年已四十染过鬓角的伏脱冷正是一个承上启下的人物。老百姓看见他这一类人，就会说：“一条汉子！”他的双肩宽厚，胸肌发达，肌肉隆起，双手厚实，手指关节处长着一丛丛浓密的红棕色汗毛。他的面庞上过早地刻下了条条皱纹，显露出冷峻的神色，与他的温情、随和的态度很不协调。他的嗓音介于男低音和男中音之间，与他那粗犷而达观的性格十分谐和，倒也不让人生厌。他总是客客气气，笑容满面的。倘若有什么锁坏了，他能迅速地拆开来，一下两下就摆弄好了，上点油，再锉锉，重新装好，一边还说着：“这个我内行。”再说，诸如轮船、大海、法国、外国、做生意、形形色色的人、时政、法律、旅馆和监狱等，他无所不晓。倘若有谁成天唉声叹气的，他便立即前来为其排忧解难。他多次借钱给伏盖太太和其他几位房客，不过受惠者宁死也不敢赖账，因为虽说他的外表像个好好先生，
> 但射出来的目光深沉而坚毅，令人胆战心惊。外人看他那啐口水的样 87
> 子，就会感到他那磐石般的沉着和冷静。可以设想，他要摆脱什么困境，即便犯罪也在所不辞的。他又像一个严峻的法官，目力能看穿所有疑案，洞悉人们在想什么，猜透人的所有的情感。[1]

① 本书中*Père Goriot*的译文，均出自巴尔扎克著，韩沪麟、李恒基译：《高老头》，南京，译林出版社，1998年。

伯顿·拉斐尔的译文极好地传达出巴尔扎克对伏脱冷的着迷。伏脱冷是小说家巴尔扎克自己的魔鬼或守护神。最好的巴尔扎克传记作家格雷厄姆·罗布告诉我们，巴尔扎克的朋友们叫他“伏脱冷”。就和伏脱冷一样，巴尔扎克把世界分为骗人者和被骗者两部分：这个犯罪高手体现了巴尔扎克自己愤世嫉俗的极端利己思想。也和巴尔扎克一样，伏脱冷是一个精力充沛的怪物：一种偶然成人的自然力量。

伏脱冷明显是个同性恋；巴尔扎克则是个十足的好色之徒，他把自己几乎不加抑制的双重性取向投射在伏脱冷身上。他的双重性取向使人联想起拜伦，而拜伦与莫里哀、沃尔特·司各特爵士、维克多·雨果、伏尔泰和拉伯雷一起，都可被视作巴尔扎克的文学先祖。伏脱冷身上有拜伦的曼弗雷德和该隐的影子：始自弥尔顿笔下撒旦的传承脉络清晰可辨，因为伏脱冷读过《失乐园》。伏脱冷的身上散发着一种拜伦—撒旦式的气息，既阴险恶毒、引人注目，又有着不可思议的亲切温和，混杂着野性。

“伏脱冷”是雅各·科兰的化名，大家都称他“玩命鬼”。《高老头》第三部分中，他遭到逮捕时惊心动魄的一幕使他的这个诨名名副其实：

> “以法律和国王的名义”，一位警官说，他的话被一阵惊讶的絮叨声盖住了。
>
> 不一会儿，餐室里静寂无声，房客们纷纷闪开为其中三个人让出一条通道，他们的一只手插在口袋里，拿着一支子弹上膛的手枪。跟在警官后面的两个宪兵堵住了客厅的门，另外两个在通向楼梯口的那扇门上出现了。好几个兵士的脚步声和枪托声在公寓正门的碎石子路上震响。所有的人都不由自主地把目光落在玩命鬼身上，他失去了一切逃跑的希望。警官头头径直向他走去，在他头上狠狠击了一掌，假发套飞落，露出科兰丑陋不堪的脑袋。这颗脑袋和这张脸配上赭红色的短发，仿佛沐浴在地狱的光芒之下似的。每个人都突
> 88 然对伏脱冷了解得十分清楚，他的过去、现在、未来，他的不可动摇的主张，他的及时行乐的理论，他那玩世不恭的思想和行动给他带来的优越感，以及他那无所不能的组织力量。他的脸上充血，眼睛像一只野猫似的熠熠发光。他以带有野性的爆发力迅速惊起，咆哮一声，使

> 在场的房客一齐发出恐怖的叫声。警官们看见他像雄狮般的敏捷动作,在众人的惊呼声中,一齐亮出了手枪。科兰看见每支手枪上发亮的扳机,明白自己处境危险,突然表现出人的最强的自制力。这一幕场景堪为惊险而壮观!他的脸庞瞬间的变化,可以与一只冒着饱和蒸气、能把群山掀掉,但浇上冷水后转眼便泄气的锅炉相比。让他平息怒火的水滴就是他那快得像闪电的敏捷的思维。他笑了起来,看着他的发套。
>
> “你做得不够客气呀”,他对警官头头说。接着,他向宪兵们点头示意,伸出双手,“宪兵先生们,请替我戴上手铐和指铐。在场的人可以为我作证,我没有反抗”。

从勃然大怒到狡猾镇定,这一超常转变正是伏脱冷的特色。这不也是巴尔扎克这位惊人天才的特色吗?目前对巴尔扎克做出的最好评论来自波德莱尔:“就连看门人也是某种天才。”在巴尔扎克笔下,天才中的天才就是伏脱冷,不过小说家本人可能会选他那理想化的幻象大师,路易·朗贝尔。

巴尔扎克的弟子左拉敢于将《人间喜剧》的作者与莎士比亚相比。巴尔扎克难以支持这一比较;如果你把但丁和塞万提斯融合在一起,你可以得到能与莎士比亚媲美之人。法国小说的集大成者普鲁斯特对巴尔扎克做过精妙评价:“他什么都不隐藏,他什么都说”,但他仍暗示在所有那些揭露行为当中应当保留一点“沉默”。

亨利·詹姆斯厌恶托尔斯泰和陀思妥耶夫斯基的小说,称它们为“松散、拖沓的怪物”,但他却声称学到了“巴尔扎克的启示”。这在我看来很奇怪。虽然詹姆斯说得并没有这么直白,但他指的一定是关于活力 89
和精神力量方面的启示。或许巴尔扎克教会亨利·詹姆斯的是关于活力的想象经济,即本能生命力向艺术的转化。

这让我又想起伏脱冷,他是巴尔扎克所有人物中最具活力的一个。在《幻灭》接近结尾之处,年轻诗人吕西安·沙东想要自杀,这时他遇到了一个所谓的西班牙神父,律修会教士卡洛斯·埃雷拉,即“玩命鬼”的又一伪装。埃雷拉—伏脱冷用一堆钱让吕西安恢复了生趣,代价显然就是在罪犯—教士和诗人之间建立起同性恋纽带。

这一纽带是那部伟大的小说《交际花盛衰记》的核心。小说的第四部分是非凡的《伏脱冷的最后变形》。“玩命鬼”当上了保安局局长，变成警察首领，一如他曾经当过的黑社会头子一样强大无比。这就好比弥尔顿的撒旦重得上帝的欢心，变成了天使长米迦勒。或许这就是巴尔扎克对社会权力的最后攻击，也是小说家的一种怀旧表达，反映了他对拥有这
90 种权力并与之结合的渴望。

纳撒尼尔·霍桑
(1804—1864)

《红字》

纳撒尼尔·霍桑孤独的艺术仍是我们民族的一座文化丰碑。它持续不断地满足孤寂读者最深切的想象需求，不论这样的读者来自哪个国度。除了莎士比亚和但丁，霍桑对现实的想象无人能够超越。《红字》与《玉石人像》是情感的迷宫、智力的盛宴。赫尔曼·梅尔维尔和亨利·詹姆斯均认为霍桑是一个讲故事者、一个灵魂的探究者，笔触细腻到不可思议的地步。最终只有詹姆斯本人与威廉·福克纳才能对霍桑的美国小说家**独尊地位**构成挑战（梅尔维尔尽管写过一些很不错的故事，但他始终是《白鲸》这部散文体史诗性巨著的作者，而不是詹姆斯与福克纳那样的小说家，马克·吐温的主要身份则一直是创作《哈克贝里·费恩历险记》的友善智者，这是所有叙事中最有美国特色的一部）。

重读《红字》总能教导读者如何阅读、为何阅读。海丝特·白兰之后，美国文学中涌现出一大群令人惊奇的女性形象，但即便是其中最坚强的两位女性——詹姆斯《一位女士的画像》中的伊莎贝尔·阿彻尔与薇拉·凯瑟《我的安东妮亚》中的安东妮亚——也无法在审美和文化反响方面与海丝特·白兰媲美。原因在于从很多方面来看，海丝特**是**美国的夏娃，承载着爱默生式的幻象，可以弥补美国亚当没有得到充分再现的缺憾。就像弥尔顿笔下的夏娃，海丝特摆脱了命运的操控，对她的想象比亚当（和弥尔顿）的上帝更招人喜欢。霍桑用微妙的笔触让我们感受到了海丝特的女性魅力，与弥尔顿在歌颂夏娃的女性力量时流露的矛盾心态相比，霍桑的矛盾心态要弱得多。海丝特极具女性魅惑，又充满悲剧色彩，她的形象超越了她所在的书本和她的世界，因为她的高尚精神，恰如她的英勇性感，因遇人不淑而没有得到充分体现：一边是撒旦般的齐灵 91

渥斯（伊阿古的替角），另一边是胆小的丁梅斯代尔，对于崇高的海丝特来说，后者是配不上她的外遇情人，不相配的程度简直离谱。

海丝特的自力更生是她正宗的宗教，帮助她战胜了社会放逐与性欲压抑的残忍行径，幸存下来。如评论家们所言，海丝特本人便是一个艺术家，她的刺绣工艺等同于霍桑创作浪漫传奇的艺术。难道我们不能把海丝特称作霍桑的**缪斯**或**内心的情人**（这里用了华莱士·史蒂文斯的一句妙语）？如此这般，海丝特对霍桑施加了巨大的压力，迫使他放弃浪漫传奇，改写心理小说，尽管这与他个人的喜好几乎背道而驰。

即便是《玉石人像》，作为海外美国人小说的先驱，在很大程度上预示着从亨利·詹姆斯和伊迪丝·华顿到海明威和斯科特·菲茨杰拉德这一小说传统的发展走向，其地位也不及《红字》显赫。最重要的美国文学经典作品只有十二部左右，包括《白鲸》和《哈克贝里·费恩历险记》、爱默生的《散文集》和梭罗的《瓦尔登湖》、惠特曼的《草叶集》和艾米莉·狄金森的诗歌、詹姆斯的《一位女士的画像》和福克纳的《我弥留之际》、华莱士·史蒂文斯和哈特·克兰的诗歌，以及科马克·麦卡锡的《血色子午线》。在我们的想象意识中，《红字》占据了中心地位，少了它，
92 这份简短的目录会残缺得令人心痛。

查尔斯·狄更斯
（1812—1870）

如果有人想写一篇可称作“莎士比亚之局限性”的文章，勇气将是他最必需的关键品质。托尔斯泰在他最肆意的评论作品中多多少少尝试过这么做，结果却很糟糕。甚至即便本·琼森将他那模棱两可的“附带意见”（obiter dicta）也扩展至他的伟大朋友兼对手莎士比亚身上的话，效果也不见得会好多少。如果有人想谈论狄更斯的局限性，则几乎需要同样多的勇气，或者说蛮勇，但是年轻的亨利·詹姆斯具备一种批评热情，支持他进行各种文学挑战。他在1865年评论《我们共同的朋友》时，曾兴高采烈地宣称“《荒凉山庄》矫揉造作;《小多丽》佶屈聱牙；目前的这部作品就像用铁锹和镐掘出来的一样生硬”。大约也是这个时候，詹姆斯还对《桴鼓集》进行了评论，他对惠特曼的贬斥令人印象深刻。他说惠特曼的头脑本质平凡，缺乏诗意，试图使用蛮力将自己提升至诗的高度。詹姆斯几乎是在同时否定最有实力的英国小说家和最伟大的美国诗人的主要作品，这等于是为文学评论能够达到的大胆放肆程度设立了新的标准，自那以后无人能望其项背，正如自那以后没有哪个小说家能与狄更斯相媲美，也没有哪个诗人及得上惠特曼一样。

詹姆斯总结了狄更斯所谓的主要不足，这是他为数不多的最糟糕的评论之一：

> 如此这般的场景有助于为狄更斯先生的洞察力设定范围。洞察力或许是太有分量的一个词；因为我们相信，不去看事物表面之下的东西是构成他天赋的主要条件之一。如果我们尝试对他的文
> 学品格下一个定义的话，我们可以相应地称他为最伟大的肤浅小说 93
> 家。我们意识到，他为文学领域添光增彩，而这个定义却将他限定在一个低等位置上；但我们接受我们的主张造成的这一后果。在我

们看来，如果将狄更斯先生置于最伟大的小说家之列，那将是对人性的冒犯。因为，让我们重复一下我们已经暗示过的论断，即他除了形象，什么都没有创造出来。他为我们对人性特点的理解没有增添一点裨益。他在行的只有两种事情：他使我们接受平庸的东西，他还使我们接受怪异的东西。前一种服务的价值是很成问题的；而狄更斯先生做这些事情的方式有时给人留下某种江湖医生的印象。后一种服务的价值则毋庸置疑。在这个方面，狄更斯先生是一个诚实、可敬的艺术家。

这些话可以照字面意思来理解，然后进行重估：准确地看到事物的表面，使我们同时接受平庸之物和怪异之物——这些并不是小才能。约翰·罗斯金是个伟大的事物表面观察者，他能对平庸之物和怪异之物均做出魅力超凡的阐释。他曾在1860年对狄更斯下过一个结论，这与亨利·詹姆斯年轻时对狄更斯的无礼贬斥相当不同，而且还早了五年：

许多有创见的人非常不明智地忽视了狄更斯作品的基本价值和真相，而这不过是因为他给他所呈现的真相带上了某种漫画色彩。说这些人不明智，是因为狄更斯的漫画虽然常常比较粗陋，但却准确无误。如果我们接受他的表达方式，那么他告诉我们的东西将总是真实的。我希望他会明白只应在愉悦公众的作品里使用他那卓绝的夸张手法；我还希望，当他面对有关国家大事的主题时，例如他在《艰难时世》里处理的那个主题，他能使用更严肃、更精确的分析。在许多人看来，由于庞得贝先生是一个戏剧化的怪物，而非世俗雇主的典范；斯梯芬·布莱克普是一个戏剧化的完人，而非诚实工人的典范，因此那部作品（在我的心目中，从好几个方面看，该书都是狄更斯最伟大的作品）的有用性大打折扣。但是，让我们不要忽视狄更斯对智慧和洞察力的使用，因为他选择站在一圈舞台烟火中说话。他对自己每部书的主旨和目的的把握都完全正确；那些对社会问题感兴趣的人应当细致而热切地研究他所有的书，尤其是《艰难时世》。他们会发现许多偏颇的东西，而且正因为偏颇，也是明显不公正的东西；然而，如果他们检验一番所有那些似乎为狄更斯所忽视了的相反证据的话，就会发现，虽然他们费了半天的劲儿，他粗略而尖刻地表达出来的观点却是最终正确的那个。

狄更斯选择“站在一圈舞台烟火中说话”，这种说法完全正确，因为狄更斯是小说家中最伟大的演员，也是掌握戏剧性投射手法的最杰出的大师。作为一个极为出色的舞台表演者，他从未停止在自己的小说中进行表演，而这绝不是他那些莎士比亚式特色中最不起眼的一个。马丁·普莱斯描述过他的这些特色中的几个，即“轻松的创意，对语言的精彩操纵，想象世界的广度和深度”，这一描述很有用。我还喜欢普莱斯将狄更斯和英语文学中最厉害的讽刺作家斯威夫特放在一起进行的综合比较。他聪明地将这一比较变成了一种对抗：

> 不过这种对抗也有助于我们详细说明那些不同点：狄更斯更直率，明显更有激情，总是强调感觉和思想的反常性。他的愤怒和他的慷慨赞扬同样是始终如一的，他的讽刺智慧和他的喜剧技巧同样是肆意铺张的。狄更斯的世界充斥着这样的东西，它们抓抢、踉跄、蹒跚、推挤、斜睨；这是尼德兰画派绘画或贺加斯版画所描绘的生机勃勃的世界，在其中所有的空间都是力量场，所有的物件都彼此竞争，或彼此牵连，每一件人事都溢溅到周围的东西上去。这可以成为挤满人和物的典型讽刺场景，在其中人被简化成东西，东西则被简化成运动中的物质。这与斯威夫特是不一样的；这是独特的狄更斯式的丰富。在他的语言游戏中，在他刻画的大量栩栩如生的人物中，在他再现盛宴和发表公开声明的密集场景中，我们再次发现了这种丰富。它创造出诸如红披风的复生这样震撼人心的仪式。在这个仪式上，陌生人庄严地参与到生命火花的复燃过程中去，一时之间忘却了生命火花马上就要进入的那个丑陋人形。

在这个生机勃勃的贺加斯[1]式的世界里，“所有的空间都是力量场”，

① 威廉·贺加斯(William Hogarth，1697—1764)，英国画家、雕刻家。

这的确相当肆意铺张。它突然使我想到，普莱斯生动的描述如果是用拉伯雷进行类比，会比用斯威夫特类比更为恰当。狄更斯的作品就像某个方面的莎士比亚，也像拉伯雷，既是舞台烟火，也是狂欢节，即某种无休无止的欢庆。狄更斯的读者站在一场节庆活动当中，这节庆太过缤纷驳杂，
95 太过形式多样，即便无数遍阅读也无法将其吸收掌握。我们的视野总是会疏漏什么东西；在狄更斯那里，本·琼森所说的那种“遭到生活猛压的感觉”体现得要比在拉伯雷那里还要明显，体现的方式就是这种近乎莎士比亚式的丰富，而这是狄更斯独有的荣耀。

是否有可能将这种丰富定义得更精细些，使之概念化，以方便评论使用？尽管所谓的“概念化”不过是一种批评隐喻。莎士比亚式的再现手法并不能用作狄更斯或任何其他人的试金石，因为莎士比亚的人物倾听他们自己讲话，从而导致一种内在变化的产生，这超越了所有的再现模式。狄更斯做不到这一点。他笔下的恶人很精彩，但他们之中没有伊阿古或埃德蒙。另一个更为严格、更具相关性的检验是福斯塔夫，这个人物不仅产生出自己的意义，而且产生出戏里戏外如此之多的其他人的意义。狄更斯必定通不过这个测试，虽然这几乎无损于他的优秀。或许最严苛的测试是夏洛克（他是莎士比亚人物中最接近狄更斯风格的一个），因为我们不能说狄更斯的夏洛克，即费金具有多少莎士比亚式的特色。费金是个刻画得很精彩的怪人形象，但他的意志始终风平浪静，而在夏洛克身上，意志永远都在熊熊燃烧。

卡莱尔要求在意志中工作，这在狄更斯人物的世界里几乎无法实现。我不是说这代表了一种缺陷，甚或一种限制，而且我也不认为在狄更斯的身上，生存意志和权力意志曾有过松懈，或者他曾使之松懈过。但是没有任何东西是不需要付出代价就能得到的，可能只有莎士比亚是个例外。狄更斯实现了他的那种丰富，代价就是放弃意志的一个方面。T. S. 艾略特说过，“狄更斯的人物是真实的，因为没人像他们一样”。我想修正一下：“他们是真实的，因为他们彼此不像，不过有时比起彼此，他们和我们中的一些人像得略微多一点儿。”或许在我们中间，不论是哪个方面的意志都只能是程度上有所不同，而非类别上不同。狄更斯的美学秘密似乎在于，他的恶人、男主人公、女主人公、受害者、怪人、装饰性角色**在他们所拥有的意志种类上**彼此各不相同。既然这对我们凡人来说几乎是不可能

的，那么就造成了狄更斯作品在真实性方面的欠缺。这是一种昂贵的代价，但却绝非不顾一切的代价，而且狄更斯得大于失。我们的所得，也多于我们阅读狄更斯时被迫放弃的东西。这正是他最莎士比亚化的特点，可以当作我在他身上找寻的那种批评转义。比起狄更斯，詹姆斯和普鲁斯特对你的伤害会更大，而伤害本身就是意义所在，或者基本上是。狄更斯带来的伤害从来就和意义关系不大，因为在意志不再是共同的，或者不再可悲地保持一致的地方，不可能存在一种痛苦诗学。事实上，狄更斯的
确提供了一种愉悦诗学，那么他因拒绝向我们提供任何关于人类意志的 96
精确模仿再现而间接带给我们的不自在，就无疑是值得的。他的书总是关于内驱力的，而这正是对他进行所谓的弗洛伊德式解读总是一成不变令人失望的原因。他在性格和个性再现中所暗示的概念性隐喻既非莎士比亚式的镜子，亦非浪漫主义式的灯火；既非拉伯雷式的狂欢，亦非菲尔丁式的开阔乡村。在我看来，“舞台烟火”是个完美的隐喻，因为“舞台”剔除了意志中属于现实的某些东西，不过只是作为一个修饰语。实质性的东西还是“烟火”。狄更斯是描写内驱力之火的诗人，他真心推崇弗洛伊德有关边界概念的神话。所谓边界，即那个位于灵魂和肉体之间，既属于物质，又共享两者之现实存在的疆域。

《双城记》

也许除了《匹克威克外传》外，而且我们也不考虑属于年度现象的《圣诞颂歌》以及其他圣诞作品的话，《双城记》总是狄更斯作品中最受欢迎的一部。但是没有哪个评论家会把《双城记》与其他诸如《远大前程》和《我们共同的朋友》，或者未完成的《艾德温·德鲁德之谜》这样的后期作品置于同一级别，也不会将它与许多早期和中期杰作相提并论。对该书最严厉的评判来自评论家詹姆斯·菲茨詹姆斯·斯蒂芬爵士，他如今已被人遗忘，但其言辞辛辣无比。他把狄更斯贬得一无是处：

> 比起之前的作品，《双城记》的道德语气并未变得更健康，也未对它所谈及的主题展现出更为扎实的了解。狄更斯先生在他的前言中说——“人们以流行而生动的方式理解那个可怕的时代，而我的

> 希望之一就是为之添些东西，虽然没人敢奢望为卡莱尔先生那部奇
> 妙的著作所表达的哲学添些东西。”这里对卡莱尔先生的指涉证实
> 了这样的一种假定，即狄更斯先生碰巧读过《法国革命史》，而他正
> 好在寻找一个主题，于是立刻决定动手根据该书写一部小说。至于
> 除了卡莱尔先生的著作外，他对这一主题是否还有其他知识，我们不
> 得而知，但他所写的东西无疑显示他所知不多。《双城记》正是这样
> 的人写出来的故事，他不加询问和考察，全盘接受了卡莱尔先生的理
> 97 论，并且心安理得地认为“无法再为它的哲学添些什么了”。狄更斯
> 先生说，人们实际上因长期的恶政而退化，就像野兽一样行事。这种
> 观点无疑包含很多真理，但却属于那种非常初级的真理，因而一个人
> 若非能讲出些新东西来，那么就几乎不值一提；狄更斯先生通过明
> 确的声明来支持这种观点，而他的声明如果不是绝对错误的话，就是
> 被精心选择出来传达一种完全错误的印象。在一本书中夸大法国贵
> 族的过错，这本书又会自然而然地传入读者手中，而那些读者除了他
> 选择告诉他们的内容外，对该主题知之甚少。对于一位流行作家来
> 说，这是一件可耻的事情；不过人们不可能感觉不到，狄更斯先生讲
> 述的那个夸张故事是对18世纪中期法国社会状况的一种极不公正
> 的再现。在那个故事里，一个邪恶的侯爵侵犯了自己的一个农奴，又
> 谋杀了另一个。法国贵族阶级应对许多事情负责，这是个令人不快
> 的事实；但说他们可以抢劫、谋杀、绑架而逍遥法外，这无论如何不
> 是真的。摄政王时期的霍恩伯爵曾尝试这么做，虽然他是贵族，最终
> 还是被轮式刑车所撕裂；即便在14世纪，施行狄更斯先生作为18世
> 纪的特色来描写的这类暴行既不安全，也不普遍。

这段话中最明显的攻击点无疑就是狄更斯对卡莱尔著作不同寻常的依赖。卡莱尔的那部怪异但令人印象深刻的《法国革命史》并不是它自称的那种历史，而是具有世界末日奇幻文学的构思、修辞和幻象。现在已没人会为了了解法国革命而去读卡莱尔或狄更斯，而且可悲的是，现在已没人再读卡莱尔了。但是斯蒂芬的失望是有道理的；无数人仍然是通过阅读《双城记》获得了他们对于法国革命的唯一印象。这本书仍然是一个伟大的故事，生动验证了狄更斯作为纯粹的讲故事者所具有的超乎寻常的天

赋。然而，除了对德发奇太太及其雅各宾同伙的可怕描写外，该书缺乏我们期待从狄更斯那里看到的那些难忘的奇人异士和咄咄逼人的狂热之徒。

这部小说最明显的缺陷就是对露茜和达奈的再现虚弱无力，对更为关键的人物卡顿的塑造也相对失败，他身上缺少狄更斯迫切需要赋予他的那种美学上的高贵。如果塑造卡顿和达奈的目的真的是让他们一起体现查尔斯·狄更斯的精神形式，那么他们的平淡乏味使他们更加显得不能胜任。当德发奇太太因手枪走火而死去时，我们颇受触动，主要是感到 98
轻松，因为她这样一个代表死亡冲动的冷酷形象不再能够对我们造成威胁。当卡顿走向刑场之时，他看上去“神态庄严，有如先知”，①这时狄更斯试图打动我们。我们看到那句著名却令人无法接受的话：“我此刻的所作所为，比以往做过的任何事情都好得多；我即将得到的，将是一生中最恬静的安息。”狄更斯欠我们一种比这句好很多的辞令，而通常情况下他都做到了。

《双城记》的生命力体现在别的地方，集中在德发奇太太和她的编织工作所代表的否定性崇高上。德发奇太太和她的编织工作是狄更斯最棒的创造之一，而且很明显是对小说本身讲述方式的一个隐喻。狄更斯不大可能说，“我就是德发奇太太”，但她和作者一样，在无情地控制着叙述，直到她在与普洛士小姐的争斗中失利。普洛士小姐是可爱的英国妇女的象征。在小说的倒数第二章，我们摆脱了德发奇太太，而这一章很巧妙地叫作“编织中止”。

甚至连狄更斯都很难超越德发奇太太所具有的梦魇般可怕的艺术感染力，超越她对“舞台烟火”的绝对控制，而他在这本书里最大的成就，就是随着编织工作的进行而强化她已然鲜明的气息。下面的段落出现在小说前面的部分，对这位女士的特点做了一个极好的展示。当时她正在给她那令人敬畏的丈夫鼓劲，而她丈夫只有在和她相比之时才会显得脆弱。她与其说代表了自然的力量，不如说代表了历史的力量：

> 天气闷热，铺子的门窗紧闭，周围是一片污浊，气味很难闻。德发奇先生的嗅觉并不特别灵敏，可是葡萄酒的气味远比平日的强烈，

① 本书中*A Tale of Two Cities*的译文均出自狄更斯著，郭赛君译：《双城记》，北京，北京燕山出版社，1995年。

甜酒、白兰地和茴香的气味也更加刺鼻。他放下已经熄火的烟斗,吹开混合的气味。

“你累了。”太太一面把零钱用手帕包好,打好结,一面抬起头来看了他一眼。“气味跟平常没有什么两样嘛。”

“有点累了。”当丈夫的承认道。

“你的情绪不高,”太太说,她那双敏锐的眼睛一心留神着账本,但偶尔也扫他一眼,“哼,男人哪,男人!”

“可是,我亲爱的。”德发奇开了场。

“可是,我亲爱的,”太太学着他的口气,毫不妥协地点了点头,“可是,我亲爱的!你今晚信心不足,亲爱的!”

“唔,我承认。”德发奇从内心深处挤出了一句话:“那还要等很久呢。”

“是要等很久,”太太说,“哪有不用久等的?复仇、报复需要很
99 长的时间,这是规律。”

“电打雷劈不需要多长时间。”德发奇不服气。

太太不慌不忙地反问:“可是雷电的形成需要多长时间?你说呀!”

德发奇若有所思地抬起头,好像挺有想法似的。

“地震毁灭一个城市并不需要很久的时间,”太太说,“好!说说看,形成一次地震需要花多长时间?”

“很长时间吧,我想。”德发奇说。

“可是时候一到,它就爆发,天崩地裂,把所有的一切都彻底毁灭。你虽然看不见也听不见它,它还是在不断地酝酿。这下说服你了吧,记住别忘了。”

她眼睛里冒着火,又打了一个结,像是勒死了一个敌人。

“告诉你,”太太为了加强语气,伸出了右手,“虽说路途遥远,但总算是上了路嘛,向前走了嘛。告诉你,我们的事业绝不会后退,也绝不会停滞不前。告诉你,它将一往无前。看一看,想一想我们周围这些人的生活,看一看我们周围这些人的脸上的仇恨,想一想雅克党人一天比一天更加愤怒、更加不满的那种状况,这个世道难道还能持久?呸!真可笑。”

“勇敢的老婆,”德发奇站在她的面前,头略略低下,双手交叉在

> 背后,像是在严师面前的一个循规蹈矩的小学生,“总的说来,我对这并没有什么怀疑,不过时间已经很久了,有可能也许你也想到过,很有可能,我们这一辈子都盼不到那一天了。”
>
> “就算如此,又怎么样呢!”太太问道,又打了一个结,像是又勒死了一个敌人。
>
> “行了,”德发奇半抱怨半抱歉地耸了耸肩,“反正我们看不到那一天。”
>
> “我们要争取胜利的到来,”太太伸出手做了个有力的手势,“我们所做的事情都不会白费。我打心底里相信,我们能看见胜利的到来。不过即使我看不见那一天,即使我知道一定看不见那一天,只要我看见贵族和暴君的脖子,我还是要——”
>
> 太太咬着牙,恶狠狠地打了一个死结。
>
> “得了!”德发奇喊了起来,脸有些发红,感到妻子责备他胆怯,
> “亲爱的,我也绝不会半途而废。” 100
>
> “是呀!不过你的弱点是有的时候需要看见敌人落在你手里,看见机会到来才挺得住。应该不需要这些也挺得住。时机一到,就把老虎恶魔统统放出去,可是在等待时机的时候,老虎恶魔就得锁起来,但随时准备扑上去。”

无声无息地时刻准备着,这是德发奇太太的一种慰藉。狄更斯把她写成没有子女,有点类似麦克白夫人的模式,因为不知为何,我们相信德发奇太太也一定抚育过一个婴儿。她与德发奇的对话带有麦克白夫人激励麦克白的味道,弦越拉越紧,最终导致叛国和某种意义上的弑父。狄更斯从莎士比亚那里学到的是对恐怖(或过度)程度进行对比的艺术,以暗示出一种若非如此无法再现的恐惧。麦克白一开始犹疑不定,和他妻子的魄力比起来显得比较软弱,但我们将会看到他的血腥手段,直到他成为一个令人震惊的暴政体现。与之类似,德发奇和他那偏执强硬的妻子在一起时显得不起眼,但我们将会看到他变成代表勇气、技能和世界末日式冲动的恶魔,带领人们对巴士底进行那场胜利的进攻。

在对德发奇太太的最后描述中,狄更斯出色地展示了他对她怀有的受虐狂式的激情:

> 德发奇太太轻轻摆了摆手，表示她听见了，一定会准时回来。然后就踏着烂泥，绕过监狱的墙角消失了。复仇者和审判员目送着她，暗暗赞叹她优美的身段和高尚的品德。
>
> 当时有许多女人受到了风气的影响，心理变态，其中最可怕的，莫过于这个沿着大街走去的残酷无情的女人了。她意志刚强、无所畏惧、机警果敢。美貌不但使她显得更加泼辣狠毒，而且能使别人不由自主地赏识她的所作所为。只要天下不太平，她这种人就能崭露头角。由于少年时期蒙受的冤屈，她对敌对阶级怀有根深蒂固的仇
> 101 恨。时局使她变成了一只母老虎，磨掉了仅有的一点恻隐之心。
>
> 在她看来，一个无辜的人为先辈的罪孽去死，算不了什么。她看见的不是无辜者，而是他的上一辈。他的妻儿沦为孤儿寡母，也算不了什么，反而觉得这种惩罚不解恨。因为她们是天敌，是猎物，根本没有生存的权利。哀求她是白搭，她根本没有恻隐之心，甚至对自己也不例外，万一在战斗中倒毙街头，她不会怜悯自己；万一明天有人勒令她上断头台，也不会柔肠寸断，只是强烈地想跟那个送她命的人换个位置。
>
> 德发奇太太粗劣的袍子里面包着的就是这么一副铁石心肠，长袍随随便便披在身上，倒离奇古怪地非常合身；黑头发在粗布的红帽子下面显得浓密。她怀里藏着一支实弹手枪，腰间插着一把锋利的匕首。德发奇太太就这样，以合乎她性格的坚定步伐，以自幼惯于赤着脚走在棕色沙滩上的轻盈自在的步态，沿着大街快步疾走。

我们可以不考虑狄更斯此处失败的反讽（“高尚的品德”）和他对自己笔下人物做出的明显而相当乏味的道德判断。令人喘不过气来的是狄更斯对这个女性施虐狂的渴望，而这也是我们对她也抱有渴望的秘密，渴望她施与我们的梦魇般力量。“优美的身段”，“美貌……使她显得更加泼辣狠毒”，“一只母老虎，磨掉了仅有的一点恻隐之心”，“长袍……倒离奇古怪地非常合身”，“黑头发……显得浓密”，“……坚定步伐……赤着脚……的轻盈自在的步态”——这些都是女性施虐狂的特征。德发奇太太胸口藏着上了膛的手枪，腰间插着磨得锋利的匕首，她就是崇拜阴茎的女性的终极象征，拜物教的纪念碑，纪念的对象就是弗洛伊德会称作狄更

斯的自我在防御过程中产生的那种分裂。

这种分裂在那场精彩的厮打场景中达到了巅峰。就像雅各与死亡天使搏斗一样，普洛士小姐阻拦住德发奇太太，她们之间的扭打被视作爱比死亡强大的例证，但是这一场景更突出的则是它所包含的性暗示：

> 德发奇太太朝门口冲来。说时迟那时快，普洛士小姐猛地扑上去拦腰抱住她，死活不撒手。德发奇太太拼命挣扎，扭打，都是枉然。102
> 爱，素来要比恨的力量大得多，普洛士小姐怀着对医生一家无限的爱，箍住对手的腰，甚至要把她从地板上举了起来。德发奇太太挥舞双手对着她的脸又撕又打，可是普洛士小姐埋头抱住对手的腰不放，比溺水者抓救命稻草还要牢。
>
> 过了一会儿，德发奇太太停止了撕打，手在自己腰里摸什么。"在我胳膊底下压着呢，"普洛士小姐闷声说，"你休想拔出来。我比你有劲，谢谢老天爷。我就这么箍着你，你我两个总有一个会憋死！"
>
> 德发奇太太的手又往怀里伸去。普洛士小姐抬起头来，看明白那是什么玩意，一拳打去，火光一闪，轰的一声，她站在那儿，火药熏得她睁不开眼。

普洛士小姐的拥抱很明显包含有遭到压抑的对德发奇太太的女性同性恋激情，因此不只是对露茜的超验之爱赋予了良善之人以不可撼动的坚韧。不过至于那一枪，德发奇太太本可以不开枪，直到两位女士中的一个昏厥或者死去。普洛士小姐一生从没杀过人，但她的父亲雅各也不是战士。舞台烟火大师狄更斯以一种恢宏的方式毁灭了德发奇太太。对于一个刻画得如此生动、被如此激情渴望的人物来说，这是唯一配得上她的命运结局。

《远大前程》

《远大前程》和《大卫·科波菲尔》都是狄更斯最私人化的小说。他在创作《远大前程》时重读了一遍《科波菲尔》，"以确定我没有陷入无意识的重复"，而他的谨慎有助于皮普成为他最复杂的主人公。我们在皮普的声音里听到了狄更斯早年遭受的创伤，但作者又与皮普保持了相当的距离，他几乎没有对大卫·科波菲尔做过这样的事情。科波菲尔命里注定要成为一个狄更斯式的小说家。

皮普就和科波菲尔一样，是一个出色的叙述者，不过他常常对自己很不友善，过于苛责自己，之所以如此，部分是因为他富有想象力。作品并不希望读者同样严厉地对待他。皮普的想象力总是掺杂着爱与愧疚，而这非常符合查尔斯·狄更斯的模式。

萧伯纳为《远大前程》的再版作序时说过："皮普就和他的作者一样，没有文化，也没有宗教。"我们别忘了萧伯纳还告诉过我们，无论何时
103 他拿莎士比亚的头脑和自己的相比，他都只为那位更伟大的作家感到可悲！萧伯纳的宗教就是一种独特的创造性进化理论，而他的文化与同时代的奥斯卡·王尔德相比差了许多。狄更斯其实就是一个信仰狄更斯主义的人，而且深深扎根于通俗文化以及文学文化之中。

皮普强迫症式的愧疚感对他自己是不公正的，而这种愧疚感是否主要由盛行的羞感文明传统造成，还是来自文学上的省罪文化，[①]这很难判断。有一位叫舒里·巴兹莱的评论家聪明地推测皮普的愧疚感有一个深刻的来源，即弗洛伊德称作"家庭罗曼史"的东西，因此他与艾斯黛拉的关系属于准乱伦性质，因为她是麦戈维奇的女儿（她并不知道这一点），而皮普则成为逃犯的养子。皮普和艾斯黛拉注定要赎一种根本不属于他们的罪，那是父母一辈的罪，这一点是足够清楚的。

众所周知，狄更斯修订了《远大前程》的结局，使得读者可以认为皮普和艾斯黛拉从此幸福地生活在一起，而这削弱了小说的力量。这一修正与小说的想象精神显然格格不入，所以最好忽略不计。对皮普的正确解读是，他是一个永恒的标志，代表了狄更斯身上无法被自己原谅的某种东西。

《大卫·科波菲尔》

如果强大的作家是被定义为一个敢于对抗自己的偶然性，对抗

① 羞感文明（shame-culture）和省罪文化（guilt-culture）都是人类学用语，前者指因害怕蒙耻而努力维持行为准则，后者指通过个人道德标准内在化来维持社区行为一致。

自己对一个前辈的依赖关系的人，那么自荷马和《旧约耶典》(the Yahwist)[①]作者之后，我们只发现了少数几位没有这种偶然感的强大作家。他们是伟大的独创者，人数并不多；莎士比亚和弗洛伊德就包括在内，狄更斯也是。与莎士比亚和弗洛伊德一样，狄更斯没有真正的先驱，或者下面的说法可能更为准确：他完全吞掉了托比亚斯·斯摩莱特，类似莎士比亚吞掉克里斯托弗·马洛那样。独创性，抑或一种摆脱了偶然性的真正自由，是狄更斯作为作家的醒目特点。既然狄更斯的影响如此巨大，甚至连陀思妥耶夫斯基和卡夫卡这样看似风马牛不相及的作家都受其影响，那么我们现在想要先看看他到底多么具有独创性，这还真有点困难。

狄更斯如今构成了一种真实性或偶然性，他之后的小说家没有人能够超越或规避，而不会冒着自我损害的风险。想想两位现代小说大师，亨利·詹姆斯和詹姆斯·乔伊斯之间的不同吧。狄更斯不就是他们的不同之所在吗？《尤利西斯》向狄更斯屈服，从而获得了它所展示出来的那种丰富。我认为，博蒂比狄更斯笔下的任何一个人物形象都要宏大，但他仍然具有明显的狄更斯式特质。《使节》中的兰巴特·斯特瑞塞就不具备这些特质，并且因此而显得贫乏。我们觉得《卡萨玛西玛公主》令人兴奋， 104
部分原因肯定就是詹姆斯只此一次达到了一种对于外在世界的狄更斯式的意识，这种意识即便在《一位女士的画像》中也不存在，我们甚至在《鸽翼》和《金碗》那最内在性的恢宏中也真切地感觉到了(至少我是如此)它的缺失。

《大卫·科波菲尔的私人历史》的确是狄更斯所有小说中最个人化、最具自传性质的作品。这部作品对后来所有的青年艺术家画像都产生了深远影响，以至于我们不得不刻意做出努力才能重新欣赏到它强烈的独创性。这是第一部疗伤小说，其创作目的部分是为了治疗作者的自我，或者至少是为了抚慰童年和青年时代经历造成的持久性焦虑感。弗洛伊德对《大卫·科波菲尔》的推崇看来是必然的，即便他的推崇已经导致了众多不幸的解读，而这些解读全都归在那个被奇怪地称作"弗洛伊德式文

---

① 《圣经》诠释学者根据文句风格的不同，将《圣经·旧约》的内容分析出五个来源，其中之一是耶和华文献 (The Jahwist/Yahwist)，简称J典或耶典，因文集均称呼上帝为耶和华而得名，约成书于公元前950年前后。

学批评”的莫名其妙的混合物之中。

狄更斯的传记作者埃德加·约翰逊追溯了《大卫·科波菲尔》从原先被作者摈弃的自传片段发展成书的过程。那部自传里有一段强有力的，但可能是自欺欺人的声明:“我并没有怀着恨意或愤怒写作，因为我知道这些事是如何一起把我塑造成今天的模样的。”狄更斯并没有将他自己的父母描写成大卫·科波菲尔的父母，而是把他们糅进了密考伯夫妇。这一改动产生了惊人的感伤魔力，代价就是逃避了个人伤痛，而那原本可能产生更伟大的意义。但正如狄更斯所言，《大卫·科波菲尔》是他“最喜爱的孩子”，满足了他成为自己的父亲的深切需要。他对其他任何作品都不会说这样的话:“我似乎在把我自己的某个部分送进那个朦胧的世界。”

克尔凯郭尔建议我们，“愿意工作的人生出了自己的父亲”，而尼采甚至以更为嘲讽的口吻说，“如果一个人没有一个好父亲，那么就有必要创造出来一个”。《大卫·科波菲尔》更符合克尔凯郭尔箴言的精神，因为狄更斯多多少少使自己成了大卫的父亲。大卫作为一个杰出的小说家，允许自己以第一人称讲述自己的故事。把他自述的开端与结尾放在一起看，这可能会对我们有所启发:

> 在我自己的传记中，作主角的究竟是我自己呢，还是别的什么人呢，本书应当加以表明。我的传记应当从我的生活开端说起，我记得（据我听说，也相信），我生在一个星期五的夜间十二点钟。据说，钟开始敲，我也开始哭，两者同时。
>
> 考虑到我生下来的日子和时辰，保姆和一些识多见广的邻居太
> 105 太说（她们在无从与我会面的几个月前就聚精会神地注意我了），第一，我是注定一生不幸的；第二，我有眼能见鬼的特禀：她们相信，这两种天赋是与星期五夜半后一两点钟内降生的一切不幸的男女婴儿分不开的。
>
> 关于第一点，我用不着在这里说什么，因为那预言结果是被证实了呢，还是否定了呢，没有比我的经历更能表明的了。关于本问题的第二项，我只能说，要不是我早在婴儿时期就丢光了那一份遗产，那就是我还不曾承受到呢。但是我若被夺去这份财产，我一点也不怨恨；假如任何别人正在享受它，我衷心欢迎他加以保有。

> 现在，当我抑制着我还要继续写下去的感情结束我的工作时，这些脸都慢慢消逝了。但是有一张脸，像天国的光辉一般地照在我身上，使我看清了一切别的物体。这张脸高出一切物体，超出一切物体。只有这张脸永远不会消失。
>
> 我转过头来，然后我就看见了我身边那张美丽而宁静的脸。灯光的火焰暗淡了下去，我已经写到深夜了。但是我亲爱的人儿——没有她，我就不能称之为我——她依然在我的身旁陪伴着我。
>
> 噢，艾尼丝，噢，艾尼丝，我的灵魂。我只愿，在我的生命真的结束的时候，你的脸还是像现在这样地守在我身旁。我只愿，当现实如我现在舍去的影子一样从我眼前消逝的时候，我依然可以看见你在我身旁，用手向上指着！[①]

没有哪个精明的读者会喜欢《大卫·科波菲尔》最后的三段胜过开头的三段。真幸运，比起小说甜腻的结尾，开端部分的浓郁幽默更符合小说的典型特色。不过把开端和结尾放在一起，的确凸显出了狄更斯唯一的一个重大修辞缺陷。我指的不是标志着斯提福兹之死一幕的哀婉伤感，或者多灾多难的小爱弥丽更为著名的职业。如果狄更斯的声音意象或再现模式采用的是"舞台烟火"，那么他的隐喻总是要求考虑到在舞台上表演的可能性。密考伯、尤利亚·希普、活着时的斯提福兹（不是在他生命终结之时）都是舞台烟火的杰出成果，辟果提、摩德斯通、贝西·特洛乌德，甚至朵拉·斯本罗也是如此。但艾尼丝是个彻底的失败，而那句可怕的"向上指着！"真叫人难以忍受。你无法将艾尼丝在舞台上演出来，这本来并不重要，但她的确代表了大卫理想化和自我神秘化的一面，因此她引发了这样的问题：你作为读者，能够在舞台上把大卫演出来吗？他身上到底聚集了多少舞台烟火？或者，他遭到了如此不可救药的简约化处理，那么他有意志吗？尤利亚·希普和斯提福兹以完全不同的方式成 106
为意志的化身，大卫也是如此吗？

如果说小说中存在一个审美难题的话，那就是为何在与摩德斯通纠缠在一起的阶段以及之前，大卫会如此强烈地感受到一种迷乱的苦楚和

① 本书中*David Copperfield*的译文均出自狄更斯著，董秋斯译：《大卫·科波菲尔》，北京，人民文学出版社，1958年。

早熟的忧伤。这种痛苦的强烈程度无疑与读者体验到的虚构经历完全不成比例。狄更斯既把自己和大卫糅合在一起，同时又跟他保持着距离，因此在这种自我再现中总是缺失了什么。然而意志——去生活、去解读、去重复、去书写的意志——永远存留了下来并且繁荣生长。狄更斯非比寻常的能量进入大卫的身体，这与大卫明显拒绝对自己的内在世界进行探索而表现出那种犹疑相当不合拍。在狄更斯对大卫的再现中，具有舞台特色的地方既不是对他早期苦难经历的过度描写，也不是他对艾尼丝之爱的那种令人厌倦的理想化处理。用弗洛伊德称作内驱力的那种火焰装点大卫，其实是大卫作为小说家的天职，即讲故事的冲动，尤其是讲自己的故事。

狄更斯在《大卫·科波菲尔》中的伟大，与他将在《荒凉山庄》中展现出来的远为惊人的力量关系不大。《荒凉山庄》可以与《克拉丽莎》、《爱玛》、《米德尔马契》、《一位女士的画像》、《恋爱中的女人》和《尤利西斯》竞争“英语文学中最不容忽视的小说”这一头衔。《大卫·科波菲尔》则属于另一种类，但它是那一种类的始祖。那类作品描写小说家讲述她或他如何忍受人生经历的煎熬，最终在叙事的意志抑或讲故事者的宿命中实现重生。

《艰难时世》

对狄更斯而言，《艰难时世》是一部显著浓缩的小说，篇幅只有它之前那两部杰作《大卫·科波菲尔》和《荒凉山庄》的三分之一。虽然这部作品令人惊异且美感十足，我却认为它有点被现代评论界过誉了，或者说它由于某些与本身相关性不强的原因而受到赞扬。罗斯金和他之后的萧伯纳崇拜这本书，因为他们将其视作狄更斯从商业化和工业化的英国向一个所谓更公正、更人性化的社会回归的证明。然而，因为其反功利主义的意识形态而去喜欢《艰难时世》，等于是将该书与卡莱尔和威廉·莫里斯以及罗斯金和萧伯纳混为一谈。对这部小说最公正的评价来自门罗·恩格尔。他说“《艰难时世》最大的优点就是狄更斯的典型优点，但在这本书里却不如其他许多书表现得充分”。葛擂硬是个糟糕的人物，甚至算不上对杰里米·边沁的有效戏仿。这部小说的力量的确在于别处，在于我们本会在戏剧风格的狄更斯身上期待的东西。

然而《艰难时世》缺少舞台烟火；与《荒凉山庄》相比，它只具备构成崇高的一个很小的成分。它风格平庸，采用的是埃丝特·萨默森的叙述模式，因此了无生气，此外它还描写了诸如西丝·朱浦和斯梯芬·布莱克普这样单调的人物。虽然如恩格尔所坚持认为的那样，狄更斯的许多真正优点都在这部小说里表现出来了，但它缺乏让狄更斯在所有小说家中脱颖而出的那种不可思议的丰富多彩。那么该书是否具有一些自己的特色，可以让我们为之折服呢？

我想说，针对《艰难时世》的任何批评性真知灼见一开始都会放弃对该书进行马克思主义或其他道德性阐释。是的，即便狄更斯对于边沁主义社会哲学的看法并不正确，他的心也是敏锐的，而且一位伟大的小说家对想象力的明显维护不可能不打动我们。但是，想想《艰难时世》那令人难以容忍的第1章吧。它的标题是“唯一必需的东西”：

> “告诉你吧，我要求的就是事实。除掉事实之外，不要教给这些男孩子和女孩子其他的东西。只有事实才是生活中最需要的。除此之外，什么都不要培植，一切都该连根拔掉。要锻炼有理性的动物的智力就得用事实：任何别的东西对他们都全无用处。这就是我教养我自己孩子们的时候所遵守的原则，也就是我用来教养这些孩子的原则。要抓紧事实不放，老师！”
>
> 这是一间不漂亮、没有什么陈设、单调的拱形教室，讲话的人说完一句话后，便用他那方形的食指在那位教师的袖子上横划一下以加强他的语气。讲话的人那四四方方像一堵墙壁般的额头也在帮助他加强语气，而他的双眉就是那堵墙的墙根，同时，他的眼睛找到了两个为墙所遮蔽着的、宽绰深暗的窟窿作为藏身之所。讲话的人那又阔又薄而又硬邦邦的嘴巴，也在帮助他加强语气。讲话的人那无转弯余地的、枯燥的、专横的声音，也在帮助他加强语气。讲话的人 108
> 的头发同样地在帮助他加强语气，它们竖立在他秃头的边缘，好像一排枞树，挡住了风，使它不致吹到那光溜溜的脑袋上来，而那秃头的外表凹凹凸凸像葡萄干馅儿饼上的硬皮一般，这颗脑袋似乎也没有足够的地方来储藏那些生硬的事实。讲话的人的顽强姿态，四四方

方的外衣，四四方方的腿干，四四方方的肩膀——不仅如此，甚至于像顽强的事实一般练就来紧紧掐住他喉咙的那条领带——这一切都在帮助他来加强语气。

"在生活当中，除掉事实，我们不需要别的东西，老师；不要别的，只要事实！"

这个讲话的人同一个教师，以及另外一个成年人，都略微向后退了一步，用他们的目光扫射着当时在那儿有秩序地排列在斜坡地板上的一些小罐子，准备把无数法定加仑的事实灌进去，直到灌满得要溢出来为止。[①]

葛擂硬无疑是狄更斯对他自己痛苦的学校经历做出的终极报复；葛擂硬可以被称作失控了的摩德斯通，只不过摩德斯通仍属于漫画的范畴，而葛擂硬的意志却是疯狂的，是朝向死亡的内驱力。我现在在想，这就是《艰难时世》独特的美学力量之所在。这部小说是作为幻觉或梦魇而立足的，但算不上社会性或概念性的坏梦。它的问题出在弗洛伊德称作"家庭罗曼史"的地方，因为"家庭罗曼史"变成了家族恐怖事件。评论家们总是注意到《艰难时世》中的家庭关系有多么可怕，而狄更斯其他作品中的家庭关系也常常是可怕的。如果我们分析一下《艰难时世》第一部倒数第二章，即第15章"父与女"接近结尾处的一段话，就会发现一种特殊的力量彰显了出来：

"路易莎，"她的父亲回答说，"在我看起来，没有哪件事比这个更清楚的了。严格地把你自己约束在'事实'的范围以内，你对自己提出的'事实'问题就是：是不是庞得贝先生要求我嫁给他？是的，他要求的。因此剩下来的唯一问题就是：我要不要嫁给他呢？——我想没有比这个更清楚的话了罢？"

"我要不要嫁给他？"路易莎一个字一个字地重说了一遍。

"一点儿不错。作为你的父亲，我亲爱的路易莎，我很满意，因为我知道你在考虑这个问题的时候，不像其他的青年女子一样，不会

① 本书中*Hard Times*的译文均出自狄更斯著，全增嘏、胡文淑译：《艰难时世》，上海，上海译文出版社，1978年。

依凭先入为主的思想习惯、生活习惯来考虑这个问题的。”

“是的,爸爸,”她回答说,“我并不是那样。”

“我现在就让你自己来判断一下吧,”葛擂硬先生说,“我已经把这个问题提出来了,我的提法正如一切讲究实际的人通常对这类问题的提法一样;当初你母亲和我的问题也就用这同样的方式提出来的。其余呢,我亲爱的路易莎,就由你来决定了。”

谈话一开始,她就坐在那儿盯着看他。现在,他朝椅背上一靠,该是他把那双深窟窿一般的眼睛看着她的时候了,或许他可能看出,她在这一刹那间是在彷徨莫定,似乎恨不得倒在他的怀中,准备把郁积在心中的话都向他吐露出来。但是,要是他看到了这一点,他就一定会一跃而过那些人为的障碍,这些障碍全是他多年来在他自己与 109
那些微妙的人性本质之间树立起来的,那些本质直到世界的末日,也不是极巧妙的代数学所能捉摸的,而到了那个时候,就是代数学也要与世界同归于尽了。这些障碍是太多了,也太高了,他跳不过去。他那副刚愎自用的、功利主义的、实际的面孔,使得他的心肠又变硬了;而刚才所讲的那一刹那也因此投入了“过去”那个无底的深渊里,同永沉在那儿的所有失去的机会混在一起了。

她的眼光离开了他,坐在那儿一声不响老望着窗外的镇市。最后,他就说:“你是不是跟焦煤镇工厂的烟囱作商量呢,路易莎?”

“那儿似乎什么都没有,只有那死气沉沉的单调的煤烟。但是,一到晚上,火光就会冒出来的,爸爸!”她迅速地转过脸来回答说。

“我当然知道这个,路易莎。只不过,我不懂你说这句话有什么意思。”平心而论,他确实不知道。

她用手轻轻一挥,把这个话头甩开,又把注意力集中,对他说道:“爸爸,我常常想到生命是短促的。”——这非常显然地是他拿手的题目,所以他就插嘴了。

“没有疑问,生命是短促的,我的亲爱的。但是,近年来已经有人证明了,人寿的平均期限还是在增加着。其他的一切正确数字姑且不谈,光是人寿保险公司和管理年金的机关,根据它们的计算,就已经把这个事实给证明了。”

“我讲的是我自己的生命,爸爸。”

“呵,真的吗? 但是,”葛擂硬先生说,“我用不着向你指出,路易莎,你的生命还是被那种支配着一切生命的规律所支配着的。”

“我活在世上一天,我就愿意去做一点我能做的事,或适合我去做的一点事。这有什么关系呢?”

她所说的最后的一句话,葛擂硬先生似乎不知道怎样去理解;就回答说:“怎么,关系? 什么关系,我的亲爱的?”

“庞得贝先生要求我嫁给他,”她不顾他的插话,镇定地、直截了当地继续说下去,“我要问我自己的问题就是: 我要不要嫁给他? 就是那样,爸爸,是不是? 您已经告诉我的就是那样,爸爸。不是吗?”

“当然是对,我的亲爱的。”

“那么就那样吧。既然庞得贝先生愿意这样来娶我,我对他的求婚就算是同意了罢。告诉他,爸爸,请您尽快地告诉他,这就是我的回答。如果可能,我请您把我说的话一字不差地重说给他听,因为
110 我希望他知道我说过些什么话。”

“这个要求很对,我亲爱的,”她父亲表示赞许地回答说,“要说得一字不差。我会依照你这种很合理的请求的。关于你结婚的日期,你有什么意见吗,我的孩子?”

“没有,爸爸。这有什么关系呢?”

葛擂硬先生已经把他的椅子挪过来更靠近她一些,拉着她的手。但是,她那句说了又说的话,听来似乎有点刺耳。他稍微停了一下,看着她,仍然拉着她的手,说:

“路易莎,我觉得没有什么必要来问你一个问题,因为在我看来,这个问题的可能性是太少了。但是,也许我还是应该来问你一下。你从不曾私下希望别人来向你求婚吧?”

“爸爸,”她几乎带着揶揄的口吻回答说,“还有什么人来向我求婚呢? 我看见过什么人? 我到过什么地方? 我有过什么谈情说爱的经验呢?”

“我亲爱的路易莎,”葛擂硬先生这一下才放心了,很满意了,回答说,“你把我的话纠正得很对。我不过想尽一尽我的责任罢了。”

路易莎用她那种文静的态度说:“爸爸,关于兴趣和幻想,希望和热情,关于可能滋生出这类轻浮情绪的我的那一部分的天性,我

> 又知道些什么呢？我有什么方法逃避那些可以证明的问题，和那些可以掌握的现实呢？”说这些话的时候，她不自觉地紧握着拳头，好像抓住一个实物似的，又慢慢松开手来，就像在抛弃什么灰尘和泥土。

此处，漫画一跃进入了罗斯金所言的“舞台烟火”之中。葛擂硬已经相当疯狂，但他仍有足够的心智询问路易莎是否咨询过焦煤镇的烟囱吐出的神谕式浓烟。她庄重地回答：“但是，一到晚上，火光就会冒出来的，爸爸！”这并不仅仅是对被压抑之物的归来做出的预言，而且还预示了狄更斯自己的丰沛充盈。这种丰沛性通过一页之后那个浅显却庄严的隐喻喷涌而出，当时可怜的路易莎握紧了她的手，宛若握住一种可以掌握的现实，然后再缓缓地张开，就像丁尼生《莫德》中的主人公一样，显露出她的心不过是一把尘土。

这就是《艰难时世》真正的黑暗力量。狄更斯赤裸裸地回归内驱力的领域，即性欲和死亡的领域，这种回归超越了他的社会幻象或者他对想象力的辩护。小说的结尾是对读者讲的一番话，而这些话必然要比狄更斯的本意含混许多： 111

> 亲爱的读者！你我的活动范围虽然不同，但是像这一类的事情能否实现就要看我们的努力如何了。最好是让它们实现吧！那样，我们将来坐在炉边，看着我们的火花化为灰烬而又冷却了的时候，我们的心也就可以轻松一些。

我们从葛擂硬主义向诗歌的想象性逃离大概会点亮我们的心胸，即便我们看着现实原则吞噬掉我们。但是狄更斯的修辞感染力在于那些灰色的冷灰，那些《艰难时世》的书页中到处聚集的成把灰尘。作为对功利主义的讽刺，葛擂硬，抑或他那个没有想象力的世界是失败的，但作为超越了愉悦原则的内驱力的再现，他或他的世界却是令人惊恐地大获全胜。

《荒凉山庄》

《荒凉山庄》可能并非如杰弗瑞·迪洛特森1946年所说的那样，是“英国19世纪产出的最好的文学著作”。19世纪给了我们《序曲》和华兹华斯主要的危机抒情诗，布莱克的《弥尔顿》和《耶路撒冷》，拜伦的《唐璜》，雪莱、济慈、丁尼生和勃朗宁的主要诗歌，以及诸如《傲慢与偏见》、《爱玛》、《米德尔马契》和狄更斯自己的《艰难时世》及《我们共同的朋友》之类的小说。要在这样一个文学高度繁荣的世纪里进行单一的选择必然是极成问题的。然而如今评论界近乎达成一致，认为《荒凉山庄》是狄更斯最为复杂、最值得注意的一部作品。W. J. 哈维为我们勾画出这部小说令人叹为观止的结构样式，非常有用：

> 对狄更斯而言，《荒凉山庄》是一个在叙事和情节构架方面进行的独特而精心的实验。它被分成两个大致同时发生的、彼此牵连的故事；埃丝特·萨默森的第一人称叙事和一个始终以历史现在时讲述的全知叙事。后者用了总章数中的四分之三；埃丝特用了不到四分之一。不过她的故事占据了小说内容的一半还多。读者如果对照原书的几个部分来核对这两个叙事的话，会很难辨认出里面有任何有意义的模式或相关性。小说的几个部分大多包含这两个故事的混合体：有一个部分完全由埃丝特叙述，还有五个部分完全由全知作者讲述。不过，这种检测支持了这样的一个观点，即狄更斯并不像人们有时认为的那样，为了制造粗劣的悬念而使用连载形式。例如，一
> 112 个惊悚小说作者很可能会在第31章处结束掉一个部分；狄更斯则加了一章，从而减弱了戏剧性。明显的例外只是证明了规则的存在；在最后的双数章里，布克特对德洛克夫人的搜寻突转至全知叙事和病倒的累斯特爵士，因而达到高潮。不过，总体而言，狄更斯对双重叙事的掌控比这要丰富含蓄得多。

我想对哈维的话再添一点评论意见：狄更斯在“他的”三十四章中蕴含的叙事意志，与讲述她的故事——即令人钦佩的埃丝特·萨默森的故事——的意志再次表现出类别上的不同。狄更斯（抑或那个使用历史

现在时的全知叙事者）的再现方式可以比作一种“舞台烟火”：狂野、自由、无拘无束，永远充斥着弗洛伊德边界概念领域内的力量，即内驱力。埃丝特的再现模式肯定不是扁平或平淡的；尽管她常常自我抑制，我最终仍觉得她是《荒凉山庄》里最复杂费解、最深不可测的人物。她的叙述与其说具有平淡的风格，不如说是遭到抑制的，即弗洛伊德意义上的“压抑”。而这种“压抑”不论是在埃丝特还是弗洛伊德的话语中，主要的隐喻模式都是逃离，而非向下压制。埃丝特总是故意忘记她不愿想起的东西，虽然是“无意识的”，而且她的大部分叙述都是为抗拒往昔的力量而进行的坚定辩护。埃丝特从小女孩长大成人，她可能**看起来**没有改变，但那是因为她心灵的节奏和狄更斯自己的不一样，是逐步展露，而非逐渐发展。她是狄更斯的缪斯，一种惠特曼称作他的“幻想”的存在，就像他在那首伟大的绝命诗《再见，我的幻想！》中写的那样，或者她是史蒂文斯会称作狄更斯的“内心情人”的存在。

让我们在埃丝特的故事和狄更斯自己的叙述中各取一段进行对比，即第56章“追踪”的结尾和下一章“埃丝特的自述”接近结尾处：

> 这时整幢房子里只有贾迪斯先生一人没有睡觉；他正打算休息，突然听见急促的铃声，便放下书，穿着睡衣下楼去开门。
>
> “请您不要惊慌，先生。”说话间，客人已经关上门，手按着锁，站在客厅里同他亲密地谈起来。“我以前曾荣幸地见过您一次。我是布克特侦探长。请您看看这条手绢，先生；是埃丝特·萨默森小姐的。十五分钟以前，我亲自发现它藏在德洛克夫人的抽屉里。现在一分钟也不能耽搁。这是生死问题。您认识德洛克夫人吧？”
>
> “认识。” 113
>
> “今天她家里出了事。家庭里的隐私被揭发了。从男爵累斯特·德洛克阁下突然病倒——中风或瘫痪——昏迷不醒，因而耽搁了不少宝贵时间。德洛克夫人今天下午失踪了，留下一封信给爵士，口气似乎不妙。请您把信看看，这封就是。”
>
> 贾迪斯先生看完以后，问他意见如何？
>
> “这很难说。从信上的话来看，好像准备自杀。无论如何，时间一分一分地过去，自杀的危险也越来越大。从现在开始，为了跑在时

间前头，我宁愿花一百英镑去换一个钟点。我告诉您，贾迪斯先生，我受从男爵累斯特·德洛克阁下之托，寻找夫人的下落——去挽救她并转达爵士对她的宽恕。我有了经费和实权，但还缺少某种条件，那就是，我需要萨默森小姐的帮助。”

贾迪斯先生用一种不安的语调重复着：“萨默森小姐？”

“现在，贾迪斯先生，”布克特先生一直非常注意地观察着他的脸色，“我同您说这些话，是因为我把您当作一个忠厚长者，而目前情况紧急，也是很少见的。如果事情拖延下去会有危险的话，那么，现在就已经危险了；如果将来您感到自己曾耽搁了这件事而不能原谅自己的话，那么，现在就是耽搁了。从德洛克夫人失踪以后已经白白过了八到十个钟点，我告诉您，每个钟点至少值一百英镑。我奉命去找夫人。我是布克特探长。她除了其他种种沉重的心事以外，还以为自己被怀疑是杀人凶手。如果我一个人去找她，那么她由于不了解从男爵累斯特·德洛克阁下和我说的话，可能被迫采取下策。但是，如果我和一位年轻小姐一同去找她，而这位年轻小姐又和她所钟爱的一个年轻小姐的情况极其相似的话——我只谈这一点，同时也不想打听其中的底细——那么，她就会相信我没有什么恶意。如果我找到了她，让她见到这位年轻小姐从而能够影响她的话，那么，只要她活着，我一定能挽救她，劝她回头。如果我一个人找到了她——尽管比较困难——我也一定尽自己的最大努力；不过，我所采取的办法毕竟不是上策。时间过得快，现在差不多一点了。等到钟敲一点，说明又过去一个小时；现在一小时不是值一百而是值一千英镑了。”

这些都是实际情况，而情况紧迫也不容置疑。贾迪斯先生请他等一等，便去通知萨默森小姐。布克特先生嘴里答应等着，但仍然按
114 照自己的一贯作风，跟着上楼，远远盯着贾迪斯先生。当贾迪斯先生同萨默森小姐谈话时，他就一直在楼梯的暗处躲躲闪闪地偷看。过了一会儿，贾迪斯先生下楼告诉他，萨默森小姐马上就来见他，并且决定陪他到各处去。布克特先生感到满意，大大称赞了一番；便在门口等她下来。

他站在门口，想象着自己登上一座高塔，放眼四望。他仿佛看见许多踽踽独行的人在街上、在灌木丛生的荒地和公路上蠕动或是

躺在稻草堆里。但在他们之中却没有他所寻找的那个人。他还看见其他的孤独行人，站在桥边向下俯视，或躲在河边阴暗的角落；同时还有一个黑黝黝的、不成人形的物体随波逐流地漂来，显得特别孤独，它那载沉载浮的样子引起了他的注意。

她在什么地方？不论死活，她究竟在什么地方？就在他把手绢叠起来，小心翼翼地收好的时候，如果这条手绢能有一股神奇的力量，把他送到她以前发现它的那个地方，让他看到那个小屋附近的夜色（就是在这个小屋里，这条手绢曾覆盖过村里那个夭折的婴儿的脸），那么，他能找到她吗？在一片荒地上，砖窑里的火发出淡蓝色的光；那些破砖窑顶上的稻草被风吹得到处都是；泥和水都冻结了，那座里面有匹瞎眼的瘦马整天绕着磨盘转的磨坊，仿佛是一副折磨人的刑具——就在这片满目荒凉的地方，却有一个人满怀悲伤地踽踽独行，一路上受到风吹雪打，仿佛是被世人抛弃了。这也是一个女人，可是她身上的衣服很破烂；在德洛克公馆里从来没有人穿着这样的衣服穿过客厅，从大门走出来。

客栈那些透着火光和烛光的窗户，从外面又黑又冷的地方看去，显得异常温暖、明亮，可是，不久就消失了；马车又压着松散的积雪前进，把雪压成烂泥。我们的车子走得非常吃力；不过，这些可怕的道路并不比早先的坏多少，而且这段路程也只有九英里。我的旅伴在赶车的座位上抽着烟——我在前一站客栈里看见他站在大壁炉前痛快地抽着烟斗时，就想到要对他说以后只管在我面前抽烟而不必客气——还是那样机警，而且每次碰到住家或是过往行人，他都很快就下车去打听消息，完了又很快就上车。布克特先生把他那盏小罩灯的罩子打开。他似乎特别喜欢这盏灯，因为马车上本来是有灯 115
的；他不时用那小罩灯照照我，看我精神好不好。车头有一个折叠式的窗户，可是，我从来没有把它关上，因为那样就好像会使自己失去一线希望似的。

我们来到这段路程的终点，但是，失去的线索还是没有找到。我们停车换马的时候，我焦急地看着他；可他站在那里瞅着那些马，从他那副越来越严肃的样子看，我知道他没有听到什么消息。但是稍微过了一会儿，我正往椅背上靠，他就探进头来（手里还拿着那盏亮着的罩灯），那激动的样子，好像变了另外一个人。

“怎么啦？”我吃惊地问道。“她在这里吗？”

“不在，不在。不要想入非非，亲爱的。这里什么人也没有。不过，我找到线索了！”

他的睫毛和头发上都有了结了晶的雪花，衣服上的雪也堆成一道一道的。他不得不把脸上的雪花掸掉，喘一喘气，然后再跟我说：

“听我说，萨默森小姐，”他一边说，一边用手指敲着那块皮围膝，“你对我下一步要做的事千万不要感到失望。你知道我是谁。我是探长布克特，你可以相信我。我们已经走了很长的路，不过没有关系。喂，牵出四匹马来，往那头走，到下一站去！快点！”

马厩院子里，人们乱成一团，有一个人从马厩里跑出来问：“他是说往那头走，还是往这头走？”

“往那头走，听见了吗？往那头走！你听不懂？往那头走！”

“往那头走？”我惊讶地问道。“到伦敦去！难道我们要往回走吗？”

“萨默森小姐，”他回答道，“是往回走。一直往回走。你知道我是谁。别害怕。我要追踪另外那个人，真是活见——”

“另外那个人？”我跟着他说。“谁呀？”

“你管她叫珍妮，对不对？我要追踪她。喂，谁把那两对马牵出来，就给谁一个银币。老弟，起来吧！”

“你不会丢下我们要找到那个夫人不管吧；时间这么晚，她的心情又那么坏，你不会在这个时候丢下她不管吧！”我抓住他的手，痛苦地说道。

“说得对，亲爱的，我不会丢下她不管。不过，我要追踪另外那个人。赶快把马套上。派一个人到下一站去，定下四匹马，再叫另一个人到前面去，快点。亲爱的，你千万不要担心！”

他这样在马厩的院子里跑来跑去，一边下命令，一边催促马夫，引起了很大的骚动。这种情况几乎和刚才突然改变方向一样，使我感到大惑不解。可是，就在最乱的时候，有一个人骑着马飞驰到前面去定驿马了，而我们的马车也在转瞬间套上了马。

“亲爱的，”布克特先生跳上赶车的座位，又探进头来说，“请别怪我叫得这样亲热；不过，你千万不要过分苦恼和着急。我现在不想说什么；不过，你知道我是谁，亲爱的，对不对？"

我怯怯地说，我知道他比我更清楚应当怎么办；但是，他这样做是不是有把握？我能不能一个人继续往前走，去找——我在悲痛中又一次抓住他的手，低声对他说——去找我的亲生母亲。

"亲爱的，"他答道，"我知道，我知道，难道我会叫你上当不成？我是侦探长布克特。你知道我是谁，对不对？"

我除了说"对"，还能说什么呢！

"那你就尽量鼓起勇气吧，请你相信，我一定像帮助从男爵累斯特·德洛克阁下那样帮助你。你现在身体好吗？"

"很好，先生！"

"那就走吧。老弟，往前赶！"

我们又踏上那满目凄凉的归途；那些掺着泥的积雪和融化了的雪水，在车轮下飞溅起了，仿佛是水车掀起的浪花。①

不论根据何种标准，这两段都非同寻常，而"追逐"无疑比"埃丝特的自述"拥有多得多的舞台烟火，但这一更为及时的压抑之盾部分遭到突破，一股火焰从她身上蹿涌而出。不过，如果我们从"追逐"开始，就更有可能看到埃丝特身上遭到压制的东西中有什么返了回来，而且是在否定的标记下返回（正如弗洛伊德所预言的那样），因此恢复的东西主要是认知性的，而受压制的情感仍保持原样。我们可以回忆一下《大卫·科波菲尔》的开场，狄更斯戴着**面具**，变成大卫，否认自己具有那些睿智的妇女和流言认为他拥有的那种预见力。在"追逐"一章的结尾处，布克特探长获得了一种不同寻常的眼力，一种关于埃丝特失踪的母亲德洛克夫人的超自然预见力。布克特**看到**的是最为浓烈的舞台烟火，小说家想要去讲述的意志变成了意志的一种绝对幻象。布克特（他因此成了狄更斯的作者意志）在脑海中登上一座高塔，向外眺望，看得既远且广，他看到了真相："一个黑黝黝的、不成人形的物体随波逐流地漂来，显得特别孤独，它那载沉载浮的样子引起了他的注意。""载沉载浮"又导向了更远的幻象："泥

① 本书中*Bleak House*的译文，均出自狄更斯著，黄邦杰、陈少衡、张自谋译：《荒凉山庄》，上海，上海译文出版社，1979年。

117 和水都冻结了，那座里面有匹瞎眼的瘦马整天绕着磨盘转的磨坊。”我怀疑狄更斯这里借鉴了勃朗宁那部伟大的浪漫传奇，《罗兰公子来到暗塔》。在勃朗宁的诗中，一个孤单之人在一处凄凉荒芜之地看到另一种明显的人类酷刑与一匹饥饿的瞎马联系在一起。那匹瞎马是从魔鬼的种马群中驱逐出来的，它刺激着勃朗宁的叙述者大声疾呼，他从未见过这样一头让他如此憎恶的畜牲，因为“它一定是邪恶至极，才会遭这样的罪”。

接下来的一章“埃丝特的自述”极为出色地激发了埃丝特的认知恢复，她在对往昔情感的否定性标记下承认了自己的母亲。此处叙事幻象还在继续，不过不是以布克特非凡预见力的庄重模式，而是以严肃的冥思式抒情诗体得以继续，通过追逐逃亡中的、注定毁灭的母亲这一意象，引导我们先从无意识逃亡中做出试探性回归。“客栈那些透着火光和烛光的窗户，从外面又黑又冷的地方看去，显得异常温暖、明亮，可是，不久就消失了；马车又压着松散的积雪前进，把雪压成烂泥。”“压成烂泥”象征着对压制物的突破，而狄更斯非常聪明地以埃丝特的幻象结束该章，强迫意识从逃亡中返回。埃丝特看到的幻象对应着前一章结束时布克特所见的幻象，即那个勃朗宁式的、魔鬼般的水磨。埃丝特低声向布克特说，她想独自前去寻找她的母亲，而黑暗中的搜寻继续以冰雪和融雪被水车撕裂这一险恶的隐喻进行着。冰雪和融雪象征着压制之物，水车则往复循环着记忆回归的意义，即便它部分埋葬了再次被母亲抛弃的痛苦：“我们又踏上那满目凄凉的归途；那些掺着泥的积雪和融化了的雪水，在车轮下飞溅起了，仿佛是水车掀起的浪花。”

当“埃丝特的自述”在第59章重又继续时，我们不可避免地认识到我们在朝着一个天启式的意象径直前进，莎士比亚在《李尔王》中称这种意象为“允诺的结局”或“那般恐怖的意象”，此处不是指女儿的尸体，而是母亲的。这是狄更斯艺术的可怕胜利。埃丝特成为，而且必须成为第一个去触碰、去看见真相的人，而且不带任何感情地揭示真相：

> 我走到铁门，弯下身去。我扶起她那沉重的头，把那湿淋淋的
> 118 长发分开，把脸转过来。想不到这就是我母亲，全身冰冷，早已死了。

安东尼·特罗洛普
(1815—1882)

《巴彻斯特大教堂》与《巴彻斯特养老院》

《巴彻斯特养老院》和《巴彻斯特大教堂》是非常不同的小说，但却由于结构、背景和人物的延续性而被永远联系在一起。与《巴彻斯特养老院》不同，《巴彻斯特大教堂》本质上是一部喜剧小说。特罗洛普并不是一个我们能用简单的术语对其进行描述的小说家，因为他的叙事艺术中有一些极其含混的元素。他有时的确非常有趣。我同意克里斯托弗·赫伯特的观点，他认为特罗洛普所处的时代明确反对肉欲和世俗享乐，但特罗洛普却巧妙地对此保持了异议。不过特罗洛普算不上是个享乐主义者或活力论者，他的异议也是有限的；并非半心半意，而是修辞上保持沉默。你读他的时候必须敏锐地体会语气，就像赫伯特那样，才能听到他对欲望做出的喜剧性认可，才能明白他并非如人们普遍认为的那样，是个感伤主义者，信仰婚姻之爱这种表面上的宗教。赫伯特使我相信，诸如J. 希利斯·米勒和沃尔特·M. 肯德里克之类的评论家是错的，他们无意中将特罗洛普贬至一种虚假感伤的模式，而他自己其实是在努力抗拒这种模式。不过，在特罗洛普身上有一种不为人知的特质，一种热情或者激情，能够让我们喜欢上他笔下那些不道德但更为有趣的人物。

C. P. 斯诺说过，特罗洛普“既对宗教持怀疑态度，同时又遮遮掩掩的，那么他自己私下里信得更少，这似乎并非不可能”。我认为这话有道理，因为特罗洛普对《巴彻斯特养老院》和《巴彻斯特大教堂》里的神学和国教政治都兴趣不大，他的兴趣其实是在人物之间的对抗上。大家已有共识，小说宣扬的就是道德规范和举止礼节，但特罗洛普的费解之处在于，我们永远无法完全确定他作为道德主义者的立场，哪怕只是因为他的立场比表面显示的要更为含糊，更为个人化。斯诺对我们的提醒很有 119

帮助。他说,《巴彻斯特大教堂》出版十年后,特罗洛普成为议会自由派议员候选人,这一冒险行为与他毕生对辉格党的支持立场保持一致。在《巴彻斯特大教堂》中,特罗洛普对副主教身边的那个托利党高教会圈子及其朋友们的喜爱明显胜于那些自由主义的福音派人士,包括普劳迪主教、傲慢的普劳迪夫人、应受谴责的牧师斯洛普。斯诺称此为特罗洛普的跨党投票,但我却认为我们应该把这叫作特罗洛普版本的喜剧现实主义,承袭自他的师傅萨克雷。特罗洛普似乎比萨克雷还要明白"喜剧现实主义"是一种矛盾修辞法。赫伯特曾证明,詹姆斯一世时期的喜剧是特罗洛普主要的创作源泉之一。那些喜剧也可以是相当光怪陆离的,即便不如同时代的悲剧那么狂野。弗莱彻、马辛杰和米德尔顿①既引起了特罗洛普在道德上对他们的明显不满,同时又激发了他更深的兴趣,因为正如赫伯特所言,弗莱彻是特罗洛普的素材来源:

> 从特罗洛普的注解中,可以很容易地看出他对充斥喜剧的性丑闻抱有典型的维多利亚式谴责态度;对于喜剧舞台普遍的不道德性,杰罗米·科利尔本人很难会比特罗洛普更感到愤慨。不过,对于这一比较,必须同时加上一些大的限制条件。首先,特罗洛普不断宣称即便最淫秽、最"恶心"的喜剧,例如鲍蒙特和弗莱彻的《马耳他骑士》或者弗莱彻的《一月之妻》,其实都极具娱乐性。他谴责弗莱彻《徒劳的追求》中满口淫词的女主人公,然后又称赞这部夸张喜剧为"出色的剧作,充满了智慧,许多语句都堪比莎士比亚"。他说,各种人物"都充满了无限活力,因此读起来令人入迷,舞台上演出来也一定迷倒了观众"——顺便说一句,将"魅力"与"活力"等同起来,这直接切合我们的主题。诸如此类的分裂式评判突出了这位谨慎的维多利亚道德主义者身上的明显矛盾之处。他一方面无休止地描述自己对詹姆斯一世时期喜剧感到的恶心与厌憎,但又几乎不知餍足地读了几十年,并且还的确显示了对那位因淫荡而遭他强烈谴责的剧作家的特殊迷恋(因为特罗洛普曾两次阅读弗莱彻的海量作品,第一次是在19世纪50年代早期——这是那些年里唯一有记载的读

① 弗莱彻(John Fletcher, 1579—1625)、马辛杰(Phillip Massinger, 1583—1640)和米德尔顿(Thomas Middleton, 1580—1627)均为詹姆斯一世时期的剧作家。

物——然后在1869年至1874年间再次阅读)。我们不需要成为弗洛伊德分析家也能得出这样的结论,即特罗洛普为喜剧的“下流”及其 120
释放效果(即将人从对性纯洁,尤其是女性性纯洁的维多利亚式崇拜的桎梏中解放出来)所深深吸引。我们可以设想,他对下流喜剧的强烈谴责与他为之本能感受到的吸引成正比。

这个问题的最奇怪之处在于,是特罗洛普自己加剧了对自己的这种压抑,甚至超出了社会要求的程度,然后受压抑之物又必然以更强大的力量反噬其身。我对赫伯特的修正仅到此为止;特罗洛普远比他的前辈萨克雷谨慎,并因此在颠覆社会期待方面超越了萨克雷。不过,既然特罗洛普已将那些社会期待内在化,他就必然也颠覆了自己。这样的叙事过程要比萨克雷的矛盾立场费解得多。萨克雷既讽刺名利场,同时又安居其中。而在特罗洛普身上存在一个受压制的活力论者,但通常他又保持了这种压制。

《巴彻斯特大教堂》是一部社会喜剧。该书的现实主义是一以贯之的,虽然有点不大自然。卡夫卡部分承袭了那位不朽的幻想家——狄更斯;我们却很难想象卡夫卡读特罗洛普并受其影响。然而特罗洛普最令人惊讶的天赋在于他的创造性。他的创造性可以既肆无忌惮,又令人信服,就像社会现实本身。《巴彻斯特大教堂》中最绚烂的一笔,也是维多利亚小说里我最喜欢的瞬间,就在普劳迪夫人的招待会上。当时那个令人惊异的博蒂·斯坦霍普推动了他残疾的姐姐、著名荡妇马德琳·维赛·内罗尼夫人坐的沙发。沙发开始了它史诗般的壮丽航行,直冲向普劳迪夫人那骄傲的身躯:

“他们把这沙发摆在了房间里最差劲儿的地方;我们给它换换位置吧。小心,马德琳。”

沙发摆的位置的确让那些在它后面的人很难出来;只有一个很窄的过道,前面只要有一个人就堵住路了。这是种糟糕的布局,博蒂觉得最好改动一下。

“小心,马德琳,”他边说边转向那个胖胖的教区长,又加了一句,“帮我轻轻推一下。”

教区长的身子正靠在沙发上，不经意间增加了沙发的推动力，加速了博蒂原本推动沙发做出的运动。沙发从原先待的地方一下子冲了出去，停在了房间的中央。普劳迪夫人正和斯洛普先生站在内
121 罗尼夫人面前说话，她努力做出谦逊随和的样子；但她的心情并不太好，因为她发现无论何时她同那位夫人说话，那位夫人都朝着斯洛普先生答话。斯洛普先生无疑很受欢迎，但普劳迪夫人从没想过自己不如那位牧师。她开始板起脸来，觉得受到了冒犯，而就在这时不幸发生了，沙发钩住了她的蕾丝裙裾，带走了不知多少她身上的装饰。人们听到衣褶扯开的声音，针脚撕裂的声音，编织结散开的声音，看到荷叶边被扯掉，衣物暴露了出来；地毯上落着一大片撕毁的蕾丝，那蕾丝还挂在沙发移动用的轮子上。

这场面就像一座在军人们眼中无比壮观的花岗岩炮台，它的力量和匀称也是这样令人赞叹不已。这是多年修建的成果。它那齐整的斜墙，完美的胸墙，多层的暗炮台，这些都展示出现代科学的技能。然而很快，只要给那靠不住的引信点上一点儿火星——一团尘雾直升云霄——然后就只剩下烟粉灰烬和丑陋的碎片了。

当朱诺的美貌遭到轻视时，我们知道她会有多么生气。我们知道就连神仙也会发作雷霆之怒。当艾赛尔波特·斯坦霍普把沙发腿儿推到普劳迪夫人的裙裾上时，她瞪着他，就像朱诺在艾达山上瞪着帕里斯一般。

“啊，你这白痴，博蒂！”看到发生的一切以及即将导致的后果，内罗尼夫人叫了起来。

“白痴！”普劳迪夫人也跟着叫道，仿佛这个词还不够强烈，难以表达应当表达的意思似的；“我会让他知道——”她朝四周看了一眼，意识到发生了最糟糕的情况，知道当务之急是收拾她残破的衣裙。

博蒂看到了自己干的好事，急忙翻过沙发，跪倒在这位遭到冒犯的夫人的膝前。他的用意当然是想去把撕破的蕾丝从沙发轮上解下来，但他的姿势看起来却像是在祈求一位女神的宽恕。

“放手，先生！”普劳迪夫人说道。她不知是从哪出诗剧中记得个一鳞半爪，就使用了这个词，不过该词一定是存在了记忆当中，此刻恰逢其时地用对了场合。

> “我会飞去找仙女的织机来修补衣裙的，请原谅我。”艾赛尔波特说道，他还跪在那里。
>
> “放手，先生！”普劳迪夫人怒不可遏地把音量提高了一倍。博 122
> 蒂提到了仙女，这很明显是在嘲弄她，让她成为笑柄。至少在她看来是如此。“放手，先生！”她几乎尖叫了起来。
>
> “不怪我，是那该死的沙发。”博蒂说道，哀求地看着她的脸，举起双手表明他并没有碰她的衣物，但他仍旧保持着跪的姿势。
>
> 就在这时内罗尼夫人笑了出来；声音不大，真的，但却听得到。就像失去幼崽的母老虎会把怒火发泄在任何靠近她的东西身上一样，普劳迪夫人也转向了她的女客人。
>
> “夫人！”她说——她眼睛中喷出的怒火真是难以言表。
>
> 内罗尼夫人坦然地望着她的脸，片刻之后转过头去，调皮地对她弟弟说道：“博蒂，你这个白痴，站起来。”
>
> 这时主教、斯洛普先生和普劳迪夫人的三个女儿已经围在了她的身边，把她华丽衣裙的碎片捡了起来。女儿们呈环形序列围在她们母亲的身后，托着衣裙碎片跟着她，一起离开了客厅，同时还尽量保持着她们的高贵姿态。普劳迪夫人必须得离开这里去重新打扮一下。
>
> 这群人刚刚席卷而过，艾赛尔波特就站了起来，假装生气地对那个胖胖的教区长说：“这说到底是你的错，先生——不是我的。不过或许你是想讨她欢心，那么我也就认了。”

如果我是新一代的朗吉努斯，正在创作《论强有力的写作或论新的崇高》，我会认为这段话若置于《巴彻斯特大教堂》的完整语境中去读，将是文学中最伟大的喜剧场景之一。特罗洛普曾在某处说过，“如果作家有力量，崇高可以与现实性的东西混合在一起”。博蒂·斯坦霍普从事过各种可能或不可能的职业，英国国教会、法律、英国和德国的大学、罗马画家、耶稣会士、耶路撒冷的犹太皈依者、卡拉拉的雕塑家等，均告失败，但仍兴致勃勃，不过他保留了一份绝对的原创性。创造出博蒂这一人物的作者此刻赋予了他的创造物最好的一个瞬间，就在这个沙发崩解事件中。把普劳迪夫人的衣裙比作花岗岩炮台简直完美无缺，因为衣裙和花岗岩包含同样的实体，均具有扩张性和敌意。三次大喊“放手，先生！”的场面四十年内无人能及，直到王尔德写出布瑞克奈尔夫人命令杰克的一幕：
“起来，先生，从这半躺的姿势直起来。”在伊夫林·沃的早期作品出现之
前，只有少数几部文学作品能配得上拥有博蒂·斯坦霍普这样的人物，王
123 尔德的描写是其中之一。不过，王尔德和沃的人物都缺少普劳迪家的女
孩们所具有的那种军事或海军式的机动灵活，“女儿们呈环形序列围在她
们母亲的身后，托着衣裙碎片跟着她，一起离开了客厅，同时还尽量保持
着她们的高贵姿态”。特罗洛普的成就比我们如今能够意识到的还要具
有原创性。自那之后有许多模仿他的人，但这种模式的喜剧灾难场面一
124 直都是属于他的。

夏洛蒂·勃朗特
（1816—1855）

勃朗特三姐妹——夏洛蒂、艾米莉·简和安妮是独特的文学艺术家，她们的著作彼此间的相似性，要大于它们与之前或之后作家作品的相似性。夏洛蒂那部引人入胜的小说《简·爱》和其他三部较为次要但也富有感染力的叙事作品——《教授》、《雪莉》和《维莱特》在三姐妹的作品中成就最为广泛，但评论家和普通读者却一致将艾米莉·简的小说《呼啸山庄》和她的几首抒情诗置于更高的地位。安妮的两部小说——《艾格尼丝·格雷》和《怀尔德菲尔府上的房客》可读性极强，不过却被《简·爱》和真正达到崇高的《呼啸山庄》比了下去。

勃朗特姐妹可以说是创造了一种相对新颖的体裁，一种北方浪漫传奇。她们的作品同时深受拜伦的诗歌和他的神话及个性的影响，但也可以追溯到哥特小说和伊丽莎白时代戏剧那些更为遥远但同样确定无疑的源头上。她们的后继者中包括托马斯·哈代和D. H. 劳伦斯，这一点虽较难说明，但的确如此。勃朗特姐妹体现了一种严苛的活力论，与写作《虹》和《恋爱中的女人》时的劳伦斯差可比拟。不过劳伦斯的道德热情使这一比较显得有点问题，因为在勃朗特姐妹的文学体系里，这种热情神奇地缺失了。

勃朗特姐妹在审美上的费解之处，与她们对拜伦的幻象转变成熟
为罗切斯特和希斯克利夫并没有太大关系，更重要的根源在于她们早年
的幻想生活及其产生的文学，在于那种生活及文学和其主人公兼先驱
乔治·戈登·拜伦勋爵之间的关系。拜伦即便在他那些罕见的最为糟 125
糕愚蠢的时刻，也没有出现过类似下面一幕的情形。这一幕选自夏洛
蒂·勃朗特的《凯瑟琳·弗农》，当时凯瑟琳正在对抗拜伦式的扎莫纳
公爵：

公爵又说了句生硬而几近粗鄙的话，直截了当表明了意图，“如果我是一个长着大胡子的土耳其人，凯瑟琳，我就把你抓到我的后宫里去”。他说这话时嗓音低沉，面色红润，又黑又大的眼睛闪烁着来自地狱的火花，这令卡罗琳·弗农感到一阵莫名的恐惧。他就是蒙特莫伦西给她描述过的那个人，他就在这儿。她立刻就认出他了。她的监护人已经走了，某种可怕的东西取得了他的位置。

1824年4月19日，拜伦死于希腊的迈索隆吉，享年三十六岁零三个月，他的死多少带有英雄主义的色彩。那时他已经为作家们设立了一种不可思议的范式，这种范式被晚年的纳尔逊·阿尔格伦称作“彻头彻尾的海明威”，如今仍被诺曼·梅勒、戈尔·维达尔以及他们的一些更为年轻的同辈所采用。拜伦勋爵死时，夏洛蒂八岁，艾米莉·简六岁，安妮四岁。拜伦死后，出现了对他的狂热崇拜，这种崇拜深刻影响了三姐妹的童年和少女时代。很明显，拜伦的那种被动—攻击式的性倾向——同时具有施虐受虐狂、同性恋、乱伦、矛盾自恋等特征——为《简·爱》和《呼啸山庄》中含混的性欲世界树立了典范。叔本华所说（并为之悲叹）的生存意志，即弗洛伊德后来定义为内驱力领域的那种东西，就是勃朗特姐妹的世界，也将成为哈代和劳伦斯的世界。勃朗特姐妹对生存意志的幻象来源于拜伦，而非叔本华，但她们为拜伦添加了新的东西，那就是新教意志本身，一种英雄主义热情，坚持自己获选，坚持自己在灵魂等级中的位置。对此，拜伦那种反转了的加尔文教派信仰只是被部分接受。

自理查逊的克拉丽莎·哈娄开始，经由奥斯丁的爱玛·伍德豪斯和范妮·普莱斯，至乔治·艾略特的多萝西娅·布鲁克和亨利·詹姆斯的伊莎贝尔·阿彻尔达到巅峰，这些都是代表新教意志的女主人公。简·爱和凯瑟琳·厄恩肖与这一壮观群体不相般配，因为她俩太过狂野，太具有拜伦风格，太富于浪漫主义盛期的特色。但是我们可以将她们与哈代的苔丝，甚至他的游苔莎·维伊，以及劳伦斯的葛珍和厄秀拉相提并论。她们对新教意志的幻象来自对弥尔顿的浪漫主义解读，不过是来自拜伦式的戏剧性再现，而非布莱克和雪莱那更辩证、更含蓄的分析，也非柯勒律治和创作《边界人》时的华兹华斯那更合乎规范的谴责。

《简·爱》

《简·爱》中的罗切斯特所具有的拜伦式特点得到了放大，因为故事是简·爱自己用第一人称讲述的，她很明显是夏洛蒂·勃朗特的代理人。正如罗切斯特所言，简不屈不挠；简也说她自己整体而言是“一个具有独立意志的自由之人”。这种意志在对罗切斯特的激情中表现得最为强烈，而这无疑是因为她对那个至关重要的先驱——拜伦——所具有的激情矛盾无比；拜伦既是一个强大女儿的文学之父，也是她性欲内驱力指向的理想化对象。对简而言，罗切斯特的初次亮相不仅与他的马和狗的兽性激情联系在一起，而且与他的初次伤残也联系在一起。当简在小说结尾处重新得到他时，他已经处在半盲半跛的状态。我不认为我们应把弗洛伊德的简约化理论应用在罗切斯特身上，说他不知怎的遭到了阉割，哪怕是象征性的。我们也不需要把他想成一个被牺牲的参孙形象，尽管作者用到了弥尔顿《力士参孙》中的典故。然而，他无疑已变得需要依赖简，而且他已经遭到驯化，具有了家庭美德和虔敬情感，我认为恐怕得把这看作是夏洛蒂·勃朗特对拜伦的报复。正如简·爱无法容忍自己在任何意义上比任何人低等一样，夏洛蒂·勃朗特也不能容许拜伦永远超越于她。她可以相当大度地承认：“我将萨克雷先生视作第一位现代大师和传播真理的合法领袖；我带着敬意研究他。”但《名利场》很难说是孕育了《简·爱》的温床，而那个和蔼文雅的萨克雷也算不上罗切斯特的原型。

夏洛蒂·勃朗特在恰当规训了罗切斯特后，原谅了他的拜伦式过往，正如她在一封信（1848年8月14日写给W. S. 威廉姆斯）里对他做出的那些评论所示：

> 罗切斯特先生体贴周到，富有同情心；他既不自私，也不骄纵；他缺少教育，误入歧途；他有过错，但他犯错是因为轻率鲁莽和缺乏经验：他像如此多的其他男人那样生活了一个时期，但由于他比大多数男人都好得多，他并不喜欢那种堕落的生活，而且从不感到快乐。他受到了严酷的教训，长了经验，学到了智慧。岁月让他变得完善；青春的泡沫消散开去，他身上真正纯良的东西得到了保留。他 127

的天性宛如葡萄佳酿，时光不能使之变味，只会让他成熟。这至少就是我试图描写的那个人物。

可怜的罗切斯特！如果这番话是一种精确的评论总结，那么谁还愿意去读这本小说？如果我发现《简·爱》的大部分文学力量都来自它地道的施虐快感，即将极具男子气概的罗切斯特再现为夏洛蒂·勃朗特对俊美的拜伦勋爵施加权力意志的牺牲品，我是不会对女性主义批评产生好感的。恕我直言，我不大同意我们最优秀的女性主义评论家桑德拉·M. 吉尔伯特和苏珊·古芭在这方面的判断：

> 看来并非主要是因为《简·爱》的粗俗和性欲……而是……它对社会形式、习俗和标准的"反基督教"式拒绝——简言之，是它那叛逆性的女性主义震惊了维多利亚时代的评论家们。烦扰他们的与其说是罗切斯特那傲慢的拜伦式性活力，不如说是简自己那拜伦式的骄傲和激情。

拜伦式的激情是一种含混的存在，在简身上呈现为一种既反噬自我，又挑衅他人的攻击性性心理，这很合乎逻辑。夏洛蒂·勃朗特以一种介于叔本华和弗洛伊德之间的方式，意识到简·爱拒绝承认有人在她之上的这种冲动正好介于心理和生理的边界上。罗切斯特是那个必须被内在化的外部领域，而简对他的心力内投并非令他毫无损伤。吉尔伯特和古芭聪明地观察到，罗切斯特广泛的性经历几乎是简唯一不能与他匹敌之处，但她们无疑也会同意，简的性想象力击败了他，至少是以含蓄的方式。毕竟，她拥有各种优势，因为是她在讲述故事，而且讲述的方式的确非常具有攻击性。在作者对其读者施加的权力意志上，很少有哪部小说能与这一部相比。"读者！"简总是大声呼喊，然后她又会兴高采烈地强迫读者接受与她相关的一切。那个受虐的读者是男人还是女人？

我倾向于赞同希尔维荷·莫诺德的判断："夏洛蒂·勃朗特喜欢威吓她的读者，因为她不信任他。……他是一个索然乏味、循规蹈矩的家伙，显然不配得到更多。"他当然不如那个邪魅的、拜伦式的罗切斯特更有资格。罗切斯特受到的惩罚远超出他应当承受的。我几乎这样认为，而且

我不妨把它说出来：夏洛蒂·勃朗特利用了男性读者们的受虐心理，因 128
为《简·爱》作为一部小说而具有的邪恶力量很大一部分依赖于作者对男性的态度，那是一种高贵的施虐倾向，很符合拜伦信徒的风格。

“但是女性读者呢？”有人可能会提出异议，他们还会说：“罗切斯特自己那种相当邪恶的力量呢？若非因为他是男的，而且有钱，他肯定不能那样行事。”但是，罗切斯特是男人吗？他难道不也具有拜伦的多重性身份所包含的那种含混？简·爱是女人吗？拜伦的唐璜是男人吗？**文学再现领域内的**性别差异，甚至比在卧室里的还要令人困惑。弗洛伊德提醒过我们，在一张床上躺着的永远不止两个人，而且还有一大群祖先。如果他所言正确，那么这在文学罗曼史中，要比在家庭罗曼史中真实得多。

确切地说，《简·爱》和《呼啸山庄》一样，不论多么具有北方特色，毕竟是一部浪漫传奇，而非小说。它的再现标准与詹姆斯一世时期的情节剧和哥特文学之间的关系，要强于它与乔治·艾略特和萨克雷的关系，与拜伦的《莱拉》和《曼弗雷德》的关系甚至强于其他任何作品。罗切斯特不是希斯克利夫；他生活在一种社会现实之中，而对于这种社会现实，希斯克利夫会是个侵入者，即便只是将社会现实当作复仇的场所。然而，在罗切斯特的身上住着魔鬼。希斯克利夫几乎就是个魔鬼，而罗切斯特也具有足够多的魔鬼特性，乃至于使得目前对《简·爱》的任何女性主义解读都很成问题。想想该书的实用主义结尾吧，简对她的婚姻幸福做出了不同寻常的叙述：

> 现在我已经结婚十年了。我知道同我在世界上最爱的人一起生活，并且完全为他生活是怎么回事。我认为自己极其幸福——幸福到言语都无法形容；因为我完全是我丈夫的生命，正如他完全是我的生命一样。没有一个女人比我更加同丈夫亲近，更加彻底地成为他的骨中骨，肉中肉。
>
> 我跟我的爱德华在一起，从来不感到厌烦；他跟我在一起也从来不感到厌烦，就像我们各人对于各自胸膛里心脏的跳动不会感到厌烦一样；因此，我们总是守在一起。对我们来说，守在一起既像孤独时一样自由自在，又像和同伴在一起时一样欢乐愉快。我相信，我们是整天谈着话。互相交谈只不过是一种比较活跃的、一种可以听

> 见的思考罢了。我全部的信任都寄托在他身上，他全部的信任也都献给了我；我们性格正好结合——结果就是完美的和谐。
>
> 我们结婚以后的头两年，罗切斯特先生的眼睛还一直是瞎的。
> 129 也许正因为这种情况，我们才如此亲近——才如此紧密地结合在一起！因为在那个时候，我是他的视力，正像我还是他的右手一样。说实在的，我是他的瞳人，他是这么叫我的。他通过我看见大自然——看见书；我代他凝视，用语言传达田野、树木、城镇、河流、云朵、阳光——我们面前景色和周围天气的效果；我用声音使他的耳朵得到了光线不能使他的眼睛得到的印象，对于这些我从来不会感到厌烦。我念书给他听，带他到他想去的地方，替他做他想做的事，对于这些，我也从来不感到厌烦。在我的效劳中有一种虽然悲哀却是最充分、最强烈的乐趣——因为他要求我为他做事的时候并不带着令人痛苦的害羞或者令人扫兴的屈辱。他如此真心地爱着我，他并没有感到不愿意从我的侍候中得益；他觉得我如此深情地爱着他，侍候他就是满足我自己最甜蜜的希望。①

我们该如何看待夏洛蒂·勃朗特对《创世记》2:23的费力直译，即她那令人惊讶的语句——“更加彻底地成为他的骨中骨，肉中肉”？**那**就是女性主义吗？“在我的效劳中有一种虽然悲哀却是最充分、最强烈的乐趣”，到底是什么乐趣呢？在《别了，安格瑞亚》（那是她早期的幻想世界）中，夏洛蒂·勃朗特声称“头脑将不再兴奋，现在要转向一个更为冷静的区域”。或许她在《雪莉》或《维莱特》中找到了那个更为冷静的区域，但幸运的是，在《简·爱》中尚未发现。在简和罗切斯特，抑或夏洛特·勃朗特和乔治·戈登·拜伦勋爵的罗曼史里，我们仍身处安格瑞亚，“那个我们逗留了太久的炙热之地——它的天空在燃烧——夕阳的光辉
130 总是照射其上”。

① 本书中*Jane Eyre*的译文均出自夏洛蒂·勃朗特著，祝庆英译：《简·爱》，上海，上海译文出版社，1980年。

艾米莉·勃朗特
（1818—1848）

《呼啸山庄》

《呼啸山庄》就如《白鲸》一般别致独特，而且它和梅尔维尔的那部杰作一样，突破了所有的题材限制。一如勃朗特家另外两姐妹的作品，《呼啸山庄》也源自一个非常年轻的女人的幻想写作，即构成艾米莉·勃朗特的冈德尔岛[1]英雄传奇或组诗的那些诗歌。这些诗歌中尽管有不少真挚感人之作，它们只是将拜伦式的常见意象串连在一起。其中有几首极具感染力，堪比《呼啸山庄》之崇高，例如这首写于1846年1月2日的著名抒情诗：

我的灵魂不是懦夫
　迎着人世的风暴岿然挺立
我看见天国的荣辉射出
　信仰之光同样助我毫无惧意

哦，上帝永驻我心
　万能长在的神光
安然居于我身生命
　而我，不朽的生命，从你汲取力量

世间教条千万种
　徒然蛊惑人心
宛若衰草一无所用

① 冈德尔岛（Gondal），艾米莉与安妮臆造的一个岛屿，位于南太平洋。

　　亦如碎沫闲浮于瀚海无垠

不过无法动我信念
131 　　你之无限令我笃定
我心宛如磐石弥坚
　　根基深深扎于永生

你以慈爱包容一切
　　灵魂激励万年永续
高高在上，泽被世界
　　改变、维系、消解、创造和养育

即便地球月亮消失
　　星辰宇宙亦不复存
只剩下你茕茕孑立
　　万物也会长存你身

死神没有立锥之地
　　一粒原子也取不走
因为你即存在和呼吸
　　你的一切永恒不朽。

我们很难想象凯瑟琳·厄恩肖吟咏这些诗句，更别说希斯克利夫了。这是艾米莉·简·勃朗特在心中与上帝说话的声音，这个上帝与帕特里克·勃朗特牧师崇拜的那个上帝毫无共同之处。尽管这首诗回响着新教精神，我却并未听到与拜伦那反转的弥尔顿风格有任何差异之处。在我看来，《呼啸山庄》是对拜伦《曼弗雷德》的一个成功修订。这种修订将艾米莉·勃朗特带向类似布莱克或爱默生所拥有的那种诗性信念，我称之为独创性真知，它与古代诺斯替教信仰的某些方面相似（其他方面并不像），但并非真的源自诺斯替教的文本。“我的灵魂不是懦夫”，这一句也来自一种独创性真知，因为诗人知道，和她那更具实体性的灵魂（psyche）

相比，她的元气（pneuma）并不属于这个被创造出来的世界，因为这个世界在被创造的同时就已经堕落了。事实上在《呼啸山庄》里，创造——不论是高地还是山谷——以古代诺斯替教称作虚己亏空（kenoma）的东西出现，那是一种宇宙论意义上的虚空，**我们被掷于其中**。这是凯瑟琳·厄恩肖为自己创造的一个转义。维多利亚时代有个更为公开的诺斯替教信徒，叫作但丁·加布里埃尔·罗塞蒂[①]，他对《呼啸山庄》的背景做出过最好的（虽然是反女权的）评论。他说他非常钦佩该书的“力量和酣畅的风格”：

> 这是书中之魔鬼，一个不可思议的怪物，结合了自勃朗宁夫人 132
> 至布朗里格夫人所有强烈的女性倾向。情节被设置在地狱中——只不过那里的地点和人物拥有英国式的名字罢了。

布朗里格夫人是18世纪一个臭名昭著的接生婆，具有施虐和谋杀倾向。罗塞蒂相当恶毒地指责《呼啸山庄》极具女性施虐性质。这本书展示的暴力的确令人吃惊，但并无不当，而且对罗塞蒂及其密友，即那个更具施虐受虐倾向的斯温伯恩[②]有着隐秘的吸引力。希斯克利夫和凯瑟琳之间关系的精神动力当然远远超出了快乐原则的领域。希斯克利夫是凯瑟琳的鞭子，是满足她最深度幻想的办法，吉尔伯特和古芭可能过多地强调了这一点，但这一暗示原本就是艾米莉·勃朗特的，之后才被她这两个最棒的女性主义评论家充分发挥。

沃尔特·佩特说过，“浪漫主义的”一词的严格用法并不适用于沃尔特·司各特爵士，他认为：

> 更晚些时候，在约克郡的一个乡村里，浪漫主义精神在一个年轻姑娘的作品里结出了真正地道的果实。她就是艾米莉·勃朗特，写出了《呼啸山庄》这部浪漫传奇；哈雷顿·厄恩肖、凯瑟琳·林顿和希斯克利夫——扒开凯瑟琳的坟墓，拆去她棺材的一侧木板，那样他死时就可以真正躺在她的身边了——这些人物太有激情了，不过却与故事的背景交融在一起，即那片精致美丽的高沼地景色，那正是

① 但丁·加百利·罗塞蒂（Dante Gabriel Rossetti，1828—1882），英国画家兼诗人。

② 阿尔加侬·查尔斯·斯温伯恩（Algernon Charles Swinburne，1837—1909），英国诗人兼评论家。

浪漫主义精神的典型范例。

我总是感到奇怪，为何佩特会在哈雷顿和小凯瑟琳的身上找到比凯瑟琳·厄恩肖更多的浪漫主义精神，但我现在认为佩特隐含的判断带有他特有的精明。大凯瑟琳是书中的问题人物；她独自属于两种再现秩序：社会现实的秩序和他者（即浪漫主义崇高）的秩序。在她和林顿兄妹，即埃德加和伊莎贝拉死后，我们完全处在希斯克利夫最后半年生命的世界里，而正是在这个世界里，哈雷顿和小凯瑟琳被呈现给我们。正如希斯克利夫隐约感觉到的那样，他们真正继承了希斯克利夫和大凯瑟琳本能够拥有的任何可能的社会关系。

艾米莉·勃朗特在二十八岁时完成了《呼啸山庄》，三十岁生日过后不到半年就去世了。就连这个家庭的幸存者夏洛蒂，死时也不满三十九岁。《呼啸山庄》的世界反映了勃朗特家的现实：大凯瑟琳死时十八岁，
133 欣德利二十七岁，希斯克利夫的儿子林顿十七岁，伊莎贝拉三十一岁，埃德加三十九岁，希斯克利夫三十七或三十八岁。在那个世界里，你会很早结婚，因为你不会活很长。欣德利二十岁时和弗朗西丝结婚，而凯瑟琳·厄恩肖十七岁时嫁给了二十一岁的埃德加·林顿。希斯克利夫在与可怜的伊莎贝拉缔结他那地狱般的婚姻时是十九岁，而伊莎贝拉当时只有十八岁。唯一幸福的一对恋人，哈雷顿和小凯瑟琳在结婚时分别为二十四岁和十八岁。这两种模式——早婚和早逝——均完全符合盛期浪漫主义的特点，是雪莱和拜伦的遗产。雪莱二十九岁去世，拜伦则在三十六岁时为了希腊独立事业而献身。

在《呼啸山庄》中，冈德尔岛英雄传奇的激情几乎没有减弱，也不会被减弱；艾米莉·勃朗特的宗教本质上是性爱宗教，而她对成功性爱的幻想与死亡混合在一起，以至于除了死亡，我们无法想象希斯克利夫和凯瑟琳·厄恩肖之间的爱还能有其他方式臻至圆满。因此，我发现很难接受吉尔伯特和古芭的解读，她们认为《呼啸山庄》是对《失乐园》的一种浪漫主义女权批评，类似于玛丽·雪莱的《弗兰肯斯坦》。艾米莉·勃朗特对反驳或支持弥尔顿均无兴趣。吉尔伯特和古芭在《呼啸山庄》里发现的与《失乐园》相对立的东西，其实直接来源于拜伦的《曼弗雷德》，而《曼弗雷德》无疑是对《失乐园》的浪漫主义批评。《呼啸山庄》就是转换

成非韵文浪漫传奇的《曼弗雷德》，而希斯克利夫要比夏洛蒂·勃朗特的罗切斯特更像曼弗雷德、莱拉和拜伦自己。

拜伦式的乱伦——曼弗雷德和阿斯塔特所犯之罪，在艾米莉·勃朗特看来并非犯罪，因为希斯克利夫和凯瑟琳·厄恩肖要比欣德利和凯瑟琳更像兄妹。凡是颠覆道德——天主教教义和加尔文主义的一种奇怪的混合物——的东西，拜伦都喜欢，艾米莉·勃朗特则表示拒绝，因此《呼啸山庄》成了对《曼弗雷德》的批评，不过却很难算是从传统女性主义的视角进行的批评。《呼啸山庄》里释放出的狂暴能量正是诺斯替教式的；其目的在于返回最初的深渊，回到创世—堕落之前。就像布莱克一样，艾米莉·勃朗特将她的想象力等同于创世之前的深渊，而她的元气等同于异乡上帝，对立于信经里的上帝。凯瑟琳·厄恩肖英雄主义式的言辞超越了所有意识形态，所有纯粹的社会规范，甚至超越了对于正义或更好生活的梦想，因为它不在这个宇宙——“这座破碎不堪的牢狱”之内：

> “哦，你瞧，内利！他都不肯发一下慈悲，让我别进坟墓！人家
> 就是**这样**爱我的！咳，没关系！这不是**我**的希斯克利夫。我还要爱 134
> 我的希斯克利夫，并且要带上他，他就在我的灵魂里。而且，”她若有所思地接着说，“不管怎么说，最使我厌烦的，还是这座破碎不堪的牢狱。我给关在这里关腻了。我渴望逃到那极乐世界里，永远待在那里；不是泪眼模糊地看着它，不是隔着疼痛的心窝的周壁渴求着它；而是真正到达那里、身在其中。内利，你认为你比我强，比我幸运，又结实又有劲。你为我难过——这很快就会改变的。我要为**你们**难过。我要超过你们所有的人，让你们哪一个也比不上。我感到**奇怪**，他怎么会不肯接近我！”她自言自语地接着说道。“我还以为他想接近我。希斯克利夫，亲爱的！你现在不该绷着脸。到我这儿来，希斯克利夫。”①

无论我们把凯瑟琳和希斯克利夫相互之间的激情叫作什么，它并没有社会维度，既不寻求也不需要社会认可。在所有的文学作品里，再也找

---

① 本书中*Wuthering Heights*的译文均出自艾米莉·勃朗特著，孙致礼译：《呼啸山庄》，广州，花城出版社，1998年。

不到比这更激烈的对浪漫主义爱情的再现了。然而对于凯瑟琳和希斯克利夫之间的关系,“爱情”似乎并不是个合适的词。在他们的关系里不存在移情因素,我们也不能把牵扯其中的情感称作自恋性的或依附性的。如果弗洛伊德理论不适用于此,那么柏拉图的理论也不行。凯瑟琳和希斯克利夫这两个非凡的活力论者并不在对方身上渴求对方没有的东西,也不依赖对方,甚至也没有在对方身上找到并提升他们的自我。他们**就是**彼此,这既不正常,也不可能,而且也不支持任何有关解放的学说。只有那种最为极端的诺斯替主义能够容纳他们,因为和诺斯替教人士一样,凯瑟琳和希斯克利夫只能一起进入“圆满”[①],而这大概就发生在希斯克利夫绝食自戕之后。

布莱克曾向我们许诺过地狱圣经;艾米莉·勃朗特似乎既蔑视天堂,也蔑视地狱。在她最好的诗歌里(我们没有这些诗歌的手稿,但它们绝不可能是出自夏洛蒂之手),除了她自己天生的“原初情感”外,她拒绝所有的情感,而且她也拒绝所有的世界,除了与这些原初情感协调一致的地球幻象:

频受诘难,仍不断归复
  我与生俱来的原初情感,
对财富和学识的忙碌追逐
  为浮生闲梦,留于一边:

今日,我将不再找寻那片阴暗之境,
135 它那无垠的广袤惹人生厌;
影影憧憧,幻象频生,
  把那虚幻世界带至近前。

我将前行,却不追随古代英雄的影踪,
  不走高尚道德的路子,
不会淹没在依稀可辨的张张面孔之中,

① 圆满(pleroma),古代诺斯替教术语,指太阳光所能照耀的世界,充满了旺盛的生命能量。

那些皆是漫长历史的荫蔽形式。

我将漫步走向天性指引之处，
若是更换向导，我将无比烦恼：
去向那有灰色羊群吃草的多蕨山谷；
去向那荒野之风吹拂而过的山腰。

那些孤独的山峰有何价值？
它们的荣耀和忧伤，我难以尽述：
只是唤醒一人心灵的土地
亦可凝聚天堂和地狱。

不论是什么样的凝聚，那都是纯粹个人性的，而且超越了性别，恰如超越了教条或“高尚道德”。那是凯瑟琳·厄恩肖的声音，她正在庆祝她从天堂之梦里醒来：

“我只是想说，天堂不像是我的家。我哭得很伤心，闹着要回到人间。天使们一怒之下，把我扔下来了，落到荒野中间，呼啸山庄的屋顶上，我高兴得哭醒了。” 136

乔治·艾略特

（1819—1880）

即便将有关轮廓的派生含义考虑在内，形式指的也就是我们将一个物体与另一物体区分开来的那种标准——即一种界限，其根据部分在于物体的内在关系或构成，部分在于其他物体对它施加的外在作用。不论该物体是一块岩石或是一个人，都是如此……

乔治·艾略特，《关于艺术中形式的笔记》

在我们的时代里，是弗洛伊德教会了我们苏格拉底之前的古希腊哲学家们所教的东西：性格决定命运。乔治·艾略特比弗洛伊德早了一代，她把这个不幸的真理教给了与她同时代的人们。如果性格决定命运，那么在一种严酷的意义上，就不可能存在偶然事件。性格被认为要比个性稳定。不论任何人，如果他说个性决定命运，我们都会蔑视他。个性包容偶然；性格则承受命运。如果我们在伟大的小说家中找寻主要的个性，会发现许多竞争对手：巴尔扎克、托尔斯泰、狄更斯、亨利·詹姆斯，乃至谜一般的康拉德。但人们公认，乔治·艾略特是道德品格的伟大典范。她具有一种几近独一无二的精神权威，英国评论家沃尔特·艾伦在大约二十年前曾对此做过最好的描述：

就某些东西而言，乔治·艾略特是这个世界上的第一位小说家，那些东西出现在她对生活的道德诠释范畴之内。尽管受到限制，这一范畴绝不狭隘；她也从未忘记过伴随道德生活而来的困难和包
137 含其中的复杂之处。

乔治·艾略特的独特天赋在于，她通过废除审美愉悦和道德克制之间的分界来戏剧性地表现她对生活的诠释。她的这种天赋几乎是

独一无二的，尽管她属于一种移置的新教主义传统，该传统包括塞缪尔·理查逊的《克拉丽莎》和华兹华斯的诗歌。理查逊的女主人公克拉丽莎·哈娄和华兹华斯的最好诗篇都适用于一种补偿性公式：经验上的损失可以转化成想象力上的收获。艾略特的想象力虽然继承自具有华兹华斯风格的前辈们，而且克拉丽莎·哈娄在许多方面都是《米德尔马契》中多萝西娅·布鲁克的真正先驱，但艾略特的想象力太过严肃，难以接受这一补偿公式。艾略特小说中的克制之美并非来自对损失的转换，而是来自一种绝不依赖交换或获取的力量。艾略特呈现给我们一个可被称作道德崇高的难解之谜。在她同时代的人看来，这并不是难题。F. W. H. 梅耶斯曾就艾略特1873年对剑桥的访问写过一篇著名的评论。梅耶斯现在以“心理研究者”（这是一个很妙的隐喻，很奇怪，我们用以称呼那些研究怪人的人）和L. H. 梅耶斯的父亲而为人所知，L. H. 梅耶斯是小说《近与远》的作者。在这篇评论里，老梅耶斯写道：

> 我记得在剑桥时，那是一个多雨的五月，我有一次傍晚时和她一起走在三一学院的研究员花园里；她有些反常，躁动不安。她用三个常被用来激励人们的词当作谈话的题目——上帝、不朽、责任。她无比真挚地宣称，第一个词有多么不可思议，第二个多么难以置信，但第三个却是多么不容置辩，多么绝对。或许从没有人用比这更为严厉的语调来肯定非人格的、没有回报的天道所具有的无上权威。我倾听着，夜色降临；她那严肃庄重的面庞转向我，就像幽暗之中的女巫之脸；似乎她从我的手中一卷接一卷地抽走了两卷承诺卷轴，只留给我第三卷，让我满怀敬畏地面对不可避免的命运。我们最终停了下来，站在那片列柱式的树林里，在没有星星的天空的最后一点微光下分手。就像凝望耶路撒冷的提图斯一样，我似乎在凝视空空的座位和墙壁——望着一个没有神灵的神殿和没有上帝的天堂。

不论这段话如今听起来是什么感觉，梅耶斯其实并无讽刺之意。作为掌握“没有回报的天道”的女巫，艾略特加入了19世纪那些严厉的非

138 韵文先知的行列：英国的卡莱尔、罗斯金、纽曼和阿诺德；美国的爱默生；欧洲大陆的叔本华、尼采、克尔凯郭尔，最后是弗洛伊德。然而那九个人没写过小说，尽管他们也算是一类讲故事者。艾略特最深厚的渊源并不在狄更斯、萨克雷和特罗洛普那里，但她在形式方面的成就要求我们像读那些小说家一样去读她。这就造成了困难，因为艾略特并不是一个伟大的文体家，而且比起叙事传统，她更深地沉溺于哲学传统之中。不过，她在作者旁白问题上频繁流露出的笨拙和在故事讲述方面表现出的犹疑根本无关紧要。她完全缺乏任何喜剧感，对此我们甚至并不感到遗憾，因为无论如何这种缺乏从未对她造成过伤害。华兹华斯在其最优秀的作品，例如在《决心与自立》一诗中，也可以无意之间表现得很滑稽（这激发了刘易斯·卡罗尔的《白骑士歌谣》和爱德华·利尔的《我叔叔阿利生活纪事》，两首诗都对华兹华斯诗中捞水蛭的人和以自我为中心的诗人进行了绝妙的戏仿）。但我没见过对乔治·艾略特有令人印象深刻的戏仿，而且我也怀疑能否写得出来。我们拥有强烈的需要，不仅要去决定做正确的行为，而且需要抗拒快乐，抗拒我们认为是自私的东西，主动去渴望正确的行为。在此问题上如果表现得诙谐风趣，通常是不明智的。就和弗洛伊德一样，艾略特基本上是个命里注定的道德主义者，她在精确地描绘文化带给我们的困扰，无情地估量灵魂内部战争的经济学。

* * *

乔治·艾略特并不在伟大的书信作家之列。她的信件很重要，因为它们是她的信件，在某种意义上的确讲述了她自己的部分故事，但它们并不适合连续阅读。在19世纪重要文学人物书信写作的等级排列上，济慈位列第一，沃尔特·佩特排在最后（佩特式的散文风格从来都没有在他的信件中表现出来），艾略特则恰在正中间。她在书信中总是我行我素，或许太过我行我素了，但那个呈现出来的自我粗鲁、诚实、不可思议地激励人心。在我看来，艾略特让我们当代的女性主义评论家感到有点不自在。下面是她写给约翰·莫雷的一封信（1867年5月14日），她在其中表达了对授予女性选举权问题的看法：

> 谢谢你的善意问候。你在女性选举权问题上的态度似乎与我
> 非常接近。如果我必须对此事有所行动的话，我肯定不会反对任何
> 做出如下合理承诺的计划，即主张在教育和自由发展的可能性方面，
> 尽可能地给予两性同等的有利条件。我担心你可能误解了我那天傍 139
> 晚所说的关于天性的某些话。我从不主张“自然意图”的论点，它对
> 我而言是一个可悲的谬论。在我看来，女人在存在方面拥有最糟糕
> 的条件，我只是将这作为一种纯粹的动物学进化事实来看。但正是
> 由于这个原因，我更坚信在道德进化上，我们拥有“一种确能弥补天
> 性的艺术”——一种“本身就是天性”的艺术。那就是在最宏大意
> 义上的爱的功能，它可以减轻所有灾难的严酷性。在充分承认女性
> 拥有最糟糕的天性条件的前提下，我认为要求女人表现出更为崇高
> 的顺从，以及要求男人具有更具呵护能力的温柔，都是合理的。
>
> 不过，我要重申一下，我并不十分信任我自己对此话题的感想。我自己的命运很独特，这可能赋予了我一些特质，而不是一种普通判断力。就此问题上我比较坚持的一点就是，通过所有的变革，我们正朝之努力的那个目标是一种更为清晰可辨的功能差异（总是要把例外的个体组织考虑在内），几乎可以达到对女人和男人同等有利，正如通过增进道德力量来减轻严苛的非道德外在条件的压力所能达到的效果一样。在一封匆忙写就的短信里探讨如此深刻的问题，似乎有些过分，或许还有些浅薄，但的确很难抗拒这样的欲望，即想用一点儿不完美的文字来补救一次不完美的谈话。

这是对生命形式和艺术形式的强烈坚持，是对我们据以区分物体的那种差异限制的强烈坚持。我曾听到过女性主义评论家们谴责这一观点，称之为失败主义，尽管艾略特谈论的是“纯粹的动物学进化”，它造成每个女人“在存在方面拥有最糟糕的条件”。在那个时代里，“女人表现出更为崇高的顺从”，这并不完全是一种流行的目标，但艾略特从不会肤浅地谈论崇高，她向来都带有对人类损失的清醒认识。当她称赞罗斯金为教师，说他“具有希伯来先知的灵感”时，她同时也认为他“接近于华兹华斯身上的最崇高之处”。之所以有这一论断，其根源显然在于罗斯金对主导崇高经验的那种缺失感的转义源自华兹华斯。艾略特提醒我们，

身为女人承受的艰辛不论如何被社会改革所减缓，仍会一直存在，因为我们无法修补天性及其不公正之处。她引用莎士比亚的话，即“确能弥补天性的艺术”“本身就是天性的艺术”（《冬天的故事》，第四幕，第四场，88—96），表达了对两性之爱的道德进化所怀有的审慎希冀，从而巧妙地修正了莎士比亚。这封给莫雷的信充斥着一种刺耳的悲鸣，但那绝不是
140 失败主义的情绪。或许艾略特应该说“顺从的崇高”，而不是“崇高的顺从”，但她的艺术和生命证明，对《米德尔马契》的作者进行任何当代女性主义式的贬抑都是错误的。《米德尔马契》的作者和简·奥斯丁及艾米莉·狄金森一起，同为最强大的女性英语作家。

《丹尼尔·德隆达》

艾略特所写的七部小说在她有生之年都火爆流行。今天人们公认《弗洛斯河上的磨坊》（1860）和《米德尔马契》（1871—1872）比一个多世纪前还要具有活力。《亚当·比德》（1859）受人尊重，但不再广为人阅读或研究，而《罗慕拉》（1862—1863）理所当然已被人遗忘。《激进者费力克斯·霍尔特》（1866）仍吸引了当代评论界的一些兴趣，但也可能比不上《亚当·比德》。《织工马南》（1861）仍带给人一种非凡的阅读体验，而且很可能多数评论家低估了它的价值。我在几十年后再次阅读这本书，在其貌似宁静的田园风格之下发现了一种令人惊异的神话力量。艾略特的问题小说当然是《丹尼尔·德隆达》（1876）。这部小说在读者中引起了分歧，并且继续令他们感到困惑。利维斯博士和其他一些人提出了一个激进的解决办法，即从该书中提取一部新的小说，《格温多琳·哈勒斯》，从而可以为艾略特实现一种不逊于简·奥斯丁的《爱玛》或《劝导》的成就。在此重大操作中，男主人公丹尼尔·德隆达本人将遭到完全摈弃，原因主要在于他那无休无止的高贵姿态令人厌烦。德隆达是个崭露头角的犹太复国主义者领导人，他身上十分之九是个道学先生，只有十分之一是个充满激情的理想主义者。他并非男性版的多萝西娅·布鲁克，他与格温多琳·哈勒斯的那些场景一成不变地显示了这一点。格温多琳跃然纸上；他却缺乏个性，要不就是太有性格，以致淹没其中，在有几处显得矫揉造作。

然而，正如许多评论家坚持认为的那样，德隆达并不是可以轻易摈弃的，因为非凡的格温多琳爱他，而这是非常可信的，甚至那位更为非凡的乔治·艾略特也爱他。《米德尔马契》中的威尔·拉迪斯拉夫是艾略特以她的事实婚姻丈夫乔治·亨利·刘易斯为原型塑造的人物，这一人物并不能使我们相信他是一个完全合适的伴侣，不论是对乔治·艾略特，还是对多萝西娅·布鲁克来说，均是如此。德隆达有时让我觉得他就是个犹太版的卡斯彭·古德沃德，正如格温多琳看起来介于伊丽莎白·班内特和伊莎贝尔·阿彻尔之间一样。亨利·詹姆斯有篇模棱两可的文章，题为《丹尼尔·德隆达：一场谈话》。他在“狄奥多拉”的部分给予了德隆达积极的评价，在“普奇利亚”中做出的是相当辛辣的负面评价，而在“君士坦提乌斯”中则英明地给出了平衡两者的含混评价： 141

狄奥多拉 他给格温多琳的建议，他对她说的话，这些都是智慧的精华，令人激动的人类智慧的精华，了解生活，并且感受生活。“把你的恐惧当作预防措施，它可以热情地将后果呈现在你面前。”还有什么比这更棒的？

普奇利亚 没有东西比这更棒，也许吧。但是什么会比这样的一部小说更沉闷呢？其中主人公——年轻、英俊、才华横溢——的功能就是以谚语的形式，向年轻、美丽、才华横溢的女主人公提供说教性的建议？

君士坦提乌斯 这话并不十分公正。德隆达的功能是让格温多琳爱上他……

君士坦提乌斯又相当刻薄地加了一句：“可怜的格温多琳与德隆达坠入爱河，那是她自己不幸历史的一部分，而不是他的。”此处所隐含的对德隆达的看法与罗伯特·路易斯·史蒂文森[①]的相差不远，在后者看来，德隆达这个爱幻想的犹太复国主义者是“道学先生之王”。我们也必须考虑到乔治·艾略特本人对所有这些观点的驳斥，她不接受“那些读者

① 罗伯特·路易斯·史蒂文森(Robert Louis Stevenson, 1850—1894)，苏格兰作家、音乐家，代表作有长篇小说《金银岛》(*Treasure Island*, 1883)等。

的赞美，他们把这本书撕成碎片，除了格温多琳，不去讨论其中的任何东西。我的用意是，这本书里的所有东西都同里面所有其他东西相关”。我们可以通过小说的一个重大瞬间检测这一相关性，当时格温多琳被迫认可一种拒绝，而这种拒绝是我们无法合理期待她能够理解的：

> 这是一种此刻正在格温多琳小小的生命里开始展开的危机：她第一次感觉到一种巨大的神秘运动产生的压力，第一次被从她自己的世界里至高无上的位置上给扯了下来，并且意识到她的视域只不过是某种存在在慢慢向前浸透，而她自己的存在就围绕其在运转。她在婚姻中和守寡后遇到的所有麻烦给她留下的依然是那种自小就伴随她的固有印象，即不论围绕她的是什么，不知怎的都是专门为了她才存在的，而正是因为此，她心中没有被激起任何和德隆达相关的个人的嫉妒之情：她无法自动地这么去想，即相比属于她自己，他更合理地属于他人。但这时她遭到一种比个人嫉妒更深重的打击——某种精神性的、
> 142 模糊巨大的东西将她推至一旁，但又把所有的愤怒压制成为自我羞辱。

或许这就是艾略特最伟大的力量：展示唯我论向着崇高的孤独造成的恐怖逐渐消融的过程，这个过程作为一种自然而然的运动并无不光彩之处。格温多琳失去的毕竟不只是她潜在的恋人，还有她的实质性超我，尽管那是一种与弗洛伊德的范式非常不同的超我。弗洛伊德式的超我要求不幸的自我放弃它的攻击倾向，然后继续因自我仍然太过具有攻击性而折磨自我。但是德隆达是最严肃、最有教养的良心，[①]或许因为他不可思议地将自己被掩盖的出身与格温多琳那未得到发展的自我联系了起来。这正是马丁·普莱斯在《生命的形式》中做出的敏锐猜测，该书是对“小说中性格和道德想象”的研究。普莱斯把格温多琳解读为这样一个人物，即她对自己意志的空洞力量感到恐惧，因自己的意志可能将她送往的那种潜在的孤独境地而感到压抑。具有讽刺意味的是，对于崇高的恐惧在具有施虐倾向的格兰库特那里遭到了终结。格兰库特娶了格温多琳，他们的婚姻是所有错配婚姻中最可怕的，甚至在艾略特的作品里也是如

① 此处的“良心”(conscience)是一个弗洛伊德用语，指超我向自我传达命令的部分。

此。格温多琳的力量受到了阻滞，她的意志被挫败，她似乎被宣告将永远处于活死人的状态，直到乔治·艾略特利用她典型的溺亡情节拯救了女主人公，从而把格温多琳从错误中解脱出来，但这么一来却使读者失去了那个绝妙的憎恶对象格兰库特，他是艾略特笔下最出色的负面形象之一。

艾略特很高明，她从不安静地明确解释格温多琳身上到底什么东西吸引了德隆达。抛开荒谬的高尚情操不提，似乎的确是因为德隆达需要这位女士那良好发展的自我意识，正如普莱斯暗示的那样。德隆达自己是个低能儿，他需要上演关于营救—幻想的戏剧，格温多琳在剧中扮演缺席母亲的角色。如果这过于接近弗洛伊德的文章《家庭罗曼史》，太过远离艾略特的故事，那么我们应当回想一下《米德尔马契》中多萝西娅·布鲁克和利德盖特的渴望，以及艾略特本人毕生对“营救”卓越的男性知识分子的渴望。对于一个未来的犹太复国主义促进者来说，在迷人的格温多琳身上灌输一种道德良心似乎是种奇怪的训练，但在艾略特的宇宙里，如果有人决心成为先知，为自己的人民带来道德重生的话，这或许是种不可避免的入门程式。

普莱斯对格温多琳进行了总结，把她与《远大前程》中的艾斯黛拉和《理智与情感》中的玛丽安·达什伍德联系在一起。格温多琳甚至比艾斯黛拉和玛丽安·达什伍德还要迷人、坚强，但正如她们一样，她也必须在广度和强度上受到减损，以便成为一个更好的人，或者可能只是成为一个不完美的唯我论者。普莱斯计算并接受了将崇高赋予**道德**能量而需付出的代价，此时他相当具有艾略特的风格：“当一个人缩减为一种道德存在时，他要承担在维度上的损失；但那也是自我从眼花缭乱的武断和冲动中浮现的过程，常常提供了一种令人敬畏的替代品。”读者心中会有某 143
种东西，某种并不一定邪恶的东西，想要表示抗议，想要质问艾略特：“难道总是必须在维度上有所损失吗？一个人必须**缩减**为一种道德存在吗？”

* * *

艾略特的信件从理论角度给出了一种答案（与《丹尼尔·德隆达》的主旨相一致，从实用角度来看却又非常不同），因为她即便在华丽地提升作为一种道德存在的自我之时，她自身的维度很明显仍在增加。不论她的信件作为叙事缺乏什么，或者它们缺乏罗斯金式的疯狂，即便如此，它们都在不断教导我们要直面自己的道德逃避和自我醒悟。下面是她1876年10月29日写给哈丽叶特·比彻·斯托夫人的信,此处她充满了力量:

> 至于"德隆达"里的犹太因素,我在写作时自始至终都期待它会招致比后来实际遇到的更强烈的抵制,乃至憎恶。但正是因为我感到基督徒们对犹太人的态度通常是——当我考虑他们所公开声称的原则时,我几乎不知道该说他们是更不虔诚,还是更加愚蠢呢?所以我感到必须在我的天性和知识所能允许的范围内,以同情和理解之心去对待犹太人。再者,不仅是面对犹太人,而且面对我们英国人接触到的所有东方民族时,都能在我们身上看到一种傲慢和专横的情绪,这已然成为我们的民族耻辱。如若可能,应当激发男人和女人的想象力,使他们能认识到,那些具有完全不同风俗和信仰的种族也拥有人类的权利。对我而言,再没有比这更需要我努力去做的事情了。不过,我们在基督教传统里长大的西方人欠希伯来人一份特殊的情,而且不论我们承认与否,我们在宗教和道德感情上都与他们有着特殊的亲近感。听那些所谓"有学识"的人拿吃火腿开些小玩笑,展示他们对自己的社会和宗教生活与犹太民族历史之间关系的无知,还有什么比这更令人恶心的吗?他们认为侮辱犹太人让他们显得很风趣。他们不知道耶稣基督是犹太人。我发现上过拉格比公学的人以为耶稣基督讲希腊语。对那段造就了我们的半个世界的历史表现出麻木不仁,对任何没有包裹在和我们同样的燕尾服与荷叶边中的生活形式都提不起兴趣,这在我看来几乎是最恶劣的一种不敬宗教的行为。最好听的说法是,这是智识狭隘的标志;用简单的英
> 144 语说,就是愚蠢,而这仍然是我们文化的平均水平。
>
> 是的,我期待更多的嫌恶,比我发现的还要多……我以《马加比书》作者的话来概括自己:"若我做得好,符合主题,那就如我所愿,但若做得不好,那是我力所能及"……

面对这种热切的道德力量,评论家完全被解除了武装。只是抱怨德隆达是"道学先生之王",或者哀叹格温多琳的想象力和人性魅力应得到

更好的对待，而不是遭到减损，以实现道德一致性，这显然是不够的。《马加比书》的作者缺乏灵感，艾略特用他的话来概括自己，未免太过谦虚。她与《约伯记》的作者以及托尔斯泰同属一类。《丹尼尔·德隆达》可能是比《弗洛斯河上的磨坊》或《米德尔马契》更为费解的作品，但它承载着它们的道德权威，包括《圣经》式的权威和托尔斯泰式的权威。艾略特之后，尚未有人达到过她那种独特且无比珍贵的道德和审美综合体的高度，或许再也不会有人能够达到。

《弗洛斯河上的磨坊》

《弗洛斯河上的磨坊》(1860) 是乔治·艾略特在《米德尔马契》(1871—1872) 之前最具感染力的成就，而且不论按照何种标准，如今都依然是一部极其重要的小说。在小说的结尾，女主人公玛姬·杜利弗和她挚爱的哥哥汤姆淹死在弗洛斯河的洪水中。这个差强人意的结尾早些年曾令我感到烦恼，如今重读这部小说，更是加重了这一印象。但这似乎是该书唯一的真正缺陷。该书是最重要的英语自传小说之一，可与狄更斯的《大卫·科波菲尔》相媲美，并预示了劳伦斯《儿子与情人》的出现。《弗洛斯河上的磨坊》的光辉几乎完全在于艾略特通过玛姬这个人物，对她自己早年的人生阶段进行描绘。玛姬是个具有深切同情心的人物，她的死令多数读者感到不满。玛姬溺亡的结局并不具有悲剧必然性，我并不相信文学批评有能力解释艾略特为什么会犯如此严重的错误，尽管最近女性主义评论家们试图纠正艾略特的某些视角。在我看来，对乔治·艾略特进行道德批评并不怎么管用，因为这些评论家不论是何性别，或者具有何种意识形态观点，他们胆敢与之进行辩论的对手，是英国小说史上最令人敬畏和最具想象力的道德主义者。

我自己只能猜测一下，艾略特为何决定让充满人性、光彩照人的玛姬溺亡，从而摧毁她的早期自我。那肯定不是因为小说家无法为她的替代性自我设想一种生命形式。玛姬打动了我们，主要是因为她热切期盼拥有更丰富的生命，期盼与自己、他人、世界建立一种崇高的关系。F. R. 利 145
维斯博士使用一种定义不明的“成熟”作为批评标准，认为玛姬不够成熟，缺乏自我认识，所以必然反映的是艾略特发展过程中的一个阶段，她在该阶段尚无资格得到利维斯式的认可。但重读《弗洛斯河上的磨坊》更有可能向读者展示的情况是，玛姬在性方面本质健康，而且她在冷酷的社会里竭力维护自我，同时她那激烈分裂的精神在道德上相当迷茫困惑，这最终又对她产生了扼制。玛姬困境的核心是她对斯蒂文·盖斯特感受到的性欲激情。从艾略特时代一直到今天的评论家们都将斯蒂文视作一个替罪羔羊。《弗洛斯河上的磨坊》的读者在质问乔治·艾略特为何以玛姬毫无理由的死亡来结束小说之前，需要先问问她，玛姬为何要放弃斯蒂文。

艾米莉·狄金森机智郑重地写道，“克制是一种刺骨的美德”，或许就是它杀死了玛姬·杜利弗。这充其量是一种奇怪的悖论，因为乔治·艾略特不可能故意在她的女主人公放弃性欲快乐和随后在哥哥的怀抱里溺亡这两件事之间建立起因果联系。但在几乎是动机不明的克制和牵强的结局之间的确存在联系。我们感到，如果玛姬嫁给斯蒂文，弗洛斯河就不会发大水。我想，这话很残忍，但还比不上克制来得残忍，那对玛姬而言是一种自我侵犯，而非自我牺牲。克制虽然毫无意义，但也远远缺乏小说结局具有的情感残忍性，这一结局隐藏着乱伦激情的隐喻：

> 两人再也没有说话，河水给他们带来了新的危险。一个什么木制的机器在码头上给冲垮，巨大的破物堆冲浪过来。此时太阳已经升起，广阔的水面在他们身边形成了一片清晰的恐怖的荒凉。而在清晰的恐怖之中那飞速的、咄咄逼人的破物堆对他们撞了过来。托福顿房屋之间的一条船里一大群人正往前划。他们发现了两人的危险，呐喊起来，“往急流外面划！”
>
> 但是急切之间是划不出去的。汤姆往前一望，看见死亡对他们劈面撞了过来。巨大的破物堆致命地勾连在一起，横跨急流形成了散漫的一片。
>
> “来了，玛姬！”汤姆嘶哑而深沉地叫喊道，放了船桨，抱住了玛姬。
>
> 转瞬之间水上已不见了小船，巨大的破物堆带着令人惊骇的胜
> 146 利急速地冲了过去。
>
> 但是，小船的龙骨立即出现了，金色的水面上的一个黑点。
>
> 小船重新露面了，但是哥哥和妹妹已经拥抱着沉了下去，永远

> 不会分开了。在那崇高的时刻，他们重新过起了当年小手挚爱地相握，漫游在满是雏菊的原野里的日子。[①]

“致命地勾连在一起”对这一结局进行了隐晦的启示性强调，迫使读者猜测，放弃斯蒂文的隐秘动机就是兄妹间的情感。

既然性结合遭到禁止，那么“崇高的时刻”就是相互献祭了。这可能更像写作《伊斯兰的反叛》时的雪莱，而非《远足》时的华兹华斯。这种诠释无疑会遭到乔治·艾略特本人的摈弃，但它却有助于对该小说如此任性、如此不当的高潮做出解释，而若非此高潮，这部小说完全配得上玛姬·杜利弗那热情、多彩而又短暂悲惨的存在。

《织工马南》

《织工马南》首次出版就大获成功，一百三十年之后仍是一部优美且可读性极强的书。该书的美学成就比不上乔治·艾略特的杰作《米德尔马契》，但也只是因为它远没有后者那样的野心，篇幅短小得多，而且局限在英格兰中部的一个小村庄里。小说里的主人公们都是单纯之人，在他们的生活背景里，普通民众和自然世界本身相互渗透，我们感觉可能在读一首威廉·华兹华斯的叙事诗，他的精神无处不在。亨利·詹姆斯曾评论过《织工马南》和更早期的《亚当·比德》，后者是乔治·艾略特第一部完整长度的小说。他说“她的感觉是对自然的感觉，而非对艺术的感觉”，他的意思是，这两本书都展现出了艺术上的缺陷。詹姆斯对乡下人不怎么感兴趣，而《织工马南》则是一本彻底的田园小说，预示着托马斯·哈代的到来。我们就像读《圣经》里的《路德记》，或者像研读华兹华斯的《废毁的茅舍》或哈代的《返乡》那样，学会阅读《织工马南》。除了主要人物，对自然及其进程的想象也是这类田园故事的组成部分。在伟大的田园故事中，亨利·詹姆斯对自然的感觉和艺术的感觉之间的区分消失不见了。 147

F. R. 利维斯明智地将《织工马南》与查尔斯·狄更斯的《艰难时世》

① 本书中 *The Mill on the Floss* 的译文均出自乔治·艾略特著，孙法理译:《佛洛斯河磨坊》，南京，译林出版社，2002年。

相提并论，指出两部小说都是“道德寓言”。道德寓言允许使用的可能性标准，大概与完全自然主义式的小说所能支持的有所不同。塞拉斯处于半疯狂的孤独境地，在壁炉前面发现了一个遭遗弃的孩子，他的确构成了一种相当不真实的景观。然而，这部小说几乎是个童话故事（正如利维斯所见），在它的审美边界之内，小爱蓓代替塞拉斯失窃的金子和死去的妹妹，这种情节具有绝妙的说服力：

> 等到马南恢复了知觉，他又继续做刚才中断了的动作，把门关上，既不知道刚才自己失了知觉，也不知道这中间发生了什么变化，只见炉火逐渐暗淡下来，人感到很冷，头有点昏晕。他心里想，大概是刚才在门口站的时间太长，望得太久的缘故。他转身走到炉火跟前，炉子里两块木头已经散开，只发出一股闪烁不定的红光，他往炉边那只椅子坐下，弯身想把两块木头拨拢，这时候，他那模糊的视力，仿佛看见炉前地上有一堆黄金。黄金！——他自己的金币——像被拿走时那样神秘，又送还给他了！他觉得他的心开始猛烈地跳了起来，有一会儿工夫，他竟不能伸出手去，攫住那堆失而复得的财宝。那堆金子似乎在他激动的眼光下闪闪发光，变得更大了。他终于俯身向前，伸出手去；可是，他的指头碰到的并不是有着熟悉的硬轮廓的钱币，而是柔软暖热的鬈发。塞拉斯非常惊讶地跪下去，低头仔细看着这个奇迹：原来是个熟睡的小孩——一个滚圆的、漂亮的小东西，满头柔软的黄色发卷。这会是他的小妹妹在梦里回到他身边来么——他在自己还是个不穿袜子的孩子时，曾经在他妹妹死前抱过她一年光景，是她吗？这就是倏地掠过塞拉斯那失神而惊讶的脑子里的第一个念头。这是个梦吗？他又站了起来，把那两块木头拨拨拢，再撒一些干枝枯叶，引起一阵火焰；但是，火焰并没有驱散这个异象——反而把那个小孩滚圆的小身体和身上穿的肮脏衣服照得更清楚了。她真像他的小妹妹。[①]

在一个像塞拉斯·马南这样的有关重生的寓言里，这种显灵具有非

① 本书中*Silas Marner*的译文均出自乔治·艾略特著，曹庸译：《织工马南》，上海，上海译文出版社，1995年。

同寻常的回响和力度。在该书中，乔治·艾略特的艺术在耐心方面从头至尾都几无瑕疵。叙述者的姿态属于华兹华斯式的“明智的被动”；自然 148
和社会缓慢无声地一起运作，使塞拉斯得到重生，并按照卡斯兄弟心灵的坚硬程度对他们分别施以惩罚。当爱蓓选择继续同塞拉斯一起生活，而不是回到曾抛弃她的富有的生父身边时，她所体现出的精神同样可被称作自然、单纯的心灵：

> “谢谢，太太——谢谢，先生，谢谢你们的好意——这番好意真是太好了，也是我想都没有想到的。要是我被迫离开我的父亲，明知他坐在家里，孤零零地在想念我，我的生活也就失去了欢乐。我们天天在一起，过得很快活，没有他，我想我是不会幸福的。他也说过，我没有到他这里来时，他在世上并没有什么亲人，要是我走了，他又什么也没有了。他从来就爱我、照顾我，所以，只要他在，我就要守着他，谁都别想把我们分开。”

“坚守”是此处和贯穿《织工马南》全书的《圣经》式隐喻。文学中的多数道德寓言都简化为一种抽象的严酷，变成相当糟糕的书。乔治·艾略特的天才激活了《织工马南》所具有的童话或寓言性的方面，因为她具有一种奇特的力量，能够把所有的道德思虑人性化。在一封写给出版商的信里，她谈到“纯洁、自然的人类关系所具有的治疗效果”，正如她试图对那些关系进行的描写，然后她又优雅地补充了一句：“复仇女神性情非常温和。”

《米德尔马契》

当我们称一位伟大的小说家为“道德权威”时，是什么意思呢？在英语文学中援引这个词，就是在暗示乔治·艾略特，而非查尔斯·狄更斯、亨利·詹姆斯或约瑟夫·康拉德。这不是要否认《荒凉山庄》、《波士顿人》或《间谍》所具有的深刻的道德洞察力，而是对乔治·艾略特之独特性的认可。

我们不大可能感觉不到，在《米德尔马契》中渗透着某种严肃而庄重的东西。主人公多萝西娅·布鲁克不只是个俗世的圣特雷莎；她是一个超自然的坚强灵魂，拥有一种力量，能够从自己的错误中闯出一条路来。那些垮掉了的强大人物——布尔斯特鲁德、古怪的卡斯彭、自我毁灭的利德盖特（他是斯科特·菲茨杰拉德《夜色温柔》中的迪克·戴弗的先驱）——均屈服于他们天性中的缺陷。多萝西娅就和乔治·艾略特一样，
149 是个华兹华斯式的人物。投射出的崇高，即传统的英雄主义被搁置一旁，一种由自我和天性共享的新的崇高取而代之。

多萝西娅的道德感极强，是托马斯·哈代和D. H. 劳伦斯笔下人物的女祖先，但她也具有奇特的内在力量，很少有其他女主人公能与之相比。亨利·詹姆斯隐约被《米德尔马契》所震慑，采取了防守性的姿态，致力于对其吹毛求疵，这很类似于他对《红字》的做法。令詹姆斯感到不安的，是一种崇高感，他笔下的伟大人物，尤其是伊莎贝尔·阿彻尔，均因过于难以捉摸而无法保持这种崇高感。

人们很容易误解乔治·艾略特的道德观念，就连尼采也是如此，他瞧不起艾略特，原因据说是他认为你无法在抛弃基督教上帝的同时，还保留基督教的道德。和歌德一样，乔治·艾略特对克制的宣扬并不是基督教式的。歌德认为，当我们试图扩展生命时，我们的美德变成了错误，艾略特的道德崇高与这一观点有关联。歌德喜欢冷嘲热讽，乔治·艾略特与他有很大不同，她几乎从不允许自己进行嘲讽。但也因此，从未有评论家从反讽的视角解读乔治·艾略特而有所收获。

在现代社会，智慧文学已成凤毛麟角：谁会想到乔治·艾略特能写这类文学？她让我们感到惊讶，因为她与最伟大的诗人——莎士比亚和但丁——有着亲缘性，而此亲缘性就体现在她赋予悲剧性的利德盖特和永不言败的探求者多萝西娅的那种隐秘的个性上。

想象性文学中的道德权威不能与智识的清晰和力量以及创造能力区分开来。除了乔治·艾略特，我想不出还有哪个小说家在这些方面能与
150 莎士比亚和但丁相媲美。

居斯塔夫·福楼拜
（1821—1880）

《包法利夫人》

那天傍晚六点钟，我正在写“歇斯底里发作”一词，当时我太过沉浸其中，大声怒吼着，对我的小包法利遭受的一切感同身受，我甚至担心自己也变得歇斯底里了。我从桌前起身，打开窗户，让自己冷静一下。我感到头晕目眩。现在我的膝盖、后背和头部都很痛。我感觉就像一个____得太放肆的男人（请原谅我的措辞）——那是一种兴高采烈的疲惫。

福楼拜1853年12月23日致路易斯·科莱的信

我不会附和那个变狼狂患者［佩特鲁斯·包利尔］说的话。人们知道他，是因为他具有一种如今已不再流行的煽动能力。他说：“面对当下所有庸俗无能的东西，难道我们不能在香烟和通奸里寻求慰藉吗？”但我坚持认为，考虑到我们的世界来自耶稣基督，即便把它放在精密天平上进行称量，结果也表明它是极其严酷的；它几乎无权率先责难通奸行为。几个戴绿帽子的男人不大可能会加速地球的运转速度，也不会将宇宙的最终灭亡提前一秒钟。

波德莱尔论《包法利夫人》

《包法利夫人》的社会丑闻同福楼拜和波德莱尔所实践的精神禁欲一样，如今已年代久远。在塞缪尔·贝克特的时代，福楼拜和波德莱尔看起来几乎就是自我放纵。把《包法利夫人》和诸如《马龙之死》之类的作 151
品一起重新阅读，是一种具有启发性的体验，这说来令人遗憾。与马龙和麦克曼站在一起，爱玛显得就如霍加斯或拉伯雷一般狂暴。然而她是他们的祖母，正如普鲁斯特、乔伊斯和卡夫卡笔下的人物都是她的孩子一样。从她开始，小说进入了静止王国，在其中主人公们深感无聊，但读者却不。可怜的爱玛毁于高利贷，而不是爱情。她是如此生机勃勃，乃至她的愚蠢已无关紧要。她远非一个普通的性感女人，她对生活和爱情的接受能力打动了我们，让我们对她产生钦佩之情，甚至爱上她，因为就像福楼拜本人一样，我们在她的身上发现了自己。

爱玛为何如此不幸？如果事情可能出错，在她那里就一定会出错。弗洛伊德和一些古人一样，认为不存在偶然。性格就是命运，发生在你身上的所有事情都源自你的存在本身。重读这本书，我们痛苦地目睹爱玛一步步走向自我毁灭。尽管福楼拜保持了他那著名的疏离态度，但这种痛苦仍在加剧，部分是因为他具有一种奇异的技巧，能够暗示有多少个不同的意识入侵并撞击任何单一意识，甚至是像爱玛这样普通的意识。爱玛的“我”是一个他者，这对发现它已成为爱玛的那种感官理解力来说是雪上加霜。

“歇斯底里发作者主要因回忆往事而感到痛苦”，这是一句著名而有说服力的套话，但在弗洛伊德那里遭到了否定。弗洛伊德和他之前的福楼拜一样，发现爱玛们——指几乎我们所有人——因为欲望受到压制而感到痛苦。再后来，弗洛伊德在后期阶段又形成了一种观点，他在《抑制、症状和焦虑》一书的最后部分对此做了极为清晰的表述，我读起来觉得那就是对爱玛·包法利的关键性评价。并不是因为遭到抑制的欲望而产生了焦虑，而是在一种原始焦虑中产生了抑制。至于牵扯其中的多种神经症，弗洛伊德推测歇斯底里症产自对失爱的恐惧。爱玛由于相当微不足道的经济困境而歇斯底里发作，杀死了自己，但歇斯底里症的根源其实在于她因担心再不能拥有情人而恐惧万分。

我所知道的对《包法利夫人》最令人烦恼的批评来自亨利·詹姆斯。他担心对于像爱玛这般狭隘的意识，我们是否能够保持兴趣：

> 该书是对中等阶层的描绘，他们想这么说就这么说吧，可是即便如此，爱玛达到**这一目标**了吗？她体现的是一个小范围的群体，甚至对于一个只具有很小“社会”意义的具有想象力的小人物来说，也过于小了。若要全面进行考虑，那基本上就超出了她的意识能力；

> 因此简言之，我们感到，如果这个世界给予她更多的接触点，而且如果她本身拥有更多的接触点来展示这个世界的话，她本会更具有代表性。但她没有。 152

这话**听起来**足够正确，然而重读这部小说并未使我们渴望爱玛变得更丰满或者更聪颖。直到她陷于彻底的歇斯底里之前，她体现了人们对感性生活的普遍愿望，以及对更加感性的生活的普遍愿望。济慈会喜欢她，我们也会，尽管她并不完全像伊莎贝尔·阿彻尔或者米莉·锡尔。一个非凡的爱玛可能会逐渐变得铁石心肠、足智多谋，那会让她成为法国版的蓓基·夏普，甚至在19世纪中叶的巴黎也能做到适者生存。但是詹姆斯有意忽略了这一点，而阿尔伯特·蒂博岱则对此看得非常清楚：

> 与其说她是热情的，不如说她是热切的。她热爱生活、快乐和爱情本身，甚于她爱男人；她天生就是要拥有很多情人，而不只是一个。的确，她全身心地去爱鲁道夫，和他在一起，令她体验到了完整、完美而短暂的满足；然而，在被他抛弃之后，她病倒了，这治愈了她的情伤。她没有因爱而死，而是死于脆弱，死于完全无法展望未来，那是一种纯真无邪，让她容易遭受爱情欺骗和生意上的欺骗。她生活在当下，无法抗拒哪怕最微小的冲动。

我最喜欢蒂博岱的地方，是他将福楼拜对爱玛的态度与弥尔顿对夏娃的态度进行的比较："无论何时，只要是用纯感觉的词汇描述爱玛，福楼拜都会带着一种精致的、几乎是宗教式的情感谈论她，那是弥尔顿谈论夏娃的方式。"我们感到弥尔顿渴望夏娃；福楼拜的确与爱玛融为一体，以至于他对她的爱必然是自恋性的。在某种意义上，塞万提斯，而非弥尔顿，才是福楼拜的真正先驱，爱玛（正如许多评论家所言）身上有女性堂吉诃德的成分。就和堂吉诃德一样，爱玛被现实所谋杀。弥尔顿的夏娃虽然具有柔顺之美，却也非常坚毅，她既超越了现实的边界，也超越了戏剧的边界。爱玛身边没有桑丘，但她在可鄙的鲁道夫的身上找到了被施魔法的杜尔西内娅。福楼拜通过爱玛冷酷地惩罚自己，他把爱玛对理想式激情的幻想与外省社会现实的有害风尚以及幻觉戏剧那同样有害的风尚混合在了一起。这种混合是残忍的、可怕的，具有无与伦比的美学尊严。爱玛达不到崇高，但福楼拜那反转了的浪漫主义幻象使我们相信，最具感染力的写作能够以一种促进生命的力量来再现厌倦。

萨特从未停止过对福楼拜的思考。在很早的时候，他曾敏锐地指出："福楼拜蔑视现实主义，并且穷其一生都在这么说；他只热爱艺术的
153 绝对纯净。"《包法利夫人》与现实主义关系不大，但多少预言了印象主义的出现，不过是以一种最不直接的方式。可怜的爱玛的所有瞬间都既单调乏味，又得到了重点描述；我们会想起勃朗宁的安德里亚·狄·萨托的吟咏："万物均镀上平庸的灰色。"在《包法利夫人》中，沃尔特·佩特的批判印象主义隐约可辨；强烈幻觉的意象总是再进一步，就会爆发成世俗化的顿悟。福楼拜文体风格中的反讽隐含有印象派画家和普鲁斯特的特点，但那种奇异的道德能量则是独一无二的：

> 神父站了起来，去拿那个十字架。她像口渴的人似的，伸长脖子，嘴唇贴在耶稣的身体上，用她即将失去的全部力量，亲历她从未这样亲过的最热情的、充满着爱的吻。接着他念"求主慈悲"和"祈主赦罪"的祷词，将右手的大拇指蘸了蘸油，开始敷圣油。最先是涂曾经那样贪求人间繁华的眼睛，接着是喜欢温和的微风和爱情的香味的鼻孔，再接着是张开就说谎、因为得意而呻吟、在淫行中叫喊的嘴，最后是喜欢甜蜜的触摸的手，最后是过去为了满足欲望奔跑、现在不再能走动的脚底。①

这是福楼拜给爱玛的挽歌，但它最终超越了表层的反讽，哪怕只是因为我们在其中听到了小说家写给自己的更为沉郁的挽歌。他拒绝哀悼自己，这很符合他的身份。他是一种更纯粹的艺术的领军人物，而不是他之前的那种已知小说的领军人物。但是，他对爱玛辉煌的感官体验进行的
154 哀悼是一曲真正的失落之歌，那种失落他也有份。

① 本书中*Modame Bovary*的译文均出自福楼拜著，傅辛译：《包法利夫人》，太原，北岳文艺出版社，2000年。

费奥多尔·陀思妥耶夫斯基
（1821—1881）

《罪与罚》

重读《罪与罚》时，我突然回想起以前做老师时那段最糟糕的经历，久久不能释怀。那是1955年，耶鲁大学英语系被形同英国国教教堂执事一般的T. S. 艾略特的追随者掌控，新批评派、新基督教派盛行，我是那里的异类教员，迫不得已在一门新生课程中讲授《罪与罚》，学生们其实是乔装改扮的杂七杂八的耶鲁老传统派。他们觉得陀思妥耶夫斯基的作品比艾略特式的原罪有过之而无不及，令我十分厌烦，我努力让自己打起精神（即便调动不了学生的积极性），在课堂上大声朗读S. J. 佩雷尔曼[①]富于崇高美的戏仿文《永别了，鄂木斯克》，对于里面的一些片段我到现在仍烂熟于心，比如对烟草商彼得·彼得维奇的一段典型的陀思妥耶夫斯基式描写：

> “下午好，阿菲亚·阿菲科维奇！”店主热情地答道。他是格拉什金王子家附属前公证人的儿子，因此总会摆摆架子。说话的时候，他习惯性地从马甲里掏出一个油乎乎的晴雨表并仔细查看一番，这是他从王子的理发师那里学来的小伎俩。这会儿一看见阿菲亚·阿菲科维奇，他灵活地跳起来，抹掉柜台上的灰尘，给了他孩子（许多子女中的一个）一记耳光，喝了一杯茶，整个就像一个有要事在身的大人物。

可惜，我的学生们并不觉得这有趣，他们甚至并不喜欢佩雷尔曼这篇
小品文的精彩结尾： 155

---

① S. J. 佩雷尔曼（S. J. Perelman, 1904—1979），美国幽默作家、编剧。《永别了，鄂木斯克》（“A Farewell to Omsk”）是他一篇很有名的幽默文章。

> “不要什么法兰绒戈比”，阿菲亚沮丧地说。他从领带上抠下一片辣根，扔向一个路过的虚无主义分子，又溜进了新鲜的土壤中。

尽管陀思妥耶夫斯基有他自己的幽默方式，他可能也不会欣赏佩雷尔曼。《罪与罚》的末日启示录色彩可能比不上《卡拉马佐夫兄弟》，但也已经足够。《罪与罚》具有强烈的倾向性，这也正是佩雷尔曼戏仿的切入点，但是对于陀思妥耶夫斯基如此伟大的一位悲剧作家来说，这无关紧要。拉斯柯尔尼科夫是被自身力量妖魔化的意志的有力再现，而斯维德里盖洛夫则更进一步，站在了让人信以为真的幻觉效应的边缘。没有其他任何一部叙事小说像《罪与罚》那样，被不知悔改的力量驱动前行，直至最后不幸的尾声，它从地狱中诞生又回归了地狱。陀思妥耶夫斯基创作的一部自然主义小说读起来却如同一个持续不断的梦魇，这正是他举世无双的成就。

拉斯柯尔尼科夫从未真正地忏悔和改变过，除非我们相信那个连陀思妥耶夫斯基自己也并不怎么相信的尾声。绝望迫使他向波尔菲里屈服，但是即便他的绝望也赶不上他在打破各种限制时感受到的狂喜。他打破一切可以打破的存在，唯独没有打垮他自己。他是不能被打垮的，这倒不是因为他发现了什么客观的或是精神上的真理，而是因为他认识到了虚无主义的深渊，不论多么短暂，那是一种诺斯替教意义上的自由，不再受制于我们所能理解的作为上帝所造生物以外的一切。康斯坦丁·莫丘尔斯基[①]强调拉斯柯尔尼科夫从来不曾相信救赎，从来不曾放弃他关于力量和权力的观点，无疑是正确的。正如莫丘尔斯基所说，他的屈服“表明的不是忏悔而是懦弱”。小说的结尾，我们看到的是一个被无法控制的命运所毁掉的前基督时代的悲剧英雄，至少在拉斯柯尔尼科夫自己看来是这样的。但是这大概是一个最无吸引力的悲剧英雄了，因为拉斯柯尔尼科夫在文化历史进程中来得太晚，以至于他看起来并不像一个普罗米修斯似的英雄，而是一个满身书呆子气的知识分子。在基督教语境中，普罗米修斯和撒旦差不多，而拉斯柯尔尼科夫的骄傲对于悲剧而言似乎过于撒旦化了。

从陀思妥耶夫斯基的基督教论战这个层面上来讲，拉斯柯尔尼科夫

---

① 康斯坦丁·莫丘尔斯基(Konstantin Mochulsky, 1892—1948)，乌克兰作家，撰写的《陀思妥耶夫斯基：其人其作》被认为是研究陀思妥耶夫斯基的最好作品。

对我们几乎没有什么说服力，但是从心理学层面来讲，他的说服力大得吓人。对拉斯柯尔尼科夫来说，权力可以被定义为一种杀死别人，任何人，而不是自己的能力。在构成我所说的“憎恨学派”的许多当代年轻人中，我每天都会遇见拉斯柯尔尼科夫，尽管他们一般不会如此极端。他们受伤的自恋情结，对抗自我，也许会使他们成为诗人或评论家；转向外界，对抗他人，会使他们成为杰出的动乱诱导者。拉斯柯尔尼科夫没有调动我们**对他**的同情，而是用他不肯妥协的情感烈度给我们留下了深刻的印象。156

斯维德里盖洛夫可能本是作为拉斯柯尔尼科夫的陪衬，但是他摆脱了陀思妥耶夫斯基，偷走了这本书，恰如老卡拉马佐夫差点从非同寻常的德米特里那里偷走了那部更伟大的作品。拉斯柯尔尼科夫是一个纯粹的普罗米修斯或魔鬼，过于纯粹，以至于他对欲望并不感兴趣，除非欲望的对象是形而上的自由和权力。他是一种禁欲的诺斯替教徒，而斯维德里盖洛夫却是一个放荡的诺斯替教徒，试图解放向上飞扬的火苗。如果拉斯柯尔尼科夫展示了普罗米修斯式意志的疯狂，那么斯维德里盖洛夫则超越了意志，恰如他超越了无神论依旧充满宗教意味的主张一样。他作为一种否定性活着（如果这个词准确的话），而这种否定性是太过自我的拉斯柯尔尼科夫所不能达到的。拉斯柯尔尼科夫告诉索尼娅，他是为了自己而杀人，是为了检验他自己的力量。而斯维德里盖洛夫则远非如此，他下坠、奔出，深渊是他的目的地，那是他的先祖。

作为最好的谋杀故事，对我来说《罪与罚》似乎超越了赞美和喜欢。如果我能读懂俄语，陀思妥耶夫斯基无疑会给我留下更深的印象，超过他已经留给我的印象，但是我不会更喜欢他。一种有害的蒙昧主义存在于他的四部伟大作品中，包括《白痴》和《群魔》，《罪与罚》因此蒙上了一抹晦暗的色彩。只有《卡拉马佐夫兄弟》超越了陀思妥耶夫斯基充满仇恨的意识形态，因为卡拉马佐夫兄弟掠过了作者还在声嘶力竭地想告诉我们的真理。托尔斯泰认为陀思妥耶夫斯基最后一部小说（也是一部末日启示录小说）并不是这一类型的顶级作品，不过他愿意把陀思妥耶夫斯基看作俄国的哈丽叶特·比彻·斯托，应该也想让老卡拉马佐夫变成西蒙·勒格里那种类型。

在我看来，陀思妥耶夫斯基最擅长的是他对幻象恐怖的掌控，这一点和布莱克相似，布莱克是一个充满想象力的预言家，除此之外他们再无相似之处。读过《罪与罚》的人都无法忘记拉斯柯尔尼科夫对可怜的伊丽莎白的谋杀：

> 丽扎韦塔站在房屋中央，两手捧着一个大包裹，木然望着被杀害了的姐姐，脸色惨白，像块亚麻布，仿佛没有力气叫喊了。看见他跑出来，她哆嗦起来，像片树叶般轻微地哆嗦起来，她的脸抽搐了一阵；她举起了一只手，嘴张得很大，但还是喊不出声，仿佛由于气不足而喊不出声似的。他拿着斧头向她直奔过来；她的嘴唇悲哀地牵动着，就像受惊的小孩凝视着吓破了他的胆的东西，想要叫喊一样。
> 157 这个不幸的丽扎韦塔是那么老实，她被吓呆了，完全吓昏了，连手也没举起来去遮脸，虽然在这样的时刻，这是最必要的而且是一种很自然的姿势，因为斧头已经照准她的脸直劈下来。她只稍微举起空着的左手，不是去遮脸，而是慢慢地向他伸去，仿佛要推开他似的。斧尖直劈在她的脑袋上，脑门上部一下子被劈成了两半，几乎劈到头顶。她突然倒下了。拉斯柯尔尼科夫慌得厉害，夺下了她的包裹，又把它扔下，往前室跑去。[①]

没有什么能把痛苦再现得更淋漓尽致了："她只稍微举起空着的左手，不是去遮脸，而是慢慢地向他伸去，仿佛要推开他似的。"我们想起拉斯柯尔尼科夫那个恐怖的梦，在梦里他看见一匹可怜瘦弱的老母马被铁橇棍打死。我们可能会思索尼采最悲观的见解：痛苦滋生记忆，以至于痛苦就是意义，因此意义本身就是痛苦的。陀思妥耶夫斯基是一个伟大的幻象大师，也是一个活力四射的讲故事者，但是他的叙事幻象中有一种自相矛盾的虚无主义。崇高模式要求我们放弃轻松的愉悦，追求一种更有难度的愉悦，这纯粹是一种美学要求。陀思妥耶夫斯基不属于崇高体裁，而是属于末日启示录文学中比较严峻的视角。他坚持要我们接受那些超越美学限制的痛苦。他在末日启示录方面的权威是不容置疑的，但是这种权威有着它自身的美学限制。

---

① 本书中*Crime and Punishment*的译文均出自陀思妥耶夫斯基著，岳麟译：《罪与罚》，上海，上海译文出版社，2006年。

《卡拉马佐夫兄弟》

对于一个读不懂俄语原著的评论家来说，《卡拉马佐夫兄弟》需要相当大的居中帮助，或许多过《战争与和平》和《父与子》。其中许多居中的帮助来自维克托·特拉斯，来自他那令人赞叹的文学评论著作《〈卡拉马佐夫兄弟〉指南》，这里我谨聊表谢意。

《卡拉马佐夫兄弟》是陀思妥耶夫斯基最后一部长篇小说，在他去世前两个月才完成，那时距他六十岁还有九个月，陀思妥耶夫斯基意在把这部作品写成一部末日启示录。从体裁来看，这部作品最应该被称作经文，而不是小说或悲剧、英雄传奇或编年史。陀思妥耶夫斯基以《约伯记》和《约翰福音》为中心，从《创世记》讲到了《启示录》。老卡拉马佐夫相当于亚当，充满活力，到了令人畏惧的地步，是一个令人敬畏的活力论者。尽管他的四个儿子抵制寓言式的简约化阐释，但是威廉·布莱克可能会把他们解读成他的四天神或堕落人类的生活原则，伊凡相当于由理生，德米特里相当于卢瓦，阿辽沙相当于罗斯，而私生子斯麦尔加科夫则是堕落的萨马斯。在这个赫尔墨斯式的神话模式中，伊凡过度受控于来自怀疑
与分析智识的焦虑，而德米特里则被指责“根据比乌拉之夜这些虚幻形 158
式的欲念来推理判断”，因此成为他自己过度偏向感官情感的本性的牺牲品。阿辽沙代表了想象力救赎和精神救赎的形象，因此他被看作真正的基督教幻象大师，而偏向自然的——过于自然的——斯麦尔加科夫则代表了妄图谋杀父亲和自我的冲动或本能。

英国人布莱克和伟大的俄国人陀思妥耶夫斯基之间也许存在密切关系，这样说令人吃惊，而且也不应该被放大，因为这两位先知之间的差异与他们在神话投射方面的相似比起来，前者的重要性大得多。尽管陀思妥耶夫斯基的人物刻画和再现功力非凡，创造卡拉马佐夫的陀思妥耶夫斯基在本质上是一个蒙昧主义者，布莱克应该会把他当作自己笔下斯麦尔加科夫的高大上版本。托尔斯泰希望将文学的合理样式和用途极不寻常地道德化，但是，和《卡拉马佐夫兄弟》的作者相比，在现如今的西方读者看来，托尔斯泰将会是一个受到启蒙的理性主义者。或许这只是说，陀思妥耶夫斯基在精神上不如托尔斯泰那么具有普世性，他更像是俄罗斯的但丁，而不是俄罗斯的荷马。

《卡拉马佐夫兄弟》的叙事通常出现惊人之处，且明显带有浓重的戏仿元素。小说的叙述者是一个没有个性的人；约翰·琼斯称他是“穿长裤的人群”。他的故事讲述贯穿着一种狡黠的无艺术性，这正契合了小说中人人有罪的主题，因为即使神圣的俄罗斯也充满了罪恶，充斥着普遍存在的有意识或无意识的弑父欲。老卡拉马佐夫是一个魔鬼，但也是一个英勇的活力论者，对女人和饮酒有着强烈的内驱力。陀思妥耶夫斯基显然也并不是很喜欢伊凡这个人物，没有人会喜欢斯麦尔加科夫。然而所有的卡拉马佐夫兄弟都充满着精神能量，都是那个可怕却精力充沛的父亲真正的儿子。弗洛伊德的论文《陀思妥耶夫斯基与弑父者》(1928) 应该以他的《图腾与禁忌》作为补充，因为那个在原初历史场景中被自己儿子杀掉的凶残的暴君父亲，与同样想将所有的女人都占为己有的老卡拉马佐夫类似。

尽管纵情酒色的老卡拉马佐夫已经算得上年迈，他实际上只有五十五岁。他可以被看作是一个福斯塔夫式的人物，但不是莎士比亚刻画的福斯塔夫，而是习惯道德说教的评论家们眼中的那个胖骑士，他们往往忽视了福斯塔夫高超的机智幽默，他游戏人间的欢乐，以及他对现实的真知灼见。如果福斯塔夫如我们在《亨利四世》第二部分中所见，继续走下坡路的话，他可能就会落得如卡拉马佐夫兄弟的父亲一样的境地，只剩下充满腐臭的活力。然而，费奥多尔·帕夫洛维奇·卡拉马佐夫特有的恶习却并非福斯塔夫式的。福斯塔夫毕竟不是一个父亲，尽管他渴望让
159 哈尔成为他的儿子。老卡拉马佐夫首先是一个父亲，实际上是对一个坏父亲的戏仿，而这个坏父亲几乎是《图腾与禁忌》中那个弗洛伊德式原始父亲的翻版。但是这个滑稽的疯疯癫癫的好色之徒仍然是一个复杂的傻子，可以算是一个莎士比亚式的傻子，看透了所有的欺骗之术，包括他自己的在内。费奥多尔·帕夫洛维奇时不时地撒谎以保持熟练，但是他的谎言通常会暴露更多的事实。他活着有重大的意义，当然是身不由己。其中最大的意义便是不可避免地成为弑父的牺牲品，成为四个儿子为他们被虐待的母亲复仇的牺牲品，这也是陀思妥耶夫斯基众多可怕的反讽之一。

对于极端保守的陀思妥耶夫斯基来说，父亲的形象归根结底是沙皇和上帝的形象。那么为什么陀思妥耶夫斯基要冒险让令人生厌的费奥多

尔·帕夫洛维奇作为《圣经》式的父亲幻象呢？我只能推测他的动机是约伯式的。如果想让老卡拉马佐夫成为我们普世的父亲，那么通过认同德米特里或伊凡或阿辽沙（没有人会认同斯麦尔加科夫！），我们也进入了他们的约伯式处境。如果你在卡拉马佐夫身上看到父权的形象，而你的信仰能够经受住这种折磨而不动摇，那么你就和约伯一样行为正当。陀思妥耶夫斯基与克尔凯郭尔和尼采背道而驰，他说服我们如果没有一个足够坏的父亲，那便需要创造一个。老卡拉马佐夫是一个恶魔式的祖先，不是一个上帝式的祖先，是可见的黑暗，不是明亮的影子。你不会因为他被谋杀而哀悼，但是作为读者，当他不在时，你会怀念他。你也不会像鄙视丑恶的拉蒂金那样憎恨他。我再次对约翰·琼斯所强调的观点表示赞叹：

> 这个老人在他自己的谋杀案中可以说是共谋，这一点体现在书中一个主要的隐喻之中。他的房子发出恶臭。他的生命发出恶臭。然而他神秘的共谋并未让人们得出“他该死”这样一个冷酷的结论。他的天性涵盖太广，不允许这样的情况发生。

琼斯所说的“广”，意思是他太有活力，不应该死去，这也是我自己的判断。老卡拉马佐夫充满着实实在在的生命活力，对他的谋杀不啻谋害生命的罪孽，这是堕落腐化的生命，却也是狂热的生命，拒斥死亡的生命。即便是德米特里，也赶不上他父亲那么强烈的欲望力量。奇怪的是，陀思妥耶夫斯基再次像布莱克一样，宣称活着的一切都是神圣的，但是他并不像布莱克那样深信万物或众生都是同样神圣的。

陀思妥耶夫斯基在《笔记本》中曾强调，“我们所有人，无一例外，都是费奥多尔·帕夫洛维奇”，因为“我们都是虚无主义者”，以一种崭新、原创的形式存在着。要不是由于超我在中间的斡旋，读者可能愿意从福斯塔夫身上找到自己的影子，却很难如此认同费奥多尔·帕夫洛维奇。然而诚实的读者应该愿意，也的确能在费奥多尔·帕夫洛维奇身上找到自己的影子，而且没有人想被谋杀。作为一部末日启示录小说，《卡拉马佐夫兄弟》迫使每个人产生认同。我们每个男人体内的父亲都被迫在老
卡拉马佐夫那里找到某种不舒服的认同；而每个男人体内的儿子可以在 160

颇有魅力的三兄弟中任选其一(佐西马长老基本不算可供考虑的选项)。我们不能说陀思妥耶夫斯基对女性人物的塑造同样成功;格露莘卡和卡特琳娜·伊万诺芙娜可能分享男性的幻想,但仅此而已。在刻画女性人物这方面,陀思妥耶夫斯基的功力不及托尔斯泰,更不及莎士比亚。

《卡拉马佐夫兄弟》的永恒吸引力大多来自德米特里与伊凡之间的显著差异,以及伊凡的两次幻觉:他的关于宗教大法官的"诗"和他与魔鬼的疯狂对峙。德米特里尽管没有产生幻觉,但与同父异母的弟弟伊凡相比,他更沉溺于没完没了的冥想。陀思妥耶夫斯基显然是把德米特里视为大俄罗斯人的原型:不受约束,极具人性——太有人性了,满怀欲望,易走极端,同时也是一个情感深沉、饱含同情的人,一个直觉天才,一个具备行动力的诗人,一个真正的精神喜剧家,一个潜在的基督徒。伊凡确实是他父亲的儿子,但更偏于邪恶:他那掠夺成性的智识向内转,摧毁了他对其他自我的意识,而他那永远都在高涨的内在自我威胁着陀思妥耶夫斯基努力挽救的一切价值。如果说德米特里是一个典型的俄罗斯人,那么伊凡便是焦躁不安地栖居于俄罗斯灵魂的西方智识意识,其后果是虐杀性的,体现在伊凡的戏仿版斯麦尔加科夫身上。

宗教大法官的传说已经取得了一种整体超越《卡拉马佐夫兄弟》的盛名,这个结果陀思妥耶夫斯基应该无法承受。之所以会如此,部分原因在于伊凡的寓言未向我们揭示作为小说真正核心的德米特里的任何信息,另一个原因则是伊凡的散文诗脱离语境的话,可能会被误以为是陀思妥耶夫斯基的散文诗,即《卡拉马佐夫兄弟》。伊凡的传说是陀思妥耶夫斯基拒斥的传说,但是伊凡如老卡拉马佐夫一样,也是陀思妥耶夫斯基,即便德米特里更像陀思妥耶夫斯基。宗教大法官扑灭人的自由,是因为人太弱小,承受不起他们的自由。如果陀思妥耶夫斯基当真把佐西马长老作为对宗教大法官的回答,那么他便犯了一个严重的错误。无论如何,对一个美国人来说,佐西马长老便是糊涂的代名词,他对《约伯记》的诠释是神正论史上最经不起推敲的失败之作。《约伯记》最让人难以接受的是它那追加的结尾,上帝赐予约伯一群完美的子女,与他失去的子女一样完美,而这个结尾被佐西马赞为神的智慧巅峰。凭着这么极致的愚蠢,断难回答宗教大法官。

然而,宗教大法官一开口,也是透着极致的愚蠢,尽管这个传说作为摘录取得了盛名。陀思妥耶夫斯基借助最高级的反讽，小小翼翼地拉开他自己和我们与伊凡可疑辞令的距离。宗教大法官咆哮的时间太长，也
没有令我们足够害怕；他的哥特式风格超出了我们的接受范围，恰如伊 161
凡的魔鬼其实是伊凡本人的混乱投射，也是超出适可而止的程度。为了取得预期的效果，宗教大法官的传说应该由德米特里来创作和讲述，不过那样一来，《卡拉马佐夫兄弟》便会成为一本不同的但更强有力的小说。

弗洛伊德基于辩论和立场倾向的原因，高估了《卡拉马佐夫兄弟》的价值，视其为已有长篇小说之冠，卓越程度接近于莎士比亚作品，并认为骇人听闻的宗教大法官传说是世界文学的巅峰。第二个观点显然是错误的；这部小说在全部长篇小说中的地位或许有一点存疑。它的激情洋溢是毋庸置疑的，卡拉马佐夫家族中的父亲与儿子有时候不像是一个生命的意象，不像是摹仿，而像是一种超摹仿，召唤一种超出再现能力的丰沛的生命。不会有一部小说的意识比德米特里的意识更强烈，能与他匹敌的只有别处几个人物。毫无疑问，他道出了陀思妥耶夫斯基内心无法压抑的念头："如果他们把上帝从地上赶走，我们就在地下为他遮风挡雨。"如果你想把地下那个"上帝"解读成亚伯拉罕、以撒、雅各的上帝，摩西和耶稣的上帝，你完全有理由这样做；你接受了陀思妥耶夫斯基的意图。在这里，也在别处，我愿意把"上帝"解读成对超验和卓越之物的欲望，或者说，德米特里和陀思妥耶夫斯基对完善自身已然存在的超验和卓越之
物的欲望。 162

列夫·托尔斯泰
（1828—1910）

《安娜·卡列尼娜》

叔本华关于人类掠夺成性的生存意志的激烈观点在列夫·托尔斯泰那里找到了共鸣，他那十分强烈的内驱力几乎不需要叔本华的指导。《安娜·卡列尼娜》可以称作一部关于内驱力的小说，因为我所读过的叙事作品中，从来没有一部如此紧密地围绕一个完全被生存意志掌控的主人公展开，对她而言，没有什么比生存意志更加重要了。安娜对渥伦斯基的爱恋也许能在西方文学中找到少数势均力敌者，但我想不出有类似的如此强烈的性爱激情再现。托尔斯泰极其精明，既没有从理想化的角度，也没有从简约化的角度解释安娜的对象选择。他以令人无法抗拒的说服力，向我们展示的是，安娜的行为根本与选择无关。安娜从各方面来看都充满活力而且魅力四射，是一个大多数男性读者都会爱上的人物；很明显，托尔斯泰也近乎痴迷地爱着她。列夫·托尔斯泰不会说他就是安娜，但是安娜比列文更像托尔斯泰，更不用说渥伦斯基和吉提了。

安娜为什么会自杀？如果有一个当代的安娜来效仿她，我们还会觉得合情合理吗？会有当代的安娜吗？所有的问题也许可以归结为：为什么托尔斯泰杀了她？他是想要惩罚她吗？我认为不是。安娜的自杀让我们悲痛，同时也让我们从与她一起承受的折磨中得以解脱。无疑，这也让与她一起承受折磨的托尔斯泰得以解脱。其他合理的问题是：叔本华会如何接受安娜的死亡呢？这是英勇的解脱，还是忍耐的失败？

托尔斯泰在创作《战争与和平》和《安娜·卡列尼娜》的间隙曾阅读叔本华，这段时间可说是一段不安的过渡期，当时他试图撰写一部关于彼
163 得大帝时代的小说，却以失败告终。从本质上来讲，他对叔本华的热情是对他自己最悲观信念的重新确认，因为一直以来，他既是一个带有末日预

言色彩的活力论者，又是一个悲观的道德主义者，惊骇于自己的活力论导致的一些后果。叔本华的生存意志，在形而上层面的定位是真正的物自体（thing-in-itself），简直就是托尔斯泰式的自然精神转化成散文。生存意志是一种统一的、活跃的、贪婪的、中性的、普世性的欲望，是19世纪非同寻常的众多夸张中的一个：

> 现在让我们考虑一下人类。事情的确变得更加复杂了，而且显得严重起来；但是最根本的特点并没有改变。这里，生命的自我呈现绝不是作为一种享乐天赋，而是一项任务、一件要完成的苦差事；由此我们可以看到，在身体和精神的全部力量发挥到极致时，总会伴着或大或小的普遍需求、无止境的忧虑、永久的压力、不断的冲突、强制的活动。数百万的人，团结成国家民族，为了共同的利益而奋斗，每个个体都为了自己的利益而奋斗；但是成千上万的人却为此沦为牺牲品。时而是愚蠢的妄想，时而是勾人的政治，都煽动他们互相争斗；然后广大群众会抛洒热血、挥汗如雨，以实现部分个体的理念，或者为他们的过错赎罪。和平时期，工业和贸易都很活跃，发明屡创奇迹，海洋有人航行，各种珍玩从世界的各个角落收集，海浪将成千上万的人吞没。所有人都在努力，一些人拟订计划，一些人负责实施；喧哗骚动难以名状。但是这一切的最终目的，是什么呢？就是让那些朝生暮死、备受折磨的个体活过短暂的一生，只有最幸运的人拥有可以承受的欲望和免受痛苦折磨的相对自由，而这也伴随着无聊与倦怠；然后便是人类的繁殖及其奋斗。这种辛劳和回报很明显不成比例，从这个角度而言，客观来看，我们眼中的生存意志是一个傻子，主观来看，是一种错觉，在这种错觉的控制下，所有的生物竭尽全力，只为求取一些毫无价值的东西。但是如果我们深入思考，将会发现在此处它是一种盲目的压力，一种完全没有理由和动机的倾向。

如果这就是生存意志的特征，那么两性之间的爱在形而上的意义上便会被简约为一种叛变： 164

> 然而，这之间，在喧哗骚动之中，我们看到两个恋人的眼神渴望

> 地交汇：可是为什么如此隐秘、惊恐和偷偷摸摸呢？因为这对恋人是一对叛徒，力图使这所有的欲望和苦差永久延续下去，这些欲望和苦差原本可以很快终结的；他们希望能挫败它们的终结，恰如之前其他恋人们将其挫败一样。

叔本华本来大概会以为这一点会在列文和吉提那里得到例证，就如在渥伦斯基和安娜那里得到例证一样，但是在这里他和托尔斯泰却分道扬镳了，因为即使是托尔斯泰，在性爱的形而上学方面还是更理智一点的。至少对读者而言，安娜最重要的特点是她的热烈情感、她的生存意志（我故意把叔本华大写的"**生存意志**"变成了小写）。安娜的光环使我们对她与渥伦斯基的第一次见面难以忘怀：

> 渥伦斯基跟着列车员登上车厢，在入口处站住了，给一位下车的太太让路。
>
> 渥伦斯基凭他丰富的社交经验，一眼就从这位太太的外表上看出，她是上流社会的妇女。他道歉了一声，正要走进车厢，忽然觉得必须再看她一眼。那倒不是因为她长得美，也不是因为她整个姿态所显示的风韵和妩媚，而是因为经过他身边时，她那可爱的脸上现出一种异常亲切温柔的神态。他转过身去看她，她也向他回过头来。她那双深藏在浓密睫毛下闪闪发亮的灰色眼睛，友好而专注地盯着他的脸，仿佛在辨认他似的，接着又立刻转向走近来的人群，仿佛在找寻什么人。在这短促的一瞥中，渥伦斯基发现她脸上有一股被压抑着的生气，从她那双亮晶晶的眼睛和笑盈盈的樱唇中掠过，仿佛她身上洋溢着过剩的青春，不由自主地忽而从眼睛的闪光里，忽而从微笑中透露出来。她故意收起眼睛里的光辉，但它违反她的意志，又在她那隐隐约约的笑意中闪烁着。[①]

一种和善的活力，无论过多与否，正是托尔斯泰在自己身上所发觉的特质。在这部小说中，他教会自己：如此汪洋恣肆的一种活力超越了和

---

① 本书中*Anna Karenina*的译文均出自列夫·托尔斯泰著，草婴译：《安娜·卡列尼娜》，上海，上海译文出版社，1990年。人名的译法有改动。

善，也超越了其他任何一种特质。第二部分的第11章简短却令人震撼，它不仅是小说的雏形，揭示了安娜的本质，对我而言，也是托尔斯泰笔下最具有启示性的一个场景： 165

> 有一个欲望，差不多整整一年成了渥伦斯基生活中唯一的心愿，而排挤了他以前的一切欲望。这个欲望，对安娜来说原是不可能实现的，可怕的，因而也就格外使人销魂、神往。这个欲望终于得到满足了。他脸色苍白，下颚打颤，站在她面前，要求她镇静，其实他自己也不知道为什么要她镇静，怎样才能使她镇静。
>
> “安娜！安娜！”他颤声说，“安娜，看在上帝的分上！……”
>
> 不过，他说得越响，她那原来快乐高傲、如今变得羞愧难当的头就垂得越低。她全身弯曲，从坐着的沙发上滑下来，滑到地板上他的脚边；要不是他把她扶住，她准会倒在地毯上。
>
> “上帝呀！饶恕我吧！”她呜咽着说，把他的手紧压在自己的胸口。她觉得自己罪孽深重，除了低首下心，请求饶恕，没有别的办法。
>
> 如今在她的生活中，除了他以外没有别的人，因此她只能向他要求饶恕。她望着他，深痛地感到屈辱，什么话也说不出来。他呢，觉得自己好像一名凶手，面对着一具被他夺去生命的尸体。这被夺去生命的尸体就是他们的爱情，他们初期的爱情。一想到为了达到这个目的而付出羞愧难当的代价，她心里不由得感到又可怕又可憎。她这种精神上一丝不挂的羞愧感，也传染给了他。然而，不管凶手面对着尸体是多么魂飞魄散，他还得把这尸体切成碎块，掩蔽起来，还得享用凶手通过谋杀所获得的东西。
>
> 于是，好像凶手残暴而又狂热地扑向尸体，把它撕裂、切碎一样，他在她的脸上和肩上吻个不停。
>
> 她抓住他的手一动不动。“是的，这些亲吻是用这种莫大的羞愧换来的。是的，这只手将永远属于我了，这是我的同谋者的手。”她拉起这只手，吻了吻。他跪下来，想看看她的脸，可是她把脸藏起来，一句话也没有说。最后，她好容易控制住自己，站起来，把他推开。她的脸还是那样美丽，但却更加逗人爱怜。
>
> “一切都完了，”她说，“我除了你，什么也没有了。你要记住！”

> “我不会不记住那像生命一样宝贵的东西。为了这片刻的幸
> 166 福……”
>
> “什么幸福！”她厌恶而恐惧地说——这种恐惧不由得也传染给了他。“看在上帝的分上，不要再说，不要再说了。”
>
> 她霍地站起来，把他摆脱掉。
>
> “不要再说了。”她重复说，脸上露出使他惊奇的冰凉的绝望神情，离开了他。在这进入新生活的时刻，她觉得不能用语言来表达那种又羞愧又快乐又恐惧的心情，也不愿意把它说出来，唯恐被不得体的语言亵渎了。但是，到了第二天，第三天，她不仅还是找不到语言来表达这种错综复杂的心情，甚至头脑里也理不出一条思路来。
>
> 她对自己说：“不，现在我还不能思考这个问题，等我平静一点再说。”可是她的心情始终没有平静过。每当她想到，她做了什么，她将会怎样，她应该怎么办，恐惧就会袭上心头，她连忙把这些思想驱除掉。
>
> “以后，以后再说，”她说，“等我平静点再说。”
>
> 但是在梦里，她无法控制自己的思想，她的处境就丑态毕露地呈现在她眼前。有一个梦几乎夜夜都来纠缠她。她梦见两个人都是她的丈夫，两个人都爱她爱得疯疯癫癫。卡列宁哭着吻着她的手说：“我现在多么幸福哇！”渥伦斯基也在旁边，他也是她的丈夫。她感到奇怪，以前她怎么会觉得这是不可能的，如今她却笑着对他们说，这样简单多了，现在他们两人都感到满足和幸福。但是这种梦好像恶魔一样折磨她，把她吓醒过来。

毫无预兆地，甚至没有明确暗示同房之实，托尔斯泰便将我们置于事件之后。安娜的悲剧，从某种程度而言也就是托尔斯泰自己的悲剧，正是隐含在上述宏大的场景里。可怜的渥伦斯基，既是受害者又是刽子手，他远远不足以满足安娜的强烈情感。当然，他什么都不能说，什么都不能做，因为他是那个错的人，而且永远都是。那么对的人该是谁呢？列文？或许吧，但是托尔斯泰和生活（两者同一）不会让故事如此发展。如果换成列文，安娜也许会获得反思必需的冷静，但是能否如此也是值得高度怀疑。托尔斯泰本人既是安娜的翻版和兄长，又是她精神上的孪生儿，但也

无法满足安娜，安娜同样也无法满足他。安娜梦想让两个阿列克谢一起
幸福地做她的丈夫，这对她自己来说是特有的恐怖，因为这个梦想让托尔 167
斯泰感到如此恐惧。劳伦斯认定托尔斯泰谋杀了安娜，他对此所表达的愤怒也许会有所缓和，倘若他允许自己想起安娜去世将近三十五年后，托尔斯泰也死在了一个火车站。

“像安娜这样的人物属于悲剧人物，因为他们是出于某些令人钦佩的缘由，无法过这种分裂的生活，无法在压抑中幸存。”马丁·普莱斯这句评语是我读过的关于安娜的最好点评，但是我不确定安娜是否可以被称为一个悲剧人物，同样不确定的是，叔本华应该会严肃地给予她的称谓“叛徒”是否适用于她。悲剧的存在依托于分裂和压抑，而出卖安娜的是自然本身，自然没有创造出同安娜一般有活力的男人，或者即使有，也是把他们创造成了野蛮的道德主义者，如同托尔斯泰。安娜太过完整，不能称为悲剧，她自身充满着现实因素，在现实的任何社会性畸形发展中无法幸存。她死了，因为单是想象倘若安娜活下去，可能会承受怎样的生活，
便已让托尔斯泰痛苦不堪。 168

马克·吐温

（1835—1910）

《哈克贝里·费恩历险记》

马克·吐温的卓越不凡集中体现于《哈克贝里·费恩历险记》和写得最好的几个短篇故事。《哈克贝里·费恩历险记》被公认为属于一组精选的美国长篇小说，包括霍桑的《红字》、梅尔维尔的《白鲸》、亨利·詹姆斯的《一位女士的画像》、薇拉·凯瑟的《我的安东妮亚》、西奥多·德莱塞的《美国悲剧》、F. 斯科特·菲茨杰拉德的《了不起的盖茨比》、欧内斯特·海明威的《太阳照常升起》以及威廉·福克纳的《我弥留之际》与《八月之光》。后来加入这个行列的可能有纳撒尼尔·韦斯特的《寂寞芳心小姐》、拉尔夫·埃里森的《看不见的人》、弗兰纳里·奥康纳的《暴力夺取》、纳博科夫的《微暗的火》、唐·德里罗的《地下世界》、菲利普·罗斯的《萨巴斯的戏院》、托马斯·品钦的《拍卖第四十九批》和科马克·麦卡锡的《血色子午线》。如果把这十八本书放在一起，而我在那个众所周知的荒岛上只能读一本的话，那必须是《哈克贝里·费恩历险记》。作为唯一的必不可少的一本美国书，它真正的对手只有惠特曼的《草叶集》。吐温与惠特曼两者一起恰如其分地界定出美国文学的美国特色。

哈克·费恩与《草叶集》中的“沃尔特·惠特曼”一样，是地地道道的美国独创产品。与沃尔特一样，哈克是清晨的亚当，在美国这片黄昏土地上的一个崭新的开始。欧洲人是堕落的；哈克与沃尔特没有背负原罪，逃奔到这片土地，停留在我们前头的某个地方，也许仍在等着看一看我们是否能追赶上。我们永远也无法追上他们，而这只会提升他们的价值。他们代表着自由（与孤独），在爱默生看来，自由是一种野性。他们永
169 远不会被死神带走；尤其是哈克，永远不会萎缩成老年的残败模样。

沃尔特·惠特曼(诗人,而不完全是《草叶集》中的人物)歌颂着夜晚、死亡、母亲与大海的终极统一。哈克没有母亲,很正常地惧怕他那可怕父亲的偶尔回归。吐温转而为哈克歌颂着夜晚、自由与河流的统一,它们都是活力的象征。我们最喜欢哈克的两个特点:他那颇具喜剧色彩的体面以及他对现实世界的幻象,就后者而言,他的恐惧让位于务实的永远向前的勇气。海明威笔下的主人公养成了重压之下的优雅风度,但在我看来,不过是对哈克·费恩的戏仿,后者的内在性超越了任何风度的问题。

马克·吐温与大多数杰出的喜剧作家一样,从来不曾远离对人性和人类社会固有的野蛮性的再现。哈克是一个了不起的幸存者,代表着野蛮的反面。他的幻象中没有残忍与仇恨。他的自力更生与自尊自重使得吐温无限接近于超验性。在我们的长篇小说传统中,没有任何一个人物如哈克·费恩那么可爱,影响那么深远。 170

爱弥尔·左拉
(1840—1902)

《泰雷兹·拉甘》

随着时间的流逝，左拉作为一个伟大的作家和人，登上了神坛，不过我们越来越发现他超越了他的自然主义美学。左拉在六十二岁时窒息而死，弗雷德里克·布朗，研究左拉的重要学者兼文学评论家，推测这位小说家的死亡可能是谋杀，是最初有纳粹倾向的反德雷福斯派最后的复仇，因为他是替德雷福斯[①]伸冤的人的领导者。

左拉的作品需要进行批量阅读，这点甚至远远超过巴尔扎克的作品：没有哪一部小说能够全面展示他的伟大，即使他的系列小说《小酒店》(1877)、《娜娜》(1880)、《家常事》(1882)、《萌芽》(1885)、《土地》(1887)、《梦》(1888)、《人兽》(1890)、《崩溃》(1892)、《帕斯卡医生》(1893)也不能。这九部作品构成了他的"鸿图巨制"，弗雷德里克·布朗在著作《左拉：一生》的一章中对此做了详细的阐述，本册论文集将收录这一章。

这里我只想讨论《泰雷兹·拉甘》这部作品，这是左拉艺术的起点。这部作品于1867年出版，当时左拉只有二十六岁，深受巴尔扎克的影响，或许也受到了司汤达和维克多·雨果的影响。左拉在第二版(1868)的前言中曾为这部作品辩护，言辞激烈地驳斥了一切指责他有伤风化和描写色情的言论：

> 在《泰雷兹·拉甘》中，我的目的是研究人的性情而不是人物。这是该书的全部意义所在。我选择的人物完全受他们的神经和血液

① 德雷福斯(Alfred Dreyfus，1859—1935)，法国犹太籍炮兵军官，法国历史上著名冤案"德雷福斯事件"的受害者。1894年，德雷福斯被诬陷犯有叛国罪，被革职并处终身流放，法国右翼势力趁机掀起反犹浪潮。此后不久真相大白，但法国政府直至1906年才改判德雷福斯无罪。

> 掌控，没有自由意志，被他们的生理天性不可避免的法则拖入生命的
> 每一次行动。泰雷兹和洛朗是人兽，仅此而已。我竭尽全力追踪着 171
> 这些动物，展示他们的激情如何狡黠地发挥作用，他们的本能冲动如何难以抑制，以及精神崩溃如何引起心理失衡。我的男女主人公的性冒险是对需求的满足，犯下的谋杀是他们通奸的结果，他们接受这样的后果，就像狼接受对羊的屠杀一样。最后，我不得不称他们懊悔，那其实是一次官能失常，是神经系统濒临崩溃时的反抗。我坦承，这里面灵魂是完全缺失的，因为这本来就是我的意图。

作为伊波利特·丹纳[①]的学徒，左拉称他的写作计划是“科学的”，或者用我们现在的语言来说，是“社会学的”。尽管丹纳很欣赏这部小说，他也劝左拉从更具全景规模的角度进行创作。的确，《泰雷兹·拉甘》是一个尘封的噩梦；布朗曾颇有见地强调，左拉反复出现的噩梦便是被活埋，恰如爱伦·坡的恐怖奇幻故事情节。

《泰雷兹·拉甘》讲述的故事涉及具有一半阿尔及利亚血统的泰雷兹和她并不爱的病怏怏的丈夫，还有她的情人洛朗，此人杀死了泰雷兹虚弱的丈夫卡米尔，将其推进了塞纳河。结局是受害者战胜了他的两个谋杀者，后者最终喝下了同一杯毒药。

这部小说如今依然冷酷而令人难忘，它更多地是一部幻觉小说，而非现实主义小说。尽管这部小说并没有让左拉声名鹊起，却预示了一个伟大作家的到来。正如许多19世纪的“现实主义”和“自然主义”作家，现在看来左拉是一个富有远见的幻想家，这一点与崇高的巴尔扎克颇为
相像。 172

① 伊波利特·丹纳（Hyppolyte Taine，1828—1893），法国文艺批评家、历史学家、哲学家。文学是“种族、环境和时代”的产物，这是丹纳最著名的文学理论。

托马斯·哈代
（1840—1928）

在亚瑟·叔本华看来，生存意志是真正的物自体，不是一种诠释，而是一种贪婪的、活跃的、普遍的、归根结底平庸的内驱力或欲望。叔本华的杰作《作为意志和表象的世界》与整个19世纪及20世纪早期许多首要小说家的关系及对他们的影响，等同于弗洛伊德著作与20世纪晚期至关重要的小说大师的关系及对他们的影响。左拉、莫泊桑、屠格涅夫、托尔斯泰与托马斯·哈代同为19世纪的叔本华继承人，这个传统经由普鲁斯特、康拉德和托马斯·曼，在博尔赫斯及最卓越的在世叙事作家贝克特的部分作品中达到顶峰。由于叔本华是影响弗洛伊德的主要前辈之一（尽管弗洛伊德本人否认这一点），我们不妨认为弗洛伊德对于作家们的影响，部分源于叔本华已有影响的顺延。显然，叔本华与哈代的关系在种类和程度上不同于叔本华作为弗洛伊德或维特根斯坦先驱这一更广意义上的关系。像哈代这样的诗人小说家之所以会受到叔本华这样的修辞学思辨者影响，原因只有一个：他发现自己的性情和情感得到了某种肯定和加强。这与卢克莱修[①]承袭伊壁鸠鲁或爱默生给予惠特曼灵感相比，完全不是一回事。

真正影响哈代的前辈是雪莱，后者的幻象怀疑论渗透了哈代的小说、诗歌以及史诗剧《列王》。在创作技巧方面，哈代早期的小说对乔治·艾略特有所借鉴，但思想深处的哈代受她触动的程度几乎等同于受威尔
173 基·柯林斯[②]触动的程度，从后者那里他也学到了创作技巧。雪莱对性爱的悲剧意识在哈代作品中比比皆是，并最终决定了他对笔下最强势女

① 卢克莱修（Titus Lucretius Carus，约公元前99—前55），罗马共和国末期的诗人和哲学家，代表作为哲理长诗《物性论》。

② 威尔基·柯林斯（Wilkie Collins，1824—1889），英国侦探小说家，代表作有《月亮宝石》《白衣女人》等。

主人公的理解，如芭丝谢芭·埃弗登、游苔莎·维伊、玛蒂·萨乌斯、苔丝·德伯、苏·布莱德赫德。在雪莱那里，自我的阴影将欲望与满足分隔开来，使得爱与所谓的爱的方式难以调和。扎贝尔认为哈代的文学创作中有一种“不和谐美学”，并指出与哈代的性情有关。哈代试图把《伊斯兰的反叛》和《心之灵》的创作程序转化为所谓的自然主义小说，“不和谐美学”在深层意义上其实是这一努力的结果。

一旦J. 希利斯·米勒的工作模式是乔治·普莱那样的意识批评多于保罗·德曼和雅克·德里达的解构批评，他会提出这样的观点：哈代作品中爱情的命运总是被爱人自身的意识投下阴影。休·肯纳对哈代怀有一种类似于（也许源于）T. S. 艾略特在《拜异教之神》中流露出来的厌恶，他认为米勒创造了一个普鲁斯特式的哈代，这个哈代不是艺术家，而是一个案例。哈代当然不是一个能与亨利·詹姆斯（他对哈代嗤之以鼻，说他只是乔治·艾略特的模仿者）或詹姆斯·乔伊斯相提并论的艺术家，但如今检测小说的那些现代主义盛期准则差不多已经失势，只剩下肯纳这样一些幸存下来的现代主义的高级教士。要充分欣赏哈代作为一个小说家的永恒魅力，更好的引路人是他的继承者D. H. 劳伦斯，后者的《虹》与《恋爱中的女人》不可思议地把哈代的文学遗产推上了艺术的巅峰。劳伦斯带着叛逆儿子爱恨交加的心情称赞哈代，把他与作为悲剧作家的托尔斯泰联系起来：

> 而这正是哈代与莎士比亚、索福克勒斯、托尔斯泰等伟大作家共有的创作特点：在主人公的小行动背后放置一个深不可测、异乎寻常的行动，放置一个更小的道德体系——人的意识在自然或生命浩瀚无边、无法理解、无从理解的道德中领悟并阐述的一个道德体系，超越了人的意识本身。不同之处在于，在莎士比亚和索福克勒斯的作品中，无法理解的更为重大的道德或命运被主动僭越，也会主动加以惩罚，而在哈代和托尔斯泰的作品中，稍显次要的人类道德、机械体系被主动僭越，控制并惩罚主人公，更重大的道德只是被消极被动地僭越，对它的再现只局限于背景和场景，没有发挥积极的作用，与主人公没有直接的关联。俄狄浦斯、哈姆莱特、麦克白与自然深不 174
> 可测的道德力量作对，或者发现自己不知不觉中成了这股力量的对

> 手，并最终死于其手。而安娜·卡列尼娜、游苔莎、苔丝、苏、裘德发现他们必须面对人类政府与道德的既定体系，他们无法抽离，最终落败。他们真正的悲剧在于，他们对更为重大的不成文道德不够忠实，这种道德本可以让安娜·卡列尼娜耐心等待，直到拥有更大的权利，向社会争取到她需要的一切；本可以让渥伦斯基从既定体系抽离，成为一个个体，与安娜一起创造一个新的道德领地；本可以让游苔莎与克莱姆争夺后者的灵魂，让苔丝赢得安吉尔，因为苔丝代表更大的光明；本可以让裘德和苏为了名誉而隐忍，因为我们必须等待我们心目中最好的结果，而不是屈从于次好的东西。
>
> 《托马斯·哈代研究》

在我看来，劳伦斯的这段话公允无私、掷地有声，准确地抓住了哈代小说中最让人惊奇也最隽永的特点，即那些重要主人公在人格上的崇高、在审美上的尊严，同时也揭示出他最大的局限——拒绝把自由给予最好的人物。劳伦斯开出的拯救游苔莎与克莱姆、苔丝与安吉尔、苏与裘德的药方，也许并不那么有说服力。他口中的他们仿佛就是葛珍和杰拉尔德，因而做不了厄秀拉和伯基。他们只能是他们必然的模样，这是哈代的天赋决定的：他们和他们的创造者及其想象力一样不完美，和他的语言及情节设计一样不纯粹，最终给我们留下了痛苦而又难以忘却的印象：

> 请注意，在这样的痛楚当中，喜悦，
> 既然我们的不完美如此火热，
> 来源于错误的话语和执拗的声音。

《卡斯特桥市长》

在哈代的主要长篇小说中，《卡斯特桥市长》缺憾最少，显然也最接近于西方文学传统中的悲剧程式。如果与《还乡》《德伯家的苔丝》《无名的裘德》相比，我们把《卡斯特桥市长》选为最爱时有些犹豫，那也许是因为它是这四部作品中原创度最低、最中规中矩的一部。亨查德当然是哈代笔下男性人物中刻画最清晰、前后最一致的一个，但是露塞塔不是游苔莎，和蔼可亲的伊丽莎白—简也未能让读者产生较大的兴趣。这 175
部作品最出彩的亨查德是一个极其严重的自我惩罚者，我们完全可以说他越过了叔本华的心理宇宙，直接跳进了弗洛伊德探讨受虐狂经济体制的优秀论文里，那篇论文提出了“道德受虐狂”这个沉重的新范畴。哈代用一种令人惊讶的方式，借助亨查德倒置了西方悲剧一个主要的传统主题，对于这个传统主题，诺思洛普·弗莱的阐释详尽而敏锐：

> 当众惩罚和类似的暴民娱乐中存在一种强烈的恶魔仪式元素，被悲剧性神话和反讽式神话利用。轮刑成了李尔王的火轮；逗熊游戏对葛罗斯特和麦克白来说是一种意象，对被铁链缚住的普罗米修斯来说，被示众的羞辱、被观看的恐怖，是一种比痛苦更强烈的苦难。Derkou theama（看啦，这个壮观的场面；一次看个够）是他最悲戚的喊叫。弥尔顿笔下的盲人参孙无法与瞪着他的人对视，这是他最大的痛楚，这种痛楚逼得他冲着黛利拉尖叫：如果她敢碰他，他就把她撕成碎片——这是所有悲剧作品中最可怕的段落之一。

对亨查德来说，“被示众的羞辱”成了一种可怕的激情，直到最后在一次皇室成员到访时，他当众出了洋相。或许他能够退还到弗莱所说的“被观看的恐怖”，但这只可能是他已经意识到了相关的姿态是他的最后一次。由此出现了他的遗嘱，这份遗嘱可能是哈代写过的最震撼人心的非韵文段落：

> 他跑进草房去的时候，他们默默地站着。他随即拿着一张皱皱巴巴的纸头，走回来。在这张纸上，用铅笔写着下面的字：
>
> **迈克尔·亨查德的遗嘱**
>
> 不要告诉伊丽莎白—简·法尔弗雷说我死了。
> 也不要让她为我悲伤。
> 不要把我葬进神圣的墓地。
> 不要请教堂执事为我敲丧钟。
> 不愿意任何人来看我的遗体。

不要任何人来为我送殡。
不要在我的坟墓上栽花。
不要任何人想着我。
为此，我签上我的名字。

迈克尔·亨查德。[①]

176 上述阴郁的遗嘱是亨查德的本质。众所周知的不好现象是，“悲剧”在欧洲启蒙时期及之后成了一种很有问题的艺术形式。从18世纪40年代中期至今，浪漫主义是我们持续存在的现代主义，它并未把悲剧主人公还给我们，但是从塞缪尔·理查逊笔下的克拉丽莎·哈娄至今，我们已经经历了悲剧女主人公的很多次回潮。我们可以断言，哈代和易卜生最接近于令悲剧主人公复活的效果，悲剧主人公不同于恶棍英雄，在整个浪漫主义传统中，后者描画着他的夜景，断定那是他的最佳作品。亨查德尽管只有一身盲目的蛮力，犯下了可怕的错误，却不是恶棍；作为读者，我们与他一起痛苦得难以疏解，因为我们对他的同情畅通无阻。

不幸的是，这种痛苦变得**太**难以疏解，到了裘德·范立那里，也是如此。重读《卡斯特桥市长》，不及重读《无名的裘德》那么痛苦，因为至少我们不必注视着小时光老人吊死其他小顽童和他自己，但是阅读过程仍然很痛苦。不论悲剧是否应该具有某种净化作用(catharsis)，我们都会憎恨把太多的悲情强加给我们，我们需要某种涤荡的姿态，即便只是为了让我们远离自己的防御性反讽。天哪，为自己也好，为别人也好，亨查德**没有带来任何成就**。亚哈是一个伟大的恶棍英雄，在与无法改变的命运——白色的鲸鱼——抗争中倒下了，而亨查德是一个徒劳无益的自我毁灭者。然而，我们被亨查德深深感动，而且知道我们应该感动。为什么？

这部长篇小说完整的标题是《卡斯特桥市长的生与死：一个有性格者的故事》。罗伯特·路易斯·史蒂文森在一封给哈代的便条中写着“亨查德是一个了不起的家伙”，这暗示他拥有了不起的个性，并非认为他是一个有性格的人。这其实便是哈代再现亨查德的方式，无怪乎评论家R. H. 哈顿会对哈代的小说标题产生疑惑，详见他于1886年6月5日在

① 本书中*The Mayor of Casterbridge*的译文出自托马斯·哈代著，侍桁译：《卡斯特桥市长》，上海，上海译文出版社，2002年。人名的译法有所变动。

《旁观者》(*The Spectator*)上发表的一篇评论:

> 哈代先生笔下的迈克尔·亨查德是迄今为止他刻画得最有感染力的人物。他为什么要在标题页上把这位主人公称作“有性格的人”,我们不是很清楚。准确地说,性格是刻在人身上的印记,一旦刻上,便会留存。这个词更适用于具有稳定性和恒久性的事物,就像被雕刻的任何东西,而不太适用于间歇性的、变化性的事物,后者这一次在柔软的蜡上印下了一个图像,完全不同于下一次在类似柔软的表面印下的图像。如果严格遵照衍生“性格”一词的各种联想意义,有性格的人应该是指性格稳定无变化的人,这个人在一种情形中 177
> 展现出来的品质特征,与他在另一种情形中展现出来的形象完全相同。许多人都是如此,他们或许才能被称为典型的有性格的人。但是迈克尔·亨查德本质上是宽宏大量、激情洋溢的人,却又受制于最不稳定的外在影响,在一种心境中会做出在其他心境中后悔不迭的行为,即便是在为了同一个目标努力的过程中,他的情绪也是变化多端,但是同样的热忱,同样的自尊,同样充满愤怒的大度,同样无力冷静执行在报仇或鄙视心境下做出的愤怒决定,同样草率的蛮不讲理,同样容易转变为草率的通情达理,这些自始至终都是亨查德的独特之处。往好里讲,迈克尔·亨查德的巨大缺陷可以说成是体现在“性格”方面。我们不妨说,如果他的性格稍微强一点,他的心理稍微稳一点,心慌意乱的时候恢复镇定的能力稍微强一点,那么他的天性可说是达到了巨人的级别;然而,如哈代先生借这部小说意在展示的那样,亨查德的天性几乎被浪费殆尽。当然,“性格”还有一种更宽泛的意义,这个意义较少指涉上述印记的恒久界定,更多的是强调各种不同的心境也许能被预测的信心,如此一来,称迈克尔·亨查德为一个“有性格的人”,并非不可接受。只是标题页上的这些词语还是很容易误导人。我们要找的肖像是一个与迈克尔·亨查德相比,目标更加坚定、心境善变少一些悲剧性的男人。然而,亨查德的这幅肖像非常传神,表情达意十分完满,几近华美。亨查德宽宏大量,与人相交时的大度和突然很难称得上理智,因天性中恶的一面而狠劲地自我作践,强烈地渴求别人的同情,行善和作恶的冲动都很强

> 烈，而在这样一个渴求同情的天性中竟然奇妙地掺杂着些许克己坚忍，在这样一个情绪多变、躁动不安的天性中竟然怪异地带着些许刚毅坚韧——所有这些都是亨查德的特征，经由哈代那样混合搅拌，便产生了一种现实的印记，一种平凡又伟大的印记，强烈而妙不可言。

我们可以这样总结哈顿的观点：亨查德的悲情色彩强过精神气质，
178 而精神气质是恶魔，性格是命运，哈代条分缕析地展示出亨查德的性格便是他的命运。哈代的反讽强在它也是生命的反讽，并将成为西格蒙德·弗洛伊德的反讽：亨查德的宿命表明，没有偶发事件，意思是自我尚未定型的人不会有这些遭遇。夜里亨查德凝视着外面，恰如凝视着一个敌人，但是外面没有任何事物。只有与自身反目成仇的自我，只有快乐原则之外的死亡本能。

前苏格拉底时期的警句“性格决定命运”，似乎由哈代从乔治·艾略特的《弗洛斯河上的磨坊》学了过来，那部小说把这个警句归功于诺瓦利斯。不过哈代不需要从任何地方搜集这个警句。哈代长篇小说里的每个人物都由他或她的过去多元决定，因为哈代的看法与弗洛伊德一致：任何可怕的事情都曾经发生过，不可能存在任何绝对崭新的事物。这样一种推断证明“novel”①这个词有问题，对哈代的创造力当然也没有助益。发生在亨查德身上的任何事情都不会令我们惊讶。他的命运之所以免于凄凉，靠的完全是其审美尊严，这使得我们回到了一个存疑的问题：哈代与作为一种文学形式的悲剧之间的关系。

亨查德并未受到智慧或知识的困扰；他是一个有意志力、敢于付诸行动的人，几乎没有反省的习惯，但是对于他人，他的态度是永远开放的，慷慨大度的。J. 希利斯·米勒认为亨查德在情欲方面受制于经过调和的欲望，但是由于米勒认为这是哈代笔下情欲世界的铁律，他的观点便失去了针对亨查德这一个案的说服力。我更倾向于认为，亨查德就像哈代笔下的所有女性人物，比大多数男人都更渴求爱，在存在的虚无中极度渴求同伴。D. H. 劳伦斯把哈代笔下人物的悲剧解读成习俗和社群无法约束的欲望命中注定的结果，而非受到调和的欲望产生的后果：

① novel既有“长篇小说”的意思，也有“新的，新颖的”之意。

> 这是哈代创作的悲剧，一向如此：这种悲剧属于这种人，他们多多少少都具有开路先锋的特质，死于荒野之中，他们离开了既定习俗围墙内的安全和程度相当的禁锢，为了行动自由逃到了荒野之中。一部又一部长篇小说的主题都是如此：要么待在习俗之内，在长时间内你会赢得赞许、安全、幸福，但是你永远感受不到被人同情的强烈痛楚；要么激情洋溢，张扬个性，一意孤行，你会发现习俗内的安全是一座带围墙的监狱，你会逃跑，你会死去，或是因为你本人缺乏忍受孤立与曝光的力量，或是因为来自社群的直接报复，或是因为 179
> 两个因素同时存在。这个悲剧便是如此，只能如此；其形而上的特征不过是人的自我分裂，方式如下：首先，他是社群的一分子，必须以名誉担保，绝对不能做出任何举动瓦解这个社群，不论是它的道德形式还是实际形式；其次，这个社群的习俗是一座牢狱，禁锢他天生的、个体化的欲望，不论他觉得正当与否，这个欲望迫使他冲破社群的束缚，把他置于社群范围之外，茕茕孑立中说道："我是对的，我的欲望真实而不可避免；如果我想做自己，我就必须满足这个欲望，管它有没有习俗。"或者茕茕孑立中，满腹疑惑地说："我是对的吗？还是我错了？如果我错了，哦，让我死吧！"——于是他走上了不归路。
>
> 这种悲剧的发展与激化、对自我分裂及这个问题越来越深刻的认识、逐渐走向结局，这便是威塞克斯小说系列的唯一主题。
>
> 《托马斯·哈代研究》

劳伦斯的观点指涉宽泛，比较公允，但并未具体论及自我毁灭的亨查德。欧文·豪充满同情的断言也不够具体，他把"亨查德的个人挣扎"说成"一头灿烂的野兽拼命逃脱一个陷阱，结果越陷越深"。我发现哈代的同代人西格蒙德·弗洛伊德阴郁的思索更为贴切，他在思考《受虐狂的经济问题》时脑子里想的或许就是迈克尔·亨查德：

> 受虐狂的第三种形式，即道德受虐狂，它之所以值得关注，主要是因为弱化了它与我们所认为的性欲之间的关联。受虐狂的其他所有痛苦，仍然捆绑着一个条件：施与痛苦的是被爱的人，承受痛苦是

> 受他驱使；就道德型受虐狂而言，这项限制性条件被取消了。起作用的是痛苦本身；施与刑罚者是被爱的人还是漠不关心的人，并不重要；痛苦甚至有可能是由客观性力量或环境造就，但是真正的受虐狂一旦看到一个打脸的机会，便会毫不犹豫地把脸伸出去。

“道德受虐狂”的源泉是潜意识里的负罪感，一种对惩罚的需求，超
180 越了是否罪有应得的实际情形。即便是亨查德最初的怪诞“罪行”，即醉酒后卖妻的行为，也并未在他心里滋生多少因意识到犯错而悔恨的情绪，而是把他推入了道德受虐狂的“内疚”深渊。意思是说，亨查德了解自己的负罪感，不是作为一种情绪或情感，而是一种否定，否定了他的欲望和抱负。亨查德本能的矛盾心态针对的是自己，是他自我里的权威原则，这已经超出了弗洛伊德的原意。

尽管《卡斯特桥市长》的原创性不及《德伯家的苔丝》或《无名的裘德》，但它比哈代在其他作品里建构的幻象更有说服力，更有普遍性。米格尔·德·乌纳穆诺[1]在界定生命的悲剧意识时说：“庙宇的神圣主要在于它是一个供民众进去一同哭泣的地方。为命运所虐的大批民众一同吟唱的求主垂怜曲，其价值等同于哲学。”乌纳穆诺界定的悲剧不是亚里士多德界定的悲剧，而它正是托马斯·哈代写出的悲剧。

《还乡》

四十年前，我大约十五岁，第一次阅读《还乡》，从那时起到现在重读这部小说，中间或全部或部分重读了几次。我还是会再次记起最初记得最清晰的部分：游苔莎、红土贩子维恩、荒原。我几乎忘记了克林、他的母亲、托马辛和韦狄，很有可能会再次忘记他们。尤其是克林，人物刻画非常弱，很失败，差点拖累了整部小说；事实上不管什么小说，应该都会因这种人物而全盘倾覆。不过，《还乡》比克林长寿，即便它最重要的精彩部分，即性感撩人的游苔莎·维伊，活得没有克林长。游苔莎的自杀简直就是暴殄天物（或者说浪费了对一个女人的再现，如果你们坚持要做一

① 米格尔·德·乌纳穆诺（Miguel de Unamuno，1864—1936），西班牙著名作家、诗人、哲学家，《生命的悲剧意识》是其代表作之一。

个形式主义评论者)，导致读者发现克林比他实际的情形更加令人难以容忍，要不是哈代和读者一样为失去游苔莎而明显痛苦不堪，读者甚至有可能无法宽恕哈代。

在这部小说的创作过程中，游苔莎经历了一次非凡的转变，从一个恶魔般的女拜伦或拜伦式的女巫，转变成了美丽大气、不满足于现实、具有丰富人性特点的女主人公——人性弱点非常突出，但几乎无可指责——她也许是整个19世纪英国小说中最妩媚动人的女子。“一个非常强大的人，不因附属于任何机构、臣服于任何客观信仰而受到束缚；不受任何理念的阻碍”——这可看作是对游苔莎的恰当描述，但其实是《拜异教之神》作者T. S. 艾略特眼中的哈代本人。在那本演讲集中，哈代因不相信原罪而遭到严厉批评，因“他的文体尚未经历良好的阶段，便已间或触及崇高美”而遭到强烈谴责。 181

以下是小说前半部分《夜的女王》一章中的游苔莎：

> 她在形体方面，胫臂圆腴，丰若有余；面色之非赤红，正如其非苍白相同，身上触着，就像浮云那样轻软。看到她的头发，就会让人想到，整个一冬的阴沉晦暗，都不够做出那么一副乌云欲倾的神情。它掩映在她的前额上，好像苍冥的暮色，笼罩西方的晚霞。
>
> 即使这些头发上，也都有神经贯通；只要轻轻把她的头发抚摩，就老能使她的脾气柔和。她的头发一沾刷子，她的态度就立刻沉静起来，看着好像斯芬克司。她从爱敦荒原那些坡崖下面走过的时候，如果常青棘带刺儿的丛条，像有的时候那样，把她那如云的头发不定哪几绺挂住了——那时丛条就成了一把头发刷子——她就回身再走几步，故意和丛条二番摩擦一次。
>
> 她有异教徒的眼睛，富于夜的神秘。眼波去而复来、来而复去地流动，有一部分受到了厚眼皮和长眼毛的阻碍；她的下眼皮和英国一般妇女的比起来，要厚得多。因为这样，所以她能随便出神儿沉思，却叫人家看不出来：如果说，她能不闭眼睛睡觉，恐怕也会有人相信。你要是认定男女的灵魂，都是眼睛看得见的素质，那你就能想得出来，游苔莎的灵魂，是火焰的颜色。她的灵魂里发出来的火花

儿，表现在她那漆黑的瞳仁儿里面，也给人同样的印象。[①]

哈代塑造的游苔莎也许借鉴了沃尔特·佩特的《文艺复兴》，后者比《还乡》早出版五年；佩特论及波提切利[②]的维纳斯画像和列奥纳多[③]的蒙娜丽莎画像，视她们为对立的女性性欲幻象，游苔莎在某些方面可以作为第三种幻象与她们相提并论。游苔莎火焰一般的特质让人不由想起了《文艺复兴》"结语"部分里佩特激情洋溢的极乐状态。《还乡》的卷首语本可以写成这样：

> 我们的生命至少还拥有这火焰一般的特质，它只不过是种种力量的汇合，这汇合时刻都在延续，那些力量却早晚要彼此分离，各自飘散。

游苔莎的生命至少还拥有这火焰一般的特质，种种力量汇合又彼此分离、各自飘散的时间来得偏早，而不是偏晚。然而，哈代笔下这位最美
182 丽的女子有着火焰颜色的灵魂，也最热衷于毁灭。荒原只带给了她韦狄和克林，但毫无疑问的是，巴黎几乎不会给她更好的一切，因为她是夜的女王，吸引来的是忧伤的忠贞不渝和善良体贴。

如果说克林和韦狄是不合格的演员，那么爱敦荒原呢？对于这个问题，评论家的看法总是存在分歧，一些评论认为爱敦荒原的风景地貌具有崇高美，而另一些评论则抗议说对它的再现流于平庸。我自己的看法也很矛盾，因为很显然，它既崇高又平庸，有时候同时焕发出这两种特点！尽管游苔莎对爱敦荒原怀有强烈的憎恨，它几乎与她一样，有着雪莱式幻象的特色，它的自然特性没有达到我们推测它应该达到的程度。与其说爱敦荒原长了太多的杂草，不如说作者对它着墨太多，这一点显而易见：

---

① 本书中 *The Return of the Native* 的译文出自托马斯·哈代著，张谷若译：《还乡》，北京，人民文学出版社，2004年。人名的译法有改动。

② 波提切利（Botticelli，1445—1510），原名亚历山德罗·费利佩皮，欧洲文艺复兴早期佛罗伦萨画派的最后一位画家，擅长画圣母子像。

③ 列奥纳多（Leonardo，1452—1519），全名列奥纳多·迪·皮耶罗·达·芬奇，欧洲文艺复兴时期的天才科学家、发明家、画家。

> 在从下午到黑夜那段时间里，就像现在说的这样，跑到爱敦荒原的中心山谷，倚在一棵棘树的残株上面，举目看来，外面的景物，一样也看不见，只有荒丘芜阜，四面环列，同时知道，地上地下，周围一切，都像天上的星辰一样，从有史以前一直到现在，就丝毫没生变化。那时候，我们那种随着人间世事的变幻而漂泊无着的感觉、面对无法压伏的新异而骚动不宁的心情，就得到安定，有所寄托。这一块没经侵扰的广大地区，有一种自古以来永久不变的性质，连大海都不能跟它相比。谁能指出一片海洋来，说它古远长久？日光把它蒸腾，月华把它荡漾，它的面貌一年一样，一天一样，一时一刻一样。沧海改易，桑田变迁，江河湖泽、村落人物，全有消长，但是爱敦荒原，却一直没有变化。它的地面，既不是峻陡得要受风吹雷震，又不是平衍得要受水冲泥淤。除去一条古老的大道，和就要提到的一座更古老的古冢——古道和古冢，也因为一直没变，差不多成了两种天然产物了——就是地面上极细极小的高低凹凸，也全不是犁、耙、锹、镐的工作，都只是最近一次地质变化的抟弄揉搓，原模原样一直保留到现在。

即便是梅尔维尔，也难以时时胜任这种浓墨重彩的创作风格；哈代几乎不能胜任，尽管他常常尝试。不过，我们读了这部小说多年之后，的确还记得爱敦荒原，可能是因为它的某种属性在伤害游苔莎的同时也伤害了我们。我们也记得迪戈里·维恩，记得的不是他变成了富有的市民，而是我们第一次见到他的模样，浑身弥漫着他那奇特营生中的红赭石色彩：

> 这位年老的军官，一点一点地赶上了他前面那位同路的行人，问他晚上好。红土贩子转过脸来，还礼回答；只听他的腔调，抑郁沉闷、含有心事。他的年纪很轻。他长得虽然不能说一准齐整，却也差 183
> 不多够得上齐整两个字，要是说他本来生得不错，大概不会有人反对。他的眼睛，在红色的脸上闪烁，自然透着有些奇怪，但是眼睛本身却很引人注意：跟鹫鸟的眼一样锐利，像秋天的雾一样蔚蓝。他没有连鬓胡子，也没有八字须，所以他那脸的下半截都光光的，露出柔和的曲线来。他的嘴唇薄薄的，虽然那时好像因为有心事，紧闭在一起，但是两个嘴角，有的时候，却会做出一种可爱的抽搐动作。他

> 穿着一套紧紧合体的灯心绒衣服，料子很好，又没穿得怎么旧；他穿着很合身份，只是叫他那种营业给弄得失去本色了。这套衣服正把他那好看的身材显示出来。从他那种生活富裕的神气上看，就可以知道，他的职业虽然不高，他的生活却并不坏。为什么像他这么一个有出息的人，却会把这样一副好看的外表，埋没在这样一种奇怪的职业里呢？凡是观察他的人，一定自然而然地会提出这样的诘问。

哈代本来不想让维恩娶托马辛，想让他从爱敦荒原神秘地永久消失，但是他最终屈服于内心的焦虑，在这部冷峻阴郁的长篇小说结尾，给了同时代的读者一点乐观的、符合常规的甜头。他应该坚守初心，但是或许这无所谓。荒原依然存在，红土贩子要么消失，要么彻底改变成为一个丈夫、一个市民。尽管在小说结尾，我们看到克林做着无用功，向所有的来客讲道，我们的灵魂却在别处，与那个不再出没于荒原的充满渴望的狂野形象在一起，那是哈代失去的夜的女王。

《德伯家的苔丝》

如今，哈代的所有小说里，《德伯家的苔丝》吸引着最广泛的读者群。这部作品在普通读者中广受欢迎，已经取代了《还乡》早前的优势地位。我们甚至可以断言，哈代这部小说已经被证明具有预见性，它所预见的情感在1891年绝对没有完全显现。虽然隔了大约一个世纪，这部作品某些时刻的幻象似乎仍与我们这个时代同步。这些时刻大多来源于哈代对女主人公的深切同情，这种同情近乎父爱。让人颇感好奇的是，哈代与苔丝的关系之密切，超过了他与《无名的裘德》中裘德 · 范立的关系，即便在他的小说所有男性人物中，裘德最接近于哈代代理人的形象。

J. 希利斯 · 米勒在迄今为止最具前沿色彩的《苔丝》评论中，把这部
184 小说解读为“一个关于重复的故事”，但是米勒所说的“重复”，似乎是指一种相互联结的阐释链。阐释的冲动也许是读者的责任，也许是哈代对待自己作品的态度（或许甚至延伸至安吉尔 · 克莱尔在小说中的角色），但在我看来，这与苔丝本人没有关系。既然这部小说讲述的是苔丝的故事，我便无法把它看作一部“关于”重复的小说，甚至无法把它看作一部

关于种种重复之间差异的小说。哈代笔下更为深刻的反讽既非古典主义反讽，也非浪漫主义反讽，而是如米勒察觉的那样，是一种《圣经》式反讽。古典主义反讽有赖于所说的话语与表达的意义之间的反差，浪漫主义反讽则是寓于期望与实现的落差之中。但是《圣经》式反讽生发于极度不协调的因素之间的冲突：极不相称的耶和华，与男人、女人及其毫无意义的幻想并置。当耶和华在幔利的笃耨香树下狼吞虎咽地吃下烤小牛肉时，或者，当雅各在毗努伊勒与神众之中一位无名者摔跤时，我们便遇到了既非古典主义，亦非浪漫主义的反讽。

哈代同他的导师雪莱一样，不是信徒，他只是驻留在《圣经》的文学语境之中；他与雪莱还有一个相似点，即他也是从《圣经》中提取其先知型反讽模式。一个非常鲜明的例子（希利斯·米勒特别提及）出自第11章：

> 同时，亚雷·德伯已经走上了山坡，要把他们所在的地点到底是围场哪一部分弄清楚了，因为他的确并不知道。他那天晚上，走了一个多钟头，实在是随意而驰，有弯就拐，为的是好和苔丝在一块儿多待一些时候，并且只顾注意苔丝月光下的俏形倩影，路旁的东西一概没怎么理会。他并不急于去寻找标志地方的特点，因为马已经乏了，得休息一会儿。他翻过了一个高岗，来到了一个低谷，碰见了大路旁边一道栅栏。由这上面，他认出来这个地方的地形，因此他们在什么地方这个问题就解决了。于是他转身往回走，不过那时候，月亮已经完全西沉了，更加上有那片雾气，所以虽然离天亮已经不远，围场却包围在一片沉沉的黑暗之中。他恐怕碰到树枝子上，只得伸着胳膊往前摸索。一开始的时候，他觉得，想要找到他原先出发的那块地方，是完全办不到的。他一脚高一脚低地东扑西扑，摸索了老半天，后来才听到，他的马在他跟前做轻微的活动，他那外套的袖子，把他的脚绊住了。
>
> “苔丝。”德伯叫道。
>
> 没人回答。那时候特别地黑，除了他脚下那一片朦胧的灰云白雾而外，别的东西一样也看不见。那一片灰云白雾，就是苔丝穿着白 185
> 纱衣服躺在树叶子上的形体。其余的东西，都同样地只是一片黑暗。

德伯弯着腰伏下身去，听到了一种匀称、轻柔的呼吸。他跪了下去，把腰弯得更低，她喘的气暖烘烘地触到他脸上，他的脸也一会儿就触到她脸上了。她正睡得很沉，眼毛上的眼泪还没全干。

昏暗和寂静，统治了四周各处。他们头上，有围场里从上古一直长到现在的橡树和水松，树上栖着轻柔的鸟儿，打那夜最后的一个盹儿；他们周围，有蹦跳的大小野兔，偷偷地往来。但是应该有人要问：哪儿是保护苔丝的天使呢？哪儿是她一心信仰、护庇世人的上帝呢？他是不是像那个好挖苦人的提斯比人说的那另一个上帝那样，正说闲话儿呢？再不正追逐猎取呢？再不正在路上旅行呢？再不睡着了，唤也唤不醒呢？

这样美丽的一副细肌腻理组织而成的软縠明罗，顶到那时，还像游丝一样，轻拂立即袅袅；还像白雪一般，洁质只呈皑皑。为什么偏要在那上面，描绘上这样一种粗俗鄙野的花样，像它命中注定要受的那样呢？为什么往往是在这种情况下，粗野鄙俗的偏把精妙细致的据为己有呢？为什么往往是在这种情况下，绝难匹配的男人却把女人据为己有，或者绝难匹配的女人却把男人据为己有呢？好几千年以来分析道理的哲学，都不能把这种事实，按照我们对于事序物理的观念，给我们解释明白。我们固然可以承认，现在这场灾难里，也许含有因果报应的成分在内。毫无疑问，苔丝·德伯有些戴盔披甲的祖宗，战斗之后，乘兴归来，恣意行乐，曾更无情地把当日农民的女儿们同样糟蹋过。不过祖宗的罪恶报应到儿孙的身上这种道德理论，虽然神学家们可以认为满意，而按普通的人情看，却不值一笑，所以对于现在这件公案，绝对无补。

在这个偏僻的乡村里，苔丝自己家里的人谈论起来，老说那种听天由命的话；现在正像他们说的那种话那样："这是命中注定的。"令人痛心的地方，就在这里了。我们那位女主角从此以后的身份，和她刚迈出她父母家的门坎，到纯瑞脊的养鸡场去碰运气那时候的身份，中间有一条深不可测的社会鸿沟，把它们隔断。[1]

① 本书中*Tess of the D'Urbervilles*的译文出自托马斯·哈代著，张谷若译：《德伯家的苔丝》第2版，北京，人民文学出版社，2003年。人名的译法有改动。

那个好挖苦人的提斯比人是先知、野蛮的以利亚，他嘲笑巴力①的司祭，督促他们说："大声求告吧，因为他是神；他也许正说闲话呢，也许正追逐猎取呢，也许正旅行呢，再不就是睡着了，必须唤醒他。"以利亚的反讽是基于耶和华与拥有人性（太有人性）的巴力之间的极不相称。哈代的反讽绝不是希利斯·米勒从解构的角度期许的那样，尽管米勒令人侧目地暗示说苔丝本人"像是巴力的先知"；耶和华声称他是一个嫉妒心重 186
（或者说，充满热忱）的上帝，如果我们像米勒那样称其为"神圣的复仇欲望"，也是不正确的。毕竟耶和华刚刚发布了第二条诫命，禁止雕刻形象或神像，譬如以利亚嘲笑的巴力。哈代将亚雷对苔丝的"侵犯"与田园式天真的毁灭联系起来，这种联系在他眼中鲜有巴力崇拜或偶像崇拜的成分。他所强调的正是，无论是上帝启示的宗教模式，还是自然形成的宗教模式，没有哪一种能够保护苔丝免受一个多元决定系统的伤害；在这个系统里，唯一的物自体便是贪婪的生存意志，在某种程度上，这种意志本身便是耶和华对饥渴的一代人的诅咒。

《苔丝》中的重复，是叔本华眼中的重复，与后来哈代和弗洛伊德眼中的重复几乎没有差别。被强迫性重复的是一种单一的欲望，它贪婪、冷漠、普遍。就哈代的《苔丝》而言，这种重复的快乐不是阐释性的，不是透视法性质的，因而不是由差异造就，而是性欲感应意义上的受虐狂性质，因而生发于相似的必要性。在这部小说中，哈代审美观的实用主义版本有着施虐与受虐狂的本质特征，可怜的苔丝的悲惨境遇给予读者一种意义不明的重复愉悦。这部作品非同一般的受欢迎度，部分源自其层层揭开苔丝人生悲苦的细腻含蓄和深切同情；苔丝是一个纯洁的女人，拥有纯良的天性，但是也只因为她太过纯真，才会注定多劫多难。诗人莱昂内尔·约翰逊早年研究哈代的专著（1895）在我眼里至今无人超越，他给《苔丝》的解读带来了一种精神：对立共存的雪莱式精神与罗马天主教精神。

> 她是一个思想与情愫都宽厚仁慈的女孩，有着出众的美貌和与生俱来的快乐天性，却被卷入了与严酷生活的冲突之中……外部的世界非常强大；她的良知被蒙蔽，陷入了迷茫；她无私地做过一些

① 巴力（Baal），古代迦南人信奉的生育与自然之神，希伯来人认为它不是真正的神。

> 事，也在绝望中做过一些事。但是，即便在犯罪人类学或病态病理学的研究中，也没有任何迹象表明，她完全是一个毫无责任的自身性情与多舛际遇的受害者。她上过刀山，下过火海，却没能充分利用以努力图强。她可怜，却不可敬。

约翰逊慧眼独具，却或许太像个天主教道德主义者。在普通读者眼里，苔丝既惹人怜爱又让人尊敬，这也是哈代的创作初衷。但是，如果读者通过认同苔丝，从她的苦难中获得受虐的愉悦，这是否值得尊敬？从美
187 学的角度来看，我会给予肯定的回答，但是这个问题仍旧令人不安。当那面黑旗从旗杆上缓缓爬升，我们知道，美丽的苔丝已被处死。我们是否会沉湎于哈代最后的反讽？抑或会经历一种重复的快乐？这种快乐掏空了我们的诠释热忱，却餍足了快乐原则之外的本能。

* * *

托马斯·哈代活到了八十七岁半，他漫长的一生（1840—1928）包括两个单独的文学生涯：作为一个维多利亚晚期的小说家（1871—1897）和作为一个无法界定时间落点的诗人（1898—1928）。表面看来，评论界对《意中人》和《无名的裘德》等哈代后期小说的反应促使他抛弃了非韵文虚构作品，但他其实一直认为自己是一个诗人，到了1897年，哈代有了足够的经济保障，便一心一意投入了诗歌创作。过去一个世纪里，不列颠群岛出现了半打左右的重要诗人，即哈代、豪斯曼[①]、叶芝、D. H. 劳伦斯、威尔弗雷德·欧文[②]和杰弗里·希尔[③]。不过这卷小论文集关注的是哈代最好的几部长篇小说。在这个领域里，他仍可以被视为19世纪最后三十年最重要的小说家之一，如桥梁一般连接着乔治·艾略特、勃朗特姐妹和20世纪早期劳伦斯的小说。

T. S. 艾略特尽管总是出错，在文学评论界却始终拥有很高的声望，他在令人畏惧的论战演讲集《拜异教之神》中抨击哈代，斥责这位小说家兼诗人不相信原罪，这一观点最终成了一条审美标准，因为哈代的文体

① 豪斯曼（Housman），全名阿尔弗雷德·爱德华·豪斯曼（1859—1936），英国诗人。

② 威尔弗雷德·欧文（Wilfred Owen，1893—1918），英国反战诗人，死于一战战场。

③ 杰弗里·希尔（Geoffrey Hill，1932—2016），英国诗人、文学教授。

“尚未经历良好的阶段，便已触及崇高美”。艾略特之所以脱口而出这句欠妥的俏皮话，是因为他已对后新教阶段的哈代做了苛刻的总结：“一个非常强大的人，不因附属于任何机构、臣服于任何客观信仰而受到束缚；不受任何理念的阻碍。”艾略特在机构上附属于英国国教高派教会；他的“客观信仰”是基督教、君权思想以及他所说的“古典主义”，他的“理念”把弗洛伊德和马克思排除在外。

哈代与雪莱、勃朗特姐妹，或与劳伦斯、叶芝同属浪漫主义盛期流派，不能用新基督教意识形态来对他下判断。在我看来，有关哈代的专著中写得最好的是莱昂内尔·约翰逊早期的《托马斯·哈代的艺术》和D. H. 劳伦斯极端无礼的《托马斯·哈代研究》——后者基本上探讨哈代对劳伦斯的影响。迈克尔·米尔盖特撰写的哈代传记仍是最好的一部，但是由于哈代烧毁信件，隐瞒与他人的关系，我们对他的了解仍旧不够深入，无法把他的作品与他的生活融合成为一个整体。显然，哈代的两段婚姻 188
都未能让他得到满足，他毕生深受比他年轻很多的女子的吸引，这一点颇有易卜生和叶芝的感觉。无论是在他的小说里，还是诗歌里，都弥漫着一种强烈的阴郁气息，透着明显的施虐与受虐狂意味。

哈代不像T. S. 艾略特那样附属于某个机构，臣服于某种信仰，他的自由成就并强化了他个人作为小说家的伟大。作为不可知论者的哈代在读到叔本华的作品，并为摧毁其小说主人公的生存意志找到一个名字之前，便已经表现出叔本华门徒的特点。哈代笔下的女人和男人们都受到悲剧性力量的驱使，叔本华笔下的伊莱克特拉、莎士比亚笔下的李尔王和麦克白、托尔斯泰笔下的安娜·卡列尼娜都是这些悲剧性力量的化身。亨利·詹姆斯视哈代为可怜的乔治·艾略特模仿者，他犯了和晚辈T. S. 艾略特一样的错误。D. H. 劳伦斯在《托马斯·哈代研究》中的论述要准确得多。

……[①] 189

最重要的是哈代笔下的女人和男人们身上体现出的悲剧尊严，尽管他们的创造者拒绝给予他们最根本的选择自由。作为一个小说家，哈代

① 此处引文已出现于前文第185—186页，故不再重复。

主要的局限性是他认为意志决定于多种因素，叔本华也持此种观点。实际上，哈代试图对男女主人公保持一种超脱的态度，但他做不到，这正好拯救了他的小说。我回想起自己十五岁时第一次阅读《还乡》，爱上了哈代笔下的第二个女主人公，因此背叛了我的爱人、《林地居民》中的玛蒂·萨乌斯。哈代本人对待游苔莎·维伊的态度模棱两可，不过他在一段同样令人吃惊的狂想曲一般的文字中，称她是女神、夜的女王：

> 游苔莎·维伊本是一副天神胚子。她多少做些准备，就能在欧林坡山上颇能称职地占一席之地。她那种天性、她那种本能，都很适于做一个堪作模范的女神；换一种说法，也就是她那种天性和本能，不大能做一个堪作模范的女人。假使全世界和全人类能暂时都归到她的掌握之中，假使她能把纺线竿、纺线锤和大剪刀……都自由管领，那时候，世界上很少有人能看出来，天道易主，世事变局。那时候，尘世的人类，仍旧要命运不齐，仍旧要永生永世进退维谷，仍旧要先讲宽大，后讲公道，仍旧要或受眷宠，或被谴责，仍旧要祸福无门、忧乐难测，和我们现在的遭际完全一样。
>
> 190 ……[1]

《还乡》出版于1878年，即沃尔特·佩特的《文艺复兴》出版五年之后；佩特对波提切利的维纳斯和列奥纳多的蒙娜丽莎的幻象，显然影响了哈代对魅力非凡的游苔莎的描绘：游苔莎又是一个颓废主义盛期的致命女人，对她的刻画透着施虐与受虐狂的意味。或许在不经意之间，哈代间接指涉了《文艺复兴》“结语”部分里一句令人难忘的话：

> 我们的生命至少还拥有这火焰一般的特质，它只不过是种种力量的汇合，这汇合时刻都在延续，那些力量却早晚要彼此分离，各自飘散。

一个拥有火焰般灵魂的女主人公注定会走向自我毁灭，在我看来，哈代模棱两可的态度是纯粹的防御。哈代与佩特见面时，他非常喜欢神

① 此处作者引用了四段文字，后三段文字在前文第193—194页已译出，这里只翻译第一段，避免重复。

秘莫测的佩特，他们之间的相似点——不只是性情——相当多。我们不会稀松平常地把哈代笔下的威塞克斯看作一个美学领域，但它又是什么呢？佩特的悲剧概念接近于哈代的悲剧概念：两者均间接来源于黑格尔的理念，即这种文学体裁必须重点讲述正确与正确之间的冲突。但是黑格尔不是一个印象主义者，而佩特和哈代有这种倾向，他们共同的传人弗吉尼亚·伍尔夫也是如此。

叶芝说过一段与佩特传统非常吻合的话：“我们的生命肇始于生命的悲剧意识。”哈代不会说出这样的话，但是他相信这种观点，并在小说创作中体现这种观点。《卡斯特桥市长》、《德伯家的苔丝》和《无名的裘德》都是以小说形式写就的悲剧，更接近于莎士比亚悲剧，而不是乔治·艾略特的作品。尤其是《苔丝》，在一定程度上具有莎士比亚悲剧的普遍吸引力，但是观众/读者得到的施虐与受虐满足感又是哈代美学吸引力中一个模棱两可的因素。不过，谁愿意接受《苔丝》换一种面目呢？《苔丝》是哈代田园幻象中最美丽的存在，悲剧性的苔丝是哈代笔下所有女主人公
中最令人不安的一个，因为她也是最让人渴望拥有的一个。 191

亨利·詹姆斯

（1843—1916）

激赏亨利·詹姆斯且颇具批评眼光的读者们竟然称他为美国大作家，甚至是最有成就的英语小说家。第一条论断仅仅忽略了沃尔特·惠特曼，但第二条在一定程度上回避了从塞缪尔·理查逊的《克拉丽莎》到简·奥斯丁再到乔治·艾略特的奇妙传统，还有另一个从菲尔丁到狄更斯再到乔伊斯的文学传统。詹姆斯当然是一位至关重要的美国小说家，他最好的作品完全可以与奥斯丁、乔治·艾略特的作品媲美。他的《一位女士的画像》与《鸽翼》光芒四射，为其前辈作家霍桑无限增光添彩，因为二者是与《玉石人像》一脉相承的佳作，而与他匹敌的美国小说家——梅尔维尔、马克·吐温、德莱塞、福克纳——之所以经得起比较，完全在于他们与詹姆斯迥然不同。因为迥异，福克纳（尤其是在其巅峰阶段）成了与詹姆斯并驾齐驱的对手，尽管持续时长有限；也许，若要在美国小说中寻找非詹姆斯意义上的持久魅力，则需找出那与其对立的游走于《白鲸》及其更为阴暗的后裔《我弥留之际》《寂寞芳心小姐》《拍卖第四十九批》之间的奇特传统。就我们的小说而言，其标准观念发端于《红字》，由亨利·詹姆斯铸造成型，他的灵魂不仅徘徊于显而易见的追随者如伊迪丝·华顿的《纯真年代》及薇拉·凯瑟的杰作《迷途的女人》中，也以更为微妙的方式（因为与约瑟夫·康拉德的光晕融合在一起）影响着菲茨杰拉德、海明威和沃伦等众多各不相同的小说家。显然，詹姆斯与美国小说的关系恰似惠特曼与美国诗歌的关系；两者均是各自领域中爱默生所预言的中心人物——他们会到来，永久性地改变一切，以此庆祝美国的
192 新生。

詹姆斯在我们的小说家中占据中心地位，其中的反讽不言自明，因为他与之后T. S. 艾略特这样分量轻得多的人物一样，虽然出生于爱默生的美国，却放弃了自己的祖国，最终成了英国公民。不过这是一条有用的批

评常识：詹姆斯始终都是最有美国特色的小说家，《黛西·米勒》与《美国人》中流露的独特民族主义情绪在《使节》中也毫不逊色。詹姆斯是一位敏锐但有时执拗的文学评论家，他非常了解我们持续学习与再学习的一切；美国作家可以是爱默生派的，也可以是反爱默生派的，但即便对爱默生持否定态度，也往往在兜兜转转之后，重又回到爱默生所构想的后基督教时代美国的自力更生宗教。公开的爱默生派作家，如梭罗、惠特曼和弗罗斯特，与诸如霍桑、梅尔维尔、艾略特等反爱默生派作家相比，被这位康科德的圣人附体的程度旗鼓相当。也许最受困扰的是那些回避爱默生却从未离弃其辩证氛围的作家，这群作家中有艾米莉·狄金森、亨利·詹姆斯和华莱士·史蒂文斯。

对亨利·詹姆斯而言，爱默生有几分家族传统的意味，但这一点难以解释为何这位小说家写过的关于这位散文家的几乎所有篇什都归于失败。但凡涉及爱默生，詹姆斯总是一副调侃迂就的口吻，很不适合这位有关权力、命运、幻象与财富的美国先知。我揣测，詹姆斯在不知不觉之中把爱默生当成了这位圣人的好友老亨利·詹姆斯，后者被我们不假思索地划为斯维登堡信徒，其实称他是美国诺斯替教的爱默生式抽象理论家更为恰当，但他的声名更接近于（比如）布朗森·奥尔科特[①]，而非《生活的准则》（1860）的作者爱默生。

明智且被奉若神明的爱默生是一位规避大师，尤其是弟子们就个人或心灵问题逼问太急的时候。现在人们之所以记得老亨利·詹姆斯，是因为他是亨利、威廉和艾丽斯的父亲，还因为他那句针对爱默生脱口而出的著名的话："哦，你个没有把手的男人！"对于爱默生，他欣赏，但并不当偶像崇拜。小亨利·詹姆斯则公开称赞爱默生说："总体而言，爱默生的作品根本不是创作出来的[②]，这个评价既不是贬低也不是夸大。"这里的关键词是"创作出来的"，让我想起了史蒂文斯《我们气候的诗》中的美妙一刻：

> 永不安歇的心灵还将存留，
> 因之人会想要逃脱，回到

① 布朗森·奥尔科特（Bronson Alcott，1799—1888），美国教师、作家、哲学家和改革家。

② 原文是"composed"，既可视为动词"compose"的过去分词，有"创作（诗歌）""谱写（乐曲）"等意思，也可视为形容词，有"平静的""镇静的"之意。

193 那早已创作出来的一切。

爱默生的心灵不仅仅是骚动不安，其实是永不安歇，詹姆斯家族的每一个成员也是如此。爱默生的作品从来不是创作出来的，而是常常回到那早已创作出来的一切，回到他的仰慕者尼采所说的人类原初的诗歌，一个我们拼凑起来并称之为宇宙的虚构世界。詹姆斯具有敏锐的洞察力，不可能看不到这一点。他选择无视，因为他需要一个乡土气的爱默生，正如他需要一个乡土气的霍桑，需要一个从不存在的新英格兰：简单，温和，与世隔绝，甚至有点孩子气。

T. S. 艾略特竟然疑惑亨利·詹姆斯为何没把爱默生拆卸开来深入剖析，怀抱这种疑惑的日子已经有惊无险地远去了。但我们应当记住艾略特对作为评论家的詹姆斯的奇特抱怨："即便在评点我们认为他能够游刃有余的人（爱默生或诺顿）时，他的笔触也是含糊的；字里行间流露出一种欲显大度的倾向，一种政治动机，承认（只限于评点美国作家）在当时的情形下，这可能是最好的成品，或该作品具备出色的品质。"这个不太友善的论断不仅把爱默生与查尔斯·艾略特·诺顿相提并论（等同于把弗洛伊德与伯纳德·贝伦松一视同仁），还令爱默生——过去和现在都只是美国的心智——地位骤降，成了顶多能让詹姆斯（和艾略特）屈尊俯就的人物。其中文化论战的意味很明显，而且就艾略特而言，可说是达到了偏执的地步；尽管詹姆斯态度友好一些，但如今也已不再被人接受：

> 他的人生分三个阶段，第一阶段（与大多数男人一样）的特点是变动、试验与选择——当然也有努力与痛苦的见习期。爱默生有想要传达的信息，但他在很长时间内忙于寻找适合自己的形式——恰如他自己也会承认的那样，他不曾完整地找到这种形式，而且很有爱默生特色的是，为了攻击他最薄弱的环节，即他的终身职位最不完备的环节，他的晚年（在这个阶段，他越来越难以找到贴切的字眼）在一定程度上产生了洗劫他的效果。卡博特先生对爱默生青少年时期的描述听上去相当的空洞严苛，给我们的印象是他的选择余地少得可怕。如果他不愿做农夫或商人，他可以"教书"；这是这位新英格兰年轻人的主要资源和通识教育进程的一部分，他建议自己献身于

与心智相关的一切。然而,这种贫乏也有一个好处:至少就爱默生而言,他的确对与心智相关的一切进行了深入的思考,令人叹服。如 194
果他的卓越之处及特殊标志在于他的道德生活概念比他人更为生动,那么这在一定程度上归因于他看到的对我们生活能力的展现很有限,此种说法可能并非异想天开。他置身其中的那个社会朴实无华、敬畏上帝、讲求实际,并非变化多端:那个社会人才济济、充满活力,却完全朝着简单直接的方向行进。后来在三个场合——三次欧洲之旅——他被领入一个更加复杂的世界;但是他的精神、他的道德品位可以说始终停留于不事雕琢的青年时期。在那里,他安之若素,带着成熟的与恶相关的无意识,这是我们借以了解他的最美丽的标志之一。他的早期作品充斥着对当时当地恶行的奇特谴责,他的责难似显含糊、轻快,流于泛泛之谈,却又无比迷人。他能说出的最难听的话便是,这些恶行是消极有害的,他的老乡们并非英勇无畏。我们感觉他的第一印象源于这样一个社群:不幸与奢侈,以及极端的不幸或极端的奢侈,不论哪一种,都不存在。五十年前新英格兰的生活能向这位观察者提供的是普通人的命运,恰如无色差的图画,没有特别的明暗对比度。从这些平常的、只具代表性的喜悦与伤悲中,他进而加以归纳概括——这一点也许在一定程度上能够解释他的罗列为何显得有点单薄和不足。不过这一点也有助于解释他对灵魂的幻象为何直接而亲近——并非体现于它的情感、它的扭曲与变态,而是它那被动的、裸露的但健康的形式。他了解人的本性,了解人性危险的悠久历史;但我们感觉尽管他能明确指出解救的方案,它们大多惯常置身于美德与精神的幽深处,他对混乱的熟悉程度只限于道听途说,不甚了解。读者可能太多嘴,但的确需要一些智谋和匠心,才能密切追踪他的天赋与历史上俭朴、恭顺、快乐但贫瘠无疑的波士顿之间的对应关系,那里处处可见人的意志,却几乎没有坚实的支撑,恰似一个没有反对派的内阁。

我似乎不可能对他的天赋提出异议——我指的天赋是视品格为真实且至高无上的存在。其他作家已经做出了更加完整的表述:比如,华兹华斯和歌德给人的感觉是找到了他们的形式,但我们始终觉得爱默生仍在寻找他的形式。然而,就抱负和独立而言,我们 195

> 的要求是什么，我们有能力达到何种程度，爱默生提出了最恒定、最自然的设想。在爱默生看来，这从来都是与道德经历相关的特殊能力——永远如此，只是如此。不知何故，我们总觉得生命从未收买爱默生，诱使他观察灵魂以外的任何事物；而且，他成长和生活的那个世界里，几乎不存在贿赂与诱饵、诱骗与奖赏。他身处一个令人羡慕的位置，有利于展示他一贯以来力图展示的主张，即奖赏位于内心深处。当时在新英格兰能够这样做的人都有把握取得成功，获得听众和共鸣：当然，最主要的原因在于他们的做法带着神圣的说服力。而且，爱默生的做法令其魅力倍增——面对面的口头表达，用他那一副令人无法抗拒的罕见嗓子，还流露出怡人的柔和而适度的权威感。如果阿诺德先生惊讶于爱默生竟是一个如此一般的文人，我觉得那是因为给他留下更深刻印象的是另一个事实：爱默生是一个演说家。当演说辞从爱默生的嘴里说出来时，其中粗俗的部分——让人想到强光与大刷子——被涤荡得最为彻底；因此他的演说远非庸俗化，而只是把深奥的内容说出来让人听见；他没有照搬绅士们在讲坛上的一般做法，把小众当大众，而是把大众当小众。爱默生能让如此多的人明白这一点，这样的社会可能一时无两；因为我们越读他的作品，对他的听众越有好感，真怀疑其他地方是否会有如此关注道德的听众。应该铭记的是，1847—1848年间的冬天，爱默生第二次到访伦敦时，在这里和其他城市赢得了很多听众。卡博特先生的书中罗列了充分的例证，足以证明爱默生向一个几乎只在道德世界里寻求娱乐、回报与慰藉的种族所提供的满足，以及据说他曾承诺的愉悦与启示。不过爱默生自己的作品更为充分；每翻一页，几乎都能找到例证。

詹姆斯竟然认为爱默生的“卓越之处”及“特殊标志”在于“他的道德生活概念比他人更为生动”，这令我感到震惊，除非“道德生活”在这里的意义完全是詹姆斯式的。我宁肯这样说：詹姆斯小说的卓越之处
196 及特殊标志在于它所传达的道德生活概念非常生动，连简·奥斯丁或乔治·艾略特都达不到这个程度。詹姆斯关注世态人情，爱默生对道德规范的关注并不比他强烈很多；权力、自由与命运是爱默生的主题。至于

詹姆斯在爱默生那里发现的“成熟的与恶相关的无意识”，我却没有发现，尽管过去的二十年里我几乎天天阅读爱默生的作品；这让我想起了叶芝晚期所写的评论雪莱《解放了的普罗米修斯》的文章。叶芝声称，他这位怀疑成性但充满激情的前辈固然是一位伟大的诗人，却不可避免地缺乏**关于邪恶的幻象**。詹姆斯与叶芝的大尺度误读，之所以不可避免，是因为他们都想借此举为自己腾出更多的空间。

尽管我生怕爱默生名誉受损，但仍能认识到，没有哪位评论家能像詹姆斯那样看到和说出爱默生最大的优点：“就抱负和独立而言，我们的要求是什么，我们有能力达到何种程度，爱默生提出了最恒定、最自然的设想。”也就是说，只有詹姆斯能做到这一点，因为那正是伊莎贝尔·阿彻尔对抱负和独立的追求，而她对抱负和独立的设想颇得爱默生的真谛。“道德世界”是詹姆斯的词汇，也是詹姆斯强调的重点。而爱默生强调的重点，在我看来，比詹姆斯的要务实得多。1904年，在自我流放二十年之后，詹姆斯回到美国访问，他去了康科德，并在《美国景象》中记录下他的印象：

> 这既奇怪又奇妙，所有这些参观方式都是我们对“康科德学派”进行思考并深受感动的最后的好方法，我承认，我在这里用了一个无甚大用的表述，或者我应该不容置疑地说，如果爱默生与他们之间几乎长达一生的联系不存在绝对和必然的话，那才叫奇怪。当我们把魏玛也“硬拉进来”，我们也许会笑一笑，但从我的角度来讲，我承认我更满意“美国金钱”社会里跟歌德和席勒对等的那一对幸福的师友。对于前者和后者钱都是一样多，如果歌德代表金，席勒代表银（撇开对这两种金属的偏见不讲），我发现爱默生和梭罗之间也保持着同样的良好关系。我打开爱默生的作品就可以找到我打开歌德作品所要找的好东西，那感觉就仿佛是进了一个硕大的知识空间，在那里到处是智慧和诗歌的甘泉，它们从岩石上喷射而出，泉水晶莹剔透，人们举杯畅饮；不论我打开梭罗的作品寻找什么，我打开其作品的次数比打开席勒的作品次数要多。这就回到了我们的感觉：爱默
> 生拥有旷世奇才，所以才能让关注他的人们如饮甘泉。美国文学的 197
> 第一位精灵、第一位真正罕见的精灵，在一个树木葱茏、流水潺潺的地方度过创作生涯，这么长时间置身于一个社会关系、特性，尤其是

> 兴趣都和谐一致的地方，不可能不产生这样一种影响，即把某种不可磨灭的东西传达给它。在他长长的一生中，这是他直接接触的具体的自足的世界；这里给予了他最贴近生活的视野，我们发现他一半的意象取自这里四季的循环和风俗的巡演。我没有提另一半的意象，他取自其他地方。今天，令人艳羡的是，我们似乎仍能从这些意象中看到它们所代表的事物，就像黄昏时分身形模糊的小鸟，扇动着翅膀飞回自己的巢。如果你到达了一个“生命的阶段”，你最少已经听过他演讲；我在那儿，没有一片褐色的树叶向我掉落，不是以爱默生式的姿态落下。[①]

这是对怀旧情思的美妙探究，让我们获知詹姆斯与爱默生的真实关系，这种关系有悖于**T. S.** 艾略特的观点。我们了解威廉·詹姆斯的核心思想有多少采自爱默生，尤其是后者的论文《经验》，可说是实用主义的源泉。亨利·詹姆斯受益于爱默生的程度不亚于威廉·詹姆斯。《一位女士的画像》谈不上是爱默生式的小说；也许《红字》更接近于这一状态。然而，伊莎贝尔·阿彻尔是爱默生的女儿，恰如兰巴特·斯特瑞塞是爱默生的子嗣。即便亨利·詹姆斯的鬼怪故事也弥漫着爱默生式的氛围。

《使节》

詹姆斯视《使节》为自己最好的作品。用重读的简单方式检验之后，我发现我更喜欢《一位女士的画像》和《鸽翼》，甚至还有《波士顿人》。诚然，评论家们在《使节》中看到的与小说相关的优点并非无中生有，但这些优点过于显而易见了。这部小说构思精巧，堪称艺术控制的典范，可是斯特瑞塞与伊莎贝尔·阿彻尔及米莉·锡尔是同类人吗？最好的读法便是把他当作詹姆斯的《一位绅士的画像》。每一个善良的读者都会欣赏斯特瑞塞，认为他富有同情心，但随着岁月的流逝，他似乎越来越容易从记忆中溜走。我认为，这是因为他没有给予我们足够的悲痛；对我们

---

① 本书中 *The American Scene* 的译文参考了亨利·詹姆斯著，容新芳、杜曼译：《美国景象》，海口，海南出版社，2002年。有些地方做了改动。

而言，他的故事并不痛苦，而伊莎贝尔的故事却是痛苦异常。伊莎贝尔，兼具爱默生式和佩特式特质，但在其内心深处还有早期最强烈的那种新教意志力，其强烈程度赶得上多萝西娅·布鲁克，不过比不上她们共同的前辈克拉丽莎·哈娄。然而，刘易斯·兰巴特·斯特瑞塞被剥夺了英勇 198
运用这种意志的任何可能，因为詹姆斯甚至不让他坠入爱河，或许只与那位过于象征性或理想化的德·维奥内夫人有些许暧昧。

亨利·詹姆斯的艺术方方面面、点点滴滴都带着令人惊艳的深思熟虑的痕迹，这就是说，《使节》在内容与形式上的失衡正是詹姆斯甘冒巨大风险的特异方式，光是那些巨大的风险，便足以构成他的创作特色，令他功成名就。斯特瑞塞的使命是把查德从德·维奥内夫人手里拯救出来，可是查德值得拯救吗？查德最好的地方是对于斯特瑞塞的哈姆莱特来说，他成了霍拉旭，故而成了读者欣赏斯特瑞塞的代理人。然而，霍拉旭只是一个有特权的外人，在艾尔西诺城堡的王宫里飘游，他的辉煌命运便是幸存下来，讲述哈姆莱特的故事。查德会回到乌勒特市，兴致盎然地担当广告艺术的开拓者，以把纽瑟姆家族产业生产的那件家居产品的使用和利润提高到一个想象不到的高度。这反讽中的反讽固然很好，属于浪漫传奇盛期或浪漫主义盛期的范畴，但当斯特瑞塞对无限善解人意的玛丽亚·戈斯特利说："那么我们都说对了！"[①]小说以此作结时，即便是亨利·詹姆斯的喜剧感也无法阻止读者产生一定的倦怠感。

文学艺术中的题材无关紧要，这是詹姆斯不折不扣加以运用的原则，后来成为形式主义的一个原则。毕竟用任何反讽的眼光来看，《伊利亚特》很像莎士比亚尖酸刻薄的悲剧《特洛伊罗斯与克瑞西达》，其题材是身体强壮、自负虚荣的部落首领为占有妓女海伦或这个、那个女俘而发生的争执。这不是荷马的《伊利亚特》，《使节》也并非讲述兰巴特·斯特瑞塞的教育，直到最后他能够提醒小彼尔汉姆（我们烦透了这个"小"字！），生命的意义在于我们必须**活过**，才有点教育的意味。**看着**便是活着，对斯特瑞塞是如此，对詹姆斯也是如此，甚至对卡莱尔、罗斯金、爱默生、佩特，都是如此。

"印象主义"作为一个文学术语，并没有很大的用处，因为即便是佩

① 本书中*The Ambassadors*的译文均出自亨利·詹姆斯著，敖凡等译：《使节》，成都，四川人民出版社，1998年。

特，也不是绘画领域的印象主义者。斯特瑞塞**看见**的，不过是本来就有的，这些本来就有的，看起来像是损失，近似于佩特意义上的损失。詹姆斯的审美标准与佩特有不同之处，但斯特瑞塞的幻象跟佩特的幻象是否容易分辨，我却不敢如此肯定。当斯特瑞塞在戈洛瑞阿尼的花园里体验到危机（或显灵一般的顿悟）的时候，我们仿佛置身于佩特和尼采的宇宙，在那个宇宙中，生命作为一种美学现象才会合情合理。斯特瑞塞刚刚第一次见到德・维奥内夫人："她身着黑衣，在他看来，那衣服轻软而透光；她皮肤白皙，身材也极其苗条，但她的脸却是圆圆的，双眼分得很开，
199 而且显得有点古怪。"也许这就是一见钟情，而德・维奥内夫人本人当然便是显灵。爱默生派或佩特派信徒应该会注意到"她身着黑衣，在他看来，那衣服轻软而透光"这一描述，它其实是《使节》核心段落——斯特瑞塞对小彼尔汉姆说的那段著名的话——的前奏：

> "不管怎样，对你说这些话永远也不会太晚，而且我认为你没有失掉机会的危险。在这个地方，所有的人都强烈地要求自由并注意到时光的飞逝。不管怎样，不要忘记托天之福。你还年轻，你应该因此而感到高兴，并且不辜负青春时光。你可要尽情享受人生，如果不这样便是大错特错。重要的不在于如何享受人生，只要享受人生就行。如果你从未享受过人生，那么你这一辈子还有什么意义？这个地方以及查德和在查德那里见到的人予人的印象尽管有点平淡无奇，但总的说来对我还是有所启迪，并深入我的内心之中。我现在明白了，我以前没有尽情生活。但现在我已经太老了，明白这一切已为时过晚。哦，至少我确实明白了，其程度超过你所认为的或我所能表达的，一切都太晚了。就像是火车在站上老等我，而我却傻头傻脑地并不知道它在那儿。现在我才听到若干英里之外传来的逐渐消失的汽笛声。一旦失去便不可弥补，你可千万不要犯这样的错误。这事儿，我指的是生活，对我来说不可能有所不同。它至多只是一个锡制的棋子，或者凸凹有致，具有装饰的花纹，或者平滑简朴，把一个人的思想犹如毫无自主能力的果冻一般地装进去。其结果就像大厨师们说的那样，使人的思想依样'成形'，并或多或少地受到模子的禁锢。总而言之，一个人只能按照他固有的方式生活。好在一个人还有自

> 由的幻象，你可千万不要像今天的我这样，连幻象的记忆都没有了。在该享受人生的时候，我却因为过于愚蠢或者过于聪明，错过了大好时光。我真不知道是什么原因。当然，目前我正在对这个错误进行反省，但一般说来，反省之后所说的话总得打些折扣。然而这并不会影响你生逢其时这一看法。不管什么时候，只要一个人能有幸把握机遇，那么这个时机就是最好的时机。你有很多的时间，这是再好不过的事。你这么年轻幸福，真令人羡慕得要死。千万不要愚蠢地错过机会。当然我并不认为你是一个傻瓜，要不然我也不会说这些分量如此重的话。只要不犯类似**我**这样的错误，你想干什么就干什么。 200
> 因为这的确是一个错误。享受人生吧！”……斯特瑞塞上面这番话说得很慢，语气很友善，有时停顿，有时一气呵成。小彼尔汉姆注意地倾听，样子变得越来越严肃。其结果是这个年轻人变得过于严肃，以至于有违说话人试图造成无拘无束的欢乐气氛的初衷。他注意到自己这番话的后果，随后把一只手放在听者的膝上，仿佛想以一个恰当的笑语作结：“现在我要不眨眼地瞧着你了。”

自由时光的飞逝便是斯特瑞塞版本的佩特名言：“我们只有一段间歇期，然后我们就从这里销声匿迹了。”后者评述的是维克托·雨果的话：“我们都是被判无期徒刑的人。”佩特的问题是我们将如何度过那段间歇期，他的答案是借助艺术加以铭记的感知与感觉。斯特瑞塞并非因为佩特是**看见**的理论家才没有提出疑问，但斯特瑞塞**的确**看见了，而且一直以来都是如此，但他在道德方面过于敏锐，错过了在正确的时间产生自由的幻象。然而，“不管什么时候，只要一个人能有幸把握机遇，那么这个时机就是最好的时机”。詹姆斯说五十五岁的斯特瑞塞上了年纪，但即便在1903年，这个岁数也未必是上了年纪。斯特瑞塞恰如佩特的蒙娜丽莎，比他置身其中的岩石还要古老；或者说他像尼采的爱默生：“他不知道他已经有多老了，或者，他不知道他将会有多年轻。”詹姆斯对尼采这个悖论的表述少一些机智，多一些美式实用主义的成分。斯特瑞塞很像爱默生，是一个富有想象力的人，“获得的经验远远多于他的冒险经历，根本不成比例”。其实斯特瑞塞没有过去；他凭直觉成了一个爱默生信徒，知道没有历史，只有传记。斯特瑞塞在德·维奥内夫人身上看到的一切，就是佩特在列奥纳多的蒙娜丽莎身上看到的一切（这个观点得益于F. O. 马西森）：她是女神，是仙女，是女人中的女人，无限微妙，变幻无穷。

然而，如果斯特瑞塞爱上了他的幻象，他的爱恰似佩特的爱或亨利·詹姆斯的爱，完全是一种美学现象。我们不会期待斯特瑞塞取代查德成为德·维奥内夫人的情人，恰如我们也不会期待他与乐于助人的玛丽亚·戈斯特利安定下来，更不会期待他回到乌勒特后与纽瑟姆太太结婚。令人难过的真相便是，这三位女士，即便是美得不够真实的德·维奥内夫人，都配不上刘易斯·兰巴特·斯特瑞塞，恰如杜歇、沃伯顿和戈德伍德都配不上伊莎贝尔·阿彻尔。至少斯特瑞塞不必忍受一个女版的奥
201 斯蒙德，不过既然如此，他也几乎不会成为一个跨越各个时代的继承人。斯特瑞塞是小说家亨利·詹姆斯的代理人，詹姆斯在自己的所有小说中，不可避免地最为钟爱斯特瑞塞这个精神自画像。

《一位女士的画像》

霍桑《红字》中的海丝特·白兰永远霸占了美国夏娃的角色。在论述霍桑的那本小书里，亨利·詹姆斯对自己这位真正的美国前辈既屈尊低就又闪烁其词，在写乔治·艾略特的时候也是如此。詹姆斯与这两个人太接近，接近到了不够舒适的程度，以至于我不得不思虑再三才冒险写下这句陈词滥调。詹姆斯对《红字》的贬低实在是臭名昭著，不过这并不影响两三位评论家注意到两个对等的情节：白兰最终回到波士顿，伊莎贝尔决定回到她选的可怕的丈夫奥斯蒙德身边。

把海丝特和伊莎贝尔进行比较是非常有趣的事情，因为在我们的想象性文学中，她们始终是美国女性最重要的形象，但她们之间的差异最终超越了她们之间的相似。海丝特当然更了不起，因为她更大胆，更勇敢，她的处境也更加极端，更加戏剧化。她拒绝承认丁梅斯代尔是她的“罪孽”伙伴，公然反抗波士顿清教当局及其神权政治。更重要的是，在内心深处，她从未向他们妥协，她的自我肯定令人叹为观止。从美学角度来看，她也有一些胜过伊莎贝尔·阿彻尔的地方。尽管伊莎贝尔容貌美丽，很惹人爱，但她对爱的体验有限：像姐妹一样爱拉尔夫·杜歇，像继母一样爱奥斯蒙德与梅尔夫人的女儿帕茜。丁梅斯代尔的确不够优秀，但他

激发了海丝特非同一般的激情；海丝特每次出现，都会散发出性魅力，而伊莎贝尔却从古德伍兹火热的欲望逃离。卑劣的奥斯蒙德——伪君子、假美学主义者、傍富婆的软饭男——与海丝特的丈夫、魔鬼一般的齐灵渥斯比起来形象萎缩。如果你再加上海丝特不容置疑的另一个身份，即刺绣艺术家，与她对比鲜明的是伊莎贝尔没有任何特长或职业，如此一来，霍桑的夏娃比詹姆斯的夏娃要出色得多。

然而，伊莎贝尔·阿彻尔完全能够承受住与其前辈的比较。和许多读者一样，霍桑爱着海丝特：我们甚至可以说，他渴望得到海丝特，因为他把她塑造成了欲望的形象。可是，霍桑与海丝特保持着距离，而詹姆斯却可以套用（虽然他不会这样做）福楼拜说爱玛·包法利的话说："我就是伊莎贝尔·阿彻尔。"福楼拜满怀关爱地谋杀了爱玛，如同托尔斯泰怀着一腔爱恋谋杀了他的安娜·卡列尼娜。詹姆斯像保全自己性命一样保全了伊莎贝尔的性命，只是毁掉了她的生活，但这不是詹姆斯做出的判断，伊莎贝尔自己将其反转，作为一种可能的判断。她回到奥斯蒙德身 202
边，为的是宣告她的自助自立，其实就是为她的自我身份建构一种持续性。让我深表好奇的是，我并不抵触海丝特回到波士顿，也不憎恶她的红字，但对于伊莎贝尔回到奥斯蒙德身边，从美学角度来讲我赞同，从人性角度来看，我却既怨恨又哀伤。詹姆斯已经清晰明了地暗示，在双方许可的前提下，奥斯蒙德与伊莎贝尔之间的性关系早已停止，故而我们不会把伊莎贝尔看作一个性牺牲品。我们也不认为戈德伍德或沃伯顿配得上伊莎贝尔：詹姆斯没有提供一个能够替代奥斯蒙德的人，拉尔夫·杜歇身体太虚弱，很快就要去世了。一个大谜团始终解不开：无论我们多么明白从美学方面和精神方面来看伊莎贝尔的决定不可避免，我们如何才能从情感上接受？她最初选择奥斯蒙德便足够令人惊骇了；她的回归违背了我们的公正感，拉大了我们与她的距离，尽管我们对她的关心非常强烈。

《红字》是一部浪漫传奇，与沃尔特·司各特爵士的《艾凡赫》同属一种体裁。《一位女士的画像》是巴尔扎克式的小说，奥斯蒙德和梅尔夫人的行为动机均与金钱利益有关，这在海丝特、丁梅斯代尔和齐灵渥斯的世界里是荒诞不经的。小说中的自由与浪漫传奇中的独立是非常不同的。海丝特和伊莎贝尔的确都是爱默生的女儿，但伊莎贝尔更社会化，更合群。詹姆斯肯定会辩解说，伊莎贝尔在意识上比海丝特有显著的提升，在小说的结尾尤其如此。伊莎贝尔必须更加懂得人情世故，可是我们会怀疑，她对自我身份的强调，她对她所订立的人生契约的坚持，是否以牺牲他者性为代价？毕竟卑劣的奥斯蒙德几乎不是她关切的对象，而拉尔夫·杜歇去世了。海丝特友善对待被社会排斥的女性同胞，深入思考人与人之间爱的本质，她的意识至少同样丰富。

伊莎贝尔离我们更近，也许不光是历史时间的缘故，还因为海丝特有一种悲剧性的高贵。在情感的细腻与追求的高雅方面，伊莎贝尔远远胜过我们大多数人；然而，她又是我们中的一员，判断力很差，看似最幸运的时候偏偏遭遇不幸。这可能可以解释如下现象：受过教育、貌美如花的美国女性比以前任何时候都有选择的自由、堕落的自由，在这样一个社
203 会里，《一位女士的画像》与我们日常生活的每一天关系更近。

凯特·肖邦
(1851—1904)

《凯特·肖邦全集》(1969)只有两卷。她生前出版了两部长篇小说,我没读过的《咎》(1890)、现已备受赞誉的《觉醒》(1899),以及两部短篇小说集,《河口人们》(1894)和《阿卡迪亚之夜》(1897)。这些深受莫泊桑影响的短篇小说品质参差不齐,但即便写得最好的也无足轻重。《觉醒》是一部有瑕疵但很强劲的小说,如今在女性主义评论家眼里享有很高的地位,不过我认为她们中有许多人误读了这本书,论点不是十分站得住脚,因为这本书的立场与女性主义无关。这是一本惠特曼式的作品,极具惠特曼的风格,不仅通过多种方式呼应他的诗歌,更重要的是它的情色视角,非常自恋,甚至喜欢自慰,像极了惠特曼的真实模式。作为这部小说的中心情节,性觉醒涉及一种自恋性质的自我投资,形成了女主人公新的自我。不幸的是,她没看明白她的激情针对的是自身,这个错误也许最终毁了她。

为了避免读者以为我在讽刺挖苦,这里我首先声明:反讽谈不上是我擅用的修辞手段;而沃尔特·惠特曼在我眼里始终是最伟大的美国作家;我仍然欣赏《觉醒》,虽然读第二遍时这种感觉略逊于读第一遍的时候。这部作品的缺点大多与辞藻有关;肖邦没有驾驭文体风格的能力。作为叙事,它不是简单,而是过于简单化,其中的人物没有值得记住的特点。作为一个作家,肖邦的热情浪费在我们本该期待惠特曼的女弟子才会深切关注的事情上,即自我的极乐式再生。由于肖邦创作的不是美国史诗,也不是美国挽诗,而是关于日常家庭生活的小说,自然主义的成分多过浪漫主义,裂缝便难以避免。福楼拜的形式无法承载爱默生——也 204
许可称他为肖邦的文学祖父——所说的伟大的不断成长的自我。然而,肖邦作为一个姗姗来迟的超验主义者,敢于冒险进行试验,爱默生所说的新奇突破了肖邦所选形式的束缚。我认为这是这部小说最强有力的地方,当然也是它在形式上的弱点。

《觉醒》

作为男人的沃尔特·惠特曼无疑贪求他所说的伙伴之爱，但作为诗人的沃尔特·惠特曼只有在对自己充满欲望时才会用修辞性的语言说服我们。更准确地说，粗人、美国人、《草叶集》中的自我沃尔特·惠特曼贪求沃尔特·惠特曼的“真实之我”或“我自己”。当肖邦笔下的女主人公埃德娜开始渴求她的真实之我，她的我自己，她在某种程度上变成了一个粗人、一个美国人。因此肖邦的《觉醒》触怒了1899年的评论者，恰如《草叶集》1855年第一次出版时便触犯众怒，一直持续到惠特曼去世，而且如果今天我们把这部作品解读为希腊诗人品达[①]那样的对手淫的歌颂——事实的确如此——读者的忿怒依然不会消停。和沃尔特一样，埃德娜爱上了自己的身体，她迷恋不够好的罗伯特，实际上是掩护她那不能自已的执迷，即照料自己、呵护自己。在某个层面上，肖邦必定清楚笔下人物极端令人不齿，不过这个层面并不明显，这部作品的感染力就部分来自它否认了最隐秘的信息。肖邦当年的评论者们并不愚蠢，现在一些女性主义者动辄谴责他们，这是肤浅的做法。一位名叫弗朗西丝·波彻的评论者模糊但准确地感觉到埃德娜的欲望针对的是自己，以下是其评论（发表于1899年5月4日《第九面镜子》）中的一个重要段落：

> 它呈现的不是灵魂解剖的怡人场景，你想认为它是什么就是什么吧；所以，尽管最后她自杀了，或者说，她让自己被海水吞没，我们觉得这不是被日益复杂化的各种责任所迫、负累过重的精神绝望所致，而是因为她认识到她亏欠孩子，她无法摆脱，她不够坚强，无法面对这个问题。此外，我们更强烈地感觉到，她把自己全部的身心奉献给那个男人，这个男人太爱她，以至于不把她的话当真；“她意识到总有一天，罗伯特以及自己对他的思念都会从她的生命中消失”，她觉醒了，了解到自己灵魂深处变化多端、反复无常、不可信赖，在那里隐
> 205 藏着一个警觉、强悍、残忍的恶魔，名叫激情，它全是肉欲，全是与俗

① 品达（Pindar，约公元前518—前438），古希腊抒情诗人。

> 世相关的一切。还不如躺倒在碧绿的波浪之中,在古老海洋的亲密怀抱中沉没,于是她这样做了。

这里,“灵魂深处变化多端、反复无常、不可信赖”这个拟人句不管在多大程度上缺乏原创性,它显然更多的是指埃德娜的身体,而非她的灵魂,而她内心深处最为“警觉、强悍、残忍的”部分显然是她对自己的激情。埃德娜在爱中死去的方式有着瓦格纳歌剧的元素,但又更具惠特曼的特色,让人想到《最近紫丁香在前院开放的时候》中孤独的歌者或隐士画眉鸟吟唱的死亡之歌。埃德娜出入于惠特曼《睡眠者》中那样浓重的充满肉欲和性意味的氛围,只有当惠特曼那种真实之我或我自己死去了,也许埃德娜才算是真正地死去了,淹没于与她的身体无法分辨的另一个身体,那个身体属于母亲,属于死亡,属于海洋,属于夜晚,这样的夜晚充盈着自恋的爱的梦境,这种爱能弥补自我的各种损失,使其恢复完好无缺的原样,这种爱能完全治愈原初的、自恋的伤痕。

桑德拉・M. 吉尔伯特是我心目中最有成就的女性主义评论家,她把《觉醒》解读为一种女性的修正,修正对象是男性审美对阿芙洛狄忒再生所编织的白日梦。我想修正吉尔伯特的观点,但只提一点:她所列举的这种白日梦——主要出现在但丁・加布里埃尔・罗塞蒂、斯温伯恩、佩特和王尔德的作品里——并不比肖邦的幻象缺少女性色彩,而且出乎意料的是,与肖邦版本的神话相比,他们的版本更具女性主义色彩。无论如何,就自慰这个领域而言,在隐喻的层面上,男性预言家与女性预言家之间没有很大的差异,所以肖邦对埃德娜精神自我满足的再现与惠特曼孤独中的极乐相比,并无本质上的改变:

> 埃德娜独自待在小侧室里,她解开衣服,脱去外面的衣裙。她洗了脸,又洗脖子,接着把胳膊泡在脸盆中。脸盆放在两扇窗户之间的洗脸架上。然后她脱掉鞋和长袜,四肢舒展,躺在那张高高的洁白的床中央。在这样奇特的大床上休息,床垫和被单间弥漫着乡间特有的月桂芳香,那感觉真是无比惬意!她伸直了微微酸疼的结实的四肢。她用手指缓缓梳理着松开的头发。她抬起胳膊,揉完一只再揉另一只,她瞧着丰满的臂膀,仔细观察起来,仿佛这是她第一次看

> 见自己的肌肤有这么结实的质地和细腻的纹理。她把两只手握在一
> 206 起，舒服地搁在头顶上方，就这样睡着了。

埃德娜观察着“自己的肌肤……结实的质地和细腻的纹理”，仿佛发现了新大陆一般。此时的她继承了惠特曼的衣钵，这个惠特曼声称：“如果我崇拜一样事物超过另一样，那一定是我的伸展的身体，或其中任何一个部分。”1899年，大多数读者都做不到的是，肖邦似乎已经懂得了惠特曼使用关键意象符木（tally）的用意：“我的知识是我的身体活着的部分，它和万物的意义符合一致。”作为诗人喉舌的情色意象，符木遵循爱默生消极的**补偿**法则：“有得必有失。”如果埃德娜觉醒后，意识到了自己对自己身体的激情及其情色潜能，那么她也必须接受符木对她死亡的计量。

* * *

刘易斯·利里等学者已从一些方面探究过惠特曼对《觉醒》的影响，不过由于这种影响并不总是昭然若揭，而是常常被压抑至幽深处，故而还有值得发掘的地方。在第4章[1]，埃德娜第一次对“大海永不止息的涛声”产生情感上的反应，丈夫的不足并不代表他对她不好，但与大海的母性气息对比鲜明，这令她泪如雨下。在第6章结尾，惠特曼式海洋的声音与埃德娜的自我觉醒直接联系在一起：

> 大海的声音魅惑无穷；它从不停息，或窃窃私语，或热闹喧嚣，或轻声呢喃，召唤着灵魂在孤独的深渊中游走；在内心冥想的迷宫中沉迷。
>
> 大海的声音触动人的灵魂。大海的怀抱柔软、亲密，紧紧抱住人的身体，它的触摸令人无比愉悦。

以上可见惠特曼清晰而明显的影响；因为受到抑制而更为微妙的影响是一种惠特曼式的氛围，凯特·肖邦将针对母亲身份的矛盾心理与之相联系。惠特曼的兄弟姐妹大多人生不顺，自打有能力开始，他便既当爹

① 这里作者可能记忆有误，应该是第3章。

又当妈一样地照顾他们，但他很多写得最好的诗歌都表达了一种对父亲身份和母亲身份的矛盾心理。《觉醒》的结尾饱含歧义，相当有力，这种力量也与惠特曼有一种隐蔽的联系。埃德娜与罗伯特互诉衷肠、表白心迹之后，告别罗伯特，前去照看产前阵痛的好友阿黛尔：

> 埃德娜开始感到不安。隐约有恐惧袭上心头。她自己有过同样的经历，但它似乎早已远去，遗忘了一半的细节，很不真实。她模模糊糊地记起了阵痛的癫狂，记起了氯仿的刺鼻气味，记起了那种泯 207
> 灭一切知觉的昏迷状态，记起了苏醒过来后发现她刚生下的一个小生命，人山人海、人来人往的世间又多了一个小生命。
>
> 埃德娜开始觉得自己不应该来；这里不需要她。她本该找个借口不来；她甚至可以找个借口现在离开。可是，埃德娜没有走。她的内心充满焦虑，目睹了整个生产过程的痛苦和折磨，对自然之道的厌恶如火焰般燃烧，不吐不快。
>
> 事后，埃德娜俯身吻了她的朋友，轻声地跟朋友道了再见，此时她依旧有些目瞪口呆，说不出话来。阿黛尔紧紧贴着她的脸，用透着疲惫、细若游丝的声音说："想想孩子，埃德娜。哦，想想孩子！别忘了他们。"

上述文字透露出对女性生育这个自然属性的抗议，这一点基本不容置疑，但"人山人海、人来人往的世间"分明又透着怪异的麻木。肖邦向我们展示了埃德娜正意识到自己失去了个性，意识到自己最想坚持自我，但同时也明白生存意志向来自行其是，乃至牺牲个体意志，这里除了惠特曼的影响，也可见叔本华的影子：

> 在那个不眠之夜，无边的失望笼罩着她，无计可逃。这个世界上没有她渴求的东西。除了罗伯特，她不希望任何人留在身边，她甚至意识到总有一天，罗伯特以及自己对他的思念都会从她的生命中消失，只剩她孤身一人。孩子们幻现在她的眼前，像是征服了她的敌人；他们制服了她，试图让她在有生之年遭受灵魂的奴役。但是她知道如何躲开他们。她向海滩走去，脑海里没有任何杂念。

> 大海在她面前伸展开来，太阳洒在海面上，泛起点点粼光。大海的声音魅惑无穷，它从不停息，或窃窃私语，或热闹喧嚣，或轻声呢喃，召唤着灵魂在孤独的深渊中游走。埃德娜沿着白色的沙滩，来来回回走动，放眼望去，看不到任何活着的东西。只有一只羽翼受伤的鸟在空中飞翔，晃晃悠悠地盘旋着，拍打着翅膀，最终无力地回旋着坠落，落入了海水之中。

按照叔本华的理论，必须借助一种特定的哲学冥思才能防止灵魂遭
208 受奴役，惠特曼却认为只有借助一种危险的与夜晚、死亡、母亲和大海的
私情。这再次表明肖邦更接近于惠特曼，受伤致残的小鸟旋转着落入黑
暗深渊的意象则兼具惠特曼与华莱士·史蒂文斯的特色，可说是介于两
者之间，构成了另一种走向爱默生式自我深渊的美国方式。埃德娜脱光
衣服，走进大海母亲的怀抱，“泛着泡沫的浪花翻卷着，冲到她洁白的脚
上，又像蛇一样缠绕着她的脚踝”，此情此景又颇具惠特曼的意味。《最近
紫丁香在前院开放的时候》的高潮是隐士画眉鸟吟唱的死亡之歌；这首
动听的歌中唱道，死亡到来时，像蛇一样翻卷着、缠绕着，围着世界像波浪
一样起伏。惠特曼那“总是迈着轻柔脚步悄悄走近的黑暗母亲”出现了，
把埃德娜从身为母亲的重负中解救出来，从所有他者性的重负中解救出
209 来，直到永远。

约瑟夫·康拉德
(1857—1924)

在康拉德的《青春》(1898)中，马洛就“圣地”号的沉没为我们做了一番极为出色的描述：

> “在漆黑的天地中间，它烧得好旺——在被血红的、摇曳的火光照耀出一圈紫色的海面上——在一圈亮晃晃又阴森森的水面上。从海里腾起了一股明亮的火焰，一团巨大、孤独的火焰；火焰的顶端吐着黑烟，一个劲儿地直向天空冲去。帆船猛烈地在燃烧，好不悲壮，就像火葬的积薪在晚上燃烧，大海围绕着，星星守望着。这条辛苦奔波的老船，临终却这样煊赫，好像这是老天给它的一种恩惠、一种赏赐、一种嘉奖。它把疲乏不堪的灵魂交出，托付给星星和海洋，就跟光荣的凯旋同样激动人心。船桅倒下时，刚巧在天亮以前；一时里只见迸出万千火星，纷飞乱溅，叫那耐心守望的黑夜，那默默地躺在海洋上的广漠的黑夜，好像充满了流火。黎明时分，大船烧剩了一个焦壳，却仍旧载着一船燃烧着的煤块，漂浮在那烟云底下。
>
> “大家这才使出木桨，小艇列成一列，好像送葬似的绕着大船的遗骸游行——由长艇带头。我们划过船梢时，一支细长的火箭恶狠狠地向我们射来；突然，大船沉下了，船头先沉，发出很大一阵水蒸气的咝咝声响。船梢没有烧光，最后沉下去；不过油漆已经没有了，龟裂了，剥落了，上面没有字母、没有字了，那倔强的、就像它那灵魂般的铭文，再也不能迎着朝阳，闪耀出它的信念和它的名字了。”[1] 210

这段生动的描写充满着世界末日的恐怖，而“船梢没有烧光”造成的

① 本书中“Youth”的译文均出自约瑟夫·康拉德著，方平译:《青春》，载《康拉德小说选》，袁家骅等译，赵启光编选，上海，上海译文出版社，1986年。

难以名状的视觉冲击更增强了这种生动性，仿佛耶稣基督的子民遵从教义，秉承一贯做法，既拒绝触犯第二条戒律，[①]同时又维护了那不可妄称其名的神。伴随着“圣地”号的沉没，康拉德也将青春幻想的罗曼史沉入水中。但正如康拉德作品中所有的失去一样，这种在毁灭性因素中的沉没也奇怪地具有辩证的特点，因为只有经验上有所损失，才会在再现艺术真实的想象力上有所收益，从而得到补偿。年轻时的康拉德与福楼拜及其“儿子”莫泊桑一脉相承，但他又重生，成为亨利·詹姆斯叙事风格的弟子，不过是詹姆斯创作《波英顿的珍藏品》和《梅茜所知》时的风格，而不是他的晚期风格。

伊恩·瓦特追溯了马洛的起源，把他与“詹姆斯通过某一人物敏感的中心意识发展间接叙事手法”的方式联系在一起，这很令人信服。詹姆斯嘲笑马洛为“那个荒唐的、有魔力的水手”，但其实通过马洛，康拉德突然偏离了詹姆斯施加给他的强大影响力。詹姆斯说马洛总是“把自己同叙事混为一体”，这种做法使他保持了一种谜一般的矜持，从而拉大了康拉德和詹姆斯两人的印象主义技巧之间的距离。虽然在康拉德最伟大的作品和佩特那部风格迟疑、几乎算不上小说的《享乐主义者马利乌斯》之间没什么正当的可比性，但康拉德的印象主义与佩特的一样极端和唯我。就命运而言，塞巴斯蒂安·范斯多克（佩特《想象的肖像》中的人物）和《诺斯托罗莫》中的德考得确有可比之处。

1897年，康拉德在《“水仙号”的黑水手》的序言中有句名言，他坚称他的创造性任务是“要让你先**看到**”。大概他意识到他已跻身一群散文先知的行列，其中年代最近的代表性人物包括卡莱尔、罗斯金和佩特。在这三个人之间存在着一种发展轨迹，先是卡莱尔生气勃勃的“自然的超自然主义”，然后是罗斯金对福音派热忱的异教化努力，最后到佩特的享乐主义物质主义，后者具有避世和怀疑论的特点，明白指出我们所能看到的一切都是感觉的流动。康拉德超越了佩特，把印象主义缩减为一种意识状态，在其中进行观看的叙述者无可救药地与对所见之事的叙述融为一体。詹姆斯在和福楼拜相比时，似乎是个印象主义者，但是若放在康拉德身边，他就很明显属于一类柏拉图主义者，通过一种完全独创的精巧的形

① 指摩西十诫中的第二条：不可为自己雕刻偶像，也不可作什么形象仿佛天上的、地上的，以及地底下的、水中的百物。不可跪拜那些像，也不可侍奉他。

式几何处理，将形式和解决方法强加于不断变化的人际关系之上。

从形而上的意义上讲，康拉德算不上一个唯心主义者，但这并不是说，他必然就是个比他的老师詹姆斯还要强大的小说家。不过，这或许说明了康拉德具有比詹姆斯更令人不安的独创性，而且有助于解释为何 211
是康拉德，而非詹姆斯，成为包括海明威、菲茨杰拉德和福克纳在内的那一代美国小说家的主要影响者。《太阳照常升起》、《了不起的盖茨比》和《我弥留之际》的世界脱胎于《黑暗的中心》和《诺斯托罗莫》，而非《使节》和《金碗》。康拉德试图将印象主义带至其黑暗的中心，在那里人类意识到，我们不过是一股感觉之流，向外凝视着一股印象之流。达尔·本德伦[①]就是这种探求的一个极端的继承者。

《黑暗的中心》

《黑暗的中心》可能总是两类读者之间的一个评论战场：一类读者将它视为杰出的美学成就，另一类则像我一样，怀疑它是否有能力将我们从它那无望的蒙昧主义中拯救出来。马洛有时似乎并不知道自己在讲什么，这几乎可以肯定是故事刻意为之的长处之一，但是如果康拉德最终似乎也不知道马洛在讲什么的话，那他就必然丧失了作为讲故事者而具有的部分权威。或许他将此权威输给了死亡，我们的死亡，抑或我们的忧虑：我们担心他无法将《黑暗的中心》具有不朽性的幻觉维持下去，最终使它带给我们的挫折感得到升华。

不应该轻视这种挫折感。康拉德的措辞通常没有瑕疵，在《黑暗的中心》里却自始至终含糊不清，这是众所周知的。**E. M.** 福斯特对康拉德全部作品所做的刻薄评价或许只有在应用于《黑暗的中心》时才是合理的：

> 中间和边缘处一样模糊不清，他的天才之桶装的是水汽，而非宝石。……确切地说，没有信仰。

福斯特所说的模糊水汽似乎存在于“恐怖的”“不可言说的”“残

① 达尔·本德伦 (Darl Bundren) 是福克纳作品《我弥留之际》中的人物。

暴的”以及更多此类反复出现的修饰语中，但是和康拉德不由自主加诸自身的自我戏仿比起来，这些修饰语不过是小瑕疵而已。小说里有一些瞬间听起来不像是康拉德，而像詹姆斯·瑟伯[①]在亲切地讽刺康拉德：

> “我们把库尔茨抬进了驾驶室：那里空气流通。他躺在床铺上，两眼直瞪瞪地望着窗外。只见那群人体中掀起了一股旋流，那个梳着头盔样发式的黄褐色脸颊的女人冲了出来，来到了河边。她伸出双手，大声喊了几句什么，所有那些狂暴的人也马上应着她的喊声，用清晰的语言、急促的节奏，气喘吁吁地齐声吼叫起来。
>
> 212 “‘你懂他们在喊什么吗？’我问。
>
> “他依然越过我向窗外望着，目光炯炯有神，充满着期盼，带着一种交织着愁闷和怨恨的表情。他未做回答，但我看到一丝微笑，一丝含意不明的微笑出现在他毫无血色的嘴唇上，过了一会儿，这嘴唇痉挛地抽动了一下。‘问我懂不懂？’他缓慢地说，一边喘着气，仿佛有一种超自然的力量，硬把这几个字从他嘴里掏出来似的。”[②]

这段话没法用弗兰克·柯莫德[③]所谓“马洛无法胜任所描述的经历时所需要的”语言来进行辩护。经历在这里被描述了吗？在一个文学文本中，“含意不明”的笑容哪怕只出现一次，那也是多了。《黑暗的中心》呈现出某种神话式的力量，即便该书因其不由自主的蒙昧主义而受到限制。从T. S. 艾略特的诗歌，到1920年至1940年间我们主要的小说家们的作品，再到一批从奥逊·威尔斯[④]的《公民凯恩》(这是威尔斯放弃将《黑暗的中心》拍成电影的计划后所拍摄的替代品) 到科波拉[⑤]的《现代启示录》的影片，其中都能看到《黑暗的中心》的影子。在这一点上，康拉德的不具形式性似乎起到了辅助性作用，把他的理念散播开去，几乎触及全世界的观众。

---

① 詹姆斯·瑟伯 (James Thurber, 1894—1961)，美国幽默作家、漫画家。

② 本书中*Heart of Darkness*的译文均出自约瑟夫·康拉德著，胡南平译:《黑暗的心脏;“水仙号”上的黑家伙》，南京，译林出版社，2001年。

③ 弗兰克·柯莫德 (Frank Kermode, 1991—2010)，英国评论家和文学理论家。

④ 奥逊·威尔斯 (Orson Welles, 1915—1985)，美国演员、导演、编剧、制片人。《公民凯恩》是其代表作。

⑤ 科波拉 (Francis Ford Coppola, 1939—)，美国导演、编剧、制片人。《现代启示录》是其代表作。

《诺斯托罗莫》

康拉德的崇拜者最喜欢读的就是他那五部伟大的小说:《吉姆老爷》(1900)、《诺斯托罗莫》(1904)、《间谍》(1906)、《在西方的注视下》(1910)和《胜利》(1914)。这些小说都是隐晦而纠结的叙事,但它们的成就极其多样化。虽然它们具有一些共同的特点,却又能让读者纳闷,怀疑它们不是出自同一位艺术家之手。康拉德的个性永远令人费解,他品行端正,令人敬佩;他在自己的作品里无处不在,他是一个无法回避的存在,一个捉摸不透的讲故事者,却又似乎在写一部连续的精神自传。顶级评论家和普通读者们一致认为康拉德的代表作品是《诺斯托罗莫》。在这部小说里,他的视角最为宽阔,在再现人类的盲目性及随之发生的人类情感方面,他那至关重要的独创性也最为明显。和所有拥有令人倾倒的独创精神的人一样,康拉德的独创性也产生了一种真正的困难,这种困难只能被非常缓慢地吸收,当然如果能够被吸收的话。反复阅读他的作品使我逐渐确信,《诺斯托罗莫》不过是一个康拉德式的冗长枯燥的故事,讲述他喜欢称作"忠诚"的那种美德。该书是一个后尼采式的悲剧,尽管康拉德极为蔑视尼采。德考得失去了所有幻觉,自己毁灭了自己,因为他无法忍受孤独。诺斯托罗莫或许是唯一一个令人信服地达到自然崇高的 213
20世纪虚构文学主人公,他因遭到背叛而死,但又如康拉德所言,"说不清、道不明出于何事何人"。[1]但这时的康拉德其实知道得最多,小说精确地向我们展示了诺斯托罗莫是如何被他自己和他的内在出卖。

一部极具感染力的小说为何能够令人百读不厌,这是一个谜。在我看来,《诺斯托罗莫》值得多次阅读,就像《奥赛罗》一样;每一次总有惊喜在等着我。虽然这部小说的各个方面都很出色,但诺斯托罗莫本人是小说的想象中心,而他在康拉德的人物当中是独一无二的,他并不符合我们对康拉德式人物的期待。这一中心人物被其创造者描写成"高贵的工长,人民的一分子",这句话出自康拉德在小说初版十三年后所加的《作者按》,洋溢着一位作家对自己最为惊喜的想象行为怀有的爱意。同样在

---

[1] 本书中*Nostromo*的译文均出自约瑟夫·康拉德著,刘珠还译:《诺斯托罗莫》,南京,译林出版社,2001年。

这篇《作者按》里，还有一段关键的话也体现了这种爱意：

> 在他对自己继承的这片土地的坚定把握之中，在他无所顾忌的慷慨里，当他挥霍自己的天赋时，在他男子汉的虚荣心里，在他对自己的伟大的模糊意识中，在他以亡命之徒、孤注一掷的冲动，赴汤蹈火在所不惜时，他都是人民的一分子，他们从不妒忌的自家的势力，不屑于当领袖，却在内部统领着。多年以后，年岁增长，作为著名的菲旦扎船长，与这个国家有着切身的利害关系，穿行于萨拉科现代化的街道，打理多种事务，身后紧随着崇敬的目光，走访码头工遗孀，出席社团会议，以无动于衷的沉默倾听无政府主义者的讲演，新的革命风潮的神秘赞助者，心头紧锁着自己道德沦丧的秘密，备受信赖，腰缠万贯的菲旦扎同志，他在本质上依然是人民的一分子。在他对生活既深爱又不恭的态度之中，在他坚信自己遭到叛卖，死于背叛，却又说不清、道不明出于何事何人，紊乱的念头里，他仍然是人民的一员，他们从不怀疑的——具有个人隐秘史的——伟人。

尽管诺斯托罗莫“道德上堕落”了，而且并不是因为这一点，康拉德及其读者们仍然坚信他是伟大的，认可他那崇高的自我认识。现代小说中存在多少具有说服力的伟大意象，具有自然崇高性的意象？康拉德的意象可能是最后一个让人觉得可信的关于自然人、关于人民一员的强化
214 幻象。然而康拉德修正了自己对诺斯托罗莫的信念，这很符合他的风格。康拉德反复称诺斯托罗莫为“英俊孔武的码头工长”，其中只包含一个明显的反讽，而那些轻易会被反讽所诱惑的评论家误读了这一反讽。诺斯托罗莫超越了所有反讽，他显然是高贵的。这是蔑视领导权却热爱名誉的自然领袖所具有的高贵。诺斯托罗莫虽然属于人民，但他和“加里保狄诺”老维奥拉不同，并不服务于任何理想。他天生具有领导才能，这种天赋魅力本可使他成为另一个加里波第[①]，他却蔑视任何这类角色，不论是以何种使命的名义。他是一个纯粹的荷马式返祖者，有点像托尔斯泰笔下的哈吉·穆拉特，但他除了他那被赶走的父亲维奥拉，既不承认自

---

① 加里波第（Giuseppe Garibaldi，1807—1882），意大利爱国志士、军人，献身于意大利统一运动，为意大利建国三杰之一，并因在南美洲和欧洲对军事冒险的贡献，赢得了“两个世界的英雄”美称。

己有朋友，也不承认自己有敌人。他像吸引萨拉科的民众一样，吸引着我们，不过最对他着迷的人是持怀疑态度、谜一般的康拉德。康拉德仅仅用一些修辞性反讽来帮助自己抗拒这种迷恋。

在康拉德笔下，和在赫拉克利特那里一样，性格就是命运。诺斯托罗莫的悲剧命运在于他必然要去实现他那绝望的伟大，而康拉德不能只将此视作虚荣，尽管他持有怀疑主义态度。诺斯托罗莫一人将小说和康拉德从虚无主义中拯救了出来，那是德考得的自杀所代表的虚无主义。诺斯托罗莫遭到背叛，部分是因为德考得的自我毁灭行径，因为后者用了四枚银锭将自己的尸体沉下去，但主要原因还是他自己拒绝继续保持将荣誉置于利益之上的那份无忧无虑，而那份无忧无虑不仅仅是种姿态或风格，它实际上标志着男主人公真正的存在方式。当诺斯托罗莫能够诚实地说"从萨拉科岛这头儿到那头儿，我的名字无人不晓。你还能为我做什么"时，他不过是在做他自己。

* * *

在第三部分"灯塔"里，在第10章接近结尾处，康拉德宣布了他对德考得和诺斯托罗莫的所谓判决。判决只有一页，写着两句平行的话，分别占了一段：

> 被思想孟浪的报应——心灰意懒所俘获的才华横溢的唐·马丁·德考得承载着桑·托梅银锭，被万物无垠的冷漠所吞噬，消失得无影无踪。
>
> 英俊孔武的码头工长，被行为孟浪的报偿——虚荣心的幻灭所
> 俘获，犹如被追捕的逃犯，以萎靡的姿态坐过了漫漫无眠的长夜，遭 215
> 受的折磨不亚于德考得，他有史以来最玩命差事中的伙伴。他纳闷，德考得是怎么死的。

德考得在向自己开枪后的最后念头是："我想知道工长是怎么死的。"在"被思想孟浪的报应——心灰意懒所俘获"和"被行为孟浪的报偿——虚荣心的幻灭所俘获"之间，康拉德似乎没有留下什么可供选择

的余地。有才华的知识分子和高贵的实干家同样因大胆而受害，“报应”和“报偿”彼此同化，这是一个极妙的反讽。然而小说是关于诺斯托罗莫的，而非德考得的，“虚荣心的幻灭”是比“心灰意懒”更高贵的命运，哪怕只是因为最初的入迷是比最初的幻觉更为高贵的状态。的确，诺斯托罗莫的入迷只是关于他自己的，他只对自己着迷，但这也适用于阿喀琉斯和哈吉·穆拉特。德考得死了，因为他无法忍受孤独，因此也是无法忍受他自己。诺斯托罗莫先是变成活死人，然后死去，因为他失去了关于他的虚荣的真相，即那种着魔般的无忧无虑，那种漠不关心，而他作为平民，已然将其变作自己的真实自我。

虽然诺斯托罗莫自己不知道，但他的胜利在于，关于这种真实的一个意象在他死后存留了下来。这一意象强大有力，乃至于康拉德和敏锐的读者相信，即便是自我背叛的男主人公也保有一份美学尊严，从而使他的死亡带上了悲剧色彩，而非流于下贱。可怜的德考得虽然才华横溢，却死后虚空，“被万物无垠的冷漠所吞噬，消失得无影无踪”。在小说精彩的结尾一段里，诺斯托罗莫死后受到了一种超越所有反讽的审美称颂：

> 莫尼汉姆医生乘在警船里绕过来，听见这名字从头上飘过。这又是诺斯托罗莫的一大胜利，这最伟大、最令人倾羡、最邪恶的人。那一声真正的不死激情的喊叫似乎从庞塔马拉响彻到阿瑞厄拉，又远远地传到光明的地平线上，那儿高高地挂着一朵白色的云彩，像一堆坚硬的银子似的闪着光，华美英俊的码头工长主宰了这冥暗的海湾，其中有他财富与爱情的战利品。

《吉姆老爷》

《吉姆老爷》(1900) 是康拉德五部伟大小说中的第一部，在它之后就是我所认为最棒的一部小说，《诺斯托罗莫》(1904)，然后是那个不可
216 思议的序列:《间谍》(1906)、《在西方的注视下》(1910) 和最后的《胜利》(1914)。在所有这些作品里，《吉姆老爷》似乎明显是受到最普遍欢迎的一部；我几乎从未遇到过不对它着迷的读者。马丁·普莱斯是康拉德所

有的道德评论家中最敏锐的一个，他喜欢《吉姆老爷》胜过《诺斯托罗莫》，因为他发现作者的怀疑主义和浪漫主义均在《吉姆老爷》而非《诺斯托罗莫》中得到了充分体现。这的确毋庸置疑，但吉姆本人缺乏宏大的《诺斯托罗莫》所具有的那种浪漫主义盛期的吸引力，而且我也喜欢德考得的那种腐蚀性的怀疑主义，胜于马洛和斯坦的怀疑主义智慧。但我并不会贬低《吉姆老爷》；如果康拉德没有写过其他的作品，单这一部小说就可以确保他在文学史上永垂不朽。

艾伦·福格尔在评论《诺斯托罗莫》时，认为该书标志着康拉德从一种俄狄浦斯式的强调（正如在《吉姆老爷》中那样），转为再现自我针对更为外在的影响力的抗争。吉姆的抗争当然符合福格尔对康拉德作品早期模式的表述："通过内化过程，拒绝接受外部世界中强制对话所具有的俄狄浦斯秩序——将探寻转变成一种想要与一个祖先或自己进行争吵的内在冲动。"马洛的身上包含有许多康拉德的特点，斯坦的身上也有一些，但康拉德的真正替身肯定是吉姆，他的失败辩证法在某种意义上是波兰浪漫主义的一种晚期版本，反映了波兰英雄主义的永久性失败。这只不过是说，吉姆的拜伦风格与其说是英国式的，不如说是波兰式的。吉姆很少要求什么，他从未要求过胜利。该小说的一种解读方法就是去设想一下，如果康拉德选择一个美国人做小说主人公的话，那将会有多么不可思议。

叙述者马洛通过一种隐含的情节发展变得有点像吉姆的父亲，伊恩·瓦特曾敏锐地对此进行过描述。雄辩的父亲马洛和拙于辞令的儿子吉姆形成了明显的对比，其中包含一种令人印象深刻的反讽。两人之间的关系使我们更加强烈而痛切地意识到吉姆有多么脆弱，而且他无法变得不脆弱。马洛是个幸存者，有能力经受几乎所有的人类经历，而吉姆则热切地期待毁灭，他是浪漫主义想象的牺牲品，也是一个迟到的范例，向我们展示这种想象对我们具有的强烈吸引力。

阿尔伯特·J. 格拉德将《吉姆老爷》与《押沙龙，押沙龙！》（也是具有康拉德特点的作品）联系起来，说它们都属于每次认真阅读均会变得不同的作品。吉姆的"单纯"取代了我们期待浪漫主义主人公拥有的那种极具魅力的品质，而格拉德认为吉姆的特点在于其个性和意志之间的冲突。不过，即便有马洛，吉姆的个性对我们来说也一直是个谜，而在我看来，吉姆的意志几乎没有发挥过作用。关于吉姆我们所能知晓的，就是他

制造奇幻的力量极为强大而且无处不在。我们不能将这些力量与浪漫主
217 义想象力相混淆，因为**后者**并不排斥自知之明。的确，关于吉姆的最费解之处在于他为何能够令人着迷，更别说是让马洛、斯坦、康拉德和我们自己着迷了。他为何让我们无休无止地沉思？

每个读过《吉姆老爷》的人（以及许多没读过的人）都记得斯坦的那个最有名的论断：

> 人一生下来就落进一个梦境，就像掉进大海一样。假如他像个毫无经验的人那样爬到空气中，反而会窒息而死，难道不是吗？是的！我告诉你！办法是置身于毁灭性的因素中，手脚并用，在水里使足力气，被深深的大海托起。①

这段话描绘了斯坦的浪漫主义，但算不上吉姆的，因为吉姆在梦幻世界里不会游泳。每当他似乎想让毁灭因素帮助自己浮起之时，总是必须有一位布朗绅士在那里等着他，比如在帕图桑。像吉姆这样的几乎没有他者意识的想象力逐渐被识别为真正的毁灭因素，而正是他认同残暴的布朗这个错误导致了他的死亡。托尼·坦纳巧妙地将布朗比作伊阿古，哪怕只是因为布朗对吉姆的恨几乎等同于伊阿古对奥赛罗的恨，但布朗拒绝承认吉姆的道德优越性的做法是大致合理的。这就又使我们回到了吉姆之谜：为何在马洛——以及在我们——看来，他会与众不同？

即便吉姆不知道他和布朗之间的区别，我们也是知道的，正如我们知道吉姆永远不会变得成熟，成为斯坦一样。吉姆只是幻觉精神吗？或者他身上保存有某种类似罗曼史的合法精神的东西？马洛无法回答这个问题，我们也不能，不论我们多么频繁地阅读《吉姆老爷》。这是该小说的优势还是弱点？康拉德陷入了蒙昧主义，尤其是在《黑暗的中心》里，这一点不容否认。《吉姆老爷》是否只是这种蒙昧主义在更大维度上的显现？

印象主义小说必然要摈弃早先浪漫主义小说中的唯心主义形而上学。那种形而上学在乔治·艾略特那里达到顶峰。马洛望着吉姆，他是一种记录潮水般印象的感觉合流；感觉如何能够辨别印象是否真实？然

① 本书中*Lord Jim*的译文均出自约瑟夫·康拉德著，贾文渊译：《吉姆老爷》，太原，北岳文艺出版社，2000年。

而马洛一直被英雄主义的意象所困扰，他在斯坦身上找到了这一意象的真正体现。马洛叙事的那个著名结尾将吉姆视作真实的存在所具有的一种无法抗拒的力量，同时也是阴影中一个剥离了实体的魂灵：

> “这便是故事的结局。他失宠后死去，心中的谜没人能解开，为
> 人所遗忘，并没有得到原谅，却极为浪漫。即使是在他充满幻想的孩 218
> 提时代，也不曾奢望如此迷人的非凡成功！很可能，在他最后的骄傲和大无畏的扫视中，他看到了那个机会的面孔，那机会一直跟随在他身旁，就像东方的新娘一样蒙着盖头。
>
> “但是我们能看见他——无名的名誉征服者，从热烈的爱情怀抱中抽出身，去响应高尚自我的召唤。他离开一个活生生的女人，去举行自己与虚幻的理想行动的冷酷婚礼。他满足了吗——现在是否完全满足？我真想知道。我们应该知道。他是我们中的一员。难道我不曾像个惊醒的鬼魂那样站着，为他的永恒的坚定做保证？难道我错了？现在，他已不复存在，他的真实生活曾美好而强有力地打入我的生活中，然而我以荣誉担保，在某些日子里，他在我眼中曾像个游魂，在这个地球上的激情间游荡，随时准备诚心归降于他自己那个幽冥世界。
>
> “谁知道呢？斯人已逝，带走无法揣测的心。那姑娘在斯坦的房子里过一种默默无闻的迟钝生活。近来，斯坦大显苍老。他自己也感到老了，常常说，他‘已经准备离开这一切，准备离开……’说这话的时候，悲哀地朝他的众多蝴蝶挥一挥手。”

斯坦的悲哀在于，他曾希望让吉姆成为他的继承者，但现在他意识到自己代表的传统就要终结了。马洛一如既往地令人费解，他无法确定自己对吉姆的态度。我也不认为我们能够确定，而且我想知道这是否必定是康拉德小说的一种审美优势。我们读完小说，开始思索我们无法在真实和
英雄主义之间进行调和这一问题，或许这也就足够了。 219

伊迪丝·华顿
（1862—1937）

《纯真年代》

《纯真年代》（1920）深入探究了伊迪丝·华顿自己的怀旧情绪，甫一出版便赢得了众多眼光敏锐的读者，并一直持续至今。对华顿而言，《纯真年代》是其自传《回顾》的前奏，后者十四年后出版，距她去世还有三年。1919年，华顿五十七岁，《纯真年代》的创作已经完成了一大半，书中的两位主人公纽兰·阿彻尔和埃伦·奥兰斯卡都被她打上了自己的影子。《纯真年代》是一部历史小说，背景设在19世纪70年代早期老纽约的上流社会，从一战后的角度来看，那是一个已经消失的世界。许多评论家错误地认为《纯真年代》继承了亨利·詹姆斯的衣钵，倒不如说，这部小说是有意识地对《一位女士的画像》进行补充，找到了一个詹姆斯也清楚从自己的杰作中排除的视角。华顿不妨给自己的小说命名《一位绅士的画像》，因为纽兰·阿彻尔的姓氏暗中呼应伊莎贝尔·阿彻尔的姓氏，与华顿笔下老纽约这位胆怯的绅士相比，伊莎贝尔更有魅力，更吸引人。

这不是说，纽兰不是一个非常体面、善良的人，成不了一个造福四方的慈善家和市政人物。然而不幸的是，他对男女之间的差异缺乏任何洞见，他的激情与埃伦的激情无法相提并论。R. W. B. 刘易斯撰写了华顿的传记，他认为《纯真年代》是一部小杰作。到目前为止，时间已经印证了刘易斯的判断，但是我们正在一个意识形态的时代里苦熬，我不确定
220 《纯真年代》是否挺得住。对于《欢乐之家》和《乡土风俗》，我没有任何怀疑，但不能肯定纽兰·阿彻尔不会把他自己的书拖下水。《纯真年代》是关于老纽约最好的历史小说，作为社会史和社会人类学史都非常引人入胜。我们总是震惊于埃伦·奥兰斯卡的告别宴会，在宴会上，纽兰意识

到他参加的是“围绕一位行将被除名的女眷的家族集会”。[①]华顿自己是这样通过叙述者总结这一家族驱逐的：

> 这是纽约“杀人不见血”的老办法；这办法属于那些害怕丑闻甚于疾病的人，那些置体面于勇气之上的人，那些认为除了肇事者本身的行为以外，“出事”是最没教养的表现的人。

上面这段话看似谴责老纽约，实则不是。从小说一开始到结尾，华顿都承认，在纽兰的世界里，其核心是秩序的理念，一种扼杀激情却能摆脱混乱的常规。旧秩序最起码是一种秩序；一战后的美国令华顿感到震惊。纽兰·阿彻尔在感知上有缺陷：对他所处世界的感知，对妻子的感知，最多的缺陷则是对埃伦的感知。然而，华顿也以微妙的方式表明，即便纽兰更勇敢，更有洞察力，他也不会与埃伦成为一对佳偶。他们的关系一定会随着时间消散，纽兰回到能够支撑他的唯一的家族。亨利·詹姆斯的伊莎贝尔回到了可怕的丈夫奥斯蒙德身边，她也接受了秩序这个理念，但在她的秩序理念中，她的克己包含着超验的因素。华顿与她的朋友亨利·詹姆斯相比，精明有余，崇高不足，所以，她带给我们的是一个更加现实但不够重要的阿彻尔。

《乡土风俗》

伊迪丝·华顿笔下的三个主要女性人物——丽莉·巴特、翁昂汀·斯普拉格、埃伦·奥兰斯卡——迥然不同，但丽莉和埃伦都是老纽约社会里失去母亲的成员，而斯普拉格是那个社会的外人，用她极其恶劣的手段征服并摧毁了那个社会。丽莉顽强奋斗，但终究是个弱女子，面对其教养与处境之间的矛盾败下阵来。只有无比自足自立的埃伦才调和了她的传统与困境，赢得了我们的钦佩。丽莉死于安眠药服用过量；翁昂汀是萨克雷笔下贝基·夏普的美国姐妹，尽管不那么令人愉快，却牢牢地抓住了我们的记忆；而埃伦与亨利·詹姆斯《一位女士的画像》中的伊莎

① 本书中*The Age of Innocence*的译文均出自伊迪丝·华顿著，赵兴国、赵玲译：《纯真年代》，南京，译林出版社，2002年。

221 贝尔·阿彻尔颇为相似，但拒绝效仿伊莎贝尔，而是在行将就木的老纽约社会之外如花盛放（就我们所知），伊迪丝·华顿正是在这个社会里被抚养成人。

我曾经做过这样出格的事，即询问一群学生：丽莉、翁昂汀、埃伦三人中，他们会选择谁来爱或被爱？他们的回答很一致，都是翁昂汀，这让我震惊，因为我私心希望他们的选择是埃伦。我知道他们都读过《名利场》，于是我抗议说，贝基·夏普很有魅力，但让人不安，而翁昂汀让我害怕。翁昂汀没有让他们感到惊恐，但丽莉的坏运气让他们感到沮丧，埃伦则让他们觉得好得不真实。华顿作为一个强大的讽刺作家，也许会感谢他们的选择，但对于我这样一个浪漫主义老古董来说，他们的选择着实让我吃惊，也印证了我的导师弗雷德里克·A. 珀特尔所说的感受力的变换。

我仍然嘴硬，说翁昂汀是个麻烦人物，但他们宽恕了她的庸俗（华顿不会宽恕），其中一个学生正确地指出，《乡土风俗》著名的结尾现在看来实在太过时了：

> "哦，那倒提醒我了——"他没听她的话，展开了报纸。"我带来这份报纸，让你看点东西。吉姆·德里斯科尔被任命为驻英国大使了。"
>
> "吉姆·德里斯科尔——！"她一把抓过报纸，瞪大了眼睛，读着他指着的那一段。吉姆·德里斯科尔——那个可怜虫！还有他那个壮实的、多疑的、普通的老婆！政府居然找出来这样的小人物，太不可思议了。她眼前立刻浮现出一幅模糊的巨大画面，都是他们即将享有的荣耀——所有的宴会、仪式，还有优先权……
>
> "我不会说她想去的，珠宝那么少……"她扔下报纸，对丈夫说："哪怕你有一丝雄心壮志，这都是你会去争取的东西。你本可以这样轻而易举就得到的！"
>
> 他大笑，把拇指插进马甲的袖孔里，摆出她讨厌的姿势。"巧的是，这可能就是我得不到的东西。"
>
> "你得不到？为什么？"
>
> "因为你离过婚。他们不要离过婚的大使夫人。"
>
> "他们不要？我想知道为什么？"

“好吧，我猜宫廷的女人们害怕大使馆的漂亮女人太多”，他风趣地回答。

她爆发出一阵愤怒的大笑，血往脸上涌，火辣辣的。“我从来没 222
听过这么欺负人的事情！”她大声嚷着，似乎这条规则是专门用来羞辱她的。

院子里传来汽车开动和倒车的马达声，她听到楼梯上也有了动静。她转身最后看了一眼镜子里的自己，看到了亮闪闪的红宝石，还有亮晶晶的秀发，她记起了单子上那些闪耀的名字。

然而，这一切耀眼的光芒背后隐藏着一片小小的乌云。她才知道，有一样东西她永远得不到，无论是美貌，还是影响力，抑或百万家财，都不能给她买来这样东西。她不可能成为大使夫人；她迎上前去招呼第一批客人，心里说：这是她天生胜任的一个角色。

在当下的政治气候中，翁昂汀很可能被任命为大使，从而直接超越大使夫人。《乡土风俗》出版至今，已经过去了八十八年，在国内国外，在大学校园、传媒界和外交界，我见到过翁昂汀很多次。华顿对翁昂汀的刻画非常生动，甚至超出了她的本意。我们记得丽莉·巴特，是因为她勇敢又悲情；我们记得埃伦·奥兰斯卡，是因为她体面又有活力。然而，翁昂汀·斯普拉格是一只文学中的大白鲨：危险、令人反感，却是对现实永远有效的再现。

《伊坦·弗洛美》

1911年，离《乡土风俗》出版还有两年，华顿出版了一部中篇小说，发生在新英格兰的悲剧《伊坦·弗洛美》，这可能是华顿创作的最有美国特色的故事。我猜现在《伊坦·弗洛美》是拥有最广泛读者群的华顿作品，而且很有可能一直如此。《伊坦·弗洛美》当然是成为美国神话一部分的唯一一部华顿作品，尽管它几乎谈不上是20世纪早期的《红字》。《伊坦·弗洛美》残酷，惜字如金，是悲剧，但不是霍桑的悲剧类型，其悲剧色彩集中于痛苦的方式及简单化的道德施虐欲，或许类似于罗伯特·佩恩·沃伦对其主人公的粗暴，尤其是《足够的空间与时间》中的主人公。

在我看来，《伊坦·弗洛美》的美学吸引力完全在于华顿大胆触及读者接受极致痛苦的底线，那种痛苦是阴郁的、无法承受的，而且显然是没有必要的。华顿作为作者，令人吃惊之处在于以纯粹、精练的笔法描述此种痛苦，使之看似不可避免，无论是从事物或心理的本性，还是从彼时彼地的
223 社会风俗来看，都是如此。

R. W. B. 刘易斯称赞《伊坦·弗洛美》是"一部现实主义经典之作"；这一点毋庸置疑，不过刘易斯自己也非常清楚，文学"现实主义"本身便具有强烈的隐喻色彩。《伊坦·弗洛美》对现实的再现如此充满隐喻意义，其效果常常如幻觉一般。令人汗颜的生动性使其约略偏离了纯粹的自然主义，使其痛苦恰好达到人们能够承受的底线。伊迪丝·华顿应该不会说："伊坦·弗洛美——那就是我"，不过与翁昂汀·斯普拉格相比，伊坦更像他的作者。与华顿一样，伊坦拥有巨大的承受痛苦的能力，还有一种压倒一切的现实意识；他的确很像伊迪丝·华顿，拥有过于强烈的后来被弗洛伊德称为现实原则的意识。

尽管伊迪丝·华顿与弗洛伊德是同一个时代的人，她对弗洛伊德却没有兴趣，反倒成了一个坚定的尼采信徒，《伊坦·弗洛美》展现了一种尼采的思想立场，还有一种强烈的禁欲主义，令我想到对尼采的前辈叔本华的一种解读。伊坦及其心爱的玛提之所以出问题的根源，恰恰便是叔本华敦促我们去克服的生存意志，但自杀谈不上是叔本华提倡的解决之道。在《伊坦·弗洛美》的自序中，华顿阐明了一种听上去像是巴尔扎克、勃朗宁或詹姆斯风格的叙述原则，这条原则其实反映的是《道德的谱系》中的尼采：

> 对于这在他们看来是复杂而神秘的故事，他们只能各自贡献出他或她所能理解的部分；只有这个故事的叙述者才有足够的视野让他看到全部，把它还原成它朴素的本来面目，并且把它放在他的宇宙之中它所应有的位置上。①

但是华顿的叙述者有足够的视野看到《伊坦·弗洛美》全部的故事吗？为什么这个叙述者的视角会多于另一个视角？而且是一个还原朴

① 本书中*Ethan Frome*的译文均出自伊迪丝·华顿著，吕叔湘译：《伊坦·弗洛美》，北京，人民文学出版社，2002年。

素面目的视角？让人记忆深刻的是，华顿在自序中称她的主人公为“我的**露头的花岗石**；仅仅从泥土里冒出来一半，也不比石头更能说出心里话”。然而她的叙述者（不论她是何种意图）缺乏想象力，无法移情于露头的花岗石，尽管他们同时也是男人和女人：

> 哈蒙虽然在他所能理解和体验的范围之内把这个故事尽量展示出来，可是显然还是有遗漏，而且我知道这个故事的深刻的意义恰恰是在那些遗漏的地方。但是哈蒙的话里头有一句牢牢地刻在我的记忆之中，以后我的一切推论都拿它做核心：“他待在斯塔克菲尔的日子太长了。” 224
>
> 不久之后我就懂得了这句话的涵义。我到这个地方来已经是世风不古的日子，有电车，有自行车，有乡镇邮局。在那些分散的山村之间的交通已经很方便，那几个位置在山洼子里的大点儿的市镇，像贝茨伯里奇和沙德福尔都已经有了图书馆，戏园子，青年会，山上的年轻人已经有下山来玩的地方。然而当寒冬封锁了斯塔克菲尔，当这整个的乡镇盖在雪衣底下，而那件雪衣又从灰色的天空获得继续不断的补充的时候，我开始了解在伊坦·弗洛美的青年时代这个地方的生活——或者不如说是生活的否定——是怎么个样儿。
>
> 我那个时候是奉公司的命做着和考白里车站的大动力厂有关的一项工程，离那儿最近的可住的地方是斯塔克菲尔镇；因为木匠们罢工，一罢就罢了多少天，把工程耽误下来，把我也羁留在斯塔克菲尔过了大半个冬天。头上我还愤愤不平，后来在每天的刻板工作的催眠力之下渐渐在那种生活里头找着一种阴森的满足。在我居留在那儿的前半期，我对于那种气候的强劲和那些人的消沉这二者之间的不相侔很感觉诧异。十二月的雪季过了之后，一天又一天，蔚蓝的晴空向地面倾泻光明和空气，雪白的地面又更强更烈地把它们送回。谁都会设想这种气候不但是让人血行加快，也准能叫人感情敏捷；然而不然，它徒然使斯塔克菲尔的迟钝的脉搏更加迟钝。当我再住在那儿长久一点，看见这一个冰莹晶澈的局面之后继之以长期的阴寒，当二月的风雪包围住这个苦命的乡镇而三月的狂飙又急急前来增援的时候，我才开始了解为什么在六个月的围攻之后出现的斯塔克菲

> 尔活像是饿得半死的戍卒投降而不邀宽恕。二十年之前，抵抗的器械远无今日之多，这多少个被围的村镇之间的通道全都在敌人控制之下；想想这些情形，我才感觉到哈蒙的那句话的凶恶的力量："能干点儿的十个有九个都跑出去了。"然而，若是果真这样，像伊坦·弗洛美这么个人，又有什么障碍能拦住他不让远走高飞呢？

叙述者的"智力与道德水准"毋庸置疑，但他的想象力有严重的局限。冬天其实是个文化问题，但《伊坦·弗洛美》并非厄休拉·K. 勒古
225 恩的《黑暗的左手》。阻止伊坦·弗洛美逃离的不是各种"障碍"，而是一种可怕的宿命论，爱默生对伊迪丝·华顿的影响中，这是非常重要的一部分。当然，叙述者在表述以下反差时做得很对："蔚蓝的晴空向地面倾泻光明和空气，雪白的地面又更强更烈地把它们送回"——冬天如此富于崇高美，而另一方面，除了低沉与无动于衷之外，当地居民无力做出积极的回应。如叙述者在小说第一页所说的那样，伊坦·弗洛美本人便是被损毁的美国崇高美："斯塔克菲尔镇上最可注意的人物……个儿高……满不在乎的强劲的气概……他的脸上有一种苍苍凉凉不可逼近的神气。"伊坦·弗洛美是一个缺了白鲸的亚哈，自残致瘸，而不是被白鲸及其白色所伤。让伊坦·弗洛美跛足的不是斯塔克菲尔镇的白色，而是一种内在的白色或空白，后者贯穿美国传统，"从爱德华兹到爱默生"，经由华顿到创作《秋之极光》的华莱士·史蒂文斯，这位诗人如此描绘炫目的北极光照耀下的海滩：

> 这里，可见的便是白色的，
> 是纯粹的白色，一个极端分子
> 在练习中的收获……
>
> 季节转换。一阵冷风萧瑟了海滩。
> 长长的海岸线变得更长，更空旷，
> 天色渐暗，尽管黑暗尚未降临。
>
> 墙上的白色不再那么生动。

正在行走的男子在沙滩上茫然转身。
他注意到北方如何放大了这一转换，

以它寒冷的清辉，它那蓝红相间的海湾
以及激情的狂风，它的北极绿，
冰雪、火焰与孤寂的颜色。

尽管对崇高美的描绘更为铺陈，《伊坦·弗洛美》呈现了同样的幻
象世界，在这个世界里，意志处于疲软的状态，悲剧总是系环境所迫。《伊
坦·弗洛美》的体验之谜最终也成了它在美学上的制胜法宝：我们不会
质疑伊坦和玛提牺牲自我的共同决定，尽管从务实的角度来看，这个决定
匪夷所思，而从心理学的角度来看，这个决定难以施行。然而，这部小说
表面上的现实主义其实掩盖了实际上的宿命论内涵；它其实是一部北方 226
浪漫传奇，与《呼啸山庄》颇为相像。幻象的精神特质掌控了伊坦和玛
提；若不是伊迪丝·华顿以其强大的社会还原天赋与这股精神特质做斗
争，她也会受它掌控。假如华顿以自己的方式把霍桑与梅尔维尔的浪漫
传奇传统继续发扬光大的话，我们不妨问一问：《纯真年代》带着《一位女
士的画像》中的詹姆斯式克己，对于华顿本来可以创作出来的作品，是否
足以构成一种弥补？ 227

鲁德亚德·吉卜林
（1865—1936）

莱昂内尔·特里林在1943年写过一篇论吉卜林的文章（1951年收录于《自由的想象》）。二十年后他说，如果能重写这篇文章，他就会“不那么吹毛求疵，会带有更多的敬爱之情”。特里林一直是他那个时代的代表性评论家，他反映了对吉卜林评价的一种动向，这种动向直至1987年仍在继续。我怀疑，只要我们的文学传统延续下去，与这种动向同时存在的还会有与其对立统一的反向运动，即对吉卜林日益加深的厌弃。吉卜林是一位真正的**流行**作家，不论从该词的何种意义上讲均是如此。《要做国王的人》这类故事；《丛林之书》和《原来如此的故事》中的儿童故事；长篇小说《基姆》，它显然是吉卜林的代表性杰作；后期创作的某些故事和几十首歌谣——这些都同时作为高雅文学和经久不衰的娱乐文学流传了下来。吉卜林似乎一开始就拒绝文学的崇高功能，即让我们放弃容易获得的乐趣，而去追求更难得到的乐趣。

1906年，吉卜林做过一场关于“文学”的演讲，讲述了一个关于讲故事者命运的黑暗故事：

> 有一个古老的传说，讲的是有个人首先完成了一件非常引人注目的英勇事迹，他希望向他的部落解释他做的事情。然而，他刚开始讲述，就变得瞠目结舌，说不出话来，只好坐下。然后——故事是这么说的——有个没有主人的人站了起来，他没有参与同伴的行动，也不具备特殊的美德，但他遭受着必要词语魔法的折磨——这是原话。
> 228 他看到了发生的事情；他讲述了发生的事情；他如此生动地描述了这一英勇事迹的各种益处，乃至于我们相信词语都“变活了，在听众的心里面上蹿下跳”。部落民众看到那些词语的确变活了，就担心这个拥有词语的人会把他们的虚假故事传播给他们的孩子们，于是

就抓住了他,把他杀死了。但是后来,他们发现魔法并不在这个人的身上,而是在词语里。

七年之后,在弗洛伊德的《图腾与禁忌》第4章,有一个可怕的原始历史场景,其中描述了与吉卜林的故事有奇妙相似点的一幕:有个残暴的原始父亲[①]被他的儿子们谋杀并吃掉,这个父系游牧部落因此而灭亡。吉卜林那个讲故事的原始场景描写的是"一个没有主人的人",他的唯一长处是知道"必要的词语"。然而他同样也被部落——或者原始游牧部落——民众杀死,以免他将部落的故事传播给部落里的孩子们。只是后来,在弗洛伊德的故事里,那个残暴的原始父亲的儿子们感到悔恨,因此"死去了的父亲变得比活着时还要强大"。只是后来,在吉卜林的故事里,部落民众发现"魔法并不在这个人的身上,而是在词语里"。

弗洛伊德在原始历史场景中的真正主题是移情,即将一种多元决定的情感从早期依恋向后期依恋传递。而吉卜林在原始讲故事场景中的真正主题与其说是部落的故事或者词语中的魔法,不如说是讲故事者的自由,即那个没有主人的人的天职;这种天职不再导致死亡,但能造成虽生犹死的状态。吉卜林所拒绝承认的,是一种巨大恐惧,他害怕魔法的确也存在于那个没有主人的人身上,正如存在于词语中一样。

吉卜林毫不掩饰他的帝国主义信念,而且沉溺于反智主义思想。把他同沃尔特·佩特、奥斯卡·王尔德、威廉·巴特勒·叶芝放在一起,乍看之下似乎格格不入。但是,吉卜林以唯美主义者的修辞态度进行写作,在形而上的意义上极具佩特式特点。佩特的《文艺复兴》"结论"部分所写的完全就是吉卜林笔下主人公们的信条:

> 不要每时每刻都去辨别我们身边人的某种激情态度,也不要在他们卓越的天赋中辨别对正在形成的力量进行的某种悲剧性切分。也就是说,要在这有着霜花和阳光的短暂一天中,在傍晚之前就入

① 原始父亲(primal father)为弗洛伊德理论用语。

> 睡。我们的经历光辉壮丽，却又极其短暂，意识到这一点，把我们的
> 全部集中为一种孤注一掷的努力，去看，去触摸，那么我们将很难再
> 有时间对我们所见和所触摸的东西创立理论。我们必须做的，就是
> 229 要永远保持好奇心，检测新的观点，追求新的印象。

弗兰克·柯莫德说过，吉卜林作为作家，“坚定地选择行动和机器，而不是为艺术而艺术的潮流”，但这话其实有点误解佩特的《文艺复兴》“结论”部分的结尾。佩特用一条准则来结束“结论”部分，该准则很快就变得众所周知：

> 我们拥有一段间歇期，然后我们就从这里销声匿迹了。一些人无精打采地度过，一些则情绪高涨，而最明智的人，至少在“这个世界的孩子们”中有一些会沉浸于艺术和歌曲。因为我们仅有的机会就在于扩充这个间歇期，在于向给定的时间里注入尽可能多的脉动。澎湃的激情使我们对生命的感知加速，让我们体验到由爱而生的狂喜与悲伤，让我们有了各种形式的充满激情的活动，不管这些活动与己有关与否，它们都自然地发生在我们之中的许多人身上。只是务必确定这就是激情——它的确带给你这些果实，长在一种增快、增加了的意识之上。这种智慧最为充裕之处，就在诗性激情当中，在于对美的欲望，在于为了艺术而热爱艺术；因为艺术降临你身，明白告诉你，它只会在你的那些瞬间倏忽而过时，将最高的质量带给你，而且仅仅是为了那些瞬间的缘故。

和佩特一样，也和尼采一样，吉卜林发觉我们拥有并珍视虚构故事，因为简约化的真相会毁掉我们。对于这一佩特式信条，华莱士·史蒂文斯也有类似的版本。套用他的版本来说，“为了艺术而热爱艺术”的意思就是我们选择相信一个虚构故事，但也知道它并不是真的。在吉卜林看来，写作故事的是我们身上那些魔鬼般的力量，是“对正在形成的力量进行的某种悲剧性切分”。那些力量不再比它们所产生的故事和歌谣更具意义。吉卜林与佩特最终的共同点在于他也相信，我们总是陷身于一个感觉的旋涡，一股唯我主义的印象合流。那些印象一个叠加于另一个，无

比生动，但也无足轻重。

《基姆》

马克·吐温是吉卜林的真正先驱和所崇拜的文学英雄。《基姆》无疑是吉卜林最优秀的作品，该书不可避免地对马克·吐温的《哈克贝里·费恩历险记》和《汤姆·索亚历险记》有所反映。《采访马克·吐温》一文记录了吉卜林作为亲切的听众度过的两个小时。文章以马克·吐温的话开始：

> “好吧，你认为你欠我些什么，你专门过来这么告诉我。我把这叫作很大方地还债。” 230

《基姆》是一部经久不衰的作品，它并没有还清欠马克·吐温的债务，原因部分正如戴维·布朗维奇[1]所言，在于基姆既是哈克·费恩，也是汤姆·索亚，这么一来就混淆了两种本质对立的个性。既然《基姆》脱胎于《哈克贝里·费恩》，而非《堂吉诃德》，那么在基姆的天性中将哈克和汤姆融合在一起就造成了焦点的虚化，破坏了小说的形式。我们不会在基姆身上发现桑丘·潘沙，不过喇嘛却有点堂吉诃德和黑鬼吉姆的味道。只要基姆是自由但孤独的，他便是哈克；只要他服务于世俗权力，他便是汤姆。吉卜林在《采访马克·吐温》一文中只表达了对汤姆·索亚的兴趣，这很令人惊异。他问吐温“我们是否有可能听到长大成人的汤姆·索亚的消息”。我怀疑这话涉及影响的焦虑，因为基姆是《哈克贝里·费恩历险记》的儿子，而非那部稍微逊色的作品《汤姆·索亚历险记》的儿子。

《基姆》是伟大的英语通俗探险故事之一，它同时也是高雅文学。《哈克贝里·费恩》则太令人震惊，太近似一部美国意识的史诗，就和《草叶集》及《白鲸》一样，乃至于它无法被视作它所自称的那种东西：一个好故事。《基姆》部分属于一种男孩浪漫传奇与严格意义上的古代浪漫传奇杂交产生的模式。赖德·哈格德[2]代表了该模式的最低点，罗伯特·路易

① 戴维·布朗维奇（David Bromwich，1951— ），耶鲁大学英语讲座教授。

② 赖德·哈格德（Rider Haggard，1856—1925），英国作家，擅长冒险题材的小说。

斯·史蒂文森代表了其最高峰。

《基姆》有许多光彩夺目的地方，但最大的亮点无疑是基姆和他的师傅，那个可爱的、半疯癫的西藏喇嘛之间的关系。事实证明，喇嘛是基姆真正的父亲，基姆也成了他最好的儿子。小说结尾处能令我们感动流泪的，与其说是某种感伤之情，不如说是对深切的人类情感的精确再现：

> “听我说！我有消息了！寻找结束了。现在有善果了……是这样。我们在山里的时候，我靠着你的力量，把嫩枝压得弯曲，差点折断。走出山区的时候，我又为你也为其他心头的事所烦恼。我的灵魂之舟迷失了方向；我无法探究万物因缘。所以我把你整个交代给那好心的女人。我粒饭未进，滴水不喝。可我还是找不到法门。他们硬逼我吃，我把门关紧，他们便在门外又叫又喊。于是我就跑到一棵树下的洞坑里。我还是粒饭未进，滴水不喝。整整两天两夜我凝神默想，排遣杂念；按照要求的方式一呼一吸……到了第二个晚上——我的善果如此之大——智慧的灵魂挣脱了愚蠢的身躯，无羁无绊。这是我从没有到达过的境界，虽然我已经站在门槛边了。你
> 231 想想，那真是个奇迹！”
>
> “确是奇迹。两天两夜不吃不喝！那时老夫人在哪儿呢？”基姆轻声问道。
>
> “是啊，我的灵魂无羁无绊，它像老鹰似的盘旋着，它看见既没有德寿喇嘛，也没有任何其他灵魂。像一滴水珠掉进水里，我的灵魂慢慢地靠近超越一切的大灵魂。在感知到神的存在而欣喜万分的瞬间，我看见了整个印度，从海里的锡兰到山区，看见了肃仁寺里我自己的那些彩石；我看见我们歇息过的每一处营地，每一个村落，哪怕是最小的地方。我在相同的时间看见这些地方同在一处，因为它们就在我的灵魂里。这时我知道我的灵魂已经超越了时间、空间和事物的幻觉。这时我知道我解脱了。我看见你躺在帆布床上，我还看见你被那个偶像崇拜者压倒滚下山去——这些都在相同的时间相同的地方，在我的灵魂里；我说了，我的灵魂已经毗邻大灵魂。我还看见德寿喇嘛那愚蠢的身躯躺在下面，达卡的大夫蹲在一旁，正对着它的耳朵喊叫。后来我的灵魂诀然独处，我便什么也看不见了，因为我

到达大灵魂，我就是一切了。我冥思苦想了一百万年，万念皆绝，明悟了万物因缘。然后有个声音喊道：‘你死后那孩子怎么办？’于是对你的怜悯使我内心把持不定；我便说：‘我回去找我的弟子免得他误了道。’说完我的灵魂，也就是德寿喇嘛的灵魂，在极度渴望和万分痛苦的煎熬中，奋力挣脱了大灵魂。就像卵从鱼体产下，就像鱼从水里跃出，就像水从云团降落，就像云因湿气而生成；德寿喇嘛的灵魂也这样推开，这样跃离，这样退出，这样蒸腾着，离开了大灵魂。这时又有个声音喊道：‘那河！当心那条河！’我便俯瞰世间，世间还是原先我看见的那样——在相同的时间，同在一处——我说：‘箭河就在我的脚边。’那一刻我的灵魂被某种邪恶或是还没完全洗净的罪孽所妨碍，那邪恶落在我的手臂上，缠绕住我的腰间；但是我把它甩到一边，像鹰似的往前飞，飞往那箭河所在。为了你，我推开一个又一个世界。我看见圣河就在我下面——那条箭河——当我下降时，河水慢慢将我淹没；看着，我又套上了德寿喇嘛的身躯，可是一身清净无罪，达卡的大夫把我的头从圣河的水中托起来。那条河就在这片芒果林地后面——就在这儿！”

“真主保佑！哟，幸亏巴布在那儿！你全身都湿了吧？” 232

“我还在意那些吗？我记得那个大夫倒是很关心德寿喇嘛的身躯。他用双手将那身躯托出圣水，后来一个北方的马贩子带着帆布床和一些人来了。他们把那身躯放在床上，抬到老夫人家。”

“老夫人怎么说？”

“我在那身躯里沉思，根本没听见。所以寻找结束了。因了我积的功德，箭河就在这儿。它在我们的脚边突然出现，像我说过的那样。我找到了。我的灵魂之子啊，我让我的灵魂从解脱的门槛挣脱开，就是为了让你也清洗一切罪孽——像我一样，自由自在，清净无罪。法轮公道！我们的超脱是一定的。来吧！”

他双手交叉放在腿上，面含微笑，一副为自己也为所爱的人求得了心灵超脱的神态。①

① 本书中*Kim*的译文均出自吉卜林著，黄若容、周恒译：《基姆》，沈阳，辽宁教育出版社，1998年。

这一大段话通过闪亮的悟性，不断积聚力量，终于到达一种极度克制的、冷静的顿悟，那是对父母之爱的顿悟。喇嘛的幻象虽然呈现为明智灵魂对愚蠢躯体的摆脱，却显然不是二元对立式的，而是产生自喇嘛诚实的话："我为你所烦恼。"喇嘛沉浸于摆脱幻觉后的自由当中，因此也摆脱了对其他灵魂的任何牵挂，因为同自己的灵魂一样，那些灵魂并不自由。喇嘛接近于最终的自由："因为我就是一切了。"把他带回生命里来的声音是他对基姆的父爱之声，而他因返回存在之中而得到的回报就是他看到了他所探求的目标箭河，这种回报否定了神秘的狂喜。那条河就在他的脚下奔涌，胜过自由，因为它不仅仅代表着孤寂，而且代表了对他深爱的养子和对他自己的拯救。

这肯定是吉卜林最仁慈、最充满希望的瞬间，标准但充满积极色彩的瞬间。《基姆》就和它那部更精巧的先驱之作《哈克贝里·费恩历险记》一样，把我们带回核心的价值观，避免了来自深渊的阴影。那些阴影在吉卜林的其他作品中萦绕不去，令人不安。然而即便在这部作品里，其实也徘徊着更黑暗、更真实的吉卜林的影子。那就在基姆最终与喇嘛相聚之前几页，当时他猛然间体验到了关于虚无的幻象：

> 一开始他的双腿就像坏了的烟杆，直不起来；倾泻而入的阳光和空气晃得他眼前一片昏花。他靠着白墙蹲下来，一边回想起漫长的轿子之行、一路上大小事件、喇嘛数次虚弱。现在没有了谈论的话题，他不禁顾影自怜，他一直和病人一样很同情自己。他的脑子失去
> 233 控制，一步一步地离开外界，像一匹新马，一旦被马扎子刺到，就会避开踢马刺。够了，足够了，背篮里的赃物拿走了——脱手了——不再归他保管了。他试图想想喇嘛——想想他为什么颠进河里——可是前院大门之间的空间这么大，把相互连接的思维隔开了。然后他抬头看看树木，再看看广阔的田野，点缀在庄稼间的茅屋隐约可见——他的眼睛变得很奇怪，不再能判断所见事物的大小、比例和用途——他就这样凝望了半个小时。在这半个小时里，他感觉，虽然他用语言表达不出来，他的灵魂跟周围的环境脱离开了——一个没装在机器上的嵌齿轮，就像被闲置在角落一边的廉价榨糖器上的一颗齿轮。微风为他送爽，鹦鹉朝他鸣叫，挤挤插插的后院里的各种声音——争

吵声,吆喝声,责骂声——他都听而不闻。

“我是基姆。我就是基姆;可基姆是什么?”他的灵魂一遍一遍地重复这句话。

这段话里虽然有印度的意象,而且表露出吉卜林对机器特有的迷恋,但是沃尔特·佩特的审美印象主义及其召唤我们走向深渊的那些感觉仍明显充斥其中。身份随着印象的波动而消散,而“倾泻而入的阳光和空气”导致的眼花缭乱把我们带回《文艺复兴》“结论”部分的世界。毕竟,吉卜林在《基姆》中的艺术是为艺术而艺术的,在于“别无他物”这一隐晦的谓语当中。吉卜林最出色的创造就是关于伟大之爱的华丽故事,这份爱发生于一个在印度入乡随俗的爱尔兰男孩和一个堂吉诃德式的、年迈的西藏喇嘛之间。那个男孩既是半个沉迷于自由的哈克·费恩,也是半个与权威玩把戏的汤姆·索亚。这个故事令我们感动不已,但它又是多么华丽的一个故事,而且必须是!有些人生死都是为了一个信仰,即为了艺术而艺术。吉卜林拒绝公开表示他也信奉他们的这种信仰,但最终他并没有其他的信仰。 234

斯蒂芬·克莱恩
（1871—1900）[①]

从数量上讲，斯蒂芬·克莱恩对美国文学典籍的贡献实在有限：一部经典但篇幅短小的长篇小说，三篇生动的短篇小说，还有两三首反讽抒情诗，包括《红色英勇勋章》、《海上扁舟》、《蓝色旅馆》和《新娘来到黄天镇》，以及《战争是仁慈的》、《一个人在小小的木筏上漂泊》——一部薄薄的文选完全装得下。克莱恩经历了狂乱的一生，去世时年仅二十八岁，但即便活得长一点，他的文学成就也不会加强。克莱恩是美国作家的典范，在我们这片黄昏的土地上，他闪耀在黎明的天空，却消失在正午时分。他是一个原创作家，尽管不是**伟大的原创作家**。他是海明威及其他新闻记者型小说家的先驱，直至今天，他的创作似乎仍预示着将要出现的许多文学现象。

《红色英勇勋章》

重读《红色英勇勋章》，我很难相信它的作者是一个未满二十四岁、从未见过战争的青年。斯蒂芬·克莱恩二十八岁时死于肺结核，却留下了一部经典长篇小说、三篇异常精彩的短篇小说和少量可以永世流传的诗歌。他是一个奇特的现象：他的父亲、祖父和叔祖父都是福音派卫理公会教徒、极其虔诚的清教徒。克莱恩是一个早熟的文人和新闻记者，在生活中始终践行弗洛伊德所说的"拯救母亲的幻想"[②]，常常与妓女交往。他与柯拉·泰勒的事实婚姻一直持续到他英年早逝。他们相遇的时候，

① 原书将斯蒂芬·克莱恩的生卒年份误写为1879—1900，因此篇目编排顺序有偏差。本书中将此篇调整至正确位置，边码为原书页码。——编注。

② "拯救母亲的幻想"（"Rescue of fantasies"），出自弗洛伊德的论文《男人对客体的一种特殊选择》（"A Special Type of Choice of Object Made by Men", 1910），原词为"rescue fantasies"，指某一类男人总是爱上性生活混乱、与其他男人有染的女性，幻想自己是这个坏女人的拯救者；这种心理与恋母情结有关。

柯拉是佛罗里达州一家妓院的老鸨。克莱恩被纽约市警察局列为不受欢迎的人,与之不相称的是,他在英国度过了人生中最后一段短暂但高尚的时光;在那里,他与杰出的小说家约瑟夫·康拉德和亨利·詹姆斯交往甚密,他们两位都非常欣赏克莱恩的创作。245

如果克莱恩一直活着,他无疑会继续以他对战争的印象为主题创作史诗性作品,还会巩固他作为欧内斯特·海明威重要先驱的地位。然而,他实地观察战争,去古巴报道美西战争,还有希土战争,以此为基础创作的战争题材作品与他想象的《红色英勇勋章》比起来,逊色不少。如果克莱恩一直活着,也许他会向其他方向发展。很难想象克莱恩如何把《红色英勇勋章》写得更好,这部战争小说胜过海明威和诺曼·梅勒的同题材作品。荷马、维吉尔、莎士比亚、托尔斯泰,这些大家的战争题材作品必定是克莱恩望尘莫及的杰作,但在美国文学史上,就战争题材而言,只有科马克·麦卡锡的《血色子午线》能超过《红色英勇勋章》。麦卡锡的文体很像梅尔维尔和福克纳,词藻华丽,精雕细琢。而克莱恩是一个非常有原创性的印象派作家,在读到康拉德的作品之前便已具备康拉德的风格。有时候我能在克莱恩的作品中听到吉卜林的文体风格,但那种回声模糊不清、转瞬即逝,仿佛这位在战场的想象世界里驰骋的作家刚刚读了吉卜林的《丛林之书》。尽管吉卜林也是一位优秀的新闻记者,但他无法给克莱恩提供一个范式,帮其再造美国内战中钱斯勒斯维尔战役(the battle of Chancellorsville,1863年5月2—4日)的血腥场景。哈罗德·比弗指出,司汤达和托尔斯泰给克莱恩提供了需要的范式,这是说得通的;比弗还提出一个很有趣的观点,克莱恩如摄影眼一般引起幻觉的想象是一种表现主义的创造,如《红色英勇勋章》第7章所示:

> 一次,他发觉自己险些闯进一块沼泽,只好踏着泥炭,当心不踩到滑溜溜的泥沼里去。停下来回头看看,只见一只小动物扑进一片黑水,立刻又浮上来,逮住一条微微闪亮的鱼。
>
> 青年再次踏进深深的灌木丛,推开的树枝弄出响声,淹没了大炮的轰鸣。他往前走,走出昏暗,又进入一片更大的昏暗。
>
> 最后,他来到一处所在。这儿高高的树枝弯弯成拱,搭成一座小小教堂。轻轻推开两扇绿色的门走进去,松针铺成的一块棕色的

地毯，光线半明半暗，颇具宗教意味。

门槛边，他猛收脚步，被眼前的景象吓得魂飞天外。

有个死人正盯着他看。这死人靠在一根柱子般的大树上，军服
246 曾为蓝色，如今却褪成忧伤的绿色。两眼瞪着青年，活像一对死鱼眼。嘴张着，红唇已变成骇人的黄色。灰不溜秋的面孔上无数小蚂蚁在奔忙，其中一只还沿上唇滚动着一团东西。[①]

下面更长的引文出自第19章，是一段对护旗兵死亡的描述，非常有名：

仓皇的人群冲向田野，扑向敌人，黄色的火焰立刻射了过来，大片蓝烟挂在面前，枪声震耳欲聋。

青年疯狂奔跑，在子弹未打中他之前就抵达树林。他像足球运动员一样，压低脑袋，紧张得几乎两眼闭拢。眼前一片模糊，嘴角挂着跳动的唾液。

猛烈冲锋时，他体内生出一种爱，一种对军旗不顾一切的挚爱。这面旗帜就在他旁边，是美与不可战胜的造化，是一位光彩照人的女神，俯身向他，摆出迫切的姿态。它是个女人，炽热纯洁，恨爱交织，以他所希望的声音呼唤着他。因为它不能受到伤害，他赋予它力量。他不离它左右，仿佛他能成为生命的救星。他从心底里向它发出恳求。

疯狂的冲锋中，他忽然发现护旗兵身体一闪，像被大头棒击中一般，跌倒在地，一动不动，只有双膝还在颤抖。

青年跳过去，一把抓住旗杆。同时，他的朋友也从另一边抓住了旗杆。两人又拉又扯，蛮横粗暴。但是护旗兵死了，遗体却不肯放松重托。一时出现了一场冷酷对峙。死者弯曲的脊背摆动着，荒唐而可怕，像是顽强搏斗，要保住这面旗帜。

这场面转瞬即逝。两人狂暴地从死者手中拔出军旗，再转身，那遗体垂着脑袋向前扑来，一只胳膊高高扬起，弯曲的手抗议般重重
247 落在朋友没留神的肩头上。

---

① 本书中*The Red Badge of Courage*的译文均出自斯蒂芬·克莱恩著，黄建人译：《红色英勇勋章》，桂林，漓江出版社，1996年。

军旗与护旗兵的遗体融为一体，军旗变成女人的幻觉效应有着模棱两可的象征意义，她既是欲望的对象，又具备潜在的毁灭性："恨爱交织"。这里，克莱恩的想象又是虚无主义的，提醒我们连他的书名也是一种反讽，因为最终的红色英勇勋章是致死的重伤。

《街头女郎玛吉》

斯蒂芬·克莱恩倚赖纯粹的想象力创作了《红色英勇勋章》(1895)，他在创作第一部叙事小说《街头女郎玛吉》(1893)时，也是如此。克莱恩写《红色英勇勋章》时，从未见过战争的模样；同样，在写《街头女郎玛吉》时，他几乎没有接触过鲍厄里大街[1]的下层社会生活。颇为反讽的是，《街头女郎玛吉》付印之后，克莱恩将会经历太多的贫民窟生活，而凭《红色英勇勋章》一举成名之后，他将作为战地记者，目睹太多的血腥场景。

重读《街头女郎玛吉》，感觉很奇特，原因之一在于书里那种腐蚀一切的反讽，其二在于重温可怜的玛吉在多种因素决定下走向毁灭，很痛心。她那可怕的家人、糟糕的恋人以及永无休止的贫困逼迫她走上卖淫之路，最终走向存疑的溺水而亡。其实她可能是自杀，也可能是谋杀。

《街头女郎玛吉》的美学价值虽然微弱，但真实可信，源自19世纪现实主义和自然主义文学中常见的特点：怪异。左拉创造了一种幻象型自然主义，与其说贴近现实主义，不如说是幻觉效应。克莱恩擅长印象主义和反讽的笔法，在《街头女郎玛吉》中走得更远，这本书堪称简洁的文字图画实验。克莱恩的意象具备贺加斯的特色，但受制于他原创的透视法学说，并非现实主义，接近于超现实主义。玛吉是一个离奇的存在，预示着克莱恩短短一生中最重要的一段感情，即他与柯拉·泰勒的风流韵事，柯拉是佛罗里达州杰克逊维尔市一家妓院的老鸨。她陪同克莱恩去了英国，在那里他们与约瑟夫·康拉德和亨利·詹姆斯私交甚好，她一直陪在克莱恩身边，陪他饱受创痛，直至他英年早逝。 248

① 鲍厄里大街(The Bowery)，当时纽约市下曼哈顿区的一个贫民窟。

薇拉·凯瑟
(1873—1947)

现在薇拉·凯瑟多少有些被忽视，但在20世纪的美国小说家当中能与她匹敌的不多。评论家和读者常常视她为更早时期的作家，尽管1947年她才去世。她最好的小说出版于1918年至1931年间，所以她其实是20世纪20年代的小说家，与海明威和菲茨杰拉德同属一个时代，是年龄稍长的同辈人。与后者不同，凯瑟不擅长写短篇小说，不过在她的四部短篇小说集当中，零零散散地分布了一些给人印象深刻的作品。她最擅长长篇小说，在我看来，《我的安东妮亚》(1918)、《迷途的女人》(1923) 和《教授的住宅》(1925) 都是好作品，凯瑟不愧是福楼拜与亨利·詹姆斯的弟子。同样精良且有艺术成就的是接下来的历史小说，极受欢迎的《主教之死》(1927) 与《岩石上的阴影》(1931)，但两者并非占据中心地位。凯瑟的第二部长篇小说《啊，拓荒者！》(1913) 与上述这个系列的杰作相比，只是略逊一筹。对于一个现代美国作家来说，六部具有永恒价值的小说可说是一个非常了不起的数目；在这方面能与凯瑟匹敌的，我只能想到福克纳，后者创作了六部流芳百世的小说，都出版于1929—1939年间，属于他的黄金十年。

凯瑟的小说世界与菲茨杰拉德、海明威及福克纳的小说世界距离遥远，这是显而易见的，不过后三位作家都同她一样，怀念旧时的美国。最初，她看似与这些年轻一些的同辈人没有美学上的亲缘关系。我们反倒把她与萨拉·奥恩·朱厄特①，甚至伊迪丝·华顿联系起来，她曾为朱厄特写过一篇爱护有加的文章，但与华顿几乎没有相似之处。凯瑟探讨一战后美国人精神状态的方式比菲茨杰拉德和海明威都要隐晦，但也是对
235 那个时代痼疾的一个贴切再现。即便我们把中篇小说《迷途的女人》与《荒原》、《化身为字母C的丑角》、《太阳照常升起》、《了不起的盖茨比》

① 萨拉·奥恩·朱厄特 (Sarah Orne Jewett, 1849—1909)，美国女作家，以乡土文学见长。

及《美国悲剧》放在一起阅读，它也不会脱离其美学语境。《迷途的女人》比这些作品更微妙，更柔和，但同样也是一曲深刻的挽歌，祭奠一种失去的光辉或和谐，祭奠一种关于纯真、优雅与希望的独特美国梦的失败。

《我的安东妮亚》与《迷途的女人》

1916年初，亨利·詹姆斯在英国去世，他是凯瑟作为评论家与小说家的引路人。一年前，詹姆斯回复讥讽他的H. G. 威尔斯，写了一句非常有名的信条："艺术创造生活，艺术创造兴趣，艺术赋予重要性。"这也是凯瑟的信仰。她在《论小说艺术》中写道："任何一部一流的长篇或短篇小说，必定有一打相当好的短篇小说献祭于它，从而将其长处据为己有。"这句话中似乎回响着詹姆斯的声音。在形式的祭坛上献祭各种可能性，这是凯瑟的佩特式艺术宗教的仪式，许多评论家在评论《主教之死》时，想当然地把凯瑟这种仪式误读为一种日益增长的宗教虔诚。凯瑟是一个姗姗来迟的唯美主义者，效仿一种熟悉的模式：被罗马天主教的氛围而非它的实质所吸引。她的精神寄托不是罗马，而是新墨西哥州，她崇尚的不是超自然的魂灵，而是古雅之魂。

凯瑟的社会态度完全是复古的。她倡导一种民粹主义者的反犹太主义，很多同一代及下一代美国作家也是如此，比如舍伍德·安德森、西奥多·德莱塞、埃兹拉·庞德、托马斯·沃尔夫，甚至于海明威和菲茨杰拉德。凯瑟的反犹太主义有一个奇怪的特点；与她对异性恋的厌恶相关。她的第一个伙伴伊莎贝尔·麦克隆被一个犹太小提琴家杨·汉伯格抢走，她小说中的犹太人显然代表着男性性欲的侵略性。《教授的住宅》中，凯瑟热爱的西部遭到的商业剥削被毫无必要地与教授的犹太女婿马塞勒斯联系起来，这是该书的一大瑕疵。毫无疑问，凯瑟最可惜的作品是那篇写于1914年的臭名昭著的文章，《波塔什与珀尔马特》（"Potash and Perlmutter"），她模仿英雄气概，哀叹纽约市正变得过于有犹太特色了。或许她又是在向老师学习，因为她是在重复亨利·詹姆斯在《美国景象》中的怨言，只是语气稍显轻快而已。到了创作的晚期，凯瑟写了一篇关于萨拉·奥恩·朱厄特的文章，又表达了对"犹太评论家"的反感，尽管他们的确被弗洛伊德带坏，但这篇文章还是招致了莱昂内尔·特里林的正当指责：凯瑟已经变成了一个非犹太性的捍卫者，以神秘的眼光关注锅碗瓢盆，除此别无其他。

凯瑟这个阴暗面谈不上是价值观，本不会产生很大影响，但是当它作
236 为她那个时代成体系的憎恨情绪渗入她的小说中时，则另当别论。尼采分析憎恨时，或许写的便是凯瑟。弗洛伊德分析偏执狂与同性恋之间的关系时，或许也在写凯瑟。我很提防这种观点中包含的简单化倾向；一个永远被女性主义评论家打劫、被扣上“父权制评论家”的人受创太重，不想再参与任何论战。在我眼里，凯瑟以怜爱的笔触刻画女主人公，尤其是安东妮亚和迷途的女人福里斯特太太时，审美水准最高，最有说服力。她与托马斯·哈代几乎没有任何相似之处，唯一的相似点是两者都有非同一般的能力，引诱读者与小说家一起爱上女主人公。记忆中，我曾爱上《林地居民》中的玛蒂·萨乌斯，十五岁那年，爱上了安东妮亚和福里斯特太太，这些记忆挥之不去。如今，五十四岁的我再读《我的安东妮亚》和《迷途的女人》，发现那份爱又重新点燃。我怀疑自己又陷入了已去世的德高望重的恩师威廉·K. 维姆塞特所说的“情感谬误”，因为爱上一个用文字虚构出来的女子必定是一桩认知事件。

凯瑟长于再现，带给我们吉姆·伯登和尼尔·赫伯特这两个人物，他们显然是她的代理人，或许在性生活方面不够完满，但被强有力地刻画成了具有能力去想象的人物，尤其是有能力理解且传达安东妮亚和福里斯特太太那种非同一般的现实性及幻象的强烈与热切。凯瑟效仿她的老师詹姆斯和佩特，把所谓的短处变为长处，实现了爱默生式自助的公开计划。但爱默生说过，有得必有失，凯瑟又像詹姆斯与佩特，遭遇补偿法则的反面。审美与人性方面的瑕疵都存在，甚至《我的安东妮亚》、《迷途的女人》和《教授的住宅》也不例外，但这三部作品深刻探究了美国的怀旧情绪，那些瑕疵几乎不会减损它们的魅力与尊严。

* * *

凯瑟不是唯一一个创造性地误读自己作品精髓的重要美国小说家。失去是她的想象性知识要素，她诠释的是失去的时间，但她失去的是本土原有的事物，遵循着华兹华斯、爱默生及其风格迥异的各个弟子的浪漫主义模式。消逝的荣耀不属于拓荒者，而是属于她自己的透明眼球，属于她

与宇宙的原初关系。她用修辞性的语言来展示这种知识，但这种知识常常与她表面探讨的主题格格不入。以下便是吉姆·伯登与安东妮亚第一次共处的时刻，当时他们还都是小孩子： 237

> 我们坐下来，藏身在高高的红草里面。于尔卡像只小兔崽子似的把身子蜷作一团在逗一只蚱蜢玩。安东妮亚指指天，用目光询问我。我告诉她那叫什么，可是她不满意，又指指我的眼睛。我告诉了她，她重说了一遍，发音有点近似"眼睛"。她指指天，然后指指我的眼睛，然后又指指天，动作快而激动，使我昏头转向，搞不清楚她想知道的究竟是什么。她跪了起来，使劲绞着自己的手。她指指自己的眼睛，摇摇头，然后又指指我的眼睛，指指天空，拼命点头。
>
> "噢，"我嚷道，"是蓝，蓝天。"
>
> 她高兴得拍起手来，低声念道："蓝天，蓝眼睛。"好像感到很有趣。我们蜷伏着躲风时，她学到了二十来个字了。她学得快，热情高。我们在草里藏得那么深，除了蓝天和前面金黄的树梢外什么也看不见。那里真舒服极了。安东妮亚把新学到的词说了几遍以后，她想把她戴在中指上的镂花小银戒指送给我。她哄着我，一定要我收下。我坚决拒绝了。我不想要她的戒指，而且感到她这样想把她的戒指送给一个以前从没见过面的男孩子，有点太随便太过分了。如果这些人就是这样待人接物的话，难怪克拉纪克要吃住他们了。①

我们推测，屠格涅夫应该会欣赏上面的文字，如果把它们插入《猎人笔记》，也不会显得突兀。这种自然主义式的简单颇有欺骗色彩。1940年，华莱士·史蒂文斯在一封信中这样谈到凯瑟："你也许觉得她多多少少有点不讲究形式。然而，在形式方面我们没有比她更好的。她煞费苦心隐藏自己的老练，导致读者很容易错过她的优质的形式。"这里，优质体现在丰富的转义与精确的用辞，皆服务于一个新颖的美国起源神话。孩子们蜷在小兔崽子和蚱蜢栖身的树丛里面，与"蓝天，蓝眼睛"的宇宙

① 本书中*O Pioneers!*的译文均出自薇拉·凯瑟著，资中筠、周微林译：《啊！拓荒者！我的安东妮亚》，北京，外国文学出版社，1983年。

融为一体，分外自在快乐。天地合二为一，视野里只有金黄的树梢。安东妮亚要把身心交融的象征送给吉姆，却被吉姆断然拒绝，一来因为吉姆害羞，二是因为凯瑟预期的担忧：拓荒者无所顾忌的慷慨会难逃剥削的厄运。不过上述文字最深层的暗示则是，吉姆尽管爱上了安东妮亚，却受制于内心的一种抗拒，关于这种抗拒，读者可以自行阐释，几条思路无须互
238 相排斥。

这便是想象力爆棚、文思泉涌的凯瑟。在她视野所及的早秋，我们发现自己正凝视着她的迷途的女人福里斯特太太，和尼尔·赫伯特一样，在福里斯特太太“瞬间相认的眼睛里，在她充满活力的嗓音里”，我们找到了慰藉。这部小说的亮点恰似福里斯特太太的笑容，“常常告诉你许多太直接却又太难以言表的东西”。约翰·荷兰德的点评很精辟：福里斯特太太并未变成社会意义上或道德意义上的迷途的女人，而是在想象世界里，她发生了转变，成了尼尔“失散已久的女人”。不论是失散了，还是寻了回来，她永远都是“他的”，就如安东妮亚永远都是吉姆·伯登的“我的安东妮亚”。凯瑟展现出设想一种永恒的、增强生命活力的、绝非独占性的爱的能力，作为一个小说家，她由此迸发出了最强大的艺术感染力。如果我们可以从凯瑟的全部作品中挑出一段话，那段应该是关于佩特式的顿悟或荣宠时刻，在那一刻，福里斯特太太的形象作为“一个明亮的、不带私人色彩的记忆”重现于尼尔的脑海。佩特真应该活着读到下面这段话，就他所称颂的艺术而言，这是一个精彩的实例，凯瑟能够创造出这样的艺术作品，佩特起到了激励的作用：

> 她的眼眸；当它们笑意盈盈地盯着他的眼睛时，似乎带给他一种从未感受过的狂喜。“我知道它在哪里，”它们似乎在说，“我来示范给你看！”他想召唤青年福里斯特太太的魂灵，就像恩多的女巫召唤塞缪尔的魂灵，向它下战书，要求它交出拥有这种激情的秘密；他想问福里斯特太太，她是否确实找到了永远绽放、永远燃烧、永远深彻入骨的快乐？或者，这一切是否全是精彩的戏剧表演？她找到的很可能不比别人多，但是她总有一种力量，让人感受到事物比她自己更可爱，恰如一朵鲜花的芬芳可以唤醒整个春天的甜蜜。

这是凯瑟高难艺术的完美境界，这是最平衡、最有节奏感的艺术，福里斯特太太便是这一完美的体现。凯瑟的小说时常呈现完美的状态，让读者感受到比小说本身更可爱的事物。读者要求得到凯瑟拥有这种激情的奥秘，但从中学会了不去挑战精彩绝伦的戏剧表演，因为凯瑟的演技很
有说服力，有时候的确让读者感觉到她找到了某种永恒的快乐。 239

赫尔曼·黑塞
（1877—1962）

《卢迪老师》(《玻璃球游戏》)与《荒原狼》

在我年轻时，托马斯·曼的《浮士德博士》(1947)和赫尔曼·黑塞的《玻璃球游戏》(1943)被视为二战后的两部德国经典，这是毋庸置疑的。《玻璃球游戏》是黑塞的最后一部小说。凭借这部作品，黑塞和曼一样，也获得了诺贝尔文学奖。这两部小说似乎是自由主义旧式德国的遗言，留给被纳粹贬损极其严重的德国精神。

如今，曼的《魔山》和黑塞的《荒原狼》都比《浮士德博士》和《玻璃球游戏》吸引了更多的读者，如果在德国不是如此的话，至少在美国是这样的。曼和黑塞的反讽遮蔽了他们富于喜剧色彩的那些方面:《玻璃球游戏》中的托马斯·冯·德特拉夫是对托马斯·曼的滑稽模仿，而黑塞笔下的弗里茨·特古拉瑞尤斯直白地戏仿了弗里德里希·尼采，雅各布斯神父则是雅各布·布尔克哈特[①]的一个反讽性版本。

在美国，20世纪70年代盛行反文化运动，因为《德米安》、《悉达多》和《荒原狼》符合当时的时代精神，已经去世的黑塞再次风靡一时。《玻璃球游戏》作为一部复杂的寓言，吸引的读者要少得多，不过《浮士德博士》一度拥有相当数量的读者。这两部作品的创作虽然令人称道，但如今都基本被忽视了，而对它们进行重新阅读的结果显示，它们绝不仅仅是昙花一现的时代性作品。唉，高雅文化的通俗化趋势导致这两部作品的流传有点成问题。

在某些方面，玻璃球游戏本身，而不是这部作品，如今可被视作西方文学和音乐文化的综合体，类似于文学和“古典”音乐的西方正典。想象

① 雅各布·布尔克哈特(Jakob Burckhardt，1818—1897)，瑞士历史学家，致力于文化艺术史研究，强调研究文化艺术对了解人类历史的重要作用，主要著作为《文艺复兴时期的意大利文化》。

的卡斯塔里亚省(缪斯的源泉)是对一种并不存在的未来文化的科幻小说式投射。约瑟夫·克乃西特(他的名字意思是“仆人”)既代表了卡斯塔里亚美学理想的实现,也代表了该理想的衰退。 240

2002年,我带着某种怀旧情绪对黑塞的卡斯塔里亚进行思索,因为它在文学批评领域的对等物——例如E. R. 库尔提乌斯、诺思洛普·弗莱、肯尼斯·伯克等人的作品——已基本上被大多数英美大学中如今称作文化研究的那个奇怪实体所取代。我是一个执着反对文化研究的人。我刚出版了一部篇幅宏大的著作,题为《天才:创造性心灵的一百位典范》,它是一种卡巴拉[①]式的玻璃球游戏。黑塞并不在这些创造性心灵之列(不过曼在其中),但具有反讽意味的是,我发现自己在纳闷,我的著作是否就是卡斯塔里亚的另一幻象,是否就是对正在衰落的、或许很快就会消失的高雅文化的另一隐喻?

面对纳粹恐怖,对黑塞和曼而言,唯美主义似乎并不代表一种实用的可能性。我们并不一定非得将《玻璃球游戏》和《浮士德博士》视作虽有缺陷但极其卓越的小说,即便如此,在2002年,唯美主义似乎也并不是对信息时代、企业腐败和布什式好斗伪善的一种无用替代。即便切断了巴赫、莫扎特、莎士比亚和但丁同我们不断缩小的文化可能性之间的联系,他们本身也是绝对的商品。

2002年,遭到克乃西特摈弃的卡斯塔里亚在我看来和20世纪40年代时非常不同。玻璃球游戏在音乐方面的美国对等物是爵士乐,其代表人物包括路易斯·阿姆斯特朗和艾灵顿公爵、查理·帕克和巴德·鲍威尔、查尔斯·明戈斯和塞隆尼斯·蒙克[②]。美国的卡斯塔里亚可以用杰出的美国诗歌传统来对比衬托古典爵士乐,该诗歌传统的代表人物包括:沃尔特·惠特曼和艾米莉·狄金森、罗伯特·弗罗斯特和T. S. 艾略特、哈特·克兰和伊丽莎白·毕肖普、詹姆斯·梅里尔和约翰·阿什伯里及A. R. 安蒙斯。我们的玻璃球游戏可以把查理·帕克和华莱士·史蒂文斯相融合,这样就合成了一种超越文化批评的关注范围和批评能力的精

① 卡巴拉(Kabbalah),犹太教的一种神秘哲学,由中世纪一些犹太教士发展而成,对《圣经》做神秘解释。

② 路易斯·阿姆斯特朗(Louis Armstrong, 1901—1971)、艾灵顿公爵(Duke Ellington, 1899—1974)、查理·帕克(Charlie Parker, 1920—1955)、巴德·鲍威尔(Bud Powell, 1924—1966)、查尔斯·明戈斯(Charles Mingus, 1922—1979)和塞隆尼斯·蒙克(Thelonious Monk, 1917—1982)均为美国著名黑人爵士乐手。

妙艺术。

2002年，我认为约瑟夫·克乃西特的牺牲是一种精神错误。憎恨学派的文化代表们则把克乃西特的死亡视作又一证据，来证明他们的论点：所有艺术都必须是政治性的。黑塞是一位敏锐的抒情小说家，但对于这种我们所有人都必须联合起来才能战胜的文化不适症，他并不是一
241 位合格的先知。

厄普顿·辛克莱
（1878—1968）

《屠宰场》

我在这篇引言中很不情愿地承认，《屠宰场》（1906）只是一部时代性作品：读这部作品，我们像推车上坡一样全力以赴；对于厄普顿·辛克莱的这部作品，我们怀有适度的感激，因为它帮我们催生了1906年的《纯净食品药品法案》。

乔恩·A. 约德忧伤地点评说，公众眼中的《屠宰场》是一部揭发社会黑幕的作品，而不是一部控诉资本主义的作品；而迈克尔·布鲁斯特·福尔松则正确地指责厄普顿·辛克莱的种族主义，以及小说结尾的败笔。

才华横溢、学者风范的莫里斯·迪克斯坦对《屠宰场》进行了令人心酸的辩护。他援引我们“新时代”（New Age）的非虚构小说和新新闻体小说，试图拯救这部作品的命运。

蒂莫西·库克寻迹追踪了厄普顿·辛克莱这部作品对乔治·奥威尔《动物庄园》的影响，他的研究非常有用。之后，卡尔·S. 史密斯分析了辛克莱对牲畜围栏的描绘，认为“融巴别塔、疯人院与地狱于一体”。

按照R. N. 慕克吉的解读，当辛克莱终止对人类苦难的想象，转而为社会主义传经布道时，《屠宰场》便不再是一个整体；而埃默里·埃利奥特在承认辛克莱种族主义立场的同时，也称赞他展示了穷人生活无望的状态，以及由此遭受的毁灭性影响。

杰奎琳·塔弗尼尔—柯斌把杰克·伦敦的《荒野的呼唤》与《屠宰场》做了类比性分析；斯科特·德里克则对性别规则的男性性征神话如何束缚辛克莱进行了一番思考。

242 这部评论集[①]的最后一篇论文由马修·J. 莫里斯撰写，他的研究视角很有趣，分析辛克莱如何力图找到一种叙述模式，既能展示出资本主义的杀伤力，又不会成为再现这种杀伤力、从而不由自主延续这种杀伤力的作品，可惜没有如愿。

厄普顿·辛克莱活了九十岁，写了九十本书，差点当选加利福尼亚州州长（1934），去世时知道自己为1906年《纯净食品药品法案》得以通过助了一臂之力，还作为林顿·约翰逊的特邀观察员见证了《健康肉类法案》（1967）的签署。这样的人生不能说是虚度，尽管如今看来，《屠宰场》只是一本相当枯燥的时代性作品，而他的其他作品完全无法卒读。

莫里斯·迪克斯坦和埃默里·埃利奥特为拯救《屠宰场》的命运尽了全力，最近我怀揣好奇和反感，重读了这本书，此时距我初次阅读该书已过去了半个多世纪。我隐约记得当时的感觉是这本书阴沉忧郁、触目惊心，但那时我少不更事，如今，经历的伤痛和文学的遗憾让我对这本书更不耐烦。美国自然主义文学没有因为文体和程序上的粗陋而消亡；德莱塞的《嘉莉妹妹》和《美国悲剧》更是超越了这些局限。然而，辛克莱缺乏德莱塞那种异乎寻常的移情能力。辛克莱努力的目标超出了他的资质所及；他笔下的人物不过是纸张上的姓名，他无力再现社会现实，这一点让我无比渴念巴尔扎克和左拉，甚至是汤姆·沃尔夫。

对于品质欠佳的文学作品，时间是残忍的，但是它的残忍是缓慢展现的。对于时代性作品，年轻人有着惊人的偏好；我注意到我手头这本1981年版的《屠宰场》平装本已是第33次印刷，我怀疑这个版本大多卖给了课堂内外的年青人。我被诸多差书环绕，它们被称为即时经典，而约翰·克劳利的《他方世界》（1981）却往往处于不再出版的状态，现在便是如此，可对于这本奇幻小说，我已经读了几十遍。要有耐心，耐心。《哈利·波特》系列将被置于垃圾堆，尽管那时候我已经离开了人世，而《他方世界》将与刘易斯·卡罗尔的《爱丽丝》系列以及肯尼斯·格雷厄姆的《柳林风声》相提并论。

作为一个文学评论家，我的研究涉及方方面面，但如今我也会从堆成山一样的读者来信中受到教益，尽管我无法回复这些来信，甚至无法告

---

① Bloom, Harold, ed. *Upton Sinclair's The Jungle* (Bloom's Modern Critical Interpretations). New York: Chelsea House Publishers, 2002.

知对方我收到了来信，否则我的阅读、写作、教学和生活都难以为继。有两沓充满恶意、从未中断的信件来自牛津公爵的拥趸和《哈利·波特》的粉丝，可怜的前者不顾一切，只想证明爱德华·德·维尔是莎士比亚全部作品的捉刀人，而后者不分年龄，不分国籍，什么人都有。牛津公爵的铁杆支持者愤怒起来近乎疯狂，令人不满，但让我更难理解的是《哈利·波特》书迷军团的狂怒。他们在自己的品位和判断遭到质疑的时候，竟然如此脆弱不堪？ 243

无论我们如何激烈地降低专业水准——以《纽约时报书评》和曾经属于精英阶层的大学为首——时代性作品在同时代的书迷当中似乎会引发令人不安的轰动。一年前，我去了一趟意大利都灵，在一所名为霍顿学院（纪念塞林格《麦田守望者》中的主人公）的作家学院做讲座，谈论我的《如何读，为什么读》意大利语版。讲座的主持人是这所学院的院长、一位小说家，他问我，为什么《如何读，为什么读》对《麦田守望者》只字未提？我柔和地暗示，我认为那是一本时代性作品，也许会流行一段时间，但仍旧会消亡。诚实必有代价。我离开时，院长送我出门的态度相当冷淡。我知道，没有一个评论家不会犯错误。我的偶像塞缪尔·约翰逊博士对这句可怕的话表示赞同："《项狄传》没有流传下去。"然而随着年事渐高，我不免疑惑：如果我们的生命长过一种死去的时尚，当一本时代性作品寿终正寝的时候，究竟是什么令我们如此愤愤不平？ 244

E. M. 福斯特
（1879—1970）

《霍华德庄园》与《印度之行》

莱昂内尔·特里林是最经典的E. M. 福斯特评论家。要是福斯特没有写他的那些小说，而且特里林是英国人的话，那么特里林就会写那些小说。特里林在1924年写过一本评论福斯特的著作，在结尾处称颂《霍华德庄园》和《印度之行》的作者，将他提升进这样一些讲故事者的行列，说他们的努力“在没有被人们意识到，甚至违背人们自觉意志的情况下收到成效”。根据特里林充满同情的诠释（或认同），福斯特是这个由电报和怒火构成的世界的真正对立面：

> 处于交战状态的世界必然是意志的世界；在处于交战状态的世界里，福斯特提醒我们：还存在一个意志并非全部的世界；还存在一个代表真正秩序的世界；激情和乏味之间有着必然的联系；身为人类，意味着奇怪的自相矛盾。他是举起阿喀琉斯之盾的那些人中的一个，阿喀琉斯之盾指的是艺术的道德智力，这种智力反抗意志在对自己的过度感到厌倦之时产生的恐慌与空虚。

特里林巧妙地呼应了福斯特对第一次世界大战的反应。福斯特回忆自己当时沉溺在布莱克、威廉·莫里斯、早期的T. S. 艾略特、J. K. 于斯曼、叶芝的作品之中：“他们把我带至一个国度，在其中意志并不是全部。”然而，我们会想要知道，福斯特和特里林作为自由主义想象的先知，是否并未屈从于一种没有足够自觉意志的幻象。《印度之行》是福斯特最有名的作品，它的创作方法极其复杂，经得起反复阅读。它是20世纪少数几部**精细创作**
249 的小说之一，是音乐意义上的精细创作。但是在放下二十年后，再次读这本书，我发现它作为一部叙事作品，里面的主要人物——阿齐兹、菲尔丁、阿德拉·奎斯蒂德、穆尔夫人、戈德博尔——全都缺乏自觉意志。无疑，这是福斯特故意为之的艺术，但后果令人感到奇怪；这些人物并不如小说那般经得起反复阅读，因为没有一个人物大过全书。博蒂独立于乔伊斯的《尤利西斯》，占据了我的想象，正如詹姆斯《一位女士的画像》中的伊莎贝尔·阿彻尔一样，或者就像福斯特《霍华德庄园》中的威尔科克斯太太一样，至少是当她还活着的时候。《印度之行》的美学难题在于，阿齐兹和菲尔丁为何不能比他们现在的这个样子更强大、更生动一些呢？

《印度之行》中最重要的因素就是印度，既非任何印度人，亦非任何英国人。但是这一断言需要修正，因为福斯特的印度与其说是一个社会或文化现实，不如说是对印度教的一种谜一般的幻象，抑或最为敏感审慎的英国自由主义头脑所重新想象的印度教。多年后认真重读《印度之行》，最令人惊讶之处在于它如今在某些方面看来明显就像一部**宗教**书籍。福斯特向我们展示了我们永远不应忘记的东西，即宗教文学和世俗文学之间的任何区别最终不过是种政治或社会辩论，但这种区别既非精神评判，亦非审美评判。不存在神圣文学和后神圣文学，不论是伟大的抑或优美的。如果按照严格的审美评判，《印度之行》或许差那么一点达不到伟大，但是就其精神层面而言，它是一种非凡的成就。

T. S. 艾略特力争成为一个虔诚的诗人，而作为文化和文学评论家，他无疑也成了一名基督教辩论家。福斯特是一位亲切的自由思想家和世俗人文主义者，他在《普通之书》中令人叹服地将自己同艾略特进行了比较：

> 和艾略特比？我觉得以前我落在他后面有多远，现在超过他就有多远了。总是有段距离——一段充满尊敬的距离。我多么讨厌他对痛苦表示的敬意啊！除了人类，还有什么头脑能够想出这种东西呢？当然，每个个体的生命中断断续续都会有痛苦，而且多数生命终结之时都会有痛苦。你无法逃避这些。但是，当如此多的痛苦来自疾病或霸凌之时，它为何会得到校长的赞同和牧师的认可，
>
> 直到火焰和玫瑰成为一体？

250 正是在此处，艾略特作为先知变得不能令人满意。

我们可以加上一句，正是在此处，福斯特作为先知变得最令人满意，因为那正是《印度之行》独特的优异之处。我们注意到，福斯特和普鲁斯特一样，是约翰·罗斯金的又一个继承者。福斯特理所当然非常崇拜普鲁斯特，甚于崇拜所有其他的现代小说家。福斯特也希望**让我们看到**，希望我们通过看到，可以学会和我们自己及他人联系起来。而且和罗斯金一样，福斯特知道这种强大意义上的看到是宗教性的，但采取的却是一种超越了教条主义的模式。

* * *

《印度之行》出版于1924年，反映的是福斯特在1921年至1922年间作为德瓦省邦主私人秘书的经历，而这段经历最初又是因为他在1912年至1913年间和G. 洛斯·狄金森[1]一起访问印度引发的。直到1953年福斯特才出版了《德维之山》，这部作品使用了他三四十年前从印度写给家里的信。《德维之山》将福斯特的德瓦省邦主赞誉为某种圣人，更确切地说，是一个宗教天才，尽管福斯特在试图维持他对朋友和雇主的判断时根本不具有说服力。这部作品真正传达的信息是福斯特对印度教某些因素的欣赏，这种欣赏在《印度之行》，尤其是在小说缩短了的最后一部分“寺庙”中达到顶峰。德瓦省邦主对实际事务一窍不通，并因此在耻辱中死去。福斯特对他的最终赞颂就是对一个自由思想家的奇特证词。《德维之山》的结尾必须被称作一种神秘的领悟：

> 他的宗教是他身上最深刻的东西。这应当得到研究——既不是被心理学家研究，也不是被神话学家研究，而是被经历过类似鼓舞的个人研究。他洞察鲜有人问津的领域，而且总是希望其他人也能跟随他进入那些领域。

① G. 洛斯·狄金森（G. Lowes Dickinson，1862—1932），英国政治科学家、哲学家，与福斯特及其所属的布鲁姆斯伯里团体（the Bloomsbury Group）关系密切。

什么鼓舞？什么领域？这些就是被《印度之行》充实完善的问题？在观看神秘的邦主在克里须那神[①]的神坛前跳舞之后，福斯特引用了邦主描写这个节庆的一封信，然后试图给出可能的回答：

> 这就是他的叙述。但当他像大卫王一样在神坛前跳舞时，他有何感受呢？他的宗教观点是什么呢？
>
> 第一个问题比第二个容易回答。他的感受就像大卫王和其他神
> 秘主义者处于神秘状态时的感受一样。他体现出众所周知的特点。他 251
> 相信他正在同他称作克里须那的现实发生联系。他意识不到身边的世界。“如果你愿意，你可以在明天我举行仪式时进来看我，但我不会知道你在那里”，他有一次对马尔科姆说。他的确不知道。他正处于一种反常但又可以辨认的状态之中；心理学家们曾研究过这种状态。
>
> 他的宗教观点则更为有趣，也更难以捉摸。灵性世界总是离他很近，甚至当他开玩笑或者耍阴谋的时候也是如此。一块石头上的红色涂料就能唤起这个灵性世界。和多数人一样，他暗示信念并为行为设定规则，而且因为他头脑活跃，他常常前后矛盾。很难确定他到底相信什么（在那些重大的神秘时刻之外），或者他认为什么是正确或错误的。在这一点上印度人比西方人还令人费解。沙斯特里先生是一个圣洁含蓄的婆罗门，他有一次说了一句难解的话：“如果神灵们做了一件事情，那么这就是人类不做这件事的理由。”他无疑正处在某种特定的宗教心境当中。在另一种心境中，他可能会敦促我们模仿那些神灵。而邦主则是什么心境都有。这些心境在他的脸上变幻着，使他那纤弱的手脚躁动不安。要从如此反复无常的一个人物那里得到任何观点，例如对禁欲主义的看法，是不可能的。不过，他还是孩子的时候，曾想过远离俗世，那是他毕生珍视的一个理想，而且最终他本会真正实践这一理想。然而他却谴责禁欲主义，声称不可能通过禁欲获得拯救，禁欲是吠檀多的，而不是吠陀的，而且物质和精神都必须得到满足。怎么都不为过！在这种心境中他看起来就像个希腊人。

① 克里须那（Krishna），即黑天，是印度教三大神之一毗湿奴的化身。

> 他信仰心灵，对这一点我们持更加肯定的态度。“我支持心灵。把头脑喂狗”，赫尔曼·梅尔维尔喊道，他本会表示赞同的。从戈古尔阿什塔米[①]到日常人类关系，万物都闪烁着情感或者情感的可能性。我回到英国后充满忧虑，因为二十年代的战后世界毫无意义。他听说后就带给我一个口信。“告诉他，”口信这样说，“替我告诉他，要让心灵指引他，他的头脑将会清楚地看到一切。”如此表达出来的口信过于轻率：立即打开了通向愚蠢的大门。但是，记起心灵，尊重心灵，选择心灵，要有那种跟随心灵到任何可能之处的本能——一个人在生命中还能得到比这更有把握的帮助吗？还有比这更好的净化
> 252 心灵的希望吗？梅尔维尔还说：“人类大众之所以害怕上帝，在心底里不喜欢他，是因为他们宁可不信任他的心。”他也会同意这一点的。

尽管我敬重福斯特，但他和他的邦主此处都有些前后不一致，我怀疑福斯特轻微误读了梅尔维尔。梅尔维尔要比福斯特愿意承认的更具有反讽意味，带有更多的诺斯替教特点。梅尔维尔也不信任耶和华的心，之所以把头脑托付给狗，就是因为他把头脑和耶和华联系在一起，把耶和华等同为巨匠造物主[②]，即这个世界的神。更关键的是下面这个问题：《印度之行》中的戈德博尔教授相信什么？他是否比邦主更具有条理性？福斯特自己在《印度之行》中是否达到了一种比在《德维之山》中更为统一的幻象？

自莱昂内尔·特里林以降的评论均回避了这些问题，但这种回避是不可避免的，因为福斯特指责约瑟夫·康拉德的话对他自己也适用。那些话是这样的：

> 他在中间和边缘处一样模糊不清，他的天才之桶装的是水汽，而非宝石；我们不需要从哲学的角度写文章诋毁他，因为在此特定方向上，没东西可写。确切地说，没有信仰。只有观点，以及在事实令观点看起来荒谬之时将观点扔下船去。观点披着永恒的外衣，牢牢地拴在海面上，头顶着星星，因此很容易被错认为信仰。

---

① 戈古尔阿什塔米（Gokul Ashtami）是印度教的一个节日，庆祝克里须那（黑天）的诞辰。

② 巨匠造物主（Demiurge），诺斯替教教义所说的物质世界的创造者，低于最高的神。

《黑暗的中心》符合福斯特的这种温和的风趣之语，但《诺斯托罗莫》并不符合。在福斯特的印度教意识当中存在的是否是水汽，而非宝石？至少在《印度之行》中是如此再现的？或许这个问题中的“印度教”一词是错误的；“宗教”可能要合适些，“灵性”可能更合适。因为我读福斯特，并不觉得他对信仰如饥似渴，也不觉得他怀疑信仰。他在我看来像一个公元前3世纪的亚历山德里亚学派①信徒。他曾在《亚历山德里亚：历史和导读》(1922) 一书中赞美过那个时代，追溯了他在亚历山德里亚度过的美好时光 (1915—1919)。在某种奇怪的意义上，福斯特笔下的印度是亚历山德里亚式的，而他对印度教的幻象则是柏罗丁式②的。《印度之行》是有关新柏拉图主义灵性的叙事，而该叙事的真正女主人公，穆尔夫人，就是亚历山德里亚学派智慧的象征索菲娅，正如希腊化时代的犹太智慧的象征所罗门所示。福斯特这样评价智慧或者索菲娅：“她是一个信使，在海湾上架起桥梁，让我们成为上帝的朋友。”这是对穆尔夫人的叙事功 253
能的有用描述。福斯特引用柏罗丁的话 (此话出现的段落里，包含有该书的题词之一)：“对于任何幻象，都必须拥有适应将要看到之物的眼睛。”接着他评论道：

> 这一崇高的段落暗示了三个论断，我们必须以这三个论断来结束我们对柏罗丁的简略论述。首先，它的语调是宗教性的，这是亚历山德里亚学派哲学的典型做法。其次，它强调行为和训练；至高无上的幻象不可能通过魔法伎俩获得——只有那些适合看见幻象的人才会看到。第三，有关自己的幻象和有关上帝的幻象是一回事，因为每一个人都**是**上帝，只要他知道这一点。这就是柏罗丁和基督教之间的巨大差异。基督教承诺人能够看见上帝，而新柏拉图主义

① 亚历山德里亚学派 (Alexandrianism)，指在希腊化时代的亚历山德里亚 (Hellenistic Alexandria) 发展起来的文学、哲学和科学潮流。希腊化时代：从公元前323年马其顿国王亚历山大去世，到公元前30年罗马征服托勒密王朝为止，这一时期的地中海东部地区原有文明区域的语言、文字、风俗、政治制度等逐渐受到希腊文明的影响而形成新的文明特点，19世纪30年代以后，这一时期逐渐被西方史学界称为“希腊化时代”。亚历山德里亚：埃及港口城市，古埃及的首都，由亚历山大大帝建立。

② 柏罗丁 (Plotinus, 205—270)，又译普罗提诺，古罗马哲学家、新柏拉图主义奠基人。柏罗丁主义的哲学体系融合了毕达哥拉斯、柏拉图和东方神秘主义的学说，对中世纪神学及哲学有很大影响。

者——就和印度人一样——则认为自己就是上帝。或许，在亚历山德里亚的码头上，柏罗丁曾经和来到那里的印度商人们交谈过。无论如何，他的体系在印度的宗教文献中能找到对等之物。他比任何其他希腊哲学家都更接近东方的思想。

福斯特笔下的亚历山德里亚首先是个人化的；他总是把这座城市和他作为同性恋者的性成熟联系在一起。但是，正如《亚历山德里亚》一书以精明的方式展示的那样，福斯特在古老的亚历山德里亚找到了他的先驱文化；确切地说，他教导我们说，只要我们如今生活在一种文学文化当中，我们便都是亚历山德里亚人。福斯特的洞见得到了历史学家F. E. 彼得斯的强力支持。彼得斯在他伟大的研究《希腊化的丰收》中记录了我们从亚历山德里亚的东方希腊文化中得到的益处，他写道：

> 它的纪念碑包括诺斯替主义、大学、问答式教学学校、田园诗歌、隐修制度、浪漫传奇文学、语法、辞书学、城市规划、神学、教会法规、异端和经院哲学。

福斯特可能还会加上一句，考虑到托勒密王朝统治时的亚历山德里亚（公元前331—前30），最具相关性的遗产应该是兼容并蓄、具有包容精神的自由人文主义，包括科学的和学术性的，将情感的价值提升至信仰的价值之上。这已经是《印度之行》的幻象了，它导致了小说核心的精神性问题：神灵与人类是如何连接在一起的？在《亚历山德里亚》中，福斯特
254 通过对阿里乌派[①]异端的叙述给我们提供了一个线索：

> 基督是上帝的儿子。那么他是否比上帝年轻？阿里乌认为他比上帝年轻，而且在时间开始之前有一个时期，当时三位一体的第一位已经存在，而第二位尚未存在。阿里乌是一位典型的亚历山德里亚学派神学家，关注人类和神灵之间的联系这个他最喜欢的问题。他想要通过将此主要设定为人类方面的联系来解决该问题。他并不

① 阿里乌派，信奉4世纪基督教异端派神学家阿里乌（Arius）教义者。

> 否认基督的神性，但他的确认为基督低于圣父——他们产于**相似的**物质，而非**同样的**物质，这是亚大纳西[①]的观点，被尼西亚[②]会议标立为正统教义。此外，阿里乌派的基督就像诺斯替教的巨匠造物主一样创造了世界；——创造是一种低等的行为，由圣父委托给他，而圣父除了创造出基督外，什么都没有创造。
>
> 很容易看出阿里乌派思想为何会流行起来。它把基督设定为比上帝年轻、低级，从而将他同我们拉近了——确切地说，它试图把基督拉低成只是一个好人，并且防止上帝一位论。这种学说对不具神学头脑的人和皇帝们很有吸引力，对皇后们的吸引力甚至更大。但圣亚大纳西用专业的眼光审视这一新观念，发现它虽然让基督流行起来，却孤立了上帝，所以他充满怨恨地极力反对。他的成功是有记载的。该学说在325年被宣判为异端，而到该世纪末之前就已被排除在正统基督教世界之外。在亚历山德里亚发生这一古老争斗的场所已无迹可寻；阿里乌担任长老的圣马可教堂已经消失了；亚大纳西曾经在里面怒吼过的那些教堂——圣西奥纳斯教堂和希瑟瑞姆教堂——也都消失了。我们也不知道阿里乌在哪条街道上死于癫痫发作。但这场争斗仍然在人们的心中继续着。人们总是想要放大神灵的人性，很可能如今的许多基督徒就是阿里乌派信徒而不自知。

放大神灵的人性，这无疑正是福斯特探寻的东西，也似乎就是他在《印度之行》中对印度教的诠释：

> 下面各个神圣的走廊上，人们欢腾雀跃，欢乐的浪潮成了沸腾的盛典。他们的任务就是要尽情表演各种各样的节目，让新降生的爱神快活，模仿爱神跟布林达班牛奶场的顽皮少女所做的游戏，在这些游戏中黄油发挥了巨大的作用。摇篮被拿走的时候，这个邦的一些主要贵族聚集起来进行毫无恶意的嬉闹。他们拿掉自己的头巾，
> 每人在自己前额抹上一块黄油，等着黄油顺着鼻子往下流，一直流到 255

① 亚大纳西（Athanasius，约293—373），古代基督教希腊教父，亚历山德里亚主教，卫护基督教正统教义，反对阿里乌教派。

② 尼西亚（Nicaea），小亚细亚西北部古城，两次基督教世界性主教会议举行地。

嘴里。黄油进嘴之前，另一个人躲在身后抢夺，抢去一点，接着便吞咽下去。当人们发现爱神的幽默和自己的幽默巧合时，他们都得意地大笑起来。“爱神就是爱！”天上自有乐趣。爱神会耍戏弄自己的恶作剧，能把椅子从自己臀部下面抽走，敢把头巾放在火上燃烧，洗澡时还能把自己的衣服偷走。由于他们牺牲了高雅的情趣，对爱神的这种崇拜形式得到了基督教所逃避的东西：包容一切的欢乐。一切物质的东西和一切精神的东西都分享了超度，如果禁止这些恶作剧一样的表演，那这圆就有了缺口。他们吞吃完了那黄油后，又做了一个游戏，碰巧这个不那么粗俗：他们把一个孩子当作讫里什那[①]来爱抚。先把红金两色相间的彩球抛起来，接着让抓住球的人从人群中选出一个孩子，把孩子抱起来，在人群中周游，让人们抚摸。为了表示对爱神的崇敬，人人都来抚摸这可爱的孩子，并且小声对他表示祝福。这孩子被送回父母的怀抱之后，那彩球又抛了起来，而另一个孩子立刻又成了人间的希望。爱神乘此游戏的良机，穿过各个通道到处跳跃，用他那不朽的光辉来照耀这众多的凡人……虽然这个游戏他们玩了很长很长时间，为了避免无聊，他们还是一次又一次地重复着——他们拿出了许多棍棒，一起敲打起来，敲得噼啪作响，好像在进行潘达瓦战争。他们不仅用棍棒敲打，还用棍棒搅动。后来他们用一只网把一个很大的黑色陶罐悬吊在寺庙的顶梁上，陶罐全涂着红色，还用干的无花果树枝缠绕着。一种惊人的游戏现在开始了。人们都跳起来，用棍棒去敲打陶罐，罐子噼噼啪啪作响，很快就破碎了。油腻的米饭和牛奶混作一团，浇撒在人们的脸上。他们一面吃，一面相互往嘴里抹，并且猛然俯下身去在彼此的腿之间寻找落在地毯上的陶罐的碎片。这样，一场非凡的混乱便在人群中漫延开来。男学生们先前还稍稍维持着秩序，至此他们组成的维持线也溃散了，因为他们自己也要为自己去抢一份爱神的恩赐，走廊上、院子里乱作一团，但气氛亲切。苍蝇也醒了，它们也要分享爱神的恩赐。由于爱神给予此种赠品，再加受惠者仿效爱神，把赠品又给了别人，所以没有争吵，没有怨恨。那“仿效”的行为，那“更替”的活动，继续在整

① “讫里什那”即“克里须那”或“黑天”。

> 个会场上久久地启迪着人们，依据各人的接受能力，唤醒每个人的心，激发起在其他场合不可能产生的感情。爱神没给人们留下清晰 256
> 的形象，人们不知道降生的是个银娃，还是个泥塑的村庄，还是条丝绸的头巾，还是一种无形的精神，还是虔诚的决心。可能这一切都降生了下来！可能什么也没降生！也可能一切的降生都是一种象征！然而这依然是这宗教年度的一个主要事件。这事件使人们产生了一些奇怪的念头。戈德博尔教授满脸油脂和灰尘，他再次展现出他那精神的生命力。他又看见了穆尔夫人，形象更加鲜明逼真，周围有各种烦恼稍稍纠缠着她。戈德博尔是婆罗门，穆尔夫人是基督教徒，然而这毫无妨碍，她的出现到底是他记忆的错觉，还是他心灵的感应，这也毫无关系。老教授自己居于爱神之位来热爱她，又居于穆尔夫人之位来呼喊爱神："来呀，来呀，来呀，来呀。"这是他的职责，也是他的愿望，一句话，这是他所能做的一切。多么微不足道啊！然而每个人都是各尽所能。老教授深知自己的能力颇低。黎明时分他步出庙门，走进倾盆大雨中去，此刻他想到了"一位年老的英国妇人和一只很小的黄蜂。这看似显得微不足道，但依然超越了我自己"。[①]

戈德博尔教授的顿悟，他在穆尔夫人对黄蜂的感受能力和他自己对穆尔夫人的感受能力之间建立起关联，这曾得到评论家们的极大赞赏，也理应得到赞赏。在此关键时刻，戈德博尔教授将穆尔夫人接纳进福斯特的无信仰的信仰：一种平等的人之间的爱的宗教，与基督教相对，基督教是一种在耶和华与其不相称的创造物之间的爱的宗教。然而，福斯特对戈德博尔和穆尔夫人的幻象虽然再现得非常优美，但在精神意义上却有点太过简单。福斯特明了这一点，而《印度之行》中最美的瞬间就包含着这种明了。它出现在一个庄严的并置场景中，即第二部分"山洞"结尾和第三部分"寺庙"开端的交接处，当时戈德博尔被发现正站在上帝面前。"山洞"以简短而优美的第32章终结，在该章中菲尔丁在威尼斯返回到一种西方式的和罗斯金式的关于形态的幻象中：

① 本书中*A Passage to India*的译文均出自福斯特著，杨自俭、邵翠英译：《印度之行》，南京，译林出版社，2003年。

埃及是一个令人陶醉的地方——那是一条绿色的狭长地毯，在上边走来走去的有四种动物，而人却只有一类。菲尔丁因公事在此逗留了数日。他离开埃及时，又在亚历山德里亚上了船——天空晴朗，格外湛蓝，和风一刻不停地吹着，那低低的海岸线是那么清晰洁净。这幅画真是和错综复杂的孟买成了鲜明的对比。

迎接菲尔丁的下一站是克里特岛，岛上的山峦都被一条长长的雪线环绕着。过了克里特岛，不久便到了意大利的威尼斯。当他上
257 岸走到那广场时，醉人的景色像一大杯美酒送到了他的嘴边，他怀着一种不忠之感一饮而尽。威尼斯的建筑，像克里特岛山脉和埃及的田野一样，个个都找到了最合适的位置，而在贫困的印度似乎样样东西都摆错了地方，那些受人崇拜的寺院和波浪起伏的山岗，形态都是很美的，菲尔丁已经忘记了这些形态的美。千真万确，要是没有形态，那美将如何存在呢？清真寺从外形看断断续续，零星分散，其形态甚至由于游移不定而显得很呆板，但是，啊，这些都是意大利的教堂啊！圣乔治屹立在这个岛上，如果没有它，这个小岛几乎不能从海上耸起，那礼炮扼守在运河的入口，要是缺少它，那运河便称不上威尼斯大运河！菲尔丁过去上大学的时候，身上裹着多种颜色的圣马可牌毛毯，然而现在展示给他的是比马赛克和大理石更珍贵的东西，就是人类的劳动成果和支撑着这些成果的大千世界之间的和谐，就是已经摆脱了混乱的文明，就是那种呈理性形态而又是有血有肉的精神。他用美术明信片给印度朋友写信的时候，他感到，他们谁也无法和他共享他现在体验到的欢乐，这是一种形态赋予的欢乐，而且还是由此而形成了他们交往的严重障碍。他们能看到的是威尼斯的豪华，而不是它的形态。虽然威尼斯代表不了全欧洲，但它是和谐的地中海的一部分。地中海区域是人类的规范。人们离开这风景优美的大湖，或通过博斯普鲁斯海峡，或者穿过直布罗陀海峡的赫拉克勒斯之墩，都可以到达怪异和非凡之地；如果走出地中海的南大门，其所获皆为最奇特的见闻和感受。

菲尔丁再一次转过身去，背着地中海，乘上了北去的列车，他构想的那微妙而富有浪漫色彩的幻想永远破灭了，但当他看见金凤花和六月雏菊的时候，那幻想像鲜花一样又吐出了芬芳。

在印度，“样样东西都摆错了地方”。在经历了印度的混乱之后，菲尔丁重新领悟了“形态的美”。亚历山德里亚就像威尼斯一样，是地中海和谐世界的一部分，人类规范的一部分，印度却是“怪异和非凡”的宇宙。菲尔丁面对着威尼斯的教堂，这与戈德博尔教授面对自己所站同一条地毯另一端的克里须那神毫无共同之处。福斯特非常明智，他不可能不知道通往印度的旅程不过是一种旅程。旅程就是旅行，抑或两个人之间发生的事。菲尔丁和阿齐兹谈不上一起旅行，也并未交换结合誓言。或许这种对局限性的承认正是《印度之行》所具有的最极致的形态之美。 258

罗伯特·穆齐尔
(1880—1942)

《没有个性的人》

罗伯特·穆齐尔拥有显赫的文学地位，这一点是毋庸置疑的。由于他的杰作《没有个性的人》没有完成（也无法完成），他很难和乔伊斯、普鲁斯特和卡夫卡，甚或托马斯·曼和威廉·福克纳一起，位列现代主义盛期的代表人物之列。他在美学上的辉煌成就堪比布洛赫和霍夫曼斯塔尔[①]，仅次于乔伊斯和普鲁斯特、卡夫卡和贝克特。

普鲁斯特和卡夫卡的作品一经翻译就有所损失，比曼和布洛赫还多，但穆齐尔损失得最多，尽管苏菲·威尔金斯和伯顿·派克做出了全心全意、卓越的翻译努力。穆齐尔的语言就和保罗·策兰[②]的一样独特，而且他的文体风格一直保持多变（他拥有好几种文体风格，这些风格彼此优美协调）。伯顿·派克在1995年的美国版中写了一篇有说服力的《译者后记》（第1771—1774页），他恰如其分地指出，没有任何用英语写作的作家能够提供一种模式，来对应穆齐尔融合声音和意义的方式。让人烦恼的是，穆齐尔的作品具有散文特点，而且在创作过程中奇妙地融合了道家和伊斯兰教苏菲派[③]的风格。他还把一种内在的声音和接近散文诗歌的外在磅礴气势结合了起来。

穆齐尔真正的先祖是创作《哈姆莱特》时的莎士比亚。《哈姆莱特》中丹麦王子的七段独白标志着语言表达思考过程的极限高度，就连穆齐

① 布洛赫（Hermann Broch，1886—1951），奥地利小说家，主要作品包括《梦游者》和《维吉尔之死》等。霍夫曼斯塔尔（Hugo von Hofmannsthal，1874—1929），奥地利剧作家，诗人，写有短小诗剧《提香之死》、《白扇》等，长期与理查德·施特劳斯合作，创作了歌剧《蔷薇骑士》《埃及的海伦》等。

② 保罗·策兰（Paul Celan，1920—1970），德国作家、诗人。出生于罗马尼亚，父母为讲德语的犹太人，死于纳粹集中营。策兰1948年定居巴黎。代表诗作《死亡赋格曲》。

③ 苏菲派（Sufi），伊斯兰教的神秘主义派别。

尔也无法达到。乌尔里希是哈姆莱特的后代，后者对德语文学的影响和对英美传统的影响一样普遍深入。雪莱把乱伦称作最具诗性的情境。穆齐尔小说的第三部分一直在延迟乱伦的发生，很明显在派克所译的那 259
六百五十页遗稿中还会继续延迟。乌尔里希和阿加特彼此激情的最终圆满将是一种自杀，紧接着的可能就是两人真正的自杀，那将是完成这部无法完成的小说的唯一方式。穆齐尔自己的死亡终结了不能达到终结的作品，即阿加特和乌尔里希的彻底结合，那是对穆齐尔文化世界的终结的一个宇宙论隐喻。

然而对于这种非同寻常的兄妹之爱来说，“乱伦”一词极不精确。在一部虚构作品里，乱伦到底**是**什么？在穆齐尔这里，阿加特和乌尔里希之间的整体关系一直在迫近，却无法实现，这是对一种新的世俗性超越——即《没有个性的人》里那无休止的探寻——的终极隐喻。或许，如果兄妹之间的交合真的发生的话，那会成为一种弥补或牺牲，从而避免欧洲文化的死亡。在小说的整个第三部分以及遗稿中，穆齐尔在描写兄妹之间的危险对话时展现出一种怪异的精确性：

> “一个孩子成为这类感情的对象，这难道不违反自然吗？”阿加特问道。
>
> “违反自然的东西会是一种直白的淫欲”，乌尔里希回答。“但一个这样的人也会将那个纯真的，或者无论如何也是没有准备的、无助的小东西扯进它本注定不会去做的行为中去。他必须忽视正在发育中的头脑和身体的不成熟，和一个无声的、隐蔽的对手玩激情游戏；不，他不仅会忽视所有妨碍他的东西，而且会无情地扫除它！那是某种相当不同的东西，会产生不同的后果！”
>
> “可是也许‘忽视’本身就已经包含有一点这种‘扫除’的有害性？”阿加特并不同意。她可能有些嫉妒她哥哥的这一连串的想法；无论如何，她表示抗议。“一个人不在意可能会抑制他的东西，或者感觉不到它，我看不出这两者有太大的区别！”
>
> 乌尔里希反驳道：“你对也不对。我讲这个故事，就是因为它是关于兄妹之爱的早期状态。”
>
> “兄妹之爱？”阿加特问道，假装感到很震惊，仿佛她是首次听到

> 这个词似的；但她的指甲又掐进了乌尔里希的胳膊里，也许她太使
> 260 劲了，以至于她的指头都在颤抖。乌尔里希感到有五个新鲜的小伤口在他的胳膊上一个挨一个地打开来，他突然说道："让一个人产生最强烈刺激的那些体验如果在某些方面是不可能实现的，那么他不会对可能实现的体验感兴趣。或许想象就是逃离生活的一种方式，一处避难所和邪恶的洞穴，正如许多人所言；我认为这个小姑娘的故事和所有其他我们谈论过的例子一样，指的并不是某种反常或弱点，而是对世界的一种厌恶，一种强烈的反抗，一种对爱情的过度的、过于激烈的欲望！"他忘记了阿加特不可能知道他的思想之前曾将其与这类爱情联系在一起的那些其他的例子和含糊的比较；因为他此刻感到自己又没有危险了，已经暂时克服了作为他的部分体验的那种令人麻木的味道，也不再向那种没有意志、没有生命的状态转化，因此这一自动的指涉就不由自主地从他思想的间隙滑落了。
>
> 引自《遗稿》，第1399—1400页，
> 伯顿·派克译

这段话作为穆齐尔最具独创性的一个例子，既典型又独一无二，这就是造成《没有个性的人》最伟大之处，有时也是疯狂之处的那种悖论。我发现这段话里的一些细节令我难以忘怀：乌尔里希对"违背自然"的聪明逃避，阿加特"指甲掐进了乌尔里希的胳膊里"，以至于产生了"五个新鲜的小伤口"，以及乌尔里希将对"世界"的厌恶和总体化的"对爱情的欲望"巧妙地等同起来。那个世界是指自然、历史、社会，还是古老的道德？穆
261 齐尔坚持让他的读者自己去决定。

弗吉尼亚·伍尔夫

（1882—1941）

1940年5月，弗吉尼亚·伍尔夫在布赖顿的工人教育协会上宣读了一篇论文。不到一年之后，她就溺水自尽了。这篇论文就是我们所知的题为《倾斜之塔》的文章。在文章中，孤独之塔作为雪莱式的象征获得了多于想象意义的社会意义。它不再是诗人阿萨纳斯充满怜悯地俯瞰人类黑暗遗产的视角，因此也不是代表隔绝于俗世之外的冥思智慧的意象。相反，它是“中产阶级出身和昂贵教育之塔”，W. H. 奥登和路易斯·麦克尼斯那一代诗人从那里睨视社会。伍尔夫并没有说她喜欢雪莱甚于奥登，但我们能够推测出这一点，并且意识到她不像叶芝，她自己就住在斜塔里。对叶芝而言，孤独之塔是对诗歌立场的一种不可避免的隐喻。

《倾斜之塔》对浪漫主义意象的衰落过时进行了思索，该文也关注诗歌影响的特性，这很正常：

> 所以，理论是危险的。然而即便如此，今天下午我们还得冒一番风险来发明一套理论，因为我们要讨论现代趋势。一说起趋势或倾向，我们不能不相信有某种力量，某种影响，来自外部的压力，十分强大，足以在整个一群各各不同的作家身上打下自己的印记，使得这群各自不同的作家的所有作品具有某种共同特征。所以，我们必须要有一种关于这种影响是什么的理论。但我们应该永远记住这一点——影响的种类繁杂不可胜数；作家们都极其敏感；每个作家都有不同的感受能力。这就是为什么文学像天气，像天空中的云彩一 262
> 样，总在不断变化。读一读司各特作品中的某一页，然后再读一读亨利·詹姆斯作品中的一页，试着找出这一页对那一页所施的影响。那是我们力所不逮的。于是我们只能寄望于能甄选出那些可将作家归为同一类别的最明显不过的影响。而不同类别作家群确实存在。

> 书籍与书籍之间具有传承关系，如同家族世代相传。有些书继承了简·奥斯丁的传统；另一些则与狄更斯的作品一脉相承。这些书籍与其“父母”辈相似，就跟我们人类的孩子与父母长得相像一样；然而又像孩子们跟父母有所区别一样，它们也跟它们的“父母”有所区别，也像我们人类的孩子那样反抗自己的父母。也许当我们快速浏览过一些他们前辈的作品以后，我们会更容易理解现在依然在世的作家。①

在遇到这样的段落时，研究文学影响的评论家学会了保持既着迷、又警惕的状态。感受能力的确是关键之物，因为如果没有“不同的感受能力”，就没有作家能真正成为作家。伍尔夫的感受力本质上是佩特式的，佩里·迈泽尔已经准确论证了这一点。在那些从佩特身上受益颇深的伟大的现代主义作家中间，她并不算独一无二。这群作家包括王尔德、叶芝、华莱士·史蒂文斯、哈特·克兰以及庞德和艾略特。在小说家中，佩特派除了伍尔夫之外，还包括斯科特·菲茨杰拉德、早期的乔伊斯，在某些奇怪的方面还包括康拉德和劳伦斯，不论他们自己是否承认这一点。在所有人当中，伍尔夫是最正统的佩特弟子。她的核心转义和他的一样，都是个性和死亡，而她再现意识的方式也同他的非常接近。赛普蒂默斯·史密斯和克拉丽莎·达洛卫是一对奇妙的感受力双生子，他们的文学先祖正是佩特笔下的塞巴斯蒂安·范·斯多克，只不过伍尔夫动了怜悯之心，他们并未进入塞巴斯蒂安那“无形、无名、匀称灰暗的无限世界”。

《达洛卫夫人》

《达洛卫夫人》(1925) 是伍尔夫九部长篇小说中的第四部，也是她首部取得非凡成就的长篇小说。或许她本该给它命名为《时时刻刻》，那是最初写作时的标题。谈到用天或月，而非年来计算一个人的时间，这具有一种紧迫感，而如果描写持续性的小说只关注小时，就像《达洛卫夫人》那样，这种紧迫感就更为紧迫了。这部小说最独特的优点就是克拉丽

① “The Leaning Tower”和下文中*A Room of One's Own*的译文均引自伍尔芙著，王义国、张学军等译：《伍尔芙随笔全集》，北京，中国社会科学出版社，2001年。

莎·达洛卫和赛普蒂默斯·史密斯之间谜一般的对应性，尽管他们彼此并不认识。我们相信该书并不脱节，因为克拉丽莎和赛普蒂默斯奇特地分享一个单一的意识，既强烈又脆弱，两人都害怕被那总是喷薄欲出的火焰所吞噬。伍尔夫似乎是让赛普蒂默斯而非克拉丽莎去死，就像这部小 263
说是其作者的一个辟邪手势一般。我们会联想到佩特的《享乐主义者马利乌斯》中考内利乌斯为马利乌斯而死的情节，但那是一个朋友为另一个朋友赎罪。不论多么统一，《达洛卫夫人》是否有充分的理由将克拉丽莎和赛普蒂默斯联系在一起？

很明显这部小说有充分的理由，但只能通过像佩特那样，不断逃避自我作为变幻的感觉的中心这一形象或转义。伍尔夫在二十五岁时写的一篇书评中做出了一个粗略的声明，她以佩特式反问句的形式，表明了她在未来这部作品中将会对自我采取的姿态："难道我们每个人不是那些只照射在一个形象之上的无数光线的中心吗？难道我们的责任不是将它们全部直接反射回去，从不让一丝光线在我们的外侧变弱吗？"在下面的段落里，克拉丽莎·达洛卫处在小说的关键顿悟时刻，不允许光线在她的外侧变弱：

> 布雷德肖夫妇干吗在她的宴会上谈到死？关他们什么事？！一个青年自杀了。而他们竟然在她的宴会上讨论——布雷德肖夫妇提到死亡。那小伙子自杀了——可怎么死的？当她第一次陡然听到什么事故时，总觉得身临其境似的；比如有人讲起火灾，她便感到自己的衣服着火了，身子烧灼了。这一回，据说那青年是跳楼自尽的：猛地摔到底下，只觉得地面飞腾，向他冲击，墙上密布的生锈的尖钉刺穿他，遍体鳞伤。他躺在地上，头脑里发出重浊的声音：砰、砰、砰……终于在一团漆黑中窒息了。这是她想象的情景，却历历在目。他究竟为什么要自杀？而布雷德肖夫妇胆敢在她的宴会上谈论！
>
> 以前有一回，她曾随意地把一枚先令扔到蛇河里，仅此而已，再没有掷掉别的东西。那青年却把生命抛掉了。人们继续活下去（她得回到客厅去，那里仍然挤满了宾客，而且不断有新的客人到来）。他们（她一直在想起老家的布尔顿、彼得与萨利），他们将变为老人。无论如何，生命有一个至关重要的中心，而在她的生命中，它却被无

> 聊的闲谈磨损了，湮没了，每天都在腐败、谎言与闲聊中虚度。那青年却保持了生命的中心。死亡乃是挑战。死亡企图传递信息，人们却觉得难以接近那神秘的中心，它不可捉摸；亲密变为疏远，狂欢会褪色，人是孤独的。死神倒能拥抱人哩。[①]

中心的闪烁回避遭到了自杀行为的对抗。自杀在伍尔夫这里是一种交流，而不是像在弗洛伊德那里那样，是种谋杀。赛普蒂默斯早些时候
264 被“所有东西都逐渐被集中在他眼前的一个中心之上”吓坏了。克拉丽莎和赛普蒂默斯之间的呼应暗示，在克拉丽莎的感受力和赛普蒂默斯赤裸裸的意识或“疯狂”之间只存在程度的差异，而不是种类的差异。两个人都不需要因“不再害怕太阳的热”而得到鼓舞，因为他们都知道意识就是隔绝，因此也是谎言，对生命的正确崇拜应该是通过死亡来反抗那种隔绝。J. 希利斯·米勒说过：“对伍尔夫而言，小说就是让死亡变得清晰可见的场所。”在我看来，面对将伍尔夫的姿态称作彻底的虚无主义这类道德判断，我们很难为《达洛卫夫人》进行辩护。不过，《达洛卫夫人》虽然成就非凡，它其实是伍尔夫作为一名强大作家的起点，而非终点。

《到灯塔去》

评论家们倾向于认为伍尔夫最好的小说是《到灯塔去》(1927)。它的确是现代想象的核心作品之一，如果说比不上劳伦斯的《恋爱中的女人》或者康拉德的《诺斯托罗莫》所具有的广度的话，也堪与《虹》或者《胜利》相媲美。这也许是唯一一部伍尔夫在其中同时展示了她所有天赋的长篇小说。埃里希·奥尔巴赫在他的《摹仿论》中，清晰地总结了伍尔夫在这部作品中的成就。奥尔巴赫的话可以看作是在详细解释佩特对特别时刻的转义：

> 在弗吉尼亚·伍尔夫的小说中发生的……就是对偶然事件的强调，不是利用偶然事件服务于有计划的连贯行为，而是服务于其自

① 本书中*Mrs. Dalloway*的译文均出自伍尔夫著，孙梁、苏美、瞿世镜译：《达洛卫夫人/到灯塔去》，上海，上海译文出版社，1988年。

身。在此过程中，某种新的、基本的东西出现了：那就是我们不带偏见地投身其中的每一时刻所拥有的现实财富和生命深度。诚然，那一时刻发生的事情——不论是外在的还是内在的过程——以一种非常个人化的方式涉及生活于其中的个人，但也（正是因为这个原因）涉及人类大体共有的那些基本事物。正是此偶然时刻相对独立于人们为之争斗并感到绝望的那些争议性的、不稳定的秩序之外；它不受它们的影响，就像日常生活那样。它被利用得越多，我们的生命所共有的基本事物就显露得越多。成为这类偶然时刻的主体的人们人数越多、越具有多样性、越简单，他们所共有的东西就一定越有效地闪耀出来。

闪耀出来正是佩特对显灵的世俗化表述，在其中偶然时刻发生了转变：“一束突然出现的光改变了一个微不足道之物的形状，例如一架 265
风车、一个风标、一副扬谷连枷、谷仓地板上的灰尘；瞬间之后——那件东西消失了，因为它是纯粹的印象。”就和佩特一样，伍尔夫决意让自己“意识到这一境况，去定义那个焦点——自身微弱无力的光线在寒冷空虚的氛围中在那个焦点之上会合起来并开始燃烧……”意识到这样的境况就是决意反抗拉姆齐先生（伍尔夫的父亲，哲学家莱斯利·斯蒂芬）的幻象。拉姆齐先生的幻象可以用下面这句严格的经验主义格言来表达：“一个人用自己穿靴子的脚去踢的那块石头将会比莎士比亚存在得更为持久。”对此，小说结束时莉丽·布里斯库的幻象可以用作反驳：

她好像忽然想起了在那边的什么东西，敏捷地转向她的画布。它就在眼前——她的那幅画。是的，包括所有那些碧绿湛蓝的色彩，纵横交错的线条，以及企图表现某种意念的内涵。她想：它会挂在阁楼上；它会毁坏湮灭。然而，她扪心自问：这又有什么关系？她重新提起了画笔。她望望窗前的石阶，空无人影；她看看眼前的画布，一片模糊。带着一种突如其来的强烈冲动，好像在一刹那间她看清了眼前的景象，她在画布的中央添上了一笔。画好啦；大功告成啦。是的，她极度疲劳地放下手中的画笔想道：我终于画出了在我心头萦回多年的幻景。[①]

“企图表现某种意念的内涵”为伍尔夫假定了一个中心，不论有多么含糊其辞。此处审美原则或感觉原则的典范，就是伍尔夫为确认获取意义的艰难性而采取的姿态优美但却不稳定的方法。《海浪》(1931) 是莉丽·布里斯库画作的一个大规模的对应之物。伯纳德是这部小说六个第一人称叙述者中最具理解力的一个。他以一种受到抑制的狂喜结束了这部小说的叙述，这种狂喜深刻体现了伍尔夫对佩特式审美立场的女性化努力：

> “我又看到面前那熟悉的街道。那笼罩在文明之上的苍穹已经黯然无光。天空黑得像涂了漆的鲸鱼骨。不过天边有一点亮光，不知是灯光，还是黎明的曙光。感到有某种骚动——不知哪儿的梧桐树上有麻雀在啾鸣。有一种天将破晓的感觉。我不想把它叫作黎明。对一个站在街道上，几乎有点头昏眼花地仰望天空的上了年纪的人来说，城市的黎明又到底意味着什么呢？黎明就是天空发白；是又一次新的开端。是又一个白昼；又一个星期五；又一个一月或者九月的二十号。又一次人们纷纷睡醒。星星逐渐隐退、熄灭了。
> 266 波浪之间的一条条光带变深了。田野上的薄雾变得浓密了。一抹红晕凝聚在玫瑰花上，甚至也凝聚在卧室窗下的那朵白玫瑰上。一只鸟儿在啁啾。农舍里的人点亮了他们清早的蜡烛。是的，这是永恒的重新开始，不断的潮落和潮涨，潮涨和潮落。
>
> “在我的身上也涌起了浪潮。它在逐渐扩大，高高耸起。我又一次觉察到了一种新的欲望，有什么东西从我心底里涌起，就像一匹骄傲的骏马，它背上的骑手先用马刺踢着它，然后又把它向后勒去。现在，正当我骑在你背上伫立着，在最后一段跑道上跃跃欲试时，我们究竟望见了什么样的敌人正在向我们迎面扑来呢？这就是死亡。这敌人就是死亡。我正在向着死亡冲去，平端着我的长矛，头发迎着风向后飘扬，就像一个年轻人，就像当年驰骋在印度的波西弗那样。

---

① 本书中 *To the Lighthouse* 的译文出自伍尔夫著，孙梁、苏美、瞿世镜译：《达洛卫夫人/到灯塔去》，上海，上海译文出版社，1988年。

> 我用马刺踢着马。哦，死亡啊，我要一直向你猛扑过去，永不服输，永不投降！”
>
> 海浪拍岸，纷纷碎裂。[①]

“不断的潮落和潮涨，潮涨和潮落”，虽然是伯纳德说了这些话，但话里却包含有因认识到自然之严酷而感到的哀惋之情，这种纤细的感情并不常常出现在男性意识当中。而且虽然有战争般的意象，骑马冲向死亡却不具有攻击性，不论是对自我还是对他人的攻击性。佩特坚称，我们仅有的选择就在于向我们的间歇期内塞入尽可能多的脉动，或者对于诗人工作的布莱克式幻象。伍尔夫含蓄地暗示，甚至就连佩特也沉溺于对经历数量的男性幻觉，而不像女性那样能够识别可能经历的质量所具有的层次区别。男性评论家或许会想要低声抱怨，为佩特进行辩护说，男性对经历之内虚空的无知是很难克服的，佩特精致的感受力很难算是男性的，不论他碰巧身为何种性别。

《幕间》(1941) 是伍尔夫的最后一部长篇小说，它可以作为对晚期莎士比亚的一种隐秘而机智的颠覆来读。伍尔夫试图揭示，莎士比亚晚期的浪漫传奇在某些含义上与其说是普遍性的，不如说是男性化的。戏仿莎士比亚是一种危险的模式；马克斯·比尔博姆和奈杰尔·丹尼斯[②]彻头彻脑的闹剧要比伍尔夫引经据典的机敏效果更好，但伍尔夫对闹剧的粗鲁并不感兴趣。她的《一间自己的房间》(1929) 是一部出色的辩论作品，其中提出的辩论计划延迟至《幕间》得到了实现。《一间自己的房间》仍然是所有女性主义文学宣言中最具说服力的一部。在我看来，这部作品中最强有力、最令人心慌意乱的神来之笔是它对男人强加于女人的那种封闭状态的转义：

> 须知这几百万年以来妇女一直是坐在屋子里，因而到此刻连墙 267
> 壁都渗透着她们的创造力，而这种创造力又使砖瓦砂浆的负载过重，必须通过写作、绘画、商业、政治等途径进行驾驭。但是这种创造力

① 本书中 *The Waves* 的译文出自伍尔夫著，吴均燮译：《海浪》，北京，人民文学出版社，2003年。

② 马克斯·比尔博姆 (Max Beerbohm, 1872—1956) 是英国散文家、剧评家、漫画家。奈杰尔·丹尼斯 (Nigel Dennis, 1912—1989) 是英国作家、评论家、剧作家和杂志编辑。

与男人的创造力又大不相同……

最后一句论断正在变成当代女性主义文学批评的一种教条。乔治·艾略特和亨利·詹姆斯是否应被读作体现基于性别的想象力差异的例子，这并非没有引起批评争议。多萝西娅·布鲁克是否比伊莎贝尔·阿彻尔更明显是女性创造力的产物？我们能否必然知道克拉丽莎·哈娄产自男性想象力？至少伍尔夫利用她的权威引发了这类问题。这种权威因《到灯塔去》和《幕间》这些光彩夺目的小说而获得，随着岁
268 月的流逝已然变得更加令人敬畏。

詹姆斯 · 乔伊斯
（1882—1941）

《一个青年艺术家的画像》

在一篇论《乔伊斯的意图》的文章中，已故的威廉 · 燕卜荪爵士试图把《尤利西斯》和《一个青年艺术家的画像》从进行基督教化解读的那一派评论家手中拯救出来，他把那些评论家简称作“肯纳涂抹派”。肯纳涂抹派实质上为乔伊斯的作品施行了洗礼（他们在效仿 T. S. 艾略特的先例。艾略特认为乔伊斯非常正统），但他们也贬低了斯蒂芬的形象，尤其是在《画像》中的形象。燕卜荪对此抗议道：

> 此处需要加上一个或两个小点。肯纳的部分论点，就是要证明斯蒂芬已经被罚入了地狱，证明他被创造出来的目的，就是用来解释那个错误的审美哲学。乔伊斯在《英雄斯蒂芬》中让斯蒂芬体现了正确的理论，但当他重写该文，将素材集中写成了《画像》时，斯蒂芬就变成了一个多愁善感的新柏拉图主义者；也就是说，他认为艺术家高于尘世琐事，而不是让艺术家从阿奎那[①]那里推导出现实主义。如果我们的确发现了这一改变，我就同意这一论点具有一些分量，不过证据需要非常有力才行。然而，据我所知，他们只提供了一丁点确定的证据，即乔伊斯在改写过程中删掉了“顿悟”这个技术性术语，该术语是他自己创造出来的，用以描述那种领悟整个形势的瞬间。我可以告诉你，他为何删掉了这个词；因为他并非总是那么自大任性，乃至影响写作。即便是他，在修订作品的过程中，也注意到如果让斯蒂芬滔滔不绝地向他的年轻朋友们谈论这个发明出来的术语，

① 阿奎那（Aquinas，1226—1274），意大利中世纪神学家和经院学家，他的美学理论对乔伊斯产生了很大影响。

269 那将是非常烦人的。不过我没有发现准则上有任何改变；他仍然坚定地拒绝接受“唯心主义”，拒绝接受“美的最高特性是来自其他世界的光，物质不过是理念的影子”，并且解释说，阿奎那所说的“明白”出现在意象“被头脑清楚理解”的时刻，[①]“头脑被意象的完整性所吸引，为其协调性所陶醉”。这无疑就是肯纳赞成的信条，接下来我们获得了小说家给予我们的指示中最为清晰的一个：“斯蒂芬停了下来，虽然他的同伴没有说话，他却感到他的话在他们身边产生了一片引人深思的寂静。”如果一个评论家相信乔伊斯写这一整段话是为了对其进行嘲笑的话，那么我认为，这个评论家自己已经朝着某个巨大深渊做出了某种致命的转向，或者已然不知不觉跌落了下去。

我很高兴能和燕卜荪意见一致，在这一点上反对肯纳，但我发现此处阿奎那不过是沃尔特·佩特的一个替代。佩特是乔伊斯精神上的美学之父，他是《英雄斯蒂芬》中“顿悟”的真正发明者，他还发明了一种智识幻象的模式，该模式在《画像》中占主导地位，在《尤利西斯》中仍非常关键，而在《芬尼根守灵夜》中则大大衰退了。

佩特把自己的批评理论建立在知觉和感觉之上，即对产生幻象的特殊时刻的知觉，以及对那些顿悟瞬间的强度和短暂性的感觉。顿悟指的是下列事物的突然显现或闪耀：力量、秩序、美，或者一种正消逝于寻常事物连续体中的超验的或崇高的经历。就和他之后的乔伊斯一样，佩特很少对这些顿悟提出过多要求，远远不及华兹华斯或罗斯金提得多，更不用说那些极为正统之人，包括杰拉德·曼利·霍普金斯（他是佩特在牛津的学生）和T. S. 艾略特及其新批评派的追随者们，燕卜荪曾针对他们发起过反教权运动。《画像》中斯蒂芬的顿悟所遵循的基本准则是佩特在对文艺复兴的研究中提出的：

> 一束突然出现的光改变了一个微不足道之物的形状，例如一架风车、一个风标、一副扬谷连枷、谷仓地板上的灰尘；瞬间之后——那件东西消失了，因为它是纯粹的印象；但它留下了一点儿滋味，一

① “明白”(claritas)是阿奎那美学理论中的概念。

种希冀,期待再次发生这样的事情。

佩特是一个伊壁鸠鲁享乐主义学说的信奉者,因此也是一个形而上学唯物论者。他的成就在于祛除了顿悟的神学和唯心主义色彩。乔伊斯肯定不是天主教徒,他从佩特那里接受了顿悟,将其视作一种世俗的、自然主义的现象,清除了华兹华斯式的和罗斯金式的说教。乔伊斯式的顿
悟仍然是一种"突然的精神显现",在其中可以看见一个物体的"本质" 270
或"灵魂""从它表面的外衣中跃向我们"。但这只是在伊壁鸠鲁学说的意义上才是精神性的。在伊壁鸠鲁学说中,"本质"无论如何都是不可知的。惠特曼在《自我之歌》中被孩子追问什么是草;史蒂文斯曾对突然出现的光辉有所领悟。比起他们,乔伊斯并不是一个更地道的基督徒。

《画像》接近结尾处,斯蒂芬在一个同时具有奥维德式和佩特式风格的段落中记录下一个幻象,那是对顿悟的概括:

> 胳膊和声音的符咒:道路的白胳膊,它们对亲密拥抱的承诺,以及高大船只的黑胳膊,那些船只矗立在月光之下,讲述着关于遥远国度的故事。它们声称:我们十分孤单。来吧。那些声音则随着它们说:我们是你们的亲人。当它们准备出发,震动着它们那狂喜而可怕的青春的翅膀,喊我们作亲人之时,空气中也充满着它们的存在。

关于伊卡洛斯①的飞翔及其坠落的故事被吸收进佩特式的迟到感中,即身处悠久而高雅的浪漫主义幻象传统末端的感觉。乔伊斯和佩特一样,渴望迎来一场文艺复兴,渴望获得一次再生,能与那些流亡尘世中的人们为伍,那些人在最具感染力的想象文学中发现了另一个国度。奥维德懂得流亡的苦楚,他在这方面预示了但丁的到来,而斯蒂芬此处的顿悟具有一种但丁式的特点。幻象大师们的影响萦绕不断,充满了孤寂和别离的味道,而他们的那个欢喜雀跃的青年或许会面临伊卡洛斯的可怕命运。如果这一顿悟的情欲意味显而易见且哀婉悲切,那么它那更加黑暗的反响表明,死亡般的状态将是艺术自由的代价。斯蒂芬那著名的倒

① 伊卡洛斯(Icarus),希腊神话中巧匠达罗斯之子,与其父双双以蜡翼粘身飞离克里特岛。伊卡洛斯不听父言,飞得太高,蜡翼被阳光融化,坠海而死。

数第二个宣言中，回响着易卜生和布莱克的声音：

> 欢迎，啊，生命！我第一百万次地前去迎接经历的现实性，在我灵魂的铁匠铺中铸造我的种族那未经治疗的良心。

在此语境中，“铸造”是铁匠用语，而非文人用语。易卜生的剧作《布朗德》的名字暗示着一种热能，能够用来锻造主人公所说的“未经治疗的人类灵魂”，我们还可以回忆起布莱克的洛斯在铁匠铺锤炼出描画他幻象的刻花模板。斯蒂芬的那些抱负所具有的高度严肃性以及乔伊斯赋予这
271 些抱负的美学尊严，再一次使我们选择支持燕卜荪，而反对肯纳的观点。

弗兰兹·卡夫卡
（1883—1924）

密莱娜·耶申斯卡[①]在为恋人弗兰兹·卡夫卡所写的悼词里，勾勒出一个现代诺斯替信徒的形象，一个具有虚己亏空幻象的作家，虚己亏空指的是那种我们被掷于其中的宇宙虚空：

> 他是一位隐士，一个富有洞察力的人，他对生活感到惊恐。……他眼里的世界充满了隐形的魔鬼，它们攻击并摧毁毫无防备的人类。……他的所有作品都描绘了人类身上神秘的错误想法和无辜的罪孽所带来的恐怖。

密莱娜——聪颖、无畏、满怀爱意——可能巧妙地歪曲了卡夫卡在标准犹太立场和犹太诺斯替教立场之间难以捉摸的优雅滑动。卡夫卡有句如今已非常有名的话："我们是进入上帝脑子的虚无主义思想。"马克斯·布罗德[②]在回应这句话时，向他的朋友解释诺斯替教的一个概念，即造物主把这个世界造得既罪孽深重，又充满邪恶。"不，"卡夫卡回答道，"我相信我们并非上帝旧疾发作的产物，我们只不过是他坏心情的产物。他那天过得不好。"忠诚的布罗德扮演直率之人的角色，问道这是否意味着在我们的宇宙之外还存在希望。卡夫卡笑了，风度迷人，他回答说："许多希望——上帝的希望——无穷无尽的希望——但不是给我们的。"

---

① 密莱娜·耶申斯卡（Milena Jesenská，1896—1944），卡夫卡晚年的知音，两人保持了一段时间的恋情，卡夫卡去世前几年将自己的日记和一些作品交给她保管。她将卡夫卡的许多作品从德文译成了捷克文出版。

② 马克斯·布罗德（Max Brod，1884—1968），卡夫卡的终身挚友，致力于整理卡夫卡的遗作，推动其影响力。

格肖姆·肖勒姆[①]对卡夫卡做出过权威性评论，试图把他归于犹太诺斯替主义传统，但正如我们可能会预料的那样，卡夫卡既算不上诺斯替主义者，又不只是个诺斯替主义者。耶和华可以被拯救；神性的退化是诺斯替主义的基本观点，却不是卡夫卡的世界的一个要素。但我们是被耶和华有一天心情不好时从黏土里造出来的；或许耶和华那天消化不良，
272 或者他在东方种植的那个花园里天气太闷热。耶和华就是希望，但我们没有希望。我们是寒鸦或乌鸦，是卡夫卡们（在捷克语中，“卡夫卡”这个名字就是寒鸦的意思），我们的不可能性正是天堂的意思：“乌鸦们认为，单单一只乌鸦就能摧毁天堂。这无疑是真的，对天堂来说却微不足道，因为天堂根本就是表明：乌鸦的不可能性。”

诺斯替主义认为，有一个存在于地球之外的、完全超验的上帝，能者在历尽艰辛后，可以找到返回存在和圆满的道路。因此，诺斯替主义是一种关于拯救的宗教，不过是所有这类关于拯救的幻象中最为消极的一种。卡夫卡式的灵性没有提供任何关于拯救的希望，因此并不属于诺斯替主义。不过，密莱娜·耶申斯卡对卡夫卡式惊恐的强调无疑是对的，这种惊恐类似于诺斯替主义对虚己亏空——即一个被执政官们统治的世界——的恐惧。卡夫卡否认我们在任何地方存在任何希望，他因此迈出了不可思议的一步，超越了诺斯替主义。

在那个被布罗德相当误导性地冠以《关于罪孽、痛苦、希望和真正道路的思索》之名的格言集里，卡夫卡写道：“放置在我们身上的担子，就是去完成否定性的东西；肯定性的东西已经给我们了。”我们不清楚卡夫卡懂得多少卡巴拉。既然他写了一部新的卡巴拉，那么他是否受到犹太诺斯替主义影响的问题就可以搁置一旁了。的确，我们对卡巴拉的理解无论如何都是卡夫卡式的，因为卡夫卡深刻影响了格肖姆·肖勒姆，而在接下来的几十年里，没有人能够超越肖勒姆对卡巴拉的创造性误读或强有力的误读。这真是古怪而有趣（不过我会把这称作证明布莱克观点的又一实例。布莱克坚持认为，崇拜的形式是从诗性故事中选择出来的）。我重复这一点，是为了强调其造成的震惊效果：我们通过肖勒姆，从一种卡夫卡式的视角阅读卡巴拉，正如我们从莎士比亚的视

① 格肖姆·肖勒姆（Gershom Scholem，1897—1982），出生于德国的以色列思想家。

角阅读人类个性以及对其模仿的可能性一样，因为本质上弗洛伊德在莎士比亚和我们之间起到中介作用，但他仍然依赖于莎士比亚。如今我们对犹太文化传统中任何非规范部分的认识，均受一种卡夫卡式的真实性或偶然性的控制。

卡夫卡在1922年1月16日的日记里，思索“某种非常类似于崩溃的状态”，在这种状态中，“不可能入睡，不可能保持清醒，不可能忍受生活，或者，更确切地说，不可能忍受生活的过程”。他那着魔般的、作家特有的内在世界和外在生活“分裂开来，它们的确分裂开来，或者至少以一种可怕的方式发生撞击”。这时，他的血管崩裂了。傍晚时分，K到达了那个被厚厚积雪所覆盖的村子。城堡就在他的面前，但即便是城堡伫立其上的那座山冈也被薄雾和黑暗所遮蔽，没有一丝光线能显示城堡就在那里。
K在一座木桥上伫立了很久，那座桥把大路和村子连接了起来。他在凝 273
望，不是望着村子，而是望向“他上方那幻觉般的虚空”，那是城堡应该在的地方。他不知道他总是拒绝知道的东西，即虚空在每种可能的意义上都是“幻觉般”的，因为他的确凝视着虚己亏空，而虚己亏空最初产生自血管的崩裂，产生自每个世界的分裂，包括内在的和外在的世界。

在一段话里，卡夫卡通过描写K的幻象来计算他因确信而付出的代价。这段话预示了肖勒姆的思想，但也存在一种差异，肖勒姆试图通过将犹太复国主义和卡巴拉结合起来而否定这种差异。卡夫卡更清楚该怎么做，或许只是为了他自己，但或许也是为了别人：

> 第二：这种追逐从人们中间开始，把一个人沿一个方向带离他们。我的孤寂在很大程度上是被施加我身的，部分则是我自己主动寻得的——但这不也是强迫吗？不然又是什么？这种孤寂现在正失去它所有的含混性，接近它的结局。它通向何处？最大的可能性是会导致疯狂；没有什么可多说的了，追逐就从我身穿越而过，把我四分五裂。或者我可以——我可以吗？——设法不要跌倒，在这狂野的追逐中随波逐流。那么，我将被带往何处？的确，“追逐”只是一个隐喻。我也可以说，“对最后的俗世边界的进攻”，不仅如此，还是从下方、由人类发起的进攻。既然这也是个隐喻，我就可以代之以另一个隐喻，即来自上方的、从上方瞄准我发起的进攻。

> 所有这类文字都是对边界的进攻；如果没有犹太复国主义的干扰，它可能会轻易发展成一种新的秘密教义，一种卡巴拉。有一些这样的暗示。不过，它当然会要求一种无法想象的天才再次在旧世纪里扎根，或者重建旧世纪，且不会浪费它自己，只在那时才开始绽放花朵。

考虑一下卡夫卡的三个隐喻，他有意将它们彼此替换。追逐是指对观念的追逐，通过代表卡夫卡写作的那种内省形式。然而这个有关追逐的隐喻也是一种“从我身穿越而过的”穿孔和自我的分裂。卡夫卡接着用来自下方的、朝向最后俗世边界的人类进攻代替了“追逐”。边界指什么？它肯定位于我们和天堂之间。作为寒鸦或乌鸦的卡夫卡通过写作跨越了那一边界，含蓄地表明他能够摧毁天堂。通过又一替换，隐喻变成了
274 “来自上方的、从上方瞄准我发起的进攻”，瞄准就是天堂的表意功能，指的是卡夫卡或乌鸦们的不可能性。天堂**通过卡夫卡的写作**攻击他；“所有这类文字都是对边界的进攻”，而这些现在肯定就是卡夫卡自己的边界。我们会想起弗洛伊德最为复杂的“边界概念”，其复杂程度甚至超过内驱力：肉体自我。天堂攻击卡夫卡的肉体自我，**但只能通过他自己的写作**。这样的一种进攻肯定不是非犹太式的，它既和犹太教的秘传传统有关，也和犹太教的标准传统有关。

不过，据卡夫卡所言，他自己的写作如果不是因为犹太复国主义思想的干扰，本可以轻易地发展为一种新的卡巴拉。我们该如何理解这一奇怪的声明呢？犹太复国主义成了阻碍弗兰兹·卡夫卡成为另一个伊扎克·卢里亚[①]的力量？卡夫卡阴郁且不谦虚地写道：“有一些这样的暗示。”此处我们的老师格肖姆·肖勒姆在控制我们对必要性的诠释。这些暗示属于卡夫卡一个人，或者可能属于他身边圈子里精选出来的几个人。它们不可能被传达给整个犹太民族，甚至是其精英们，因为犹太复国主义已经取代了弥赛亚式的卡巴拉。弥赛亚式的卡巴拉大概包括加沙的内森（他是沙巴泰·泽维[②]的预言者）及其所有后继者（直至不敬神的雅

---

① 伊扎克·卢里亚（Isaac Luria, 1534—1572），16世纪著名的犹太卡巴拉学者。他解释了卡巴拉的基本原则，通过卡巴拉改革了对犹太神秘主义的研究。

② 沙巴泰·泽维（Sabbatai Zvi, 1626—1676），西班牙系犹太人拉比、卡巴拉学者，1665年加沙的内森宣称他为犹太人长久等候的弥赛亚。

各·弗兰克[1]）所写的异端卡巴拉。此处卡夫卡对肖勒姆的影响是决定性的，因为卡夫卡已经到达了肖勒姆的主题，即探寻伊扎克·卢里亚的卡巴拉、沙巴泰和弗兰克的追随者们的弥赛亚主义以及使以色列获得重生的政治犹太复国主义之间的关系。

极为引人注目的是，卡夫卡接着又否认了他拥有“一种无法想象的天才”。这种天才要么能够再次扎根于古犹太教（大概是属于秘传一类的犹太教），要么能够“重建旧世纪”，这更令人感到惊异，而肖勒姆声称卡夫卡已经做到了。但我们能否说那就是弗兰兹·卡夫卡的卡巴拉，就像肖勒姆试图说明的那样？在精彩的故事和非同寻常的寓言及悖论中，是否存在一种新的秘密教义？或者卡夫卡并没有把他的天才耗费在重建旧的犹太世纪上？卡夫卡肯定会苛刻地评判自己，认为自己浪费了自己的天才，而不是成为“只在那时才开始绽放花朵”的作家。在进行这一沉思之后，只过了两年半，卡夫卡就去世了，唉，就在他四十一岁生日前不久。然而，作为一种新的卡巴拉的提出者，他极有可能已经达到了他（或任何其他人）所能达到的地步。没有哪种卡巴拉是容易诠释的，不论是列农的摩西、伊扎克·卢里亚、摩西·考德威罗、加沙的内森的卡巴拉，还是格肖姆·肖勒姆的卡巴拉，均是如此，但卡夫卡的神秘教义——如果的确存在这么一种教义的话——是特意设定成不可诠释的。我在阅读卡夫卡时的工作原则就是观察他如何竭尽所能规避诠释，而这只能意味着卡夫卡作品最需要、最应该进行诠释的东西，正是其对诠释执拗地刻意规避。 275
埃里奇·海勒为理解这种规避而设定的准则是：“含混从不被认为是一种基础性力量；在弗兰兹·卡夫卡的故事里正是这种情况。”或许是吧，不过规避并不是一种和含混一样的文学品质。

规避是有目的的；借用列奥·斯特劳斯的奇妙转义，就是写有言外之意。一个探求新的否定性的人，抑或对旧的否定性进行修正的人，如果他规避任何可能的诠释，以此作为他的中心话题或主题，这是什么意思呢？卡夫卡并不怀疑内疚感，而是希望“如有可能”，通过阅读卡夫卡“可以让人们不带内疚感地享受罪孽，几乎不带内疚感”。几乎不带内疚感地享受罪孽就是规避诠释，那正是占据犹太主流的关于诠释的看法。犹

① 雅各·弗兰克（Jacob Frank，1726—1791），犹太宗教领袖，自称为沙巴泰·泽维和以色列人的祖先雅各的转世。

太传统，不论是规范的传统，还是秘传传统，从不会教你去问尼采的那个问题："谁是诠释者，他试图获得凌驾于文本之上的什么权力？"相反，犹太传统会问："诠释者是否与那些试图在每个时代都为托拉[①]筑起防护的人保持一致？"卡夫卡的规避力量并不是一种施于自己文本的力量，而且它的确在我们的时代里为托拉筑起了防护。然而在卡夫卡之前，没有人完全通过规避来筑起那道防护，甚至连迈蒙尼德[②]，或者犹大·哈列维[③]，甚或斯宾诺莎[④]也都没有。卡夫卡是所有作家中最含蓄、最捉摸不定的一个。他一直是迟来的圣人当中最严厉、最麻烦的一个。这些圣人属于未来的犹太文化传统。

* * *

寒鸦或者乌鸦或者卡夫卡还代表着伟大的猎人格拉胡斯（他的拉丁名字意思也是乌鸦）的怪异形象。格拉胡斯已经死了，但他就像活人一样，永远乘坐着他的死亡之舟漂泊。爱挑剔的里瓦市长皱起眉头，问道："你不属于另一个世界吗？"猎人做出回答，话里带着庄严的防御性反讽：

> 我总是处于通向天国的阶梯上。我在那无限漫长的露天台阶上徘徊，时而向上，时而向下，时而在右，时而在左，一直处于运动之中。我由一个猎人变成了一只蝴蝶。您别笑！[⑤]

就和那位市长一样，我们没有笑。格拉胡斯是一只乌鸦，他可以摧毁天堂，但他永远到不了那里。相反，天堂代表着他的不可能性，即乌鸦或猎人的缺席，因此他被变成了又一只蝴蝶。从天堂的角度看，我们能变的
276 就是这样的蝴蝶。我们并不为此受过：

① 托拉（Torah），犹太律法。希伯来文意为"教谕"。

② 迈蒙尼德（Maimonides，1135—1204），犹太教法学家、哲学家、科学家。

③ 犹大·哈列维（Judah Halevi，1075—1141），希伯来诗人、哲学家。

④ 巴鲁赫·斯宾诺莎（Baruch Spinoza，1632—1677），荷兰哲学家，与笛卡尔、莱布尼兹并称为17世纪三位最伟大的理性主义哲学家。

⑤ 本书中"The Hunter Gracchus"的引文均使用卡夫卡著，王荫祺译：《猎人格拉胡斯》，收录于《卡夫卡小说选》，孙坤荣等译，北京，人民文学出版社，1994年。

> “我愉快地活了，也愉快地死去。上船之前，我幸福地扔下了弹药匣啊，背囊啊，猎枪啊，等等——这支枪我生前一直骄傲地背在身上。我迅速穿起死者的尸衣，心情就跟新娘子穿上结婚礼服时一样。随后我便躺在这儿静候着，谁料不幸却发生了。”
>
> “命不好啊，”市长举起手来一摆道，“对此难道您一点没有错？”
>
> “一点没有，”猎人说，“我生前是个猎人，这难道错了？在我当猎人那会儿黑林里还有狼哩。我埋伏着，开枪射击，打到野兽后就剥它的皮，这难道错了？我的工作得到大伙儿赞赏，被人称为‘黑林山中的伟大猎手’，这难道错了？”
>
> “我未负作评判的使命，”市长说，“不过，我也觉得您实在没有错。那么，究竟又是谁错了呢？”
>
> “船主错了，”猎人说，“谁也不会读到我在这儿写的东西，谁也不会来帮助我。即使把帮助我作为一项任务定下来，所有房屋仍会门窗紧闭，所有的人仍会躺在床上，用被子蒙上脑袋，整个世界就像个深夜里的大旅店。当然，这样也好，因为这一来就没有谁知道我；即使有谁知道我，也没有谁知道我待在哪儿；即使有谁知道我待在哪儿，也没有谁知道把我拦住，于是乎也就没有谁知道该如何帮助我。想帮助我的念头是一种病，一种必须卧床治疗的病。”

格拉胡斯多么令人钦佩啊！即便同荷马笔下的英雄相比也是如此。他们知道，或者他们以为他们知道，活着，不论活得多么悲惨，都要胜过在死人中间当老大。但格拉胡斯只是希望做他自己，活着的时候开心地当一个猎人，死后也乐于当一具尸体：“我迅速穿起死者的尸衣，心情就跟新娘子穿上结婚礼服时一样。”只要事情都发生得有条不紊，格拉胡斯就感到无比满足。过错一定是船主的，而且也许只是操作不当而已。格拉胡斯虽然死了，却仍旧可以说话，谁也帮不了他：“想帮助我的念头是一种病，一种必须卧床治疗的病。”

他使用了一个令人震惊的转义：整个世界就像一个旅店夜晚关门一样，每个人都拉着被子蒙住头。这时格拉胡斯给出了评判：“这么做也有

道理。”[①]这么做也有道理，只是因为在卡夫卡的世界里，正如在弗洛伊德
277 的世界里，或者在肖勒姆的世界里，或者在任何被犹太记忆所深刻影响的世界里一样，每样东西都必须有意义，完全的意义，即便卡夫卡拒绝帮你懂得或者接近这种意义。

但那是一种什么样的世界啊？每样东西都具有意义，每样东西似乎都要求诠释。正如反对弗洛伊德压抑理论的**J. H.** 范登伯格有一次写道，只有当每样东西都已成为过去，而且再也不会有任何崭新的东西时，每样东西才可能都有意义。那无疑就是公元2世纪伟大的正统拉比们的世界，因而自那以后也成为多数犹太人的世界。托拉已经被授予犹太人，《塔木德经》[②]也已崛起并开始补充、诠释托拉，传统链条上的其他诠释则由每一代人重新打造，但创世和启示的界限已经在犹太记忆中固定下来。每样东西都有意义，因为所有的意义都已然在希伯来《圣经》中存在，而希伯来《圣经》就本身而言必须是可以完全理解的，即便它的完全可理解性在弥赛亚到来之前不会显露出来。

作为猎人和寒鸦的格拉胡斯就是卡夫卡。卡夫卡是观点的追逐者，也是寒鸦。格拉胡斯那无休无止、没有希望的航行也是卡夫卡的旅行，只不过卡夫卡一部分是通过一种并非属于他自己的语言，大部分是通过一种并不完全属于他的生活来实现他的旅行的。卡夫卡在1917年初写作《猎人格拉胡斯》时，正在研习希伯来语。我认为，我们可以把已死却从未埋葬的格拉胡斯的航行视作一种转义，用在卡夫卡对他祖先的语言迟到的研究上。1923年春，他仍然在研究希伯来语，当时他的肺结核已经相当严重了。直到最后他都在渴望着锡安山，梦想恢复健康，前往巴勒斯坦，为自己的身份打下坚实基础。就像格拉胡斯一样，他体验到了生不如死的感觉，不过又和格拉胡斯不一样，他最终获得了彻底死亡的解脱。

作为一则故事或扩展了的寓言，《猎人格拉胡斯》并不是关于漫游的犹太人或“漂泊的荷兰人”[③]的叙事，因为卡夫卡对他的写作活动的转义

---

① 原文为：“And there is sense in that.” 王荫祺的译文翻作：“这样也好。” 布鲁姆接下来说，在卡夫卡的世界里，每样东西都必须有意义，此处“意义”的原文也是“sense”。

② 《塔木德经》(Talmud) 是关于犹太人生活、宗教、道德的口传律法汇编，是犹太教仅次于《圣经》的典籍。

③ “漂泊的荷兰人” (Flying Dutchman) 是传说中一艘永远无法靠岸返乡的幽灵船，注定在海上漂泊航行。

不是一种漫游，甚或一种踟蹰，而是一种重复，宛如修建迷宫或者洞穴。他的作品不是对自己的重复，而是重复对托拉的犹太秘传诠释，而对于这种诠释，卡夫卡自己几乎完全不了解，或者并不需要了解。这种诠释告诉卡夫卡，并不存在写成文字的托拉，只有口传托拉。不过，没人能告诉卡夫卡口传托拉是什么，因此他用自己的写作来代替他得不到的口传托拉。他的立场和猎人格拉胡斯完全一样。格拉胡斯最后说，“我现在在这儿，除此以外一无所知，除此以外去不了别处。我的小船没有舵，只能随着吹向死亡最底层的风行驶”。 278

* * *

“《塔木德经》如果不是来自远方的讯息，那又会是什么？”卡夫卡在1932年12月19日写给罗伯特·克洛普施托克[1]的信里这样写道。除了是来自无限远方的讯息外，全部的犹太传统对卡夫卡而言又是什么？这肯定就是那个著名的寓言《皇上的谕旨》的部分主题。在《皇上的谕旨》的结尾，作为读者的你坐在窗前，暮色降临，此时你在梦想那个寓言——上帝将死，传递给你一份个人讯息。海因茨·波利策把它解读为一则尼采式寓言，因此陷入了卡夫卡式躲闪所设的陷阱之中：

> 皇上的谕旨在一个已经耗尽了形而上真理的时代里描写寓言的命运，它已经变成了一个做梦者的主观狂想。这个做梦者坐在窗前，望着没入黑暗的世界。这则故事唯一包含的真实信息就是皇帝死亡的消息。卡夫卡从尼采那里得知了此消息。

不对，因为即便你幻想出了这个寓言，这个寓言也传达了真理。《塔木德经》的确存在；它的确就是来自远方的皇上谕旨。距离太过遥远，它无法到达你这里；存在着希望，但不是给你的。我们也并不很清楚上帝已死。他总是在死亡当中，却总在向天使的耳朵里轻声传送谕旨。你听到：“没有人能够披荆斩棘通过这里，即便带着一个已死之人的谕旨也不行。”但是在寓言的文本里，皇上其实并没有死。

---

① 罗伯特·克洛普施托克（Robert Klopstock），卡夫卡在马特利阿里疗养院疗养期间结识的病友。他后来成为卡夫卡最后岁月里一位忠诚的挚友。

否定性是卡夫卡的一个关键概念，距离则是这个概念的组成部分。卡夫卡的否定性概念既不是黑格尔式的，也不是海德格尔式的，而是非常接近弗洛伊德的“否定”，和肖勒姆的卡巴拉学者们所进行的否定性成像也很相似。不过我想后面再谈卡夫卡对于否定性的犹太式观念。《猎人格拉胡斯》是一个非同寻常的文本，但它并没有完全体现卡夫卡在最强大、最离奇或最崇高的创作时刻的特点。

当卡夫卡完全展现自我的时候，他会给我们一种延绵的创造力和原创性，堪比但丁，也会对普鲁斯特和乔伊斯作为20世纪西方作家之翘楚地位构成真正的威胁。姑且不提弗洛伊德，因为弗洛伊德貌似从事的是科学，而非叙事或虚构故事创作，不过，如果你相信这一点，那么你就会相信任何事情。卡夫卡的野兽寓言受到推崇，这是实至名归，但他最出色的寓言生物既非动物，亦非人，而是《有妻儿者的烦恼》中的小俄德拉代克。
279 《有妻儿者的烦恼》是一篇古怪的素描，长度不到一页半，它的标题本应该翻译成《家父的忧虑》。有妻儿者讲述了这五段话，每段本身都是一首辩证的抒情诗，开头的一段表达了对名字意义的担忧：

> 有些人说，“俄德拉代克”这个词源于斯拉夫语，因此他们试图在斯拉夫语中查明它的构成。另外一些人认为，这个词出自德语，斯拉夫语只是对它有所影响。这两种说法都不确切，由此可见，两种都不对，尤其因为靠它们发现不了这个词的任何含义。①

这种含糊其词被学者威廉·埃姆里克克服，他把俄德拉代克这个名字追溯到捷克语中odraditi一词，意思是劝阻别人做任何事情。就像爱德华·戈里②的可疑客人一样，俄德拉代克不请自来，却不打算离去，因为他含蓄地劝阻你对他的存在采取任何行动，或者更确切地说，他那稀奇古怪的样子使你觉得最好别去管他：

> 如果不是确有其物——它叫俄德拉代克——存在，当然没有人

① 本书所用“The Sorrows of a Paterfamilias”的译文均出自卡夫卡著，杨劲译：《家父的忧虑》，收录于《卡夫卡小说全集》，韩瑞祥等译，北京，人民文学出版社，2003年。

② 爱德华·戈里（Edward Gorey，1925—2000），著名美国插画家。

> 会去搞这种研究。乍一看,它像个扁平的星形线轴,又像是缠上了线的;即便如此,也只会是扯断了、接在一块儿、乱作一团的旧线头,质地不一,颜色各异。它却不仅是个线轴,从星的中央伸出一个小横条,右上角还有一个小横条。后一个小横条在一边,星星射出的光芒在另一边,这样,整个身体就能够直立,仿佛支在两条腿上。

俄德拉代克是否像困惑的有妻儿者开始时称呼他的那样,是个"东西"?或者,他难道不是一个孩子似的生物,家里孩子们中的魔鬼吗?俄德拉代克显然是由一个具有创造性和幽默感的孩子造出来的,有点像旧约耶典中的耶和华弄湿红黏土造出亚当那样。当我们被告知"整个身体就能够直立,仿佛支在两条腿上"时,我们很难不把俄德拉代克的创造解读为一种刻意的戏仿。当文本暗示俄德拉代克就像亚当一样,"这个形体以前可能有实际用途,现在不过是被砸烂了",也是如此。如果俄德拉代克摔倒(堕落)了,他仍然洋洋自得,而且无法被仔细查看,因为他"特别敏捷,人们逮不住它",就像他出现于其中的这个故事一样。俄德拉代克不仅建议你不要对他做任何事情,而且在某种非常清晰的意义上,他就是卡夫卡用来劝你别去诠释卡夫卡的又一修辞手段。 280

卡夫卡所有作品中最可爱的瞬间之一,就是当你,也就是那个家父(paterfamilias),遇到俄德拉代克之时。当时他正在你的下方,倚靠在楼梯扶手上。你打算和他讲话,正如你会和一个孩子讲话一样,但你会大吃一惊:"'你到底叫什么?'你问他。'俄德拉代克',他说。'那你住在哪儿?''居无定处',他一边说一边笑;这种笑声,没有肺的人才发得出来。这笑声听起来恍若落叶的沙沙声。"

"'我'是另一个我,"兰波[①]曾写道,还加了一句,"对于发现自己是个小提琴的那块木头来说就更糟了。"对于发现自己是俄德拉代克的那块木头来说也更糟了。他笑自己是个游民,哪怕只是在资产阶级设定的意义上是个游民,即"居无定处",但那笑声不属于人类,显得非常怪异。因此他惹得有妻儿者陷入一种怪异的沉思,而这种沉思可能是对弗洛伊德超越快乐原则的死亡冲动的一种卡夫卡式戏仿:

① 兰波(Jean Nicolas Arthur Rimbaud,1854—1891),法国诗人。

> 我徒劳地问自己，他将会怎样，他会死吗？所有会死的事物生前一定有个目标，有种作为，这样才能消耗生命；俄德拉代克却不是这样。有朝一日，他不就会拖着长长的合股线滚下楼梯，滚到我的孩子和我的孩子的孩子的脚边？他显然不会伤害任何人；但一想到他可能活得比我还长久，我几乎感到痛楚。

弗洛伊德说，生命的目的就是死亡，就是从有机物变回无机物，后者据说是我们早先的存在状态。我们的活动逐渐停止，我们死去，因为在一种怪异的意义上，我们希望死去。但是俄德拉代克既无害，又迷人，他是一个孩子的创造物，漫无目的，因此并不屈从于死亡冲动。俄德拉代克是个魔鬼，所以永生不死，他还代表了弗洛伊德理论所说的受压抑之物的回归，即有妻儿者身上某种受到压抑的东西，是有妻儿者永远在逃避的某种东西。小俄德拉代克体现的正是弗洛伊德所说的，当一种彻底的情感压抑得到维持之时受压抑之物的认知回归。有妻儿者在智识上将俄德拉代克投射于自己内心，但在情感上则将自己完全投射在后者身上。我认为，俄德拉代克最好被理解为卡夫卡对Verneinung[①]的提喻；这个词指的是卡夫卡对犹太式否定所持的观点（并非完全是非弗洛伊德式的），我将在下文对此进行简略概括。

* * *

为何卡夫卡会拥有如此独特的精神权威？或许这个问题应当换种问
281 法。卡夫卡对我们拥有的是哪种精神权威？抑或我们为何会被打动，或被驱动去将他作为这样的权威来阅读？为什么会提出有关权威的问题？不论我们如何定义文学权威，它都同精神权威没有必然的关系，而且无论如何，谈论犹太写作中的精神权威总是有问题的。权威并不是犹太人的概念，而是罗马人的概念，所以它在罗马天主教的语境中具有完美的当代意义，在犹太事务中却几乎毫无意义，尽管以色列有着肮脏的政治，而美国犹太人的怀旧情绪表现出软弱的虔诚。没有等级，就没有权威，而等级

① Verneinung为德语，意思为“否定”。

也不是一个很地道的犹太概念。我们并不需要拉比或者任何其他人来告诉我们什么是、什么不是犹太的，谁是犹太人、谁不是。规范性的面具遮蔽的不仅是犹太教和犹太文化的折衷主义，而且遮蔽了旧约耶典中的耶和华的本质。认为耶和华具有纯粹的权威，这种想法很荒谬。他并不是一个罗马式的小神，提升人类的行为，也不是一个荷马式的神，作为观众见证人类的英雄主义。

耶和华既不是一个奠基者，也不是一个旁观者，虽然有时他会被误认为其中之一或者两者都是。他最基本的转义是父亲的身份，而非奠基，而他的干涉属于立约者的干涉，而非旁观者的干涉。你无法在他身上建立起权威，因为他的仁慈不是通过提升，而是通过创造来显现。他并不书写；他说话，而且他的话被及时听到了，他通过说话继续创造的是olam，即无边的时间，这可不仅仅是种提升。通过权威可能获得更多其他的东西，但神恩本身代表了更丰盈的生命，超越了权威，惠及亚伯拉罕，惠及雅各，惠及大卫。他们中的任何一个都不比耶和华更具有纯粹的权威。然而卡夫卡肯定具有文学权威，而且他的文学权威如今也以一种有问题的方式变成了精神权威，尤其是在犹太语境当中。我不认为这是一种后犹太大屠杀现象，不过犹太诺斯替主义不论是否具有自相矛盾性，看起来也无疑适合我们的时代，适合我们当中的许多人。总之，在我看来，文学诺斯替主义并非一种受时间限制的现象。正如埃里奇·海勒所言，卡夫卡的《城堡》在其精神特性上与其说是规范性的，不如说明显更具诺斯替主义特点，但莎士比亚的《麦克白》、布莱克的《四天神》和卡莱尔的《衣裳哲学》也是如此。我们在卡夫卡明显的诺斯替思想中感觉到一种犹太元素，即便我们并不像肖勒姆那么笃定地将其命名为新卡巴拉。卡夫卡在1922年的日记里巧妙地暗示，就连他对否定性的支持也是辩证的：

> 单是否定性，无论它有多强大，都是不够的，不像我在最不开心时相信它能达到的那样。因为如果我已向上迈出最小的一步，赢得了一点东西，哪怕是对我自己最不可靠的一类保障，我都会在我的台 282
> 阶上伸展躺下，等待否定性，不是等它向我爬上来，真的，而是把我向下拽离。因此，我身上有一种防御性的本能，这种本能不能容忍我哪

怕在最低程度上拥有持久的自在，例如，它甚至会在婚床支起来之前就将其砸碎。

不论在这段话里还是其他地方，卡夫卡的否定性指的是什么？让我们首先抛开那个法国式的观念，即卡夫卡的否定性具有黑格尔的特点，因为它不会比弗洛伊德的Verneinung更具黑格尔的特点。卡夫卡的否定性和弗洛伊德的不同，它与古代的否定神学传统，甚或同最消极的古代神学诺斯替主义有着不稳定的、模糊的传承联系。然而，尽管卡夫卡渴望超越，他还是和弗洛伊德一样，接受了事实的终极权威。在卡夫卡或弗洛伊德那里，已知的事实不会被摧毁，而这种已知状态本质上就是事物的存在方式，对每个人都如此，尤其是对犹太人。如果事实是至高无上的，那么黑格尔式否定性的中介作用就成了一种荒谬，而且不可能毁灭性地使用这样的否定性，也就是说，海德格尔变得不可能，而德里达本身便是对海德格尔的过分误读，也变得相当不必要。

卡夫卡式的否定性不过就是他的犹太主义，即卡夫卡自觉的犹太性所具有的精神形式，正如那句不同寻常的格言所显示的："放置在我们身上的担子，就是去完成否定性的东西；肯定性的东西已经给我们了。"这里，肯定性的东西指的是律法或者正统犹太教；否定性的东西与其说是卡夫卡的新卡巴拉，不如说是仍然加诸我们身上的东西：否定性的犹太教信仰，属于未来的犹太教信仰，那未来总是在朝着我们逼迫过来。

厄恩斯特·帕维尔是目前为止最出色的卡夫卡传记作家。他强调，卡夫卡意识到"他作为犹太人的身份，不是宗教意义上的，而是民族意义上的身份"。尽管如此，卡夫卡并不是犹太复国主义者。或许，他与其说渴望锡安山，不如说渴望一种犹太语言，不论是意第绪语，还是希伯来语。他并不明白，他那令人惊异的文体纯净的德语正是他**不**背叛他作为犹太人的自我身份的方式。在最后的人生阶段，卡夫卡想过去耶路撒冷，而且重又加紧了对希伯来语的学习。如果他能活下去，他可能已经去过了锡安山，熟练掌握了一种希伯来方言，而且留给我们许多用旧约耶典作者和犹大·哈列维的语言写成的卡夫卡式的寓言和故事，令我们困惑不已。

* * *

卡夫卡身上需要诠释的，是他为何拒绝被诠释，即他即使在自己的否定性领域里也表现出的逃避性。《我们法律的问题》是一篇寓言，《女歌手约瑟芬或耗子民族》[①]则是一篇故事或圣约书，两者都属于他最美妙而不可思议的作品，写作日期也都比较靠后。两篇作品都包含了犹太文化记忆的认知性回归，同时又拒绝了会使寓言或故事在历史或当代识别中明确带上犹太特性的那种情感认同。《我们法律的问题》在第一段中被作为问题提了出来： 283

> 我们的法律并非人人清楚，这些法律是一小群统治着我们的贵族的秘密。我们深信，这些古老的法律被严格遵守着，但是，被自己所不清楚的法律统治着，到底是一件叫人痛苦万分的事。我这么说时，所想到的并不是法律可以有那么多不同的解释，以及当法律只由个人解释时，全体百姓对此没有发言权时所引发的种种弊端。这些弊端或许也并不十分严重。我们的法律实在很古老，几百年来对它们的阐释工作一直未曾中断，阐释条文大概也已变为法律了。虽然对法律还存有阐释余地，但已很有限了。此外，贵族们解释法律时，显然不至于受自己利益所驱使而做出对我们不利的事，因为从一开始法律就是为贵族的利益而立的，他们不受法律制约，也正是出于此。法律完全由贵族掌管，这么做自然有其明智之处。——谁会怀疑古老法律的明智呢？但这也正是我们痛苦之所在，这大概是避免不了的。[②]

在犹太教中，法律就是正统贤者普遍知晓、称颂并且传授的东西。卡巴拉是神秘教义，但守卫卡巴拉的逐渐不再是正统拉比们，而是诺斯替教宗派、沙巴泰的追随者和弗兰克的追随者，这些人在意识形态上全部都和沙巴泰·泽维的预言者加沙的内森一脉相承。卡夫卡歪曲了正统犹太教和秘传犹太教之间的关系，再次使提喻式的再现变得不可能。凌驾

① 《女歌手约瑟芬或耗子民族》是卡夫卡生前最后一篇作品。

② 本书中“The Problem of Our Laws”的译文均引自卡夫卡著，谢莹莹译：《关于法律的问题》，收录于《卡夫卡小说全集》，韩瑞详等译，北京，人民文学出版社，2003年。

于托拉之上的人并非拉比们或正统贤人们，而是“米尼姆”[①]，即从伊莱沙·本·阿布亚[②]到雅各·弗兰克的异端分子们，在某种意义上，还包括格肖姆·肖勒姆。正如寓言所暗示的那样，对这些犹太诺斯替主义者而言，“贵族的行为即法律”。如此激进的一个定义告诉我们，“传统还远远
284 不够完备”，因此某种弥赛亚式的期盼是必要的。就当下而言，这种观点无法提供慰藉，它只能通过如下信念得到一些舒缓：传统和我们对传统的研究终有一日会一起达到它们的终点，而且可以说它们也获得了一个喘息的机会，所有事情都会变得清晰，法律将属于人民，贵族将会消失。

如果寓言中的这一段被翻译成早期基督教用语，那么“贵族”指的就是法利赛人[③]，“百姓”指的就是基督徒们。但卡夫卡动作很快，立刻就中止了这样的翻译：“这么说并非痛恨贵族，反对贵族，完全不是，没人这么想。我们痛恨的是我们自己，因为我们还不配有法律。”

这里的“我们”不可能是基督徒，也不可能是犹太人。那么那些“还不配有法律”的是谁呢？他们似乎指的又是乌鸦或寒鸦，一个卡夫卡或一个猎人格拉胡斯，在一个或许容易陷入自我仇恨或自我猜疑的国度里四处漫游，等待着永不会显现的托拉。卡夫卡非常大胆地用明显的悖论来结束这则寓言：

> 实际上只能以一种矛盾的说法来形容这一事实：如果有一个派别既对法律抱有信念又弃绝贵族，那么它立刻就会受到老百姓的支持，但是，这样的派别不可能产生，因为没有人敢于弃绝贵族。我们就生活在这刀刃上，一位作家曾经如此总结过，我们必须接受的唯一可见的法律就是贵族，难道我们要使自己连这唯一的法律也失去？

不论我们将贵族解读为正统法利赛人、犹太诺斯替异教首领，还是诸如此类的人，为何无人敢反驳他们？我们虽然被迫接受这些贤人或者

① 米尼姆（minim，希伯来语minuth的复数），犹太人当中的边缘人士，主要指那些其著作被正统人士指责为异端学说的学者。

② 伊莱沙·本·阿布亚（Elisha ben Abuyah，大约生于公元70年之前），犹太拉比和宗教权威，后因世界观的问题而被视为异端。

③ 法利赛人（the Pharisees），《新约全书》中提到的严守犹太教律法的犹太人。

米尼姆，但他们是我们所拥有的法律的唯一可见的证据。那么我们又是谁？不论寓言中最后的那个问题是一个开放的问题，还是一句设问，该如何回答？“难道我们要使自己连这唯一的法律也失去？”布莱克在《天堂与地狱的婚姻》中做出如下回答：“将同一种法律施用于狮子和牛就意味着压迫。”施用于乌鸦的同一种法律又是什么呢？卡夫卡不会告诉我们它究竟是不是压迫。

歌手约瑟芬也是一只乌鸦或一个卡夫卡，而不是一只耗子，民众可以被解释为一整族的寒鸦。充斥《我们法律的问题》的那种可能有些晦涩的否定性精神在卡夫卡的圣约书故事中得到了可怕释放。这也就是说：在寓言中，法律不可能是托拉，虽然两者的类比相当接近。但在约瑟芬的故事中，耗子民族同时既是**又**不是犹太民众，而卡夫卡既是**又**不是他们那 285
奇怪的歌者。从认知的角度看，这些关联是可能的，似乎从健忘状态中返回一样；但从情感角度看，它们又是不可能的，除非我们能假定构成这些关联的关键方面即便不是有意识地遭到遗忘，也是有明确目的的。约瑟芬的口哨是卡夫卡的故事，卡夫卡的故事却很难算是约瑟芬的口哨。

有无可能存在这样的一种否定模式，它既非有意识的，亦非无意识的；既非黑格尔式的，亦非弗洛伊德式的？卡夫卡的天才提供了一种模式，揭露出意识和压抑作用之间的许多阴影、许多分界，那些分界比我们在没有他的时候所能想象到的更为可怕。或许最可怕的还是故事的结尾：

> 约瑟芬可不得不走下坡路了。离她吹出最后一声口哨，然后变得无声无阒的日子已经相去不远了。在我们这个民族的永恒的历史中，她不过是一段小小的插曲而已，而这个民族终将弥补这个损失。对于我们来说，这将不是件容易事；集会怎么会变得鸦雀无声的呢？自然啰，约瑟芬在时，集会不也是静悄悄的吗？难道她真实的口哨声要比回忆中的更响亮、更生动吗？难道她在世时的口哨声当真强似回忆中的口哨声吗？难道不是这个民族以其聪明智慧把约瑟芬的歌唱抬得这样高吗？而那原因正是由于这样的歌唱是不可缺少的。
>
> 我们也许根本不会失去很多东西，约瑟芬倒是会幸运地消失在我们这个民族无数英雄的行列里，摆脱了尘世的烦恼，而按照她的看法，凡是出类拔萃者都得经受这种尘世的烦恼；由于我们并不推动

> 历史，因此她不久就像她所有的兄弟一样，升华解脱，并被遗忘。[①]

“我是复活了的记忆”，卡夫卡曾在日记中写道。不论他是不是这个意思，他就是复活了的犹太记忆。“难道她在世时的口哨声当真强似回忆中的口哨声吗？”卡夫卡问道，他知道他也已经不可能被忘记。在某种意义上，犹太人不是历史学家，因为正如约瑟夫·耶如沙尔米[②]所论证的那样，犹太记忆属于一种规范模式，而不是一种历史模式。如果卡夫卡祈祷的话，他本可能会祈求达到救赎的高度，像他多数的兄弟姐妹一样被人遗忘。但他的祈祷不会有回应。当我们说起“最杰出的”天主教作家时，我们会想起但丁，但他有胆量将他的比阿特丽丝供奉在天堂的等级序列之中。如果我们说起“最杰出的”新教作家，我们会想到弥尔顿，想到一个
286 党派或宗派，他们相信灵魂必死，只有和肉体一起才能复活。说起“最杰出的”犹太作家，你必定会想到卡夫卡，他回避了他自己的胆色，什么都不相信，只信任身为作家所订之约。

《城堡》

《城堡》是充分代表卡夫卡的新否定性或新卡巴拉的实例。这是一部未完成的，也不可能完成的自传体小说，讲述了土地测量员K的故事。它的言外之意是什么？ K进攻最后的尘世边界，他必然很大胆，但是如果边界之外的东西最终由克拉姆所代表，那么再怎么大胆都是不够的。克拉姆象征着具有囚禁力量的静寂，他是虚己亏空即宇宙虚空的主宰。你到达一个灾难创造物的行政中心，在那里界线坚守着一片所谓的混沌或深渊，那混沌或深渊其实就是谬误或遭到损毁的世界所拒绝承认的真理之否定性象征，这时你不可能重新划定边界，即便权威希望你这么做也不行。《城堡》讲的就是卡夫卡如何不能通过写作返回深渊，以及K作为土地测量员如何不能完成他的工作的故事。

---

① 本书中“Josephine the Singer and the Mouse Folk”的译文均引自卡夫卡著，汪建译:《女歌手约瑟芬或耗子民族》，收录于《卡夫卡小说选》，孙坤荣等译，北京，人民文学出版社，1994年。

② 约瑟夫·耶如沙尔米(Yosef Yerushalmi，1932—2009)，美国哥伦比亚大学教授，1980—2008年间担任犹太历史、文化与社会讲座教授。

K的部分烦恼就在于他不够大胆，即便再怎么大胆都是不够的。埃里奇·海勒恰当地驳斥了所有那些将城堡与精神性和真正的恩典等同起来的人，体现了他在诠释方面的胆量，不过他自己也忽视了卡夫卡的新卡巴拉不可避免的含混性：

> 可以说，卡夫卡这部小说中的城堡是一群诺斯替魔鬼的驻防地，防卫森严，成功地占据了有利位置，抵抗一个急切的灵魂的行动。并不存在关于神圣性的可能观念，来证明那些在城堡里看到“神圣法律和神圣恩典”的诠释者是有道理的。城堡的官员们即便不是真的邪恶，他们对善也是完全漠视的。他们的法令和他们的活动中均不存在爱、怜悯、慈善或庄严的任何痕迹。他们冷漠的疏离态度肯定无法令人敬畏，只能激起恐惧和反感。他们的仆从是村子的祸患，“一群野蛮的、无法无天的家伙，被他们不知餍足的冲动所支配……他们可耻的行为永无止境”。他们预示了那些将成为欧洲独裁者的仆从的流氓，而不是神圣部门的勤杂工。与此专制政府卑劣的、明显蓄意施行的折磨相比，莎士比亚的那些“杀死我们取乐”的愤怒神祇
> 在他们的肆无忌惮中至少还保有一份威严。 287

通过这种解读，克拉姆就成了巨匠造物主，一群执政官的首领，他们是这个世界的神祇。卡夫卡太过含混，太过消极，他无法对大获全胜的恶，或者至少是对善的这种主导性冷漠为我们做出如此明确和简单化的描述。这种诺斯替教式的象征主义将使克拉姆及其同伙变成无知的代表，与之相对，K则成了一个知者，可是K基本上什么都不知道，尤其是对他的自我一无所知，而且一开始他就高估了自己的力量，即便当他自欺欺人地认为城堡低估了他时也是如此。城堡就在那里，这主要是因为K是无知的，尽管他最深刻的欲望是想获取知识。K自始至终最大的错误在于他渴望同克拉姆进行人身对抗，而这必然是不可能的。K作为单一的乌鸦或寒鸦足够摧毁克拉姆的权威，但克拉姆和西西城堡仅仅意味着乌鸦的缺席，意味着K无法获取知识，因此也代表了K自己的不可能性，代表了土地测量的失败或者进攻边界和写作新卡巴拉的失败。

克拉姆被威廉·埃姆里克称作性欲中的人际因素，这在我看来就跟

把克拉姆判定为巨匠造物主、一群诺斯替魔鬼的首领一样，都是一种微妙的错误。像马丁·格林伯格[①]那样，把克拉姆称作性欲中的非人化因素，即内驱力，可能更为准确，不过即便是这种判识也很难得到卡夫卡文本的支持。正如我们所料，克拉姆应该更接近内驱力的否定性方面，接近它对无意识产生虚无影响的那种混乱无序。弗洛伊德在其死后出版的《精神分析纲要》(1940)中说内驱力“代表了对精神生活的肉体要求”。这一描述接近克拉姆，但也只是当你将死神萨那托斯置于爱神厄洛斯之上，将死的欲望置于性欲之上时才如此。埃姆里克有点缺乏幽默感，他甚至将克拉姆等同于厄洛斯，这实在是给了我们一个怪异的厄洛斯：

> 那么相应地，克拉姆既是存在于爱的内部，赋予幸福和极乐的“力量”，也是把恋人们带至一起的“力量”。K试图与此力量相接触，感受它与爱的近似性，这种近似性大到足够耳语交流的程度；但他必须通过属于他自己的精神—智性表达来“展示”这种交流并接触此力量；这意味着，作为一种独立的精神—智性存在，他必须正眼面对此力量；他必须向此超人力量“展示”他自己的理解力，“展示”他自己同它的关系，一种当下只有他“知道”的关系；这意味着，他
> 288 必须也让这种关系为该力量所明了。

埃姆里克似乎是将这一关系状态建立在K和弗丽达之间的情事之上，众所周知，这场情事始于酒吧间肮脏的地板上：

> 幸好弗丽达不久就来了，她没有提到K，只是一个劲地骂那些农民。她在设法找K，后来走到吧台后面。那里K可以碰到她的脚了，从此时起他感到安全了。弗丽达虽然没有提起K，后来老板自己终于提出来了。“土地测量员在哪里？”他问。他这个人本来就比较客气，由于经常跟地位比他高得多的人比较自由地交往，因而更显得教养有素。但他同弗丽达说话时语调显得特别尊敬，由于他说话时仍旧没有放下雇主在雇员，在一个相当轻佻的雇员面前的身

① 马丁·格林伯格(Martin Greenberg，1918—2013)，美国出版商。

> 份，所以他那种语调就尤为明显。“我完全把土地测量员给忘了”，弗丽达一边说，一边把自己的小脚放在K的胸脯上；“他大概早就走了吧。”——“但是我并没有看见他，”老板说，“他几乎一直是待在过道里的。”——“这里可没有他”，弗丽达冷冷地说。“他也许躲起来了，”老板说，“根据我对他的印象，有些事他是做得出的。”——“这么大的胆量他大概还不至于有吧。”弗丽达说，并更使劲地把脚压在K身上。她有种快乐开朗、随心所欲的天性，K先前一点都没有发现。她还完全令人难以置信地来了个先发制人，突然笑着说：“也许他躲在这地下吧。”说着她朝K弯下腰，匆匆吻了他，接着又跳起来，扫兴地说：“没有，他不在这儿。”但是老板也觉得很奇怪，他说：“不确切弄清楚他真的走了没有，我心里总觉得不是个味儿。这不仅关系到克拉姆老爷，也关系到规章制度问题。规章制度您我都得要遵守，弗丽达小姐。这酒吧间就由您负责，我再到别的屋里去查一查。晚安！祝您睡个好觉！”他还没有走出酒吧间，弗丽达就把电灯关了，钻到吧台下面，到K身边去了。“我亲爱的！我的心肝宝贝！”她悄悄地说，但并没有碰K，好像爱得晕倒了似的，伸开胳膊仰面躺着；面对幸福的爱情，时间像是无穷无尽的，她唱起一支小曲，但又更像是在叹息。因为K还在默默地沉思，她倒吓了一跳，接着便像小孩似的硬拉着他：“来吧，这下面把人都憋死了！”他们互相拥抱在一起，她的娇体在K的手里灼燃，他们滚在一起，失去了理智。K不停
> 地想要摆脱这种状态，但毫无办法。他们在地上滚了几滚，砰的一声 289
> 撞上了克拉姆的房门，随后他们躺在了洒落在地上的一小摊啤酒里和粘在地板上的脏东西上。[①]

“砰的一声撞上了克拉姆的房门”，这是卡夫卡对成功交媾做出的极其酸腐的转义，但这并不能把克拉姆变成仁慈的厄洛斯，他的信徒躺在“洒落在地上的一小摊啤酒里和粘在地板上的脏东西上”。我们会想起诺斯替教信徒中的那些淫荡者，不论是古时的还是现代的，他们试图**通过**犯罪获得救赎这种方法来拯救向上的火花。弗丽达是克拉姆忠诚的弟子

① 本书中*The Castle*的译文出自卡夫卡著，韩耀成译：《城堡》，北京，中国文联出版社，2009年。

和曾经的情妇，她告诉K她相信“我们在吧台下的聚首大概是他的杰作，是他的精心安排；我们应该祝福，而不是诅咒那个时刻”。埃姆里克完全信任弗丽达，这对诠释者来说是一种危险的做法。K无疑也不顾一切地相信弗丽达，但正如海勒所言，“K完全是为了克拉姆的缘故才爱弗丽达——如果他真的爱她的话”。K尽管具有渴望自由的冲动，却在有关克拉姆本性的问题上受到欺骗是可以理解的，不过我并不认为卡夫卡受到了欺骗或者希望被骗。如果克拉姆必须被验明正身，那么他应该代表交媾中某种沉默的、被禁锢的和不可获得的东西，某种分享最终的否定性，即死亡冲动的东西。

在卡夫卡最优秀的故事、寓言和作品片段当中，《城堡》是否享有最高的美学成就，这完全可以有争议，但若要研究卡夫卡的否定性，研究他那隐蔽的、具有颠覆性的新卡巴拉的话，那么《城堡》就是最好的文本。它依然作为20世纪最费解的重要小说继续存在，我们也明白为何卡夫卡自己会认为它是一个失败。然而所有的卡巴拉——包括旧的和新的——在它们的传播范围超出少数人之后，都必然会失败。也许《城堡》的失败类似于佐哈尔[1]的失败，但也和佐哈尔一样，卡夫卡的《城堡》将一个时代接一个时代地继续失败下去。

《审判》

一般来说，“内疚”与其说是个犹太教范畴，不如说是个基督教范畴，即便约瑟夫·K的内疚主要在于对法律的无知上。我们无疑可以判定卡夫卡在《审判》中比他在通常情况下更接近弗洛伊德，因为弗洛伊德式的“内疚”也几乎与无知无异，不是对法律的无知，而是对现实原则的无知。弗洛伊德坚称，所有的权威，不论是共有的还是个人的，均在我们心中引起内疚，因为我们共同参与了对图腾父亲的谋杀。因此内疚是永远不可怀疑的，不过只是因为我们所有人或多或少都有病，全都被我们对文化的不适所困扰。弗洛伊德式的和卡夫卡式的内疚一样，都只有在否定的标记下，而不是作为情感为人所知。
290 约瑟夫·K并没有意识到自己有

① 佐哈尔（Zohar），犹太教卡巴拉密教文献，13世纪开始流传于世，不单指一本书，而是一类书籍，普遍被认为是卡巴拉犹太神秘主义最重要的文献。

何错处，但是因为弗洛伊德式的人怀有摧毁权威或父亲的欲望，即便约瑟夫·K也有自己未实现的愿望，即反抗法律的意象。

约瑟夫·K经历的过程是无望的，因为法律本质上是一种封闭的卡巴拉；遭到指控的人无法看到法律之书。如果传统的探寻者在风景中忍受煎熬，那么约瑟夫·K的煎熬就来自他遇到的几乎所有的事和所有的人。法律的代表及其阵营追随者们是如此令人作呕，乃至约瑟夫·K相比之下就显得很有同情心，但他本身其实是个可怜的家伙，他要是可以的话，本会像法律的守护者们一样卑劣。《审判》是一部非常令人不快的书，卡夫卡自己对它的评价或许比评论家们所阐释的任何东西都更为睿智。如果我们并非懒惰又恐惧，是否有某种过程来让我们经历？尼采认为隐喻的动机来自想要变得不同的欲望，想到别处去的欲望，但是卡夫卡感到我们的动机是渴望休息，哪怕只休息一会儿。世界就是我们的诺斯替教式的灾难创造物，产自我们因休憩而导致的内疚。然而这是创造物，而且可以是显而易见的美丽，正如遭到指控者在法律阵营追随者们的凝视下是美丽的。

厄恩斯特·帕维尔遵循犹太传统，认为法律就是语言，他把约瑟夫·K经历的过程称作“诠释”，我并不赞同。《审判》就同卡夫卡其他的作品一样，是一个寓言，并不是关于诠释的寓言，而是关于诠释之必然失败的寓言。我推测法律并非全是语言，因为《审判》的语言所具有的反讽性足够说明它和法律完全无关。如果《审判》有一个中心的话，它就在于卡夫卡认为值得出版的东西：那个著名的寓言《在法院门口》。约瑟夫·K和讲述这个寓言的监狱教士之间就此寓言进行的对话异常出色，但没有寓言本身那么关键：

> 法院门口站着一个值班的门警。一个乡下人来到这个门警跟前，要求让他进去。可是，那个门警说，他不能马上放他进去。那个人想了一想之后，就问，那么，以后是不是可以让他进去。“可以的，”那个门警答道，“但是此刻不行。”法院的门像平时那样开着，而且那个门警又走到另一边去了，那个人便探头往门里头望了一下。门警见了，笑着说：“如果你竟那么想进去，那就不妨未经我的许可进去一下吧。不过你得注意，我是有权力的。我只是一个最低级的门警。每一进屋子的门口都有门警，而且一个比一个权力大。甚至连第三 291

道门的门警是怎么一副模样，我都不敢望一望呢。”这个乡下人料不到会碰上这许多困难，照他想来，法院嘛，应该是每个人随时都可以进去的，当时他又更仔细地看看那个门警，但见其身穿皮袍，一只鼻子又大又尖，一部又长又稀的鞑靼胡子，他便打定主意还是等他允许了再进去。门警便给了他一只小凳子，让他坐在门边。他就坐在那里，长年累月地等下去。他做了许多次尝试，想使门警让他进去，死乞白赖地搞得那个门警也厌倦了。门警常常跟他聊上几句，问问他家里的情况和其他一些事情，可是，说到后来，总是说还不能让他进去。那个人这趟出门本来随身带着许多东西，他把所有的东西都送掉了，不管是多贵重的东西，希望贿赂那个门警。门警一切都收下了，不过，在收每一件礼物的时候，总是说：“我收下这件东西只是为了免得你觉得还有什么事情没有完成。”在这许多年中间，那个人简直是一直守着那个门警。他忘记了还有许多其他门警，总以为阻拦他进去的只是这个人。开头几年，他大声诅咒自己的命运不好；到得后来，因为他年纪老了，他就只能暗自嘀咕。他又变得返老还童了，因为他长年守在门口，甚至连门警那件皮袍领上的蚤子都认识了，他竟去求蚤子帮他来劝这个门警回心转意。最后，他的眼睛变得看不清楚了，他不知道究竟是他周围的人间真个变得黑下来了还是他的眼睛在捉弄他。可是，这时在黑暗里，他却能够看到一道永不熄灭的光芒从法院那扇门里射出来。如今他的生命已是快要结束了。在他死前，根据他在法院门口坐了那么久所得到的经验，他在自己心里总结了一个问题，这是他从来没有向那个门警提出过的问题。他用手招招那个门警，因为他僵硬的身体再也抬不起来了。门警不得不把身子弯得老低才能听到他说话，因为这两个人的身体大小不同，这就使得那个人十分吃亏。“你现在要问些什么？”门警问道，“你真是贪心。”“人人都拼命要到法院里去，”那人答道，“可是，这些年来
292 怎么只有我一个人跑来要求进去呢？”门警看到这个人筋疲力尽，听觉衰退，所以在他耳边大声吼道：“除了你，谁都不能进去，因为这门本来就是为你而开的。我现在要去把它关上了。”①

① 本书中*The Trial*的译文出自卡夫卡著，曹庸译：《审判：卡夫卡中短篇小说选》，上海，上海译文出版社，1986年。

他真的感觉到一道光芒吗？或者他的眼睛或许仍在捉弄他？被接受进入光芒之中是什么意思？我认为法律具有它在后来的那个寓言《我们法律的问题》中一样的地位，它不可能是托拉，或者犹太法律，但托拉作为对逐渐展开的否定性的一种积极类比，令人不安地在近前闪现。那么约瑟夫·K是又一只寒鸦，乌鸦世界里的又一只卡夫卡式的乌鸦，等待着不会显现的新托拉。这样的等待是否能够在一部小说中或者通过一部小说得到再现？没有人能断言《审判》作为一个整体比拆分开来更为宏大，《在法院门前》从小说的叙事外壳中喷薄而出。卡夫卡那可怕的伟大性在寓言中是绝对的，但在小说中有所动摇，小说是太过不纯的一个外壳，难以包容这样的一团火焰。

卡夫卡曾经写道，除了一个精神世界外，将不会有其他任何东西拒绝给我们希望，但给予我们确定性。所谓确定性，与其说光芒是确切存在的，不如说想要靠近光芒的所有途径均遭到那些卑劣官员的阻滞，那些官员如果说没有得到被当作光芒的东西的鼓励，至少也是获得它的许可的。这并不自相矛盾，正如讲述《在法院门前》那个神父所宣布的卡夫卡式原则并不自相矛盾一样：精确诠释和误读彼此并不能完全排斥。卡夫卡在《审判》中以及其他地方的美学冲动（可能存在这种冲动吗？）在于为了创造一种必然性而写作，但也是为了让诠释变得不可能，而不仅仅是变得困难而写作。

卡夫卡永远位于后正统时代的犹太困境的中心，这种中心地位在《审判》中获得了它的多个纪念碑中的一个。格肖姆·肖勒姆在卡夫卡身上不仅发现了摩西·考德威罗[①]的诺斯替卡巴拉的真正后继者，而且为我们的时代发现了代表更古老的辉煌，代表希伯来启示的破碎光芒的核心人物。也许肖勒姆是对的，因为没有其他的现代犹太作家给我们留下如此强烈的印象，以致我们身处肖勒姆所说“正典的强光，具有摧毁性力量的完美性的强光”之下。 293

① 摩西·考德威罗（Moses Cordovero，1522—1570），犹太拉比，卡巴拉发展历史过程中的一个核心人物。

D. H. 劳伦斯
（1885—1930）

劳伦斯并不是一个登徒子，他和弥尔顿、雪莱、勃朗宁、哈代一样，都具有激进的新教情感，而这几个人哪一个都不受艾略特的喜爱。说劳伦斯比弥尔顿更具清教徒的特点，这不过是说出了如今已经显而易见的事实而已。劳伦斯和弥尔顿的共同之处在于对未曾堕落的人类性欲的强烈推崇。他和布莱克的共同点则在于他们都认为触觉，即性感觉本身是所有感官中堕落程度最低的一个，言下之意便是，救赎基本上是一种性过程。据劳伦斯所言，弗洛伊德和他几无或者毫无共同之处，这就解释了劳伦斯针对弗洛伊德的那篇信息不全但却强劲有力的辩论文章：

> 这就是精神分析学的道德困境。分析家试图通过清除神经机能症的病因，来探求神经质的人性。他发现神经机能症的病因在于某种不被承认的性欲。在讨论了正常性欲遭受的抑制后，最终他意识到，在每个神经机能症的根源处都存在着某种乱伦渴望，而这种乱伦渴望并**不是抑制和正常的性渴望的结果**。现在看到两难处境了吧——很可怕的两难处境。如果乱伦渴望不是对正常欲望进行任何抑制的结果，如果它的确存在并拒绝在任何批评面前让步，那该怎么办？除了承认它是正常的性欲展露的一部分外，还能怎么办？
>
> 这里有分析学完全愿意面对的一个问题。分析家们自己必须承认乱伦渴望是人类正常性欲的一部分，正常，但却因道德和生物方
> 294 面的担忧而遭到压制。然而，一旦你接受乱伦渴望作为人类正常性欲这一事实，你就必须清除对乱伦本身的任何抑制。事实上，你必须承认乱伦甚至是种义务，正如你现在承认两性婚姻是种义务一样。因为最终证明神经机能症并不是对所谓**正常性欲**的抑制，而是对乱伦渴望的抑制。任何抑制都必然是错误的，因为它最终不可避免会

> 造成神经机能症和精神错乱。因此,对乱伦渴望的抑制是错误的,而这一错误是导致几乎所有现代神经机能症和精神错乱的根源。

相信弗洛伊德认为"任何抑制都必然是错误的",这真是令人无法容忍。菲利普·瑞夫为劳伦斯的这一怪异指控进行了巧妙辩护,他说:"作为一个概念,乱伦禁忌和任何其他弗洛伊德式的假设一样,代表着对掌控家庭内部性欲关系的那些错误标准的一种科学投射。"劳伦斯肯定意识到了这一点,但却选择误解弗洛伊德,其原因与他选择误解沃尔特·惠特曼是一样的。惠特曼在劳伦斯身上激发了在态度和形式方面对于影响感到的焦虑。弗洛伊德也是一个地道的先驱,他对劳伦斯在治疗方式上的独创性产生了威胁。劳伦斯对于内驱力或意志的看法和弗洛伊德的一样,都脱胎于叔本华和尼采。劳伦斯从19世纪晚期唯物主义思想中汲取了相当多的激励因素,这又和弗洛伊德相类似。我们很容易忘记,像劳伦斯这样一个如此浮夸的神话制造者同样也是一个带有简化论者色彩的去理想主义者,但我们并未发现弗洛伊德是个伟大的神话制造者,这只是因为我们倾向于相信弗洛伊德制造的神话。我年轻时认识许多年轻的女人和男人,他们相信劳伦斯制造的神话,但后来都不再那么坚定,而在当今的年轻人当中,我再也没有遇到过劳伦斯的信徒。

《儿子与情人》

劳伦斯的《儿子与情人》(1913)是他的第三部小说。该书在1910年动笔,当时名为《保罗·莫莱尔》,在某种意义上是爱德华·加内特[①]完成了该书,因为他大刀阔斧地删减了最后一稿。书名从《保罗·莫莱尔》变为《儿子与情人》,这可能是劳伦斯在向弗洛伊德示意,而弗丽达·威克利则起到了中介作用。劳伦斯1912年春天和弗丽达私奔,在她的早期影响下完成了这部小说。劳伦斯后来在两部有关无意识的奇怪著作中试图摆脱弗洛伊德的影响,但《儿子与情人》却太适宜弗洛伊德式的简化分析了,以至于对它进行弗洛伊德式的解读都显得相当无趣。

---

① 爱德华·加内特(Edward Garnett, 1868—1937),英国作家、评论家和文学编辑,劳伦斯的《儿子与情人》能够出版,很大程度上归功于他。

虽然《儿子与情人》很明显是《虹》和《恋爱中的女人》的作者的作
295 品，它却包含有许多托马斯·哈代小说的特点，而几乎不具备成熟期的劳伦斯作品与《白鲸》、《呼啸山庄》和少数几部其他小说共有的那种幻象式激情。重读《儿子与情人》是一种抑郁的、令人印象深刻的经历，不过在审美意义上感觉相当复杂。很难说清楚我们是否读的不是一部小说式自传，而是一部自传式小说。它的美学难题在于读者该如何接受劳伦斯把保罗·莫莱尔作为自己的自画像。如果读者单纯地认为作者和男主人公之间完全对等的话，那么阅读经历必然会因格特鲁德·莫莱尔和小说家的母亲丽迪亚·劳伦斯之间的对等，以及小说通过沃尔特·莫莱尔对阿瑟·劳伦斯的戏仿而变得令人烦恼。而更麻烦的是小说家的初恋杰西·钱伯斯和米雪儿之间的对等。当读者读过杰西·钱伯斯所写的《D. H. 劳伦斯：私人记录》，并研究过诸如奈尔斯、摩尔和萨迦所写的那些标准劳伦斯传记后，就很难弄清楚以小说作为劳伦斯这个故事的体裁是否恰当了。米雪儿和沃尔特·莫莱尔在《儿子与情人》中似乎被滥用，而保罗·莫莱尔则似乎对母亲是扭曲他的性心理发展的罪魁祸首这一事实视而不见。

好奇的读者或者研究劳伦斯的学生会在奈尔斯的综合性传记中找出合适的材料，但我怀疑《儿子与情人》是否能通过这样一种对私人文本的扩充而在美学上有所收益。路易斯·L. 马尔兹认为，对文本的细读表明小说将米雪儿描写成承担着强化生命的功能，而把格特鲁德·莫莱尔描写成一种压制的媒介。然而，该书真正的叙述声音造成的印象却更接近保罗·莫莱尔自己的印象，他最终离开了米雪儿，然后勇敢地面对一种失去母亲的崇高。在此崇高中，他没有落脚之地：

> 在她表姐家门口，他和她握手告别。当他转身离开时，他觉得自己的最后一个立足点也消失了。坐在汽车上，他看到城区一直延伸到铁路侧线上的车站，在那里形成一片迷蒙的灯海。出了城市，便是乡村，其中那星星点点冒烟的小地方孕育着更多的城市。再往前去，大海……黑夜……无穷无尽！而他竟没有落脚之地！不管他身在何处，总是孤孤零零。这无尽的空间从他的胸口，从他的口中，不断跳将出来，落在他的身后，落得到处都是。大街上来往匆匆的行人填补不上他的空虚感。他们不过是能发出脚步声和话音的小小的影

子，每个人的内心都是同样的黑夜，同样的岑寂。他下了车。乡下，也到处是死一般的寂静。高天上，闪耀着繁星点点；洪水中，点点繁星绵延铺开，倒映着苍穹。浩瀚的黑夜伸出它无孔不入的、恐怖的巨 296
掌，将万事万物收拢在它的寂静中，收拢在它活生生的幽暗中；只有白天向它发起短暂的挑战：吵醒它，搅动它；但是，它总是回来作祟，并将最终成为永恒的主宰。那里没有时间，只有空间。谁能说他母亲曾经活过，如今不在了？她曾经待在一个地方，如今换了一个地方；仅此而已。无论母亲在哪里，他的灵魂都不会离开她。如今她离开了上界，进入了冥冥黑夜，此刻他仍然和她在一起。母和子没有分开。但是，他却有靠在木头栅栏上的身体，他的胸膛，还有抓住木棍的双手。这些似乎是实实在在的东西。他在哪里呢？——一小块站立着的血肉而已，比撒在地里的一根麦穗还渺小。他无法忍受这一点。无边的黑暗似乎从四面八方寂静无声地压迫着他，仿佛要把他这一星星火光捻灭；然而，他已经小得不能再小了，无法消灭。夜，吞万物于无形的夜，还在向远处延伸，超越了星辰和太阳。星星和太阳不过是几颗明亮的小颗粒，惊恐地飞快打转，挤做一团，在超越一切的黑暗中显得微不足道而且畏畏缩缩。在一派虚无之中，太多的事物，包括他自己，虽然简直微乎其微，却不可以忽略不计。

"母亲！"他轻轻呼唤着，"母亲！"

在这大千世界里，唯有母亲支撑着他，使他保持着自己。而她已经不在了，融入了冥冥之中。他需要她的爱抚，想要母亲把他带在身边。

这可不行！他决不能轻言放弃！他蓦地转过身，向闪烁着金色之光的城市走去。他的双拳紧握着，嘴紧抿着：再也不能走那条路，再也不要追随母亲而走向黑暗。他向着隐约发出喧闹声的、灯火通明的城市，大步走去。[1]

在读完《儿子与情人》这个结尾后，我们会明白沃尔特·惠特曼为何会对劳伦斯后期的诗歌产生如此强大的影响，因为哀伤的惠特曼认同黑

① 本书中*Sons and Lovers*的译文均出自D. H. 劳伦斯著，季益水译：《儿子与情人》，合肥，安徽文艺出版社，2005年。

夜、死亡、母亲和大海，而上面引文描写的交融场景里只缺少了大海。《儿子与情人》中再没有什么地方能及得上结尾处这一幻象所具有的感染力，这个幻象的确预示了《虹》和《恋爱中的女人》中更充分的和谐与冲突。

《儿子与情人》除了作为生硬的自传而具有的令人烦恼的特点外，最主要的缺陷在于保罗·莫莱尔似乎并不总是充满活力或者同情心，以致难以维持我们的兴趣。我们时不时感到读的似乎是《作为道学家的青
297 年艺术家画像》，而且我们想要恭喜米雪儿她最终没有和男主人公在一起。不过，这部小说尽管情节单调，却具有强大的叙述力量，人们称赞它是对英国工人阶级生活无与伦比的描述，的确实至名归。不过劳伦斯讲述的关于自己出身的故事所具有的真诚性或真实性与其说是《儿子与情人》的一个美学优点，不如说是一个社会性优点。从美学上拯救该书的是一系列段落和事件，它们预示着朝向《虹》和《恋爱中的女人》所营造的那种崇高的大规模偏移。小说的结尾段落就是其中之一；此外还包括那些傻气时刻，诸如保罗和米雪儿轮流荡秋千的片段，以及保罗和巴克斯特·道斯（他是小说中最可信的人物，这真是怪异）打的那一架。这些是所谓的劳伦斯的顿悟所具有的早期形式，顿悟即基本力量突破存在表面的时刻。劳伦斯在《儿子与情人》中几乎不知道该怎么处理这些时刻；它们不像《恋爱中的女人》中那些时刻那样回响着巨大的潜在可能性，例如伯金用石块砸水中月亮的倒影，或者伯金和杰拉尔德的摔跤比赛等。不过，《儿子与情人》中这些模糊的顿悟瞬间也具有价值，因为它们为一种伟大艺术的碎片进行了操练准备，劳伦斯将那些碎片如此慷慨地撒播在他的作品之中。

《虹》与《恋爱中的女人》

劳伦斯最伟大的成就是他的两部长篇小说《虹》（1915）和《恋爱中的女人》（1920）。这两部小说和他的短篇故事以及最好的诗歌一起，代表了他绝对不朽的文学地位，尽管这一地位目前因多数女性主义批评的致命攻击而有所失色。

我记得多年之前曾写道，“在男人和女人之间无休止的战争中，劳伦斯两边作战”。《恋爱中的女人》第23章“远足”就是一个显著的例子：

“我妒忌，我……妒忌！如果你这样想的话，你就错了。我一点儿也不妒忌赫米恩，对我来说她算不了什么，所以我压根儿不妒忌她！”厄秀拉打了一下响指，“不，你自己是撒谎者，是你自己要回到她那儿去，就像一只狗要回到它呕吐的东西那儿去。赫米恩代表的是我所恨的东西，我恨死了。我恨她代表的谎言、虚假、死亡。可是你却要它们，你情不自禁地要它们。既然你属于那陈旧的、垂死的生活方式，那你就回去吧，但是不要再到我这里来了，因为我和那种生活方式无缘。”

在强烈的感情的重负下，她走下车，来到树篱旁，下意识地摘着
粉红色的锭子莓，有些已经绽开了，露出桔色的籽。 298

“啊，你真是蠢货！”他痛苦地叫喊，对她带着鄙视。

“是，我是，我是蠢货，感谢上帝成全了我。我太蠢了，理解不了你的聪明才智。天哪！到你的女人那儿去吧，去找她们呀，她们和你是一丘之貉，在你后面总会拖着一长串那种女人。你会去找她们的。到你的精神娘子们那儿去吧，不要再来找我，我可没有她们那些东西，谢谢你啰。你不满足，对吧？你的精神娘子们不能给你所需要的东西，她们不够实在和肉感，是吧？所以你才来找我，而把她们扔在幕后。你想娶我，是要满足你日常的需要。可是，躲在幕后的那些精神娘子们向你提供精神，你就可以保持你的门面。我了解你这种肮脏的小把戏。”突然一股怒焰在她体内掠过，她疯狂地用脚跺着路面。他退缩了，害怕她会揍他。“哼，我不能超凡脱俗吧，我不如赫米恩那样讲精神吧！”她蹙着眉，眼睛像老虎般地发光。“那么去她那儿吧，这就是我所要说的，去她那儿吧，去呀。哈，她讲精神。她！她是一个肮脏的功利主义者。她还讲什么精神！她所关心的是什么？她有什么超尘脱俗的地方？什么地方呢？”她的愤怒似乎要燃烧起来了，要焚毁他的脸，他有点畏缩了。“我告诉你，那是脏东西，脏东西，百分之百的脏东西！你需要的、渴望的就是脏东西，什么精神？她是威吓、自满、卑鄙的功利主义者。那是精神吗？她是泼妇，一个骂街婆，十足的功利主义者。她用那种被你称作社会激情的东西，最终要干什么呢？社会激情，她有什么样的社会激情呢？让我看看呀！它在哪里？她要的是卑微的和现时的权力，要的是一种幻觉，认为自己是个了不起的女人，这就是她所要的。在她的灵魂深处，她什

> 么也不信，和尘土一样的俗气。归根结底，她就是那样一种人。其他的一切都是伪装，可是你却喜欢这伪装，喜欢虚假的精神主义，因为她是你的食粮。为什么呢？因为她有那肮脏的下身，你是否以为我不了解你和她性生活的肮脏吗？可我了解，你要的就是那肮脏。你这骗子。你去要吧，要吧！你是个真正的骗子。”
>
> 她转过身去，两手痉挛地从树篱上扯下锭子莓的嫩枝，用颤抖的手指将它们按在上衣的前襟上。
>
> 他站在那儿无言地望着，看到她那敏感而颤动的手指，他的心底涌起一股柔情，同时又充斥着愤怒和漠视。[①]

299 《恋爱中的女人》对这对恋人的矛盾情感的描写令人难以忘怀，反映了劳伦斯和弗丽达风波不断的婚姻，以及他自己遭到压制的双性恋倾向。不过这部分描写在美学上也具有重要意义，因为厄秀拉拉扯锭子莓的精彩细节既实实在在，又包含隐喻色彩，有血有肉，充满了生命活力。劳伦斯从夏洛蒂·勃朗特和托马斯·哈代那里继承了那种稀有的天赋，能够带着完全的同情心和真正的认同感去描写女人的愤怒。伯金是对先知式的劳伦斯的刻意戏仿，对于性爱他既极度推崇，又犹疑退缩，如此一来，厄秀拉的愤怒就是精准无误的。

在莎士比亚和托尔斯泰之后，再没有作家比劳伦斯更生动地表达过男性对女性在自然性爱中的优势所持有的矛盾态度，这种态度一直普遍存在。劳伦斯作品中一个有力的例子就在《虹》接近结尾处，即厄秀拉和斯克列本斯基离别前的做爱情节：

> 接着，在闪烁的强光下，她搂住了他，结结实实地搂住了他，仿佛她身上突然爆发出一股摧毁力。她双臂环抱着他，紧紧地抱住他，一边将嘴凑近他，给了他一个撕心裂肺、越发有力的热吻，直到他的身体在她的紧抱中瘫软下来。他的心因她这凶猛、啄人、女妖般的热吻化成一片恐惧。海水再次冲刷着他们的脚，但她却毫不知觉。她似乎已失去知觉，只顾用自己尖利的嘴一个劲地抵住他的嘴，恨不得

① 本书中 *Women in Love* 的译文均出自 D. H. 劳伦斯著，袁铮、黄勇民、梁怡成译：《恋爱中的女人》，哈尔滨，北方文艺出版社，1987 年。

> 把他的心都吸出来。最后,她往后退了几步,注视着他——久久地注视着他。他明白她的愿望。他手挽着她,带她跨过海滩来到沙丘中间。她默默相随着。他觉得自己正面临一场生死攸关的严峻考验。他带着她一直来到一处幽暗的凹陷处。
>
> "不,到这儿来!"她说着,走到外面洒满月光的斜坡边。她躺下了一动不动,睁大的眼睛凝视着一轮皓亮。他长驱直入,径直和她交欢在一处。她抱住他,将他的胸膛紧紧地贴着自己,力量之猛真是可怕至极。这场颠鸾倒凤的扭动、挣扎,令人感到心怵。它延续了那么长时间,直至他神脑痛裂、全身松塌,仿佛像死了一般才告结束。他静然不动地躺着,脸一半埋在她的头发里,一半埋在沙土里,无声无息。好似他将永远这么静静地躺着,永远隐藏在这黑暗之中,永远被这样掩埋着。他只企求掩埋在这黑暗的良辰美景之中,仅此就满足了,别无他求。
>
> 他好像昏厥了一般,很久才苏醒过来。他感觉到她的胸膛在异样地颤动。他抬起头,看到她的脸在月光照耀下宛如一具塑像,眼睛睁得大大的,直勾勾地凝视着。然而,慢慢地一颗泪珠滚出了她的眼
> 睑,顺着面颊滚落下去,在月光下灼灼生辉。 300
>
> 他觉得好似有一把刀子插进了自己亦已死去的身体。他硬撑着把头抬起来,端详着,感到益发紧张,足足有好几分钟。他端详着她那凝重、茫然的双眼。只见泪水在她的眼眶里慢慢地盈蓄,随着映辉的月光晃动着,越聚越多,最后溢出眼眶滚落下来,溶进了月光,一滴泪珠落入黑暗,渗入沙土。[①]

劳伦斯在那首伟大的诗歌《乌龟的叫喊》中概括了斯克列本斯基这种"狂喜的苦涩"中的真知[②]:

> 为何我们要忍受性的折磨?
> 为何我们不能保持圆满,独自结束?

---

① 本书中*The Rainbow*的译文均出自D. H. 劳伦斯著,李建、陈龙根等译:《虹》,成都,四川文艺出版社,1994年。

② 诺斯替教用语"诺斯"(gnosis),即"真知"。

就像我们的开端，
就像他的开端，定是完美地孤独？

劳伦斯作为先知式小说家所具有的独一无二的力量现在开始甚至令他的崇拜者们也有点不安了。在他后期的小说，例如《袋鼠》(1923) 和《羽蛇》(1926) 以及《查泰莱夫人的情人》(1928) 中，文学艺术家被先知所压倒，劳伦斯挫伤了叙事的限制，令人很难在重读他的作品时保持专心致志。但在《虹》和《恋爱中的女人》中，我们信任小说讲述的故事，而非
301 它们的讲述者。

辛克莱·刘易斯
（1885—1951）

《阿罗史密斯》与《巴比特》

我们不能说，辛克莱·刘易斯在离世三十五年之后，已被遗忘或忽视，但他的声名显然已经大不如前。《阿罗史密斯》（1925）仍然拥有广泛的读者，青年读者尤其多，但《大街》（1920）和《巴比特》（1922）似乎只有书名为大众熟知，而《埃尔默·甘特利》（1926）和《多兹沃思》（1929）被人记住的是其电影版本。重读《大街》和《埃尔默·甘特利》令我感到失望，但《巴比特》和《多兹沃思》都是优秀的小说，值得拥有比现在更多的读者。我这一代及更年轻一代的美国文学评论家对刘易斯几乎毫无兴趣，如此一来，他的文学声名会持续下降。

刘易斯与约翰·斯坦贝克一样，都是诺贝尔文学奖得主，但这是他们唯一的共同点，如今，刘易斯的声望已经被福克纳、海明威、菲茨杰拉德超过，甚至不如凯瑟和德莱塞等年岁稍长的同时代作家。刘易斯崇敬狄更斯，但他的文学成就能与狄更斯或巴尔扎克相提并论的批判现实主义时代早已远去。哈姆林·加兰是真正意义上的前辈，与刘易斯的可比性必定强过狄更斯或巴尔扎克。估计波德莱尔会这么说：如果巴尔扎克作品中的每一个清洁工都是天才，那么刘易斯作品中的每一个天才差不多都是清洁工。刘易斯其实是一个长着摄影眼的讽刺作家，既不是叙事大师，也不是人物刻画大师。奇怪的是，他的讽刺手法在根子上是柔情款款的（对巴比特非常有爱），故而在当代美国不占优势，毕竟现实世界常常罄竹
难书，文学讽刺绝对应付不来。 302

《巴比特》和令人刮目相看的《多兹沃思》具备一些引人入胜的品质，除此之外，刘易斯的作品也有历史价值，但他在文学史上能够幸存下来，很有可能是因为《阿罗史密斯》，一部最没有刘易斯的创作特色、最理

想主义的长篇小说。《阿罗史密斯》宣讲的是道德，主人公是一个从事医学研究的科学家，这本书散发出来的神秘力量足以将一个年青人推上理想主义之路。评论家在《阿罗史密斯》里读到了刘易斯版的爱默生和梭罗式理想主义，基调偏低，毕竟刘易斯没有超验的向往。从爱默生到惠特曼和梭罗，美国文学的本土风格也延续到了《阿罗史密斯》，从而在一定程度上使得这部小说与美国神话继续发生关联。

* * *

不出所料，H. L. 门肯基于意识形态的因素而非常欣赏《阿罗史密斯》，但他也发现了主人公身上的缺憾，以及极为出彩的坏人皮克博这个人物的美学价值：

> 皮克博无处不在，几乎每一个美国城镇都有皮克博。他是一个江湖医生，像上演闹剧一般一门心思扑在麻疹、水痘和百日咳上；他是“健康周”活动的组织者，是基瓦尼俱乐部疾病预防标语的作者；他是大清扫运动的主角；他是新闻记者、基督教青年会秘书以及郊区教堂牧师眼中十全十美的科学典范。他向美国小说家们抛媚眼已有数年，而刘易斯和德克吕夫最先看到了他，向他打招呼。这两位作家几乎把他塑造成了史诗般的人物。他是《阿罗史密斯》中的巴比特，比阿罗史密斯本人更有魅力，更真实。阿罗史密斯这个人物的塑造在一个重要的方面不够成功：他不典型，他不是一个标准的美国人。我敢说，他与追求“务实”结果的人作斗争，许多读者一路读过来，一定会真诚地喜欢后者。毕竟典型的美国人不会崇尚道义胜过荣誉；任何人一旦有这种愚蠢的追求，就别指望成为美国总统。皮克博不会像阿罗史密斯那样，招致读者抬眉表示惊讶。他会像巴比特那样，立即被读者接受和单纯地欣赏。我猜测在六个星期内，美国每一个卫生部门官员就会接到来信，被指控为皮克博。这就是自然对艺术的模仿。

门肯的反讽已经被时光暴露无遗；阿罗史密斯的确不是一个典型的
303 美国人，不是一个标准的美国人，不是一个令人信服的人物再现。《阿罗史密斯》中没有任何一个人物是令人信服的对现实的模仿；这谈不上是刘易斯的强项，他的强项是夸张讽刺的手法。《阿罗史密斯》更应该是一部讽刺作品，而不是长篇小说，很可惜它的主人公是辛克莱·刘易斯的理想化自我形象。对科学的理想化再现，对阿罗史密斯及其导师格特利布的理想化再现，是这部作品过时的最大原因。我第一次阅读此书，是在1945年，当时我是布朗克斯科技高中的学生，那是一所令人发指的高中，学术标准最高，也最狭隘。作为一个非科学家，我发现自己被一群怀有敌意、咄咄逼人的同学包围，他们中的大多数已经成了医学、物理和相关学科领域里成功的巴比特。《阿罗史密斯》很无知地把科学吹捧为纯粹的追求真理，但那所高中把此书奉为“圣经”，所以我压抑着内心的厌恶读完了。如今重读，我的第一反应是夹带疑惑的喜欢，但我怀疑我这种态度的美学基础。

虽然令人遗憾的是《阿罗史密斯》已经过时，但这部作品如此特立独行，不能被断定为一部时代性作品。这是一部浪漫传奇，带着寓言的特点，不过这是一部拘泥于文字的浪漫传奇，可以说是一部关于科学的浪漫传奇，而不是一部科幻小说。主人公遭受众多打击，却没有增长多少人生阅历；他只是变得越来越唐突，越来越固执，一旦婚姻、机构或其他社会形式开始威胁到他对科学研究的纯粹追求，他便会选择去或留。在这部浪漫传奇田园牧歌般的结尾，阿罗史密斯退隐树林，变成了梭罗，探寻奎宁衍生物发生化学作用的确切机制。浪漫传奇倚赖作者的全心投入和文笔练达这两者的奇妙结合，然而辛克莱·刘易斯不是埃德蒙·斯宾塞[①]：

> 他的数学和物理化学知识同特里的一样扎实；对名利和过眼浮华，他同特里一样看得很淡泊；他对工作也和特里一样狂热；他在设计新设备上表现出的聪明才智，至少可以与特里不相上下；而他的想象力却远较特里敏捷。他没有特里那么从容自若，但具有更多的激情。他提出的一个个假设，就如同迸发出的火花一样。将信将疑地，他开始理解他的自由的内涵了。他仍然还要确定噬菌体的基本

① 埃德蒙·斯宾塞（Edmund Spenser，1552—1599），英国诗人，用斯宾塞诗体写了一部寓言性质的浪漫传奇《仙后》（*The Faerie Queene*），为伊丽莎白一世歌功颂德。

> 性质；而且，随着他越来越坚强、自信——无疑地更不通人情——他也看到自己所面临的化学疗法和免疫方面，还有数不清的探索要进行，这些工作足以使他忙上几十年。
>
> 这年的春天仿佛是他平生所看到和所体验到的第一个春天。他学着往湖里跳水，尽管第一次跳进湖里也觉得寒彻肌骨。他们早
> 304 饭前钓鱼，晚饭就在橡树林下的一张桌子上吃。他们往往是一连步行二十英里。还有樫鸟和松鼠这些有趣的动物跟他们为邻作伴。有时，他们工作了一整夜，走出屋来就会看见，在沉睡的湖水那边正缓缓升起一片宁静的黎明曙光。
>
> 马丁感到阳光照透了全身，暖入肺腑，他嘴里老是哼着曲子。[①]

我认为以上的引文经不起任何评点。这是合格的浪漫传奇写作，属于“男孩自己的书”[②]这一类，但迫切需要美国修订版，如纳撒尼尔·韦斯特的《难圆发财梦》和《寂寞芳心小姐》。韦斯特笔下的施拉克应该可以说一声：“你感到阳光照透了全身，暖入肺腑，你嘴里老是哼着曲子”，从而借助回归自然和纯粹的科学研究，摒弃灵魂的拯救。

《阿罗史密斯》与《了不起的盖茨比》《美国悲剧》同一年出版，这不算是刘易斯的过失，但现在看来，倒是延续了他的坏运气。《巴比特》与《尤利西斯》同一年出版，《多兹沃思》撞上了《喧哗与骚动》。这些撞期都不公平，但文学中的竞争因素自古就有。如今《阿罗史密斯》在文学史上留名，是因为它是另一个失去的美国幻想的纪念碑，即纯科学的理想主义，或者说，追寻一个能够超越美国生存务实层面的真理。如今讽刺作家辛克莱·刘易斯被读者铭记，居然是因为这部理想主义的浪漫传奇，这真
305 是一个再合适不过的反讽。

① 译文出自辛克莱·刘易斯著，刘定坤、李可俭译：《阿罗史密斯》，南京，江苏人民出版社，1987年。这里略有改动。

② “男孩自己的书”(The Boy’s Own Book)，从19世纪中叶到20世纪中叶，英国和美国出版了一系列以“The Boy’s Own”命名的杂志、书、简报，目标读者为几岁到十几岁的男孩。

佐拉·尼尔·赫斯顿

（1891—1960）

《他们眼望上苍》

文学以外的因素进入典籍化的过程，可以追溯到希腊化时代的亚历山德里亚，并持续至艾略特和庞德的现代主义盛期。所以，如果当代女性作家和少数族裔作家的作品因美学以外的因素受到推崇，我们没有必要过于惊恐。现代主义盛期评论家休·肯纳认为小说家和辩论家温德姆·刘易斯[①]才情卓越，能够永垂青史，我们可以相信他，当然，除非我们读了《塔尔》(*Tarr*)和《希特勒》(*Hitler*)。阅读温德姆·刘易斯的作品是一个相当痛苦的过程，让我不禁怀疑肯纳把他归入经典作家的论断。但就佐拉·尼尔·赫斯顿而言，我的经历刚好相反，最初读到她的仰慕者写的论文时，我是非常怀疑的，如果作者是她的崇拜者，我就更不相信。阅读《他们眼望上苍》的过程驱散了我内心全部的质疑。《摩西：山之人》的风格和抱负令人印象深刻，但其成就好坏参半，原因在于没有解决措辞和修辞立场的问题。从根本上讲，赫斯顿创作了一部绝佳的、感人的长篇小说，虽非独一无二，但胜在鹤立鸡群，在同类故事中没有对手。

《他们眼望上苍》的开头充满惆怅，从语用的角度来讲，强调了女性而非男性承受的更大程度上的压抑；这里我所说的是弗洛伊德意义上的“压抑”，即无意识但有目的的遗忘：

> 如今，女人们会忘记她们不想记得的所有事情，也会记得她们不想忘记的所有事情。梦境便是真实。她们以此为出发点行事做人。 306

① 温德姆·刘易斯(Wyndham Lewis，1882—1957)，英国作家、画家、评论家，“漩涡主义”画派的创始人之一。

赫斯顿笔下的詹妮英勇无畏，力图在一如既往地憎恨和恐惧任何非男性意识的语境中，彰显自己的个性；如今，她必然已经成为女性的楷模，各个种族都不例外。从一个更大的角度来看，如果修改语境的话，詹妮这一女性形象将在英美小说史上此类女性形象的悠久传统中占据显著的一席之地。这一传统肇始于塞缪尔·理查逊，延续至多丽丝·莱辛及其同时代的作家，但他们很少塑造出像詹妮一样真正强大的女性形象，毕竟命运使然，詹妮在人生起点上一无所有。赫斯顿对于局限性的微妙理解有至关重要的一点：詹妮承受的最大限制来自她的姥姥，姥姥最爱她，也最替她操心。

姥姥曾是奴隶，故而她一心梦想着先让女儿、再让外孙女得到补偿，不再受制于黑人女性的惯常命运，变成“这个世界的骡子”。姥姥的梦想如此强大，如此单一，竟然逼得詹妮的妈妈离家出走，詹妮也遭受了两次惨痛的婚姻，第三次婚姻笑中带泪，她的故事按照赫斯顿的意愿到此结束。作为读者，我们带走的是詹妮从未失去多少的东西，即一种清晰生动的凄婉情绪，源自姥姥把自己的希望寄托在詹妮身上这一不顾一切却又非同一般的举动：

> “还有，詹妮，也许这不算什么，但我已经为你拼了老命。我省吃俭用，买下了这一小块土地，这样你就不用待在白人的院子里，到了学校也不会在同学面前耷拉着脑袋。如果你还小，那还好说。但现在你长大了，懂事了，我希望你看得起自己。我不希望别人对着你吐一脸，总是弄皱你的衣服。一想到白人男人、黑人男人把你当成痰盂，我就死不瞑目：你可怜可怜我吧。对我轻拿轻放，詹妮，我已经是一只裂了的盘子。”

* * *

即便在《他们眼望上苍》这部作品里，赫斯顿的修辞力度也往往过于明显，甚至有些过度；构成对比的是，她的叙事线索流于简单，这颇令人痛惜，而她笔下的人物除了詹妮和姥姥，其他也呈现出简单化的倾向。不过这种修辞过度产生了积极的效果，原因之一在于赫斯顿是一个通晓神
307 话、不容小觑的作家。《他们眼望上苍》的小说世界里，盘旋着摩西拯救以

色列人的神话，赫斯顿对革命加出走的模式重新想象，作为她首要的能力转义：

> 然而，世界上其他国家也有关于摩西的其他概念。在亚洲和近东地区，关于这个人物的传说比比皆是。数量如此之多，差异如此之大，以至于一些学生开始怀疑基督教定义的摩西是否真有其人。然后非洲对摩西也有说法。非洲大陆到处都有讲述摩西如何伟大的传说，不过不是因为他的胡子，而是因为他从西奈山带下来神的律法。不对，他之所以受到尊敬，是因为他有能力，上得了西奈山，带得下神的律法。很多男人都能爬山。任何人都能把递过来的律法带下山。但是谁能与上帝面对面交谈？谁又能要求上帝去一个山顶，在那里向他索要管理国家的律法？有其他男人对风和冰雹下过命令吗？还有光和黑暗？这一切需要能力，而这正是非洲人认为摩西值得崇拜的地方。因为他像神一样受到崇拜。

赫斯顿所说的能力总是意味着对生命力的需求，对更多生命力的需求。尽管性情不同，赫斯顿与德莱塞和劳伦斯颇为相似，他们都是英勇无比的活力论者。她的创作类似于他们的创作，都颂扬一种勃勃生机，这是美，一种很难达到的美，因为它参与现实检验。詹妮最强大的一点是一种坚持，一种按自己方式生存下去的驱动力，很像德莱塞笔下的嘉莉妹妹和劳伦斯笔下的厄秀拉和葛珍。尼采要求我们必须努力像活在黎明一样地生活，他的活力论号令正是赫斯顿所信奉宗教的隐含根基，这一宗教的美国表述（如梭罗所述）提醒我们，每一天能破晓，是因为我们能够感受到。劳伦斯无休止运用的太阳意象类似于赫斯顿使用的太阳轨迹的转义：太阳轨迹所处的宇宙中，“他们坐在家庭式旅馆的门廊上，看着太阳跳进了地球的一个缺口，夜晚也从同一缺口冒出来”；“每天清晨，世界猛地跳转身，把这座镇子展示给太阳”。

詹妮总是相信新的一天的可能性，这驱使她从姥姥设想的安全至上人生，跳进了乔·斯塔克斯的火坑，继而闯进了甜点心的爱的怀抱，后者才是她真正意义上的丈夫。但是以日出开启的生活方式实际上会迫不及待地奔向毁灭，因为与获得荣耀的可能性相比，与生命更加丰富的可能性

相比，单纯的活力，而不是姥姥逃离剥削的梦想，会遭到强烈反对。赫斯
308 顿笔下最有效的反讽是詹妮任由自己的性潜能驱策，竟然超越了姥姥的范畴，因为詹妮与甜点心的婚姻实际上也使得她从男人的束缚中得到解放。甜点心告诉詹妮一句最真实的话：她拥有通向神国的钥匙；从此，他给了詹妮自由，不用重复姥姥的人生。

基于一个更加辛辣的反讽，赫斯顿让甜点心染上重病，陷入疯狂，对詹妮施暴。詹妮的生存本能促使她出于自卫杀了甜点心，于是，又以可能迎来更大生机的名义，把生命与爱情推向必然的终结。《他们眼望上苍》的结尾既是一曲挽歌，又是一种对最终得以实现的平静的想象，也是一种强烈的领悟——我们的外在生命其实都处于沉睡之中：

> 那一天，开了枪，血淋淋的尸体，法院派人来了，房间里，每个角落、每把椅子、每样东西，都唱出了夹杂着啜泣的叹息；开始唱了，开始啜泣，开始叹息，唱着，呜咽着。甜点心来到她身边，围着她神气活现地走来走去；叹息的歌声飞到了窗外，点亮了松树的尖顶。甜点心，阳光是他的披肩。他当然没有死。他永远都不会死，除非她停止了感觉和思考。对他的记忆如同亲吻，在墙上留下爱与光的图画。这里回归了平静。她收拢了她的地平线，像是收拢了一张巨大的渔网。她从宇宙的腰间收拢了她的地平线，披在了她的肩上。网眼里都是生机，如此之盛！她呼唤着她的灵魂，过来看一看。

* * *

赫斯顿最好的作品如今在读者接受度方面受到意识形态的负面影响，但令人耳目一新的是，赫斯顿本人完全摆脱了这些意识形态。她的力量源泉与各种主义政治、当代各种女性主义没有任何共同之处，甚至不同于那些探寻黑人美学的人们。作为一个活力论者，她与巴斯妇、约翰·福斯塔夫爵士、明希尔·皮普孔[①]同属一个传统。和他们一样，她肆无忌惮，有着超出常人的勇敢，本人幽默风趣，也是他人眼中的开心果。如今她成了文学传奇，这是理所应当的。她对卡尔·范·韦克滕的摄影作品

① 明希尔·皮普孔（Mynheer Peeperkorn），德国作家托马斯·曼小说《魔山》中的人物。

曾说过一句很有名的话，完全可以作为她人生和创作的题词："我爱我大
笑的样子，也爱我刻薄吓人的样子。"沃尔特·惠特曼会喜欢这句话，也
会喜欢她说的另一段话："当我帽子斜戴，漫步在第七大道……宇宙意义
上的佐拉出现了……怎么可能有谁会拒绝有我陪伴的快乐？我不能理 309
解。"和惠特曼一起，赫斯顿如今成了美国文学活力的一个意象，也是关
于出走、关于有能力选择性爱、关于更多生机的美国神话的一部分。 310

F.斯科特·菲茨杰拉德
（1896—1940）

《了不起的盖茨比》

四分之三个世纪已经过去了，《了不起的盖茨比》依旧是一部清新的、充满活力的中篇小说，一部公认的美国文学杰作。它所讲述的寓言已经成为美国神话的一部分，或许也可以这样说，美国梦渗透了《了不起的盖茨比》的字里行间，我们完全可以认为菲茨杰拉德真正的成就在于挪用了美国传说。不管怎么说，菲茨杰拉德都给我们讲述了两种故事：一种是关于爱情与金钱的浪漫故事，另一种便是关于这个浪漫故事如何分崩离析、变成悲剧的反浪漫故事，如果“悲剧”这个术语对杰伊·盖茨比来说不算过于崇高的话。这是一部极具康拉德特色的小说：尼克·卡拉韦在盖茨比与读者之间充当中介，恰如约瑟夫·康拉德笔下的马洛在库尔茨或吉姆老爷与读者之间充当中介。我们只能通过卡拉韦的眼睛、耳朵和心灵来看见、听见和了解盖茨比，对尼克来说，他的朋友杰伊是美国梦中的浪漫英雄。

在卡拉韦的心目中，盖茨比是一个理想主义者，“对自己抱着柏拉图式的理念”。他把自己和索然无味的黛茜·布坎南幻想成美国的亚当与夏娃，时间、他人的自我、历史，这些因素被他置之不顾。盖茨比本人是美国黑帮分子与诗人约翰·济慈的合成品，一个不切实际却令人信服的人物，济慈与**他的**黛茜——范妮·布劳恩——也做着一个不可能的爱之梦。盖茨比是了不起的，这不仅是卡拉韦的观点，也是读者的看法，因为在盖茨比身上，菲茨杰拉德不仅出色地再现了美国梦的失败，还有它的永不言败。

《夜色温柔》的标题出自济慈的诗歌，菲茨杰拉德希望这部小说能成为自己最杰出的作品。虽然它至少在一定程度上是一部失败之作，但即

便称它是一部惨败之作，也必须承认它非常引人入胜，情节紧张，可读性
强，尽管多少显得冗长拖沓。与盖茨比相比，迪克·戴弗是一个苍白的人 311
物；读者会不由自主地喜欢戴弗，但他缺乏盖茨比那种让人着魔的力量。
导致戴弗败下阵来的是他深受吸引的富人，还是他自己内在的弱点？相
当明显的是，戴弗是菲茨杰拉德的代理人，而盖茨比从来都不是。戴弗败
下阵来，渐渐萎缩，原因在于他意志薄弱，这一点与盖茨比形成强烈的反
差。也许能够拯救《夜色温柔》的唯一办法便是让死去的杰伊·盖茨比
复活，因为迪克·戴弗从未拥有这个黑帮分子兼诗人的活力。 312

威廉·福克纳
（1897—1962）

没有文学评论家需要捏造威廉·福克纳心中的执念：尼采也许会称之为想象力的谱系。近年来研究福克纳的评论家们，包括戴维·敏特、约翰·T. 欧文、戴维·M. 怀亚特和理查德·H. 金，都强调指出，这位小说家深切需要相信自己的父亲是自己，以此逃避弗洛伊德意义上的家庭罗曼史和文学影响的焦虑，逃避一种文化上的两难处境，即金所说的“南方家庭罗曼史”。从《喧哗与骚动》开始，到一败涂地的《寓言》，福克纳创作的重心始终是父子之间的悲痛故事，且不利于笔下的母亲和女儿。没有哪个女性主义评论家谈起福克纳将会感到高兴。他最强有力的作品有一个至关重要、令人不安的观念：女性的性欲与死亡密切相关。甚至可以说，福克纳在修辞上的精练——他像是受过重创，非要把自己的整个宇宙压缩到一句话里——也与他的恐惧相关，他恐惧的是最终也许会发现起点和终点是合二为一的。尼采很有先见之明，曾告诫说，起点和终点是两个分离的实体，基于生命的原因必须始终分隔开来，但福克纳（这一点莫名其妙地很像弗洛伊德）似乎知道，与起点和终点都无关系的唯一一个西方转义是父亲的意象。

评论家们和普通读者一致认为，福克纳是20世纪最杰出的美国小说家，明显超过了海明威和菲茨杰拉德，与包括霍桑、梅尔维尔、马克·吐温和亨利·詹姆斯在内的大师们并驾齐驱。一些评论家也许会把德莱塞放进这个群体；福克纳本人应该会中意托马斯·沃尔夫，这个奇怪的评
313 价虽然大方，却令人生疑。福克纳的美国先驱是舍伍德·安德森，但也许只是起到激励的作用；如朱迪思·L. 森希巴所述，真正对他产生影响的美国文学作品是T. S. 艾略特的诗歌。不过福克纳的小说在更大程度上受到康拉德的影响，对福克纳、海明威和菲茨杰拉德这一代美国作家来说，康拉德是无法逃开的前辈作家。任何小说家若要与康拉德做比较，

都会对自己不利；显然，福克纳并未取得《诺斯托罗莫》那样的成就。但是福克纳在1929—1939年间创作了四部具有永恒价值的作品:《喧哗与骚动》《我弥留之际》《八月之光》《押沙龙，押沙龙！》。如果再加上《圣殿》《野棕榈》以及20世纪40年代早期的《村子》和《去吧，摩西》，这种聚合的效果非同一般。

从马尔科姆·考利开始，评论家们把这种效果解释为由个人神话建构和地点神话建构共同促成。新批评坚毅的终极拥趸克林斯·布鲁克斯解读福克纳的方法与他解读艾略特《荒原》的方法在本质上是一致的，他发现标准的基督教传统中隐而不现的上帝是福克纳自然观的根基。由于布鲁克斯称福克纳的自然观是华兹华斯式的，并且认为华兹华斯笔下的自然是基于基督教自然观的想象，故而他的判断必定存疑。沃尔特·佩特属于一个非常不同的传统，他所描画的华兹华斯也是非常不同，但在我看来，他的说法未必不适用于福克纳：

> 宗教情感把人心深处的感情和自然而生的悔恨情绪神圣化，更重要的是对逐渐消亡的人的躯体怀着敬畏、关爱和怜悯——圣物崇拜只不过是这种崇拜的变体；这些情感总是与地点、与人们赋予实景实地的思想密切相关。如今适用于各个地点的情感，更适用于那些静僻的山谷，在那里，一代接一代的人维护着同一个住所；正是在这一方面，华兹华斯对宗教产生了最强烈的感悟。如其所示，这种情感体现在对当地神圣事物的认可，以及把某一地点的石头和树木与生命中大事件联结起来的习惯；于是乎，低矮的墙壁、绿色的土丘、模糊的碑文似乎争相发出了声音；于是乎，一种自然界的神谕、属于山谷居民的宗教出现了；但这是他们与地球的另一条纽带，实际上是一种自然神教。

上面这段文字渗透着恬淡寡欲的自然神教的气息，有点像《去吧，摩西》中老艾萨克·麦卡斯林没有言明的信仰。如克林斯·布鲁克斯那样认为福克纳作品中存在“基督教残余”似乎毫无益处。海明威和菲茨杰 314
拉德沉浸于怀旧情绪的时候，也许比处于创作高峰的福克纳更接近于基督教精神。与当下的批评论断不同，我对《我弥留之际》及《八月之光》

的喜爱胜过《喧哗与骚动》及《押沙龙，押沙龙！》，原因之一在于前两部作品的想象世界更趋远古，更接近于其作者所持自然崇拜中恬淡寡欲的强烈程度。莉娜·格鲁夫和本德伦一家身上有一种**他者性**，应该能够感动华兹华斯，创作《玛格丽特的故事》、《迈克尔》和《坎伯兰老乞丐》的华兹华斯。福克纳大量运用于莉娜这个人物的转义是一个奇特的亦动亦静的动作。尽管福克纳借用了济慈的希腊古瓮意象，他脑海里浮现更多的应该是《秋颂》中收庄稼的女孩，甚或是《怠惰颂》中优雅庄重的形象。在我们的记忆中，莉娜庄重、沉静，是一个人又是一个过程、一个安详耐心的意识，充满了奇妙之处，如此自成一体的存在，甚至不需要其作者赋予的那种坚忍和勇气。

福克纳再现的这个人物虽然不可思议，其程度还是比不上本德伦一家，这一家人久久萦绕在我们的记忆中，足见福克纳在语言修辞方面的最高成就。《我弥留之际》也许是美国作家中最具原创性的长篇小说。这部小说显然没有摆脱福克纳作为一个小说家所受的最深影响。它的语言没有康拉德的特点，但浸染其中的现实原则具有康拉德的色彩。然而，康拉德没有刻画过达尔·本德伦这样的人物，连《间谍》中都没有。借助《我弥留之际》，福克纳对文学程式确凿存在、家族历史强制约束等观点发出了最强烈的抗议，后者在虚构作品中转义为叙事模仿已有叙事，反复出现。这部作品是一个持久的噩梦，考虑到这是达尔的书，也就是说，这是福克纳的书，或曰，福克纳的守护神的书。

* * *

典籍化是一个将创造性误读神圣化的过程，无需为此伤怀。但是过于频繁出现的是与这个过程接踵而来的并非很有创造性的误读，这些误读把怪癖扭曲成了标准。教堂执事一般的评论家把20世纪30年代的福克纳纳入精神、社会和道德正统，他们能够，也的确声称福克纳是他们的导师。但这是20世纪50年代的福克纳，诺贝尔文学奖得主、美国国务院特使、《寓言》的作者——这部作品质量之差，令人瞠目。最优秀的标准型评论家克林斯·布鲁克斯甚至把《我弥留之际》解读成对社群的追求、对家庭的歌颂、对基督教价值观的肯定。显而易见，本德伦一家构成
315 了文学史上对家庭罗曼史最恐怖的想象。但在1929—1939年间福克纳

的小说世界里，这一家人的极端倾向并不显得怪异。那个世界的根基是家族的恐怖、处于地狱边缘的社会异类，以及对寡欲坚忍以外价值观的规避。在那个世界里，本德伦一家其他成员保持沉默的事情在达尔那里表露了出来，康普生一家遮掩的事情在昆丁那里揭露了出来。这些被压抑事物的重复出现，与持续遭到疏离的事物纠结在一起，使得"对自然天性的侵犯""对人性的否定"等短语运用于解读福克纳更优秀的小说时，变得毫无意义。在那个世界里，自然天性本身就是侵犯，而人性已然变成否定。本德伦一家的怪异追求不是对自然天性的侵犯吗？或者，套用布莱克可能的表述，那是纯净心灵的自私美德取得的可怕胜利？达尔认为是后者，但达尔清楚地否定了人性的自给自足，为此付出了精神分裂的代价。

1929年经济大萧条与《我弥留之际》之间复杂难解的关系，可以构成一个合适的研究课题，供对想象性文学的马克思主义批评加以探讨；只可惜马克思主义批评在我们国家发生了恶劣的倒退，成了对阿多诺和本雅明柔和辩证法的拙劣模仿。我们虚妄的政治经济走向自毁之路，也许帮助福克纳摆脱了各种来自社群的或个人的限制，创作出了之前无从下笔的这样一部关于本德伦一家的家族小说。只有一个真正的预言家才有能力把永恒的形式赋予《我弥留之际》这样的预言，这部作品严厉地质疑每一个被我们广泛接纳的有关自然天性与人性的观念。达尔声称自己没有母亲，与此同时奚落自己的敌人、弟弟朱维尔，坚称后者的母亲是一匹马。他俩的弟弟瓦达曼说："我的母亲是一条鱼。"而那已经去世却又无处不在的母亲比这些孩子更离奇，关于她的存在真相和她对孩子们的拒斥性想象，她坦言：

> 我只能记得我的父亲过去常说，活着的理由就是为长久的死亡做好准备。一天又一天，我必须面对他们，每个人都有自私的一个小心思，每个人的血液互不熟悉，和我的也很陌生，一想到这似乎是我为长久死亡做好准备的唯一方式，我就会恨我父亲让我来到这个世界上。我会期待他们犯错，这样我就能用鞭子抽他们。鞭子落下，我会觉得是落在我身上；出现红肿和条痕的时候，流的是我的血；每抽一下，我就想：现在你意识到了我的存在！现在我是你隐秘又自私

> 的生命中的一部分，我用自己的血液，在你的血液里留下了印记，直到永远，永远。

316 这种关于他者性的名副其实的末日启示录不仅仅是“对社群的否定”。本德伦一家也不是“对自然本质的模仿”。他们是超级模仿，一种过度再现，用影子遮蔽自然的同时奚落了自然。对达到创作高峰的福克纳来说，重要的是人们都回来了，不是回归自然，而是回到创世—堕落之前的某个深渊。艾略特坚持认为乔伊斯的想象力非常正统。我们可以怀疑这一的论断，但就福克纳而言，对他的想象力施行洗礼几乎没有意义。我们明白他为何喜欢阅读《旧约全书》胜过《新约全书》，他说前者是故事，后者是理念。这句话不够准确，但至少它把对人物的希伯来式再现与希腊化再现对立起来。本德伦一家身上几乎没有荷马的人物特点，康普生一家也不是索福克勒斯笔下的形象。福克纳的反讽既不是古典主义的，也不是浪漫主义的；既不是希腊式的，也不是德国式的。他的反讽不是倚赖言语与意义之间的出入，也不借助期望与结果之间的反差。他的反讽在于将不能比较的现实并置：自我与他者之间、父母与孩子之间、过去与将来之间。纪德曾说福克纳笔下的人物缺乏灵魂，他只是没有指出福克纳的反讽与《圣经》有关。这里必须再加一条说明。在福克纳的作品里，只有反讽与《圣经》有关。福克纳的人物缺乏的是福佑；他们无法争夺一个没有边界的时间。耶和华不会和他们订立契约。因此，他们之间的争斗不是希腊人对至尊地位的争夺，也不是希伯来人对福佑的争夺，后者尊敬父亲和母亲。他们的争斗是一种无望的等待，等待他们的厄运消失。

《喧哗与骚动》

《喧哗与骚动》总是让福克纳这位“铁汉”显露柔情一面，其程度远远超过他的其他小说。对他来说，《喧哗与骚动》是一部济慈式的艺术品，花瓶或是古瓮，拥有永恒的美学尊严。他的判断被研究他的学者们接受，虽然也有人提出疑问或保留意见。在我看来，这部小说与《押沙龙，押沙龙！》一样，成就赶不上《八月之光》和福克纳的代表作《我弥留之际》。乔伊斯《尤利西斯》的影响在《喧哗与骚动》中表现得过于明显，但这种影响并非总能支撑这部小说强烈的修辞特征和焦虑不堪的文字意识。《喧哗与骚动》几乎从头至尾弥漫着一种被压抑的情感，昆丁对妹妹凯蒂的爱恋与福克纳的某种无合法名义的情爱之间有关联，也许（按照戴维·敏特的推测）对象是他从未有过的妹妹，也许是埃斯特尔·奥尔德姆，埃斯特尔后来成了他的妻子，但那是她的第二次婚姻。嫉妒，与死亡恐惧密切相关的嫉妒，是《喧哗与骚动》的中心主题。

休·肯纳把《喧哗与骚动》与前辈作家康拉德及乔伊斯的同类作品 317
进行比较，把这部康普生家族小说斥为过于附庸风雅。这个论断比较残忍，但如果说把乔伊斯和康拉德的作品拉得太近，福克纳没有与他们保持足够远的距离，这种说法还是令人信服的。这便构成了一个令人不快的悖论;《喧哗与骚动》过于精雕细琢，与其平凡的内容不相称，与其关于家族灾难的情节不相称。而那种内容，那些家族乱象，太容易遭受弗洛伊德式及相关的简单化解读；那样的重复与重合是普遍存在的模式，那种兴衰变迁讲述的都是本能欲望，普遍得令人沮丧，满足不了长篇小说的需要。康普生一家里，只有杰生拥有足够的个性，能够作为一个形象长久保留在读者的记忆中。他像狄更斯笔下的坏人那样低劣恶毒，这个人物因而有了令人称赞的讽刺漫画特点，而昆丁、凯蒂和班吉却融进了一个整体，他们是停留在想法阶段的人物，福克纳没有为他们找到必然的修辞手段。

《喧哗与骚动》的《附录》本是福克纳为马尔科姆·考利的《福克纳文集·便携版》撰写的说明，如今不仅成了该小说的一部分，更是声名大噪，成了对该小说的权威解读，或者说是福克纳对自己所写文本的权力意志体现。1946年的福克纳喜欢东拉西扯，杜撰故事，《附录》就是这种风格的代表，之后不久他创作了《坟墓的闯入者》、《骑士的妙招》和《修女安魂曲》等质量较差的作品，最终炮制出了灾难一般的作品《寓言》。这不是1928年进入创作高峰期的福克纳，不过《附录》的确有一种新奇的修辞权威，在福克纳写给黑人的颂词（在简单提了一下迪尔西的名字之后，毕竟迪尔西的美德无以言表）中达到顶峰:“他们在苦熬。”可惜的是，这种修辞权威在《喧哗与骚动》的实际文本中几乎无处可寻。昆丁的声音让我浑身一激灵，那显然是斯蒂芬·迪达勒斯的声音；乔伊斯的各种叙事声音如音乐串烧一样从福克纳的故事里淡入淡出，却和福克纳的创作目的没有清晰的关联。幸运的是博蒂被排除在外，因为他的存在过于崇高，崇高到了毫无关联的地步，一旦出现，便会压垮整本小说。

我强调《喧哗与骚动》的局限性，只是因为鉴于福克纳已经理所应当地成为20世纪我们的经典小说家，毫无疑问地成为亨利·詹姆斯去世之后我们最杰出的虚构叙事作家，我们存在忽视这些局限性的危险。《我弥留之际》是一部大刀阔斧的实验性作品，但非常成功；对于本德伦一家各个成员所拥有的激烈可怕的个性而言，这部小说的形式和叙事声音是非常贴切的隐喻。《喧哗与骚动》也是一部优秀的实验性作品，但受乔伊斯《尤利西斯》的影响太大，基调过于阴郁，也许连福克纳本人都不会觉得舒服。

拯救康普生家族故事的因素是它是一部家族小说；而且，读者能体会到渗透于福克纳主要作品中的更重大的意义，这也是一个有拯救作用的语境。我们阅读《喧哗与骚动》，听到的是一个有多重意义的故事，因
318 为对我们而言，福克纳构成了一个不断回响的文学宇宙。我们也像迪尔西那样，相信我们看到了一个故事的起点和终点，开头和结局，这个故事超越了康普生家的四个孩子，超越了他们肮脏的家庭罗曼史。

《圣殿》

在《圣殿》里，甚至于没有哪个人物会费心等待厄运消失；这部小说和约翰·韦伯斯特[①]的《白魔》或西里尔·图尼埃[②]的《无神论者的悲剧》一样沉溺于虚无主义。马尔罗指出，希腊悲剧进入了《圣殿》的侦探故事。如果马尔罗提到了詹姆斯一世时期的悲剧，他的评论会有些见地。《圣殿》虽直接受到康拉德和陀思妥耶夫斯基的影响，但比T. S. 艾略特的作品更接近韦伯斯特和图尼埃，即便艾略特明目张胆地模仿他们。罗伯特·佩恩·沃伦受到福克纳（和艾略特）的深刻影响，他是另一个明确无误让我们想到詹姆斯一世时期文学的现代作家。悲闹剧（tragic farce）是地道的詹姆斯一世时期戏剧模式，用悲闹剧来命名《圣殿》的杂

---

① 约翰·韦伯斯特（John Webster，约1580—约1634），英国詹姆斯一世时期的戏剧家，代表作有《白魔》（*The White Devil*，1612）和《马尔菲公爵夫人》（*The Duchess of Malfi*，1614）。

② 西里尔·图尼埃（Cyril Tourneur，？—1626），英国军人、外交官和剧作家，《无神论者的悲剧》（*The Atheist's Tragedy*，1611）是其代表作。

合体裁——哥特式惊悚故事、侦探和匪帮故事、耸人听闻的故事、娱乐消遣——可谓恰如其分。

福克纳的长篇小说中，《圣殿》是一个难解的谜。这本是一部粗制滥造赚快钱的书，却几乎达到了重要作品的高度，经得起反复阅读。这部小说的主人公和韦伯斯特笔下的人物一样，其设定便拒绝心理分析。《圣殿》里的幽默感非比寻常，福克纳或高雅或低俗的语言修辞手段洋洋洒洒、荒诞不经地组合在一起，使得这部作品成为读者鲜活的记忆。小说开头和结尾的著名段落是精彩绝伦的顿悟——佩特式顿悟、康拉德式顿悟、乔伊斯式顿悟，精神层面的现实突然闪耀，照亮了世俗的背景。以下是这部小说的开头：

> 金鱼眼站在环绕泉水的屏障似的灌木丛外，望着那个在喝水的男人。一条不很明显的小道从大路通向泉水。金鱼眼看着这个男人——一个又瘦又高的男人，没戴帽子，穿着一条灰色法兰绒的旧裤子，胳膊上搭着一件粗呢上衣——从小路上走过来，在泉边跪下，喝起水来。
>
> 泉水从一棵山毛榉树的根部边涌出来，在带漩涡和波纹的沙地上向四周流去。泉水周围有一片茂密的芦苇和黑刺莓藤以及柏树和胶树，阳光投射其中，显得散乱而又无根无源。在丛林里某个地方，某个隐蔽秘密而又很近的地方，有只鸟叫了三声就停下了。
>
> 泉边，喝水的男人把脸俯向水中的倒影，由于他在掬水喝，倒影被弄得支离破碎，不尽其数。他站起身来的时候，发现其中还有金鱼 319
> 眼的草帽的破碎倒影，尽管他没有听见脚步声。
>
> 他看见泉水对面站着一个身材矮小的男人，他两手插在上衣口袋里，嘴角斜叼着一支香烟。他身穿黑色西服，上衣高腰紧身，裤腿卷起了一截，上面粘结着泥土，下面是一双也粘结着泥土的鞋子。他脸上有一种古怪的、没有血色的颜色，好像是在电灯光下看到的颜色；在这宁静的阳光下，他那歪戴的草帽和略显弯曲的胳膊使他像是从铁板上冲压出来的，既歹毒又深不可测。
>
> 在他身后，那只鸟又唱了起来，单调地重复三声啁啾：这声音毫无意义却又十分深沉，出自随之而来的充满渴望与和平的宁静，这种

> 寂静仿佛把这块地方孤立起来，与世隔绝，而过了一会儿，寂静中响起一辆汽车的马达声，它沿着一条大路开过去，马达声渐渐消失了。[①]

金鱼眼不会让任何读者感到舒服（福克纳认为他是一个魔鬼，不过还是同情他），但也不会有读者能够忘记他。我记得福克纳在哪里说过一句话：在电影里，他的金鱼眼应该由米老鼠扮演，这个卡通形象比金鱼眼亲切得多。如上述开头所示，金鱼眼是噩梦；他是用电灯点亮的肉身幻象，用马口铁冲压出来的扁形人物。我们并不感到惊讶的是，他的生殖器其实是一个玉米芯，在故事的结尾，他被动接受了被处决的结局。他代表的不是二元论，既不是柏拉图二元论，也不是弗洛伊德二元论，而是一元论的虚无主义，没有被鬼魂附体的一架机器。在某个隐蔽秘密而又很近的地方歌唱的小鸟便构成了虚无的一部分，“单调地重复三声啁啾：这声音毫无意义却又十分深沉”。也许福克纳借助艾略特的《荒原》，领着我们回到了那个伟大的美国转义：一只隐蔽的小鸟在黑暗隐秘的沼泽地里歌唱，也就是惠特曼《最近紫丁香在前院开放的时候》中的隐士画眉鸟。惠特曼笔下的小鸟歌唱理智而神圣的死亡；金鱼眼顿悟中的小鸟也许是一座钟，反复敲响着宣告《圣殿》里的死亡，疯狂而下流的死亡。

《圣殿》里的印象主义笔法源自康拉德，几乎像是康拉德的《机缘》（*Chance*）变成了脱缰的野马。《圣殿》无法在美学上与《间谍》相提并论，但这两部小说之间存在精神层面和结构层面的亲缘关系。福克纳在《圣殿》中的超然态度让人惊异，如此刻意地掏空了整部作品。我必须反对克林斯·布鲁克斯的观点，在我看来《圣殿》里没有关于**恶的幻象**。一
320 部叙事以金鱼眼和谭波儿·屈莱克为主人公，而不是贺拉斯·本鲍和露比·拉马尔，可见它有自知之明，不会迎合任何道德判断。金鱼眼是一个机械的玩偶盒；而在《圣殿》的结尾，屈莱克成了一尊机械的小雕像：

> 这一天天色阴暗，这个夏天天气一直阴沉沉的，这一年的日子都阴沉沉的。街上，老年人都穿上了大衣，谭波儿和她父亲经过卢森堡花园时，里面坐着打毛衣的妇女都披着披肩，连打槌球的男人们都

① 本书中*Sanctuary*的译文出自威廉·福克纳著，陶洁译：《圣殿》，上海，上海译文出版社，2010年。

> 穿着外套或披风，而在栗子树下凄凉的树荫里，清脆的槌球撞击声、孩子们的胡喊乱叫声都带着这种秋天的性质，挺有气派，但短暂而悲凉。在围有仿希腊式的栏杆的圆形广场上，熙来攘往热闹非凡，弥漫着一片灰蒙蒙的光亮，跟喷泉洒落在水池中的水的光泽和色彩一模一样，从这圆形广场的另一侧不断传来一阵阵响亮的音乐声。他们朝前走去，经过孩子们和一个穿了件破旧的棕色大衣的老人正在漂浮玩具船的水池，又走进树林，找到了座位。立刻有一个老妇人以老年人的那种敏捷走过来收了四个苏的钱。
>
> 凉亭里，身穿蓝色陆军制服的乐队在演奏马斯内和斯克里亚宾的乐曲，还把柏辽兹的乐曲演奏得仿佛在一块不新鲜的面包上薄薄地涂了一层忧患交加的柴可夫斯基的痛苦。这时候，暮霭溶入枝头湿漉漉的闪光中，蒙上凉亭和那些昏暗的蘑菇似的雨伞。雄浑洪亮的铜管乐器在浓郁的绿色的暮霭中轰鸣消逝，像一阵阵深沉而悲哀的波浪滚过他们的身子。谭波儿用手捂住嘴打了个呵欠，然后掏出一个带镜子的粉盒，打开粉盒看到一张大大缩小的郁郁寡欢、满怀不满、愁苦悲怆的面孔。她父亲坐在她身边，两手交叉放在手杖头上，呆板的八字须上落满水珠，犹如结了霜的银锭。她关上粉盒，精美的新帽子下，她的双眼仿佛跟随着乐波，溶入逐渐消逝的铜管乐声，越过水池和水池对面呈半环形的树木——在那儿阴暗的树荫下，每隔一定的距离便有一尊死去的王后的污迹斑斑的大理石雕像宁静地伫立着，正在沉思默想——升入在雨水和死亡季节的怀抱里平卧着的、被征服了的天空。

《圣殿》开头一段有多成功，上述引文中的华丽辞藻就有多失败。福克纳意识到自己闯入了海明威和菲茨杰拉德笔下的氛围，焦虑之下写得有点多。他应该在金鱼眼被绞死时便结束《圣殿》，精练而不矫揉造作。
“在雨水和死亡季节的怀抱里平卧着的、被征服了的天空”这样的词句让 321
我们感到尴尬，原因之一是那里的天空是一个转义，指代的是谭波儿被侵犯的身体圣殿。《圣殿》不具备福克纳最佳作品《我弥留之际》和《八月之光》的优点，但我还是偏执地喜欢它多过《喧哗与骚动》及《押沙龙，押沙龙！》。《圣殿》没有后两部作品的野心和做作，假以时日，也许会比它们更当得起原创性作品的称谓。这部作品的语言修辞时好时坏，相互矛盾，损害了它的美学价值，但它会作为叙事和令人生畏的形象幸存下来，出版半个多世纪之后依旧能够反映美国的现实。

《八月之光》

悲闹剧的反讽法则存在特例，即便在福克纳的作品中也是如此，这里我指的是1928—1942年间处于创作巅峰期的福克纳。20世纪40年代后期和50年代的福克纳创作了《寓言》和其他品质欠佳的叙事作品，让他写出了《我弥留之际》和《圣殿》的深渊幻象已经离他而去。但是，即便在他长达十四年光辉灿烂的虚无主义创作阶段，他也塑造了一些人物，他们神话般的坚毅向读者传达了一种《圣经》福佑的感觉。我已经提到，优雅庄重的莉娜·格鲁夫是济慈《秋颂》中收庄稼女孩的翻版。这里我不讨论乔·克里斯默斯或乔安娜·伯顿或海托华，而是集中探讨莉娜，华兹华斯式和济慈式幻象的产物，因此与乔治·艾略特及托马斯·哈代之后和她类似的人物相比，她更让读者满意。

将《八月之光》与福克纳其他重要小说对比，判断其特有优势的一个方法是揣摩哪部作品能够容纳莉娜。她那令人无比信服的天真几乎无法融入《喧哗与骚动》或《押沙龙，押沙龙！》，还会完全毁掉《我弥留之际》或《圣殿》。华兹华斯意义上的，接近于托尔斯泰意义上的自然的崇高，要长久维持的话，需要一个宏大的宇宙。《我弥留之际》是福克纳最有原创性的小说，也是我最喜欢的现代美国叙事作品，然而《八月之光》必定是福克纳最辉煌的成就。这部作品能够容纳莉娜、乔、乔安娜和海托华，这一点让它成为20世纪的美国小说代表作，梅尔维尔、霍桑、马克·吐温后继有人。尽管很难想象亨利·詹姆斯读完《八月之光》（毕竟他阅读狄更斯都有问题），这部作品也许向詹姆斯再次展示了他排除在外的一些可能性。

阿尔伯特·J. 格拉德也许太沉溺于找寻福克纳毋庸置疑的厌女症，
把莉娜归类为"生殖力旺盛但笨头笨脑的柔性威胁"，但证据只有"她最
322 讨人喜欢的面目是一个安详的喜剧人物"。她的确有着旺盛的生殖力，
但当然不是笨头笨脑，在"安详"之后要加上"满怀爱心的"这个修饰词。

朱迪丝·布莱恩特·维滕伯格[1]对福克纳进行了女性主义的解读，她把莉娜·格鲁夫和乔·克里斯默斯视为一类，认为他们“童年都受到压榨，导致他们现在习惯于居无定所的生活，性格里有好斗的一面，尽管方式不同”。实际上，莉娜从不停息，乔则是焦躁不安；乔个性好斗，但莉娜奋勇向前，她是一股自然的力量，天真、直接，摆脱了死亡本能，而乔、乔安娜和小说中其他许多人都是死亡本能附体。

约翰·T. 欧文敏锐地捕捉到了福克纳作品中的重复与报复。他暗示，把莉娜与济慈的希腊古瓮联系在一起，必定意味着与她相关的还有福克纳的死亡自觉及把创作视为一种死亡形式的心态。然而，莉娜当然是现实原则可供想象的最无害的幻象之一。这里，我回到我的佩特式观点：莉娜更像是佩特眼中华兹华斯式的人物，而不是济慈悲剧性自然主义的产物。莉娜也许是田园式喜剧的投射，但在我看来，她身上田园牧歌的成分多过喜剧成分，她是一个天性善良的形象，被妙笔生花的福克纳赋予了相当大的美学尊严。

《八月之光》少了莉娜，会是什么样子？乔·克里斯默斯和乔安娜的故事凄惨至极，几乎到了无法排解的程度，是社会意义上的极致辛酸拯救了这个故事。海托华是南方浪漫主义自毁倾向的精彩再现，因其毁灭而产生了一曲动听的音乐。福克纳叙事想象力中最强大最清晰的一面促使他把莉娜置于小说的幻象中央，莉娜让我们想到了没有边界的时间。她不能说把故事统一了起来，但《八月之光》拥有一种丰富和活力，完全可以摈弃外在的统一。孩子降生之际，莉娜将是“八月之光”，她也为整部小说提供了大部分的光亮。也许在福克纳心里，她回应了诗人经久的祷告：“点亮我的黑暗诗歌。”

《押沙龙，押沙龙！》

在一个只有反讽与《圣经》相关的宇宙里，自我，如同父亲与过去，变成了尼采所说的“超自然的阴影”，变成了祖先，而不是个人的所属物。我们看到自我如此疏离的地方，不是在莎士比亚的舞台上，而是约翰·韦

[1] 朱迪丝·布莱恩特·维滕伯格（Judith Bryant Wittenberg，1938— ），美国学者，福克纳研究专家。

伯斯特的戏剧舞台上。故而从某些方面来看,《押沙龙,押沙龙!》中的托马斯·萨德本是詹姆斯一世时期戏剧中另一个半英雄半坏人的人物;在故事的结尾,这个人物会说(如果他还能说话):“我描画了这幅夜景,它是我最好的作品。”《押沙龙,押沙龙!》是一部《白魔》那样的悲闹剧,悲闹剧特有的形式上的艰涩在这部作品中也有体现。对于《押沙龙,押沙龙!》
323 大量存在的叙事难题已存在备受推崇的批评话语,这里我不再赘述,我想探讨的是一个有对等价值的问题。这部小说具有的美学价值足以弥补它在形式上的问题吗?或者,我们将它收入正典,是不是定论过早?

由于我无法理解的一些原因,《押沙龙,押沙龙!》在我眼里的原创性赶不上福克纳此前创作的三部优秀长篇小说:《喧哗与骚动》、《我弥留之际》和《八月之光》。前辈作家——有着深刻影响的康拉德、乔伊斯、艾略特,甚至影响相对肤浅的丁尼生——在这部小说中的存在感比在那三部小说里明显得多。我们也怀念那些极具同情心的人物(迪尔西、达尔·本德伦、莉娜·格鲁夫)和他们可怕的对立面(杰生·康普生、艾迪·本德伦、珀西·格里姆);他们共同把前三部早一点的长篇小说变成了如此令人难忘的杰作。《押沙龙,押沙龙!》的文体和再现在原创性方面都蒙上了阴影。这阴影具体是什么呢?

《押沙龙,押沙龙!》中似乎存在着蒙昧主义的因素,就如在康拉德《黑暗的中心》中那样。我在《我弥留之际》和《八月之光》中没有发现蒙昧主义的痕迹,《诺斯托罗莫》和《胜利》里似乎也没有。蒙昧主义的阴影令人不安地在《喧哗与骚动》的世界里盘旋,如同在《吉姆老爷》中那样,不过这两部作品的品质几乎没有受到损害。在《押沙龙,押沙龙!》里,恰如在《黑暗的中心》里,有时候我怀疑作者是否清楚地知道自己在说什么。后果便是一定程度的突降效果,必定减损了这本书的美学价值:

> “‘你明白吧,我头脑里有过一个规划。它是好还是不好这并非问题的关键;问题是,我在那里面哪一步上犯了错误,在那里我做成了什么或是做坏了什么,什么人或是什么事情因它而受损害到了那个程度,以致会显示出来。我有过一个规划。为了完成它我得要有金钱、一幢房子、一个庄园,要有奴隶和一个家庭——自然,也总得有位太太。我着手去拿到这些东西,不向任何人乞求恩赐。我有一回

甚至还冒过生命的危险,这我对你说过的,虽然我也告诉过你我冒这个险并不纯然和简单地是为了得到一个妻子,虽然它带来了这样的结果。不过这也并非问题的关键:有那个妻子这就足够了,我真诚地接受她,自己方面的事我一点也不保留,我希望他们对我也这样。我甚至都不提要求,听着,人们往往认为我这样出身卑微的人都会这样(或者至少是这样做会得到原谅),因为他们不懂跟出身高贵的人交往时得斯文一些。我那时没有提什么要求。我按照他们自己的开价接受它们,同时坚持在我这方面要充分说明我自己和我祖辈方面的情况:可是他们对我故意隐瞒了一个事实,对此我是有理由知晓 324
的,他们也清楚要是我知道了便会拒绝整件事情,否则他们就不会对我隐瞒了——这件事我一直到我儿子出生后才知道。而即使到这个时候我也没有仓促行事。我本来可以提醒他们这么多年虚度了,如今我连同我的规划滞后,不仅是丧失了岁月本身的数量所代表消逝了的时间,而且还得算上我重新开始以达到我获得过后来又失去的地位那段岁月数量所代表的应补偿的时间。可是我没有跟他们这么算。我仅仅是说明这个新弄清的事实使这个女人和孩子与我的规划不可能结成一体,接下去,如果我告诉你,我不仅未曾企图保留那些我有权认为是属于我的,是我冒了生命的危险得来的财产,而且也拒绝了那些白纸黑字签名画押划归我的那些,相反,我拒绝与推辞了这方面所有的权利与要求,使得我能对那两人可能受到的任何不公平待遇做出补偿,可能有人会认为我剥夺了他们在我日后可能获得的任何财产方面的权利:可这是达成协议的,听着,是双方都同意了的。然而,在三十多年之后,三十多年过去我的良心最终让我相信倘若我做了一件不公平的事,我已经力所能及地对之作了补偿——'这时爷爷没有说'等等'而是说,没准甚至是吼叫着说:'良心?良心?好上帝啊,老兄,你还指望别的什么?就连一个在修道院里度过这段时日的人也会明白了,何况是像你这样熬过好些那样的年头的人呢,对不幸的亲和力与本能,就没让你变得比那更明白一些吗?对女性的骇怕与畏惧,你吸头一口奶时便准已把它们吸进肚子,这些也没让你变得聪明些吗?别人对你说那是童贞,其实还不是最最没有用,最最愚蠢的天真?你拿良心去交换来的是什么,就让你

> 那么相信除了用正义就不能用任何别的钱币，从她那里购买到豁免权？’——”①

上文说的就是萨德本，由昆丁的祖父讲述，结尾部分是后者对萨德本的劝诫。要使二者在这里的言语不显得过多，萨德本必须有些名望，他的“规划”也必须有分量。然而，这部小说里没有哪一点让读者相信萨德本有地位，或他的规划有意义。就像《黑暗的中心》里的库尔茨，萨德本是
325 认知真空里盲目的意志；两个人物似乎仅仅代表着尼采意义上的纯粹的憎恨精神，而不是意志对时间和“过去”的深层报复。福克纳显然笃信萨德本的重要性，即便只是作为南方历史的一个至关重要的提喻。萨德本不太像一个人，更像一个过程，有本能，没个性。读者会记得他的一些行为，但记不住他的任何一句话，更不用说他的思想了——如果他有思想的话。他不过是一个突兀的谜一样的再现，不是一个变成神话的人。福克纳只对他失败的程度感兴趣，至于他是什么身份或他作为一个人意味着什么，都不重要。

好的评论家会被《押沙龙，押沙龙！》复杂庞大的叙事程序和系谱样式所吸引，如约翰·欧文所列，它的系谱样式包括重合、乱伦、重复、报复。然而，针对人的欲望的复杂叙事纠葛和结构不论多么庞大，都未必是美学成就。对普通读者产生决定性作用的约翰逊式的问题永远都是：被再现的行为有何意义？对行为者的再现是否有说服力？从理论上讲，建造房屋、成立宗族的重要性应该大过面对骇人听闻的困难却要疯狂地想办法以埋葬一位不守妇道的母亲，可是福克纳并未让前者显得和后者一样至关重要。萨德本的规划本身并不让我感动，而本德伦一家的葬母之旅从未丧失让我在惊吓之中认识其否定性崇高的能力。作为仅有一个人的少数派（我看到的情况便是这样），我会接受其他评论家的观点，承认《押沙龙，押沙龙！》是部杰作，可惜的是这些评论家中最优秀的几位都是想当然地认为这部小说卓尔不凡，具有神话一般的荣光。

时间可能会证明这些臆断是准确的，因而印证这样的解读：它们津津乐道于这部作品的某些方面，而这些方面又使得它比任何一本具有可

① 本书中 ***Absalom, Absalom!*** 的译文均出自威廉·福克纳著，李文俊译：《押沙龙，押沙龙！》，上海，上海译文出版社，2000年。

比性的长篇小说更成问题。不过，福克纳的《寓言》将几乎和《押沙龙，押沙龙！》一样经得起后结构主义的解读，尽管不论以任何批评标准，它毫无疑问是他最差的作品。也许《押沙龙，押沙龙！》这部福克纳最包罗万象、最有雄心的长篇小说为它的包罗万象做出了辩护，这种包罗万象却又如此令人不安地与这部作品刻意的未完结性联系在一起。但是萨德本更像康拉德的库尔茨，而非梅尔维尔的亚哈，原因在于他的执念不够形而上。萨德本的“百里地”太像库尔茨的非洲，太不像白鲸的白色。 326

欧内斯特·海明威
(1899—1961)

海明威无所顾忌地标榜自己的作品与《哈克贝里·费恩历险记》的渊源，这个论调不无道理，只可惜吐温与海明威的修辞立场太不一致。就文体与风格而言，吉卜林的《基姆》与《哈克贝里·费恩历险记》的近似程度远远超过海明威的任何作品。从骨子里讲，海明威令人钦羡的文体有一位更杰出的、更出人意料的先驱：

> 这片草叶颜色暗黑，不会是从年老母亲的白头上长出，
> 比老年人无色的胡子还要暗黑，
> 这黑色倒像是出自淡红色上颚覆盖的口腔。[①]

或者如下：

> 我紧抓着篱边的横木，我的血液滴流着，
> 我跌落在野草和石堆上，
> 骑马的人踢着不愿意前进的马匹逼近来了，
> 在我迷糊的耳边嘲骂着，用马鞭子猛烈地敲着我的头。
> 苦恼乃是我的服装的一次变换，
> 我不问受伤者有着何种感觉，我自己已成为受伤者，
> 当我倚在手杖上观察着，我的创伤更使我痛楚。

327 海明威不愿承认与沃尔特·惠特曼的师承关系，他并非特例。T. S. 艾略特、华莱士·史蒂文斯与惠特曼的亲缘关系远远强过威廉·卡洛

① 本书中*Leaves of Grass*的译文均出自惠特曼著，楚图南译：《草叶集选》，北京，人民文学出版社，1978年。文字略有改动。

斯·威廉姆斯、哈特·克兰与惠特曼的关系，但文学上的影响是一个矛盾对立的过程，对此我们仍然知之甚少。海明威、艾略特与史蒂文斯之间的深厚渊源并非偶然，而是由于他们的作品都与惠特曼的作品存在一种不那么明显但至关重要的联系，从而形成了家族性类似。海明威以他一贯的作风（在1936年2月27日写给萨拉·墨菲的一封信里）吹嘘说，他轻而易举便击倒了史蒂文斯："说说数据吧，史蒂文斯先生高6.2英尺，重522磅，还有……当他倒在地上的时候，场面非常壮观。"这场比赛发生于基韦斯特，时间是1936年2月19日，作为史蒂文斯的忠实粉丝，我必须强调一些数据：获胜的海明威生于1899年，落败的史蒂文斯生于1879年，所以这位小说家当时不足37岁，而诗人差不多已经57岁。毫无疑问，这两个男人互相鄙视；然而，在这封庆祝胜利的信里，海明威称史蒂文斯为"一个该死的好诗人"，史蒂文斯也总说海明威本质上是一个诗人。这个断言受到了罗伯特·佩恩·沃伦的赞同，后者写道：海明威"本质上是一个以抒情见长的作家，戏剧性不是他的本质特点"。沃伦把海明威比作华兹华斯，这是说得通的，不过海明威更像惠特曼。华兹华斯写不出这样的诗句："我就是那个船主，我就是受苦的人，我当时就在那里"，而海明威却让我们几乎相信，若不是惠特曼占了先机，他也能写出这样的诗句。

* * *

离海明威自杀身亡已经过去了二十多年，从某些方面来看，他的永久正典地位似乎毋庸置疑。美国现代小说中必定永久流传的似乎不多：《太阳照常升起》《了不起的盖茨比》《寂寞芳心小姐》《拍卖第四十九批》；福克纳至少还有几部，包括《我弥留之际》《圣殿》《八月之光》《喧哗与骚动》《押沙龙，押沙龙！》。海明威创作的两打短篇小说可以进入这个群体，或许《首辑四十九篇》可以全部包括进来。福克纳鹤立鸡群，不过批评家们认为海明威和菲茨杰拉德是最有实力与他抗衡的对手，其实力主要来源于他们的中短篇小说。海明威与众不同的地方在于，他是20世纪唯一一个在文体方面可以媲美首席诗人的小说家，包括史蒂文斯、艾略特、弗罗斯特、哈特·克兰、庞德的某些方面、威廉·卡洛斯·威廉姆斯、罗伯特·佩恩·沃伦和伊丽莎白·毕肖普。这并不是说，最好的海明威 328

在叙事或人物刻画方面非常失败。应该这样说：他的卓尔不凡近似于惠特曼，而非吐温，近似于史蒂文斯，而非福克纳，甚至近似于艾略特，而非亦敌亦友的菲茨杰拉德。他是一位挽歌诗人，为自我哀悼，为自我歌唱（效果略逊），承受着自我分裂的痛苦。在最宽泛的美国文学传统中，他归根结底深植于对内在神性的爱默生式依赖，而这恰是惠特曼、梭罗和狄金森所属的传统。就这个传统而言，他是一位阴郁的晚来者，而且实事求是地说，是否定其神性教条的神学家之一，但恰如史蒂文斯，他的否定，他的取缔，从来都不是终结性的。连他那些最激烈的短篇小说，比如《先生们，上帝赐予你们快乐》《死者自然史》，可说是赞颂了一种缺席，我们可以称之为"真正的缺席"。《先生们，上帝赐予你们快乐》中的费希尔医生是纳撒尼尔·韦斯特《寂寞芳心小姐》中施拉克的前身，费希尔医生对宗教保持着一种野蛮的、内敛的虔诚，从他身上不仅可以预见施拉克的撒旦嘴脸，还有品钦笔下那一整个偏执的、公然反对技术进步的魔怪世界。也许在海明威的意识深处始终保留着对天主教秩序的怀旧之情，但不论是他早期的小说，还是晚期的，都渗透着美国诺斯替教的宇宙观；这一点与梅尔维尔相似，后者首开先河，把爱默生自力更生教义的消极一面揭露得淋漓尽致。

* * *

海明威在描述自己与包括梅尔维尔在内的正典作家的关系时，总喜欢用竞争意味非常明显的意象，就这一点而言，他臭名昭著，又让人惊叹不已，他真正的热血门徒诺曼·梅勒也学会了这个习惯。海明威在一封洋洋洒洒写给出版商查尔斯·斯克里布纳的信（1949年9月6—7日）中，可爱地坦承："我是个没有任何雄心壮志的男人，只想做世界冠军，我不会和托尔斯泰博士打一场二十个回合的拳击赛，因为我知道他会把我的耳朵打掉的。"这样的谦虚一晃而过，紧接着他写道："如果我能活到六十岁，我就能打败他。（有可能哦）。"这封信还把屠格涅夫、莫泊桑、亨利·詹姆斯，甚至于塞万提斯、梅尔维尔和陀思妥耶夫斯基都算作他的手下败将，我们只能与海明威一起为他的非凡自信而喝彩。就他的雄心壮志而言，他的话在多大程度上站得住脚？

从乔伊斯的《都柏林人》算起，海明威是至今最好的英语短篇小说作家，这个论断有理有据。短篇小说的美学尊严毋庸置疑，但我们对一位经典作家的要求似乎不止这一个方面。海明威创作了《太阳照常升起》，而不是《尤利西斯》，这只是说明了他真正的才华在于篇幅极短的小说，几乎不能胜任加长版的叙事。如果他主要创作诗歌的话，那么他的抒情才华完全够用：叶芝最大的荣耀来源于他的诗歌，而非戏剧，这并不是诋毁 329
他。哎呀，屠格涅夫、亨利·詹姆斯、梅尔维尔、马克·吐温都不是海明威真正意义上的对手。莫泊桑更合适一些。海明威能以更为简洁的篇幅创造出强烈的文体效果，这是毫无疑问的，只是如今连《太阳照常升起》读来都像一系列顿悟，一系列笔法精湛、令人难忘的小插曲。

海明威，尤其是他的《永别了，武器》，至今受到的激烈批评大多根源于他硬挤才华用于长篇小说创作时遇到的困难。罗伯特·佩恩·沃伦指出，海明威的“反讽和低调陈述体系连贯一致”的时候，是成功的。不连贯的时候，海明威的修辞缺乏说服力。也就是说，我们阅读《有钱的与没钱的》或《永别了，武器》，心里非常明白，我们所得到的主要是一个转义体系。沃伦认为这个论断不适用于《永别了，武器》，但如今看来，即便是这部小说被人称道的结尾，似乎也是一个用旧的低调陈述：

> 但是我赶了她们出去，关了门，灭了灯，也没有什么好处。那简直像是在跟石像告别。过了一会儿，我走出去，离开医院，在雨中走回旅馆。①

我们来对比一下这个结尾与只有两页半长的故事《桥边的老人》的结尾：

> 对他，我已无能为力。今天是复活节星期天，法西斯分子正向埃布罗推进。天色阴沉，云雾低垂，敌机无法起飞，这一点，还有猫知道怎样照顾自己，这些是这个老人能够得到的全部好运了。

这里的低调陈述很有说服力，因为老人的坚忍自制始终如一，海明威的语言也有着令人惊叹的表现力。一篇极短的故事结尾处，将历史某

① 本书中*A Farewell to Arms*的译文均出自欧内斯特·海明威著，林疑今译：《永别了，武器》，上海，上海译文出版社，2014年。

一瞬间的氛围永久地转义定格。小插曲是海明威的固有创作模式，或者，不妨称之为精辟有力的小插曲：一幅文字素描，看似某个长篇幅故事的开头或结尾，而实际上是一个完整的存在。海明威的文体把应该被展示的一切全部包裹起来，故而这个文学体裁仍颇为微妙，但把魅力兑换成了力量。然而，小插曲的文辞撑不起一部长达340页的小说（《永别了，武器》）。我刚刚读完了第二遍（远离这部小说二十年了）。读了很多——
330 太多低调陈述之后，读者竟有阅读海明威模仿者的感觉，比如很有成就的约翰·奥哈拉，而不是大师本尊。海明威一贯被人诟病的过失是单调的重复，这个特点到了像纳尔逊·阿尔格伦这样成就稍逊的模仿者那里，便成了枯燥乏味的连祷文；我们阅读海明威时必须面对单调的重复，有时候会产生自我戏仿的感觉。

有得必有失，一种优美的文体会激发我们的防范心理，尤其是因为这种文体是一个时代的标榜，恰如拜伦化身的海明威创造的便是这样一种文体。与拜伦一样，这位艺术家丰富多彩的人生仿佛变成了一张面纱，将他的作品与我们的美学鉴赏分隔开来。海明威一生结婚四次（离婚三次），一战期间曾在意大利军队里担任救护车司机（光荣负伤），在希土战争（1922）、西班牙内战（1937—1939）、中国抗日战争（1941）中和二战反希特勒欧洲战场（1944—1945）做过战地记者。再加上大型猎物捕杀和捕捞、非洲游猎、旅居法国和古巴、斗牛、荣获诺贝尔文学奖以及最终自杀于爱达荷州，这样的人生简直不可思议到了荒诞的地步，仿佛是在模仿海明威自己创作的小说。作品和人生相得益彰的终极效果堪比神话，恰如拜伦、惠特曼和奥斯卡·王尔德。如今海明威已是神话，也永远地成了美式英雄主义的象征，或者说得也许更可悲一点，成了英雄主义的美式幻想。海明威最好的作品，即他的短篇小说和《太阳照常升起》，成了美国神话体系的永久组成部分。福克纳、史蒂文斯、弗罗斯特，或许还有艾略特，以及哈特·克兰都是比海明威更有力量的作家，但20世纪的美国只有他一人取得了永久的神话地位。

《太阳照常升起》

重读《太阳照常升起》时，心里会有些许不悦；尤其是如果你是一位犹太裔文学评论家，会对海明威把斗牛士想象成弥赛亚的做法表示怀疑。在我看来，罗梅罗的形象几乎与罗伯特·科恩一样让读者信服；在1926年的海明威眼里，他们是原型人物，但时隔六十年之后，很难在我们眼里产生相同的效果。勃莱特和迈克也只是那个时代的产物；斯科特·菲茨杰拉德刻画他们更出色。不过这些都是小烦扰；如今重读这部小说，感觉依旧新鲜，仿佛1946年我十六岁时第一次翻开它。与《了不起的盖茨比》一样，《太阳照常升起》正在优雅地老去。为什么？是哪些品质把这部小说从它本身的**神秘感**、它对修辞立场的自我陶醉中拯救出来？它与海明威最好的短篇小说，比如优秀短篇小说集《胜利者一无所有》，有何相同之处？

精湛的文体本身必是一种转义，隐喻某种特定的对待现实的态度。
海明威的文体是一门情感召唤的艺术，不能说是一种独特的或原创的创 331
作风格，海明威召唤的手段是意合连接（parataxis），很像惠特曼，也像英语《圣经》中大量使用的笔法。这是一种与众不同的意合连接，这种言语的方式假装抽离所有的情感，实际上在抽离的常态中赋予了情感。套用尼采的术语，这是甘愿选择空白作为客体，而不是没有客体。这不是说海明威受到了尼采的启发，因为康拉德是《太阳照常升起》作者最重要的先驱，这是显而易见的。《吉姆老爷》和《黑暗的中心》中马洛的修辞立场最接近于海明威在《太阳照常升起》和《永别了，武器》中的修辞立场。

一些有名的现代评论家曾阐述过意合连接在文学中的运用，埃里希·奥尔巴赫和安格斯·弗莱彻便是其中两位。弗莱彻简单明了地把意合连接总结为文学中象征行为在句法层面的对应物：

> 这个术语暗指一种句子之间的结构安排以避免体现出高低不等的顺序差异。这里“顺序”的意思是兴趣的浓烈程度，因为更重要的句子一般都会获得最多的关注。

弗莱彻指出，意合连接在心理学层面的意义与“青少年或原始人类零敲碎打的行为”有关，但他并非暗示这种行为是孩子气的或原始低级的行为。按照弗莱彻的说法，这无需牵扯弗洛伊德所说的退化防御机制，因为意合连接的句法“展现的是意义含混，意味着比句法顺序更深层的组织力量中存在着一种节奏顺序”。

海明威的意合连接值得进行详细深入的研究，可惜尚未如愿。显然，海明威的意合连接类似于哈克·费恩叙述中的某些时刻，还有沃尔特·惠特曼的遐想，甚至于华莱士·史蒂文斯流传最持久的晚期冥想，如《秋之极光》。约翰·荷兰德的对比分析很有用：“在对话与风景镜头的关系方面，犹如安东尼奥尼[1]的分镜头剧本，切换至风景镜头为的是体现对话中切换了话题，而不是简单的停顿。归根结底，两者的类似在于对话与未经阐释的场景掠影之间是相互阐释的关系。”我是这样理解的：拒绝强调，维持貌似低调陈述的平稳语调，是海明威非韵文文体中意合连接最重要的表现形式。琢磨一下人人称道的《太阳照常升起》的结尾：

> 我们下楼，穿过楼下餐厅来到街上。一位服务员去拦出租车
> 332 了。天气炎热，阳光明媚。街道一头有一小片有树木草地的广场，那里停着出租车。一辆出租车开了过来，服务员半个身子探出了窗外。我给了服务员小费，告诉司机要去的地方，然后上车坐在勃莱特身边。司机发动车子，沿街开去。我靠后坐稳。勃莱特挪过来靠着我。我们偎依在一起。我伸出一只胳膊搂着她，她舒服地靠在我身上。天气非常炎热，阳光非常灿烂，房屋白得耀眼。我们拐上格兰维亚大道。
>
> “哦，杰克，”勃莱特说，“我们本来可以这么开心地在一起的。”
>
> 路前方，一位穿着卡其布制服的骑警在指挥交通。他举起警棍。我们的出租车突然减速，勃莱特猛地撞在我身上。
>
> “是啊，”我回答，“这么想想不也很不错吗？”[2]

这里，杰克的性无能关系重大。我们不妨记住海明威关于作者意图

---

① 米开朗基罗·安东尼奥尼(Michelangelo Antonioni, 1912—2007)，意大利新现实主义电影导演，电影美学方面最有影响力的导演之一。

② 本书中*The Sun Also Rises*的译文出自欧内斯特·海明威著，赵静男译：《太阳照常升起》，上海，上海译文出版社，1984年。这里做了部分改动。

的描述，当时他正接受乔治·普里姆普顿的采访：

> 他受伤的方式其实非常不同，他的睾丸丝毫无损。所以他有着一个男人全部的正常感情，但是没有能力圆房。重要的区别在于他受的伤是身体上的，不是心理上的，他并没有被阉割。

如果海明威的笔法少一些精心刻意，《太阳照常升起》结尾低调陈述的平稳语调所倚赖的句法可能会把意合连接用到戏仿过度的地步。“天气炎热，阳光明媚”之类的句子，还有“他举起警棍”这句心照不宣的话，都是关于无法圆房的心理意象，不过它们同时也印证了杰克已疏离自己之前对勃莱特的炽热之爱。杰克把斗牛士一弥赛亚出卖给贪婪的勃莱特，这对他自己也是一种减损，我们听到他最后说的一句话：“‘是啊，’我回答，‘这么想想不也很不错吗？’”这表明他正在向一种不那么孩子气、不那么原始低级的现实检测模式过渡。我们想起尼采的观点：我们能说出口的是内心已经唾弃的事情，故而言说本身总是一种鄙弃。肯尼斯·伯克在《反驳》（*Counter-Statement*）中回应道，鄙弃也许承载于言说的行为，但鄙弃的不是言说。小说的结尾处，杰克正在向伯克的立场过渡。

海明威拥有一种精妙的文体，还有着一种重要的感受力。他不是一位有原创性的道德说教者，也不是一位善于思考的重要知识分子，更不 333
是一位叙事大师，或在人物刻画方面天赋异禀。也就是说，他不是托尔斯泰，他曾说如果自己活得够长的话，希望能够打败托尔斯泰。然而，文体和感受力可能绰绰有余，《太阳照常升起》体现出了这一点。光是文体达不到这种效果；不妨想一想厄普代克和契弗。我们重读《太阳照常升起》，可以了解一种感受力，在了解的过程中修正我们自己的感受力。

《永别了，武器》

虽然《永别了，武器》算不上一部内在统一的长篇小说，但除了《太阳照常升起》和时常出现的短篇小说佳作，它是海明威最强劲的作品。这部小说也参与营造海明威式神话的氛围，不仅承载着海明威本人与欧洲的浪漫故事，还有我们国家与旧世界浪漫故事的永久残余。凯瑟琳的死亡代表的不是恋爱的结束，而是无休无止的复现。我认为莱斯利·菲德勒对凯瑟琳之死的解释非常经典，他对文学神话的局限性了如指掌："只有死去的女人不会变成令人厌烦的人，也不会变成母亲；就在凯瑟琳快要成为两者之一的时候，她必须死去，当然，杀她的不是海明威，而是难产！"菲德勒在凯瑟琳之死中看到了埃德加·爱伦·坡的影子，但我认为海明威的心态比坡健康。对坡来说，死亡与其说是性满足的暗喻，不如说是把单纯的性交提升了一步，因为坡向往的是交融的实质，而不仅仅是交合的行为。

对于这部小说过于可爱的海明威式结尾——弗雷德里克·亨利在雨中离开了医院，剩下可怜的凯瑟琳与死亡为伴，如果女性主义评论家深表厌恶，我会支持她们，虽然只是因为这种破坏美学效果的感伤情调其实就是一个面具，掩盖着一个男性对女性的厌恶和恐惧。按照路易斯·L. 马尔兹的解读，海明威笔下具有象征意义的雨不可避免地是怜悯的转义，而马尔科姆·考利则认为那是有意为之的灾难的象征。如果往更为阴暗的方向解读，不妨把这场雨与惠特曼非常具有美国特色的混杂笔法联系起来，这是一种包括夜晚、死亡、母亲和大海的四重混杂，华莱士·史蒂文斯、T. S. 艾略特和哈特·克兰等诗人都深受影响。在海明威的笔下，心爱女人的死亡是这个喻义宇宙的一部分，这个宇宙里湿润的因素占主导地位，是因为母亲的死亡是欲望的真正意象。海明威笔下的雨取代了大海，象征着渴望，恰如惠特曼或哈特·克兰笔下的大海。

罗伯特·佩恩·沃伦维护一种对于《永别了，武器》的较高评价，高
334 于我所能企及的程度。他认为凯瑟琳的死亡是一种发现："以私人关系的有限意义替代普遍意义，注定会失败。"这种解读虽然卓尔不群，但在我看来，它属于T. S. 艾略特的文学宇宙，而不是海明威的文学宇宙。不论海明威对超验真实可能抱有何种怀旧心理，他最好的小说都致力于再现私人关系，几乎没有借助有强烈倾向性的情节设计，以揭露其不可避免的不足之处。如果你的个人宗教追随斗牛士弥赛亚，那么你很有可能在私人关系中寻找斗牛仪式中敬奉的价值观念：勇气、尊严、对某一时刻的美学颂扬、剧烈程度仅次于自杀的存在——生命的意识积聚于拥堵的感知，优雅接受突然消失的可能。这种情节设计非常生动，但不大可能产生性爱联系，至少不会产生可能持续超过几个星期的性爱联系。

温德姆·刘易斯在对海明威归类的时候，引用了沃尔特·佩特论述普罗斯佩·梅里美的话："有一个公式……对男人与女人身上粗野、粗陋、无矫饰力量的狂热的业余爱好者……轮廓突出，令人难堪，不容忽视，难以释怀，他们就在那里。"在他们周围，佩特补充道，梅里美给予你的"正是空无一物的空间"。我相信佩特在海明威的公式里、在海明威笔下的男人与女人那里会发现更多，而且不同于他们周围空无一物的空间。也许借由约瑟夫·康拉德对他的影响，海明威至少部分吸收了佩特印象主义美学中最有意义的观点。和佩特一样，海明威笔下的男人与女人都明白，我们有一段间歇期，然后我们就从这里销声匿迹了。我们仅有的机会便是把间歇期装满意识滋生的果实，装满知觉与感觉的唯我真相。在《永别了，武器》中，能够从时间肆虐的魔爪下死里逃生的正是海明威用文本承载的信息：艺术足以捕获知觉与感觉的瞬间，从而赋予它们特殊的地位。我们来读一读第16章开头第一段：

> 那天夜里，有只蝙蝠从阳台上那道敞开的门飞进来。我们就从那道门眺望着米兰屋顶上的夜空。我们的房间很暗，只映着外边城市上空的那一点微弱的夜光，因此蝙蝠一点也不害怕，在房间里照旧猎食，仿佛就在屋外边似的。我们躺着看它，它大概没看见我们，因
> 为我们静悄悄地躺着。它飞出去后，我们看见一道探照灯光，我们看 335
> 着光柱在天空中移动，随后灭了，于是又是一片黑暗。夜里起了一阵微风，我们听见隔壁屋顶上高射炮队人员的谈话声。夜里阴凉，他们都穿上了披风。夜间我怕有人会闯进来，但是凯瑟琳说他们都在睡觉。有一次我们睡去了，等我醒来时，她已不在，但我听见她沿着走廊走近的响声，门打开了，她又回到床上，说她下楼去看过，他们都在睡觉。她曾在范坎本女士门外站了一会，听见她睡着的鼾声。她拿来一些饼干，我们吃饼干，还喝了些味美思。我们都很饿，但是她说我多吃也没有用，早上就得清肠胃。早上，天一亮我又睡着了，醒来时她又不在了。她进来时清新可爱，往我床上一坐。当我口里衔着体温计时，太阳出来了，我们闻得到屋顶上的露水气息，随后又闻到隔壁屋顶上高射炮队人员喝的咖啡的香味。

蝙蝠的飞行、探照灯光的移动、微风的轻拂、高射炮队人员的谈话声都融进了晨曦，构成了一个混杂的顿悟，揭示出弗雷德里克·亨利最终冒雨走回旅馆时所失去的一切。我们能够定义他所失去的一切吗？按照佩特、康拉德、斯蒂芬·克莱恩和海明威的印象主义美学，亨利失去的首先是感官体验到的这个世界的生动与强烈。弗雷德里克·亨利爱凯瑟琳，在这个氛围之中，他充分感受到“我们的房间很暗”“夜里阴凉”以及屋顶上的露水气息、高射炮队人员喝的咖啡的香味。我们不由想到，对佩特产生至关重要影响的文学前辈是不曾承认过的罗斯金和信奉快乐主义的幻象诗人济慈、创作《忧郁颂》的济慈。海明威也是济慈的弟子，他拥有诗人对感官即时体验及其终极内涵的激情，这在《永别了，武器》中表现得尤其突出。凯瑟琳·巴克利难道不是姗姗来迟的另一个美丽的忧郁女神，济慈“美呀，有着必死的劫数”的化身？海明威也颂扬忧郁女神的追随者，

他那勤勉有力的舌尖，
能使欢乐葡萄迸碎在灵敏口腔，
灵魂将会尝到她悲伤的力量，
336 立即束手就擒，在白云纪碑上高悬。[1]

《老人与海》

海明威的伟大之处在于短篇小说，他能够媲美任何一位短篇小说大师，无论拥有这个头衔的人是乔伊斯、契诃夫还是伊萨克·巴别尔[2]。至于他的长篇小说，即便是最好的《永别了，武器》，我们也不得不有所保留。《老人与海》是海明威晚期作品中最受欢迎的一部，但是天哪，这部中篇小说是一部无意中写就的自我戏仿作品，尽管与此前不久撰写的《过河入林》相比，自我戏仿的程度并未达到那么让人苦恼的地步。《老人与海》当中有一种温柔，一种微妙的柔情，这一点拯救了这部作品，不至于像《过河入林》那样自我放任。在接受乔治·普里姆普顿的采访时，海明威表达了对《老人与海》精练美学的自豪之情：

① 此处参考了汪剑钊所译，有改动。

② 伊萨克·巴别尔（Isaak Babel，1894—1940），苏联短篇小说家，犹太人，代表作为《红色骑兵军》。

> 《老人与海》的长度本来可以超过一千页，把村里的每一个人都写进去，还有他们如何谋生以及出生、受教育和生孩子等情况。在这方面其他作家写过非常精彩的作品。在创作中，你会受到成功先例的束缚。所以我努力摸索不同的写法。首先，我尽量删除无关的细节，专注于向读者传递人物的经历，读者读过之后，这经历便会成为他们自己的一部分，仿佛在现实生活中发生过。做到这一点非常难，我下了很大的功夫。
>
> 具体怎么做的姑且不谈，总之，这一次我的运气好得难以置信，我能够完整地传递人物的经历，使之成为前无古人的作品。我的好运就在于，我写了一个好男人和一个好男孩，最近的作家都忘记了他们的存在。还有就是海洋也跟人一样，值得写一写。这就是我的运气。我见过马林鱼交配，对此很了解。所以我没有把它写进去。我也在那片海域见过一群（或一队）抹香鲸，大概超过五十只。有一次，我用鱼叉叉了一头，差不多有六十英尺长，但还是让它跑了。所以我也没有把它写进去。但是构成冰山水下部分的正是这些知识。

不幸的是，《老人与海》不是像海明威所说的那样做了优雅有度的删减，而是篇幅太长。省略（或排除）的艺术的确是海明威最佳短篇小说中的一大优点。但是《老人与海》总是重复，令人厌烦，而且昭然若揭的是， 337
老渔夫桑提亚哥是海明威眼中理想化的自己，前者的思维恰似这位企图创作一部大作的小说家：

> 不过我就是没再走好运。可是谁知道呢？也许今天就要走运。今天又是一天啊。走运当然好。但是我宁肯把什么都安排得分毫不差。那么运气来到的时候，你也就有个准备了。[①]

① 本书中 *The Old Man and the Sea* 的译文均出自欧内斯特·海明威著，海观译：《老人与海》，上海，新文艺出版社，1957年。

桑提亚哥在寻思着那条大鱼的时候，更接近孤身一人追寻文学事业的艺术家海明威：

> 它的选择就是待在一切圈套、引诱和诡计都奈何它不得的黑黝黝的深水里。我的选择呢，就是到那什么人也没有到过的地方把它找出来。到那世界上什么人也没有去过的地方去。现在我跟它碰在一起了，从中午就碰在一起了。我和它谁也没有个帮手。

桑提亚哥先是与那条大鱼角力，然后与群鲨搏斗，在海明威的笔下，他的磨难让人联想到耶稣的苦难与成功。由于很难把桑提亚哥和海明威解除关联，这种关于桑提亚哥与耶稣的联想在美学上产生了相当不幸的后果，因为它会令读者尴尬。海明威心里充满着对信仰的渴望或怀念，至少从《太阳照常升起》开始，一直持续到创作生涯的最后一天。然而，如果说《老人与海》是一则基督教寓言，那么这部作品被作者赋予的意义超出了它的承载负荷。那条大鱼不是白鲸，也不是约伯的敌人；桑提亚哥喜爱那条大鱼，把它当成另一个自己。如果我们想要阐释那条巨大的马林鱼，又该如何解释作为耶稣的桑提亚哥呢？

威廉·福克纳称赞《老人与海》是海明威最优秀的作品，不过福克纳还认为托马斯·沃尔夫是20世纪最伟大的美国小说家。《老人与海》的故事远远谈不上是海明威最好的作品，也不可能既是关于基督教拯救的寓言，又是关于小说家成功的寓言，原因不是说两者不能兼容，更多的是因为如此喜欢重复、喜欢自我放任的一篇叙事无力承担这两个重任。《老人与海》过于多愁善感，或者说，情感肆溢，超出与客体相称的程度。海明威被他自己深深打动，致使他那著名的简洁风格让位给了非海明威特色的过度写作。展示在我们眼前的不是“重压下的优雅”，而更像是把海
 水当镜子自我陶醉的纳西索斯。

弗拉基米尔·纳博科夫
(1899—1977)

《洛丽塔》

精雕细琢、含蓄微妙的《洛丽塔》是一本创作出来让读者反复阅读的书，但是它持续的魅力是否与它复杂的构思相称，在我看来是存疑的。将纳博科夫与劳伦斯·斯特恩或詹姆斯·乔伊斯进行比较，对他几乎没有益处。博尔赫斯本质上是一个戏仿作家，与纳博科夫相提并论更合适。也许戏仿作家注定会厌恶弗洛伊德，而博尔赫斯和纳博科夫便是一贯地、无知地诋毁弗洛伊德的现代作家。

纳博科夫让读者百夸不厌的地方，是他作为文体家的成就。以下是《洛丽塔》中光彩夺目、永远闪耀的段落之一：

> 于是“梦淫狂”汉勃特又运筹帷幄，梦思萦绕，欲望和决心（这两样创造了生机勃勃的世界）的红日冉冉上升，越来越高；而在一连串的阳台上，一连串的浪荡子手举金樽，为过去和未来那香艳之夜的幸福干杯。接下来，打个比方，我将酒杯摔碎（这时我已为那些图景所迷醉并低估了我天赋的绅士气质）。我开始大胆地想象我将如何敲诈——不，这词语气太强——要挟大海兹同意我与小海兹相携相伴。我柔声威胁这可怜的溺爱的大菩萨，如果她阻挠我和我法定的继女相依相偎，我就要遗弃她。简而言之，在如此令人惊异的提议面前，在如此庞杂繁复的前景面前，我孤苦无助，就像早期东方历史预告片中的亚当一样，陶醉于他苹果园中的幻景。[1] 339

① 本书中*Lolita*的译文均出自弗拉基米尔·纳博科夫著，彭晓丰、孔小炯译：《洛莉塔》，杭州，浙江文艺出版社，1989年。部分译文略作修改。

这是一首瑰丽的散文诗，短短的篇幅中隐藏着整部小说。大声朗读这首诗，会带来令人震惊的愉悦，对它进行分析则带来另一种愉悦，更内敛、更持久。与其说汉勃特是“梦淫妖”，不如说是“梦淫狂”，他把个人肉欲的红太阳投射到了名副其实的海兹[①]母女身上，同时却借助汪洋恣肆、华丽过度的语言，避免引起我们的厌恶。还有什么比这句话更令人着迷、更令人回味的呢：“而在一连串的阳台上，一连串的浪荡子手举金樽，为过去和未来那香艳之夜的幸福干杯”？连用两个“一连串”实在是绝妙，产生了一种更为高级的天真效果，漫不经心中透着艺术气息，语言带来的愉悦多于感官处于极乐状态的实际可能性。汉勃特摔碎了闪亮的酒杯，打碎了白日梦的载体，目的在于绘制一幅性剥削的沉醉幻象，的确像极了不胜水果之气味的新亚当。

在《阿达》和《洛丽塔》中，纳博科夫提供的是几乎纯粹的语言狂欢，与洞见绝对没有必然关联。我认为他对弗洛伊德的憎恶沦为了对意义的恐惧，沦为一种需要，即需要防范多元决定的意义，一种势必扩展到无所不包的意义。在纳博科夫那里，记忆并不那么恐惧俄狄浦斯式的感情激烈程度，它更恐惧超出俄狄浦斯式家族范围的谱系。就这一点而言，纳博科夫有点像普鲁斯特，他最令人敬畏的前辈。《洛丽塔》给予我们的是变成了汉勃特的马塞尔和变成了洛丽塔的阿尔贝蒂娜；它试图用狡黠的戏仿取代崇高的尘世感伤；但不幸的是，这种戏仿不断地提醒我们，放下普鲁斯特的《追忆似水年华》，拿起纳博科夫的《洛丽塔》，对我们来讲是多大的损失。

* * *

早前约翰·荷兰德和莱昂内尔·特里林对《洛丽塔》的辩护围绕着一个一再坚持的观点：这是一个真实可信的爱情故事。如今没有人会指责《洛丽塔》是一本色情读物，我重读此书，还是会惊叹敏锐的读者竟然把它当成人类的爱情故事，因为汉勃特和洛丽塔简直不能算是对人的再现。他们是特意为之的漫画角色，与夏洛特·海兹、克莱尔·奎尔蒂一样具有寓言性质。他们是自我中心的梦魇，在美国的高速公路和汽车旅馆

① 海兹(Haze)，洛丽塔及母亲的姓氏，英文本意为雾霭。

里游荡，但更适合出现在《爱丽丝镜中奇遇记》和《猎蛇鲨记》[①]里。可怜的洛丽塔确实是一条蛇鲨，恰恰不是一只可怕的怪物（Boojum）。

纳博科夫和博尔赫斯一样，是最有文学色彩的幻想家，他从现实世界摄取的已然是打上纳博科夫式印记的一切。简·奥斯丁拥有强大的新教意志，对社会现实的兴趣赶得上如同有强迫型人格的德莱塞，但纳博科夫的社会现实随着俄国十月革命的爆发而彻底消逝。仰慕者辩护说纳博科 340
夫的作品是对现实的模仿，这其实是对他暴力相向。纳博科夫的天分在于扭曲的自我再现。普鲁斯特式的性嫉妒心理的激烈程度是否适合果戈理式的幻觉模式，这是一个相当大的问题，但是纳博科夫无所畏惧地没有等待一个答案。

“那么那个怪异的世界是什么？从这些看似无害的字里行间，我们不断瞥见那个世界的模样。在某种意义上，这就是那个**真实**的世界，但在我们看来却荒诞至极，因为我们习惯于看到挡住那个世界的舞台布景。”这是纳博科夫对果戈理的评论，或者说是纳博科夫对纳博科夫的评论。这不是汉勃特对汉勃特的评论。纳博科夫不可思议的艺术造诣使他拒绝与笔下的主人公混为一谈，但他把作者的声音给了充满喜感又孤注一掷地追求性感少女的汉勃特。“情欲狂的科学是精确的科学。”汉勃特说，而我们想到的是，这位科学家是纳博科夫，不是可怜的汉勃特。以下更加有名的一段声明证明了这一点：

> 我实在与所谓的“性”毫无瓜葛，任何人都能想象出这种动物的属性，引诱我的乃是一种巨大的欲望：一劳永逸地掌控性感少女危险的魔力。

汉勃特也许知道，色情“危险的魔力”如同十字架，将兽性与死亡交叉在一起；纳博科夫肯定知道，尽管他如此粗鲁地将最杰出的现代知者弗洛伊德拒之门外。然而，在我们这个时代，拒斥弗洛伊德不是一个可能的选项；《洛丽塔》第二部整个都是对《超越唯乐原则》的无意识重复。死亡本能——内驱力来自一种消极的力比多，弗洛伊德曾不太认真地想

① 两者都是英国童话作家刘易斯·卡罗尔（Lewis Carroll, 1832—1898）的作品。

命名为“破坏欲”(destrudo)——通过汉勃特的黑暗第二自我及掠夺者克莱尔·奎尔蒂,完全控制了汉勃特。弗洛伊德是现代想象力最伟大、传播最广的代表,但纳博科夫拒绝与弗洛伊德掺和,注定只能重复弗氏的双重本能神话:爱本能——汉勃特;死亡本能——奎尔蒂。整个《洛丽塔》第二部不是一部戏仿,而是变成了一部弗洛伊德式寓言,与欢乐的第一部比起来,精彩程度大打折扣。

汉勃特谋杀了奎尔蒂,这是《洛丽塔》中最古怪,也最没有说服力的情节。每一个人物都是另一个人物“熟悉而无害的幻觉”,汉勃特笨手笨脚地处决了第二自我,把这本书瞬间提升到了梦魇的高度。在小说的结尾,汉勃特再次提及奎尔蒂,这并非偶然:

> 不要去怜悯克莱尔·奎尔蒂。在他和汉勃特·汉勃特之间总
> 341 该有所选择。要让汉勃特·汉勃特至少再多活几个月,这样他就能让你永存于后代人的心灵中了。现在我想起了现代欧洲的野牛和天使,永不变色的颜料的奥秘,预言式的十四行诗,艺术的庇护所,这是你和我能分享的唯一不朽之物,我的洛丽塔。

在我看来,上面这段话**听上去**不像是汉勃特说的。很显然,纳博科夫篡夺了结尾这些话的语调,解释他为何没让奎尔蒂杀了汉勃特。我觉得后者是一个更好的结局。在这最后的语调里,我没有听出来疏离和幽远,而是一种试图恢复第一部氛围的努力;很可惜的是,这种氛围全被第二
342 部中汉勃特的忧伤和狂乱淹没了。

安德烈·马尔罗
（1901—1976）

《人的境遇》

《人的境遇》（1933）被公认为安德烈·马尔罗的重要小说。1987年，重读这本小说是一种模棱两可的体验，此时距该小说纪念的1927年上海工人起义已经过去了六十年。你不必担心它只是一部时代性作品；它是一部成熟的悲剧，拥有这一文学体裁所要求的美学尊严。让人有点失望的是它过度的抽象性。马尔罗对自己的写法可能是有点太清楚了。重读福克纳总会惊喜不断，他的作品通常有一种艺术难以企及的优雅。马尔罗的小说精简艺术令人钦佩，但是结果多少有点概略化。明晰可以算是小说的一种优点，透明却让我们伤心，因为作品给我们留下了一种单薄的印象。

《人的境遇》中，理想主义的革命者足够让读者信服，他们甚至是典范。但是，正如马尔罗笔下的所有主人公，他们感觉像是跟在他们的启发者身后，形象打了不少折扣；他们不是先驱，而是姗姗来迟的革命模仿者。马尔罗的主人公们刻意地通过直面死亡追求力量，进而达成不同程度的交融或独处。他们在小说中的模板是陀思妥耶夫斯基或康拉德笔下那些执迷不悟的人。《人的境遇》经不起与《诺斯托罗莫》的比较，更不用说和陀思妥耶夫斯基那些极度焦虑的叙事相比较了。马尔罗的作品中没有原型，没有强大的革命者——他们等同于强大的诗人，而不是哲学家。杰弗里·哈特曼曾为马尔罗辩护，称他为悲剧家，认为《人的境遇》的主人公理解尼采的永恒轮回概念，并将其人性化： 343

> 悲剧情感的产生最纯粹的方式不是通过繁衍生命……而是通过对死亡机遇及独特的致命行为的不断重复实现的。像陈和他的同伙裘及卡托这样的主人公，死了不止一遍。

然而这是尼采哲学讨论的问题吗？这是尼采哲学中对力量的检验吗？马尔罗的主人公具有理查德·罗蒂[①]继尼采之后提出的“自我的偶然性”吗？他们全心欣赏自己的偶然性吗？以下是罗蒂对尼采透视法学说这一重要方面的总结：

> 他的透视法学说相当于承认，对于宇宙万物而言没有一个可以获知的、确定长度的清单。他希望，一旦我们意识到柏拉图的“真实的世界”只是一个寓言，我们就会在死亡的时刻寻求慰藉，慰藉的源泉不是我们超越了作为动物的境遇，而是我们成为这种特殊的濒临死亡的动物，这种动物用自己的术语描述自己，从而创造了自我。

尼采明白政治革命者更像是哲学家，而非诗人，因为革命者也坚信人的境遇只有一个正确的分析。马尔罗的主人试图逃脱偶然性，而不是像强大的诗人那样，接受偶然性，然后将它据为己有。虽然《人的境遇》及马尔罗其他作品中的主人公一直不断地思考死亡(即便只是为了获得一种存在感)，但他们从未成功地完全用自己的术语来描绘自己。这是一条线索，表明马尔罗作为小说家的终极不足，他最终没能让自己跻身司汤达、巴尔扎克、福楼拜、普鲁斯特等法国小说界的大师之列，抑或陀思妥耶夫斯基、康拉德和福克纳等他最崇拜的国际小说家之列。我们会这样说司汤达和巴尔扎克的小说主人公吗：征服他们的死亡“只不过象征着最终的自我疏离”？哈特曼的评论对马尔罗的主人公是有效的，但不适用于司汤达和巴尔扎克笔下的人物。

马尔罗是一位卓越且谨慎的评论家，他曾针对盖坦·皮贡[②]敏锐的评论为自己辩护。盖坦·皮贡说：“马尔罗不像巴尔扎克或者普鲁斯特，他从不试图让每个人物拥有自己的声音，从不试图让每个人物摆脱创作者的控制。”马尔罗如此回应：“人物的自主性，给予每一个人物的特定词汇都是虚构行动的有力技巧；但它们不是必备的……我认为小说家不一定要创造**人物**；他必须要创造一个特定的、连贯一致的世界。”《人的境遇》

---

① 理查德·罗蒂(Richard Rorty，1931—2007)，当代美国有影响的哲学家、思想家，美国新实用主义哲学的主要代表之一。

② 盖坦·皮贡(Gaetan Picon，1915—1976)，法国散文家、艺术批评家。

无疑创造了这样一个世界；但裘、卡托、吉索尔和其他人没有摆脱马尔罗 344
的控制，从小说中走出来，而且他们所有人说的话听起来十分相似，因而不足以构成人物形象，这算不算缺憾呢？我重读完《诺斯托罗莫》，念念不忘的是那个浮夸惹眼的工长；我放下《我弥留之际》，挥之不去的是达尔·本德伦个人的声音。但是裘和卡托让我觉得没什么可思考的，吉索尔和费拉尔说话的语调变化和词汇都一样。命运或偶然性一直抗拒被马尔罗的主人公们据为己有，他们从未公然反抗或成功摆脱他们的创造者。

不管马尔罗怎样为自己辩护，笔下人物的雷同构成了明确无误的美学局限。创造拥有独特声音的多样化的人物个体，然后展示他们不能互相交流，这是一码事。而通过如此之多的人物来再现作者如此之多的侧面，所有人物说的都是作者的话，然后展示他们无法同其他人真正对话的死寂，这又是另外一码事。马尔罗将死亡同偶然性混淆在一起，他犯的是一个哲学家的错误，而不是一个强大的小说家的错误。

也许就是因此，马尔罗所有小说中的女性人物都是令人不快的再现失败案例。乌纳穆诺[1]曾嘲笑道："所有的女人都是同一个女人"，这正是马尔罗小说的写照。一个如此专注于抽象"男性"而非具体"男人"形象的小说家不可能创造出多种多样的女性形象。

《人的境遇》确凿无疑地捕捉住了生命的悲剧感，这一点弥补了这部小说人物雷同带给读者的失望。在马尔罗这里，悲剧不是个人的悲剧，而是社会的和文化的悲剧，文化的悲剧尤为重要。马尔罗的马克思主义一直流于表面，幸而他的唯美主义却深刻厚重。《人的境遇》中，主人公的悲剧必然是迟来的悲剧，这与理想主义者在革命历史中如此滞后的地位相称。这就是为什么要展示吉索尔对学生的教导："马克思主义不是一种教条，而是一种**意志**……一种想要认识自己的意志……想要去征服而不必出卖自己的意志。"随着一种艺术传统变得越来越古老，想象力和意志便无法区分开来；同样，随着革命传统进入后期，意识形态也融入了意志之中。悲剧是意志的事务，不是教条的事务。裘和卡托在意志中死去，因而获得了悲剧的尊严。吉索尔，小说中头脑最好的人，在小说结尾前的几页中替马尔罗做了总结：

---

① 乌纳穆诺（Miguel de Unamuno，1864—1936），西班牙作家、哲学家。

> 她沉默了片刻：
>
> “现在，他们死了。”她终于开口道。
>
> “梅，我仍然这样想。是其他的事……卡托的死不只是悲痛，不只是改变——这是……一种蜕变。我从未过多地爱这个世界：
> 345 是卡托让我与男人有了联系，他们是通过他在我这里存在……我不想去莫斯科。我在那儿会教得很差劲的。马克思主义在我心里已经不再存活了。在卡托眼中，那是一种意志，不是吗？但是在我眼中，那就是一种致命性，而以前我发现我可以和谐地和它共处，是因为我对死亡的恐惧能与致命性相处得很好。梅，我心里几乎没有什么恐惧了；自从卡托死了，我就对死亡不在乎了。我自由了（自由了！……），不再受死亡的束缚，也不再受生命的束缚。我去那儿做什么呢？”
>
> “重新改变，也许。”
>
> “我没有其他儿子可以失去了。”

意志与致命性的区别正是儿子与父亲、行动者与理论家、后来者与先行者之间的区别。对马尔罗而言，这是一种美学上的区别，而不是一种心理上的或者精神上的差异。作为小说家，马尔罗并没有偏向这组二元对立中的任何一方，这种不偏不倚既是他的叙事优势，也是他的再现不足。他在我们想要更多的地方，想要通向不同于我们，甚至不同于他的意识的地方，给了我们力量和事件。作为艺术理论家，马尔罗出色地领会了偶然性，作为小说家，他却受其折磨。他发现，创造者必须利用先驱的语言来创造自己的语言，但是他没有能力将这个发现付诸实施。《人的境遇》是一部值得铭记的悲剧，但没有留下值得铭记的人物。或许这部作品的幸
346 存是对马尔罗自身悲剧的证明，作为创作者的悲剧。

约翰·斯坦贝克
(1902—1968)

约翰·斯坦贝克已经去世十八年了，尽管作为小说家他仍广受欢迎，他在评论界的声誉却大不如前。他得到的荣誉多种多样，包括诺贝尔文学奖和美国自由勋章。他最好的长篇小说出现在创作生涯的早期:《胜负未定》(1936)、《人鼠之间》(1937)、《愤怒的葡萄》(1939)。之后的作品，包括《伊甸之东》(1952)，都经不起重读。记录一下有好处：从美学及历史的角度来讲，重读他的三部主要作品都是一种珍贵的体验。

《人鼠之间》是一部短小精悍的作品，其实是一部中篇小说，仍保持着相当强烈的艺术感染力，尽管其浓重的感伤情调令艺术感染力大打折扣。不过如今来看，可以相当肯定的是，《胜负未定》是一部时代性作品，社会历史学家对它的兴趣大过文学评论家。《愤怒的葡萄》仍然是斯坦贝克最有名，也最受欢迎的长篇小说，但也是一部存疑的作品，很难下定论。作为故事，或者说作为编年史，这部作品缺乏创造性，也没有令人信服地再现出人物的内在人性。它那摇摆不定的艺术感染力来源于他处，即一种古怪的对《圣经》内容和文体的美国本土化。这在惠特曼和海明威的作品中有精彩的体现，但在斯坦贝克的作品中良好的效果似乎只是断断续续地出现。

《愤怒的葡萄》

斯坦贝克与他的可比对象海明威在时间上太接近，后者只比他早出生三年，却是他真正的前辈，这一点对斯坦贝克造成了不利的后果。我认为，斯坦贝克的美学问题**正是**海明威，后者的身影总是在太近的地方盘旋。仔细读一读《愤怒的葡萄》的开头： 347

> 俄克拉何马的红色原野和一部分灰色原野上，最近不紧不慢地下了几场雨，雨水并未冲裂结了一层硬壳的土地。耕犁在雨水流过的印迹上来回地划了一列列的犁沟。最近这几场雨很快就催起了玉米，并使大陆两边到处长出了野草，于是灰色原野和深红色原野开始呈现一片绿色。五月下旬，天空渐渐变成灰白，入春以来，长久悬在高空的一团团浮云消散了。太阳天天逼射着成长中的玉米，使每一片绿色托叶的边缘上都出现了棕色线条，并逐渐扩展。天上的云出现后又飘散了，有一段时间再也不见影踪。野草为了保护自身的生存，变成了深绿色，再也不蔓延了。地面结了壳，一层薄薄的硬壳。天空变成灰白，大地也跟着变成了灰白，红色的原野变成了淡红色，灰色的原野变成了白色。
>
> 在雨水冲成的沟渠中，细土像流水似的直往下滚。土拨鼠和蚁狮一活动，尘土就像雪崩似的坍了下来。酷烈的太阳天天照射着，稚嫩的玉米叶子没有原先那样坚挺了，这些叶子起初变成弧形，随后因为叶脉逐渐虚弱的缘故，每片都斜倒下去。后来到了六月，阳光更为酷烈。玉米叶子上的棕色线条扩展到了叶脉上。连野草也蔫了，叶子朝根部耷拉下来。空气稀薄，天色更加灰白；大地也一天比一天变得灰白。①

这与其说是受欧内斯特·海明威影响的《圣经》文体，不如说是斯坦贝克所理解的《圣经》文体中吸收进来的海明威风格。单音节词汇基本上不是《圣经》英王钦定本的风格，但确定无疑是海明威的风格。接下来我几乎是从《太阳照常升起》中随机抽取几段：

> 我们穿过一座小镇，在一家旅店门前停下，司机装上几件包裹。然后我们又上路，驶出小镇，公路开始向山上攀登。我们穿行在庄稼地里，这里有岩石嶙峋的小山岗，山坡朝下没在地里。庄稼地沿山坡向上伸展。现在我们爬得比较高了，风儿摆动着庄稼。大路白茫茫的满是尘土，尘土被车轮扬起，弥漫在车后的空中。公路攀登上山，

① 本书中 *The Grapes of Wrath* 的译文出自约翰·斯坦贝克著，胡仲持译：《愤怒的葡萄》，上海，上海译文出版社，2004年。

> 把长势茂盛的庄稼地抛在下面。现在光秃的山坡上和河道两侧只有 348
> 零星的几块庄稼地。车子急剧地闪到大路边，给一长列由六头骡子组成的队伍让道，骡子一头跟着一头，拉着一辆满载货物的高篷大车。车上和骡子身上都是尘土。紧接着又是一队骡子和一辆大车。这一车拉的是木材，我们开过的时候，赶骡的车夫向后一靠，扳上粗大的木闸，把车刹住。在这儿一带，土地相当荒芜，满山顽石，烤硬的泥土被雨水冲出道道沟壑。
>
> 汽车沿公路不断地向上爬。山地荒芜贫瘠，大小岩石破土突出。路旁寸草不长。回头看，只见山下展现一片开阔的原野。在原野后面遥远的山坡上是一块块翠绿和棕黄色相间的田地。褐色的群山同天际相连。山形奇特。每登高一步，天际群山的轮廓也随之而改变。随着汽车沿公路缓缓攀登，我们看到另一些山峦出现在南边。公路接着越过山顶，逐渐转为平坦，驶进一片树林。这是一片软木槲树林，阳光穿过枝叶斑斑驳驳地射进来，牛群在树林深处吃草。我们穿过树林，公路顺着一个高岗拐弯，前头是一片起伏的绿色平原，再过去是黛色的群山。这些山和那些被我们甩在后面的被烤焦了的褐色山峦不同。山上树木丛生、云雾缭绕，绿色平原朝前伸展着，被栅栏割成一块块，两道纵贯平原直指北方的树行之间显现出一条白色的大道。当我们来到高岗的边缘，我们看见前边平原上布尔戈特的一连串红顶白墙的房屋，在远处第一座黛色的山岗上，闪现出龙塞斯瓦列斯的修道院的灰色铁皮屋顶。[1]

这里，海明威对巴斯克乡地貌的描写是明显的白描，刚开始似乎用了古怪的干巴巴的语气，不带任何显著的情感，平淡无奇。但是细读之下才发现，这种文体本身便是一个隐喻，喻指一种激情和一种有点防范又追求细节的怀旧心理。肥沃的土壤与荒芜的地面、长满树木的小山与被太阳烤硬的群山之间的反差是一个修辞格，意指杰克·巴恩斯失去的性能力，
还有一个更大的意义，即失去的生活的可能性。斯坦贝克效仿海明威，可 349

① 译文出自欧内斯特·海明威著，赵静男译：《太阳照常升起》，上海，上海译文出版社，1984年。

惜只是东施效颦。他给了我们一个俄克拉何马干旱尘暴区的想象图景，效果不错，但它只是一种熵已经开始蔓延的地貌。它具有社会学意义和经济学意义，然而作为一个关于失去的幻象，缺少精神层面和个人层面的情感烈度。斯坦贝克的《圣经》文体比海明威的更明显，而且过于明显。我们觉得《圣经》借景抒情的笔法已经照着海明威的笔法死而复生，但很少照着斯坦贝克的笔法。

如果斯坦贝克不是一个具有原创性的，甚至不是一个合格的文体家，如果他在编排情节方面缺乏技巧，在人物模仿方面缺乏感染力，那么他的作品里面还剩余什么，只有在国内外人数众多的中产阶级自由主义者当中相当稳定的受欢迎度？当然，他追求的艺术高度超出了他的美学造诣。如果文学的崇高美，或者说对最高地位的争夺，涉及说服读者为了难度更高的愉悦而放弃简单的愉悦——的确如此，那么斯坦贝克应该审慎起见，避开爱默生的美式崇高美，然而他没有避开。他想两者兼得，结果撰写的每部作品都陷入突降法的窠臼，连《人鼠之间》和《愤怒的葡萄》都不例外。

不过，斯坦贝克具有崇高型作家（尤其要包括他的前辈惠特曼和海明威）的很多合理冲动。和他们一样，斯坦贝克研究怀旧心理，研究美国人从不曾拥有的本土源泉；和他们一样，斯坦贝克保持着深切的希望，希望美国人都是简单自然的人。但与惠特曼、海明威和这一美国传统的源头爱默生不同，斯坦贝克对文学反讽的微妙之处毫无感觉。和他的前辈一样，斯坦贝克读了爱默生的散文《超灵》，但他理解的完全是字面意思。爱默生头脑最灵活的时候大多是作为唯心主义者的时候，他尖锐地称自己的信条："就是那**统一**，那**超灵**，每个人独特的存在包含在其中，并且跟别人的化为一体。"爱默生认为，那并不需要牺牲每个人独特的存在，也几乎算不上是社会行动的计划：

> 我们连续地生活，分散地生活，部分地生活，点点滴滴地生活。同时，人身上却有着整体的灵魂……
>
> 灵魂识得的只有灵魂；其他的一切都是供她穿戴的无用野草。

一直以来都有左倾的爱默生信徒，比如惠特曼和斯坦贝克，还有右倾的，比如亨利·詹姆斯和华莱士·史蒂文斯。爱默生自己则是小心翼翼地站定左倾温和派，回避任何其他的立场。社会行动也是一种连续的、分散的、部分的、点点滴滴的事件；如果“灵魂识得的只有灵魂”，那么灵魂不可能了解信条，甚至不可能了解人类的苦难。斯坦贝克是一位非常 350
关注社会的左派作家，他把《愤怒的葡萄》的信条建构在吉姆·凯西对爱默生幻象的字面解释上：“也许所有的人有一个大灵魂，那是大家所共有的。”斯坦贝克赋予了凯西一种汹涌澎湃的口才，足以感动爱默生；凯西在成为殉道者之际，说出了他作为演说家的墓志铭：“他们以为我是个头儿，因为我说话说得特别多。”他是一个头儿、俄克佬摩西，对于这样一个胸怀“出埃及记”的幻象大师来说，他死得其所。

我自己重读《愤怒的葡萄》的体验依然令我感到不安。斯坦贝克不是我们这个世纪不容忽视的美国小说家之一；不能把他与凯瑟、德莱塞、福克纳、海明威和菲茨杰拉德、纳撒尼尔·韦斯特、拉尔夫·埃里森、托马斯·品钦相提并论。然而，如果正典的标准把《愤怒的葡萄》排除在严肃读者推崇的范围之外，那么这种标准也不值得尊重。充满同情心的叙事直接探讨那个时代的重大社会问题，这本身便是一项坚实的成就，不容漠视。在一部文学叙事里，人性的力量——不论如何铺陈——是否也具有美学价值，这是文学批评难以定夺的重大问题之一。我们也许希望《愤怒的葡萄》在情节方面或在人物刻画方面都采取另一套写法，但是智慧引导我们对这部小说仍在流传心存感激。

《人鼠之间》

已故的安东尼·伯吉斯称赞《人鼠之间》是“一部优秀的中篇小说（或者说一部带有超长舞台说明的戏剧），之所以成功，是因为它敢于挑战感伤情调”，这是一个职业作家对另一个职业作家令人感动的致敬。重读《人鼠之间》，它的精练文笔与强烈情感仍然给我留下了印象，这两点具备实实在在的文学感染力，但那种感伤情调有时候让我觉得多余。这部作品被称为达尔文主义小说和自然主义小说；尤金·奥尼尔的戏剧作品和西奥多·德莱塞的长篇小说中都有戏剧悲情成分，这部作品也有。现实是严酷的，最终也许难以承受；梦境与妄想足以促人前行。乔治和莱尼共有一个毫无希望的梦想，即拥有一个他们自己的农场；在农场里，乔治可以帮助本意良好但容易招灾的莱尼避免麻烦和悲伤。几个评论家已经注意到，这是斯坦贝克作品中一再出现的对于失去的伊甸园的梦想之一；尽管可悲的是这个梦想不切实际，它仍永远具有诱惑力。

如同奥尼尔和德莱塞的作品，斯坦贝克笔下的男主人公深受焦虑的困扰，这种焦虑其实是一种极其严重的孤独。斯坦贝克虽经常借鉴
351 《圣经》文体，《愤怒的葡萄》尤甚于《人鼠之间》，但他根本不是一个宗教作家，不论性情还是信仰都不是。他那沉重的自然主义非常接近于宿命论：莱尼的致命之处是他的天性，他重感情，喜温柔，好童趣，但由于孩子气的困惑与防范，他会表现出让人无法承受的暴力倾向，近乎残忍。谁又能做什么来拯救莱尼呢？乔治有责任感，有爱心，还是没能把莱尼保护周全；显然，甚至连送往社会收容机构也不能挽救斯坦贝克笔下最悲惨的自然人。于是，斯坦贝克这个悲伤寓言的重负便回到了作家自己身上：作家给我们讲了这样一个多元决定论的故事，给作为小说家的他带来了什么？作为读者的我们听他讲这个故事，我们又得到了什么？《人鼠之间》尽管具有戏剧价值，却又无法与奥尼尔最好的作品相比。乔治与莱尼的兄弟情谊里有真实的尊严，但与德莱塞最强劲的叙事作品《嘉莉妹妹》和《美国悲剧》里主要人物的强大人性相比，他们之间的情谊似乎发育不良。显然，《人鼠之间》有永恒的价值，恰如《愤怒的葡萄》，尽管这部中篇小说缺乏后者这部斯坦贝克主要长篇小说的社会力量。乔治和莱尼以及与他们一起游荡的农场工人体现出坚忍的极简主义，是这种极简主义建构出了一个让人难忘的人性价值意象吗？

斯坦贝克憎恨海明威，因为他欠海明威太多，不仅在文体方面，在对自然人——既无法融入社会，也承受不了孤独——美学价值的看法方面也是如此。《人鼠之间》中的反向影响似乎来源于创作《喧哗与骚动》的福克纳，尤其是可怜的莱尼身上，有着心善的白痴班吉的影子。将福克纳与斯坦贝克做比较，势必会对后者不利，福克纳神话一般的创造力和始终高超的人物刻画技巧打败了他。然而，《人鼠之间》有一种神话品质，文本清晰地表明，从根本上讲，莱尼与乔治代表的是比他们的自我及相互关系更重大的层面。他们触及了永恒，因为他们的相互关爱给予了彼此力

量。这种关爱拯救不了莱尼，却迫使乔治处决了这位朋友，为的是使他免受暴民可怕的暴力伤害。然而，这种关爱并未随着莱尼死去而消失；施琳认识到了它的高贵与价值，这是《人鼠之间》最终的态度，也是读者充分认可的态度。352

纳撒尼尔·韦斯特
(1903—1940)

《寂寞芳心小姐》

1940年，纳撒尼尔·韦斯特因车祸去世，年仅三十七岁，他创作了一部终生无憾的杰作《寂寞芳心小姐》(1933)。尽管有一些令人瞠目的段落，《蝗灾之日》(1939)只是一部赞誉过度的作品，是对韦斯特天资的浪费。两部次要的小说中，《鲍尔索·斯奈尔的梦幻生活》(1931)污秽、恐怖，偶尔几个段落有一股腐臭的魔力，而《难圆发财梦》(1934)作为对美国流浪汉小说肆无忌惮的戏仿，却是一部永恒的美国讽刺作品，在我看来，批评界低估了它的价值。因此，说韦斯特的作品水平不均是一个间接肯定法；他狂野地揽精彩段落与蹩脚文字于一身，但《寂寞芳心小姐》是个例外，后者战胜了《太阳照常升起》《了不起的盖茨比》，甚至于《圣殿》，成为现代美国小说中否定性幻象的完美体现。处于巅峰状态的福克纳写出了《喧哗与骚动》《我弥留之际》《押沙龙，押沙龙！》《八月之光》，可以说是20世纪唯一一位超越了《寂寞芳心小姐》成就的美国小说家。韦斯特的灵魂在《拍卖第四十九批》和《万有引力之虹》的部分段落中复活，但是《寂寞芳心小姐》的否定性崇高美是品钦无法企及的高度，或者说，是他无意企及的高度。

韦斯特，本名纳森·维恩斯坦(Nathan Weinstein)，是犹太诺斯替教漫长而充满痛楚的历史上的重要一章。已故的格肖姆·肖勒姆在《犹太教中的救世主理念》中的优质论文《以罪施救》是我所知道的对《寂寞芳心小姐》的最好评价。我曾经试图把我的这个观点告诉肖勒姆，我对他说韦斯特显然是一个犹太反犹分子，并承认其作品里没有提及犹太人的秘传宗
353 教和卡巴拉，而肖勒姆只是耸耸肩，从他的角度来看，他的反应也在情理之中。然而，从文学批评的立场来讲，由肖勒姆定义的犹太诺斯替教是研究

韦斯特小说最有启示的语境。韦斯特根本不愿意在任何方面表现出犹太人的特征，然而从美学角度和道德角度来看，他却是最无可争议的美国犹太作家，这是一个令人忧伤的悖论。贝娄、马拉默德、菲利普·罗斯、梅勒或奥齐克[①]的作品没有一部的成就赶得上《寂寞芳心小姐》。韦斯特的犹太弟子——如果他有的话——也许是哈罗德·布罗德基，后者最近发表了《女人与天使》，节选自他正在创作的一部鸿篇巨制，可看作是犹太真知的另一个强有力的例证，摆脱了韦斯特对自身犹太属性的仇恨。

斯坦利·埃德加·海曼在关于韦斯特的小册子（1962）里，下了这样的结论："他的长处在于他的庸俗和低级品位、他的悲观主义、他的恶毒。"海曼是最有利用价值的韦斯特专家，但我要修正他的这个观点：韦斯特作品中的这些品质源自一种否定性神学，地道的精神内涵，因韦斯特雄辩一般的否定而获得了美学尊严。韦斯特很像他笔下最精彩的人物施拉克，是一个关于深渊的雄辩家，属于肖勒姆以大师的笔法详细阐释过的沙巴泰派虚无主义传统。我们会想到这些理念："对托拉的违背成了对它的一种成就，恰如一颗麦粒必须烂在地里"；或者雅各·弗兰克说的："如今我们都有义务进入深渊。"沙巴泰信徒和弗兰克信徒的弥赛亚情结如此强烈，结果形成了一种孤注一掷、歇斯底里、野蛮凶残的语调，预示着韦斯特非常地道的宗教作品《寂寞芳心小姐》。这是一部犹太特点非常浓厚的作品，但这种犹太特点只体现在它的否定性上，尤其是对犹太教这一标准论断的否定：万事万物，生命也好，文本也好，都具备总体意义。《寂寞芳心小姐》的故事发生在弗洛伊德的世界里，这个世界的基本假定是：一切均已发生，没有重新发生的可能，因为总体意义已经产生，然后却被压抑或否定。这部作品带着否定的犹太性，也带着否定的美国性。寂寞芳心小姐是一个失败的沃尔特·惠特曼（因此小说里面的瘸子被命名为彼得·道尔，惠特曼可悲的朋友），对施拉克那非常具有美国特色的撒旦而言，他是堕落的美国亚当。尽管后来有评论家提出不同见解，我仍然认为海曼的论点有说服力：这部作品的性心理凸显的是施拉克与寂寞芳心小姐之间被压抑的同性恋关系。海曼有一个弗洛伊德式的论点：《寂寞芳心小姐》中所有的苦难从根本上说是女性的。这个论断似乎站得住脚，让我

① 辛西娅·奥齐克（Cynthia Ozick，1928—　），美国犹太作家。

们想起弗洛伊德的观点:“女性气质的受虐狂”大多出现在男人之间。施拉克是一只伯劳鸟,将他的受害者寂寞芳心小姐钉在基督的荆棘上,两者都是“女性气质的受虐狂”的具体体现。如果寂寞芳心小姐接近于病态
354 的疯狂,那么折磨施拉克的是宗教瘾病,一种可怕的对上帝的怀念心理。

这部作品在文体方面尖酸的否定性导致形成了一种蔚然可观的精练风格,基本上每一句话都算数,不止一种意义上的“算数”。弗洛伊德的“否定”涉及认知意义上的压抑的复现,这里的方式是韦斯特自我投射为施拉克,倾吐而出但并未否认。同样的弗洛伊德式过程依靠一种情感上的压抑的持续,这里韦斯特借助的是自我内向投射为寂寞芳心小姐,涉及韦斯特的信仰无能以及被他否认的爱无能。可怜的寂寞芳心小姐在书里没有其他名字,甚至在此书开篇之前,他便已被施拉克撒旦式修辞的力量所摧毁。然而,施拉克已经首先摧毁了自己,因为没有人能抗得住施拉克尖锐言辞所造成的持久恐怖,实可称之为韦斯特的恐怖:

> “我是个大圣人,”施拉克嚷道,“我能在自己的水上行走。你们曾听说过施拉克在小餐馆的受难和在冷饮店的痛苦吗?随后我拿耶稣身上的伤口和我们家积蓄零钱一样积蓄我们零碎罪孽的神奇钱包做比较。这真是个了不起的想法。可是现在,让我们仔细研究一下,我们自己身上的洞,以及这些天生的伤口所通向的一切。在人的皮肤底下,是一座奇妙的莽林,在那里血管像茂盛的热带植物似的悬挂在过于成熟的器官旁,野草似的内脏红黄相间,缠结在一起蠕动。就在这座莽林里,从岩灰色的肺飞到金黄色的肠子,从肝飞到眼睛又飞回到肝,有一只叫作灵魂的鸟儿。天主教徒想用面包和酒猎取这只鸟,希伯来人想用金尺,拖着铅一样沉重的双脚的新教徒想用铅一样沉重的言辞,佛教徒想用姿态,黑人想用血。我呢,用唾沫吐他们全体。呸!我也号召你们吐。呸!你们会剥制鸟儿吗?不,亲爱的听众们,剥制动物标本不是宗教。不!一千个不!我要告诫你们,在身体莽林里的一只活鸟要比图书馆阅览桌上两只剥制的鸟好得多。”①

① 本书中*Miss Lonelyhearts*的译文均出自纳撒尼尔·韦斯特等著,施成荣译:《伤心小姐及其他故事》,西安,陕西人民出版社,1988年。这里将“伤心小姐”的译法改为“寂寞芳心小姐”。

我总是把上面这个精彩的段落与韦斯特作品的中心主题联系起来：对拯救的弥赛亚式渴求，如果必要的话，以罪施救。韦斯特的幽默几乎都是末日启示录式的，其幽默的风格很有原创性，但在他去世之后已产生那么大的影响，以至于我们难以分辨他的原创性有多强。原创性成了一个难题，即便是喜剧作品中的原创性也是如此。我们如何解读那个没有鼻子的十六岁女孩写给寂寞芳心小姐的最离谱的信？ 355

> 我一天到晚坐着看我自己，哭个不停。我脸部中央有个大洞，不说别人，连我自己看了都害怕，因此我不能责怪那些男孩子不肯带我出去。我母亲很爱我，但她一仔细瞧我，就要嚎啕大哭。
>
> 我到底干了什么了，竟注定遭这可怕的恶运？即使我做过些坏事，我也不可能在一岁前做出来，而我却是一生下来就那副模样。我问过我父亲，他说他不知道，但我可能在前世干了什么坏事，或者也许我正为他的罪孽受到惩罚。我不相信这一点，因为他是个好人。我应不应该自杀。
>
> 您的忠诚的，
> 绝望的人

对于怪诞的苦难，防御性大笑是一种复杂的反应。在1928年的一篇关于幽默的文章中，弗洛伊德得出这样的结论：超我对受到惊吓的自我说着亲切、体贴的话语，这种言说便是幽默，弗洛伊德称之为“自恋的胜利，自我以胜利的姿态宣告自身的刀枪不入”。显然，弗洛伊德的“幽默”不包括韦斯特的方式。读着“绝望的人”写下的“我到底干了什么了，竟注定遭这可怕的恶运？”我们的自我明白，它始终处于挫败的状态，或者至少莫须有的恐怖会伤害到它。韦斯特的幽默**没有任何**解脱性元素，它是一种恐高症幽默，摇摇欲坠于古老诺斯替教称为虚己亏空——宇宙空虚——的边缘。

* * *

施拉克，韦斯特笔下无与伦比的撒旦式诱惑者，在小说的中段登上了人生的顶峰，此时是小说十五个画面中的第八个，有一个准确的章节名称：“迪斯默尔沼泽中的寂寞芳心小姐”。寂寞芳心小姐被绝望击倒，躺在床上，醉酒的施拉克闯了进来，大喊大叫着他那最精彩的套路言辞，当然也是现代美国小说中最精彩的长篇大论。施拉克罗列着寂寞芳心小姐逃出迪斯默尔沼泽可能采用的方法，张口便是对D. H. 劳伦斯后期作品的华丽戏仿，《羽蛇》和《死去的人》中的活力论被铺陈成了华丽的荒诞，一股沉重的性欲掩盖了施拉克对性无能的撒旦式恐惧：

> “你厌倦了城市和它众多的人口。人们过着庸庸碌碌、尔虞我诈的生活，你的精神世界一片荒芜，你再也忍受不下去了。公共汽车
> 356 太慢，地铁太拥挤。那你怎么办呢？你去买一个农场，不戴硬领和领带，跟在潮湿的马屁股后面耕你那广阔的田地。你翻起肥沃的黑色土壤，风儿把松树和肥料的香味吹遍田野，一种很古老、很古老的工作节奏进入了你的灵魂。随着这个节奏，你在种玉米和土豆的田垄间播种，哭泣，追逐你的牛马，而不是追逐你的亲属和同类。你的脚步变成了一个被舞蹈迷住了心窍的印第安人淫荡的沉重脚步，你把种子踩入阴性的土地。你播种的不是龙牙而是蔬菜植物。”

寂寞芳心小姐报以沉默，施拉克转而戏仿梅尔维尔的《泰皮》和《欧穆》，还有萨默塞特·毛姆在《月亮与六便士》中塑造的高更[①]。

> “你跟国王的女儿一同住在一间茅屋里，那是个年轻的窈窕处女，眼里凝聚着古老的智慧。她的乳房像有斑点的金黄色鸭梨，她的肚皮像西瓜，她身上的气味像莽林里的羊齿植物。夜里，在蓝色的环礁湖上，在银色的月光下，你用她的土话轻轻哼着歌曲。你的身体像她一样成了金褐色，游客们必须依靠传教士忿怒的指点，才能把你认出来。他们忌妒你——你的腰布、无忧无虑的笑声、棕肤色的小新娘、当作叉子吃饭的指头。可是你并不忌妒他们，如有贵族小姐深夜到你的茅舍里来打听你幸福的秘诀，你就打发她回她的游艇去，那游艇停泊在地平线上，很像一匹烦躁的赛马。因此你像做梦似的打发你的日子，钓鱼，打猎，跳舞，游泳，接吻，采摘鲜花插在你的头发上。”

① 保罗·高更（Paul Gauguin，1848—1903），法国后印象派画家、雕塑家。

如施拉克所言，这是一种过时的笔法，但他倾注其中的疯狂热情泄露了他对艺术宗教、对在想象性文学中寻求救赎这一幻象的仇恨。施拉克接下来吟唱的是更为有效的对韦斯特摈弃的文学立场的戏仿。施拉克称其为“享乐主义”，但是这里，海明威与罗纳德·菲尔班克[1]的奇妙混合，再约略加上菲茨杰拉德和早期阿道司·赫胥黎的一些特点，可能称为美学禁欲主义更准确：

“你决定一辈子寻欢作乐。不是纵欲，记住，而是知道你的身体是架快乐机器，你仔细使用它，以便把它充分利用。既玩高尔夫球， 357
也喝酒；既喜欢费城的杰克·奥勃里思和他的胸围，也爱好西班牙舞女。同时你也不忽视精神上的娱乐。你在马蒂斯和毕加索的画下性交，用文艺复兴时代的酒杯喝酒，常常用一本普鲁斯特的著作和一只苹果在炉边消磨晚上的时间。哎哟，在享尽人间之乐后，有一天你知道自己快要死了。你面不改色，决定举行最后一次宴会。你把你旧时的情妇们、教师们、艺术家们和酒友们全都请来。宾客们身穿丧服，侍者一律是黑人，餐桌是埃里克·吉尔专门为你雕刻的棺材。你用鱼子酱、黑莓、甘草糖果和清咖啡招待客人。等到舞女们表演结束，你就站起来，叫大家安静，以便解释你的人生哲学。‘人生，’你说，‘是一个俱乐部，在那儿不容许你粗声叫喊，在那儿他们只让你玩一副牌，你必须老老实实坐着。因此，即便牌是冷的，上面有命运之手的印记，你照样玩牌，像个绅士和好汉那样玩牌。喝个烂醉，想吃什么就从桌上拿什么，跟楼上的姑娘们睡觉，可是要记住，当你掷了两个六的时候，你要像一个好汉那样泰然处之，千万不要粗声叫喊。’”

然而，这只是铺垫，为施拉克长篇大论中最尖酸的一段话做准备，是对唯美主义盛期的卓越戏仿，对佩特、乔治·摩尔[2]、王尔德和早期W. B.叶芝等人的卓越戏仿：

---

① 罗纳德·菲尔班克（Ronald Firbank，1886—1926），英国作家。

② 乔治·摩尔（George Moore，1852—1933），爱尔兰作家。

> “艺术！当一个艺术家或是作家。你觉得身上寒冷，就到提香的火一般的色彩前取暖；你觉得饥饿，就用精神食粮来滋补身体，倾听巴赫的典雅乐曲、勃拉姆斯的和声以及贝多芬的雷鸣。他们的名字全都以B开始，你认为这里面有什么道理吗？可是不要投机，你抽一个三B烟斗，记住这些不朽的诗句：突然间乐声悠扬，随着余音袅袅，又是一天逍遥。多好的诗！让他们去享受高等妓女和板鸭、桔子。对你来说，艺术永存。告诉他们说，你知道你的鞋子破了，你脸上长满粉刺，不错，而且牙齿是龅的，脚是畸形的，可是你并不放在心上，因为明天他们将在卡内基音乐厅演奏贝多芬的最后四重奏，你
> 358 呢，你在家里自有一卷本的莎士比亚戏剧集。”

上文的最后一句话体现出真切的、畅快的撒旦风格，是韦斯特最了不起的成就，但他在施拉克的终极狂想曲中实现了超越，此时施拉克已直言不讳地宣称：“唯有上帝是我们的逃路。”在一封由施拉克为寂寞芳心小姐代拟、写给耶稣的信中，施拉克成了他和寂寞芳心小姐百分之百的代言人。韦斯特以令人拍案的恰当手法，使之成为寂寞芳心小姐的终极信件，也成为施拉克最接近撒旦的自我认同：

> 亲爱的寂寞芳心小姐中的寂寞芳心小姐：
>
> 我今年26岁，在搞新闻那套玩意儿。人生对我来说是个沙漠，没有一点点安慰。我对食物、酒、女人全都不感兴趣—艺术也不再给我乐趣。不满之豹在我的城市里巡逻；沮丧之狮伏在我的城堡的墙外觊觎。到处一片荒芜，精神上烦恼不堪。我犹如身在地狱。在目前这个日子、这个时代，我怎能有信仰、有信心？听说那些伟大的科学家又重新信仰您了，这是真的吗？
>
> 我阅读您的专栏，非常感兴趣。您有一次曾在专栏里写到：“盐一旦失去咸味，还有谁再吃盐？”回答是不是：“只有救世主？”
>
> 谢谢您尽快给我答复。我一直是您的忠实的
>
> 长期订户

“我犹如身在地狱”，弥尔顿式的“我即地狱”，是施拉克的信条，也是韦斯特的信条。

* * *

施拉克与韦斯特摈弃的犹太性有什么关系呢？对韦斯特的很多仰慕者来说，这个问题也许不合逻辑，然而放在这部小说深奥但非历史性的诺斯替教语境中，这个问题有了不容忽视的力量。按照肖勒姆的说法，虚无主义意味着“摆脱全部法律、常规和宗教，采纳每一种可以想到的态度，而后拒斥，步步紧跟自己的领袖，直到堕入深渊”。这里，肖勒姆是在解释魔鬼般的雅各·弗兰克，后者是18世纪的犹太人施拉克，因为他，沙巴泰派弥赛亚运动走向了衰亡。在下列这些段落中，弗兰克可以发现他自己的否定性和虚无主义的热忱，这一点构成了韦斯特四部长篇小说结尾的固定模式：

> 他的身体行进着，舒展着，尖叫着，大喊着；然后，长舒一口气，
> 发出心满意足的一声大喊，他的身体静静地后退。 359
>
> 片刻之前，军队还在他的身体里轰隆隆地奔跑，此刻缓慢后撤——得胜凯旋，如释重负。
>
> 《鲍尔索·斯奈尔的梦幻生活》

> 他俩正在一起挣扎，蓓蒂从通向街道的大门口进来了。她喝住他们，同时走上楼梯。瘸子看见她切断了他的去路，就想把那个纸包扔掉。他把手从纸包里抽出来。纸包里的手枪砰的一声，寂寞芳心小姐应声倒下，拖着瘸子一起滚下楼梯。
>
> 《寂寞芳心小姐》

> “唉，莱缪尔·皮特金自己没有这个机会，而是被敌人分解了。他的牙齿被拔了出来。眼睛也被挖了出来。拇指被卸掉了。头皮被剥掉了。腿被剁掉了。最后，他还被子弹打穿了心脏。
>
> 不过他活着或死去，都不是徒劳无益。因为他成了殉难者，国民革命党取得了胜利，因为这一胜利，整个国家摆脱了世故、马克思主义和国际资本主义，获得了拯救。通过国民革命，全体国民肃清了

异己疾病，美国又成了美国人的美国。

‘为比茹剧院的殉难喝彩！’沙格珀克话音刚落，年青的听众们大吼起来。

‘向莱缪尔·皮特金致敬！’

‘致敬，美国男孩！’”

《难圆发财梦》

他被抬着过了一个出口，来到一条后街，抬进了一辆警车。警笛开始尖叫，他以为是自己在制造噪音。他用手摸摸嘴唇。闭得很紧。他这才明白是警笛的声音。他不禁大笑起来，开始扯着嗓门，大声模仿警笛的声音。

《蝗灾之日》

上述四段引文都肢解了人的意象，也是上帝的意象，标准的犹太传统把这一意象与我们的起源联系起来。“我们的祖辈总是谈论，到底这对
360 他们有什么好处，他们到底取得了什么成就？但是我们都为沉默所累。”雅各·弗兰克说。弗兰克的祖辈和韦斯特的祖辈总是谈论终极祖先，亚当，如果亚当没有犯下罪孽，会非常喜欢弥赛亚时期。韦斯特只是保留了传统中那个倒下的意象、那个四散的创造火花所传递的空虚感。尖叫的、倒下的身体，被肢解，疯狂至发出警笛一般的大笑，这个意象属于美国超现实主义诗人鲍尔索·斯奈尔；属于可怜的莱缪尔·皮特金，即美国的霍斯特·威塞尔[1]；属于寂寞芳心小姐，即惠特曼式的美国耶稣；属于托德·哈克特，美国末日启示录的画家。全部都是上帝被肢解意象的虚无主义版本，或者说，展现的是犹太诺斯替教先知加沙的内森所说的“无思”(thought-less) 或“虚无化之光”(nihilizing light)。

* * *

韦斯特是美国暴力的预言家，在他看来，随着美国历史的推进，暴力在逐步升级。他的讽刺天分，其活动范围尽管真实且不顾一切，如今已被

① 霍斯特·威塞尔 (Horst Wessel, 1907—1930)，德国纳粹活动家，被杀后被追授为纳粹运动的英雄。

美国现实击败。沙格珀克·维普尔，《难圆发财梦》中成为美国希特勒的卡尔文·柯立芝式前总统，讲话时使用的术语本被韦斯特定位为浮华夸张，如今却差不多天天能在报纸上读到。下面是沙格珀克最精彩的讲话，我们仿佛听见了死去的莱缪尔·皮特金要告诉我们的话：

> “他说的到底是什么？说的是每个美国男孩应有的权利：走入世界，接受公平竞争，接受机会靠勤劳正直发财致富，不被世故的异己嘲笑或耍阴谋诡计。”

我翻开今天的《纽约时报》(1985年3月29日)，发现了我们总统的演说辞：

> 但是，我可以在此暂停一秒，给你们讲一讲前几天来看我的几个小伙子、年青人吗？1981年，仅仅四年前，他们开始创业，全部资金加起来只有一千美金，每个人都说他们疯了。去年，他们创收一百五十万美金，预期今年会达到两百五十万美金。秘诀之一在于他们的幽默机智，能够富有成效地使用他们的名字。他们的生意便是使用他们的名字：该隐与亚伯电业。

现实也许已经胜过了可怜的韦斯特，但原因只在于韦斯特，毫无疑
问作为鬼魂，赐予了灵感，甚至代为撰写了总统的这些言论。《纽约时报》 361
在同一版面(B4)，用听起来和施拉克一样貌似严肃的口吻，报道说这些青年企业家给里根先生带了一件礼物。“‘我们给了他一件公司的工作夹克，上面印着该隐与亚伯公司。’该隐先生说。”或许韦斯特的鬼魂如今不
仅撰写了沙格珀克式的演说词，还有美国的现实文本。 362

乔治·奥威尔
（1903—1950）

《1984》

在1986年阅读乔治·奥威尔并写作关于他的文章，有一种难以解释的反讽意味。这么多年以来，我刚刚首次重读了《1984》、《动物庄园》和许多散文，我发现自己迷失在许多相互冲突、相互交织的反应之中，包括道德的和美学的反应。从美学上讲，奥威尔作为散文家的成就远胜于他作为小说家的成就。莱昂内尔·特里林曾在1949年对《1984》进行过评论，他以一种独特的道德权威的口吻赞扬了该书：

> 过去一百年全部的文化努力都在教导我们把经济动机理解为通向死亡的非理性之路，并在理性和计划之物中寻找拯救。奥威尔标志着一种思想转向；他要求我们思量一下，如果某些带有赤裸裸的傲慢、没有节制的智识力量获得胜利，怎知就不会导致一种比我们所知更为糟糕的状态。他不是第一个提出这个问题的人，但他是第一个在真正的自由主义或激进主义立场上提出这个问题的人。他并无意削弱人们对公正社会的要求，而且他带有令人难以抗拒的激情和烈度。这种率先性使他的书变得很重要。

这本书仍然很重要；也许它一直都会很重要。但是这本书未来的重要地位并非取决于任何内在的品性。它属于何种体裁，这将由政治、社会和经济事件来确定。它是一部讽刺作品或科幻小说，或者反乌托邦小说，还是一种反宣言？上周我在报纸上读到了有关最近两篇演讲的报道，分
363 别是里根总统和诺曼·波德霍瑞茨[①]的演讲，他俩都以赞赏的口吻引用

① 诺曼·波德霍瑞茨（Norman Podhoretz，1930— ），美国新保守主义代表人物、作家。

了奥威尔。里根总统向巴里·戈德沃特参议员和海伦·黑耶斯以及其他一些人颁发奖章，视他们为代表奥威尔对自由和个人尊严的信念的典范。德高望重的波德赫霍茨则认为，如果奥威尔现在还活着的话，他本可成为一个新保守主义者。①也许反讽，不论多么模棱两可，均不足以再现《向加泰罗尼亚致敬》的作者身后拥有的如此奇特的一种命运，他曾远赴巴塞罗那为马克思主义统一党和无政府工团主义者们而战。

V. S. 普利切特和其他一些人将奥威尔描写成最杰出的现代小册子作家，他们是对的。一本小册子肯定能够获得卓越的美学成就；"传单和小册子"是一种重要的文学体裁，尤其在大不列颠，掌握这一体裁的大师包括弥尔顿、笛福、斯威夫特、约翰逊博士、伯克、布莱克、雪莱、卡莱尔、罗斯金和纽曼。虽然人们盛赞奥威尔朴素的文体风格，但还很难确定他是否能位居上述人物之列。我怀疑他更接近那种他曾称作"优秀的坏书"的类别，他以哈丽叶特·比彻·斯托的《汤姆叔叔的小屋》作为这类书的典范。从美学上讲，《1984》几乎算得上我们时代的《汤姆叔叔的小屋》，可怜的温斯顿·史密斯是汤姆叔叔，郁郁寡欢的朱莉亚是小爱娃，而那个用施虐狂都不足以形容的奥勃良是西蒙·勒格里。我不认为奥勃良是和西蒙·勒格里一样令人难以忘怀的人物，但这正是奥威尔的部分意图。在我们已经进入的那个世界里，就连折磨我们的人也丧失了很大一部分的人格。

* * *

奥威尔作为先知所获得的必然是一种非常复杂的成功，因为他相对粗陋的人物塑造迫使我们基本上按字面意思解读《1984》。这部小说中最为成功的部分，就是它为所有那些已经进入我们当代语言的短语提供的语境，尽管这些短语是否进入了语言**本身**尚难确定。新语和双言巧语、"战争就是和平"、"自由就是奴役"、"无知就是力量"、"大哥正在看着你"、思想警察、两分钟仇恨、真理部以及所有其他奥威尔式的发明如今都已成为陈词滥调，但当我们在它们首次出现的地方看到时，它们又重新获得了某种力度，即便不那么新鲜。

---

① "新保守主义"是出现于20世纪70年代的一种政治思潮，标志着从先前的自由派观点转向保守目标和方法。里根总统执政期间推崇"新保守主义"，他的上台标志着新保守主义的胜利。

不幸的是，这本身并不够。如果我们想重读一遍，并且希望至少能够像以前那样有所感触的话，即便一本预言性的小册子也需要生动流畅。《1984》只能弄痛你一次，而且很可能是当你年轻之时。在那之后，你会
364 发出防御性的笑声，这就成了美学问题。重读《1984》太过类似观看一部有说服力的恐怖电影；幽默获得了一种正当性，证明它是健康的。当时的评论家们，甚至包括特里林，都被该书的社会相关性所征服，以致没有意识到它作为叙事的明显拙劣性，也没有发现奥威尔完全无法再现哪怕一个缩减了的人类个性或道德人物。马克·肖勒刊登于《纽约时报书评》的反应在1949年6月12日似乎很恰当，它的夸张语句现在却会让人们礼貌地表示不解：

> 没有哪个真正的读者会忽视这一体验而毫无损失。他会被史密斯充满渴望地试图记起一种与他现在不同的生活的努力所打动。他会获得崭新的发现，发现男女之爱的美好，发现一个彻底机械化的世界中风景有多么美丽。他会连读数页对持续的肉体和心理痛苦的描写，这种描写很少有能与之比拟者，也从不会以这种安然、冷静的文笔进行描写。然后他会从史密斯逃进其中的活死人状态返回自己的生活，下定决心无论何时权力想要剥夺他的个性，他都要奋起反抗，并且也要让自己能够抗拒权力的有毒诱惑。

如果奥威尔把他的小说标题定为"1994"的话，现在会有什么两样吗？如果我们真的该把它视作一部失败的末日启示录作品的话，当思量该书时，我们的预感优势已经消失了。然而从文学意义上讲所有的启示录都是失败的启示录，因此如果它们消散的话，文学上的生死现象显然优先于社会预言所能提供的任何状态。如果我们把奥威尔的成就直接同我们这个时代真正的美国末日启示录作品并置在一起，例如福克纳的《我弥留之际》、纳撒尼尔·韦斯特的《寂寞芳心小姐》和托马斯·品钦的《万有引力之虹》，奥威尔的局限性就很清楚了。为何我们一遍又一遍地阅读那些作品，它们一直在弄痛我们，而《1984》不论多么宛若梦魇，也似有可能只是时代性作品？把《1984》与卡夫卡和贝克特的作品放在一起比较是极其不公平的；奥威尔根本无意达到崇高，不论是多么邪恶或降低了的崇高。但

他是一个讽刺作家，在《1984》中还是某种幻觉型现实主义作家。如果说他的奥勃良达不到那个坏脾气的西蒙・勒格里的高度的话，若是我们把他同韦斯特笔下的施拉克放在一起，他作为撒旦式的修辞家也完全是空洞的。

如果一部小说获得的赞扬总是没完没了地集中在作者仁慈的性情、不屈不挠的理想主义、个性的正直、政治勇气、道德天性上面，那么这部小说能挺得过这些赞扬吗？奥威尔可能的确是我们时代典范式的和代表性的社会主义知识分子（虽然英国重要的马克思主义文学评论家雷 365
蒙德・威廉姆斯完全不这么认为）。但是曾有非常糟糕的男人和女人写出过一流的小说，也有过伟大的道德主义者写出令人不堪卒读的小说。《1984》既不属于一流，亦非不堪卒读。如果说它类似于某个前辈人物的作品的话，那个人肯定就是H. G. 威尔斯，温德姆・刘易斯曾聪明地意识到了这一点。威尔斯在讲述故事的力度、人物塑造的辛辣和想象力创造性方面超过了奥威尔，但威尔斯现在看起来很遥远，而奥威尔则仍然离我们很近。我们又回到了让《1984》成为一部优秀的坏书的因素：社会相关性。这部小说替代了一种真实的、普遍存在的恐惧：在政治和经济领域，可怕的事情仍将发生。然而，该书再一次没能防止自己笨拙地沦落至荒谬的境地。作为社会预言，它与其说类似于纳撒尼尔・韦斯特那部仍然令人捧腹的《难圆发财梦》，不如说更接近辛克莱・刘易斯如今已被遗忘的《不会在这里发生》。老大哥在《难圆发财梦》中的名字是沙格珀克・维普尔，他的口音非常诡异地近似于卡尔文・柯立芝和罗纳德・里根。奥威尔为何就不能通过某种最后的反讽笔触或者对讽刺缪斯的有效乞求来拯救他的小说呢？

* * *

马克斯・霍克海默和T. W. 阿多诺严肃地称作文化工业的东西完全将奥威尔吸纳其中，尤其是他的《1984》。这是因为奥威尔保留了诸如真爱的辛酸这样的多愁善感或柔性理想主义吗？毕竟，温斯顿和朱莉亚被残酷的痛楚和无法忍受的恐惧吓破了胆，放弃了爱情；没人会认为他们应为被迫放弃爱情而受责备。这类似于奥威尔那个奇妙的、完全不可信的希望，即无产者或许可以提供拯救。这一希望建立的基础是一个奇怪的观念，即大洋国让百分之八十五的人口都在伦敦和其他城市的贫民窟里返回自然。因此，爱情和工人阶级在奥威尔的幻象中几乎没有受损。比较一下品钦在《万有引力之虹》中的富于想象力的“偏执狂症”。在品钦的这部作品里，我们所有人，不论是何社会阶级，均生活在由真正患有偏执狂的系统所主导的基地当中，真正的爱情只能再现为施虐—受虐狂。在《万有引力之虹》中有一种对抗力量与系统作战，但这种力量效率低下、荒唐可笑，只能通过品钦称作施虐—无政府主义（sado-anarchism）的特殊意识形态而获得激发。那是一种文化工业无法吸纳的意识形态，我猜阿多诺会欢欣雀跃地接受那种意识形态。

我并未试图将此介绍变成对奥威尔和《1984》的攻击或贬损，而《万有引力之虹》作为一部百科全书式的散文史诗，并不是《1984》应与之对
366 抗的公平的竞争对手。但是《1984》的美学缺陷是显而易见的，而我是神圣的奥斯卡·王尔德的好学生，好到足以感到奇怪，是否美学上的不足真的可以变作道德上的辉煌？西蒙·勒格里把可怜的老汤姆叔叔活活打死，而奥勃良基本上摧垮了温斯顿·史密斯的身体，然后拿一些特别肮脏饥饿的老鼠来恐吓他，将他减损至一种所谓的毁灭状态。纵使哈丽叶特·比彻·斯托加速了美国内战的爆发和《废奴宣言》的发表，难道《汤姆叔叔的小屋》就真的是种道德伟绩吗？纵使《1984》加速了新保守主义者队伍的壮大，难道《1984》就获得了道德胜利吗？

对一部时代性文学作品进行的辩护和对一件服装、家居用品、流行音乐、电影以及低级视觉艺术等时尚产品进行的辩护不可能有太大差别。像《汤姆叔叔的小屋》和《1984》这样进行政治和社会辩论的时代性作品具有它们奇特的魅力。将《1984》从奥威尔过于平直的描写和失败的反讽中部分拯救出来的，是它在心理刻画和修辞方面具有的一种奇怪的古香古色：

> 他停了一会儿，好像要使对方深刻理解他说的话。
>
> “你记得吗，”他继续说，“你在日记中写：‘所谓自由即可以说二加二等于四的自由’？”
>
> “记得。”温斯顿说。
>
> 奥勃良举起他的左手，手背朝着温斯顿，大拇指缩在后面，四个

手指伸开。

“我举的是几个手指,温斯顿?”

“四个。”

“如果党说不是四个而是五个——那么你说是多少?”

“四个。”

话还没有说完就是一阵剧痛。仪表上的指针转到了五十五。温斯顿全身汗如雨下。他的肺部吸进呼出空气都引起大声呻吟,即使咬紧牙关也压不住。奥勃良看着他,四个手指仍伸在那里。他把杠杆拉回来。不过剧痛只稍微减轻一些。

“几个手指,温斯顿?”

“四个。”

指针到了六十。

“几个手指,温斯顿?”

“四个！四个！我还能说什么！四个!”

指针一定又上升了,但是他没有去看它。他的眼前只见到那张 367
粗犷的严厉的脸和四个手指。四个手指在他眼前像四根大柱,粗大,模糊,仿佛要抖动起来,但是毫无疑问地是四个。

“多少手指,温斯顿?”

“四个！快停下来,快停下来！你怎么能够这样继续下去？四个！四个!”

“多少手指,温斯顿?”

“五个！五个！五个!”

“不,温斯顿,这没有用。你在说谎。你仍认为是四个,到底多少?”

“四个！五个！四个！你爱说几个就是几个。只求你马上停下来,别再叫我痛了!”

他猛地坐了起来,奥勃良的胳膊围着他的肩膀。他可能有一两秒钟昏了过去。把他身体绑住的带子放松了。他觉得很冷,禁不住打寒战,牙齿格格打颤,面颊上眼泪滚滚而下。他像个孩子似的抱着奥勃良,围着他肩膀上的粗壮胳膊使他感到出奇的舒服。他觉得奥勃良是他的保护人,痛楚是外来的,从别的来源来的,只有奥勃良才会救他免于痛楚。

“你学起来真慢,温斯顿。”奥勃良温和地说。

“我有什么办法?”他口齿不清地说,“我怎么能不看眼前的东西呢? 二加二等于四呀。”

“有时候是四,温斯顿。但有时候是五。有时候是三。有时候三、四、五全是。你得再努力一些。要神志健全,不是容易的事。”

他把温斯顿放到床上躺下。温斯顿四肢上缚的带子又紧了,不过这次痛已减退,寒战也停止了,他只感到软弱无力,全身发冷。奥勃良点头向穿白大褂的一个人示意,那人刚才自始至终呆立不动,这时弯下身来,仔细观看温斯顿的眼珠,试了他的脉搏,听了他的胸口,到处敲敲摸摸,然后向奥勃良点一点头。

“再来。”奥勃良说。

温斯顿全身一阵痛,那指针一定升高到了七十,七十五。这次他闭上了眼睛。他知道手指仍在那里,仍旧是四个。现在主要的是把痛熬过去。他不再注意到自己究竟是不是在哭。痛又减退了。他睁开眼睛。奥勃良把杠杆拉了回来。

368 “多少手指,温斯顿?”

“四个。我想是四个。只要能够,我很愿意看到五个。我尽量想看到五个。”

“你究竟希望什么;是要我相信你看到五个,还是真正要看到五个?”

“真正要看到五个。”

“再来。”奥勃良说。[①]

这段话违反了任何有说服力的再现模式,如果我们太过认真对待的话,它会令我们感到不自在。然而这是一部宏伟的时代性作品,不仅戏仿了斯大林那些著名的审讯,而且戏仿了许多受到神学启发的折磨手段,那些手段在由俄国马克思主义构成的那种迟到的基督教异端出现之前就存在了。奥威尔是一位充满激情的道德主义者和杰出的散文家。时代驱使他创作政治浪漫传奇,不过他几乎缺乏创作虚构叙事的所有必要的天赋。

---

① 本书中*1984*的译文均引自奥威尔著,董乐山、傅惟慈译:《一九八四·动物庄园》,桂林,漓江出版社,2003年。文字略有改动。

《1984》是一种可敬的美学失败，也许时间会将它的种种粗陋化作许多奇异的时代魅力，化作一个消失了的时代的残迹。然而正如华莱士・史蒂文斯曾经写的那样，想象力总落在一个时代的终结之时。莱昂内尔・特里林认为奥勃良对温斯顿・史密斯的折磨是“对心理治疗和柏拉图式对话的可怕戏仿”。在特里林写出他的评论三十七年之后，我在上文中引用的这个场景看起来更像是自我戏仿，似乎奥威尔的叙事在绝望地尝试自我减损，试图堕入那个令人难以容忍的谬误当中，即相信只有关于我们自身最糟糕的真相才是真相。

奥威尔创作此书之时已经不久于人世，肺结核正在侵蚀他的身体。D. H. 劳伦斯也正在以同样的方式接近死亡，他仍然充满了英雄主义式的活力，正如他最后的诗篇和故事所展示的那样。但劳伦斯属于文学文化，属于那一脉古老、高雅的超验先知的行列。《1984》中衰减死去的并不是乔治・奥威尔最好的东西，不是写出《狮子与独角兽》的小册子作家，不是写出《向加泰罗尼亚致敬》的自传作家，也不是写出《猎象》的散文家。奥威尔至死都是一位独立的社会主义者，他算不上马克思主义者，其实应该说他是一位西班牙无政府主义者，或者英国的持不同政见者和反叛者，属于克伦威尔及其称颂者弥尔顿和卡莱尔等人那一派。作为一个时代的产物，而不仅仅是将它写下来的那个人的作品，《1984》具有一种非凡的力量，不是美学上的，而是社会性的力量。

《动物庄园》

《动物庄园》是一则动物寓言，比起乔叟较为温和的反讽，它的风格更接近乔纳森・斯威夫特那狂野的愤怒。此书后来变成了儿童文学，就像它之前的《格列佛游记》一样，乔治・奥威尔对此大为震惊。然而正是这一点在美学上拯救了这本书：和《动物庄园》比起来，《1984》就显得非 369
常单薄。拉车的马拳师、母马苜蓿和驴子本杰明全都比《1984》的主人公温斯顿・史密斯更具个性。寓言必然要比小说更适合奥威尔，因为他本质上是个散文家和讽刺作家，而不擅长讲故事。《动物庄园》最好被看作讽刺性政治小册子和动物寓言的结合物，但自从苏联解体以来，该书的历史维度也必然渐渐消逝了。斯大林主义的终结带走了《动物庄园》的即时性，此书如今只因其哀婉凄楚的氛围而流传下来。孩子们是此书最好的读者，因为它简单、直接。奥威尔有某种特质，它对古老的农业英国，即遭受工业破坏之前的英国抱有强烈的怀旧情绪。老少校，即那头预言梅纳庄园变成动物庄园的公猪的幻象本质上就是奥威尔自己的理想，而且具有一种令人心碎的孩子般的品质。

奥威尔这部奇幻作品中任何一个动物的心理都是很难理解的。雪球（托洛茨基）在动机上如何不同于拿破仑（斯大林）？我们说不出来；奥威尔要么不知道，要么不在乎。我们被可怜的拳师所打动，他为了所谓的公共利益劳作至死，但我们形容不出拳师的个性。即便是作为寓言家，奥威尔也具有严重的局限性；他无法创造独特的个体。他是一个重要的道德主义者，充满激情地捍卫个性，但他没有能力将此激情化作对不同个体的塑造。《动物庄园》中的动物与肯尼斯·格雷厄姆《柳林风声》中的相比逊色许多。癞蛤蟆庄园的癞蛤蟆和獾是经久不衰的文学形象；但拳师和本杰明不是。长远地看，《动物庄园》能否作为儿童文学流传下去，这在我看来是很值得怀疑的。

不过，《动物庄园》的叙事新颖独特，故事的峰回路转透露出某种魅力。奥威尔的见解所具有的那种朴素的尊严仍清晰地传达了出来，而且他的寓言的力量是温和慈善的。就像他心目中的英雄、崇高的查尔斯·狄更斯一样，奥威尔是一种"自由智识"，他反抗意识形态的自由主义激情如今是他最好的遗产。我们的时代也渗透着意识形态，如果《动物庄园》讽刺的不是苏联的专制，而是破坏我们大学的那种政治正确性，它现在会更有意义。那些敌视个性的人认为"社会能量"就是一切，个人才智无关紧要，他们现在就是我们的拿破仑和雪球。奥威尔的自由主义在憎恨学派主宰的院系里找不到归属感。他应该活下去，把《动物庄园》修订成讽刺小说，讽刺我们现在的教学方法，讽刺大多数读者如何未能领悟奥威尔对"自由智识"的渴望，而在千禧年到来之际，在讲英语的高等教育中几乎找不到能够激励这种"自由智识"的东西。我们当下的性别
370 与权力教条主义者们以一种新的文化顺从主义的名义谴责自由人文主义
和个人无政府主义。这种新的文化顺从主义的箴言应当是："所有动物都
371 心怀怨恨，但有些动物比其他动物更心怀怨恨。"

格雷厄姆·格林
（1904—1991）

虽然格雷厄姆·格林常被人们尊为杰出的当代小说家，但他能否跻身更伟大的小说大师之列，而不只是与那些娴熟的探险故事作家为伍，这尚不清楚。格林是亨利·詹姆斯和约瑟夫·康拉德的门徒，但这两人与格林的成就之间的关联性还比不上赖德·哈格德、约翰·巴肯①，乃至埃德加·华莱士②。或许真正应该拿来与格林进行比较的是罗伯特·路易斯·史蒂文森，因为两人均不会因这种比较而受到贬损，不过我自己更看重史蒂文森一些。格林总是宽厚坦率，他对他所说的《赖德·哈格德的秘密》赞赏有加。

> 在文学生活中，除了对那些伟大的或流行的作家外，我们停下来表达感激之情的时候是多么有限啊。伟大的或流行的作家就像那些我们感到为我们增光的朋友一样。康拉德、陀思妥耶夫斯基、詹姆斯，是的，但我们太容易忘记诸如A. E. W. 梅森、斯坦利·威曼和赖德·哈格德这样的人。哈格德或许是在我们年轻时使我们心醉神迷的作家当中最伟大的一个。迷醉正是这位作家所孜孜以求的效果；他在我们的脑海里刻上的画面三十年的光阴也无法将其磨灭：被关闭的石门压碎而尖声惨叫的巫婆卡古尔；注定失败但仍奋力战斗的亮眼埃里克；暴君查卡之死；在米洛希斯托着女王的楼梯的乌姆斯洛帕嘎斯。真是奇怪，无数暴力的意象就像未来的预言一样保留了下来；而描写爱情的段落却被匆匆浏览，抛之脑后，不过现在它们看来似乎也挺感人（例如，奈丽普萨女王在午夜大厅里向亨利·柯蒂斯爵士表达爱慕之情的场景），或许还有点别扭生硬，但却毫不含混，

① 约翰·巴肯（John Buchan，1875—1940），苏格兰小说家、历史学家、政治家。

② 埃德加·华莱士（Edgar Wallace，1875—1932），英国作家。

372 确切肯定，语言则是司空见惯的直白。

“毫不含混，确切肯定，语言则是司空见惯的直白”，表达爱情——这正是格林的主人公们不可救药的怀旧之情，也是格林自己的。格林告诉我们，他有一个快乐的童年和一个忧伤的青春期，他在赖德·哈格德那里发现的是一种童年幻象，而不是一种青春期幻觉。格林认为哈格德的生活“并不属于文学的忧伤世界；这里没有对抗，没有妒忌，没有神经风暴，没有违背意志的痛苦辛劳，没有那种甚至能在个人悲痛中复制的卑劣的含混幻象”。很遗憾，我必须说，格林此处如此贬斥的，其实是优秀作家创造性生活的一个不可避免的方面。之所以不可避免，是因为他们选择凭借他们的作品，通过他们的作品，并且在作品当中战胜必死的命运。而这种战胜需要进行对抗——与过去、当下和未来的人物对抗。

据格林所言，《赖德·哈格德的秘密》结果变成了格林最没引导我们预料的东西：对必死的命运的过分恐惧。这通过哈格德和吉卜林（他远为强大）的一则轶事显示了出来：

> 在他和鲁德亚德·吉卜林的友谊中有一些发人深思的段落。他们一起在贝特曼庄园钓鳟鱼，这两个老人——在某些方面也是他们那个时代最成功的作家，他们甚至因为声望而被他们的敌人联系在一起（“毫无理性的散文，刺耳的诗歌”，“当鲁德亚德们不再是吉卜林，当哈格德们不再是赖德”[①]）——突然间泄露了这个秘密。“我碰巧说，”哈格德这样写道，“我认为这个世界是地狱中的一个。他回答说，他不是认为，而是确信无疑。他进而表明这个世界具有地狱的所有特性；怀疑、恐惧、痛苦、挣扎、丧亲之痛、来自包裹我们的天性中几乎无法抗拒的诱惑、身体和精神上的苦难，等等，最终陷入人类能够为自己设计出的最糟糕的命运——处决。”

吉卜林的虚无主义与沃尔特·佩特的虚无主义类似。令人惊讶的是，吉卜林也推崇佩特式致力于为故事而写故事、为诗歌而写诗歌的原则，而

① 这两句讽刺吉卜林和哈格德的诗出自19世纪英国诗人J. K. 斯蒂芬（James Kenneth Stephen，1859—1892）的诗歌“致R. K.”。

这部分减弱了他的虚无主义。格林的小说和消遣读物有一个普遍存在的缺陷：倾向性。他从不会给予我们一个为叙事而创作的叙事，或者为了再现一个人物而再现的人物。我读过的对亨利·詹姆斯的评论中，再没有比格雷厄姆·格林的更奇怪的了，他竟然会认为詹姆斯本质上是一个宗教小说家。《一位女士的画像》和《问题的核心》几无共同之处，《鸽翼》也不是另一个版本的《恋情的终结》，但格林似乎并不知道它们有何区别。他眼中
的亨利·詹姆斯不是老亨利·詹姆斯的儿子、爱默生和斯维登堡的弟子，而 373
是某个“在精神上接近……罗马天主教”的人。这种说法太过专横，因而并不可笑；太不准确，因而无法原谅。作为评论家，格林始终停留在T. S. 艾略特青少年时代的水平上，即提出“你是否够格接受永世惩罚？”这种问题和写作诸如《拜异教之神》及《基督教社会之观念》这类短篇时的艾略特的水平上。格林在他那篇令人震惊的文章《亨利·詹姆斯：宗教侧面》中赞许地引用艾略特的话，就我们永世受罚的光荣能力进行评论，以证明詹姆斯和艾略特一样，也对如此崇高的一种人类可能性显示出无比的热情：

> 在奥斯蒙德或丹舍尔身上，人类本性并不可鄙，因为他们都将永世受罚。艾略特先生曾在一篇论波德莱尔的文章中写道："说人类的荣耀在于获得拯救的能力，这是对的；但说人类的荣耀在于能够永世受罚的能力，这也是对的。多数男性，从政治家到窃贼，对他们最差的评价就是说他们男性气概不足，难以永世受罚。"詹姆斯笔下的人物就不会获得这样的评价：丹舍尔和王子的脸上都映射着地狱的火光。

这种评价是相当严厉的，而且会令我们感到不安，担心格林的地狱中有许多宅邸。格林最终得出一个热情洋溢的结论，即“亨利·詹姆斯的宗教意识既没有产生一种哲学，也没有产生一种信条，只是因为这个原因，他才没有成为像陀思妥耶夫斯基那样明显的宗教作家”。詹姆斯和陀思妥耶夫斯基？为什么不是詹姆斯和G. K. 切斯特顿[1]？或者詹姆斯和伊夫林·沃？我的问题很过分，但也不及格林的过分，因为他其实想问的是：詹姆斯和格雷厄姆·格林？对这个问题有一个现成的答案，而且

① G. K. 切斯特顿（G. K. Chesterton, 1874—1936），英国作家，以写作布朗神父的系列侦探小说闻名。

不管他的那些从事新闻业的崇拜者们怎么说，这个答案都揭示了关于格林的关键事实。《问题的核心》《权力与荣耀》《文静的美国人》以及格林其他那些野心勃勃的小说都不能经受细致的再次阅读，而且把它们同亨利·詹姆斯和约瑟夫·康拉德的主要小说一作比较，它们就毁掉了。格林只有在与下列作品相提并论时才最为恰当：安东尼·霍普[1]的《曾达的囚徒》，赖德·哈格德的《她》和《所罗门王的宝藏》、约翰·巴肯的《三十九级台阶》、埃德加·华莱士的《正义四士》，以及史蒂文森的《赫米斯顿的韦尔》、《金银岛》和《绑架》，史蒂文森的这几部作品要更为持久。格林的“消遣读物”中最著名的是《第三个人》和《我们在哈瓦那的人》，但在我看来，最出色的还是早期的作品，包括《合约杀手》、《机密代理》和《恐怖内阁》。这些作品要比格林那个受其影响附身的弟子——约
374 翰·勒卡雷[2]的所有作品都好，而且它们保留了一种奇特的新鲜感，或许最终会与史蒂文森的浪漫传奇故事所具有的特点一样永恒持久。

格林最重要的“消遣读物”具有詹姆斯一世时期的风格，使我们联想起他对约翰·韦伯斯特的悲剧以及马斯顿、福特和图尼埃的剧作的强烈推崇。约翰·韦伯斯特的悲剧就是那个时代的恐怖小说。格林恐怖小说的箴言也可以是韦伯斯特的：“我追逐这片夜景，它是我最棒的作品。”这也可以是《布赖顿硬糖》(1938)的题词。这篇作品在我看来是格林最经久不衰的小说，它介于像《合约杀手》这样的消遣读物和诸如《权力与荣耀》之类的“天主教小说”之间。尽管《布赖顿硬糖》粗制滥造，却具有一种韦伯斯特式的情感烈度。然而，格林想要成为他自己时代的天主教亨利·詹姆斯或约瑟夫·康拉德，在他为此进行的最野心勃勃的尝试中表现出的虔敬之情和说教倾向不论受到了何种倒转，均取代了《布赖顿硬糖》的这种情感烈度。

《布赖顿硬糖》

《布赖顿硬糖》的主人公是十七岁的混混平基，他是格林小说中所塑

---

① 安东尼·霍普(Anthony Hope，1863—1933)，英国小说家、剧作家。

② 约翰·勒卡雷(John Le Carré，1931—2020)，英国小说家，以写作《冷战谍魂》《铁匠、裁缝、士兵、间谍》等间谍小说闻名。

造的最令人印象深刻的也是最邪恶的一个人物。具有讽刺意味的是，我们可以认为平基在狠毒程度上较他的前身，《合约杀手》中的杀手雷文增进了许多。比较一下雷文和平基之死，你就会发现格雷厄姆·格林身上最精华的部分在1936年至1938年间完全形成了：

> 雷文茫然地看着他，试图瞄准。射击并不难，但似乎他已经失
> 去了杀人的兴趣。他只感觉到一种痛苦和绝望，这比其他任何东西
> 都让他疲惫不堪。他无法对他遭到的背叛表现出任何苦涩和愤恨。
> 冰冷的雨水倾泻而下，黑色的维尔河在雨幕之下流淌，隔断了他和任
> 何人类敌人。“啊，天哪怎么可能。”但他自出生起就注定如此，他不
> 断在被所有的人出卖，直到人生的每条路都被堵死：被他的母亲出
> 卖，她躺在地下室里，血流不止；在家里被牧师出卖，被那些温和的
> 孩子出卖，被夏洛特街的不法医生出卖。他如何能够期待自己会逃
> 过最常见的这类出卖，竟会对一个穿裙子的女人心软？要不是因为
> 一个女人，就连凯特现在也会活着。他们在某个时候都会心软：潘
> 瑞斯和卡特，乔希和巴拉德，巴克和大丹尼。他慢慢地开始瞄准，心 375
> 不在焉，带着一种奇特的谦卑，几乎在他的孤独当中感受到了一丝同
> 病相怜：那个骑兵和梅休。他们都曾有个时期觉得他们的女人比其
> 他人的好，在他们的关系中有某种高尚的东西。你一旦降生，唯一的
> 问题就是如何比你落地时更为干净利落地离去。平生第一次他不带
> 苦涩地回想起母亲的自杀。万千思虑之后，他终于瞄准了枪，而在这
> 时桑德斯从开着的门口射中了他的后背。死神以一种无法忍受的痛
> 苦的形式降临在他的身上。就仿佛他不得不像女人生孩子一样排出
> 他的痛苦，在此过程中他啜泣着，呻吟着。最终他排出了痛苦，跟随
> 他这唯一的孩子进入一片广袤的荒凉。

> 突然，她听到有人大声叫喊“平基”，然后是水花四溅，一阵阵脚步声自远方传来。她似乎感到情况有变。她不能就这样不明不白地结束自己的生命，或许有人带来了好消息。黑暗中，她松开了手，一种自我保护的本能油然而生。其实她并不想坐在这里，扣动扳机把自己打死。“平基”，有人再次叫道，踩在泥泞湿地上的脚步越来越

近。罗斯打开车门,把手枪扔进了远方潮湿的灌木丛中。

透过那扇雕花玻璃门后面的亮光,罗斯看到了达罗、艾达和一位面露困惑表情的警察。这位警察显然对正在发生的事情毫无思想准备。平基从车后悄悄走了过来。他问道:“枪在哪里?你为什么不开枪?把枪给我。”

罗斯回答道:“我把它扔掉了。”

其他人正谨慎地向他们靠拢。平基突然扯开他孩子般的嗓音高声叫道:“你这可恶的叛徒,达罗。”

“平基,”达罗说,“你发火也没有用。他们抓到了普鲁伊特。”那位警察就像酒席上的一位陌生者一样,看上去很不自在。

“那枪在什么地方?”平基再次问道。他充满仇恨和恐怖地厉声吼道:“你难道要我把他们全部杀光才肯说吗?”

罗斯答道:“我把它扔掉了。”

由于平基正靠在汽车仪表板灯光的上方,罗斯能看清他部分面部表情。这是一张孩子的脸,看上去非常困惑,好像有上当受骗、被
376 出卖了的感觉。虚幻的岁月一晃而过,他又回到了痛苦的游乐场上。他说道,“你这小……”他还未来得及说完他想说的话,人群已经走近了。他赶紧撇下罗斯,往口袋里掏东西。“达罗,你来啊,”他叫道,“你这狗杂种。”他一边骂,一边举起了一只瓶子。接下来发生的事情令人目瞪口呆。瓶子被打破了。随着一声惨叫,罗斯看见平基的脸上直冒青烟。只听他一声声痛苦地惨叫,双手捂住眼睛,转身撒腿就跑。警察手持警棍在后面追他。平基的影子越变越小,强烈的浓硫酸烧得他躯体变形,痛苦不堪。他就像一位受到惊吓的学童,翻过一道篱笆,一直往悬崖边跑去。

“抓住他!”达罗叫道。但一切都已太迟了。平基已经跑到悬崖边并瞬间消失了,他们甚至连扑通一声掉下去的声音都没有听到。似乎有一只无形的手把他推进了深渊并使他顷刻之间化为乌有。[①]

这两个场景都具有詹姆斯一世时期文学的特点,而且非常接近韦

① 本书中*Brighton Rock*的译文均出自格雷厄姆·格林著,王宏译:《布赖顿硬糖》,南京,译林出版社,1999年。

伯斯特的风格，但来自《布赖顿硬糖》的第二个场景要更胜一筹，对《白魔》和《马尔菲公爵夫人》的诗人作者如此出色教授的美学课程掌握得要好一些。韦伯斯特笔下的恶棍主人公——波瑟拉、弗莱明尼欧、路德维科——在死亡的那一刻都变得绚烂夺目。他们的确是他们勾勒出的最棒的夜景，**而且他们知道这一点**。无论对他们还是对我们而言，这都是一种独特的否定性荣耀，但仍然是一种荣耀。雷文死得很不体面；詹姆斯一世时期的低俗观众会轻蔑地把他视作无用的废物。如果你唯一的结局就是死亡，如果你唯一的标记就是“比你落地时更为干净利落地离去”，那么你何不具有那种可被称作悲剧精髓的伟大，那种邪恶的显赫？在其中某个高大的人物，不论他有多么空虚，都向下、向外跌落，进入逝去的时间那幽暗的深渊之中。

但是平基和雷文不同，他的死亡方式类似于韦伯斯特笔下那个高尚的波瑟拉。平基拥有真正的詹姆斯一世时期恶棍主人公所具有的那种反转了的清教特色：厌恶人类性欲，仇恨纯粹的生活，“他的童贞就像性欲一样在他体内受到了矫正”。平基生来就是天主教徒，他既类似于压抑拘谨的詹森派信徒[1]，又接近于疯狂的摩尼教信徒[2]，时刻准备着接受死亡，比艾略特式的信徒还要坚信自己永世受罚所具有的荣耀。平基确确实实身着烈焰而死，坠入虚无。他仇恨所有的存在，尤其是他自己的存在。他跌落悬崖时脸在燃烧，他被这种仇恨所吞噬，这一幕令人印象深刻。

《布赖顿硬糖》的力量在于它的主题始终如一，可以说是格林从地狱的爆发，这很可能确保了该书的不朽地位。我认为，平基令我们感到信服，而《权力与荣耀》中无名的威士忌神父和《问题的核心》中的殖民地警察斯科比却不能令我们信服。存在的问题并非如几位评论家认为的那 377
样，在于与年轻的魔鬼平基那彻底的道德堕落相比，很难再现令人恼火的仁善或者有缺陷的神圣。相反，问题在于格林的创造性活力是什么这一美学问题，以及这种热情是如何通过反映人类品质而展现其自身的。斯

① 詹森派信徒（Jansenist）：詹森教派缘起17世纪罗马天主教内部的一场运动，主要发生在法国，强调原罪、人的全然败坏、神的恩典和宿命，理论来源于荷兰神学家科尼利厄斯·詹森（Cornelius Jansen，1585—1638）。

② 摩尼教信徒（Manichaean），摩尼教是3世纪在巴比伦兴起的世界性宗教，由意大利先知（Mani，约216—276）创立，主张善恶两元论。

科比和威士忌神父能够打动格林，但他们并不令他着迷。他的想象力被平基所激发，因为只有平基能够支撑那种邪恶的幻象，激励格林在他作为讲故事者的至关重要的几年中达到了叙事艺术的高峰。

不论我们如何同情艾略特式的新基督教信仰，而且我无法想象还有哪位评论家比忧伤的我更不在意《布赖顿硬糖》的美学体现，但这部小说具有一种哀婉的力量，能够克服评论家对其神学倾向的反感。在这个问题上，我总是会想到该书第六部分的结尾，平基“对街道有着如此的幻象/街道几乎无法理解”，这是一种深受艾略特非凡的“序曲”的影响，带有它们关于“某种无限温柔/无限痛苦之物”的概念，以及它们的幻觉效应：“世界就像年迈的妇人一样旋转/在空旷的土地上捡拾柴火”。平基看到了所能看到的东西，体验到将永世受罚之人注视着得到拯救的人们之时的“可怕的魅力”：

> 平基感到了一种对新鲜空气的渴求，因而悄悄朝大门走去。在走廊里，他什么也看不见，只听见从他屋里和达罗屋里传出的呼噜声。他犹如一位盲人，只能任凭别人看，却看不见别人。他摸黑走到楼梯口，然后一步步走到客厅。黑暗中，他摸到了电话，然后摸到了大门的位置。大街上，所有的灯都熄了，光线却明亮了许多。他能看见地窖的栏杆，一只猫的身影以及海面上发出的磷光。这真是一个奇异的世界：他从未独自置身于其中。当他举步朝海滨大道走去时，他心中产生了一种获得了自由的虚幻感。
>
> 蒙特佩里尔路上的路灯仍在闪耀：路上没有一位行人。在唱片商店门外有一个被人遗弃的空奶瓶。再往前走，就是闪着亮光的钟楼和公共厕所。海风习习，空气清新。平基把手放到裤子口袋里取暖，无意中却摸到了一张纸条。他把纸条从口袋里拿出。原来这纸条是从笔记本上撕下来的，上面写的笔迹不为平基所熟悉。他把纸条放在
> 378 昏暗的路灯下，勉强读出了其中的内容。“我爱你，平基。我对你是干什么的并不在乎。我永远爱你。你对我很好。不管你去哪里，我都会随你而去。”她肯定是在平基与丘比特谈话之时写好上面几句话，然后等平基熟睡后塞到他裤子口袋里的。平基把纸条捏在手中揉成一团。在一家鱼贩子摊位的旁边就有一个垃圾箱，不过，他并没有把纸

> 团扔进去。他朦胧地感到,留住这纸条,也许将来还会有用。
>
> 他听到身后有人在低语,于是猛一回头并把纸条塞回到口袋里。在两家商店之间的小巷里,一位上了年纪的妇女正坐在地上。他只能看清她那张苍白的脸,这使他想起了被打入地狱的人的痛苦表情。过了一会儿,他听她低语道:"你受到女人的宠爱和保佑",并看见她正用手指在一颗颗地拨珠子。显然,这个女人并不是被打入地狱的人。平基一边望着这女人,一边对自己的发现感到惊奇:这是一位被上帝拯救而重获新生的女人。

这就是格林真正意义上的问题的核心,以及他对于能够作为权力与荣耀真正触动他的东西所保持的持久幻象。他的那些更为著名的小说已然消失在文学传统之中。《布赖顿硬糖》作为一部书的可怕结晶,可能就是我们时代的《白魔》。 379

罗伯特·佩恩·沃伦
(1905—1989)

1905年4月24日，罗伯特·佩恩·沃伦生于肯塔基州格思里市，八十岁时他成了我们最卓越的作家。这个不言自明的事实进一步得到了印证，因为沃伦表现出强大的毅力，把自己培养成了一个杰出的诗人。读者可以想到一只手数得过来的在创作晚期或后期成名的诗人：勃朗宁、哈代、叶芝、史蒂文斯、沃伦。沃伦《诗选》第五版新诗中最后一首《山上日出的神话》会让一些读者想到勃朗宁《阿索兰多》中让人拍案称奇的《序曲》，创作《序曲》时，勃朗宁已经七十五岁。回想起五十年前第一次见到阿索罗——威尼斯附近的一个村庄——的情景，勃朗宁燃尽每一丝失落感，直至最终的超越：

我的阿索罗，多少年已过去
　自从——一步之遥从海到陆地——
我发现你，爱你却又如此畏惧——
　因为自然物体似乎矗立
显然浴火！不——

“上帝是超越者。”勃朗宁最后声称。沃伦比勃朗宁活得还长，始终坚持做一个内蕴性诗人、一个兼具内在性与普遍性的诗人，尽管未必能够持续。这个特征可以在山上日出中感受到：

黑暗深埋凝结的焦虑，向白昼努力迸发，
努力穿行于石头之间，尽管
380 没有光亮进入这里，从来未曾进入，除了
在起源之火永恒的年代。然而看吧！所有山脉试图

缓慢鼓胀、强力外凸。树叶，在光亮上打磨，
将切割
空气如黄油。树叶喊叫："我感觉我最深的纤丝在黑暗中
喜悦。
我知道玄武岩的密度有一个声音。"

两种起源之火，勃朗宁的和沃伦的，但是在《山上日出的神话》结尾，我们读到的不是"上帝是超越者"，而是"太阳照耀山顶。那将是要讲述的老故事"。这部《诗选》新章节的题词取自沃伦最喜欢的神学家圣奥古斯丁："此刻生命已经降临于你，你难道不愿起身迎接开始生活？"我们想起沃伦摘自《忏悔录》用作诗集《在这里》(1980) 题词的一句话："我渴望了解时间的力量和本质。"沃伦如今拥有了这种知识，近期的诗歌也表明他已起身迎接生命，活在当下，活在时间不断累积的力量面前。也许这里没有一首新诗比得上沃伦此前那一组充满幻象与冥想的杰作，包括《红尾鹰与青春火葬柴堆》《秋之心》《傍晚的鹰》《爱的诞生》《树叶》《土地的永久占有权》《致一个小女孩，一岁，于毁坏的堡垒》，还有很多。不过这部沃伦准确命名为《高度与延长线》的诗集里，85页新诗组合起来产生的艺术感染力也是无与伦比，并且延长了我们最后一位崇高派诗人继续生活、活动和拥有自我的高度。

* * *

沃伦出版的第一本书是《约翰·布朗：一个殉道者的养成》(1929)。我刚刚读完了这本书，这是我第一次读；毫不意外的是，我发现这本书让我非常不快。此书标榜为历史，其实是宣扬艾伦·塔特意识形态的南方小说，把布朗塑造成了一个凶残的虚无主义者，适合做同样令人生厌的拉尔夫·沃尔多·爱默生笔下的主人公。事实上，在受此书折磨之后，我很难断定年青的沃伦更讨厌布朗还是爱默生。显然，在沃伦眼里，布朗和他的智识支持者似乎代表着一种空虚，这种空虚蛮横而热切地做出努力，试图证明自身是充实的。然而，如果把《约翰·布朗》当成小说处女作的话，它的确是《夜骑者》(1939) 的预兆，后者是沃伦出版的第一部长篇小说，我刚刚重读了一遍，感受到了极大的愉悦。

《夜骑者》是一部令人激动、残酷无情的叙事，完全可以代表沃伦作
381 为一位小说家的主要优点：精彩的讲故事技巧，以极具戏剧张力的笔法展示对厄运如飞蛾扑火般的男女人物的品性。《夜骑者》的中心人物芒恩先生竟然毫无同情心，之后沃伦笔下真正的男主人公都是如此：《天堂门口》(1943) 中的杰瑞·卡尔霍恩和斯利姆·萨瑞特、《国王的人马》(1946) 中的杰克·伯登和威利·斯塔克、《足够的空间与时间》(1950) 中的杰里迈亚·博蒙特和卡修斯·福特。以《一群天使》(1955) 中的阿曼沙·斯塔尔为开端，当沃伦笔下的中心人物变得更为和蔼时，他的书，哎呀，就会变得无趣得多。这种不幸的现象在沃伦（迄今）最后一部小说《归宿》(1977) 达到顶峰，在沃伦的心目中，这部小说与《国王的人马》、《足够的空间与时间》同样出色。我希望我能同意他的看法，但在重读《归宿》之后，我早前的一个印象得到了印证：沃伦对主人公杰德·图克斯伯里的喜爱程度有点过头。如果没有某种道德上的厌恶刺激沃伦，他往往会失去叙事的内驱力。我发现自己希望图克斯伯里内心有些许约翰·布朗原型的影子。

小说家沃伦真正的前辈不是福克纳，而是康拉德，对于许多与沃伦同辈的美国小说家来说，康拉德的影响力是压倒性的。1951年沃伦写过一篇关于康拉德《诺斯托罗莫》的评论，这是他写得最好的评论文章之一；在这篇文章里，沃伦不经意间透露了为何他作为小说家已经创作完毕全部的最好作品：

> 我们以严肃的态度思考康拉德的时候，必须面对另一个矛盾，或者说明显的矛盾，介于他的怀疑主义表白与对于信仰的表白之间……
>
> 在写给高尔斯华绥的信里，康拉德说漠不关心、“毫不在意的态度”是“创造力”。然而，同一个康拉德谈到了忠诚和人的交流，让库尔兹在最后的恐怖中大喊大叫，让海斯特展望人生的意义。而且，同一个康拉德让《黑暗的中心》中马洛说，实施拯救的唯有“理念”……
>
> 不是一些男人，而是全体男人，必须服务于“理念”。为了生存，最低等、最卑劣的生物必须以某种方式将他的存在理想化，必须在自身之外找到认可……

沃伦称之为对康拉德双重气质——怀疑论与孤注一掷的理想主义之间的争斗——的解读，并说了一句像是T. S. 艾略特说的话： 382

> 有时候我们必须强迫自己记住：创造的行为不仅仅是气质的投射，还是对气质的批评和净化。

如果我们用“个性”取代“气质”，这条新批评的准则完全变成了艾略特的观点。这是一条很有价值的准则，用于分析康拉德最好的小说，尤其是《诺斯托罗莫》中与道德相关的戏剧起伏。然而沃伦不是康拉德，而且与他的诗学和文学批评前辈艾略特一样，沃伦的创作靠的是投射气质，而不是净化气质。艾略特没有“漠不关心”，没有“毫不在意的态度”，没有对个性的逃避，沃伦的小说和诗歌继续揭示他的激情、偏见和信念，甚至更加直白。康拉德散发出庄重的神秘气息，超越了意识形态；沃伦则像艾略特，是一位意识形态的盲从者，他的气质比艾略特更激烈。

沃伦正确褒赞的康拉德的优点却没有体现在他自己的作品里，唯一的例外是《国王的人马》，这部小说对怀疑主义与信仰的平衡恰到好处地避开了沃伦的道德主义。《足够的空间与时间》是沃伦作为重要小说家的最后一部作品，这部活力四射的作品最终受损于作者对笔下人物的奇特愤怒。沃伦是一个严于律己的人，摈弃了康拉德式的怀疑主义，继而对笔下的男女主人公毫不宽容。重读《足够的空间与时间》，这位小说家加害于杰里迈亚・博蒙特和雷切尔・乔丹的一切令我一再皱眉。沃伦的做法很像诺斯替教徒们对耶和华的戏仿，对**他的**亚当和夏娃施以惩罚，不让他们体面地或浪漫地死去。他们共有的自杀药物变成了催吐剂，接下来各种落魄降临到他们身上。沃伦在自己的小说和诗歌中可以做一位卓越的反讽作家，但他太爱这个世界，对它一点都不宽容；与小说家相比，这样一个立场会给诗人带来更多灵感。

《国王的人马》

我第一次读《国王的人马》，是20世纪40年代后期在康奈尔大学读书的时候，当时辅导我的是威廉・M. 塞尔，一位优秀的老师。他说《国王的人马》几乎犯了所有的错误，但毫无疑问，它也是美国小说永久传统或正典的一部分。塞尔对这部小说的正典地位下判断的时候，离它第一次出版仅过了两三年，如今他的判断已得到证实。在第一次研读此书将近四十年后，现在重读此书，我惊叹于它竟然战胜了作者焦躁不安的气质。作为过于激情澎湃的道德主义者，也许过于杰出的幻象大师，难以培养小
383 说家的耐性，沃伦反倒成了一个重要的诗人，可能是华莱士·史蒂文斯去世之后我们最好的诗人。1966年之后的二十年间沃伦撰写了不少卓越的诗歌，在那之后，《国王的人马》很有可能是他最重要的文学遗产。

记得我曾认为《国王的人马》讲述的是威利·斯塔克的故事；如今重读，我觉得它讲述的重点是杰克·伯登，而不是斯塔克。沃伦对斯塔克的态度模棱两可；至于伯登，用“模棱两可”这个词来形容沃伦的态度似乎太不充分。这位作者几乎把自己等同于他的叙述者，但这种认同是矛盾统一的，属于弗洛伊德所说的“否定”模式。伯登是沃伦的负担[1]：认知意义上的压抑的复现，而情感上的压抑仍在持续。全盛时期的罗伯特·佩恩·沃伦把自己的头脑内向投射为杰克·伯登，而沃伦的激情生活属于欲望领域，投射、倾吐而出为伯登，受到其创造者在道德上的唾弃，而威利·斯塔克并未受到这样的虐待，即便只是因为在伯登虚弱、被动的地方，在伯登成为自己及他人负担的地方，斯塔克是严酷的[2]——强大、活跃。

然而，对我而言，伯登仍是沃伦笔下最有趣的虚构人物，也许是因为他既是、又不是沃伦，是一个（短暂）失败、还算年轻的艺术家的画像。这部小说一个隐藏的亮点——俗气但引人入胜——是伯登失败的第一次婚姻（事实证明是这样，因为他最后的确娶了安妮·斯坦顿）。伯登对第一次婚姻的讲述终结于一个著名的句子，这个句子十分清晰地点出了这次婚姻的真相：“再见，洛伊斯。我因为我对你做的一切而原谅你。”[3]这句话里的痛楚只是针对自我，因为只有自我存在。伯登无法把过去带入当下，于是变成了唯我论者，意识不到邻居和太阳的存在。

威利·斯塔克的特异力量体现在他冲破了伯登的防线，使得这部小说的叙述者顶多成了一个不完美的唯我论者，非常善于讲述一个极具戏

① 伯登的英文名为Burden，与burden（意为“负担”）拼写相同，这里布鲁姆用了双关。

② 斯塔克的英文名为Stark，与stark（意为“严酷的”）拼写相同，这里布鲁姆用了双关。

③ 本书中*All the King's Men*的译文均出自沃伦著，陶洁译：《国王的人马》，上海，上海译文出版社，2006年。

剧张力的故事。《国王的人马》在文学上的首要成就属于妙不可言的老式传统，即欲罢不能的可读性。这种可读性完全归因于威利·斯塔克，这是毋庸置疑的。他属于最后一批詹姆斯一世盛期模式的枭雄，配得上一位20世纪的约翰·韦伯斯特，或者福克纳，甚至康拉德。伯登与斯塔克的关系不是康拉德《黑暗的中心》中马洛与库尔兹的关系，也不是福克纳《押沙龙，押沙龙！》中昆丁与萨德本的关系，而是沃伦本人与历史人物“王鱼”，即路易斯安那州的修义龙[1]的关系。这一点必然已经引发了对《国王的人马》批评理解上的一些混乱。伯登对斯塔克几乎不曾压抑的爱，本质上是亲情，并不代表沃伦内心隐藏的对我国最令人信服的法西斯分
子——可以说是我们的弗朗哥或墨索里尼——的喜爱。斯塔克对沃伦的 384
吸引力是戏剧性的、美学意义上的，对沃伦读者的吸引力也是如此。

从历史上真实的修义龙到虚构的威利·斯塔克，其间的变化可以概括为两句话之间的差异：修义龙说，“我了解人民的心，因为我没有让自己的心染上颜色”；斯塔克说，“我悉心研究的是人民的心愿”。威利比修义龙更言简意赅，甚至更有说服力。他对普遍存在的俄狄浦斯情结做出了解答，这个答案在小说的中心时刻得到了最为辛酸的展现，也就是杰克·伯登与他至关重要的代父威利·斯塔克的最后一次见面，斯塔克当时奄奄一息但仍然是头儿：

> 他费劲地举起平放在床单上的右手的中指和食指，勉强做出个敬礼的姿势，又无力地垂下。牵动他嘴角的肌肉失去了力量，笑容从他脸上消失了，皮肉重新松弛。
>
> 我挨着病床站着，低头望着他，想说上几句话。可我的脑子就像在太阳下晒得很久的海绵，挤不出一点水分。
>
> 他开口了，声音低微，犹如耳语。“我想见见你，杰克。”
>
> “我也想见你，头儿。”
>
> 他好一阵子没有说话，但他望着我，眼睛里微微闪动着一丝光亮。后来他开口了，“他为什么这样对待我？”
>
> “喔，该死的，”我脱口而出，嗓门很高，“我不知道。”

① 修义龙（Huey Long，1893—1935），美国政治人物，绰号“王鱼”，曾任路易斯安那州州长（1928—1931），1935年遭到暗杀。

护士瞪我一眼，以示警告。

“我从来没有亏待过他。”他说。

“对，你从来没有亏待过他。”

他又沉默了。眼睛里的光芒黯淡了。后来，他说：“他是个好人。大夫是个好人。”

我点点头。

我等待着。但他看来不会再说什么了。他的两眼凝视天花板，我说不上他是否还在呼吸。终于，那双眼睛又转向我，它们缓慢地转动着，我简直觉得我听得见眼珠在眼眶里旋转时微弱而艰难的吱嘎声。但他的眼睛又闪烁光亮。他说：“事情本来可以完全两样，杰克。”

我又点点头。

他振作起来。他甚至似乎想努力抬起头来。“你得相信这一
385 点。”他声音喑哑地说。

护士走上前来．意味深长地看着我。

“对。”我对床上的人说。

“你得相信，”他又说，“你得相信这一点。”

“好的。”

他看看我，一瞬间，他的目光像从前一样，坚定、搜索、盘问、要求很高。可他开口说话时，却有气无力。“事情本来可能完全两样，”他低声说道，“如果没出事的话，可能——会两样的——可能不一样的。”

他虚弱已极，费尽力气吐出最后几个字。

护士向我打个手势。

我弯腰握住他放在床单上的右手。手软弱无力。

“再见，头儿，”我说，“我还会来看你的。”

他没有回答。我不敢说他还认得我。我转身出屋。

这是作为行动者的父亲向作为智识或精神洞察者的真正儿子说再见，试图英勇地以赎罪的方式给予最后的祝福。因为威利·斯塔克作为父亲具有阉割性，方式超越了他把安妮·斯坦顿从杰克·伯登身边带走。“可能——会两样的——可能不一样的”不仅仅是一个政治指涉或一个毁掉的社会预言。它指涉斯塔克与伯登之间深埋的关系，隐含一种迟

来的对于负担的承认，这种负担便是双方不曾知道的一种更好的为父之道、一种更好的孝顺之道。而这似乎是小说结尾时伯登最后反思的深刻意义：

> 我们当然还会归来，还会在大街散步，看年轻人在含羞草树下的网球场上打球；我们会在海湾的海滩边散步——那里的跳水板伸向空中，接受阳光的抚弄；我们会在松林里漫步，厚厚的松针将淹没我们的脚步声，我们将青烟似的无声响地走在树丛下。不过，这是遥远将来的事情。现在，我们将走出这所房子，走进动乱的世界，走出历史又进入历史，承担起时间的可怕的责任。

走出历史又进入历史，便是承担起时间对于父子相争关系的可怕责任，对于这种相争关系，斯塔克和伯登从未直面，他们始终回避相互的承认，直至为时已晚。 386

塞缪尔·贝克特

（1906—1989）

《莫洛伊》《马龙之死》《无法称呼的人》

乔纳森·斯威夫特作为英语文学中最优秀的讽刺作家，无人能出其右，他写出了英语散文杰作《木桶的故事》。塞缪尔·贝克特既是斯威夫特的合法传人，也是他的朋友詹姆斯·乔伊斯的合法传人。贝克特写出了20世纪的英语散文杰作，这些杰作有的是从他自己的法语原文翻译过来的。这样的断言并不会折损《尤利西斯》和《芬尼根守灵夜》所具有的巴洛克式辉煌，但是表明在纯粹性上，《莫菲》和《瓦特》以及贝克特自译的英文版《马龙之死》、《无法称呼的人》和《是如何》要更胜一筹。与斯威夫特和乔伊斯不同，贝克特只是在次要层面上才是个讽刺作家，而且他虽然在悲喜剧创作方面非常出色，却并不是一个喜剧作家。他具有笛卡尔式的二元论思想，但据我看来，他头脑中更根本的是他那深刻的叔本华式幻象。也许，如果斯威夫特读过并能够容忍叔本华的话，那么他可能会变成贝克特。

有相当多的伟大小说家发现叔本华的思想非常适合他们：你会想到屠格涅夫、托尔斯泰、左拉、哈代、康拉德、托马斯·曼，甚至普鲁斯特。既然这七位小说家之间唯一的共同点就是他们都写小说，我们就会觉得叔本华那个可怖的体系能够帮助小说家完成他们的工作。这并不是要贬损叔本华在智识和精神方面的说服力。对于一位如此深刻影响过瓦格纳、尼采、维特根斯坦和弗洛伊德（虽然他否认这一点）的哲学家，我们很难只把他视作一个讲故事者和讲故事的便利助手。不过，叔本华显然刺激
387 了小说艺术，但是为什么呢？我们当然不能把《作为意志和表象的世界》当作小说来读。谁会受得了把它当作小说呢？叔本华在对他的书做出补充时，如此描述生存意志：

> 此处生命也根本没有把自己呈现为一件快乐的礼物，而是作为一种职责，一份必须完成的苦工；与此相一致，在所有人的身上，无论贵贱，我们都看到普遍的需要、不间断的忧虑、持续的压力、无休止的冲突、强制的行为，都需要肉体和头脑付出全部的力量。……所有的人都在努力，一些人计划，另一些人行动；喧哗骚动难以形容。但所有这一切的最终目的何在？目的在于，在最幸运的情况下，维持短暂且饱受折磨的个人能够存活一小段时间，不遭受过分的匮乏，相对少受痛苦的折磨，但这又立刻会造成厌倦；然后就是这个种族的繁殖和它的努力。麻烦和回报明显不成比例。从这个角度看，生存意志客观地说就是一个傻瓜，或者主观地说，就是一种幻觉，陷入此幻觉的任何生物都会竭尽全力争取某种毫无价值的东西。然而，当我们对此进行更严密的思考时，我们会发现此处它也是一种盲目的压力，一种完全没有根据或缘由的倾向。

休·肯纳暗示，贝克特像读小说一样读笛卡尔。贝克特的小说则显示他将叔本华当作事实来读。笛卡尔作为先驱，年代已经很遥远了，所以很安全；而乔伊斯则在时间上太过接近，《莫菲》乃至《瓦特》都属于乔伊斯式的作品。毋庸置疑，贝克特在《莫洛伊》中转而使用法语，目的就是要祛除乔伊斯的影响，而且毫无疑问，自《马龙之死》开始，他的语言译回英语时已不再具有乔伊斯的特点。乔伊斯对贝克特而言，就像弥尔顿对华兹华斯而言。《芬尼根守灵夜》和《失乐园》相似，都是需要研究的杰作；贝克特的三部曲就像《序曲》一样，通过补偿性想象将乔伊斯的杰作内在化，而在此补偿性想象中，经验和损失合二为一。研究并没有解开贝克特或华兹华斯的谜底。坎伯兰的老乞丐、迈克尔、《废毁的茅舍》中的玛格丽特；这些都很难进行分析，就像莫洛伊、马龙和无法称呼的人一样。把跟我同姓的那个令人赞叹的博蒂[①]放进《莫菲》中去，他也可以很合适，不过他会引爆这部书。把他放进《瓦特》中呢？这行不通，而若把博蒂（甚或厄威克）放在三部曲中，他就好似在《序曲》中漫步的弥尔顿（或者撒旦）一样。

① 博蒂（Poldy）是乔伊斯《尤利西斯》中主人公Leopold Bloom的昵称，他与本书作者同姓。

人们否定存在一个固定的、稳定的自我，这种风尚（主要来自法国人对德国思想的误读）是当前批评界的一个陋习。但这一否定就类似于每
388 一代文学家都会做出的那个断言，即他们真的在写作普通的语言，而非诗意的文辞。这两种立场都对现代主义进行定义，而现代主义就如希腊化时代的亚历山德里亚一般古老。卡利马科斯[1]就和乔伊斯一样，是个现代主义者，而阿里斯塔克斯[2]就和休·肯纳一样，是个收藏古文物的现代主义者，或者现代派的古文物收藏家。叔本华把自我贬斥为一种幻觉，把生命贬斥为折磨，把宇宙贬斥为虚空，他把这些洞见归功于那位伟大的现代主义者——佛陀，这是对的。贝克特是个像佛陀一样的现代主义者，或者像叔本华（他和休谟争夺柏拉图之后最优秀哲学家的位置）一样的现代主义者。我在读叔本华的时候有时会发笑，但这种笑声是防御性的。贝克特也会引起笑声，就像福斯塔夫，或者说他以莎士比亚笔下小丑们的方式引人发笑。

* * *

贝克特在他的早期著作《普鲁斯特》中引用了叔本华对艺术程序的定义，即“独立于理性原则之外的对世界的沉思”。这种超越理性的沉思赋予了普鲁斯特那些罗斯金式或佩特式的幸运时刻，即乔伊斯那里的“顿悟”时刻，贝克特却尖刻地将之称作普鲁斯特的“恋物”（fetishes）。超验性的光辉四射必然不是贝克特宇宙的组成部分，他的宇宙如果有类似之物的话，那也是古代诺斯替教教义中巨匠造物主创造的世界。亚历山德里亚的异教首领巴西里德或华伦提努[3]肯定都会立刻辨认出贝克特三部曲以及他的主要剧作《等待戈多》、《终局》和《克拉普最后的录音带》中的那个世界。那是执政官们统治的世界，虚己亏空即虚空统治的世界。虽然时断时续，贝克特谜一般的精神一直在探寻一种虚空，这种虚空也是一种丰盈，即诺斯替教徒称作男祖先和女祖先的那种圆满或深渊。在贝克特身上，你可以把这称作一种自然的而非启示性的诺斯替主义，但

[1] 卡利马科斯（Callimachus，公元前305？—前240？），古希腊学者、诗人。

[2] 阿里斯塔克斯（Aristarchus，公元前217？—前145？），古希腊语法学家和文献校勘家，曾为亚历山德里亚图书馆馆长，以校订和研究荷马史诗闻名。

[3] 巴西里德（Basilides）和华伦提努（Valentinus）均为古代诺斯替教派的教师。

这仍然是诺斯替主义。叔本华的无为主义最终并不属于贝克特，也就是说，对贝克特而言，正如对布莱克和诺斯替教信徒而言，创世和堕落是一回事。

年轻时的贝克特对里尔克作品的英文译本进行过尖刻的评论。令人印象深刻的是，他驳斥了里尔克超验式的自我欺骗，因为诗人误将他自己的转义当作了精神证据：

> 这种自我欺骗和幼稚的不满造成的混乱不能从里尔克式信仰的那则主要条款中体面地获得任何东西，该条款规定了里尔克和上帝之间的可互换性。……他心烦意乱，这种烦乱很可能造就更高级别的诗歌，正如在里尔克身上偶尔会发生的那样。但是为何要把这种心烦意乱称作上帝、自我、俄耳甫斯[1]以及其他呢？ 389

《莫菲》迟至1938年才得以出版。那一年，贝克特表达了他对超验的语言和语言的超验的双重不满，同时也暗示了即将在《瓦特》的创作过程(1942—1944)中偏离乔伊斯的趋势：

> 起初这只不过是要发现一种方法，通过这种方法，我们能够通过词语表现对于该词的这种嘲弄态度。在手段和对手段的使用之间存在的不和谐中，我们或许有可能感受到些许构成万物基础的那种终极音乐或者沉寂。
>
> 在我看来，乔伊斯最近的作品与此程序毫不相干。这部作品似乎不过是对该词的神化。也许除非升入天堂和堕入地狱不知怎的变成了一回事。

作为诺斯替式的想象，贝克特的方式是下堕，试图把困于词语中的火花解放出来，而这不能被称作希望。贝克特的成熟作品中不存在希望，因此我们可以说其中的意象是诺斯替式的，但它的程序不是，因为它缺乏程序。诺斯替主义若没有潜在的超验性，便是一切可能的消极立场中最消

① 俄耳甫斯(Orpheus)，希腊神话中的一个诗人和歌手，善弹竖琴，弹奏时猛兽俯首、顽石点头。

极的一种，这无疑也解释了满腹同情的读者为何认为贝克特每一部至关重要的作品都必定是他的最后一部。然而，重大的悖论便在于，在贝克特这里，“少一点”是不会终结的。

* * *

“有得必有失。”这是爱默生补偿法则的晚期版本，出现在《生活的准则》里《权力》一文中。即便在贝克特这位虚无大师这里，也没有什么收获是不需要代价的。从《莫菲》到《瓦特》和三部曲，再到《是如何》以及近年来更为短小的小说，在此发展过程中，读者既有失亦有得。从《戈多》、《终局》和《克拉普最后的录音带》到贝克特在目前阶段，或许也是最后阶段中创作的短剧，这一发展过程也是如此。贝克特失去了一种狂野的幽默，或者说这种幽默变成了一出我们似乎并未准备好欣赏的喜剧。即便一位非普通的读者也会喜爱威利和尼瑞这两个不可思议的毕达哥拉斯派学徒，他们是《莫菲》的乐趣之所在；或者喜爱《莫洛伊》里生动如画的氛围，那部小说是这种氛围最后的立足之地。虽然创作风格是乔伊斯式的，威利和尼瑞的喧闹却是贝克特独创的：

> “这些话很晦涩。”威利说。
>
> 390 尼瑞把他的杯子倒了个个儿。
>
> “针，”他说，“正如对于肉体之爱一样，心智的友谊也是如此，只有进入最幽深之处，才能达到完满。这是我灵魂的外阴。”
>
> “凯思琳。”威利叫道。
>
> “但你要是出卖我，”尼瑞说，“你就会重蹈希帕索斯[①]的覆辙。”
>
> “信条派，我想，”威利说，“我忘了他受到什么惩罚了。”
>
> “淹死在一个水坑里，”尼瑞说，“因为他泄露了边和对角线的不可通约性。”
>
> “所有爱唠叨的人都这么见鬼去吧。”威利说道……

① 希帕索斯（Hippasus），古希腊毕达哥拉斯学派的弟子，因发现了正方形的对角线与其一边的长度的不可公约性而揭示出有理数系的缺陷，对该派的数学理论造成了冲击，从而遭到毕氏门徒的迫害和追杀，最后被投入水中杀害。毕达哥拉斯学派分为“信条派”（Acousmatics）和“数理学派”（Mathematicians），前者信奉其宗教神秘主义学说，后者主要接受其科学学说，希帕索斯据说是前者的创建者。

> “别斤斤计较了，”尼瑞粗鲁地说，“你救了我的性命。现在你得减轻它的痛苦。”
>
> “我非常担心，”威利说道，“人们称之为生命的这种综合症是弥散性的，因此难以缓解。减缓了一种症状，另一种又被加重了。蚂蟥的女儿是个封闭的体系。她的需求总量不会变化。”
>
> “说得妙。”尼瑞说道。

如果你忽略了这些，是可以原谅的；哪怕你放弃了这类更易获得的乐趣，而去欣赏《是如何》中要多费力气才能得到的乐趣，也是如此：

> 我的生活超越了我在生活中的所作所为有点儿超越了尝试过的一切然后放弃了一切不能再糟糕了总是一个洞一片废墟一层外壳一事无成与那一套大杂烩格格不入太过复杂在角落里爬行昏睡想要的我都得到了没有遗憾只等上天堂

据伟大的理论家安格斯·弗莱彻所言，崇高模式“具有直接且严肃的功能，可以摧毁愉悦造成的奴役”。贝克特无疑是1985年尚在人世的最出色的西方作家，是包括普鲁斯特、卡夫卡和乔伊斯在内的那一批作家中最后幸存的一位。把贝克特这位极简抽象派艺术家称作崇高模式的代表，这听起来有点奇怪，但是崇高模式盛期所表现的隔绝和恐怖重又出现了，就在贝克特的灾难作品中，在弗莱彻称作“逐渐碾磨，慢慢停止的灾难”的那种幻象中。朝向沉寂发展的崇高必然依赖于一种逐渐减弱的抒情风格修辞，在其中整体的效果发生了变化，正如约翰·荷兰德所言：

> 在剧作和晚期的小说中，句子、短语，甚至是意象，都是名副其
> 实的咏叹调。《莫菲》结尾处，风筝华丽升起，伴随一阵虽然细小但却 391
> 确切无疑的仪式歌曲，他再也不会回来了。

卡夫卡笔下的猎人格拉胡斯愉快地活着，也愉快地死去，他告诉我们：“我迅速穿起死者的尸衣，心情就跟新娘子穿上结婚礼服一样。随后我便躺在这儿静候着，然后不幸发生了。”这个不幸是由于死亡之船船长

的一个瞬间错误引发的，格拉胡斯因此从浪漫传奇的英雄世界转入了卡夫卡和贝克特的世界，在那里人们既非生，亦非死。贝克特和卡夫卡竞争该世界的但丁这一恐怖的显赫头衔，这是贝克特独特的胜利。只有卡夫卡，或者贝克特，才能写出格拉胡斯用来总结他自己所处可怕境地的那句话："想帮助我的念头是一种病，一种必须卧床治疗的病。"莫菲也会这么说；马龙则已超越了这个阶段，不再说任何这样纯粹表现主义式的话。"超越"是贝克特晚期小说和戏剧的立足点。可以把它叫作沉寂，或者深渊，或者超越快乐原则的现实，或者关于我们的存在的形而上或精神性现实，这种现实已最终显露出来，不会再产生幻觉。贝克特无法，或者不愿给它起个名字，但他已经发展出了一种艺术，使他可以比其他任何人更具
392 说服力地将它再现出来。

理查德·赖特
（1908—1960）

《土生子》

如果我们只用美学标准来评判理查德·赖特的作品，那么他的作品还余下什么呢？这样做的前提假设是存在严格的美学标准，而且我们心知肚明。创作《土生子》的理查德本质上是西奥多·德莱塞的儿子，却无法自始至终达到德莱塞一贯低劣的写作水平。被判处死刑的别格·托马斯在死亡守夜开始时是这样的：

> 为了自卫，他把白昼黑夜都拒于意识之外，因为他如果想起了日出和日落，月亮和星星，云和雨，他准会在他们送他上电椅之前死去一千次。为了使自己的心灵尽可能地适应死亡，他把自己牢房外面的整个世界想象成一片广阔的灰色国土，那儿不分白昼黑夜，居住着一些他无法理解的陌生男女，但在他离开人世之前，却渴望着再一次深入他们的生活。
>
> 他现在不吃东西；他光是把食物强行吞下喉咙，并不品尝滋味，以驱除饥饿带来的啮心痛苦，以防止头晕目眩的感觉。他也不睡觉；他不问什么钟点，间或阖一会儿眼，随即睁了开来，继续他的沉思默想。他想要摆脱存在于他跟他结局之间的一切——那结局就是可怕地意识到生命就要完了，但死得毫无意义，什么问题也未解决，感情上的矛盾也未消除。① 393

如果我们把这两个段落从小说中抽取出来，便无从知道等待处决的人的肤色或背景。赖特叙事中对于社会的强烈哀婉情绪消失了，第一段

① 本书中*Native Son*的译文均出自理查德·赖特著，施咸荣译：《土生子》，上海，上海译文出版社，1983年。

只剩下不够充分的修辞手段:“把白昼黑夜都拒于意识之外”“死去一千次”“一片广阔的灰色国土”“陌生男女”“渴望着……深入他们的生活”。然而第二段更令人不满意,因为没有一个词是精确的:“饥饿带来的啮心痛苦”“继续他的沉思默想”“可怕地意识到”“感情上的矛盾……消除”。赖特的叙事到了这个节点,要求的语言模式能够将别格的恐惧个性化,能够捕捉到并准确反映被白人社会判处死刑的一个黑人男子的煎熬。不幸的是,赖特的用词甚至无法帮助我们把别格的恐惧与任何其他人对司法谋杀的忧惧区分开来。别格自己的视角也不曾进入赖特的修辞立场。问题的关键不在于赖特继承了德莱塞的简化自然主义,而在于他作为作者没有敏锐的听觉,简单说来。

现在做出这样看似无关的评论为时太晚,因为赖特已经成为一位正典作家,而且是鉴于我乐意赞同的健康的社会目的。考虑到赖特是众所公认的当代美国黑人文学的起点,重读《土生子》或《黑孩子:童年与青年时代的记录》必定是一项多元决定的活动。赖特的正典评论家称呼他为一个开拓者、一个拥有罕有勇气的男人、一位师长、一位前辈。这些头衔中没有一个可以或应该被否定。我本人愿意称赞赖特的意志、力量和干劲,他把这些人性的特点扛过了美学成就的边界,可惜跨界之后他没有走多远。他的重要性超越了严格意义上的文学批评的关注范围,让评论家们记起了历史、社会和政治经济的诉求,以及历史仍然吝啬少给的关于压迫与不公的长篇记录。

* * *

别格·托马斯可以说是已经成为一个神话,却没有首先成为一个令人信服的对人的性格和个性的再现。赖特列举出了他在现实生活中遇到的五种“别格”,五种被白人称为“坏黑鬼”的有暴力倾向的黑人青年。印象最深刻的是五号别格,一个舞刀弄棒、非常骄傲的人,“总是不掏钱乘坐黑人专用车,想坐什么座位就坐什么座位”。赖特替这群《土生子》主
394 人公的前身向我们发表了感人的告别辞:

> 这些别格·托马斯们是我知道的唯一的这样一群黑人:他们总是违反南方的种族隔离法,而且不会受到惩罚,至少持续了一段甜蜜

的短暂时光。最终,限制他们生活的白人让他们付出了可怕的代价。他们被射杀,被吊死,被致残,被处以私刑,被骚扰,直至非死即疯。

赖特在《土生子》这篇序言的结尾,对1940年3月7日的美国做了一番自己的想象:

> 我觉得自己很幸运,整个世界被战争和巨变的痛苦吞噬,我却能够活到今天创作小说。早期的美国作家亨利·詹姆斯和纳撒尼尔·霍桑都尖刻地抱怨美国场景的荒凉与平淡。但是我认为,如果他们还活着,现代美国会让他们有家的感觉。的确,我们美国没有大教堂;我们的民族传统仍处于一个我们不习惯吹嘘的阶段;我们没有级别高于雇佣军的军队;我们没有全国普遍接受的拥护人性价值的群体;我们没有丰富的象征,没有多彩的仪式。我们只有忙着抢钱的工业文明。但是我们拥有黑人这个历史的化身,这段历史极具悲剧色彩,足以满足哪怕是詹姆斯的精神饥渴;因为黑人受到的压迫,我们的民族生活横亘着一道浓重的阴影,足以满足哪怕是霍桑的忧郁沉思。如果坡还活着,他不必发明恐怖小说;恐怖小说将造就他。

这段话里提及詹姆斯、霍桑和坡,其实没有必要,对于法国沦陷前几个月的美国,赖特的观点缺乏权威性和精确度,连用词也是如此。不过我们的民族生活的确横亘着一道浓重的阴影,它始终存在,对许多人来说,如今仍然没有消除。这道阴影便是理查德·赖特的神话体系和萌芽之力。他的伯乐不是亨利·詹姆斯,不是霍桑,不是坡,而且几乎不会因为遇到这样的伯乐而受益。赖特是西奥多·德莱塞的“合法子嗣”,可惜没有成功地把《土生子》写成另一部《嘉莉妹妹》或《美国悲剧》。在20世纪30年代或40年代的美国做一个有天分的黑人青年,他所面对的现实压迫性太大,无法满足叙事小说的有限目的。重读《土生子》可以刷新对历史与社会辩证统一关系的认识,却不是一种美学体验。 395

然而,我不认为《土生子》及受众对它的接受只是向我们展示了一个美学困境。在目前重印的这版平装本《土生子》中,赖特的拥趸之一约翰·赖利撰写了一篇后记，其中对别格·托马斯辩护如下："对玛丽被杀的描写表明，白人世界是施暴欲望和反应的根源"，后者导致别格失手捂死了可怜的玛丽。在我看来，那段描写明确展示的是，别格的行为多少是多元决定的，但是把他的施暴欲望和反应归结于任何外在语境，是把他降至复制人或精神变态儿童的身份。《土生子》的辩护者们必须做出选择。要么别格·托马斯是一个负责任的意识，因而难辞其咎；要么只有白人世界负责任和难辞其咎，然而，这意味着别格不再是一个虚构人物，不再是对一个可能存在的人有说服力的再现，而是变成了一个表意符号。可悲的是，在只是后来才成为他自己一派的传统里，赖特来得过早，他不能选择，故而留给我们一个模棱两可的人物，介于意识形态意象与对现实的模仿之间。

* * *

我记得阅读赖特的自传《黑孩子》是在1945年，这本书第一次出版的时候。我当时只有十五岁，被这本书吓住了，也留下了印象。五十多年后重读这本书，感受不同过往。我反倒不由想问一个尼采式的问题：谁是诠释者？他试图获取凌驾于文本——不论是他创作的文本还是他生活的文本——之上的何种权力？赖特作为一个极其痛苦和愤怒的诠释者，创作的《黑孩子》是一部比《土生子》更有政治性的作品。对社会与别格·托马斯关系的那种貌似马克思主义分析，在我看来始终是《土生子》中作者的事后想法。在《黑孩子》中，这种伪马克思主义篡夺了叙述者的功能，试图掌控诠释的权力意志成了整部作品永不停歇的伴唱歌。对比一下《黑孩子》的开头和结尾：

> 很久以前，我才四岁的时候，一个冬天的早上，我不知不觉地站到了壁炉跟前，拢着两手在一堆热烘烘的煤火上烤着，耳边响着屋外呼啸的风声。妈妈骂了我一早上，叫我老老实实待着，警告我不准出声。我又气又恼，可心烦了。隔壁屋里，姥姥卧病不起，有个大夫日
> 396 夜照看着她。我知道，我不听话是要挨罚的。我心神不定地来到窗前，拽开又长又软的白窗帘——本来是不准我摸的——眼巴巴地张望着外边空荡荡的大街。我一心想跑，想玩，想叫喊。可是姥姥那张

苍白，布满了皱纹，死板板的脸，她那颗四周牵拉着黑发、枕在一个绒芯大枕头上的头，那个活生生的形象使我想一想就害怕。

我两眼随时保持着警惕，一身带着有形无形的伤疤，就这样直奔北方而去。我满脑子模模糊糊的就只一个想法：生活是可以过得堂堂正正的；人格是不容侵犯的，人与人交往，应当做到无所畏惧或无所羞愧；人生在世，如果是生而有幸，那么，虽说是命中注定要在这儿经受一番折腾和苦难，也许会因祸得福的。[①]

北上的青年，一身伤疤，保持警惕，为了救赎寻找着意义，他与那个急于实现跑步、玩耍和喊叫梦想的四岁男孩几乎没有什么关联。赖特的目的是解释他从冲动堕落为忧虑的原因，但他不可避免地会提供与社会及历史相关的解释。然而，如他自己所述，他失去的很多是他这一版本的家庭罗曼史，回顾过去，从他身上消失的一些东西可以归因于一种纯粹的个人失败；在他那里，"三岁看老"这句俗话不适用。

在我看来，《黑孩子》里面能够流传久远的是赖特对他作为一个作家的人性再生的温情叙述。十八岁时，赖特读了门肯的作品，学会了胆大妄为，学会了以好斗的姿态使用语言，激发了他对研究的一种锐意进取的激情。读了辛克莱·刘易斯的《大街》之后，他遇到了不容错过的前辈西奥多·德莱塞：

"你在读很深奥的作品，孩子。"

"我只是打发时间，先生。"

"要当心，不然脑子会坏掉的。"

我读了德莱塞的《珍妮·格哈德》和《嘉莉妹妹》，这两本书让我再次生动地体会到了母亲的苦痛；我的感动无以复加。我不再说话，感叹着周围的生活。我不可能告诉任何人我从这些小说中收获到的一切，因为那完全是一种对生活的感觉。我的人生决定了当代现实主义和自然主义小说对我的吸引力，我怎么读都觉得读不够。

① 本书中*Black Boy*的译文均出自理查德·赖特著，王桂岚译：《黑孩子》，长春，吉林人民出版社，1989年。

> 397 我沉浸在崭新的心境和想法当中，购买了大量纸张，开始创作；但是什么灵感都没有出现，即便灵感来了，也是平淡得无法讲述。我发现写作不仅仅需要欲望和情感，于是放下了写作的念头。不过我还是想知道，如何才能充分了解别人以便创作有关他们的作品？我有可能了解生活和人吗？考虑到我是如此愚昧无知，我的出身受制于种族隔离，这似乎是一项不可能完成的任务。现在我知道了身为一个黑鬼意味着什么。我可以忍受饥饿。我已经学会与仇恨共处。但是我觉得有情感我不知晓，有生命的气息我感受不到，这一点比什么都更伤害我，都更让我痛苦。我有了一种新的饥饿感。

德莱塞对受难女人的充满张力的再现点燃了赖特对母亲艰辛生活的记忆，使得他成了这样一个作家：对他们而言，诗歌的目的（华莱士·史蒂文斯如是说）是母亲的脸庞。赖特心里有一种俄狄浦斯式施暴倾向，这一倾向与他的创作出发点奇怪地达成一致：试图说服我们和他自己，但凡暴力，均由多种社会因素决定。即便到了今天，《黑孩子》仍然作为一部社会证言，对我们履行了一种伦理功能，而这正是赖特的创作意图。我们不妨希望有那么一天，这部作品能够作为一部纯粹的个人证言，让我们
398 读者读出不一样的感觉。

威廉·戈尔丁
(1911—1993)

《蝇王》

虽然《蝇王》流行不衰，它本质上仍然是一部时代性作品。这部作品于1954年出版，威廉·戈尔丁二战期间在皇家海军服役（1940—1945）的经历对它有着深远的影响。战争期间在北大西洋针对德国潜艇进行了无休止的战斗，战斗带来的危险在开始进攻日，即1944年6月6日诺曼底登陆时达到巅峰，戈尔丁参加了那次行动。虽然《蝇王》是以男孩冒险故事的形式写成的道德寓言，它在更深层面上却是一个战争故事。该书的中心象征是那个死了的伞兵，他被男孩子们错认为野兽别西卜，即魔鬼般的蝇王。对戈尔丁来说，别西卜的真正样子是插在一根木桩上的猪头，而战争的恐怖则变形为我们多数人身上（在他看来）均隐含的道德残忍性。在戈尔丁自己的解读中，死亡的伞兵代表着历史，一场接一场的战争，那是成人一直呈现给孩子们的可怕礼物。戈尔丁明显的意图具有一定的权威性，但也许并不足以令我们接受如此简单化的一个象征。

将《蝇王》判定为一部时代性作品，这意味着怀疑它能否流传不朽，哪怕只是因为它算不上是对恶的深刻洞悉。作为戈尔丁的第一部长篇小说，《蝇王》经不起和他最优秀的叙事作品进行严格的比较：《继承者》、《平彻·马丁》（他的杰作）、《自由坠落》以及更晚些的《黑暗昭昭》。所有这些作品均依赖于细腻的表达、幽默的反讽和机智的才思，并没有简化成平庸的道德寓言。戈尔丁承认寓言的平庸性，但是坚持它所传达的真理：

> 人类是种堕落的生物。他被原罪牢牢控制。他的本性是罪恶的，他的境况很危险。我接受神学，承认其平庸性，但平庸的东西都

> 399 是真实的；当老生常谈成为被热情保持的信仰时，它就变得不只是
> 老生常谈了。

在真理的问题上，热情并不是一个检测标准。《蝇王》渴望成为一则普世寓言，但它对美国学童的吸引力部分就内含于它那奇特的异国情调中。书里的人物都难以置信，因为他们毫无幽默感；哪怕他们中有一个冷嘲者就会引爆全书。基督式的西蒙尤其不可信；戈尔丁并不知道该如何描绘圣人的心理。事实上，在他的第一部小说中，他是否知道该如何呈现一个人的心理，这是值得商榷的。他的男孩子们的确是英国私立学校的男孩子：受到严格管制，忍受着恶毒的纪律，被灌输以狭隘的、束缚性的关于人性的观点。戈尔丁在萨利斯伯里的华兹华斯主教中学长期担任教师的经历是他海军经历的一种延伸：从一种教化和严格纪律的模式转向另一种。《蝇王》中标志性的情节，即向野蛮状态的退化是一种英国独有的教育现象，并不是道德堕落的普世寓言。

我指出戈尔丁首部小说的严重局限性，这并不是要否定它持久的文化价值。任何精彩讲述的关于倒退至野蛮主义的故事都是一种警告，提醒人们注意许多群体所具有的可能变得暴力的趋向，而在我们接近千禧年之时，这样的一种警告仍然令人遗憾地具有相关性。虽然2000年本身并不重要，但这个年份会在极端主义者中激起一些怪异的期盼，尤其是在美国这个最相信千禧年的国家中。戈尔丁的寓言并不是《格列佛游记》；令人敬畏的斯威夫特式反讽和野蛮的知性主义远远超出了戈尔丁的力量之外。在《蝇王》中，**文学**价值几乎不起支配作用。拉尔夫、猪仔、西蒙和杰克都是表意符号，而非丰满的虚构人物。拿来同吉卜林的基姆进行比较，他们就令人遗憾地显得粗陋了；再比比哈克·费恩，他们干脆变成了纸上的名字而已。《蝇王》很重要，但其重要性不在自身，也不是为了自身，而是因为该书在一个仍然发现它是一种有用警告的时代里广受
400 欢迎。

阿尔贝·加缪
（1913—1960）

《局外人》

萨特依然是加缪的经典评论者，他曾把加缪同帕斯卡、卢梭和其他的法国道德主义者，即“尼采的前辈”，相提并论。对萨特而言，加缪“能在混乱中保持平静”，因此《局外人》是“关于荒诞和反抗荒诞的一部经典作品，一部条理井然的作品”。精明的萨特最终将《局外人》与伏尔泰的故事《查第格》和《老实人》归为一类，而不是将其与海德格尔或海明威划为一档。四十年后重读加缪这部篇幅不长的小说，我对萨特敏锐的判断惊叹不已，发现我很难将我现在对这本书的印象与记忆中当时这本书留给我的印象联系起来。经过了这么多年，杰曼·布雷[①]所说的英勇的和人道的享乐主义似乎已经蜕化成了闪烁其词的享乐主义，难以确定自身的姿态。它那惨淡的叙事保留着一种海明威式的氛围，但是现在看来叙述者默尔索比四十年前更小了，那时候他那种枯燥无味的与世无涉还有一定的新意。时间是一个无情的评论家，已经将《局外人》打磨得相当平滑，但是没有抹去这个故事。

勒内·吉拉尔[②]，当代评论家中最虔诚的詹森派信徒，“重审”了《局外人》，不赞同加缪认为默尔索“无罪”的判决：

> 如果《局外人》展示了超自然的必然性，那么为什么只有默尔索一个人应该受其影响呢？为什么同一部小说里不同的人物要用不同的标尺来衡量？如果凶手不必对自己的所作所为负责，那么为什么法官要为他们的判决负责呢？

401

① 杰曼·布雷（Germaine Bree，1907—2001），美国大学教授，20世纪法国文学学者。

② 勒内·吉拉尔（René Girard，1923—2015），法国历史学家、文学评论家和哲学家。

吉拉尔回应的是加缪自己的一个不恰当的评述:“任何在母亲下葬时不哭的人都有被判死刑的危险。”在吉拉尔看来,加缪是想要让我们相信有罪的判决总是错的。吉拉尔称之为一种“以自我为中心的摩尼教”,并且给加缪定罪为“文学唯我论”。他说过一句尤其具有杀伤力的话:“加缪在写《局外人》的时候暴露出了唯我论倾向,默尔索在谋杀那个阿拉伯人的时候也是一样。”按照这种解读,这桩“无罪的谋杀”是对创作过程的隐喻。默尔索是一个坏孩子,加缪在创作默尔索的小说时也变成了一个孩子。吉拉尔认为这部小说在美学上是成功的,在道德上却是不成熟的作品,因为默尔索毕竟犯下了评判他人的错误,但是加缪希望他的主人公不要遭受他人的评判。“我们生活的世界是一个永远活在评判中的世界。”吉拉尔用一种帕斯卡式的语气提醒我们。对吉拉尔而言,能够与默尔索相提并论的人物是陀思妥耶夫斯基笔下的拉斯柯尔尼科夫和迪米特里·卡拉马佐夫。对加缪而言,那些人物大概是卡夫卡笔下的约瑟夫·**K**,以及土地测量员**K**。其中任何一种比较都会毁了《局外人》,后者与马尔罗和海明威的作品放在一起比较,已经是件麻烦事了。我想针对吉拉尔的观点提出不同见解。《局外人》难以承载美学上的尊严,当然并不像我们所想的那么有分量。但是它并没有道德上的缺陷或不一致。在这部小说的宇宙中,负罪和清白难以区分,犹太人或基督徒的判决完全无关紧要。正如吉拉尔所言,默尔索并不是一个少年犯,而是一个不合格的意识,因阳光而眩晕,因语境太过强大而不知所措:

> 他一看见我,就稍稍欠了欠身,把手插进口袋里。我呢,自然而然地握紧了口袋里莱蒙的那支手枪。他又朝后躺下了,但是并没有把手从口袋里抽出来。我离他还相当远,约有十几米吧。我隐隐约约地看见。在他半闭的眼皮底下目光不时地一闪。然而最经常的,却是他的面孔在我眼前一片燃烧的热气中晃动。海浪的声音更加有气无力,比中午的时候更加平静。还是那一个太阳,还是那一片光亮,还是那一片伸展到这里的沙滩。两个钟头了,白昼没有动;两个钟头了,它在这一片沸腾的金属的海洋中抛下了锚。天边驶过一艘小轮船,我是瞥见那个小黑点的,因为我始终盯着那个阿拉伯人。

我想我只要一转身,事情就完了。可是整个海滩在阳光中颤动,在我身后挤来挤去。我朝水泉走了几步,阿拉伯人没有动。不管怎么 402
说,他离我还相当远。也许是因为他脸上的阴影吧,他好像在笑。

我等着,太阳晒得我两颊发烫,我觉得汗珠聚在眉峰上。那太阳和我安葬妈妈那天的太阳一样,头也像那天一样难受,皮肤下面所有的血管都一齐跳动。我热得受不了,又往前走了一步。我知道这是愚蠢的,我走一步并逃不过太阳。但是我往前走了一步,仅仅一步。这一次,阿拉伯人没有起来,却抽出刀来,迎着阳光对准了我。

刀锋闪闪发光,仿佛一把寒光四射的长剑刺中了我的头。就在这时,聚在眉峰的汗珠一下子流到了眼皮上,蒙上一幅温吞吞的、模模糊糊的水幕。这一泪水和盐水掺和在一起的水幕使我的眼睛什么也看不见。我只觉得铙钹似的太阳扣在我的头上,那把刀刺眼的刀锋总是隐隐约约地对着我。滚烫的刀尖穿过我的睫毛,挖着我的痛苦的眼睛。

就在这时,一切都摇晃了。大海呼出一口沉闷而炽热的气息。我觉得天门洞开,向下倾泻着大火。我全身都绷紧了,手紧紧握住枪。枪机扳动了,我摸着了光滑的枪柄,就在那时,猛然一声震耳的巨响,一切都开始了。我甩了甩汗水和阳光。我知道我打破了这一天的平衡,打破了海滩上不寻常的寂静,而在那里我曾是幸福的。这时,我又对准那具尸体开了四枪,子弹打进去,也看不出什么来。然而,那却好像是我在苦难之门上短促地叩了四下。[①]

"荒诞"和"毫无必要"用在这里似乎并不合适。我们有一种被太阳附体的幻象,一场地狱之火将意识和意志熔合成了单一的否定性,为了可能存在但与人类无关的目的而将它烧透。纪德笔下的拉夫卡迪奥,一个真正的荒诞主义者,曾说让他好奇的不是事件而是他自己,而默尔索对这
两者都不好奇。最后默尔索所说的"宇宙善意的漠然"与太阳实实在在 403
的恶意极不相符。在我看来,对《局外人》真正有影响的是梅尔维尔的《白鲸》,只是加缪用太阳的洁白代替了鲸的洁白。默尔索不是求索者,不

① 本书中*The Stranger*的译文均出自阿尔贝·加缪著,柳鸣九译:《局外人》,上海,上海译文出版社,2010年。

是亚哈，亚哈绝不会让他登上"裴阔德号"的甲板。但是从本质上讲，《局外人》中的宇宙正是《白鲸》中的宇宙；尽管从很多表象看来，默尔索的世界也许由爱构筑，其隐匿的世界里却充斥着恐惧。詹森派信徒吉拉尔准确地发现了加缪的世界存在诺斯替教的痕迹，但是他断定加缪拥有的不过是一个坏孩子的天真心理，这就不那么正确了。对默尔索的审判就像是对法官的审判，是徒劳的；炫目的太阳燃去了所有的判决。

《鼠疫》

离加缪的《鼠疫》(1947) 首次出版已有四十年，在我们这个被新瘟疫(它有一个语义含混的名字，AIDS[①]) 席卷的时代，这本书显得尤其辛辣。《鼠疫》是一部倾向性很强的小说，甚至比《局外人》有过之而无不及。一个小说家需要充沛的活力来支撑其小说的倾向性；陀思妥耶夫斯基具备这样充沛的活力，加缪却不具备。或者像卡夫卡这样的规避大师可以规避自己难以抑制的冲动，而加缪又实在是太直白了。最惨痛的莫过于同贝克特的比较，他的三部曲《莫洛伊》、《马龙之死》和《无法称呼的人》传递出一种形而上的和心理的威胁和痛苦，使得《鼠疫》相形见绌。

阿赫兰从精神上拒绝地中海的健康气息，在某种程度上自行染上了瘟疫；的确，在真正的感染到来之前，阿赫兰就是瘟疫。这听起来可能令人印象深刻，却犯了一个小说创作的大忌，因为加缪想两全其美，结果两者都没做好。要么是相对单纯的人遭受外来的磨难，要么至少是那些多少算是罪有应得的人被迫忍受内在缺乏恩典的外化迹象。无疑，真相就在两者之间，在我们的生命中，但是要想将如此混杂的真相在你的小说中**再现**出来，你必须是一位有造诣的小说家，而不是散文家，抑或准哲学故事作家。陀思妥耶夫斯基将超越和物质腐败错综复杂的本质戏剧化了，这体现在几乎每个事件和每个人物形象中，而《鼠疫》在任何需要戏剧化的时刻都怪异地显得平淡无奇。

我将加缪同贝克特、卡夫卡和陀思妥耶夫斯基等巨匠相比较，对加缪是不公平的，而将《鼠疫》同狄更斯的《双城记》进行比较则更不公平，

① AIDS：即艾滋病的英文缩写，"AIDS"的字面意思是"帮助"，在布鲁姆看来颇具反讽意味。

因为狄更斯几乎算是小说家中的莎士比亚了。可是这两部作品出奇地相似，不仅体现在幻象、结构、主题方面，还包括语言与现实的关系，这个现实充满了无法抗拒的威胁。加缪笔下的“鼠疫”是狄更斯笔下“恐怖”的翻版，而里厄医生、朗贝尔、帕纳鲁神父、塔鲁和那些卫生工作志愿者都在 404
追随高尚的卡尔顿，因为他们都可以声称：“我现在所做的比我曾经所做的事情要好得多得多。”我们可以把这场“鼠疫”看作AIDS、革命的恐怖、纳粹的占领，或者其他任何事件，但是我们仍然需要具有说服力的人物再现，无论是群体中的人，还是单个的个体。

“漠然”，经过恰当的培养，可以成为一种斯多葛式的美德，甚至成为一种英雄主义类型，但是很难加以再现。在这一点上，加缪也较梅尔维尔或陀思妥耶夫斯基稍逊一筹。我们来看一段塔鲁和里厄医生之间的重要对话，按照任何道德、宗教或社会文化的标准来评判，他们两个都算得上货真价实的英雄：

> “好！您既然不相信上帝，为什么您自己还表现出那样的献身精神？您的回答也许能帮助我回答您的问题。”
>
> 里厄没有离开阴影，他说，他已经回答过了，如果他只相信一位万能的上帝，他就应当放弃为人治病，而把治病的任务让给上帝。然而，世界上没有任何人只相信一位这样的上帝，没有，包括自以为如此的帕纳鲁，因为没有一个人全身心投入地信赖上帝，而他里厄正在与大自然本身作斗争，起码在这一点上他相信自己正在掌握真理。
>
> “噢！这就是您对自己职业的看法吧？”
>
> “差不多是这样。”里厄一边回答一边从阴影里走出来。
>
> 塔鲁轻轻吹着口哨，大夫望着他。
>
> “对，”他说，“您在想，这里面准有自傲情结。但我有的只是人应当具有的自豪感，请相信我。我不知道等着我的是什么，也不知道这一切结束之后会发生什么事。就目前而言，有病人，必须治疗这些病人。这之后他们会思考，我也会思考。但现在最迫切的是治疗他们。我尽所能保护他们，如此而已。”
>
> “对付谁呢？”
>
> 里厄朝窗户转过身去。他猜想，大海在远处的天际一定更为

浓黑。他只感到疲惫不堪，同时抗拒着一个突如其来的不理智的念
405 头：渴望与这个古怪但令他感到亲切的人更深入地倾谈。

“我不知道。塔鲁，我向您起誓，我真的不知道。刚进入这个行业，我治病时可以说并没有什么具体想法，只不过我需要行医，行医和其他行当一样，是个职位，是年轻人愿意谋求的职位之一。也许还因为行医对我这样的工人的儿子来说特别困难。此外也需要看看人怎么死亡。知道吗，有些人就是不想死？您听见过一个女人在临终时大喊‘永远不要死！’吗？我可听见过。我当时发现我简直适应不了那种情景。我那时很年轻，以为我的憎恶之情是针对天地万物秩序本身的。自那以后，我变得谦逊些了。老实说，我一直不习惯看见人死去。除此之外我什么也不知道。但无论如何……”

里厄不想再说下去，重又坐了下来。他感到口干舌燥。

“无论如何？”塔鲁轻轻问道。

“无论如何……”里厄接上话，但又迟疑起来。他注视着塔鲁说：“像您这样的人是应该理解这种事的，对吧，但既然天地万物的秩序最终归结为一个死字，上帝也许宁愿人们别相信他而全力以赴去同死亡作斗争，宁愿人们不要抬眼望青天，因为上帝在那里是不说话的。”

“说得对，”塔鲁赞许说，“我能理解。但您的胜利永远是暂时的，如此而已。”

里厄的面容显得阴沉了。

“永远，这我知道。但这不是斗争的理由。”

“当然，这不是理由。但我因此可以想象，这次鼠疫对您意味着什么。”

“不错，意味着无休无止的失败。”

塔鲁定睛看了一会儿大夫，然后起身拖着沉重的步子往房门走去。里厄跟着他。当他靠近塔鲁时，塔鲁仿佛在看自己的脚，一边说：

“教您这一切的是谁，大夫？”

“是贫困。”[①]

---

① 本书中 *The Plague* 的译文均出自阿尔贝·加缪著，刘方译：《鼠疫》，上海，上海译文出版社，2011年。

这里对超验的“漠然”是一种“与大自然本身作斗争”的人道主义抗
议，是在死神面前对将死之人的保护。这是一种坚忍克己，因为里厄不再
“为事物的整个格局而愤慨”，即使他进而知道“天地万物的秩序最终由
死亡决定”。这里最具美学意义的笔触是当塔鲁和里厄开始理解对方的 406
那一刻，他们都发现鼠疫意味着“无休无止的失败”。但是正如我所引用
的这段话的结尾处所示，当里厄说出是“贫困”教会了他实用主义智慧这
样的陈词滥调时，这种美学意义便荡然无存了。重读的次数越多，这一段
文字便越发显得黯淡失色。“大海在远处的天际一定更为浓黑。”康拉德
可能知道如何将这句话融入他那复杂的印象主义，加缪却只是将其变成
了象征主义的另一处机械展示，提醒着我们，是阿赫兰自身背弃了大海，
向鼠疫敞开了大门。

作为道德主义者和理性明晰悠久传统的正统继承人，加缪是令人钦
佩的，虽然他亦不乏困惑。他没有创作一部《老实人》，抑或一部《查第
格》；我想不出来在他的小说中哪里有幽默的时刻。《局外人》和《鼠疫》
正像他其他的小说，是宏大的时代性著作，是一面至关重要的反光镜，映
射出20世纪40年代从纳粹魔爪中解放前后的法国和西方世界的精神面
貌和社会关注之事。对一个时代的强有力再现自有其用途与正当理由，
它所提供的价值观与美学无关。 407

伯纳德·马拉默德

（1914—1986）

《修配工》与《房客》

马拉默德也许是继列斯科夫[1]之后最纯粹的讲故事者。我不停地读，总想与接下来的情节合拍，常常还对可能出现的情节怀着至少一丝畏惧。马拉默德作品里让人感到畏惧的不是已经发生的一切，至少在《房客》可怕的最后一页之前不是。即便是在喜剧模式里，这种迫近的畏惧感或许是马拉默德作品具有的真真切切的否定性犹太品质之一。“每一个犹太人都是气象学者。”以色列幽默作家吉松[2]说过；当然，马拉默德笔下的人物活在这样一种感觉里：闪电是需要躲避的。

恰如更好的马拉默德评论家指出的那样，马拉默德小说的犹太性从一开始便是一个谜。他的想象世界是个人的、原创的，与标准的或典型的犹太思想和传统几乎毫无关系。至于马拉默德的文体，它也是一种特有的（耀眼的）创造。对于不懂意第绪语的读者，它可能释放出意第绪语的氛围，而对于从小讲这种语言、学习这种语言的人来说，记忆中的口音从《赫索格》的字里行间流淌出来，但《修配工》并非如此。马拉默德的习语，如同他的立场，是想象力取得的美妙且有取代性的成就。他的巨大成功在于给了我们马拉默德，尔后在我们阅读的时候迫使我们思考这一切多么具有犹太特色。我想不起任何一个当代作家，比他较少承受影响的焦虑，较少致力于在作品里回答这样一个自我致残的问题：“还剩下什么可以做的？”马拉默德像他笔下的第一个主人公，是个“天才”。

虽然这么说了，但我有点不自在，因为这里的真相更复杂。我回想马
408 拉默德，首先想起来的是短篇小说《犹太鸟》和《魔桶》，说这样的故事没

① 列斯科夫（Nikolai Leskov，1831—1895），俄国作家。

② 伊弗雷姆·吉松（Ephraim Kishon，1924—2005），以色列作家、剧作家、导演。

有犹太特色，简直是滑稽。马拉默德最令人印象深刻的长篇小说是《修配工》，那其实是一个先兆性的幻象，想象的是俄国犹太人或许太轻易又进入的一个时期。也许当我们把马拉默德解读成一个极端生动的、用艺术引诱我们重新定义犹太性的表现主义作家时，我们其实是在误读他。一个足够纯粹的讲故事者，尊崇犹太传统，归根结底讲的不是故事，而是真理，《修配工》和《房客》的主题可能会证明是“异象谷”[①]的主题。也许现在我们应该把马拉默德的作品解读成保守但真诚的预言。

评论家们对马拉默德作品的解读大相径庭。故而哈罗德·费希在《双重意象》（该书对英美文学作品中既高尚又卑鄙的犹太人形象做了概述，简短但丰富）中，指出《修配工》的主题是“一般意义上的受害经历”。艾伦·古特曼却认为该书另有主题，是“民族的责任”。罗伯特·阿尔特找到了一种可能存在的平衡：“在这部小说里，做一个犹太人牵涉到一种普遍的道德立场，同时也意味着参与一个特定民族的命运，积极认同这个民族的历史。”给人最大希望的是露丝·R. 韦斯在《作为现代英雄的笨手笨脚的人》这本优秀的专著中表达的观点：博克接受入狱是“成人礼的关键时刻”；此外该书甚至还论及“入狱的解放性功效”。

对于上述所有论断，阿尔特的观点可能是最恰当的总结：在马拉默德作品中，犹太性的基本隐喻是入狱，入狱即“一个关于道德生活的普遍意象，这种道德生活充斥着无法估量的障碍，阻碍自发性的自我实现”。然而，对于所有这些论断，雅科夫·博克是不服气的。如果我对阿尔特的话理解准确，广义的入狱等同于文明及其不满，所有的升华因而成了一种监禁。这是一个创见，但可能造成意义的发散，没有几个讲故事者能逃过这一劫。

马拉默德的自我评价相当具有误导性，评论家们因为听信他的话而吃了不少亏。如果犹太性仅仅意味着苦难和道德主义的正确组合，没有其他，那么所有人都将是犹太人，只需从这些方面审视他们的生活即可。《店员》支持这样一种解读，但与《修配工》及《房客》比起来，《店员》是一部尚未成形的作品。虽然雅科夫·博克看似只是与自己立约，但这个自己是所有犹太人的代表，故而也可以说是与上帝立约。哪里有契约及

① 短语the valley of vision出自《异象谷》(Arthur Bennett编，*The Valley of Vision: A Collection of Puritan Prayers and Devotions*)，清教徒的祷告集。

契约之信用——这是最后支撑博克的力量——哪里就有与基督教信仰理念相对立的犹太信仰理念。正如所有评论家看到的那样，博克是一个极
409 其普通的人，但他拒绝把所有犹太人牵连进祭祀杀牲的“罪行”，他的忍耐力无与伦比。他的意志逐渐强硬的过程也是使他成为犹太人的过程，而且他只是**初始阶段**有点不由自主，但我无法赞同阿尔特的观点：博克成了一个马拉默德特定意义上的犹太人，而不是传统的犹太人。阿尔特也许正确地发现了马拉默德的创作意图，但这位讲故事者的艺术感染力冲破了创作意图的局限，赋予博克一种光凭他的单纯难以赋予自身的力量。博克作为一个犹太人与生俱来的一部分权利便是容易成为历史最可怕过错的受害者，另外还有一部分权利，即淬炼意志，从而使得博克能够对抗时间的不公，使得这个单纯之人像他所属民族其他很多人一样，成长为历史的叛逆者：

> 至于历史，雅科夫心想，有办法让它逆转。沙皇应该得到一枚穿进肠胃的子弹。应该是他，而不是我们……反犹太分子们都去死吧！革命万岁！自由万岁！

联系上下文，这段引文具有相当大的艺术感染力，考虑到博克由一个孤零零的修配工，谈不上有多少犹太性，完全没有群体意识，最终成长为这样一个人。之前并未有人注意到马拉默德作品的这种感染力。如今我们已经领会到《房客》那种沉重的感染力，便有可能通过回顾认识到，马拉默德在创作《修配工》时发生了改变。他对犹太性的个人想象被吸收进一种对于重大现象的更具历史性的理解，这现象过于重大，难以被个人创造所影响。在此之上，我认为还增加了一种更加历史化的恐惧感，其历史化的程度强过马拉默德的早期作品。

《房客》聚集了短篇小说《黑色是我最喜欢的颜色》的一些元素以及菲德尔曼英雄传奇中的许多主题，包括被毁掉的手稿。痴迷的犹太作家莱塞急于完成一本以爱为主题的书，被卷入一场与黑人作家威利·斯皮尔敏特的死亡之舞。死亡之舞发生在一栋准备拆毁的公寓里，但莱塞不愿意搬出去。因为莱塞的写作方式便是重写，修改的过程时常发生自我偏离，这使得他无法容忍离开这部作品诞生的现场，直到他心甘情愿称书

已写完。然而，结束超出了他的承受范围。如果写完的话，这将是他的第三部长篇小说，但莱塞已经写了九年半，如今已经三十六岁，仍然未婚。莱塞最深的执念便是他没有真正做到讲述真相，而事实是他痴迷于讲述真相。

斯皮尔敏特，一个原型般的黑人作家，希望成为“最好的灵魂作家”，但在创作中畏首畏尾，他说服莱塞阅读他的手稿。剩下的故事全是灾难，或者正如莱塞在小说结尾所言：“谁雇了威利·斯皮尔敏特，让他做了我的附鬼[1]。”然而，他们彼此都是对方的附鬼。莱塞意欲忠于艺术的真理， 410
摧毁了斯皮尔敏特在创作上的自信，并且雪上加霜，爱上了斯皮尔敏特的犹太女友，从她的黑人男友那里抢走了她。斯皮尔敏特进行报复，毁掉了莱塞几乎完成的小说手稿。两位作家因为超越一切的仇恨而彼此纠缠，他们在毁坏的公寓里悄悄跟踪对方，斯皮尔敏特拿着一把军刀，莱塞拿着一把斧头，像极了马文·匹克[2]小说《泰特斯·格兰》中斯韦尔特和弗雷在蜘蛛厅里那场骇人听闻的死亡决斗。莱塞被毁掉的爱情小说名叫《世界最后的结局》，该书的题词也来自《李尔王》：“谁能告诉我我是谁？”对于李尔王的辛酸疑问，弄人回答：“李尔的影子。”斯皮尔敏特是莱塞的影子、犹太神秘哲学中的“另一边”。《李尔王》结尾处，李尔抱着死去的科迪利娅走了进来，肯特说：“这是世界最后的结局吗？”埃德加附和：“还是末日恐怖的预兆？”我认为马拉默德希望我们读到他小说的结尾时，也问同样的问题：

> 他们谁也看不见对方，但能感觉到他站在哪里。他们都几乎听不到自己的呼吸。
>
> “吸血鬼犹太鬼仇黑鬼。”
>
> “反犹猿。”
>
> 他们手中的金属武器发出隐匿的光亮……他们瞄准对方，施以精准攻击。莱塞感觉到他那犬牙交错的斧头陷进了骨头和大脑，而那位呻吟的黑人手执剃刀一般锋利的军刀，气势汹汹，连戳带砍，剁掉了这位白人的睾丸。

① 附鬼(dybbuk)，犹太传说中一种会附身的鬼魂。

② 马文·匹克(Mervyn Peake，1911—1968)，英国作家、画家。

> 作家心想，两人都感受到了对方的痛楚。

《房客》不论是作为寓言还是预言，都凝聚成了一个整体，这个整体的根基是莱塞爱真理（对他而言，即小说家的艺术）超过了爱情本身。归根结底，莱塞只爱“圣书”；当要他搬出去的房东列文斯比尔以嘲讽的口吻问他：“……你在写什么，《圣经》吗？”莱塞回答：“谁能说呢？谁真的知道呢？”莱塞的热诚与斯皮尔敏特的痴迷平行推进，黑人作家最终不得以放弃自己的痴迷，马拉默德的用意便是让我们长期困扰于对莱塞之热诚的担忧与思考。《房客》如同索尔·贝娄的小说《赛姆勒先生的行星》，属
411 于犹太智慧文学，或许作为小说，两部作品都损失了作为寓言的加分项。

拉尔夫·沃尔多·埃里森
（1914—1994）

《看不见的人》

1952年，拉尔夫·埃里森的《看不见的人》第一次出版，如今三分之一个多世纪过去了，这部作品已经获得充分的肯定，成为一部美国经典著作。我记得刚出版时我便读了这本小说，和广大读者一样异常兴奋。自那之后，对这部作品的许多解读丰富了它的内涵，如今重读，我也没有产生偏离大众决议的冲动。我们可以预测，总有一天，《看不见的人》会被视为介于福克纳的创作巅峰与品钦的《万有引力之虹》之间的最重要的美国小说。在福克纳与品钦之间出版的全部长篇小说中，只有韦斯特的《寂寞芳心小姐》能够作为美国叙事文学想象力的卓越体现，与《看不见的人》并驾齐驱，但韦斯特的才情偏狭隘和专业化，尽管勃发的否定性想象精彩而强烈。

重读《看不见的人》，我感觉其故事的丰富与无名叙述者的感染力中蕴含的否定性比1952年初读时降低了很多。我同意道格拉斯·罗宾逊的观点：埃里森为我们写了一部源自《白鲸》的《约拿书》[1]；因此，我也赞同罗宾逊对R. W. B. 刘易斯的反驳，后者提出了一个不同寻常、影响广泛的论点：《看不见的人》是一部末日启示录小说。埃里森的《看不见的人》是叙述者的书，不是赖因哈特的书，也不是规劝者拉斯的书，叙述者隐居地下，只为了像约拿那样，重新露面，作为一个叙述者活着。叙述者像约拿，像柯勒律治笔下的老水手，像梅尔维尔笔下的以实玛利，甚至像约伯，逃离了末日，回归之后给我们讲述他的故事。

我们刚开始遇到叙述者时，他正隐居地下，他的生存方式似乎给了品钦灵感，在《万有引力之虹》中出色地创造了灯泡拜伦这个人物（感谢帕 412

① 约拿（Jonah），公元前9世纪希伯来的先知，《旧约全书》中《约拿书》记录了他的言行。

梅拉·席梅斯特[①]指出这个用典关联)。灯泡拜伦与系统——系统坚持要灯泡烧坏——的作战其实是一个转代比喻(transumption),本体为看不见的人与独营电灯电力公司的斗争:

> 这就是我和独营电灯电力公司作斗争的原因。更深一层的原因是:这一斗争使我感到自己充满活力,生气勃勃。我和他们斗还因为在我学会维护自己的利益之前,他们刮了我许许多多的钱。我在地下室的那个洞里,总共装了一千三百六十九个灯。我在天花板上拉满了电线,哪怕寸把大的地方也不放过。而且我没有用日光灯,而是用那种老式的耗电多的灯泡。要知道,这可是蓄意的破坏行为。我已经开始在墙上装电线。我熟悉一个收旧货的人,他很有点见识,是他向我提供了电线和插座。不论在什么情况下,暴风骤雨也好,洪水泛滥也好,我们都需要光,需要更充足的光,更明亮的光。真理就是光明,光明就是真理。四周墙壁上装了电线以后,我就要着手在地板上装。装好了以后怎么样,我心里还没有数。不过,要是你像我一样,不被人看见地生活了那么久,你就会别出心裁。这个问题我总会解决的。说不定我能发明一种小机械,我躺在床上不用起来,它就能给我把咖啡壶放在炉子上,兴许我还能发明一个小玩意来暖暖我的床——我在一本画报上面见到有人发明了一种能暖鞋的小玩意!说不定我也有这样一点能耐。我虽然是个看不见的人,倒也继承了美国人敲敲打打、修修补补的伟大传统。这就把我和福特、爱迪生和富兰克林联结起来了。既然我有理论,有观点,你就管我叫"爱动脑筋的修补匠"吧!我的鞋子确实得暖一暖;因为它上面到处是洞,实在要暖它一暖。这事我得做,当然还有其他事要做。[②]

即便是品钦,一定也会嫉妒那一千三百六十九个灯泡,它们用的都是老式的灯丝,尽管没有一个是不朽的灯泡拜伦。埃里森笔下的看不见的人是品钦小说中那些人物的另一个祖先,他们都是具有英雄气质的呆

---

① 帕梅拉·席梅斯特(Pamela Schirmeister,1958—),美国耶鲁大学英语教授,19世纪美国文学学者。

② 本书中*The Invisible Man*的译文均出自拉尔夫·埃里森著,任绍曾等译:《看不见的人》,北京,外国文学出版社,1984年。

子，构成了品钦笔下的绝望弃民，即对抗力，包括蒂龙·斯洛思罗普、罗杰·麦克西柯、可怜的灯泡拜伦以及基地内那些损坏火箭里闪亮的诺斯替教电火花。恰如与他同名的伟大的拉尔夫·沃尔多·爱默生，埃里森既是实用主义者，又是超验主义者，这样一个组合到了品钦那里，便坠落、发散成了熵和偏执狂。令人费解的反讽在于，埃里森的叙述者在小说结尾提供了一个埃里森本人无法兑现（《看不见的人》是他第一部，也是最后一部长篇小说）的预言，这个预言由品钦继承：

> 可是那下一个阶段是什么呢？多少次我想找到它。我一次又 413
> 一次地到地面上去寻找，因为跟这个国家的绝大多数人一样，我一开始很乐观。我相信埋头工作，相信进步，相信行动，可是当我经历了“拥护”社会和“反对”社会这两个阶段后，我不再自称处于什么社会地位，也不自己限制自己，而这种态度是很不符合时代潮流的。可是我的世界充满了无限的可能性。哦，这句话好动听啊——不过这句话确实不错，而且也是一种不错的人生观。一个人不应该接受别的人生观，在地下蛰居时我至少悟到了这一点。除非有伙坏蛋要让世界穿上疯人院的紧身衣，世界的定义应该就是可能性。你只要走出一般人所谓的现实的狭隘地带，你就置身于混乱之中——只要问问赖因哈特就行了，他可是混乱的能手——或是想象之内。这也是我在地窖里悟到的，而不是靠使我的知觉麻木后学来的，虽然别人看不见我，我可不是个瞎子。

当然，品钦已经步入了混沌与想象，但是他的混沌是末日般的基地，在那里我们也许会再活一次（如果我们活着的话），他的想象是卡巴拉的幻象，他称之为“施虐—无政府主义”。埃里森太仁慈，太有人文主义情怀，因而无法迈出超越《看不见的人》的一步。隔了一代人之后，品钦作为对抗力的编年史作家——谈不上是预言家——再造了看不见的人，其形象为火箭人，无比愚蠢的斯洛思罗普。在基地内，斯洛思罗普消散分解，不见踪影，也许最后一次被人发现是在一个摇滚乐队某张专辑封面昙花一现的照片里。

* * *

埃里森的叙述者游移于二律背反中，一端是赖因哈特（更多是一个形象，而不是一个男人），另一端是规劝者拉斯这个令人心酸的人物，他非常有男子气概，是小说里最令人同情的人物，甚至超过了殉道的托德·克利夫顿。拉斯被白人的压迫和残忍逼疯，变成了破坏者拉斯，集亚哈与白鲸于一身，让他安静下来的是他自己的长矛，被叙述者掷还给他，这位叙述者是因自我防卫而变成复仇者的以实玛利。然而拉斯不是亚哈，尽管他承受了亚哈的命运，对黑人也好，白人也好，拉斯的命运是一种离奇的预言。克利夫顿说了真话："但是拉斯的强大是内心的强大。他的内在对人构成危害。"拉斯滔滔不绝的话语里充满了危险，还有正当的愤慨和绝望：

414 拉斯紧握双拳连连捶击大腿。"我疯了，伙计？你说我疯了吗？瞧瞧你们俩，再瞧瞧我——难道这算神志清醒？三个黑人站在三个黑影里！三个黑人由于白人奴隶主的挑拨竟在街头打斗起来？这也算神志清醒？这叫作有觉悟，有科学理智？这就是二十世纪的现代黑人？见鬼去吧，伙计！黑人打黑人——这叫作有自尊心？他们给了你们什么甜头才使你们背叛——他们的老婆？你们会上这个当？"

"我们走吧。"我说。我边听边回想过去，突然间，在这一片黑沉沉的街头当年格斗的恐怖气氛又历历在目，而克利夫顿神色严峻，盯着拉斯有些出了神，他从我手中挣脱手臂。

"我们走吧。"我重说一遍。而他却站在那儿瞅着拉斯。

"你走就行了，"拉斯说，"他不走嘛。你变质了，可他是个真正的黑人。要是在非洲，这个人就是个酋长，一个黑人国王！可是在这儿，他们说他强奸他们的半死不活的女人。我断定这个人用棒球棒是打不过他们的——真他妈的！这是彻头彻尾的愚蠢！从摇篮到坟墓，用脚踢他屁股，踢了一辈子，反倒叫起他兄弟来了？这算数学？算逻辑？看看他，伙计，睁开你的眼睛。"这时他对我说："我生相威严，我会摇晃这个混账世界的！在日本、印度他们都知道我——实际上所有有色人种的国家都知道。年轻！聪明！这个人是个天生的王

> 子！你眼睛到哪儿去了？你的自尊心到哪儿去了？为他们这批王八蛋效劳？他们的日子屈指可数了，不消多久就要完蛋，而你还在他们跟前鬼混，还以为这是19世纪。我真不明白你。我是无知吗？回答我，伙计！”

如果拉斯是被末日般膨胀（接近于品钦式偏执狂）摧毁的想象力，那么赖因哈特的形象是复现的混沌，但这种混沌接近于熵，后者会否定任何可能滋生新创造的新源泉。赖因哈特是可见性的化身，一个近似于其服饰的移动的影子，服饰也是他的身份标签：尤其是墨镜——叙述者称其为“从墨黑的镜片后面往外看”的使徒保罗弟子——和白帽子。如果拉斯既是规劝者又是破坏者，赖因哈特则是彩票掮客、B. P. 赖因哈特牧师大人和精神技术专家，能让可见变得不可见，督促我们看见不可见之人或物。叙述者凝神注视着赖因哈特所在的教堂，体验到了一种实实在在的挫败感，比拉斯能够施加的任何挫败感都要微妙：

> 这时门开了，我越过她们的头部往里看，只见一间挤满了人的小屋子，男男女女都坐在折叠椅上，最前面一位身穿泛黄的黑长袍的
> 瘦长女人正在一架竖式钢琴上弹奏狂热的“布基—武基”，一位头戴 415
> 便帽的年轻男子在电吉他上一本正经地弹即兴重复乐段。在闪闪发光的白、金两色相间的布道坛上方，从天花板那里垂下一只扩音器，电吉他就接在扩音器上。一位男人，身穿缝制精致的、高高衣领上绣着花边的红色主教服，靠在一部硕大无比的《圣经》上，开始领着大家唱一首激发宗教狂热的赞美诗，而教徒们不知用什么语言在大声唱和。在他的身后的墙壁高处，用金字排成一个弧形：
>
> **要 有 光！**
>
> 整个景象在绿光中抖动，模模糊糊的，给人一种神秘感。门关了，声音低了下来。
>
> 我真受不了。我摘下眼镜，把白草帽小心翼翼地往腋下一夹，就走开了。这可能吗？我想，这真的可能吗？而我明知道这确确实

> 实存在。我过去就听说过这类事,不过从来没有靠得这么近。还有,他难道无所不是,既是彩票掮客赖因,又是赌棍赖因、行贿人赖因、情夫赖因、牧师先生赖因?难道他的名字可以折成两半,既是赖因,又是哈特;既是皮,又是心?究竟哪一半是真?可是我有什么可怀疑的?他是个多面人,神通广大,吃得开。浪子赖因哈特。这事完全真实,就像我是个真人一样毫无疑问。他在可能性这个世界内漫游,而他对这一点很清楚。他比我老练得多,而我只是个傻瓜。我真是既是瞎子,又是疯子。在我们所居住的世界上无界线可言。它是无边无际的一片炽热而动荡的液体,于是坏蛋赖因就浑水摸鱼了。也许只有赖因这个坏蛋才能在这个世界混得开。这没法令人相信,可是也许只有无法相信的事才是可信的。可能真理一向就等于谎言。

在某种意义上,赖因哈特一向等于谎言的真理对叙述者发挥了最大程度的影响力。它不仅驱使他隐居地下,还印证了他对照明的着迷,以及对一千三百六十九个灯泡的戏仿性依赖。赖因哈特是真正居住于可能性之内的人,如艾米莉·狄金森所言,可能性是一栋比散文更漂亮的房子,因为它的窗户更高级,门的数量更多。再一次,哈莱姆或黑人的生存不是混沌便是想象,不是赖因哈特的可能性,便是破坏者拉斯越来越愤怒的可能性。

然而,最终只有叙述者是唯一地道的美国人,不管他是黑人还是白人,因为他信奉**正统的**美国宗教,即爱默生式的自力更生。他坚持自我,
416 拒绝继续模仿他的假父辈们,躲避赖因哈特和拉斯。的确,他是被迫隐居地下的爱默生弟子,不过等他重现时,他会比以往更像爱默生,坚持认为自己变成了**代表人物**:

> 谁能说我不是替你说话,尽管我用的调门比较低?

看不见的人说这个真理让他感到害怕,我们也害怕。让我们和他更害怕的东西如今已经变得比三分之一个世纪前更加真实,甚至更加具有
417 爱默生的精神实质。我们已经知道,埃里森用了更高的调门替我们说话。

索尔·贝娄
(1915—2005)

《赫索格》

评论界公认，索尔·贝娄是他那一代美国小说家中最强劲有力的一位，大概只有诺曼·梅勒有资格与他匹敌。这个正典评判有一个疑点，即贝娄毫无争议的成就似乎不倚赖任何一部作品。他最重要的作品包括《奥吉·马奇历险记》《赫索格》《洪堡的礼物》，还有一部篇幅短一些的《只争朝夕》。早期的长篇小说，如《晃来晃去的人》和《受害者》，如今似乎已经成了时代性作品，而《雨王汉德森》和《赛姆勒先生的行星》有一种共同的奇怪特点：都配不上让读者如此难忘的主人公汉德森和赛姆勒。《院长的十二月》是一部单调乏味的作品，贝娄那在其中几乎缺席的喜剧天分无力挽救它的沉闷。

如今《赫索格》似乎已经成了贝娄最好的、最有代表性的作品，它既拥有《奥吉·马奇历险记》的丰富，又预示着《洪堡的礼物》作为悲喜剧的老练。然而，《赫索格》的中心人物与一些次要男性人物相比，可说是一个摇摆不定的再现，里面的女性人物则是赫索格及其创造者实现愿望的产物，既是负面形象，又有正面品质。贝娄的小说似乎都有这个特点：狄更斯似的热忱为一系列绝妙的次要人物或辅助人物带来了活力，但居中的意识虽丰富多彩却虚无缥缈，被一些对我们没有说服力的女人包围，不过显而易见的是，她们曾令他信服。

从某种意义上说，贝娄的正典地位已经确定无误，即便毋庸置疑的作
品尚未到来。贝娄的优势也许尚未集聚起来产生一部杰作，但是他谈不上 418
是第一位有这种特点的声名显赫的小说家：作品合起来的成就也许赶不上单独一部分或一方面。他的文体成就有目共睹，还有他的幽默，他的叙事独创性，以及他那令人称奇的内心世界，无论独白还是对话都写得极好。或许他最擅长刻画闪耀着怪诞之光的次要人物或辅助人物，他们的活泼、热切和

给读者制造惊奇的能力都达到了令人赞叹的地步。他们也许是漫画人物，但他们似乎活力永存：艾因霍恩、克莱姆·特姆勃、贝特肖、瓦伦丁·格斯巴赫、桑德尔·希梅尔斯坦恩、冯·洪堡·弗莱谢尔、坎特拜尔、亚历克·萨斯玛。哎呀，与他们相比，那些叙述者主人公，如奥吉、赫索格和西特林，都是发散性的存在，可能是因为贝娄无法与他们保持距离，尽管他进行了艰辛的努力和改写。我记得《奥吉·马奇历险记》是因为艾因霍恩，记得《赫索格》是因为格斯巴赫，记得《洪堡的礼物》是因为洪堡，最后一项偏爱有可能导致对这部小说的理解发生偏离。奥吉·马奇和赫索格不论是叙述，还是发言，都尖酸刻薄、滔滔不绝，但是他们还不如他们的言语更让人记忆深刻。西特林的语言低调得多，所以更加快速地消逝于贝娄的城市世界群像中。这一切使得贝娄的美学成就更加扑朔迷离。他笔下的主人公都是高超的观察者，配得上他们所属的惠特曼传统。他们缺少的是惠特曼的**真实我**或**我自己**，又或者他们受到了阻碍，无法表达出来**真实我**或**我自己**。

* * *

没有几个小说家能超越贝娄撰写开头和结尾的功力：

> 我是个美国人，出生在芝加哥——就是那座灰暗的城市芝加哥。我这人处事待人一向按自己学的一套，自行其是；写自己的经历时，我也离不开自己的方式：先敲门，先让进。有时候这样做出于天真，有时候就不完全是那么回事了。不过，赫拉克利特说过，一个人的性格就是他的命运。到头来，怎么也无法掩饰敲门的性质，不管是门上装有门铃，还是手上戴着手套。

> ……瞧瞧我，走遍天涯海角！啊，我可以说是那些近在眼前的哥伦布式的人物中的一员，并且相信，在这片展现在每个人眼前的未知的土地上，你定能遇见他们。也许我的努力会付诸东流，成为这条道路上的失败者，当人们把哥伦布戴上镣铐押解回国时，他大概也认
> 419 为自己是个失败者。但这并不证明没有美洲。[①]

① 本书中 *The Adventures of Augie March* 的译文均出自索尔·贝娄著，宋兆霖译：《索尔·贝娄全集第一至二卷 奥吉·马奇历险记》，宋兆霖主编，石家庄，河北教育出版社，2001年。

结尾与开头巧妙地交织在一起，非常像惠特曼《自我之歌》或者爱默生《论自然》开头和结尾几段的笔法。奥吉也是一个美国超验主义者、一个如同流浪汉小说主人公一样在自我中追寻神祇的人。上述两段引文都表明，性格即命运，其中奥吉是性格，而哥伦布是命运。我们想起老年惠特曼在《哥伦布的祈祷》中的自我认同；在美国的土地上，奥吉起初靠自学以自行其是的风格处事待人，而后又回到原点，转而发现那些近在咫尺的人和物，此时我们似乎有理由为之欣喜，恰如惠特曼也会欣喜一样。那是贝娄最为活力四射的笔触。遭受风吹雨打之后，这种活力保留了下来，但蛰伏于阴影之中：

> 要是我真的疯了，也没什么，我不在乎。摩西·赫索格心里想。
>
> 有些人确实认为他疯了，他自己也有一阵子怀疑过他的精神是否还正常。而现在，他的举止虽然仍有点怪诞，可是他感到欣喜百倍，轻松愉快，身强力壮，而且自以为慧眼超群。他整天给天底下的每个人写信，已经入了迷。这种信他越写越来劲，因此自六月底以来，他无论跑到哪里，随身必定带着一只装满信件的手提旅行箱。他带着这只箱子，从纽约到玛莎葡萄园，但立刻又转了回来；两天后，他飞往芝加哥，接着又从芝加哥前往马萨诸塞州西部的一个乡村，然后就躲在那里发狂似的没完没了地写起信来。写给报章杂志，写给知名人士，写给亲戚朋友，最后居然给已经去世的人写起来，先是写给和自己有关的无名之辈，末了就写给那些作了古的大名鼎鼎的人物。

> 也许他得停止写信。是的，事实上也会那样。他知道，他不会再去写那种信了。不管过去几个月来他发生了什么事，这种写信的冲动似乎真的在过去，真的在消失。他把盛着蔷薇和萱草的帽子放下，放在油漆了一半的钢琴上。然后走进书房，一只手里拿着两瓶酒，像拿着一对体操用的瓶状棒。他走过那些笔记本和文稿，在长沙发上躺了下来。他伸了个懒腰，做了一次深呼吸，而后躺在那里，看着已被藤蔓拉松的窗纱，听着塔特尔太太有规律的扫帚扫地声。他想告诉她在地上洒点水。她扬起了太多的尘埃。过一会他会向她叫

喊："塔特尔太太，洒点水，把灰尘压下去，水槽里有水。"可是现在还不叫她。现在，他对任何人都不发任何信息。没有，一个字都没有。[①]

又是回到原点，不过这一次的周而复始被打破了。奥吉·马奇和爱默生、惠特曼一样，知道不存在历史，只有人物传记。摩西·赫索格在很长时间里一直在探索这个真理，结果导致他职业的终结，而查理·西特林
420 也经历了回到原点的历程：

冯·洪堡·弗莱谢尔的歌谣集在三十年代一问世，就立即引起了轰动。洪堡正是人们期盼已久的人物。远在中西部的我，当然更是热切地期待着。这一点，我是从不讳言的。他是一个先锋派作家，新一代的奠基者。他漂亮，白皙，身材高大，严肃而诙谐，是一个博学的人。这家伙真是走了运。所有的报纸都在评论他的作品。他的照片在《时代》周刊登出时，没有遭到贬责，《新闻周刊》还对他大加赞扬。我热情满怀地读着《滑稽歌谣》。当时我是威斯康星大学的学生，整天向往着文学事业。洪堡对我展示了做事的新途径。我欣喜若狂，羡慕他的运气、他的才智以及他的声誉。五月，我到东部去拜访他，也许是想讨得他的欢心。我乘坐"灰狗"公共汽车，沿斯克兰顿线，用了大约五十个小时的时间，才走完了那段路程。那倒无所谓。车窗敞开着。我还从来没有见过真正的群山呢。树木正在抽芽，一派贝多芬《田园交响乐》中的景色。我的心不禁为满目的青翠所陶醉。曼哈顿也美不可言。在那里，我租了一个小房间，每星期三元，同时找到了一个工作：走门串户推销福勒牌刷子。我对一切都感到无比兴奋。我给洪堡写了一封表示崇敬的长信。于是他邀我到格林尼治村去谈论文学，交流思想。他住在贝德福街丘里饭店附近。他先给我倒了杯清咖啡，随后又在那个杯子里倒上杜松子酒。"呵，你是个蛮漂亮的小伙子，查理，"他对我说，"你大概还有点儿狡猾吧，我看你年纪轻轻的就快要秃顶了。好一双美丽多情的大眼睛。你当然喜欢文学喽，这一点很重要。你有感应

① 本书中*Herzog*的译文均出自索尔·贝娄著，宋兆霖译：《索尔·贝娄全集第四卷 赫索格》，宋兆霖主编，石家庄，河北教育出版社，2002年。

> 性。”“感应性”这个字眼是他首创的，后来这个词儿便风行起来了。洪堡为人和善，他把我介绍给同村的住户，给我书籍，让我写书评。我一直喜爱他。
>
> ……墓穴里是一个敞着的水泥箱子。棺材放下去后，那台黄色的机器便向前开动，小小的起重机沙哑地呼呼一转，吊起一块水泥板，盖在了水泥箱上。这样，棺材就被封上了，不致让泥土直接落到棺木上。可是，这样一来，人又怎么出来呢？那就出不来了，出不来了，出不来了！你待着吧，待着吧！当盖子接触的时候，发出一种干巴巴的轻微的摩擦声，就像装糖的陶罐接触时的声音似的。于是，那集体的智慧和联合的技巧所凝聚成的物体，把它那缆绳无声地绞起来，把那单个的诗人处理了。……
>
> 孟纳沙和我向轿车走去。他用脚帮踿开一些去年秋天的落叶，眼睛从风镜里向外望着，问道：“这是什么，查理？一朵春天的花吗？”
>
> “是的。我想这终归会发生的。在这样一个温暖的日子里，万物看起来却更是十倍的死气沉沉。”
>
> “原来这是一朵小花，”孟纳沙说，“他们常说，有个小孩跟他粗暴的爸爸在公园里散步时，孩子问：‘爸爸，这朵花叫什么名字？’那家伙非常暴躁，嚷道：‘我怎么会知道？难道我是做女人首饰生意的
> 吗？’这里又是一朵。你想它们叫什么名堂呢，查理？” 421
>
> “我可不知道，”我说，“我是自小在城里长大的。一定是番红花吧。”①

这个循环是从西特林早先所说的“我的心不禁为满目的青翠所陶醉”到后来声调平淡的“一定是番红花吧”。后者不带任何情感，不是因为他停止了对洪堡的爱，而是因为贝娄找到了一个形容正典批评过程的有效但不公平的转义，这个转义异乎寻常地令西特林不寒而栗：“于是，那集体的智慧和联合的技巧所凝聚成的物体，把它那缆绳无声地绞起来，把那单个的诗人处理了。”不存在历史，如今也不存在传记，只有技术官僚

① 本书中*Humboldt's Gift*的译文均出自索尔·贝娄著，蒲隆译：《索尔·贝娄全集第六卷 洪堡的礼物》，宋兆霖主编，石家庄，河北教育出版社，2001年。

知识界那可怕的非人化机器，它不仅摧毁个性和诗歌，还从每年的春季偷窃不再被内化的青翠。

* * *

贝娄坚持不懈地与每一波文学现代主义与智识现代主义新浪潮进行斗争，这对他的小说而言，既是一种美学资源，也是一种美学负担。作为资源，它是一种历史更为久远的自由的驱动力、对多元决定性的人道抗议的全部能量。作为负担，它将变成重复，或者只是一种个人的痛楚，甚至融进了贝娄对女性心理的尖刻评判。如果平衡得当，比如在《赫索格》里，与现代主义的论争会把可疑意识形态不易察觉的渗透包裹进不断抗议的摩西·赫索格这个人物里。如果平衡失当，我们接收到的是闯入赛姆勒先生世界的叙事咆哮，抑或《院长的十二月》中弥漫整个芝加哥和布加勒斯特的阴湿空气。恰如罗斯金哀叹科莫湖不再是碧水蓝天，贝娄笔下的亚历山大·科尔德告诉我们："芝加哥不再是芝加哥。"《院长的十二月》告诉我们的真实内容是"贝娄不再是贝娄"，无论如何，在这部作品里这是实情。这一次，艾因霍恩、格斯巴赫和冯·洪堡·弗莱谢尔的创造者没有给予我们这样的人物，感觉他似乎有一瞬间开始憎恶自己创作关于怪诞人物的高等喜剧的天分。

然而，贝娄毕生致力于反驳福楼拜及其追随者的美学主张，这本身便是一个生机勃勃的神话，使得《奥吉·马奇历险记》、《赫索格》和《洪堡的礼物》的出现成为可能。贝娄曾表现出敏锐的批评眼光，把自己的反现代主义喜剧笔法与伊塔洛·斯韦沃[1]的《季诺的忏悔》及纳博科夫的《洛丽塔》联系起来，这两部作品都是反讽戏仿的杰作，在把现代主义
422 意识刻画成单口相声方面超越了贝娄的《雨王汉德森》。戏仿往往会抵消愤慨，但贝娄如此活力四射，无法忍受掩饰自己的愤慨。一旦受到限制，贝娄表现得太明显，不像尖酸刻薄的斯韦沃，也不像冷面嘲讽的纳博科夫。汉德森也许更像是贝娄的自画像，但赫索格作为研究浪漫主义盛期的学者，更好地传达出贝娄反现代主义喜剧立场的活力论版本。赫索格发现让人愤慨的奸夫格斯巴赫在帮赫索格年幼的女儿洗完澡后擦洗浴

① 伊塔洛·斯韦沃（Italo Svevo，1861—1928），意大利作家。

缸，这个场景是对哈姆莱特不愿刺杀克劳狄斯的卓越戏仿，在这一点上，贝娄最接近斯韦沃和纳博科夫。丹尼尔·富克斯[1]当然是最仔细、最博闻强记的贝娄学者，但在解读这个场景时过于理想主义，忽略了“此刻摩西也许已经杀了他”的戏仿暗示。给小孩子洗澡是祷告的多愁善感的版本，而可怜的赫索格不同于哈姆莱特，是一个多愁善感的人，并非如富克斯说的那样是一个摒弃虚无主义的胜利者。

虽然贝娄小心翼翼地与赫索格拉开距离，但他本人算是一个多情善感的人，这一点对一个小说家来讲，并非一定是一种美学缺陷。看一看塞缪尔·理查逊和狄更斯，两者的感伤主义过于强烈，完全变成了另一种性质的东西，一种过度的感性，连贝娄都不希望自己表现出这样的倾向。贝娄试图将浪漫主义早期（布莱克、华兹华斯、惠特曼）与文学现代主义中姗姗来迟的浪漫主义（纪德、艾略特、海明威）对立起来，这涉及一个独特的困难：需要避开他视为对浪漫主义盛期不经意戏仿的英雄活力论（兰波、D. H. 劳伦斯以及才华略逊的诺曼·梅勒）。汉德森作为贝娄的非犹太人替身，代表着这个困难在多大程度上限制了贝娄的想象力。天真与经验的布莱克式对立统一是《雨王汉德森》创作规划中昭然若揭的一环，却与汉德森对惩罚或无意识负罪感的典型性贝娄式需求存在冲突，虽然贝娄试图避开弗洛伊德意义上的多元决定论，但汉德森的这种需求无孔不入。贝娄想要一种意志心理学，他的确也需要，可他的弗洛伊德倾向远远超过了他愿意了解的程度。汉德森是一个退化得非同一般的人，与他在小说结尾抱着的孤儿非常一致。诺曼·梅勒非常认可的达孚和贝娄作品中与他对立的人物一样，都是非常令人信服的再现，后者都是不可抗拒的、有致命性的虐待狂女士，都是白日梦，体现的是把他者作为阉割力量的男性幻象。贝娄鄙视末日启示录写作，但是贝娄式的末日幻象或许如下所示：这些小说中邪恶却迷人的全部女性人物聚拢于可怜的布莱克活力论者达孚身边，剥去他那治疗性活力论的标志。

没有论战的话，贝娄似乎无法启动他的创作，即便是喜剧成分最纯粹的《洪堡的礼物》也不例外。不幸的是，贝娄比不上那些现代主义小说 423
大师。在美国小说史上，按时间顺序，贝娄位于福克纳与品钦（举其中两

---

① 丹尼尔·富克斯（Daniel Fuchs，1934— ），美国学者，贝娄研究专家。

个例子）之间，这使得贝娄容易受到他并不需要也无法承受的比较。一部小说中的文学论争是危险的，因为它把批判性读者带进了必须做出正典评判的领域，这是正当阅读活动的一部分。贝娄的论辩是符合常规的，几乎有犹太教的倾向，体现在道德着重点、对正义的激烈诉求和对更多活力的热切追寻。有时候论争本身比其美学体现更具吸引力。如果赫索格没有替我们这么多人说话，我们还会如此为他着迷吗？当有人告诉我，她或他“喜爱”《万有引力之虹》，我不禁警惕起来。宏大的品钦式施虐—无政府主义信条几乎不应该引发任何人的**情感**，与之相对的是，这部作品非比寻常的美学尊严感要求我们给予认可的战栗。贝娄之论争导致的美学失败，与它在道德层面的成功奇特地结合起来，逐渐把贝娄笔下的主人公推进了可疑的神秘氛围。从智识和美学两方面讲，西特林对鲁道夫·斯坦纳[①]的挚爱给人的印象不够深刻，比不上《万有引力之虹》中挥之不去的卡巴拉教义。如果斯坦纳是对文学现代主义的终极回答，那么九泉之下的福楼拜也许可以安息了。

* * *

然而，贝娄仍然是一位天赋异禀、富有人道情怀的喜剧小说家，在美国小说史上自马克·吐温以来几乎是独特的存在。最后我想讲一讲贝娄作品中令我感动、从而认定是最美片段系列的部分，即赫索格最后一周写的书信，信里一开始说的是他如何成功地克服了他对马德琳和格斯巴赫的执念。对于背叛他的妻子，如今赫索格愿意以一种超越受虐倾向的庆祝来终结：“在餐馆里吃过饭之后，她会拿餐刀当镜子照着自己的脸涂唇膏。赫索格想到这事觉得很有趣。”对于格斯巴赫，赫索格有一种毋庸置疑的同性恋潜在需求，想给他这位最好的朋友戴绿帽子，他的态度公正且确定无误：“去享受她—在她身上寻欢作乐。然而，你绝不可能通过她来接近我。我知道，你企图从她的肉体中来寻找我。但是我已经不在那里了。”这些没有邮寄的书信还在加长，一边向尼采大方表达赫索格的仰慕之情，一边告诉这位哲学家：“你们那些不道德分子，也要吃肉，也要坐公共汽车。只不过他们是些最会晕车的旅客而已。”令人印象深刻的是，这

① 鲁道夫·斯坦纳（Rudolf Steiner，1861—1925），奥地利哲学家、作家、社会改良家。

个片段系列还包括一封写给摩根弗洛士博士的信，无疑是尼采《黎明》的
犹太版本；关于摩根弗洛士博士，赫索格说了一句很睿智的话："他是个
很好的老人，只是有些虚伪，但是你能对任何人作更多的要求吗？"赫索
格直呼摩根弗洛士博士的名字，忧郁地想着："领土占有欲强过了性欲。" 424
不过赫索格转念便彬彬有礼地写了结束语："愿您常在光明之中，摩根弗
洛士。我会经常给您去信。"如此善意的告别，不是来自一个多元决定的
领土占有欲与性欲的集合，而是来自一个有信服力的代表人物，他代表的
是最古老的、从未间断的道德智慧与家庭关爱的西方传统。 425

沃克·珀西
(1916—1990)

《看电影的人》

1961年，我和许多读者一起发现了《看电影的人》，这是一种愉快的经历。四分之一个世纪之后，我重读这本书，愉悦犹在，不过或许有点阴郁的杂质。阴郁源于这部小说对其道德和宗教执念的暗示，因为这种执念，沃克·珀西接下来每一部作品的问题都比前一部严重。作为一个讲故事的人，珀西选择了通向智慧的下行道，或许牺牲了他的故事。《最后一位绅士》(1966) 没有全部抛弃《看电影的人》的叙事主题，但是《废墟上的爱情》(1971) 诉诸末日启示录般的憧憬，而《兰斯洛特》(1977) 似乎探讨拯救世界的幸存者。《第二次降临》(1980) 完全是一部有强烈倾向性的叙事，几乎看不出来它的作者还创作了《看电影的人》。珀西被称赞为南方的先知，他也许的确变成了南方的先知。他的小说结尾有一个奇怪的走向，反映出从故事语言到艺术之外紧急事由的蜕变：

> 我盯着她走向圣查尔斯，脸颊紧挨着栀子花，直到我的兄弟姐妹在身后大声叫我。
>
> 《看电影的人》

> “等一等。”他狂奔着大喊。那辆埃德塞尔车顿了一下，喘了口气，停了下来。力量像燃油一样流进了他的肌肉，他欢快地跑着，像羚羊一样甩开十英尺的大步。埃德塞尔车等着他。
>
> 426 《最后一位绅士》

> 我们上床，睡上一个长长的冬日午觉，我们像是常春藤，缠绕在

一起，不是在灌木丛下，不是在车里，不是在地板上，不是基督教世界过去那些古怪年代里特有的鬼话，而是家里的床上，好人的归属。

《废墟上的爱情》

你非常了解她吗？

是的。

她会来弗吉尼亚找我吗？她会在那里与我和西沃恩开始新生活吗？

会的。

太好了。我说完了。你有什么想在希武之前告诉我的吗？

有。

《兰斯洛特》

他感受到了一种隐秘的快乐，心怦地跳了起来。我想从他和她那里得到什么，他问自己，不光是想，而且必须拥有？她是礼物，所以也是给予者的一个标志？有没有可能是上帝已经降临，躲在这张单纯、傻气、神圣的面孔后面？我疯了吗，她和上帝，两个都想要？不，不是想要，而是必须拥有。将要拥有。

《第二次降临》

即便抽离了语境，珀西的结尾也会把他和读者带离一种叙事的辛酸，带入一种以神为中心的焦虑。《兰斯洛特》和《第二次降临》都以主人公与一个和蔼的牧师交谈作为结尾，这不是无来由的。“基督教世界过去那些古怪年代”令珀西笔下的主人公发狂，这也含蓄地表明珀西对我们的观感更差，因为我们没有如此发狂。尽管《迷失于宇宙：最后一部自助书》(1983) 透着明显的幽默，珀西却写了这样一个结尾，他的意图只能说是低调的严肃：

重复。你懂吗？你懂吗？你惹上麻烦了吗？怎么惹上的？有麻烦的话，你求助过吗？求助了的话，有人帮忙吗？有人帮的话，你接受了吗？麻烦解决了吗？你的意识的特点是什么？你有意识吗？

> 你有自我吗？你知道你是谁吗？你知道你在做什么吗？你爱吗？你知道怎么爱吗？你被人爱吗？你恨吗？你懂我的意思吗？回来。重复。回来。回来。回来。
>
> 427 《迷失于宇宙》

* * *

读过一遍《兰斯洛特》和《第二次降临》之后，重读《看电影的人》必定会导致一个评论家困惑不解、怅然若失。宾克斯·博林不仅仅是最和蔼的珀西替身；他不受道德化内驱力的控制，如今看来，这似乎渲染着他的创造者失去的自由。艾米莉婶婶是这部小说里的道德说教者，预示着之后珀西作品中会出现许多谴责，不过她的风格极具个人特色，使得我们能够接受她的指责，却难以承受之后珀西作品中的责骂：

> 我们的文明已经拥有了某种显著的特征。它将被铭记，不是因为它的科技，抑或它的战争，而是它崭新的精神特质。我们的文明是有史以来唯一一种把平庸尊崇为民族理想的文明。其他文明都已腐败，就由我们来创造最平凡的腐败吧。没有纵欲的狂欢，没有血流成河的街道，没有扔下悬崖的婴儿。不，我们是多愁善感的民族，我们很容易制造恐怖。没错，我们的道德纤维已经腐烂。我们的民族品格臭不可闻。但是我们比以往更和善。我们的心被打动时，从来没有哪里的妓女会如此快速地报以激烈的情感反应。偷窃、淫荡、撒谎、通奸，这些都没有什么新意。如果有新意的话，那便是在我们的时代，撒谎者、盗窃者、妓女和通奸者也希望得到称赞，而且的确得到了广大公众的称赞，如果他们的坦白具有足够深厚的心理学基础，或者能够让人真切地感受到他们发自内心的真诚。

不论我们多么佩服令人生畏的艾米莉婶婶，不论我们多么正确地认为上述言论贴合她的个性，没有任何人会视之为《看电影的人》中最精彩或最经久不衰的段落。宾克斯同样如此；他是马克·吐温笔下哈克贝里·费恩的新奥尔良版本，是一个凄婉的值得尊重的成年人。宾克斯像哈克一样渴望自由，害怕孤独。然而，存在主义者哈克·费恩是一个崇高的笑话，在我看来，这个笑话是珀西真正的、分量很重的成就。到目前为止，珀西的小说中只有《看电影的人》是一部可以永久流传的美国作品。如果这个评判得当，那么珀西的真正天赋遭到浪费，实在是一个令人叹惋的个例，体现了艺术让位于道德主义，讲故事被宗教怀旧心理颠覆。

我记得当初多么喜欢《看电影的人》第一段，直到今天依然如此： 428

> 今天早晨，婶婶给我留了一张便条，要我去吃午饭。我知道这意味着什么。因为我每个星期天去她家吃饭，今天才星期三，所以只有一种可能：她有严肃的事情要谈。话题一定非常沉重，要么是一条关于她继女凯特的坏消息，要么是一场关于我的严肃谈话，关于我的未来以及我应该去做的一切。这足以把人吓傻了，但我承认，我并未觉得这种可能性完全让我不快。

整部小说的内容以微妙的形式出现在这个开场白里，因为凯特的自杀性绝望是看电影的人作为一个男人生活的黑暗中心，这里姑且套用菲利普·罗斯不吉利的词语。同样在场的还有宾克斯·博林的矛盾特点，他认为婶婶的道德立场贴合现实，却未能弥合自己与这一道德立场以及其他任何可能立场的距离。宾克斯早前已经向我们透露，他只是一个追寻者，追寻其他人声称已经找到的目标：

> 你找什么——上帝？你笑着问道。
>
> 我迟疑着没有回答，因为其他美国人都自行解决了这个问题，这样回答的话，相当于为自己树立一个其他人都已经达到的目标——因此相当于提了一个没人感兴趣的问题。一亿八千万美国人，谁愿意最后一个死去？因为人人都知道，民意调查发现，98%的美国人信仰上帝，剩余的2%是无神论者和不可知论者——给追寻者连一个百分点都没有留下。我自己和其他人一样，喜欢回答民意调查的问题，乐于做出机智回答。
>
> 说实话，我害怕暴露自己的无知，所以不敢提及我的追寻目标。因为，首先，我甚至不能回答这个，这个最简单、最基本的问题：我在追寻的道路上，比我的美国同伴领先了一百英里，还是落后了一百英

里？也就是说，98%的美国人已经找到了我想追寻的目标，还是他们过度沉溺于日常生活，根本没有想过追寻的可能性？

我以名誉担保，我不知道答案。

429 显然，宾克斯不可能写得出《兰斯洛特》、《第二次降临》和《迷失于宇宙》，凯特也不可能，甚至艾米莉婶婶也不行，因为她对文化危机和社会危机的务实理解回避了暴力回应，哪怕是修辞性的暴力回应。她说过这样一句让人印象深刻的话："黄昏的土地渐渐沉没，应该是一幅壮观的景象"；当时宾克斯心想："她也觉得道德纤维在分解，但在她心里，连分解都是有意义的。"这或许是艾米莉婶婶与后期珀西之间的差别；如果在你心里，连分解都是有意义的，那么你的反应将会是完全连贯的，你不会以暴制暴，以牙还牙。

宾克斯作为看电影的人，变成了清静无为主义者，他既不评判，也不接受评判。他与凯特的纽带体现在两者都追寻他所说的特定意义的"认证"：

> 后来在街上，她看着街区四周。"是的，现在得到认证了。"
>
> 她指的是一种看电影的现象，我称之为认证。现如今，一个人住在某个地方，某个街区，那个地方并未得到认证归属于他。他非常有可能在那里过着悲哀的生活，他内心的空虚感会膨胀，直到整个街区被腾空。但是如果他看了一部展示他所在街区的电影，他可能会活得像一个居有定所，而非居无定所的人，至少在一段时间内是如此。

这将以极简到触动人心的方式，由再现实施临时的补救，这里再现不再提升自我，不再发挥对沃尔特·惠特曼有效的作用，但至少能够制止语境变得空无一物。宾克斯与凯特赢得了我们的喜爱，之后珀西笔下的人物没有谁能做到这一点。显然，珀西并不愿意在后来的作品中给我们塑造这么有魅力的主人公，恰恰是因为后来的作品颠覆了他的预言主题。然而，希望这位小说家或许可以回归更加温柔、更加合格的想象，似乎不是错误。

* * *

珀西试图把长篇小说作为针砭时弊的精神武器，这样做的作家不止他一位。他甚至不是唯一一位将末日性情与罗马天主教结合起来的作家，尽管就这种奇特的结合而言，《兰斯洛特》比不上弗兰纳里·奥康纳的作品。不过珀西的确拥有一种对道德神学的特异偏好，他的怪异笔法有时候还能树立一种奇怪的权威感。他的立场迥异于新教原教旨主 430
义者，他视犹太人为永恒的例证，证实耶和华的存在以及罗马天主教会的历史真实性。与大多数犹太人一样，一般情况下我对这种证据搜寻持戒备态度，但珀西的做法得体且充满人道智慧，温和，虽然有点让人不舒服。在《看电影的人》中，宾克斯把自己内在的放逐与犹太人的放逐视为一体：

> 一件奇怪的事情。从星期三开始我便对犹太人特别警觉。这是一条线索，但提示的是我不能说的内容。我怎么会知道？因为一旦我靠近一个犹太人，我脑子里的盖格计数器便会像一架机枪一样咔咔作响；而一旦我谨小慎微、小心翼翼地从旁边路过——盖格计数器便会慢慢停下来。
>
> 犹太人在我心里引起震颤，这并非新鲜事。我拥有朋友的那些年里，我的姑姑埃德娜，一位神智学者，注意到我的朋友都是犹太人。她还知道原因：我的前生是一个犹太人。或许她是对的。反正这是真的：凭直觉说，我是一个犹太人。我们同处于放逐的境地。然而，事实是我比我认识的犹太人更像犹太人。他们比我活得更有家的感觉。我接受我的放逐。
>
> 我的犹太性的另一个证据：有一天，一位社会学家指出，独自看电影的人中有相当大一部分是犹太人。
>
> 犹太人是我的第一条真正的线索。
>
> 一个男人满怀绝望，在内心深处不允许追寻成为可能，当这样一个男人在街上与一个犹太人擦肩而过时，他什么都注意不到。
>
> 一个男人成为科学家或艺术家，便容易陷入另一种绝望。当这样一个男人在街上与一个犹太人擦肩而过时，他也许会注意到某个

> 东西，但这种相遇并非不同凡响。在他眼里，这个犹太人只能是看似与他一样的科学家或艺术家，或是一个有待研究的样品。
>
> 但是一个男人意识到追寻的可能性，当这样一个男人在街上与一个犹太人第一次擦肩而过时，他就像鲁滨孙·克鲁索发现了沙滩上的脚印。

上述引文把犹太人周五太阳下山时分开始的安息日与丹尼尔·笛福笔下星期五的脚印联系起来，这种机智掩盖了引文包含的道德强度。犹太人奇迹般地存活了下来，在追寻者眼里，他们是无法取缔的上帝承诺的首要标志或征兆。这个征兆在珀西作品中的终极体现，是《第二次降临》
431 中威尔·巴雷特对所谓的北卡罗来纳州无犹太人或犹太人逃离北卡罗来纳州的关注，幽默而又执拗。巴雷特难以理解的癫狂使得他不断地把犹太人当作征兆，尤其是在他撰写的一封非常奇特的书信中：

> 具体地说：我希望你监控犹太人的人口流动，不光是迁出北卡罗来纳州，还包括其他州和其他国家，记录下与既定人口模式——比如黑人从南方迁出（以及当前的迁回）——相反的任何显著变化。如果，比如说，已经发生了或者应该发生犹太人从美国大规模出走至以色列的事件，那么我请求你在以色列隘口的米吉多村庄（你也许知道，那是世界末日善恶对决时的古战场哈米吉多顿）设立一个监测站，来自东方的敌人会合理地试图在那个隘口将以色列腰斩为二。在那个地点，你可以监控东方阿拉伯国家的任何不寻常事件，尤其是出现一个能力超群的领袖——末日到来的另一个公认征兆。

巴雷特的癫狂，与每天夜里我从电视上听到的福音传道士的严肃布道相比，存在一个拯救世界的差异：巴雷特的癫狂只是局限于从北部到西北部的方向，而珀西的末日狂风正在从南方向我们吹来。《看电影的人》的作者仍处于创作生涯的中期，不妨停止对征兆的追寻，回归他那带着感伤的喜剧叙事天赋。作为一个评论家，我想在靠近珀西的时候在我
432 身前摇晃一面横幅："把宾克斯·博林带回来！"

卡森·麦卡勒斯
（1917—1967）

《心是孤独的猎手》与《伤心咖啡馆之歌》

“我变成了我笔下的人物，我赞美拉丁诗人泰伦斯[1]的话：‘人的一切我都不陌生。’”这是卡森·麦卡勒斯的美学信条，也是她的小说艺术创作方案，她的小说艺术虽有局限性，但其强烈的情感令人称奇。阅读她的长、短篇小说是在大约二十年前，如今重读，我发现时间已经强化了《心是孤独的猎手》和《伤心咖啡馆之歌》的艺术感染力，或许还弱化了《金色眼睛的映像》的问题。时间无法做到的是改变麦卡勒斯对评论家构成的重负。她的小说与她的人一样，存在永久性爱欲危机的隐患。对于爱欲危机，D. H. 劳伦斯是诗人，弗洛伊德是理论家。不妨称之为做出错误关联的倾向，弗洛伊德曾在1912年发表的一篇重要论文《移情的动力学》第二段对此做了尖锐准确的阐发：

> 必须明确牢记的是，由于先天的性格与孩提时代外界施加的影响，在两者的共同作用下，每一个人已经获得了一种运用其恋爱能力的特定个性——这种个性存在于他为恋爱设下的前提条件，存在于他因恋爱而得到满足的冲动，存在于他为自己设下的恋爱目标。这可以说是在他心里形成了一种（或者甚至可以说一些）**套路**或模式，在人生过程中，只要外部环境和可以接近的恋爱对象允许，这个套路或模式便会不断地重复，不断地复制，在一定程度上，这个套路或模式可以被之后的体验改变。现在，我们的经历表明，那些决定恋爱能 433
> 力的情感中，只有一部分已经完成了心理发展的整个过程；这一部分情感指向现实，属于意识人格，并受意识人格掌控。另一部分力比多

① 泰伦斯（Terence，约公元前195或前185—前159），全名Publius Terentius Afer，罗马共和国的著名戏剧家、诗人，一生共写过六部喜剧，全部留传至今。

冲动在发展过程中受到了阻碍，它被排除于意识人格之外，远离现实，也许只能耗尽于幻想，或者完全埋藏于无意识，不被意识人格知晓。任何人对爱的需求如果在现实生活中没有得到满足，每当新人露面，期盼中的力比多冲动必定会被激发；很有可能的是，两部分力比多，可以成为意识的部分和无意识的部分，都会参与形成那种态度。

麦卡勒斯笔下的人物在运用恋爱能力时都有一个怪癖——他们存在，抑或最终故去，方式都是爱上一个无望的希望。他们真正的文学先祖是华兹华斯《废毁的茅舍》中令人心酸的玛格丽特；与玛格丽特一样，他们不是被绝望摧毁，而是因为他们对性爱的希望过于奢侈。麦卡勒斯第一部，也是最好的一部作品竟然承载着她笔下给人印象最深、最难忘的隐喻，即该书的书名《心是孤独的猎手》，这一点并非偶然。

麦卡勒斯撰写了不多的几篇文学评论，但无论是关于果戈理、福克纳，还是她自己，都不是很有启发性，唯一的例外便是他们对孤独欲罢不能的探究。在创作笔记《绽放的梦想》中，麦卡勒斯记录了自己阅读安妮·弗兰克[①]日记时身体产生的剧烈反应：手和脚长满了皮疹。显然，被隔绝的恐惧是驱动麦卡勒斯想象力的因素。她提到在文学创作上福克纳和尤金·奥尼尔对她的影响最大，然后出人意料地加了《包法利夫人》的作者福楼拜，我们预想的可能是创作《虹》和《普鲁士军官》的劳伦斯。然而，吸引麦卡勒斯的不是福楼拜的立场或文体，而是爱玛的**处境**。

米克·凯利是麦卡勒斯在《心是孤独的猎手》中的替身，而且是她不容置疑的人物再现杰作，很可能是她想象中的十二岁的自己。其他的孤独猎手——聋哑人约翰·辛格、咖啡馆业主比夫·布瑞农、酒鬼革命者杰克·布朗特、黑人自由主义者兼改革者本尼迪克特·马迪·考普兰德医生——都很生动，但这部作品的生命力依旧来自米克·凯利饱受煎熬的强烈程度；米克很早便很懂事，“想到彼此对立的权力与意志/统治着我们有生的日子/还有，为什么上帝令善与行善的方式/势不两立，我痛心”。

这是雪莱在《生命的凯旋》中的黑色智慧，也是米克·凯利靠自己充分认

① 安妮·弗兰克（Anne Frank，1929—1945），德国犹太少女，二战爆发后，弗兰克一家未能逃脱纳粹的魔爪，最终只有父亲生还。安妮的日记记录了她被关入集中营前在密室藏匿二十五个月的生活，现已成为最有影响的犹太大屠杀文学作品之一。

识到的智慧；米克是对的，她担忧生命会战胜她的操守、她的希望、她取得成就或获得爱情的潜能。雪莱的这几行诗句如果调换成："还有，为什么上帝令爱与爱的方式/势不两立"，便完全变成了麦卡勒斯的心声。

* * *

如果《心是孤独的猎手》的终极幻象只是雪莱的反讽意义上的生命的凯旋，那么它的艺术感染力便无法维持到底。麦卡勒斯给了我们一个坚强的最终意义上的米克·凯利，失去了亲人，陷入了绝对的孤独，但她的生活仍然在继续：

> 可是如今她脑子里没有音乐了。这可笑得很。仿佛她被关到了"里屋"外面。有时一小段快曲会来了又走了——但她再也没有进过有音乐的"里屋"，那是过去的事了。她太紧张了吧。也许是工作把她的精力和时间全带走了。乌尔沃斯店和学校可不一样。她过去放学回家时，总是感觉良好，准备投入音乐创作中。现在她总是累。回到家后，就是吃晚饭、上床、吃早饭、又去上班。两个月前她在日记本上创作的一首歌还没有完成。她也想待在"里屋"，但是不知道怎么办。"里屋"像是被锁在了离她很远的某处。难以理解的一件事。
>
> 米克用大拇指推了推断裂的门牙。她拥有了辛格先生的收音机。所有的分期付款都没付清，现在由她来付了。有一样属于他的东西，这感觉真好。也许不久后的一天，她能攒下一笔钱，买一架二手钢琴。比如说一星期两块钱。她不允许任何人碰她的私人钢琴——只有乔治，也许她会教乔治弹几首曲子。她会把它放在后屋，每天晚上都弹奏。星期日一整天。但是想想吧。万一有一个星期她无法付款。他们会拿走它，就像拿走那辆红色的小自行车一样？想想吧，她不许他们这么干。想想吧，她把钢琴藏在地下室。或者在大门口等着他们，然后打一架。
> 她会把这两个男人打趴下，打得他们鼻青脸肿，昏倒在大厅的地上。 435
>
> 米克皱了皱眉，拳头使劲地来回搓着额头。事情就是这样。她像是一直处于疯狂的状态。不是小孩子一时的抽风，很快就过去了——是另一种疯狂。只是根本没有什么事值得发疯。除了商店。但商店也没有求她去工作。所以根本没有什么事值得发疯。她像是被骗了。只

是没有人欺骗她。没有人可以泄愤。但她就是有这种感觉。被骗了。

也许钢琴会有的，不会出现波折。也许她很快会得到一个机会。如果不是这样，所有的一切都有什么用呢？——她对音乐的感觉，她在“里屋”里做的计划。如果一件事有意义，就肯定有用。它也是，它也是，它也是，它也是。它是有用的。

没错！

没问题！

有用。[①]

我们不妨称之为“一个青年女艺术家的画像”，视米克为“事情就是这样”的幻象家。麦卡勒斯并非全然否定的作品结尾所拥有的艺术感染力在她身上表露无遗：

比夫在水龙头下弄湿手帕，拍拭扭曲而紧张的脸。他依稀记起遮篷还没有升起。他走向门口时，不再摇摇晃晃了。当他最终回到屋里时，清醒地调整了自己，准备迎接早晨的太阳。

《心是孤独的猎手》

即便已经死了，士兵的尸体仍然流露出温暖的、动物般的舒适。他那严肃的脸庞没有改变，他那被太阳晒黑的双手搁在地毯上，手掌朝上，仿佛熟睡了一般。

《金色眼睛的映像》

这些结尾中最不同凡响的当数作为《伤心咖啡馆之歌》尾声或后记的小片段《十二个活着的人》：

十二个活着的人

叉瀑公路离小镇三英里，苦役队就是在这儿干活。这条路是碎

① 本书中 *The Heart Is a Lonely Hunter* 的译文均出自卡森·麦卡勒斯著，陈笑黎译：《心是孤独的猎手》，上海，上海三联书店，2005年。

> 石路面的,县政府决定把坑坑洼洼的地方垫平,把几处危险的地方修宽一些。苦役队一共有十二个人,全都穿着黑白条纹的囚服,脚踝处拴着脚镣。这里有一个警卫,端着一支枪,他的双眼由于使劲瞪视,变成了两条发红的长口子。苦役队从早干到黑,天一亮就有一辆监狱大车把他们载来,十二个人在车里挤得满满的。暮色苍茫时,又坐了大车回去。一整天都有铁锹挖地的声音,有强烈的阳光以及汗臭味儿。可是歌声倒是每天都有。一个阴沉的声音开了个头,只唱半句,仿佛是提一个问题。过半晌,另一个声音参加进来,紧接着整个苦役队都唱起来了。在金色炫目的阳光下,这歌声显得很阴郁,他们穿插着唱各种各样的歌,有忧郁的,也有轻松的。这音乐不断膨胀,到后来仿佛声音并非发自苦役队这十二个人之口,而是来自大地本身,或是辽阔的天空。这种音乐能使人心胸开阔,听者会因为狂喜与恐惧而浑身发凉。音乐声逐渐沉落下来,直到最后只剩下一个孤独的声音,然后是一声嘶哑的喘息,人们又见到了太阳,听到了一片沉默中的铁锹声。 436
>
> 能发出这样音乐的是什么样的苦役队呢?仅仅是十二个活着的人,是本县的七个黑人小伙子和五个白人青年。仅仅是待在一起的十二个活着的人。[①]

上述引文的修辞立场或语调完全属于麦卡勒斯,但很难描述清楚。置于语境当中,其回响非比寻常,逐渐瓦解我们对以下怪诞悲剧的判断甚或理解无能:此悲剧即爱密利亚·依文斯小姐与李蒙表哥之间的无望之爱,其后果显现于伤心咖啡馆莫名其妙的兴隆与倒闭。作为读者,我们也是更愿意爱人,而不是被爱,用美学术语来解释这种倾向性的话,则变成了一种辩护:要更加投入地阅读,为了避免我们被自己或他人阅读。音乐与发出这样音乐的苦役队并置,由此释放出来的情感近似于麦卡勒斯的幻象所引发的情感,这种幻象关涉爱情之死的悲剧性尊严,极不相称地生发于爱密利亚小姐、李蒙表哥以及丑陋的马文·马西之间的故事。 437

① 本书中*The Ballad of the Sad Café*的译文均出自卡森·麦卡勒斯著,李文俊译:《伤心咖啡馆之歌》,《名作欣赏》编辑部主编,《外国现当代短篇小说赏析(一)》,太原,山西人民出版社,1985年。

安东尼·伯吉斯

（1917—1993）

恩德比小说系列与《一点不像太阳》

安东尼·伯吉斯与詹姆斯·乔伊斯的关系形同于塞缪尔·贝克特与后者的关系；这种比较尽管很危险（而且，伯吉斯非常明智，不会欢迎这种做法），我们仍然可以用它来界定伯吉斯作为一位小说家和文人重要成就的性质和局限性。伯吉斯没有《莫菲》（贝克特颇具亲和力的早期喜剧杰作）这样的作品，但他有令人称奇的恩德比英雄传奇（《恩德比先生的内心》《恩德比的外部》《发条圣约书，或，恩德比的结局》《恩德比的黑夫人，或，恩德比没有结局》）以及更为宏大的《一点不像太阳：莎士比亚的爱情生活故事》。不论伯吉斯的创作对象是恩德比（伯吉斯对自己的幻象，一个毫不妥协的诗人）还是莎士比亚，他都是在描写利奥波德·布卢姆，因此也就是在描写乔伊斯本人。

《莫菲》也是对《尤利西斯》的诠释，恰如恩德比小说系列和《一点不像太阳》，但《莫菲》已然体现出偏离大师的修正性转向，用柯勒律治的说法，便是“趋向于理想”。在《瓦特》和精彩的三部曲《莫洛伊》《马龙之死》《无法称呼的人》中，贝克特对乔伊斯的修正更加巧妙；如此巧妙地贬低20世纪唯一一位与普鲁斯特并驾齐驱的小说家，为贝克特奠定了根基，使他能够成为当今世界仍然健在的最优秀的英语或法语作家。伯吉斯没有这么大的雄心，也没有与乔伊斯形成一种争斗关系（不论多么有爱）。对于乔伊斯，他是心怀感恩的受惠者或“好儿子”，一个在人性范围内令人振奋的立场，但或许也限制了他的创作自由。

438 伯吉斯在评论贝克特的传记时，敏锐地发现了乔伊斯与贝克特之间的微妙关系，恰似强大的父亲与因强大而必定遭到驱逐的儿子：

贝克特的书和戏剧有一个假设，即笛卡尔的心身分离论。(他那很快发表的诗歌《婊子占星术》便是关涉笛卡尔作为普通人的生活。)这些男女主人公们不顾肉体遭受了严重的损伤，挺直疲倦甚或根本不存在的双腿，宣告一个强有力的身份。我们也许会期待一个毕生残疾的人做出这种事情。贝克特的传记表明，他始终是一个运动员、一个身体协调性很好的小车和摩托车驾驶员(即便他的车毁了，他依旧能全身而退)、一个优秀的游泳爱好者和板球运动员——唯一一位被《维斯登板球年鉴》提及的诺贝尔奖得主。他体格瘦高健壮，烟酒再有害也伤害不了他。不过我们注意到一种自我苦修。他崇拜乔伊斯，故而喜欢假装自己长着乔伊斯的双脚(小巧精致，乔伊斯很喜欢自己的脚)：他穿不合脚的鞋，结果成了瘸子。然而，贝克特身体的主要痛楚，以及奥勃洛莫夫[①]式的怠惰，似乎最应该怪罪于他与母亲的复杂关系……

有点怪异的是，露西娅·乔伊斯[②]的父亲去世很久之后，埃尔曼[③]的记录终结很久之后，她的古老**寓言故事**仍在继续。对她而言，时间停滞了，贝克特仍旧是那个鹰一般的年轻人，拥有着大师的沉默，在拒绝了这个疯女孩的挑逗之后，被冷冷地告知不必再打电话。贝克特对乔伊斯的热爱仍在继续，他在书房和剧院同时追求的艺术完美主义便是最好的表达。他把自己和演员们都逼到极致。比莉·怀特娄[④]讲述了她与贝克特共事过程中的创作煎熬，是这部传记中最值得称道的一章。

上述引文第一段中，缪斯女神母亲从乔伊斯那里夺回了贝克特，把我们从快活、好奇、活跃的博蒂带向了极端怠惰的莫菲，以及之后贝克特作品中那些几乎死气沉沉的主人公们。贝克特拒绝了精神分裂症患者露西娅的挑逗，因而遭到后者冰冷的拒斥，伯吉斯看到贝克特把她父亲的美学

---

① 奥勃洛莫夫(Oblomov)，俄国作家冈察洛夫(Ivan Goncharov，1812—1891)同名小说中的主人公，性格善良、怠惰、麻木、缺乏信心和勇气。

② 露西娅·乔伊斯(Lucia Joyce，1907—1982)，詹姆斯·乔伊斯的女儿。

③ 埃尔曼(Richard Ellmann，1918—1987)，美国文学评论家，詹姆斯·乔伊斯1959年版传记的作者。

④ 比莉·怀特娄(Billie Whitelaw，1932—2014)，英国演员，与贝克特共事长达二十五年，被视为贝克特作品最好的诠释者之一。

完美主义推向一个新的极致。这个观点是合理的，但回避了贝克特作品中乔伊斯习语的式微，乔伊斯的习语在《莫菲》中随处可见，到了后期那些简洁得惊人的叙事中（如果算是叙事的话），则完全消失不见踪影。

439 对比一下伯吉斯对“最爱小说”《尤利西斯》的评论：

> 然而，这不完全是一部长篇小说。我用于阅读《尤利西斯》的时间足够长了，完全清楚这部作品的瑕疵，其中最主要的一点是回避了大多数小说家会自设的一个磨人问题：如何不用露骨的设计，却能展示人物的变化过程，使得读者在与X先生或Y小姐告别时，能够意识到他们不再是初相见的模样？每一部非乔伊斯创作的长篇小说里，都有一个读者几乎觉察不到的心理分水岭；如果没有强加一次到达这个分水岭的旅程，那么几乎不能说存在这个虚构人物。《尤利西斯》中的行动时长不到二十四小时，来不及发生变化。事实上，没有发生任何足够重要、会诱发变化的事情。普通人布卢姆遇到了非比寻常的青年斯蒂芬，然后说了一声“晚安”，很有可能意味着“再见”。莫莉·布卢姆在梦中把斯蒂芬当成一种弥赛亚式的儿子情人。无论小说里发生了什么，今天都不会发生。小说结束于明天的边缘，也许会发生某种事情，然而明天永远不会到来。这便是这部小说的主要瑕疵。
>
> 这个瑕疵非常严重，唯一的补救办法便是异乎寻常的优点，我已经暗示过这些优点——谋篇布局的史诗性活力、对人类真实生活的真诚呈现、令人咋舌的精湛语言。除此之外，还有这部作品所提供的城市幻象的全面与广泛。当我们游览都柏林时，我们携带着这个幻象；与那些血肉之躯、钢筋丛林等现实因素相比，它更真实。我认为我们最终根本无法断定《尤利西斯》是一部虚构作品。它是一种魔术宝典，涉及肉欲的范畴，类似于但丁的《神曲》（《神曲》中，地狱、天堂和炼狱永远存在，没有变化）。然而，如果运用作家们被迫用于思考的务实术语来说的话，这是一场可怕的文学挑战。在我看来，称《尤利西斯》是我最爱的长篇小说是非常不合适的，我感到羞愧。每次我坐下来准备创作小说的时候，这部作品都是我无法企及的标杆。

难道伯吉斯按照优秀小说家的做法，在他前辈的杰作当中找到了本不存在的瑕疵吗？我怀疑他是在要求乔伊斯变成莎士比亚，后者最了不起的原创性在于再现笔下人物如何在倾听内心声音的过程中发生了改变。伯吉斯的莎士比亚显然是乔伊斯的莎士比亚，因此《一点不像太阳》的乔伊斯属性并不比恩德比小说系列隐蔽。即便作为一位戏仿作家，乔 440
伊斯的原创性也是被恰当地称赞为卓尔不凡。普鲁斯特真正的前辈被发现是并非以小说创作见长的约翰·罗斯金（不过他在施加影响的过程中与福楼拜融为一体）；同理，乔伊斯受益于莎士比亚，超过福楼拜对他的影响。与其说《尤利西斯》是对荷马、甚或是但丁的诠释，还不如说是对《哈姆莱特》的诠释。

乔伊斯的《哈姆莱特》是一种强势误读行为，诗性之父莎士比亚被弱化，目的是帮助生气勃勃的儿子乔伊斯成熟起来。这种借助诠释的创作，充满着热情、活力和阴郁的机智，一定是给予我们的对《哈姆莱特》最引人注目的叙述。莎士比亚不是哈姆莱特，而是哈姆莱特父亲的鬼魂，根据传统，他的确在舞台上扮演了这个角色（同时扮演戏班子里的国王扮演者）。哈姆莱特是斯蒂芬，或一个青年艺术家的画像。老哈姆莱特被克劳狄斯戴了绿帽，可怜的莎士比亚也是如此，给他戴绿帽的不是一个弟兄，而是两个，他们对安妮·海瑟薇[1]下手，都得逞了。如果这不算严重的性挫败，那么莎士比亚还失去了十四行诗中咏唱的黑夫人，据推测情敌是名义上的第三个弟兄，或者说最好的朋友。斯蒂芬推测，莎士比亚死去的儿子哈姆内特进入了这个戏剧作品，成了哈姆莱特，通过报仇的行为捍卫父亲的荣誉。莎士比亚这位复活的儿子没有垂涎安妮·海瑟薇，或者说格特鲁德，不妨被视为对安东尼·伯吉斯的预期性再现，后者没有拒绝这个礼物。

《尤利西斯》里关于喀耳刻[2]的片段中，博蒂和斯蒂芬各自既代表着莎士比亚，又代表着乔伊斯，他们朝镜中凝望，看见一个完全变形的莎士比亚，没有胡子，“面部麻痹僵硬”。乔伊斯便是没有胡子的莎士比亚，没有这位诗人的英武气概，前辈面部表情丰富多变，而他脸部僵硬。伯吉斯

---

① 安妮·海瑟薇(Anne Hathaway，1555/6—1623)，威廉·莎士比亚的妻子。

② 喀耳刻(Circe)，希腊神话中住在艾尤岛上的女巫，太阳神赫利乌斯和海神女儿珀耳塞的女儿，善于用药把人变成怪物，在《奥德赛》中，把奥德修斯手下的船员变成了猪。

再一次心领神会，即便他并未大肆参与乔伊斯的反讽式自我评判。斯蒂芬引用了撒伯里乌流派[1]的异端邪说：圣父本人便是圣子；根据这个观点，莎士比亚便是乔伊斯，乔伊斯便是伯吉斯。伯吉斯是一个彻底的弗洛伊德信徒（恰如其分的是，乔伊斯躲开了弗洛伊德），反倒相信圣子本人便是圣父；根据这种信仰，乔伊斯便是莎士比亚，而伯吉斯非常惆怅地差一点成了乔伊斯。

* * *

伯吉斯的需求和信念都淋漓尽致地印证了塞缪尔·约翰逊的箴言：只有傻瓜才会为了钱以外的因素写作。后果便是著作等身，但其中很多都不忍再读。伯吉斯最有名的作品是《发条橙》（1962）。它之所以臭名昭著，最大的功臣不是这个文本本身，而是斯坦利·库布里克的电
441 影版本；他那明显的宗教叙事（篇幅与一本书无异的诗歌《摩西》以及《拿撒勒的男人》这样的尝试）之所以有趣，主要是因为体现了他的摩尼教二元论，后者取代了他已经不再信仰的天主教教义。不过我每年都会重读两部长篇小说：《恩德比先生的内心》（1963）和《一点不像太阳》（1964）。恩德比在《恩德比的外部》（1968）中胜利回归，不料却在《发条圣约书，或，恩德比的结局》（1975）中被他那不知感恩的创造者消灭殆尽，惹来了恩德比铁粉们的激烈抗议，包括我自己。伯吉斯对我们的哀号与抗议做出回应，创作了《恩德比的黑夫人，或，恩德比没有结局》，堪称《恩德比先生的内心》与《一点不像太阳》的精彩合体。现在我们应该希望恩德比与“威廉·莎士比亚”的寿命和伯吉斯[2]一样长，但愿是永远。

在我看来，《恩德比先生的内心》是我们这个时代最受低估的英国长篇小说候选作品之一，因为其落拓不羁的叙事拥有明显的永久生命力。恩德比本人既是利奥波德·布卢姆、詹姆斯·乔伊斯，又是威廉·莎士比亚和安东尼·伯吉斯，这简直是耸人听闻，却又无比成功。作为一个真正

① 撒伯里乌流派（Sabellian），源于3世纪的基督教理论家撒伯里乌神父，相信形态论（modalism），或称上帝一体论（modalistic monarchianism），不承认上帝三位一体的思想，认为天父、复活后的圣子以及圣灵只是上帝的不同形态和不同方面。

② 1993年，安东尼·伯吉斯病逝于伦敦。

的诗人，恩德比也是塞缪尔·约翰逊、乔纳森·斯威夫特、约翰·济慈和沃尔特·惠特曼，或许还是狄兰·托马斯[①]、布兰登·贝汉[②]这样喜欢喝酒喧哗的现代诗人。这只是意味着恩德比是对诗人命运的一个普适化的再现；诗人所处的这个世界必定同时具备两种特征：对他来说过于美好，对想象力丰富的人来说不够美好。

凡是人脑能够想到的事情都发生在恩德比身上，或者不如说，恩德比是他所处世界里其他人身上发生的一切。恩德比与博蒂一样，是一个完善的人，或者说，是一个富有同情心的人，只是博蒂是一个尊重学识和艺术的犹太人，略带艺术细胞，但不是诗人，而斯蒂芬是诗人——恩德比也是诗人。恩德比还总被愧疚困扰，而且这是莫须有的愧疚，但博蒂根本感受不到愧疚的存在，他是某种弥赛亚，一个作为答案的文本，尽管很晦涩。恩德比小说系列从不晦涩，但拒绝所有答案。在如此灿烂俗丽且不断扩散的光芒当中，我在这里引用一段我最喜欢的原文，讲述的是一个崇高的时刻。在伦敦的一个午餐会上，恩德比优雅地拒绝了一枚古德比诗歌金质奖章，这场午餐会是所有文学午餐会的典范，评论家布卢姆与恩德比一样，喝得相当醉了：

> “鉴于这个原因，给我们的百灵鸟同仁，嗯，嗯，恩德比，颁发这
> 枚古德比金质奖章，我非常开心。”恩德比站起身来，掌声雷动，足以
> 淹没他肚子里的三声呱呱叫。“还有一张支票，”乔治爵士说，怀想着
> 诗人的贫困，“数额非常、非常小，但是我们相信，足以摆脱一两个月
> 的痛苦。”恩德比接过奖品，握握手，傻笑着，又坐了下来。“演讲。” 442
> 有人说。恩德比又站起身，准备做一个更低调的演讲，却意识到自己
> 不太懂开场的礼仪。他要说“主席先生”吗？有主席吗？如果乔治
> 爵士是主席，他是不是应该说一个不同于“主席先生”的称谓？他应
> 该只说“乔治爵士、女士们、先生们”吗？但是他注意到有人胸前挂
> 着官职链条，在幽暗中摇摆，闪着微光，应该是市长或伦敦市长大人。
> 他该怎么称呼——“阁下”？他终于及时发现那是一个侍酒的仆人。
> 恩德比忍住屁，活像风神埃俄罗斯露出紧张的微笑，而后清楚大声地

① 狄兰·托马斯（Dylan Thomas，1914—1953），英国作家、诗人，因连喝十八杯威士忌暴毙。

② 布兰登·贝汉（Brendan Behan，1923—1964），爱尔兰作家、诗人，因酗酒患病早逝。

说道：

> “圣乔治。”听众发出一阵窃笑。“还有龙。”恩德比不得已又加了一句[1]。“一种英国钹，”他接着说，瞪着某种霓虹灯下他那愚蠢的拼字错误，他一脸恐慌，“如果我们含糊其辞，这种钹便是叮当作响的劣质黄铜。”听众中有人动了动屁股和肩膀，表示赞同：恩德比打算讲得简短幽默。恩德比孤注一掷地说：“而我们大多数人会含糊其辞或不会，这也许是事实。我自己也包括在内。”他注意到乔治爵士正仰着大脸望着他，仿佛他站在街道的大梁上。“明晰。”恩德比的眼泪都快流出来了。“是用真假嗓音交替唱歌者的红酒。所以，”他被自己惊得目瞪口呆，“我万分高兴地把这张支票交还给乔治爵士，用于做慈善。至于金质奖章，他知道用来做什么。”说出这些话的同时，他本可能因为震惊和尴尬而死去；然而，话一出口，如刹不住的车一样载着他冲向终点。“世俗世界里的糟粕，”他说，“我们的百灵鸟同仁古德比已经非常有力地证明是虚假的。所以，”他说话的神气活像回到军队，宣讲《英国的方式与目的》，“我们盼望着有一天，这个世界将摆脱压迫的阴影，镶着万字马刺的铁蹄不再蹂躏得过且过的自由，民主变成现实，劳有所获，享有健全的医疗服务，老年人的有生之年能够获得些许的安宁，如和平鸽萦绕在旁。带着这样的信仰和向往我们奋勇向前。”他发现自己停不下来。“向前，”他强调，“终有一天，这个世界将摆脱压迫的阴影。”乔治爵士已经站起身来，蹒跚着走出门去。“劳有”，恩德比虚弱地说，“所获。公平竞争”，他用怀疑的口吻嘟哝着。乔治爵士已经走了。“另外，”恩德比可怜地说了
> 443 最后一句话，“我庄严宣誓。”

恩德比的演讲结束语参照了《尤利西斯》夜镇片段中博蒂对于未来新爱尔兰的新布卢姆撒冷的宣告，区别在于博蒂与往常一样，是清醒的，而恩德比也与往常一样，是喝醉的。恩德比在一定程度上综合了清空了全部恶意的勃克·穆利根的特点与博蒂的和善可亲，后者是全部小说再现中最温柔的人物。这对伯吉斯来说，也许是过于沉重的一个人物刻画

① 恩德比出了口误，把乔治爵士说成了圣乔治，只好将错就错，引用天主教圣人圣乔治屠龙的典故。

问题；随着恩德比小说系列呈现出迷宫般的窘态，持续至《恩德比的黑夫人》，这也许是恩德比逐渐偏离博蒂和乔伊斯、偏向伯吉斯的“威廉·莎士比亚”的原因。可以确定的是，恩德比小说系列中没有哪一部能像《一点不像太阳》给人留下那么深刻的印象，即便《恩德比先生的内心》也做不到，尽管最终我仍然会把《恩德比先生的内心》视为伯吉斯全部作品中的佼佼者。若论对莎士比亚语言风格和乔伊斯语言风格持续不变的自如运用，《一点不像太阳》是伯吉斯最成功的作品，比如这里对伊丽莎白一世时期伦敦的想象，这是莎士比亚与《十四行诗》中黑夫人伟大爱情故事的邪恶语境：

> 伦敦，这座被污损的城市，成了他们这对恋人甜蜜流连的凉亭，即便八月的酷暑天也不例外。风筝盘旋着，或落下来啄食背叛者头盖骨里的肉，它们变成了十足的净化鸟，有着明亮的眼睛和光洁的羽毛，是动物神话寓言集的一部分，他们创造了这个神话，又对它着迷。巴黎花园的坑洞里，被撕扯发出尖叫的熊、狗和猿是殉道者，它们立即飞升为金质动物纹章，以支持他们那静止而永恒的爱的铭旌。不幸的人们牵拉在轻涛拍岸的泰晤士河边的链条上，没有鼻子，没有嘴唇，眼睛被吃掉，被第三波潮汐冲刷过后，与泰伯恩行刑场被处以绞刑的悬挂着的尸体、监狱里正在腐烂的尸体一道，被当成古典地狱里的英雄；经由维吉尔的吟唱，地狱变成了甜美的音乐，洋溢着学生时代的美好与天真。然而，当他们在复原的激情中吸入夜晚的空气，是她，经常悲伤地摇着头，在半透明的面纱下露出微笑，说秋天很快便会降临，爱情的火焰会燃尽肉体，燃尽自身——熄灭，永远消逝。

对于英勇的活力论者及世上万物的欢庆者伯吉斯来说，这是他唯一能够接受的末日：“爱情的火焰会燃尽肉体，燃尽自身——熄灭，永远消逝。”这谈不上是伯吉斯独有的创作主题，乔伊斯的口音仍在回响，但这
种死亡的音乐差不多专属于伯吉斯。444

艾瑞斯·默多克
(1919—1999)

《好学徒》

艾瑞斯·默多克的第一本书是1953年出版的萨特研究。在这部不朽著作的结尾处，她发出了预言般的哀叹：萨特“写不出一部伟大的小说，这种无能为力是一种折磨我们所有人的境况的一个悲剧性症状”。默多克自己的无能为力如今已经延伸至二十二部小说，其中在我看来最出色的是《布鲁诺的梦》(1969)、《黑王子》(1973)、《文字孩子》(1975)以及最近的《好学徒》。默多克是如此精力充沛，创作力旺盛，乃至我们会期待她写出更多的小说来。如果《好学徒》标志着她开始进入她最优秀的创作阶段的话——的确可以这么说，那么她还会写出一部伟大的小说的，而且将是以19世纪现实主义小说这种不协调的形式，这相当令人惊讶。塞缪尔·贝克特和托马斯·品钦的时代具有后乔伊斯和后福克纳式的特点，默多克的小说创作程序对此时代置之不理，似乎她选择以此来彰显她与19世纪俄国和英国主要小说大师之间的直接延续性。

根据我对默多克的阅读体验，不合时宜的风格和落伍过时的手法并不是她作品的主要缺陷。就像加布里埃尔·加西亚·马尔克斯一样，她偏爱一种可以比自然主义更有幻觉效应的现实主义，但她似乎无法保持这种混杂的创作风格，而马尔克斯可以。立场缺乏连贯性是默多克的一个问题。她既是幻想家，同时又是现实主义作家，两者都是在原则上成立的，但她在这两种幻象之间做出的相当突兀的调整有时似乎并不能收放自如。她的小说一部部令人目不暇接，每一部都让我们感到愉悦，但在我们的记忆中也许没有一部与其他的迥然有别。

不过她的小说融入了一个社会体系当中，我们可以合理地辨认出这
445 个社会体系就是当代英国的中上阶层。在她所有的天赋中，设计情节的

能力是最令人敬畏的，包括一种设计复杂的双重情节的才能，几乎达到了莎士比亚式的水平。不过有时她的力量似乎又有些失控，就连最配合的读者也会感到不胜烦扰，最终随着迷宫般的情节发展逐渐完成而变得无动于衷。但这正是默多克展示她作为作家所具有的勃勃生机的方式，而不是通过在她的人物中创造没完没了的他者性，尽管后者似乎构成了她最大的野心（这相当令人悲哀）。在人物个性创造的新颖性上，她并不出色。我们逐渐学会预见某些基本的性格类型不断重复出现在她的小说中：到处可见非常年轻的狂热女人，狡猾，有强迫症倾向，激烈追求年长得多的男人。她们的猎物，即那些老男人，自恋而充满魅力，但又脆弱、自我放纵，是犹疑不决的怀疑主义者，害怕现实。还有一些默多克称作“异神”的强大人物。他们通常是男性，魅力超群的中欧犹太人，我们可以推测他们同作家埃利亚斯·卡内蒂[①]有某种寓言式的或反讽性的联系。卡内蒂是默多克青年时代的朋友。小说中还充斥着得不到满足的老女人；她们都愤愤不平，忍受着身份焦虑的折磨，一般都会冷不丁荒唐地、夸张地堕入情网。

默多克最擅长再现堕入情网时的激荡迷乱，而堕入情网是她笔下几乎所有男性和女性人物的典型行为。他们在沉迷于不由自主的爱情关系的同时，不知怎的还有时间维持他们在伦敦繁忙的职业生涯。在早期某部小说中的某处，默多克曾说过一句精明的话：失恋是人类伟大的经历之一，是某种重生，我们可以用刚刚清醒的眼睛看这个世界。虽然在早期的职业生涯中默多克是一位学院派哲学家，但她真正的哲学成就很明显位于她希望它存在的地方，即她的小说中，这些小说表明她是爱神厄洛斯的主修学生，虽未达到弗洛伊德或普鲁斯特的高度，也仍然是一位具有独创性、不断进行挑衅的性爱悲喜剧理论家，研究性爱特有的由嫉妒和自我憎恨构成的地狱。在此黑暗领域中，和她最接近的对等美国作家是索尔·贝娄，而除此之外她和贝娄并不怎么相似。

事实上，她和其他当代小说家都不一样，部分因为她本质上是个宗教寓言家，属于很有创意、非正统的一类宗教寓言家，因此与格雷厄姆·格林、约翰·厄普代克、沃克·珀西或者辛西娅·奥齐克都很不一样，这些

① 埃利亚斯·卡内蒂（Elias Canetti，1905—1994），保加利亚出生的英国作家，1981年获诺贝尔文学奖。

作家各种各样的宗教观念均植根于更为明确的正统传统中。默多克独立思考哲学和神学问题，读者很难理解她在概念上的独创性。当这种独创
446 性被她传统的讲故事方式和她在再现新颖人物方面有好有坏的效果所遮蔽时，尤其如此。在默多克俗套的程式和她的精神洞见之间永远存在一种不协调，这种不协调在《好学徒》中依然存在。

好学徒指的是二十岁的大学生爱德华·白特朗。小说开始时他正偷偷地给他的同学兼最好的朋友马克·威尔斯登喂一个放了毒品的三明治。然后爱德华外出与附近社区的一个姑娘做爱，而马克醒来后从窗户跌落，抑或是从窗户跳了出去，摔死了。爱德华的悲痛和内疚之情弥漫了整部小说。小说描写的就是他在他的生父那里找寻俗世的宽恕。他的生父名叫杰西·巴赫瑞恩，是一个疯癫的活力论者和遁世画家，当年同他的一个模特生了爱德华，之后除了看过童年时代的爱德华一两次外，就再也没见过他。默多克在小说开端处那句具有反讽意味的话是小说鲜明的精神性特征：

> 我会起床，然后去找我父亲，告诉他，父亲我在你的面前犯下了亵渎天国的罪孽，我不再值得被称作你的儿子。

在一部按时间顺序记录爱德华从地狱向炼狱行进的叙事中，我们会期待爱德华遇见至少一个明确代表爱、智慧或至少是权力的人物。但这就低估了默多克真正的精神独创性，而现在这种独创性已经成熟至这样的一个程度，即所有这类人物都遭到了否定。尽管爱德华把自己视作一个死去的灵魂，他却是书中唯一一个合法代表善的人物，不论表面上他有多么青涩。比他年长的人们全都辜负了他，而且他们也被曝是比他死得还要透彻的灵魂。他的疯子父亲杰西·白特朗是个魔术师，却永远处于濒临死亡的状态，直到最后神秘地淹死了。杰西的妻子梅妈妈起初看起来迷人纯真，就像她的女儿贝蒂娜和伊洛娜一样。贝蒂娜和伊洛娜是爱德华同父异母的妹妹。小说的中间部分很长，背景设在杰西的产业西嘉德，这部分开始时被描写成默多克笔下最美的田园风情。然而梅逐渐暴露出她是一个充满心机、心怀怨恨和嫉妒的人，贝蒂娜也好不到哪儿去，而不可言喻的伊洛娜则变成了索霍区的脱衣舞女。小说中代表智慧的人

物、爱德华的姨父托马斯·麦克卡斯科维尔是一个敏锐的苏格兰犹太人心理学家，宣扬R. D. 莱英的“作为精神之旅的疯癫”意识形态理论的一个戏仿版本。但他同时又是一个不知所措的戴了绿帽子的家伙，一面鼓吹死亡的现实原则，一面又对深切触及他的生活几乎一无所知。

既然默多克的异神和有超凡能力者们都是如此名不副实，她自己就勇敢地取代了他们，直接插入对人物的心理和精神痛苦的意见。此处她 447
分析了斯图亚特的冥思立场。斯图亚特是爱德华的异母兄弟和陪衬，他放弃了生命，而选择了一种可能会带来更为丰足的生命的死亡：

> 一个公正的旁观者可能会感到奇怪，既然斯图亚特不仅仅是坐在那里冥思，而且还跪下来，有时甚至还拜倒在地，那他为何会如此激烈地抛弃了对上帝的信仰？斯图亚特从不承认有问题，他再一次本能地解决了表面上的矛盾。冥思是逃避、寂静、净化、补充、返白。祈祷则是挣扎、反思、自检，祈祷更为特别，牵扯到对他人的关注和对姓名的确定。哈里说过斯图亚特想要变成约伯，在上帝面前总是有罪的，是一种高等的施虐受虐狂。用厄秀拉的话说，斯图亚特对上帝的摈弃其实是对那个“老故事”的摈弃，认为那与他的存在格格不入。他的头脑拒绝它，把它吐出来，不是作为一种危险的诱惑，而是作为一种异己组织。他当然想做“好人”；所以他想避免罪孽和懊悔，但这些状态并不能引起他的**兴趣**。他对他的罪孽和失败感觉冷漠，没有产生任何温暖。他从那一区域几乎感受不到威胁，以致在祈祷中他甚至会说（因为他使用了这些词）**主和神**，[1]而没有给这些可怕的声音加上古老的含义。（这些词是拉丁语，而不是英语，这一点也许很重要。）他知道不存在超自然的生物，也并不打算以任何方式将此概念同他的绝对原则联系起来。如果某种东西，“善”或诸如此类的东西，是他的“主人”，那也不是构成任何个人的或相互的关系。因此他的语言的确很怪异，正如当他有时说“原谅我”，或者“帮助我”那样，或者当他向别人，例如爱德华，推荐得助的可能性时那样。斯图亚特理解“爱只来自上帝”这话；他的爱作为一种孤独的信号

① “主和神”，原文为拉丁文“dominus et deus”。

> 飞向宇宙，但也能够奇迹般地返回地球。他相信他为爱德华进行的祈愿，他对爱德华的关心能够帮助爱德华。这一信念并不是关于一些行为的假设，那些行为产生于初衷良好的想法，而后他可以为哥哥去做（尽管并不排除这个方面）；当然他也没有诉诸某种超自然的心灵感应治疗方式。他只是感到很笃定，他的爱越纯洁，它就会在某种“直接”的意义上越有疗效，而该种意义会使时间的噼噼啪啪显得很成问题。

448 默多克的崇拜者们喜欢为这类作者插补的话进行辩护，说它们在19世纪小说中很普遍。乔治·艾略特的特点中再没有什么比这类介入更令人印象深刻的了，这当然是真的，而默多克也的确明显承袭了艾略特坦率的道德传统。不幸的是，在艾略特那里效果卓著的方法，在默多克这里却不那么管用，尽管她拒绝对自己的过时感到不自在，而这种拒绝挺可爱的。上面引用的这段话作为思考活动令人印象深刻，作为虚构却令我们感到纳闷：为何默多克把我们期待她**展示给我们**的部分**告诉了我们**。她具有高超的描写戏剧性行为的才能，但她自己的叙述声音缺乏乔治·艾略特的权威性，因为在需要粗犷简单的地方，她的声音太过端正讲究。她在进行道德分析时的尖锐性一点不比艾略特逊色，但她并不能说服我们她的判断是她为我们制作的故事的一个必要部分。

不过我并不希望贬低她作为宗教作家在概念方面的力量，这是她独特的优异之处，因为她已经教会了自己，故事和悲剧，叙事艺术和探寻精神，是如何能够微妙地融合在一部小说之中的，即便这种融合到目前为止尚未在她的作品中完成。她最初作为存在主义作家创作出《网之下》，现在已经发展成为一种奇妙的矛盾体：柏拉图主义小说家，永远追寻着善，而她在她那些色情狂主人公们滑稽而痛苦的交媾中对这种追寻进行了戏仿。对于这种施虐受虐模式，她着迷般地反复使用的象征是阿波罗和马西亚斯[①]，这在《黑王子》和其他几部小说中都出现了，而在《好学徒》中也得到了重复使用。音乐家马西亚斯曾向阿波罗发出挑战，要进行音乐竞赛，落败后接受惩罚，被剥皮致死。默多克如此解读这个神话故事，使

① 马西亚斯（Marsyas），古希腊神话中的人物，笛艺精湛，曾向阿波罗挑战，落败后被阿波罗处死。

得马西亚斯的痛苦如今就是我们的痛苦，因为我们试图在一个上帝已死的时代里去了解上帝。因此，在《好学徒》中：

> 托马斯想起爱德华那怪异而兴奋的凝视，想起他那神秘的微笑。一个与普通的、“真正”的爱德华的安乐毫无关系的蹩脚货在朝外观看。这样的状态多么暧昧不明啊。当阿波罗充满爱意地跪下，开始剥去马西亚斯的皮肤时，遭受折磨的马西亚斯那出神的脸预示着灵魂的死亡和复活。

这里我们会不寒而栗，但默多克不会，她那关于后基督时代宗教的观念充满了暴力和死亡。苏格拉底说我们应当研究死亡，不论他指的是什么，默多克严厉地指出死亡就是真理，因为它摧毁了每一个意象和每一个故事。她在小说中表达的野蛮的柏拉图主义与她在《火与太阳：柏拉图为何驱逐艺术家》(1977) 中的立场是一致的： 449

> 逃离洞穴并接近善，这是逐渐抛弃相对虚假的善、假设、意象和幻影的过程，那些东西最终会被视作如此。

这些不仅是进行柏拉图主义诠释的腔调，也是默多克最为坚定的信念所具有的腔调，在《火与太阳》的结尾段落中得到了明确表达：

> 柏拉图担心艺术的慰藉作用。他并未提供一种能给人安慰的神学。他的心理现实主义所描绘的上帝把人类置于一种判决面前，该判决就如旧时宙斯所施行的判决一样无情，不过要更为公正。一种精确协调的道德因果关系决定了灵魂的命运。拯救厄洛斯的运动指向一个非人格的、没有画面的虚空，这正是一个完整宗教所具有的自相矛盾处之一。呈现关于上帝的理念，即便是作为神话，也是一种慰藉，因为不可能针对艺术的美化努力来为此意象进行辩护。艺术会进行调和，提供装饰，发展出魔力结构来隐藏上帝的缺席或遥不可及。在我们如今生活的时代，许多这类结构都已经坍塌了，而且既然西方的宗教和形而上学不再拥抱艺术，我们看来因为缺乏任何能

> 够满足头脑的意象而被迫成为神秘主义者。诡辩术和魔术会不时崩溃，但它们从未离开，它们与艺术的勾结从未终止，它们所能提供的慰藉也从未终止，也许这对人类而言是幸运的；而艺术，例如写作和厄洛斯，无论如何都将继续存在。

这种尖锐的柏拉图主义观点同西蒙娜·韦伊[1]的很相似，韦伊曾对早年的默多克产生过重大影响。不论我们如何看待韦伊和默多克的精神立场(我个人认为她们的立场令人厌恶)，这种立场似乎同艺术的关注点相对立，但同时又对默多克作为一个既利用魔法，又无休止地进行否认的小说家的发展形成了强有力的刺激。

在我看来，《好学徒》是在默多克以前所有小说的基础上的一个进步，甚至超过了《黑王子》，因为柏拉图主义那可怕的道德立场最终容许她通过自我净化的爱德华刻画出一个完全具有同情心的主人公。爱德华逐渐走出内在地狱，这个过程没有虚假慰藉或者幻觉意象盘桓其中。在某种意义上，爱德华的成就和忍受的折磨在其精神上完全都是弗洛伊德式的，类似后期写作从《超越唯乐原则》到《文明及其不满》时的弗洛伊
450 德。弗洛伊德身上最后残留的柏拉图主义的痕迹，也是他唯一的超验主义观点，就是他对现实测试或现实原则的崇拜，这是他对世界的外在客观性所施加的条件进行命名的方式，而世界的最终形式是死亡。默多克唯一连贯的超验理论同弗洛伊德的理论令人难以接受地类似，因为她的小说坚持认为在我们这个后宗教时代里，宗教意识必须以这样的信念为起点，即只有死亡居于生命的中心，而对优于我们所有人每天都在忍受的那种活死人状态的生命来说，死亡是唯一的有效再现。

这就是默多克加在《好学徒》上的结构，虽然僵硬，却令人印象深刻。《好学徒》的第一部分叫作“浪荡子”，描写了爱德华向个人地狱的堕落，而第二部分叫作“西嘉德”，记叙了他寻找他那神秘的魔术师父亲的涤罪之旅。默多克把第三亦即最后一部分叫作“死后生活”，暗示仍然处于痛苦中的爱德华已开始向他个人炼狱的上层部分提升。

正如她几乎全部二十二部长篇小说一样，默多克的《好学徒》拥有

① 西蒙娜·韦伊(Simone Weil，1909—1943)，法国犹太哲学家，基督教神秘主义者和政治活动家。

给读者带来卓越娱乐性的表层，是关于高文化水平之人的社会喜剧，也是为他们创作的社会喜剧。在此表层之下，一种严厉的后基督教柏拉图主义已经发展成一种否定神学，这种神学实际上只为道德生活中的绝对自由思想或绝对清教主义提供了诺斯替教式的替代品。美学难题在于，喜剧故事和柏拉图主义内核是否能通过默多克作为作家意志的古旧立场结合在一起。然而在我看来，没有别的当代英国小说家能够达到默多克的高度。她把智识冲动和讲故事的热情令人敬畏地结合在一起，这或许永远无法产生一部伟大的小说，但她现在已经获得了三十多年前她曾给予
让·保罗·萨特的那种赞扬。她也具有这个时代的风格。451

威廉·加迪斯
(1922—1998)

《认可》

我对威廉·加迪斯的记忆可以追溯到20世纪90年代后期美国艺术与文学学会召开的一次会议。在那之前大概一年，我们经人介绍碰过面；在这次会上，他走近我，向我表达感激之情，因为我把《认可》纳入了1994年出版的一份正典目录。我不了解他，但能感觉到他的态度庄重谦恭，不像是挖苦讽刺，我结结巴巴地回答说，1955年这部小说面世的时候，我便很欣赏它，如今已经重读好几遍了，每次重读都满怀感激。加迪斯彬彬有礼地点点头，走开了。那天夜里回到纽黑文，我非常怪异地在手提箱里发现了一本企鹅版平装本《认可》，那不是我放进去的。

在我看来，这件怪事（而且我仍然不知道那本书如何进入了我的手提箱）反映出《认可》一书的离奇之处：在这本小说里，无法解释的一切以一种近似狄更斯式的笔法神奇地渗透于字里行间。乔纳森·拉班很有见地，指出加迪斯虽说是所谓的美国第一位后现代主义小说家，其实在情感上是维多利亚时代的人，很可能会讨安东尼·特罗洛普的喜欢。我希望我能像拉班一样欣赏《诉讼游戏》，或像我的好友、小说家沃尔特·阿比什[①]那样看重《小大亨》，但是唉，我做不到。《木匠的哥特式房子》也是一直与我无缘，但是从布罗克登·布朗[②]到霍桑再到福克纳、弗兰纳里·奥康纳和科马克·麦卡锡，在这个传统中，《木匠的哥特式房子》占有合理的一席之地。

《认可》是一部非常丰富的作品，加迪斯完全可以放下手中的笔，靠

① 沃尔特·阿比什（Walter Abish，1931—2022），美国犹太作家，出生于奥地利。

② 布罗克登·布朗（Brockden Brown，1771—1810），美国小说家、历史学家，被视为詹姆斯·费尼莫尔·库柏（James Fenimore Cooper，1789—1851）之前最重要的美国小说家。

它享誉文坛。《认可》有一个正统的文学渊源，可追溯至公元3世纪的《革利免认亲记》(*Clementine Recognitions*)，后者是一部早期的基督教浪漫传奇。一些人认为大术士西蒙是诺斯替教的创始人，他其实是这个古怪 452
故事中的反面人物；这位撒玛利亚的西蒙，人称大术士，是浮士德的第一个显形，最受青睐的一个。加迪斯还用到了圣奥古斯丁和圣十字若望的故事，但在精神实质上更贴近梅尔维尔的《白鲸》和歌德的《浮士德》，与T. S. 艾略特的亲缘关系非常明显，《认可》从头至尾回响着艾略特的《阿尔弗雷德·普罗弗洛克的情歌》、《荒原》与《四个四重奏》。《认可》还以一种令人不安的方式戏仿乔伊斯的《尤利西斯》，但加迪斯坚称自己没有读过这本书。

从托马斯·品钦到乔纳森·弗兰岑的《纠正》，《认可》对小说家们的影响不言自明，且并非都是有利的影响，但加迪斯这部离奇古怪的处女作跨越了美国小说长期陷入的泥潭，将福克纳的创作巅峰期与菲利普·罗斯、唐·德里罗和科马克·麦卡锡的完全成熟联结起来，直到品钦以《梅森和迪克逊》胜利宣告美国小说的复苏。纳撒尼尔·韦斯特死于车祸，无疑是过早地移除了一位想象力超群的英才，但也为加迪斯清理出一片幻象空间，《认可》出版时，加迪斯三十三岁，耶稣成为基督的年纪[1]。

加迪斯的杰作与乔伊斯的《尤利西斯》一样，与其说是虚构叙事，不如说是意识史诗。但是谁的意识呢？哈姆莱特拥有自己的意识，不同于我们推断出来的莎士比亚的意识，不过我们并不相信怀亚特·格乌恩有一个完全属于自己的头脑。作家威利（参见《认可》第272—273页及第478页）是加迪斯这部小说中无穷无尽的意识，也是其追寻超验的隐性主人公。

我们最后一次见到怀亚特是在《认可》第900页，距离小说结尾还有56页：

> 窗户一直开着，他走进屋，关上了身后的门，那只鸟正停在一幅镶框画上。
>
> 但是在看到它之前，他已经停下脚步，说出了他的意识："什么

① the Christological age，历史上对耶稣的生卒年没有准确的记载，但基督教会一般认为耶稣三十岁开始布道，三十三岁被钉在十字架上受死，第三天复活，被尊为基督。

> 意思?”那只鸟已经拍着翅膀飞到了另一幅画上,他急忙跑去轰它去屋子的前部,轰它从窗户飞出去,鸟却更加慌张地从一幅画飞去另一幅画,在屋子里来回飞,而他也从镜子跟前来回经过,也许可以瞥见镜子里一张男人的脸,这个男人正在或即将或至少勇敢地试图击退一次宗教体验。

这次宗教体验便是鸽子的降临,便是圣灵降临节,便是作为抚慰者的
基督的降临,字里行间透着轻微的反讽。这里加迪斯影响到品钦《拍卖
453 第四十九批》结尾的歧义波动,还有唐·德里罗对可能达成的超验更为
明显的暗示,从《白噪音》到《地下世界》,这种暗示在德里罗的重要作品
中最为突出。加迪斯、品钦和德里罗,对于持续发展的美国小说而言,这
454 个作家序列构成了一个通向光荣的好坏参半的开端。

若泽·萨拉马戈
(1922—2010)

重读萨拉马戈的作品，我总觉得自己像尤利西斯，试图抓牢普洛透斯这位千变万化的海神；他总是不断地从我手中滑走。从《修道院纪事》到《洞穴》，变化是萨拉马戈的常态，这种变化不仅体现在不同的小说之间，也体现在同一部作品内部。对于他的任何作品，我都难以定义其体裁，唯一的例外是他的代表作（以我之见）《耶稣基督福音》。我觉得这部作品必须被称为福音，不过它带来的消息实在是十分糟糕：耶稣基督被圣父上帝背叛；撒旦是一个温和的旁观者、一个出色的牧羊人，因此被唤作帕斯托尔[①]；上帝自我放纵到了牺牲耶稣的地步，只是为了将崇拜者从少数犹太精英扩充到庞大的基督教徒群体。这个上帝牺牲的不只有耶稣，还有后来的大批殉道者，他们被精心设计的众多装置或折磨致死，或处以死刑，这个上帝从中获得了显而易见的虐待狂似的享受。

不过我已经在其他地方探讨过萨拉马戈的《耶稣基督福音》，之后会稍作回顾。这里，我想从他那离谱但可读性强的作品《修道院纪事》(1987) 说起，但是要说萨拉马戈的某部叙事作品比他的其他作品更加离谱，可读性更强，这样的论断倒是值得商榷。

T. S. 艾略特喜欢说自己是英国国教高教会派教徒、君主主义者和古典主义者。他其实可以加上反犹主义者。我总是在想，要是英国当年被纳粹成功入侵并占领，他会有何反应？我知道萨拉马戈根本不需要描述自己：毫无疑问，他既不是天主教徒，也不是君主主义者，他太过多样化，又具有创造性，因此诸如古典主义者之类的立场根本无法涵括他的一切。萨拉马戈和豪尔赫·路易斯·博尔赫斯一样，是一个自由的人，他的作品一般都会描绘可怕的自由替代物，通过这种方式对自由加以赞美。《修道院纪事》是萨拉马戈的历史浪漫传奇，它的背景是18世纪早期令人恐惧 455

① 帕斯托尔，对应的英文是Pastor，意为“牧师”。

的葡萄牙，当时启蒙运动尚未传播到这个国家。大众娱乐活动仍然都是信仰行为，任何异教徒、犹太人或其他人，一旦冒犯教会或国王，都要被活活烧死，以此来启迪真正的信徒。

整部作品充斥着这样的火刑，但最恐怖的莫过于结尾处，巴尔塔萨尔被火焰吞没。他有着令人崇敬的灵魂，他的心上人、女预言家布里蒙达也是如此。对于他们我暂时不做评论，之后我将把他们两人的爱情悲剧同萨拉马戈作品中其他华彩夺目的情爱相对比。这部狂乱不安的作品中，另一个幻象中心是富有创造性的异教神父巴尔托洛梅乌·洛伦索，他是一个真实存在的人物，1708年从巴西来到葡萄牙。他被对手称作"飞人"，发明了一架像鸟儿一样的飞行器，叫作"帕萨罗拉"，在萨拉马戈的故事中具有至关重要的意义。我认为是萨拉马戈创造了这个精彩的构思：当独臂退役士兵巴尔塔萨尔在建造由神父洛伦索设计的"帕萨罗拉"时，多门尼科·斯卡尔拉蒂为他唱着小夜曲。

这是纯粹的萨拉马戈风格：这只飞鸟的燃料竟然由布里蒙达提供，她拥有可以将人类意志装进瓶子的特异功能。这完全在意料之中；我们置身于一部浪漫传奇，里面有海鸥正"急切地想知道上帝是不是老了许多"。然而，它是一部穿越到情色现实主义的浪漫传奇：

> 人们都说，王国治理不善，缺少公正司法；看不到司法，眼蒙黑布，一手执天平，一手拿利剑，理应如此，这正是我们所希望的；我们应当成为蒙眼布的织造者，成为标准砝码的制造者，成为铸剑人，经常补上蒙眼布上出现的洞，补充砝码所缺分量，把剑刃磨锋利；要问一问被审理过的人，不论胜诉还是败诉，问一问他对审判是否满意。这里不谈宗教裁判所的审判，因为宗教裁判所睁着眼睛，手中拿的不是天平而是橄榄枝，不是利剑而是又钝又满是缺口的剑。有人认为小小的树枝象征和平，但非常明显，它是未来的木柴堆上第一个引火之物，要么捅死你，要么烧死你，所以，在违反法律的事例中，最多的是因怀疑女人不忠而用匕首杀死，而对冤屈的死者却不伸张正义，问题在于有保护人原谅谋杀，把一千克鲁札多放在司法之神的天平上，司法之神手中的天平只为此事，别无他用。惩罚那些黑人和乡下人吧，这样才不致丧失杀一儆百的作用，但是保护好人和有钱人的名声

> 吧，无须要求他们偿还所欠债务，无须要求他们放弃复仇，无须要求他们不记仇恨；一旦诉诸法庭，又不能完全置之不理，于是随之而来的便是狡辩，欺骗，提出上诉，引申陈规旧律，说话吞吞吐吐，模棱两可，以便让依照公正的司法本应早胜诉者晚些胜诉，让本应立即败诉者晚些败诉。因为他们不断从牛的乳头上挤出牛奶，这牛奶就是钱，就是法官、代诉人、律师和审讯者和证人们精美的奶酪和美食，如果这名单中少了某种人，那是因为安东尼奥·维埃拉神父忘记了，至今没有想起来。[①]

萨拉马戈的斯威夫特式反讽在他后期的作品中变得更加微妙，但是这里所体现的辛辣尖刻，比如宗教裁判所那句精彩又务实的格言“要么捅死你，要么烧死你”，让读者叹服。我们不完全是在小布什执政期间的美国或当代的葡萄牙，但其隐含之意却在那儿。当这对情侣和洛伦索神父一起乘着“帕萨罗拉”起飞时，一个伟大的时刻到来了。他们降落时，萨拉马戈的文字让读者想到了卡莫斯，一位独眼英雄、民族斗士、史诗诗人：

> 谁知道有什么危险在等待着他们呢，将在海上出现的是风怪亚达马斯托尔呢还是圣艾尔摩之火呢，远方望见的是不是把空气吸尽，把他们变成咸鱼的水龙卷呢。这时候布里蒙达问道，我们去什么地方呢；神父说，到宗教裁判所的胳膊伸不到的地方，如果有这样的地方的话。

他们落到了山里，然后洛伦索便消失了。巴尔塔萨尔和布里蒙达设法去了巴尔塔萨尔父母家里，在那里，斯卡尔拉蒂最终会来告诉他们，巴尔托洛梅乌神父被宗教裁判所追捕，逃去了西班牙，死在了托莱多。可怜的巴尔塔萨尔被征召进了建造弗兰西斯科大修道院的工人队伍。他重获自由以后，找到了“帕萨罗拉”，用它来飞行。而此时，可怜的布里蒙达遭到一个守着虔诚本分的修士强奸，用巴尔塔萨尔经常戴着的那支可拆卸假手杀死了他。布里蒙达寻找着她的巴尔塔萨尔，长达九年，最终却发现他已经起火燃烧，这起光荣的信仰行为和往常一样，牵涉了一群犹太人、剧作

① 本书中*Baltasar and Blimunda*的译文均出自若泽·萨拉马戈著，范维信译：《修道院纪事》，海口，三环出版社，1999年，部分译文有改动。

家和诸如此类的乌合之众。

然后布里蒙达说：来吧。巴尔塔萨尔·马特乌斯的意志从他的身体
457 里挣脱出来，却没有升至星空，因为他属于大地，属于布里蒙达。虽然从审美角度讲，这是一个精彩绝伦的结局，但还是留给我们丝丝哀伤。接下来会发生什么呢？或许布里蒙达会找到“帕萨罗拉”，借用巴尔塔萨尔的意志做最后的一次飞行，但是如果她会降落的话，不管落在何处，都只能独自享受这忧郁的自由。18世纪早期的葡萄牙向我们展现了如下面貌。整个国家是地狱，由凶残又愚蠢的皇室统治，同时还被与宗教裁判所一般无二的教会无尽地折磨。是什么将其从地狱中拯救？只有四个人可以做到：有犹太血统的女巫，布里蒙达；英勇的塞万提斯式独臂战士，巴尔塔萨尔；“帕萨罗拉”的创造者，洛伦索神父，他皈依了犹太教的独一上帝，然后离去，死在西班牙；以及幸存者，多门尼科·斯卡尔拉蒂，他将继续演奏那天籁般的旋律，它们足以救赎这样一个世界。萨拉马戈如同先知一般，将葡萄牙、天主教会以及君主王室一同发配到了历史的地狱。“帕萨罗拉”代表的是虚幻的自由，它拯救不了任何人，它的伟大的创造者自我流放，死在了托莱多。我们的恋人从来不曾完全失去彼此，拯救这部作品的是萨拉马戈对他们真实的爱，这份爱超越了他所有的反讽。接下来我要谈一谈《里卡尔多·雷斯辞世之年》(1984) 绝妙的非现实性。我们又来到了地狱里，即1935年12月的葡萄牙，当时萨拉查执政，西班牙即将被法西斯篡权。信仰行为将由机关枪和来复枪执行，相比之下，上帝更喜欢烧焦的肉体散发的气味。故事的主人公是和蔼可亲的诗人里卡尔多·雷斯，他是异名的佩索阿[1]：一个从巴西重返里斯本的温和的贺拉斯式享乐主义者。他在旅馆登记入住，然后走到外面读了一份报纸，上面报道了费尔南多·佩索阿之死，出于尊敬，他去祭拜了他的创造者的坟墓。我们已然联想到了埃萨[2]和博尔赫斯：我们所处的现实是寓言家和诗人的现实。

里卡尔多·雷斯的情色追寻是双重的：一重是追求理想化的伴侣、左手瘫痪的玛尔森达；另一重是求欢肉体情人、旅馆服务员莉迪亚。但

① 费尔南多·佩索阿 (Fernando Pessoa, 1888—1935)，葡萄牙诗人、商业翻译。除了自己的真实姓名，佩索阿常常使用三个不同的笔名，里卡尔多·雷斯是其中之一。

② 埃萨·德·盖罗斯 (Eca de Queiros, 1845—1900)，葡萄牙现实主义作家。

是他用餐后首先回到旅馆房间，发现佩索阿的鬼魂等待着他，他们像老朋友一样聊着天。此后他们保持联系，因为鬼魂享有八个月的自由。与此同时，莉迪亚爬上了里卡尔多·雷斯的床榻。

尽管故事背景一直是萨拉查执政时期的葡萄牙，实际上我们处于一个令人愉悦的国度：文学的国度，情色的国度，怀旧的国度。这里我插一句，我从未发现其他任何小说营造的氛围与《里卡尔多·雷斯辞世之年》的氛围有相似之处。这是一种全新的唯美主义：大诗人佩索阿的世界和法西斯独裁者萨拉查的世界既有幻象的色彩，又有现实的成分；然而这部小说还给我们提供了一个独创的文学之谜：里卡尔多·雷斯在费尔南多·佩索阿辞世后还能活多久呢？在长达350页里，我们体验了一个异 458
名佩索阿的生活和爱情。对佩索阿来讲，这是多么巨大的成功，对萨拉马戈亦是如此。调谐优美的小说结尾生发出前所未有的音调：

> 他们离开房间的时候，费尔南多·佩索阿告诉他，你忘戴帽子了。你比我更清楚，我们要去的地方不用戴帽子。他们走在公园对面的人行道上，望着惨白的灯光映在水面上，一闪一闪的，还有山脉阴森森的阴影。那我们走吧，费尔南多·佩索阿说。里卡尔多·雷斯回答，走吧。风怪亚达马斯托尔没有回头看，或许他怕如果回头看了，他会最终发出一声冲天的嚎叫。在这里，海天交接的地方。

巴尔塔萨尔的意志属于布里蒙达和这片陆地，这片陆地等待着两位诗人：佩索阿和雷斯。在萨拉马戈的作品中，这片陆地总是在等待着我们；在他的奇幻巨制《石筏》(1986) 的结尾处，他温柔地安慰我们："榆树枝依然绿意盎然。也许明年它又会繁花盛开。"这部作品的题词援引了与萨拉马戈同一流派的古巴著名寓言作家阿莱霍·卡彭铁尔的话："种种未来，都似寓言。"就卡彭铁尔的作品而言的确如此，但是在萨拉马戈的笔下，这些事物却有不同的安排。不管怎样，一切祸端缘起这棵榆树枝，是它将伊利比亚变成了一个石筏，当时乔安娜·卡尔达不知道它是一根魔杖，拿它刮擦地面，造成了这种后果。萨拉马戈的天赋迅速发挥出来，达到了它命中注定的目标，即惊扰我们，让我们更加充分地认识到何为阅读、何为写作。

如果我来总结这个带着崇高色彩的古怪故事，我会疯掉的，所有人都会如此。小说本身便相当简明扼要，西班牙和葡萄牙所在的板块已经脱离了欧洲，滑向了大西洋。萨拉马戈因此有着沉重的美学负担；如果你的故事**以此**为开端，又怎么能自圆其说呢？我要收回这句话，狡黠的萨拉马戈根本没有美学负担。我们从来不曾远离离谱的故事开端。大概在小说进行到一半的时候，即127页，乔安娜·卡尔达解释了灾难为什么会发生，是怎么发生的。她需要用一种象征行为来表明她正要和丈夫分开：

> 他们站在空地的边缘，乔安娜·卡尔达又让那些男人多留了一会儿，这是她最后的话，我从地上捡起棍子，这根木头似乎又恢复了生机，仿佛变成了它被砍离的那一整棵大树，或许这只是我现在的感觉，因为它回到了我身边，就在此时，我做出了一个更像孩子而不大像成年人的举动，我在地上画了一条线，将我和科英布拉以及和我一起生活的那个男人永远分开，正如你在这儿所见，这条线将整个世界
> 459 分成了两半。
>
> 他们走到空地的中间，慢慢靠近，那条线依然清晰可见，仿佛刚画上一样，线的两边堆着泥土，尽管阳光很暖，底层的泥土依旧湿润。他们保持沉默，男人们不知道该说什么好，乔安娜·卡尔达也没什么要说的了，这个时刻该做一个大胆的举动，嘲弄她的精彩故事。她一只脚在地上拖来拖去，像是在用水准仪平整土壤，她踩在土上，然后向下压，好像在执行某种亵渎神圣的仪式。接下来的一刻，所有的旁观者都惊奇地注视着，那条线又出现了，看上去与之前没有变化，每一粒土壤，每一颗砂砾都恢复了原来的形状，回到了原来的位置，那条线又回来了。被抹掉部分和其余地方之间，这边和那边之间，几乎没有什么肉眼可见的区别。乔安娜·卡尔达心烦意乱，尖声喊道，我已经清除了整条线，我用水盖住了它，可是它还是不断地重现，如果你们愿意不妨自己试试，我甚至在最上面压上了石头，但是当我把石头拿开，那条线依然在那里，如果你们还不相信，为什么不自己试试呢。

一切无济于事；她说得对。那么接下来该做些什么呢？萨拉马戈，这个恶魔，他取笑的重点不是欧洲，抑或北约或欧盟，而是各种关于地理

政治、地质学以及所有被当作现实的相关幻想的基本观念。到了第139页，他陷入了一种歇斯底里的狂喜：

> 我们开战吧，我们最终都将归于一个国家，这就是欧洲精神的精华，一个单一的完美的升华物，欧洲，也就是，瑞士。

玩笑一旦开启便无法停止。当“我们也是伊比利亚人”这句口号席卷整个欧洲时，已故的约翰·肯尼迪因他的一句“我是柏林人”，得到了无穷无尽的报答。随后发生了无政府主义者的暴行，上千万的年轻人再现了20世纪60年代末期的大觉醒运动，他们砸毁了电视台，砸烂了商店门面，把欧洲变成了西雅图：

> 这个被橡皮子弹击中的帅气年轻人说的临终遗言，始终是传记和回忆录类图书目录的一部分……终于，我是伊比利亚人，说完这句话他就停止了呼吸……

除了乔安娜·卡尔达，我还没有提及之前的其他三位主人公，我其实也不想说，因为他们不过是几个男人而已，重要性似乎还不如那条一直跟在后面的好奇的狗。又或者说，他们一直跟在狗后面，因为只有那条狗好像知道他们要去哪里。乔安娜·卡尔达选择了他们中的一个，若泽·阿奈索。另一个，若阿金·萨萨，将被玛丽·格瓦拉选择，那条狗带着他们 460
去了她的房子。剩下的那个就是佩德罗·奥尔塞，他与那条有时候被唤作皮洛特[1]的聪慧的狗关系最近。如今每个人都有了自己的家，半岛的困境依然存在：葡萄牙正在冲向亚述尔群岛。我们看到，萨拉马戈在一个充满焦虑和流离失所的时代，创造了一个绿洲，在那里，两个女人、三个男人、一条狗，现在多了一匹马，他们和谐地生活在一起。幸运的是，伊比利亚改变了航向，灾难没有发生，这个小团体（那条狗现在叫康斯坦特[2]）等待着看他们能否继续猛冲，与加拿大或美国连接起来。

令人难过的是，虽然葡萄牙和西班牙飘向了北美，这个小团体却一度

① 英文Pilot有“领航员”的意思。

② 英文Constant有“常量、恒量”和“持久不变的”等意思。

产生了矛盾。但是半岛开始移开，旋转，佩德罗·奥尔塞死了，大家都在哭泣，连狗也在哭泣。他们埋葬了奥尔塞，那条叫阿尔登特①的狗离开了，半岛停止了移动，两对夫妇将带着榆树枝继续游走。

这个粗犷的叙事并不想被诠释，我们也不应失了分寸，但是我将在它的四周盘旋，恰如维尔纳·赫佐格②的电影《阿基尔，上帝的愤怒》（我最喜欢的电影，克劳斯·金斯基饰演阿基尔）始终让我们的双眼围绕着木筏转动。我们不明白乔安娜竟然会选择若泽·阿奈索，他唯一突出的品质便是能够激活椋鸟；还有玛丽为什么要选择萨萨，他就是一个往海洋里扔石头的人，这很难赋予他个性化特征。佩德罗·奥尔塞拥有海明威式撼动大地的能力，但他凭此得到的只是一条狗。这个群体的流亡占了一本书的篇幅，却经不起诠释，或者说，它自我诠释成了一个加长的反讽。不过至少这些男人和女人不会变成虚情假意的葡萄牙总理，一面唠唠叨叨地劝诫高贵的葡萄牙人保持坚定，一面偷偷摸摸地邀请加利西亚来葡萄牙。在《修道院纪事》和《里卡尔多·雷斯辞世之年》中，教会被摧毁了，在《石筏》中，教会基本上被忽略了，估计是因为萨拉马戈要保存针对基督教上帝的火力，用于《耶稣基督福音》（1991）。

正如我之前所说，《耶稣基督福音》在我看来是萨拉马戈的巅峰之作，我在其他地方用较长的篇幅探讨过这部作品，这里我只想表达一下对耶稣基督与抹大拉的马利亚之间云雨之事的欣赏，他们是萨拉马戈所有浪漫主义盛期情侣配对中最令人感伤且最具说服力的一对。他们的交媾洋溢着真实的激情；将其与劳伦斯《死去的人》中类似的情节进行对比阅读，萨拉马戈有过之而无不及。

我已经越过了个人最喜爱的萨拉马戈作品《里斯本围城史》（1989），因为我想在这宏大的展示中沉浸一会儿，展示的是爱默生以辩论的方式
461 令我们确信的一个论点：历史根本不存在，只存在传记。萨拉马戈用更加激烈的方式告诉我们，没有历史，只有小说。但是这个观点不会困扰爱默生，因为对他而言，小说不过是传记的另一张面具。我再引述一下神一般的奥斯卡·王尔德的论点：最高级的评论是唯一一种避开了粗俗描述

---

① 英文Ardent有“热情的，炽热的”等意思。

② 维尔纳·赫佐格（Werner Herzog，1942— ），德国导演。1972年执导著名作品《阿基尔，上帝的愤怒》（*Aguirre the Wrath of God*，又译《天谴》），成为国际影坛最受瞩目的德国青年导演。

的自传。我把爱默生、萨拉马戈和王尔德融合在一起，愉快地评述《里斯本围城史》。

1147年，葡萄牙国王在十字军（由教会征召加入战斗的欧洲骑士）的大力协助下，从摩尔人手中夺回了里斯本。校对员雷蒙多·席尔瓦对这段历史进行了大胆的修改，使得结果变成了葡萄牙国王重新夺回了首都而已。虽然我认为《耶稣基督福音》是迄今为止萨拉马戈的代表作，但我最喜欢的是《里斯本围城史》，因为这本书最轻松愉悦。《石筏》充斥着对欧洲种种虚伪现象的反讽，《里卡尔多·雷斯辞世之年》则是一个关于伊比利亚法西斯主义获胜的寓言。《修道院纪事》则充满了对教会和葡萄牙王国的蔑视，虽然合乎该书风格，却也扼杀了丰富与活力。他之后的作品——《失明症漫记》《所有的名字》——都是暗黑作品，尽管每部作品的暗黑程度完全不同。在我眼里，《里斯本围城史》才是萨拉马戈的心声，因为在这部作品里，萨拉马戈毫无顾忌地书写自己的快乐。不过，作为一个快要七十一岁的人，我情愿感性一些。雷蒙多·席尔瓦和玛丽娅·萨拉的爱情故事是甜蜜的，而不是苦乐参半的。它是全心全意的，比起抹大拉的马利亚和受难的上帝之子耶稣基督之间崇高的拥抱，它更温柔，更加让人留恋不舍。雷蒙多·席尔瓦和玛丽娅·萨拉都饱经沧桑，他们之间相互的爱恋对读者来说充满魔力，无论读者是谁。

但是我要转而评述萨拉马戈的另一部作品《葡萄牙之旅》(1990)，我在此番思考的中途得到了这本书；我认为萨拉马戈是我们这个星球最强有力的在世小说家，超过了任何用英语、西班牙语或葡萄牙语创作的当代欧洲或美国作家，对于这样一位小说家，这本书给了我一些更加私人化的洞见。《葡萄牙之旅》追溯的是葡萄牙的文化和历史，但是只有葡萄牙文化中德高望重的在世者才有资格去追寻。书中的旅行者就像威廉·布莱克笔下的精神旅行者，发表着幻象家的言论。一位长期生活在葡萄牙的美国评论家抨击萨拉马戈的《葡萄牙之旅》，说这部作品不够实用；但是要写一部旅游指南的话，不需要一位伟大的想象家。和布莱克一样，萨拉马戈不是用眼睛看，而是**透过**眼睛看清了世界。书中的旅行者让我们看到了葡萄牙的精神面貌：文化、历史与只能用内心去感受的精神与情感的复合体。阅读《葡萄牙之旅》的过程中，有时候我会感受到一种微妙而复杂的预兆，觉得它处处预示出1995年出版的暗黑作品，令人不安的奇幻小说《失明症漫记》。只有如此丰富全面、如此深挖细究的一位先知，才会在几年之后写出这样一部奇幻作品。看得如此之多，如此之透，似乎
462 是预料到了种种恐怖事件，还有与失去相伴的尊严。

尊严这个概念把我带回了玛丽娅·萨拉和雷蒙多的爱情故事，以及充满仁爱的喜剧《里斯本围城史》。这是萨拉马戈最吸引人的一本书；连作家自己都被雷蒙多与玛丽娅·萨拉的爱情打动，为此差点放弃了社会讽刺，尽管他的反讽天赋无休止地自行展现。每当我向朋友和学生介绍萨拉马戈时，我都建议他们从《里斯本围城史》读起，我相信每个善意的情感丰富的读者都会喜欢这部作品。

《耶稣基督福音》(1991) 将基调换成了宇宙哲学意义上的悲剧。萨拉马戈笔下的耶稣，他的上帝，他的魔鬼：对他们的解读是开放的，其中包括萨拉马戈自己的解读，对于后者我并不总是赞同。我自己是一个犹太诺斯替教徒，萨拉马戈《耶稣基督福音》中的刽子手上帝让我感到欣喜，但是我觉得萨拉马戈可能认同他笔下的基督与天父的友善告别："世人啊，宽恕他吧，因为他不知道自己做了什么。"如果这不是反讽，还能是什么啊？

在我看来，《耶稣基督福音》和萨拉马戈的其他小说有所不同，部分原因在于它在美学上的卓尔不群，还有一个原因是我无法在其中定位萨拉马戈。作为叙述者，萨拉马戈从来都是自己最好的人物：既在作品中又在作品外，对于自己的作品他一直在观察，一直在惊奇。然而他在《耶稣基督福音》中如何站位却是个有争议的问题。答案也许是"他同自己的耶稣基督站在一条线上"，但这个答案只是进一步延伸了这个问题。《耶稣基督福音》中的上帝理应遭到背弃：他是萨拉马戈所有作品中最让人讨厌的人物。但是在这一点上，我或许和萨拉马戈立场不同，我更希望感兴趣的读者读一读我写的关于《耶稣基督福音》的长篇论文。

《失明症漫记》(1995) 让我们重新想起了萨拉马戈作为一位寓言家，同时又是一位想象力丰富的道德主义者的离奇能力。当代小说中没有什么可以像《失明症漫记》一样，如此清晰地揭露出社会现实的偶然性实质。萨拉马戈最透彻的洞见在于：我们的世俗存在极度脆弱，其根基是随时可以被抽离的假设事实。如果将《失明症漫记》和加缪的《鼠疫》作比较，我发现我更喜欢萨拉马戈。不论萨拉马戈是否有意为之，《失明症

漫记》中的寓言是开放性的，这一点允许读者合理怀疑这部作品是否又是一种寓言，讽喻法西斯主义回归的永恒可能性，或法西斯主义的首次降临。与《耶稣基督福音》一样，这部朴素严苛的杰作太复杂，难以进行简单的概括，我想换个地方对其进行详细评论。

萨拉马戈的葡萄牙语对我来讲还是太难了，因此我热切地期待着他的《洞穴》英文版。这里我以一个简短的尾声作结，这个尾声与《所有的名字》(1997) 有关，这是萨拉马戈最接近卡夫卡的作品，尽管与卡夫卡的“许多希望，上帝的希望，但不是给我们的”相比，相距几个光年。职员中最像职员的若泽先生，找寻一个不知名的女人，但她，天哪，已经死了。这就是故事的全部。但这又远远不是故事的全部，因为既然你只能爱你永 463
远都不能完全了解的人，若泽先生便不能放弃他的追寻。或许这个范式不是卡夫卡式的，而是罗伯特·路易斯·史蒂文森和梅尔维尔的奇妙结合，但是萨拉马戈的幻象中有博尔赫斯的元素，这些文学前辈在萨拉马戈的作品里融为一体，迸发出灵感的火花。

在我看来，与其说若泽先生为其打工的那个登记员是上帝，不如说是萨拉马戈自己，他如此教导文人墨客:“我们这些书写并操纵生死记录的人应该将生者与死者重新聚集在同一档案中。”作为一个文学评论家，我从萨拉马戈的智慧中获得了勇气。毕竟，如果我不是老派美学信仰最后的守护人之一，笃信天才作家与敏锐读者之间的盟约，我还能是谁呢？

《耶稣基督福音》

若泽·萨拉马戈的《耶稣基督福音》出版于1991年，当时他年近七十岁。作为狂热欣赏萨拉马戈的评论家，我不大情愿绕过他的其他小说而选择这部作品，不过它的确非常精彩，在想象力上超越了其他任何有关耶稣生活的作品，包括四部正典《福音》。乔瓦尼·庞提耶若[1]翻译的上佳版本淡化了反讽的某些方面，但是保留下来的部分足以征服有洞察力的读者。

萨拉马戈在《福音》(在后文中我将使用该简称) 中敢于打破常规，取

① 乔瓦尼·庞提耶若 (Giovanni Pontiero, 1932—1996)，英国学者、翻译家。

得了成功。萨拉马戈《福音》中的上帝与旧约耶典中的耶和华有些类似，与布莱克笔下的诺伯达蒂①也有些类似，但是重要的是，我们要明白萨拉马戈拒绝给我们塑造一个诺斯替教的伊达波思②。克尔凯郭尔在《非科学的结语》中嘲讽地写道，“把思考置于至高无上的地位，便是诺斯替主义”(341)。不过，萨拉马戈笔下的上帝让我们感到震惊的方式超出了我们的智识范围，因为一个既是真理又是时间的上帝是最糟糕的坏消息。萨拉马戈笔下的魔鬼有一个有趣的名字帕斯托尔；上帝拒绝帕斯托尔的和解请求，对耶稣和其他任何人既没有表现出爱也没有表现出同情；与上帝相比，帕斯托尔便是温和的代名词。

这必定使这部作品看似离谱到了令人反感的地步，但其实并非如此，我认为只有宗教偏执狂和愚人才会断定萨拉马戈的《福音》是对神的亵渎。萨拉马戈笔下的上帝既狡猾又无趣，擅长原始野蛮的幽默。没有人会爱这样的神，而他也并不要求和期待别人的爱。他所要求的只有崇拜和服从，宗教暴力是他无穷无尽的资源。巴鲁赫·斯宾诺莎坚称，我们必须热爱上帝，却不必期待上帝会因此而爱我们。没有人会爱萨拉马戈笔下的上帝，
464 除非这个人是深度施虐受虐狂，无法控制自己的冲动。

上帝在《福音》中告诉我们，他的选民犹太人提供的拥护者数量少，他对此不满意：

> 在过去的四千零四年中，我是犹太人的上帝。这是一个本质上喜好争吵、难以相处的种族，但总体上我和他们相处得还算融洽。他们现在对我十分敬重，在可预见的将来似乎也能继续保持这种态度。所以，你很满意，耶稣说。我满意，我又不满意，或者说，如果不是因为我这颗躁动不安的心，我就满意了，我的心总是告诉我，现在，经过四千年的痛苦与磨难，你为他们安排这美好的命运，祭坛上再多的祭品也无法回报你，因为尽管你创造了世界上的一切，可你不过只是这个世界上一小部分人的上帝。所以，我的儿子，你告诉我，我是否应该对这令人沮丧的境地感到满意。我从来没有创造过世界，我无法

① 诺伯达蒂 (Nobodaddy)，英国诗人威廉·布莱克 (William Blake, 1757—1827) 笔下的上帝，一个高翔在天空的老人，有讽刺意味。

② 伊达波思 (Ialdaboth)，意思是混沌之子，其原型是犹太教的耶和华。

> 做出判断，耶稣回答。没错，你无法判断，但是你可以帮我。怎么帮。去宣扬我的言论，帮助我成为更多人的上帝。我不明白。如果你能发挥你的作用，也就是说，扮演好我的计划中为你保留的角色，我信心十足，在接下来大约六个世纪里，虽然前面的道路布满荆棘，困难重重，但我将不仅仅是犹太人的上帝，也将成为那些来自希腊的我们称为天主教徒的人的上帝。在你的计划中为我保留的角色是什么。是殉道者，我的儿子，是受难者，这是宣扬任何信仰和激起热情的最好角色。上帝说殉道者和受难者时仿佛在说着牛奶和蜂蜜，耶稣却感到一股凉意瞬间传遍了四肢，就像雾霭包裹住了全身，而魔鬼撒旦则带着神秘莫测的表情看着他，那表情中有科学家式的好奇，夹杂着不情愿的同情。(311—312)

上帝焦躁不安，不想沮丧；这就是他加害于耶稣的动机，也是接下来他折磨几百万人致死的原因，无论他们是支持耶稣还是否定他，他们都将作为耶稣的祭品而死去。我们可以从他的殉道者祷文推断，这位上帝是最伟大的喜剧演员："连祷，按照字母顺序来，这样才不至于因为位次和重要性而伤了感情。"(321) 这篇连祷相当精彩，从布拉格的阿达尔伯特[①]开始（他被一柄七叉长矛扎死），接着是"维尔吉弗蒂斯或利弗拉德或被钉在十字架上的长胡须的处女罗皮娅[②]"(325)。对宗教暴力的列举占据了整整四页的篇幅，其中不乏欢乐趣事：里昂的布兰迪娜[③]被一头 465
野蛮的公牛抵伤，那不勒斯不幸的詹奴阿瑞思[④]先被扔进野兽堆，后被扔进焚化炉，最终被斩首。萨拉马戈笔下上帝的津津乐道让人想起了爱德华·吉本在《罗马帝国衰亡史》第16章中的叙述，只是吉本注重礼貌得体，没有详细叙述殉道者被折磨的各种细节。但吉本再次先于萨拉马戈指出，基督徒"相互之间施加的严苛酷刑比他们因异教徒的热忱而经受的苦难严重得多"(452—453)。萨拉马戈笔下的上帝声音略带疲惫地把

① 布拉格的阿达尔伯特 (Adalbert of Prague, 956—997)，波希米亚传教士、基督教圣徒，曾担任布拉格主教，在向普鲁士人传教的过程中遇害。

② 维尔吉弗蒂斯 (Wolgefortis)、利弗拉德 (Livrade)、罗皮娅 (Eutropia)，均为基督教女圣徒，生卒年不详。

③ 里昂的布兰迪娜 (Blandina of Lyons)，罗马皇帝马克·奥勒留 (Marcus Aurelius, 121—180) 在位期间的一个女圣徒，177年遇害。

④ 那不勒斯的詹奴阿瑞思 (Januaris of Naples)，基督教女圣徒，生卒年不详。

宗教裁判所说成是一种必要的邪恶，并为几千人被烧死辩护，因为耶稣的奋斗目标要求如此。萨拉马戈《福音》美国版本的护封让读者感到惊讶，上面确凿无疑地告诉读者，拒不服从圣父上帝的权威，“依然不算背弃上帝”。

虽然萨拉马戈笔下的上帝与耶稣相比属于次要人物，但在他那危险的喜剧性特征之外，其他特征也需要仔细审视。大体来讲，《福音》中的上帝是时间，不是真理，后者是他坚称的另一项特征。萨拉马戈是一个马克思主义者（一个古怪的马克思主义者），不是一个基督徒，他颠覆了圣奥古斯丁关于时间的神正论。如果时间就是上帝，那么上帝的任何问题都不能被宽恕，毕竟，谁愿意宽恕他呢？然而，《福音》中的上帝对宽恕根本不感兴趣：他不会宽恕任何人，即使是耶稣；当帕斯托尔真诚地表示降服时，他拒绝宽恕这位魔鬼。上帝唯一感兴趣的就是权力，牺牲耶稣，是把对我们罪恶的宽恕这个前景完全当成了推销广告。上帝明确表示，人人生而有罪，而他更希望我们一直如此。耶稣根本不是赎罪：他的受难只是上帝的一种手段，借助耶稣的受难他不再是犹太人，而是天主教徒，是皈依者，而非被迫改信基督教的犹太人。这是无与伦比的反讽，萨拉马戈将其转变成高超的艺术，尽管这样关键的弱化会引发天主教徒的猛攻。自旧约耶典以降对上帝的所有虚构再现中，我最推崇萨拉马戈的版本：上帝最有趣，也最令人畏惧，颇像莎士比亚笔下的恶棍英雄模式，比如理查三世、伊阿古和《李尔王》中的埃德蒙。

* * *

帕斯托尔，或者说魔鬼，有其自身的魅力，这很符合对撒旦非常有独创性的再现。帕斯托尔是一个脑袋硕大、身材高大的男人，他让耶稣做他的助手，帮他放牧一大群绵羊和山羊。非犹太人帕斯托尔非常尖刻地回
466 应耶稣虔诚的感叹“主才是上帝”：

> 当然，如果上帝存在，他必定是唯一的。如果上帝有两个，那样更好，狼将拥有一个上帝，绵羊也将拥有一个上帝，受害者将拥有一个上帝，刺客也将拥有一个上帝，罪犯将拥有一个上帝，刽子手也将拥有一个上帝。(192—193)

这种明智的二元论并不完全是邪恶的，在这部小说中，与上帝相比，帕斯托尔明显更讨人喜欢。在魔鬼和少年耶稣的对话中，魔鬼的角色显然占了上风，但是相当体面，不像是圣父圣子在沙漠中首次见面时上帝完全驾驭耶稣的关系。上帝向耶稣要一只耶稣非常珍爱的绵羊做祭品，耶稣不情愿地答应了。帕斯托尔知道后，放弃了耶稣，“你什么都没有学到，滚吧”(222)。到目前为止帕斯托尔的做法是对的：对耶稣施教让他认识到上帝本性的目标，只能完成于十字架上。

那么我们该如何看待帕斯托尔呢？萨拉马戈笔下的魔鬼心地仁厚，不算是怀疑论者：他对上帝了解过多。如果说萨拉马戈笔下的上帝是一个皈依基督教的葡萄牙人，那么魔鬼从来便不是犹太人，而且很奇怪的是，他与上帝和耶稣基督毫无关联。为什么帕斯托尔会在这部作品中出现？显然，帕斯托尔只是一个目击者，我想我们只能得出这样的结论。萨拉马戈似乎把我们带回到了《约伯记》中那个没有堕落的撒旦，在这片土地上来回奔波，四处走动。然而，《约伯记》中的撒旦是个控告者，而帕斯托尔不是。为什么耶稣作为牧羊人帕斯托尔的学徒并与其一起待了四年？姗姗来迟的天使告诉玛利亚，耶稣是上帝的儿子，也告诉我们“魔鬼只是否定了自己”(263)。天使这句话的意思模棱两可，也可以理解为帕斯托尔拒绝扮演上帝分配给他的角色。玛利亚的天使告诉我们，帕斯托尔是他的校友，并对我们说，帕斯托尔成功了，是因为“宇宙的和谐需要他成功”(264)。另外，帕斯托尔和上帝之间存在一种隐秘的关系，这个真相会让耶稣的门徒们惊恐(302)。

当上帝打扮得像一个富有的犹太人，出现在船上耶稣面前时，萨拉马戈设想了帕斯托尔华丽的重新登场：

> 小船摇晃着，游泳者的头从水里冒出来，随后是他的躯干，水花四溅，然后是他的双腿，一个从深渊中涌出来的怪兽，原来是帕斯托尔，过了这么多年，又出现了。我来加入你们，他说着，坐在了船舷上，与耶稣和上帝保持同样的距离，不过奇怪的是，这一次小船没有倾向他那一边，仿佛他轻若鸿毛，或并非坐在那里，而是浮在空中。
> 我来加入你们，他又说了一遍，希望我来得正是时候，可以加入你们 467
> 的谈话。我们一直在聊天，但还没有说到问题的实质，上帝答道，转

过身，对耶稣说，他就是我们一直在聊的魔鬼。耶稣打量着他们两个，发现上帝没有胡子的话，他们给人的感觉完全是双胞胎，尽管魔鬼年轻一些，皱纹少一些。耶稣说，我非常清楚他是谁，我和他一起生活了四年，当时他的名字叫帕斯托尔。上帝回答，你必须和别人一起生活，但不可能是我，你又不想和家人一起生活，所以只剩下魔鬼了。是他来找我的，还是你让他来的？两者都不是，就这么说吧，我们都认为这是最好的解决之道。所以，当他通过那个被附体的加达拉人说话时，他称呼我为你的儿子。没错。这意味着你们两个都把我蒙在鼓里。人人都会碰到这种事情。但是你说我不是人。这的确是真的，但是按专业的叫法，你是化身。那么现在你们两个想从我这里得到什么。想从你那里得到什么的是我，不是他。但是你们两个都在这里，我注意到帕斯托尔的出现并没有让你感到惊讶，你一定是在期待着他的到来。也不尽然，尽管从原则上讲，我们应该时时期待魔鬼的到来。但是如果你和我必须解决的问题只与我们有关，那他在这里做什么，你为什么不把他打发走。为魔鬼服务的下等人如果在言或行方面惹麻烦的话，我们可以把他们打发走，但没法把撒旦打发走。还有，他在这里，是因为这场谈话也涉及他。我的儿子，不要忘记我将要对你说的话，与上帝有关，也与魔鬼有关的每一句话。(309—310)

因为上帝和魔鬼是双胞胎(我们已经产生了这种怀疑)，当我们听说不能与上帝一同生活，而必须在家人和魔鬼之间择其一时，我们喜出望外。上帝说他渴望成为天主教徒的上帝，他这个野心我已略有所见，这里我只想问一句：为什么帕斯托尔会在船上？帕斯托尔的表情包含了“科学家式的好奇，夹杂着不情愿的同情”(312)，但是他就在船上，因为如耶稣正确猜想的那样，扩展上帝领域的同时也在扩展魔鬼的领域。然而可怜的帕斯托尔有着自己的困惑：

我会留下来，帕斯托尔说，这是他在身份被揭穿之后说的第一句话。我会留下来，他又说了一遍，接着又说，我自己能看到未来，但我不是总能确定我看到的未来是真实的还是虚假的，换句话说，我能

> 看到我的谎言的本质，就是实话，但是我不知道别人的实话在多大程度上是他们的谎言。(318)

萨拉马戈冷冷地称之为“痛苦的陈述”，但他的意思是说，这个陈述显然是对上帝的控诉，因为上帝的实话其实是谎言。上帝关于天主教会基于耶稣而建的叙述之所以是实话，只是因为它是一段可怕的历史，上帝一一罗列殉道者、概述宗教裁判所行为时表现出来的勃勃兴致，带着毫无疑问的虐待狂色彩。最让人震惊的是，上帝（在奥古斯丁之前便已是一个十足的奥古斯丁派修士）贬低人类所有的欢乐，认为都是虚假的，因为它们的根源是原罪：“欲望和恐惧是魔鬼用来折磨可怜人类的武器。”(325)耶稣询问帕斯托尔这是不是真的，撒旦的回答雄辩且具有启发性：

> 或多或少吧，我用的就是上帝不要的东西——肉体，承载着它全部的欢乐与悲伤、青春与衰老、盛开与凋零，但是说恐惧是我的一项武器，这是不对的，我不记得我发明了罪孽与惩罚以及由此产生的恐慌。(325—326)

上帝厉声回应：“闭嘴……罪孽和魔鬼完全是一回事”，我们倾向于相信上帝的话。这还需要上帝来说吗？里斯本红衣主教不也可以这么说吗？萨拉马戈的回答异乎寻常。上帝描绘了一番针对无名安拉的十字军东征，帕斯托尔则否认是自己创造了这位安拉：

> 那么，是谁创造了这个敌对的神，帕斯托尔问道。耶稣答不出来，一直沉默的上帝继续保持沉默，但是从薄雾中飘下来一个声音，说，或许这个神和即将到来的神是同一个。耶稣、上帝和魔鬼假装没有听见，却不由自主地面面相觑、惊恐不已，相互的恐惧就是如此，轻而易举便把敌人团结起来。(328—329)

萨拉马戈的《福音》中，只有在此处，我们才听到了上帝之外的声音。这是谁的声音？谁可以宣告上帝和安拉是同一个神呢，而这恰恰是上帝自己不想说的？萨拉马戈笔下的上帝狡猾而不招人喜欢，我们和萨拉马戈都渴望一位上帝之外的上帝，或许可以是诺斯替教派的异乡上帝或陌生上帝。但是不管那位上帝是谁，他在这部小说中再也没有发声。这里，萨拉马戈用非常巧妙的方式，明确告诉我们他自始至终说得比较隐晦的事实：上帝和耶稣实际上是敌人，甚至于帕斯托尔也不情不愿地成了他
469 们两个的敌人。然而，那份敌意里包含的是什么呢？听了上帝对宗教裁判所的叙述，帕斯托尔回应道："只有做了上帝，才会允许这么多的流血牺牲"(330)。

帕斯托尔想与上帝和解却徒劳无果，这是他的伟大时刻，也是全书的少数关键段落之一：

> 帕斯托尔搜肠刮肚地想着适于解释的话，我一直在小船上听着他们的谈话，虽然我自己瞥见了前面的光亮与黑暗，但并没有意识到光亮来自燃烧的木桩，黑暗的部分是大堆的尸体。这让你烦恼吗。这不应该让我烦恼，因为我是魔鬼，魔鬼受益于死亡，受益的程度甚至超过你，毫无疑问，地狱比天堂更拥挤。那你为什么还抱怨。我不是在抱怨，我是在提建议。那就提吧，但是要快点，我不能没完没了地在这里晃悠。没有谁比你更清楚，魔鬼也是有感情的。是的，但是你没有好好运用你的感情。今天我就用了感情：认可你的权力，希望在不需要造成这么多人死亡的前提下，你的权力能够散播到世界各地，你坚持认为阻碍和否定你的一切都缘于我在这个世界上所代表和掌管的邪恶力量，我建议你让我进入你的天国，将来我不再冒犯你，就当是为过去赎罪。请你接受我的臣服，就像那些快乐的日子，那时我是你选定的天使之一，你叫我路西法，光明的承载者，之后，我想与你平起平坐的野心吞没了我的灵魂，使我变成了你的反叛者。你愿意告诉我，我为什么要宽恕你，让你进入我的天国吗。因为如果你宽恕我，就像你将来会承诺宽恕你的左膀右臂一样，邪恶就会停止，你的儿子就不用去死，你的天国就能从希伯来人的土地延伸至整个地球，善意将遍布世界，我将成为忠诚于你、地位最卑微的天使之一。而且现在我已对自己的行为感到懊悔，我会比其他天使更忠诚，我会歌颂你，一切都将终结，仿佛从未存在，一切都将变成本来该有的模样。(330—331)

将有人性的帕斯托尔与无人性的上帝并置，反讽效果无与伦比。上帝明确表示，如果可能的话，他更喜欢一个更加邪恶的魔鬼，没有魔鬼，上帝也无法成其为上帝。帕斯托尔本来态度真诚，令人信服，但从耶稣那里 470
要来那只来自拿撒勒的古老黑碗之后，他便耸耸肩，走掉了，故事的结尾处，耶稣的鲜血会滴进这个碗里。

萨拉马戈刻画了这样一个完全不像魔鬼的魔鬼，光称赞他的这种原创性是不够的。我们必须深入探讨。第二个千禧年即将终结之际，谜一般的帕斯托尔是唯一一个在美学和智识方面适合这个时代的魔鬼形象。除了他不能被钉在十字架上，这个堕落的天使和萨拉马戈笔下的耶稣而非上帝有着更多的相似性。他们都是被上帝迫害的受害者，承受着时间的暴政，而上帝称之为真理。帕斯托尔没有耶稣那么叛逆，选择了屈从，不过那是因为帕斯托尔知道能够被获知的一切。作为读者，我们更像萨拉马戈笔下不可思议的撒旦，而非恶毒的讽刺家上帝。

* * *

萨拉马戈《福音》中的亮点莫过于萨拉马戈刻画的耶稣，在我看来，就人性和审美而言，与即将终结的这个世纪文学史上任何一个版本的耶稣相比，这个耶稣更令人钦佩。也许D. H. 劳伦斯的《死去的人》与之不分伯仲，但是劳伦斯笔下的耶稣是伟大的劳伦斯风格的活力论者，而绝非一个可能的活生生的人。萨拉马戈所塑造的耶稣反常地成为他所有作品中最暖心、最令人难忘的一个人物。基督教诗人、评论家W. H. 奥登奇妙地在莎士比亚笔下的福斯塔夫身上找到了另一种类型的耶稣。下面我引用奥登的一段话来说明，萨拉马戈笔下的上帝和耶稣与即便是一种宽宏博大的、非教条的基督教观点之间，距离竟有多遥远：

> 基督教的上帝不是一个像亚里士多德的第一因那样自给自足的存在，而是一个创造了世界的上帝，尽管这个世界拒绝用爱回报他，他仍一如既往地热爱这个世界。他在这个世界显形的时候，不是以阿波罗或阿芙洛蒂忒的方式，为了不让凡人认出他们是神而乔装改扮成人，他是作为一个真正的人，宣称自己是上帝。这样做的后果无法规避。宗教界和俗世的最高权威都指

> 控他是亵渎者和蠹政者，是人类的坏伙伴。之所以无法规避，是因为如黎塞留所言，“拯救国家之道，属于这个世界”，而历史尚未给我们提供任何证据，表明这个世界的王子已经改变了性格。（207—208）

如我所言，萨拉马戈笔下的上帝既不热爱这个世界，也不期待世人回
471 报他以爱。他渴望权力，尽可能广泛扩展的权力。萨拉马戈笔下的耶稣也绝非以“伪装成人的上帝”面目出现，而是上帝为了满足自己对于权力的欲望而挟持了耶稣。至于“这个世界的王子”撒旦，我们知道萨拉马戈已经改变了他的性格。

这部小说的标题是《耶稣基督福音》，前面的定语至关重要。萨拉马戈刻画的耶稣是一个讽刺家，不过，考虑到上帝对他的伤害，他是一个温和得令人惊讶的讽刺家。耶稣在见到施洗者约翰之前，被告知约翰比他高，比他重，胡须比他浓密，几乎衣不蔽体，靠蝗虫和野生蜂蜜果腹时。“听上去他比我更像是救世主，从人群中涌现出来，耶稣说。”（354）

《耶稣基督福音》的开头和结尾都以受难为主题，开头**呈现**时带着强烈的反讽，结尾却流露出令人心悸的悲怆：

> 耶稣正在慢慢地死去，生命如潮汐般消退，消退，突然之间，头顶的天堂天门大开，上帝出现在那里，穿着在船上时穿的衣服，他的声音在大地上回荡，这是我的爱子，我对他非常满意。耶稣这才意识到自己被欺骗了，就像被领向祭坛的羊羔被欺骗了一样，从一开始，他的生命便被谋划着走向死亡。他想起将从他身边流淌出去、淹没全球的鲜血与苦难之河，便朝着敞开的天堂——能看到上帝在那里微笑——大喊，世人啊，宽恕他吧，因为他不知道自己做了什么。随后，他在梦境中开始慢慢断气。他发现自己回到了拿撒勒，告诉父亲，正如我不能问你所有的问题，你也不能回答我所有的问题，他看见父亲耸着肩笑了。他还有些许生命的迹象，感觉到一块蘸着水和醋的海绵润湿了他的嘴唇，他朝下看着，看见一个男人拎着一只水桶走开了，肩上搭着一根棍棒。但是耶稣没有看到的是地上那个黑色的碗，他的血正滴向碗里。（376—377）

“世人啊，宽恕他吧，因为他不知道自己做了什么。”这句话印证了耶稣的**和善**以及萨拉马戈那富有美感、有节制的愤怒。任何一个客观公正、不受意识形态和信条束缚的读者，都不会宽恕萨拉马戈笔下的上帝，因为他谋杀了耶稣，导致了随后人类的血流成河。乔伊斯笔下的斯蒂芬提到的“刽子手上帝”正是萨拉马戈笔下的上帝，现在一些意大利人仍然这样称呼上帝。这本身已经足够令人惊骇，而由于萨拉马戈对耶稣的刻画篇幅长且充满爱，这种令人惊骇的程度有增无减。

这个耶稣的故事以一只陶碗开头和结尾，这只陶碗最先是由一个乞 472
丐赠送给圣母玛利亚，那个乞丐显然是天使。陶碗里装满了闪亮且可能是纯洁的土壤；在结尾处它接住了垂死的耶稣的血。那个乞丐并非帕斯托尔，而是上帝，其后又在玛利亚梦中显形，与她幽会。耶稣出生时，上帝又以第三个过路牧羊人的身份显现，带来了一种超自然的面包。有人认为这有点类似于上帝的精子造就了耶稣的肉身，但是在这部神秘的作品中，萨拉马戈的笔法极其微妙，以至于有时候必须规避这个假设。

由于罗马人钉死了耶稣的父亲约瑟，十三岁的耶稣离家出走，这完全是萨拉马戈的虚构，恰如萨拉马戈令人惊悚地暗示，约瑟是希律王屠杀无辜事件中的共犯，这也是送耶稣上路的另一件麻烦事。但是萨拉马戈为什么要如此改变故事呢？或许在所有版本的耶稣里最富有人情味的这个耶稣，必须承受两个父亲的阴暗影响，一个是慈爱的、不幸的、有罪的约瑟，另一个是无爱的、幸运的、但罪孽更深重的上帝。

少年耶稣和法学博士们在庙宇里争论的情节，让我又想起了奥古斯丁派的萨拉马戈如何创造了上帝和法。我们不必计较这个时代错置，因为萨拉马戈笔下的上帝本人急切地想抛弃犹太教（姑且如此称呼），转投天主教。此外，人们准许萨拉马戈在这部精彩作品中出现时代错置，就像人们无限制地准许莎士比亚在作品中出现时代错置一样。罪孽亦非《多马福音》中诺斯替教基督的关注对象，那是唯一一个打动我的传统耶稣形象。不过我是一个犹太诺斯替教徒，阐述一部葡萄牙人的美妙作品，这位葡萄牙人就像费尔南多·佩索阿一样绝非天主教徒。正是在这部叙事的这一点上，萨拉马戈把耶稣和帕斯托尔聚在了一起，关于这次奇特的暂住经历，在这之前我已经作了分析。

不过，如萨拉马戈所见所述，耶稣一生中最重要的人际关系既不是与他的两位父亲，不是与魔鬼，也不是与他的母亲玛利亚，而是与妓女抹大拉的马利亚。萨拉马戈《福音》的诸多亮点中，耶稣和马利亚的爱情最为光辉灿烂，在我看来，他们两人的相遇和结合（231—243）是目前为止萨拉马戈所有成就的巅峰。萨拉马戈呼应《雅歌》，将对帕斯托尔的回复与耶稣对于性生活的觉醒交织在一起，此处的萨拉马戈最具艺术家的大手笔：

> 耶稣的呼吸急促起来，有一瞬的工夫，他以为自己要晕过去了，因为她的双手——左手在他的额头，右手在他的脚踝——开始抚摸
> 473 他，双手慢慢地向着彼此移动，在腰部聚拢，然后又分开，重新开始爱抚。你什么都没有学到，滚吧，帕斯托尔曾对他说，谁知道呢，或许他的意思是说，耶稣没有学会珍惜生活。现在抹大拉的马利亚教他……（236）

我们可以把“或许”一词作废，抹大拉的马利亚是耶稣最好的老师，令约瑟、上帝、帕斯托尔及其母亲玛利亚黯然失色。抹大拉的马利亚教会耶稣追求自由，而上帝绝不允许任何人，尤其是自己的独子追求自由，这也许是这部作品最大的反讽。

我已年届古稀，比以往任何时候都更迫切地想知道：智慧何处可寻？萨拉马戈《福音》中的智慧是残酷的：我们可以效仿耶稣，唯一的方式便是宽恕上帝，但是我们并不和耶稣一起，相信上帝不清楚自己的所作所为。

我发现萨拉马戈《福音》的尾声不是史上最暗黑的寓言《失明症漫记》，而是迷人的《未知岛传说》。这部短篇寓言创作于1998年，这一年萨拉马戈荣获了诺贝尔文学奖，一年后此书由玛格丽特·加尔·科斯塔[①]翻译成英文。萨拉马戈创作的这个故事具有《里斯本围城记》那种绝妙的喜剧特色。在故事的开头，一个男人向国王要一艘小船去寻找未知岛。国王答应了他的请求，他动身去海港，国王的清洁女仆随同他前往，她将是船上的船员。

清洁女仆信念坚定，信誓旦旦地保证她和那个男人完全有能力驾驶帆船抵达未知岛，她的话激励了意志不及她坚强的男人。他们分榻而眠，

① 玛格丽特·加尔·科斯塔（Margaret Jull Costa，1949— ），英国翻译家，主要翻译葡萄牙语和西班牙语作品。

一个在左舷，另一个在右舷。男人在做噩梦，后来发现他们的身影相依相偎：

> 他醒过来，双臂环抱着清洁女仆，她的双臂也环抱着他，他们的身体和床铺融合成了一体，谁也无法判断这是左舷还是右舷。随后，太阳刚刚升起，男人和女人走到船首，在两侧都涂上白色的文字，作为这艘帆船的名字。正午时分，未知岛终于趁着潮汐出海，开始找寻自己。(51)

萨拉马戈在这部作品中没有给任何人命名：我冒昧对照萨拉马戈的《福音》做了一些命名的尝试，从文学批评的角度来讲，这是令人无法容忍的做法。我们把那个男人称作耶稣基督吧，清洁女仆姑且称作抹大拉的马利亚，国王活着就是为了受惠，可以称作上帝。毫无疑问，萨拉马戈不会认可这些叫法，但是如此大胆创新的叙事天才也会激励评论家大胆
创新。没有人会被钉死在未知岛的桅杆上，这个耶稣的噩梦也不会应验 474
成真。萨拉马戈创作的这个欢乐的故事，对于他最具悲剧色彩的作品来说，是一剂暂时的解药。萨拉马戈借此警告世人，提防既是真理又是时间
的上帝，抛弃这样的上帝，扬帆远航，去找寻你自己。[①] 475

① 本章引用的作品包括：

Auden,W. H. "The Prince's Dog." *The Dyer's Hand and Other Essays.* New York: Random House, 1962. 182—208.

Gibbon, Edward. *The History of the Decline and Fall of the Roman Empire.* Vol. 1. New York: Heritage Press, 1946.

Kierkegaard, Soren. *Concluding Unscientific Postscript to Philosophical Fragments.* Vol. 1. Ed. and trans. Howard V. Hong and Edna H. Hong. Princeton: Princeton UP, 1992.

Saramago, José. *The Gospel According to Jesus Christ.* Trans. Giovanni Pontiero. New York: Harcourt Brace, 1994.

——. *The Tale of the Unknown Island.* Trans. Margaret Jull Costa. New York: Harcourt Brace, 1999.

——原注

诺曼·梅勒
（1923—2007）

《古代的夜晚》

梅勒是当代小说家中最令人瞩目的一位，恰如托马斯·品钦一定是最不引人注目的一位。海明威的新闻体写作声誉并非空穴来风，梅勒作为他的继承人，追寻的创作题材有危险、灾难，甚至丑闻。杰弗里·哈特曼如此谈论梅勒、品钦、多克托罗[①]等作家：

> 我们最优秀的小说家们有着节奏飞快、内容丰富、语调刁钻的散文风格，可媲美约翰·多恩[②]的《布道辞》。即便是在独白当中，即便是滔滔不绝的长篇忏悔，复调也是存在的……
>
> 想到了梅勒，他总是把自己置于危险境地，争辩、讥讽，像海明威一样有大男子主义，特意放弃沉默寡言。梅勒把自己放得离事件太近，而科幻小说或其他形式的浪漫传奇离事件太远……

与偏重理论的哈特曼相比，伊丽莎白·哈德维克稍显刻薄，她把格特鲁德·斯坦因[③]树为梅勒复调口语体的敌人：

> 我们这里有一种言语"文学"，疾速击败格特鲁德·斯坦因的自信断言："言语不是文学。"言语现在有时候被称为小说，有时候被称为传记，有时候被称为历史。

① 多克托罗（E.L. Doctorow，1931—2015），美国小说家，最擅长历史小说。

② 约翰·多恩（John Donne，1573—1631），17世纪英国玄学派诗人，担任过伦敦圣保罗大教堂的教长。《布道辞》（*Sermons*）是宗教题材的散文。

③ 格特鲁德·斯坦因（Gertrude Stein，1874—1946），美国作家、诗人，1903年起旅居法国，与她称为"迷惘的一代"的众多美国作家关系密切。

哈德维克眼中的梅勒是“一堆令人叹为观止的意象”或“一堆逸闻轶事”。在她看来，梅勒缺少一部高度完美的作品，因而很讨传记作家们喜欢，后者憎恶精湛之作，视之为“猛烈的侵扰”，超过他们的理解范围。哈德维克 476
的观点是有道理的，但她说的现象在梅勒，甚至在海明威之前便已存在。乔治·戈登·拜伦勋爵才是真正令人叹为观止的一堆意象和一堆逸闻轶事，但是他写了《唐璜》，被雪莱赞为那个时代最伟大的诗歌。然而奇怪的是，即便是《唐璜》，也不足以反映出拜伦真实的本性，或过去貌似的本性，或如今依然貌似的本性。梅勒几乎从未打算成为我们这个时代的拜伦（我们这个时代的海明威就足够了），不过他不妨把拜伦作为依靠，把名流纳入文学创作，精通复调言语，就这两个方面而言，拜伦是一个更早的例子。

梅勒是小说家吗？他最好的作品几乎可以确定是《刽子手之歌》，哈德维克女士称之为“我们欣欣向荣的‘口述文学’目前的典范”，是录音机炮制的杰作。我对这部作品长处的判断也许太快，如哈德维克女士提醒的那样，但我也不会把《刽子手之歌》看作一部长篇小说。《古代的夜晚》是一部长篇小说，可以说是梅勒的《萨朗波》[①]，这个结论让人相当疯狂，但是显而易见的是，它作为幻象思辨更引人入胜，作为叙事或道德品格的再现则稍逊一筹。最好的梅勒评论家理查德·普瓦里耶更喜欢《一场美国梦》和《我们为什么在越南？》，但我阅读这两部作品的时候感受不到任何审美愉悦。显然，梅勒是一位存疑的作家；他没有写过毫无争议的作品，没有一部作品能够媲美《太阳照常升起》《了不起的盖茨比》《寂寞芳心小姐》《拍卖第四十九批》，更不用说《我弥留之际》《喧哗与骚动》《八月之光》《押沙龙，押沙龙！》了。他那令人生畏的文学能量尚未找到命中注定的创作模式。我一想到梅勒，记忆中首先出现的是《为我自己做广告》，也许是因为他本人的确是他至高无上的虚构作品。他是“诺曼·梅勒”的作者，一部篇幅很长、不够连贯的虚构作品，或许会进入正典。

* * *

《为我自己做广告》(1960) 对梅勒三十六岁及之前的雄心和成就做

① 《萨朗波》(*Salammbô*)，法国著名作家福楼拜 (1821—1880) 的一部历史小说。

了总结。四分之一个世纪之后，我又重读了这部作品，不可避免地感受到愉悦和些许忧伤。毫无疑问，梅勒尚未兑现书里许多复杂的承诺，但这部作品不仅仅是一个大杂烩。虽然《为我自己做广告》不是《自我之歌》，但它体现的是最有惠特曼色彩的梅勒，比如梅勒如此称赞自己正在创作的小说：

> 假如它一定要产生某种效果，而我也很难盼望着度过接下来的十年却不希望产生深层爆炸的效果，那么这本书的热度将被这个导
> 477 火索点燃：有传言说，我曾经指着最远处的围墙说，十年之内，我将努力击打最长距离的球，让它腾空飞入美国文学加速旋转的飓风之中。因为如果我有一个最重要的雄心壮志，那便是创作一部长篇小说，陀思妥耶夫斯基和马克思、乔伊斯和弗洛伊德、司汤达、托尔斯泰、普鲁斯特和施本格勒[1]、福克纳，甚至还有正在腐朽的老海明威或许都会读，因为这部书承载着他们想要讲述的一切，飞完路程的另一部分。

1959年，海明威六十岁，既不老也没有正在腐朽。他将在1961年7月2日自杀，不过梅勒几乎不可能预料到这种悲剧性的解脱。1961年1月17日，在给乔治·普里姆普顿的信中，海明威把《为我自己做广告》形容为一种杂乱无章的组装，集合了他的改写、重新考虑后的想法和胡言乱语，间或有灵光闪过。作为前辈，海明威应该察觉出梅勒把自己想象成了贝比·鲁斯[2]，击出的球远过司汤达、托尔斯泰等作家，只是师傅使用的争胜转义比徒弟的更机敏，因为加入了反讽的意味：

> 我是个没有任何雄心壮志的男人，只想做世界冠军，我不会和托尔斯泰博士打一场二十个回合的拳击赛，因为我知道他会把我的耳朵打掉的。这位博士耐力惊人，能没完没了地打下去，然后一些……
>
> 但是那些布鲁克林蠢货这么愚昧无知，一开始就与托尔斯泰先

[1] 奥斯瓦尔德·施本格勒（Oswald Spengler，1880—1936），德国哲学家、史学家。

[2] 贝比·鲁斯（Babe Ruth，1895—1948），美国职业棒球史上最优秀的外场手之一，带领扬基队多次获得世界大赛冠军。

生对打。而且,他们还宣布,比赛没开始,他们就打败了他。

上述引文出自海明威写给查尔斯·斯克里布纳的一封信(1949年9月6—7日),“那些布鲁克林蠢货”毫无疑问指的是《裸者与死者》(1948)的极端怪异的作者,后者已经宣称自己打败了海明威,这是与托尔斯泰比赛的热身赛。海明威的反讽既针对自己,也针对梅勒,很聪明地暗示出梅勒的首要美学纰漏:反讽的完全缺席。反讽或许是、或许不是已故的保罗·德曼所说的“文学语言本身的条件”,但是梅勒完全可以注射增进健康的剂量。如果说托马斯·曼是一个极端——反讽用得过多的现代作家,那么梅勒显然是另一个极端。麦克斯·艾普尔[①]在精彩的拳击故事《诺曼·梅勒的内心》(出自《美国的橘子化》)中对梅勒的批评最到位。这个故事用充满爱的反讽刻画梅勒,当艾普尔在拳击场上向梅勒挑衅时,海明威的转义触及了最终的极限:

“注意力集中,”梅勒说,“这样这次体验就不会浪费在你身上了。” 478

“很难,”我说,“周围这么多颜色,这么多分散注意力的东西。”

“我知道,”我的绅士师傅回答,“脑子里想一件大事。”

我凝神想着新版《大不列颠百科全书》。果然有用。我的大脑更像一张白纸,而不是重写羊皮书卷。

“你可能太年轻,记不住,”他说,“詹姆斯·琼斯、詹姆斯·T.法雷尔和詹姆斯·古尔德·科曾斯[②],还有很多像他们的作家。我跟他们较量,吸收他们的一切,继续走我自己的路,就像莎士比亚吃光了《陶特尔杂集》[③]。”

---

① 麦克斯·艾普尔(Max Apple, 1941—),美国小说家,《美国的橘子化》(*The Oranging of America*, 1976)是他的短篇小说集。

② 詹姆斯·琼斯(James Jones, 1921—1977),美国小说家,创作题材主要是第二次世界大战及其后果,1952年凭《从这里到永恒》(*From Here to Eternity*)荣获美国全国图书奖。詹姆斯·T.法雷尔(James T. Farrell, 1904—1979),美国小说家、诗人,代表作为《斯塔兹·娄尼甘三部曲》(*Studs Lonigan Trilogy*)。詹姆斯·古尔德·科曾斯(James Gould Cozzens, 1903—1978),美国小说家,1949年凭《荣誉卫士》(*Guard of Honor*)荣获普利策奖。

③ 英国出版商理查德·陶特尔(Richard Tottel, ?—1594)出版的《歌曲与十四行诗》(*Songes and Sonnettes*, 1557),一般称为《陶特尔杂集》(*Tottel's Miscellany*),英国文学史上第一部出版的诗集。

梅勒的作品里没有这样的段落。我们不能要求一位小说家培养反讽的技能，但反讽的完全缺席会制造一些困难，尤其是这位作家是一位激情洋溢、离经叛道的道德说教者。梅勒对于时间、性、死亡、癌症、消化、勇气和上帝的思考全都合乎情理地臭名远扬，很可能无法为他赢得重要圣贤之一的地位。对梅勒作为思考者所做的最有力的美学辩护来自理查德·普瓦里耶1976年出版的一部著作：

> 梅勒坚持要生活在分界线*旁边*，生活在分界线*之上*，一边是有记载的现实世界，一边是各种预兆、魂灵和势力的世界，只是他的在场也许会模糊两者的界线。他封上或覆盖他找到的裂隙，仿佛他是一个送上祭坛的勇士，或者，用他很可能更喜欢的话说，仿佛他是一个基督，带来的不是和平，而是一把剑，不是对过往罪孽的宽恕，而是痛苦的一个范例，为了获取一个未来，痛苦是必要的。

普瓦里耶的观点铿锵有力，也有一定的说服力，但他是一位非常优秀的评论家，不可能不加上梅勒如下特点的阴影面："他愿意不要只是为了解决形式上的问题而排除任何创作素材。"那么他的作品可能有解决方案吗？普瓦里耶继续写道："他的想象力最活跃的时候，找不到任何满意的形式。只有想象力的各种演练。"但是这段话似乎暗示，梅勒无法形塑他的虚构作品，因为如果不在形式的祭坛上牺牲掉可能性，那么叙事便会变得不连贯，常常是由冗余造成（比如《古代的夜晚》）。梅勒的替代办法便是告别海明威，迎来德莱塞，比如《刽子手之歌》事无巨细的叙事。不论是上述创作模式的哪一种，我们最终遭遇一个悖论：梅勒的重要性似乎超越了他的任何一部作品。《刽子手之歌》的艺术感染力最终来自"美国的现实"，这里我们挪用莱昂内尔·特里林的短语，他用它来形容德
479 莱塞对《美国悲剧》创作素材的挪用。如果我们说从根本上讲，《一场美国梦》是梅勒对我们不妨称之为"美国非现实性"的连环漫画式挪用，我们的观点站得住脚吗？显而易见，梅勒名下永远不会有一部形式没有问题的成熟作品。在普瓦里耶眼里，这是梅勒的长处。普瓦里耶对《一场美国梦》和《我们为什么在越南？》慷慨施与的过度赞扬，或许可以从梅

勒特有的美国审美观中找到充足的理由，他的审美观与爱默生有亲缘关系。梅勒的审美观也是实用审美观，是对美国与欧洲传统差异的实用主义运用。被普瓦里耶恰当称赞的《夜幕下的大军》(1968) 也许有一天会成为梅勒最好的、最可能永久流传的作品。它当然是非常具有美国特色的作品，如今只有十来部作品生动地再现了一个已经逝去的传奇般的时代，即所谓的反文化运动的时代——反文化运动兴起于20世纪60年代后期，主要是为了抗议我们在越南发动的战争——而《夜幕下的大军》便是其中一部。梅勒打破了虚构作品与新闻报道之间的界限，在这一点上他比谁都走得远。这本身有时候便会受到夸奖。我认为换作其他作家，这是美学意义上的不幸，但对于梅勒我倾向于保留意见，因为如今这种创作模式似乎独属于他。

* * *

对于自己批评的事物，梅勒总是浸淫其中，这使得他作为文化批评家的正当性大打折扣。他因出名而出名，本身不可避免地成为他所强烈谴责的事物的一部分。作为一个再现，至少他可与他创作的全部虚构作品匹敌。《古代的夜晚》是梅勒最具创造性、最丰富的作品，其实是作者作为古埃及魔术师、侍臣、情人和时代错置的思考者的自画像。尽管普瓦里耶侃侃而谈，一再坚持，这本书还是让梅勒留在普瓦里耶于1972年认定的状态，“像没有《白鲸》的梅尔维尔、没有《米德尔马契》的乔治·艾略特、没有《哈克贝里·费恩历险记》的马克·吐温”。这部作品其实是梅勒的《皮埃尔》、《罗慕拉》和《亚瑟王朝廷上的康涅狄格州美国人》[①]。六十二岁的梅勒仍然是《为我自己做广告》、《夜幕下的大军》和《刽子手之歌》的作者。

那么，梅勒是不是一个非同一般的个性偶然事件，完全驾驭这个时代的精神？尽管他在评论其他小说家时很不合格，他倒是诺曼·梅勒较好的评论家之一。对于他自己，他的批评盲区涉及海明威对其影响的毁灭性本质。海明威是一个高超的讲故事者，一个不可思议的散文体诗人；而梅勒两者都不是。从本质上讲，梅勒是一个幻觉效应型幻象家，被错

---

① 这三部作品的作者分别为梅尔维尔、乔治·艾略特和马克·吐温，但并非他们的代表作。

误的文学之父海明威找到。海明威精炼的语言风格是梅勒不可能掌握
480 的。海明威与华莱士·史蒂文斯之间存在深厚的亲缘关系，但梅勒与其所属时代最好的诗歌没有任何关系。这是一种奇特的悲哀，二十五年之后“为我自己做的第一支广告”回荡着这样的悲哀：

> 那么，你听着。每个自认为既是少校又是男子汉的美国作家迟早必须做一个斗牛士连续劈刺的动作，这个动作借鉴了海明威样式的自爱……
>
> 因为，你瞧，我已经开始对师傅难以压制的勃然大怒深表同情：他是这个时代的冠军作家，他是任何一个时代的冠军作家，如果谁想压住托尔斯泰，那就是欧内斯特·海。

通过与海明威较量，梅勒使自己陷入了一场相似的争斗，这争斗伤害了海明威，但《太阳照常升起》和《首辑四十九篇》是例外。这争斗不仅仅损害了梅勒的作品。《鹿苑》不值得重读，《一场美国梦》和《我们为什么在越南?》如今已经失去了当时情境的即时性，几乎同样不值得重读。在如今的品钦时代，梅勒作为一个虚构作家的锋芒已经被掩盖，但是作为一个表演中的自我，他基本维持以往的热度。人们记得他，也许更多的是把他作为一位散文体先知，胜过作为一位小说家，更多的是作为卡莱尔，胜过作为海明威。有的作家更不走运。长期被忽视的卡莱尔毫无疑问即将回归。如今被颂扬的梅勒毫无疑问即将遁入无形，但是总会回归，作为
481 他所属时代道德意识的历史记录者，作为他那一代作家中的代表性人物。

詹姆斯·鲍德温
（1924—1987）

无论对詹姆斯·鲍德温小说的正典评价最终是什么结果，他的非虚构作品显然已经在美国文学史上拥有了永恒的一席之地。在我眼里，鲍德温是目前美国仍在创作的最值得关注的道德散文家，在立场上属于一位新教徒散文家，可与乔治·奥威尔相提并论。福音派宗教传统从未离弃《向苍天呼吁》的作者，鲍德温满怀传道者的热忱，这一点与爱默生之后许多美国散文家很像。与爱默生不同的是，鲍德温缺乏难能可贵的超脱，因为他代言的不是新英格兰人中被错置的大多数，而是一个少数种族中的性倾向少数派，确切地说，是黑人同性恋者中的美学至上少数派。

总的说来，鲍德温作为一位不得不探讨社会苦难与不公正的作家，他的困境在于他是一个少数派，一个不由自主地（亦不受他人控制地）从内心喷薄而出的孤独声音。鲍德温与卡莱尔一样（也在这个方面像多角度思考问题的尼采），属于地道的耶利米①世系，耶利米是内在性最强的先知。用耶利米的语言来讲，鲍德温反对的现象或许可以称之为外在性的不公正。意思是说，鲍德温总是必须抗议，即便是在这种非常不可能成为现实的假设条件下：在对待社会底层被剥削的穷人时，不论是黑人、西裔，还是因里根革命②而被社会遗弃的人，他的国家将不再自私和残忍，而是变得公正和充满同情心。

这样说似乎是准确的：我们记住了耶利米，更多地是因为他自身的苦难极具个性，而不是因为他的社会幻象，与我们记住阿摩司和弥

① 耶利米（Jeremiah，约公元前626—前587），《旧约全书》中《耶利米书》、《耶利米哀歌》、《列王纪上》及《列王纪下》的作者，犹太先知、祭司。

② 里根革命（Reagan Revolution），1980年，美国总统罗纳德·里根（1911—2004）当选后颁布的施政纲领被称为“里根革命”。自1981年起至1991年，美国爆发了历史上的第四次农业经济危机。

482 迦[①]的原因不尽相同，如此而已。与耶利米比起来，鲍德温或许更愿意做一个阿摩司或一个弥迦，他们是以赛亚[②]的前辈，但是他与耶利米一样，是一位善用修辞的作家，把自己内心的焦虑与困惑描绘得生动形象，还是一位值得铭记的幻象家，他的幻象是一种不由自主的孤独，一种需要经历可怕的坚振礼才被上帝选中的过程。如鲍德温所说，人生旅程的票价便是接受踏上这个旅程的真正缘由：

> 美国白人踏上人生旅程，他为车票付出的代价便是变成白人——大抵不过如此，或者，如他坚称的那样，不次于此。这种雄心壮志不仅有着不可思议的局限性，更是愚蠢至极，却已经扼杀了这里的很多人。我认为，这是因为美国白人从未接受踏上人生旅程的真正缘由。我非常清楚，我的祖先从未向往来到这个地方；但是那些变成白人的人，那些要求把我的囚禁谱成歌曲的人，他们的祖先也从未向往来到这个地方。他们要求我谱写的歌曲少称颂我的囚禁，多为他们的囚禁辩护。

鲍德温在上面的引文中提到了《圣经》文本中《诗篇》第137章，该章的开头的确是锡安放逐者之歌（“他们践踏着我们，却要求我们欢天喜地”），但结尾是一段针对践踏者，即我们自己的残忍预言。没有哪个作家——黑人也好，白人也好——像鲍德温和耶利米那样如此急迫地警告我们“下一次将是烈火”，但是我总能从两位先知那里听到关于源头的可怕的悲情故事：

> 耶和华的话临到我说，
>
> 我未将你造在腹中，我已晓得你。你未出母胎，我已封你为圣。我已派你做列国的先知。
>
> 我就说，主耶和华啊，我不知怎样说，因为我是年幼的。

---

① 阿摩司（Amos），公元前8世纪希伯来的先知，《旧约全书》中《阿摩司书》记录了他的言行；弥迦（Micah），公元前8世纪希伯来的先知，《旧约全书》中《弥迦书》记录了他的言行。

② 以赛亚（Isaiah），公元前8世纪希伯来的第一个大预言家，《旧约全书》中《以赛亚书》记录了他的言行。

> 我们：我的家人，活着的和死去的，还有跟在我们身后的孩子。这是一件复杂的事情，因为我毕竟没有与家人生活在哈莱姆，而是在“城里”，在“白人世界”，在一个几乎充满敌意的异己地盘。另一方面，对我来说，哈莱姆几乎也是一个异己地盘，而且更令我胆怯，也很有可能存在同样程度的敌意，尽管原因大相径庭。这个真相令我感到内疚和惶惑，但真相便是如此。这关系到我是福音传教士的儿子，自己在孩提时代也做了传教士，但这不是全部——意思是，内疚不是全部。
>
> 这个特别的孩子出生在那个时间、那个地点，这个事实决定了 483
> 人们会有某些期待。这个孩子其实并不知道那些期待是什么——不知道那些期待有多真实，直到他开始辜负、挑战、挫败这些期待。比如，当教堂布道坛显然不会成为我的职业（尽管我的起步阶段很有希望）时，他们希望我上大学。这个期望并不非常现实——或许因为我很清楚这一点，所以我似乎没有强烈的感觉。反正这个期望因为父亲的去世而破灭。
>
> 一旦我离开布道坛，我便抛弃或背弃了我的族群角色——事实上，我离开布道坛与离家出走的时间差不多。（我抛弃了神职，为的是不以背弃神职而背弃自己。）

不情愿的先知处于约拿的境地；他们为赎罪日[1]提供文本。鲍德温总是忙着重新审视一切，把先前的作品推翻重写；如他所言：“歌唱或喊叫或作证或藏在心里，但是**清楚你从哪里来。**”我们哭叫着来到此处，因为我们来到了这个傻子的大舞台，但是鲍德温与莎士比亚不一样，他像耶利米，需要一种关于源头的神学。他在自我憎恨里找到了这种神学，他认为这种自我憎恨普遍存在，他的观点是正确的，但是对于我们的道德受虐倾向、我们对于惩罚的需要，他似乎拒斥弗洛伊德式的解说，或者说不感兴趣。对于有意识的罪孽，鲍德温的认识有一种强烈的福音派倾向。不过，作为一个道德散文家，他属于后基督教派，他让我们相信他的先知立场在审美方面的体现强于宗教方面。道德生活方面的一种审美主宰着鲍

① 赎罪日（the Day of Atonement），每年7月10日，犹太人最神圣的日子，全日禁食，恒常祈祷。

德温的幻象，即便是在跌宕起伏的《下一次将是烈火》和《街上无名》中，这也在一定程度上决定了它们成为他到目前为止最好的作品。

《下一次将是烈火》

鲍德温预言的核心内容可以在《下一次将是烈火》里一长段震撼人心的文字中找到：

> “白人的天堂，”一个黑人穆斯林阿訇唱道，“是黑人的地狱。”我们可以反驳说——可能可以——这样看事情，有点太简单了，但是这首歌曲是真实的，白人统治世界有多长时间，这首歌曲就已经在多长时间内保持着真实性。非洲人有另一种说法：白人来到非洲的时候，
> 484 白人拥有《圣经》，非洲人拥有土地，而现在呢，白人正被迫与土地分离，方式充满血腥，而非洲人仍在试图消化《圣经》，或者把《圣经》呕吐出来。因此，如今在这个世界展开的斗争是极端复杂的，牵涉到基督教在权力（即政治）领域和道德领域扮演的历史角色。在权力领域，基督教的运作透着十足的傲慢与残忍——必然如此，因为宗教一般都会强制已经找到真正信仰的人履行解放异教徒的责任。而且，这种真正的宗教更关切的是灵魂，甚于肉体，对于这个事实，不计其数的异教徒用他们的肉体（和尸体）做了证明。然后不言而喻的是，无论是谁质疑真正信仰的权威性，他同时也是对持有此种信仰的民族统治他的权利提出异议——简单地说，便是对他们拥有他土地的权利提出异议。不论部分传教士的动机如何，即便部分传教士有操守、有英雄品质，福音书的传播绝对是对插旗夺地行径不可或缺的辩解。有人寻找一座城市，但不是天堂的城市，而是确定无疑由俘虏的双手建造起来的城市，为此他们残酷无情地使用某种权力，而对于此种权力的保护和神圣化，牧师、修女和老师发挥了推波助澜的作用。对于插旗征服土地的行径，基督教会本身——这里重申，与它的一些牧师不同——不但加以神圣化，还表现得欢欣鼓舞，即便它不曾炮制以下观念，也是持提倡的态度：征服，以及随之而来的西方人口相对的安适康乐，都是上帝恩典的明证。上帝从沙漠里远道而来，但是真

> 主也是一样，只不过方向相去甚远。上帝朝北走，乘着权力的翅膀飞升，变成了白人，而真主无权无势，居于天堂的阴暗面，变成了——无论如何，事实便是如此——黑人。因此，在道德领域里，基督教的角色顶多能称为好坏参半。即便不考虑基督徒异乎寻常的傲慢观念——他人的方式和道德不及基督徒优越，因此基督徒有权改变他们，有权采取任何手段改变他人，文化之间的冲突以及基督教世界的精神分裂症思维方式，已经使得道德领域如同曾经的海洋，尚未绘入海图，全无章法，亦如当下的海洋，变化无常，不可信任。不论谁想变成一个真正有道德的人(我们先不论这种可能性是否存在；我认为我们必须**相信**这是有可能的)，他都必须首先与基督教会所有的禁律、罪行和虚伪离异，这样说并不算过分。如果上帝这个概念还有效 485
> 或者有用，它只可能是让我们变得更博大、更自由、更有爱。如果上帝做不到这一点，那么便到了我们摆脱他的时候。

以上引文是一个极好的实例，展示了鲍德温作为一位道德散文家的立场和文体风格，引文在修辞方面的感染力来自对恣意与克制的审慎兼容。其中最重要的一句话取得了预言般的权威性：

> 不论谁想变成一个真正有道德的人(我们先不论这种可能性是否存在；我认为我们必须**相信**这是有可能的)，他都必须首先与基督教会所有的禁律、罪行和虚伪离异，这样说并不算过分。

括号体现出庄重的怀疑态度，是修辞大师级的转义，而把“相信”标为强调字体，恰到好处地把疑问引向信仰的错综复杂性。圣保罗指责，之所以施行“离异”[①]是因为我们心肠太硬，但这个词语捎带着教会本身的对立氛围，而基督教禁律被(相当淘气地)融入了基督教罪行和虚伪。从修辞的角度来看，这是不洁净的乐趣，但非常有趣，不过主题涉及猛烈的抨击，关乎道德，渗透出极度严肃的态度。《下一次将是烈火》的强大震撼力来自最后一个段落，其中有两个强调字体反问句之间的相互作用，当

① 英文原词是divorce，意思是离异、分离，涉及基督教对待婚姻的态度。

第二个反问句加了“那时”这个词语之后，两个反问句之间的相互作用便燃烧了起来：

> 我很小的时候，在沾着葡萄酒渍和尿迹的走廊里，与伙伴们厮混，我内心有个声音在问：**这一切的美会有什么遭遇**？因为黑人非常美，但是我心里很清楚，有些人，包括黑人和白人，尚未意识到这一点。当我坐在以利亚的桌旁，注视着那个婴儿、那些女人和男人，当我们谈论着上帝——或者真主——的复仇时，我心里有个疑问：复仇达成之际，**那时这一切的美会有什么遭遇**？我也明白，白人世界不愿合作的态度，以及他们的愚昧无知，或许会令复仇不可避免——这种复仇并不依靠任何个人或组织，也不可能由任何个人或组织来实施，而且无法被任何警察部门或军队阻止；这是历史的复仇，是宇宙的复仇，其依据是一种法则，当我们说“升起来的一切必定会落下”，便是认可了这种法则。我们在这里，在天穹的中点，困在了世界上最
> 486 花哨、最贵重、最不可思议的水轮之中。我们必须假设，如今一切都在我们手中；我们无权做其他假设。如果我们——这里我指的是相对自觉的白人和相对自觉的黑人，他们必须像恋人一样，坚决要求或者创造出对他人的意识——现在没有对自己的责任产生动摇，那么，既然一切都在我们手中，我们也许能够终结种族梦魇，帮助我们的国家功德圆满，改变世界的历史。如果现在我们什么都不敢做，那么一个黑奴根据《圣经》编排的歌曲预言就会在我们身上应验：“上帝以彩虹为标志给了诺亚承诺，不再有洪水，下一次将是烈火！”

上述引文的修辞从水轮巧妙地转向上帝好坏参半的承诺（不再有洪水），转向立约的承诺，以及与之对立的反制曲（因我们违背契约而引发大火灾）。对即将发生的火灾的幻象重新点亮了这个令人沉痛的问题：**“那时这一切的美会有什么遭遇？”**处于危险之中的这一切的美，甚至超越了黑人民族的美，延伸至与人相关的一切，延伸至鸟、兽和花。

《街上无名》令人胆怯的书名来自《约伯记》第18章第16—19节，书亚人比勒达对约伯说了这句话，关系到恶人的命运：

> 下边,他的根茎要枯干。上边,他的枝叶要剪除。
> 对他的记忆将从地球消亡。他的名字在街上也不存留。
> 他必从光明中被撵到黑暗里,必被赶出世界。
> 他在本族中必无子无孙。在寄居之地也无一人存留。
> 后他而来的会惊奇于他的日子,恰如先他而去的受了惊骇。

我刚刚(重)读完了690页的《票价》,我必须承认自己时常禁不住想把约伯对比勒达的回答转述给鲍德温:

> 你们搅扰我的灵魂,用言语击碎我,要到几时呢?
> 你们这十次羞辱我。你们令我疏离也不以为耻。
> 果真是我犯了错,我的错乃是属于我。
> 如若你们果真要诋毁我以夸大自己,以我的羞辱为证指责我。 487

如果鲍德温只是约伯的安慰者,充当比勒达而非耶利米的角色,那么他作为先知在修辞方面的权威性将受到严重的损害。《街上无名》非常聪明地避开了鲍德温牺牲读者夸大自己的危险,方法之一在于该书巧妙地把作者置于易受攻击的语境当中,即他本人在纽约和巴黎的生活。鲍德温不允许自己(或其读者)忘记一个黑人同性恋唯美主义者和道德主义者、作家和传道士必须如何持续不断地为自己的生存而斗争,从而赢得了预言困境的悲情感染力:

> 我尽我所能做出这样的举动,为的是理解发生的一切,也为了让自己应付得来。但是我离开时间太长了。我不仅无法重新适应纽约的生活,而且也不想:我再也不想成为任何人的黑鬼了。然而,现在我将会发现,这个世界不止一种逼你一直做黑鬼的方式,它已经发展出了不止一种给猫剥皮的方式;这里的控制松了,那里便会紧,现在我被非常有风度地提供了一种待遇:俱乐部成员。我在一些雅致的小饭店里吃午餐,在一些会员独享的俱乐部吃晚餐。我尽量理解同胞们对不好相处、难以驾驭的我的关注,我确实在努力地理解他们,尽管并非没有困惑,最后还滋生了些许恶意。我开始感到极度的

> 不自在。这是一种怪异的不自在，一种因意识到自己迷失了方向而产生的恐惧。我并不完全理解我听到的一切。我不信任我听到的自己说的话。我听到的话里没有几句反映出我所了解的生活，或者反映出我苦苦熬过的生活。我的母亲和我的父亲，我的兄弟和我的姐妹，没有出现在我就座的桌旁，陪同我的人也没有听说过他们。我的先兆，或者说我的直觉，开始紧张地变换，恰如在我头部四周摇曳的香烟烟雾。我并非抓住我的不幸不放手。恰恰相反，如果我终于摆脱了贫穷，那就更好了，而且它来得几乎为时已晚——不过，我越来
> 488 越感到不寒而栗，仿佛余生都必须生活在沉默之中。

因迷失方向而产生的不自在感本身便是一个预言性的转义，在此书言词犀利的最后一段中达到了水到渠成的效果：

> 身为一个非洲裔美国人，或者一个美国黑人，便是身处所有此类人遭遇的被夸张到难以忍受的处境：他们发现自身是某种文明的一部分，但他们决不会体面地维护此种文明——其实他们被迫无休无止地抨击和谴责它——不过他们因为饱含最强烈的热爱而发声，希望能让他们的王国焕然一新，让它变得体面而值得托付生命。不论是谁，身处何种文明，都会无可救药地热爱此种文明的一些方面，以及身处其中的一些人。没有人会轻易决定与他的社会作对。人人都希望与自己的同胞在一起如鱼得水，而不愿被他们嘲笑和厌恶。在某个层面上，人民的嘲笑，甚至于他们的仇恨，令人动容，因为它们如此盲目：看着人们执着于自己被囚禁的状态，一门心思奔向自己的毁灭结局，是很可怕的。我认为黑人对于美国，对于美国人，一直都是这种感觉，黑人一直都能看到即将到来的愤怒，在没有思想的美国人头顶盘旋。

与自己的同胞在一起不要感觉到如鱼得水，为的是避免在新的锡安——美国——如鱼得水的灾难。无论鲍德温的修辞权威性多么打动读者，上述引文的言下之意还是会令他们不安：至少在我们的社会里，黑人都是先知。天哪！真希望耶和华的子民都是先知，但是并非如此，也不可

能如此。《街上无名》首次出版十四年后，我看到了一份民意测验结果：美国总统目前得到了68%的选民支持，而黑人公民对他的满意率达到了令人惊奇的50%。无论这位总统最终在历史上居于何种地位，时间已经抹黑了鲍德温的世俗预言：他的族人始终能够作为控诉我们文明的团结一致的证人。

《票价》

鲍德温与每一位真正的先知一样，满腔激情地偏好约拿的命运，而非耶利米的命运，但是我不怀疑他作为耶利米后辈的真实出身会一直有效，直至他（和我）生命的尽头。在我看来，《票价》中最后的文字是鲍德温最辛酸的倾诉： 489

> 怪人被称作怪人，被如此——基本上都是极其恶劣地——对待，因为他们是这样的人：他们会让人对我们内心深处最强烈的恐惧和欲望产生共鸣。
>
> 然而，我们大多数人不会表现出怪人的模样——但我们很少是表现出来的模样。大多数时候我们是肉眼可见的男性或女性，我们的社会角色由我们的性用品决定。
>
> 但是我们都是双性同体，不仅因为我们的生命来源于被男人授精致孕的女人，还因为我们每一个人体内都包含着一个他者——女人体内有男人，男人体内有女人，黑人体内有白人，白人体内有黑人——这是不由自主的永恒的存在。我们是彼此的一部分。我的许多同胞似乎发现这个事实极其不便，甚至不公，我也经常有这种感觉。但是谁也无从改变这个事实。

如上文所示，鲍德温压低声音发言时，内容最有预见性，最有说服力。这种自我抑制的修辞效果来源于从头至尾对复数代词的准确使用。这位先知从私人困境论及普遍困境，取得的效果与耶利米大量使用的将预言性选择个体化的转义截然相反。鲍德温赢得的终极褒奖便是在耶利米最可怕的言论中实实在在地占据了一席之地：

耶和华啊，你曾误导我，我也听了你的误导。你比我强大，且胜了我。我终日成为笑话，人人都嘲笑我。

我每逢讲论的时候，就发出哀声，我喊叫说，有强暴和毁灭。因为耶和华的话终日成了我的凌辱、讥刺。

我若说，我不再提耶和华，也不再奉他的名讲论，我便心里觉得
490 似乎有烧着的火闭塞在我骨中，我便含忍不住，不能自禁。

弗兰纳里·奥康纳
（1925—1964）

《暴力夺取》

在一部明确宣称为罗马天主教非韵文浪漫传奇作品的开头，一个八十四岁的美国南方新教徒、自封的先知、以私酿烈酒为业的人去世了，下面这个信息量非常丰富的句子详细地说明了发生的一切：

> 舅姥爷死了才半天，弗朗西斯·马里恩·塔沃特这个男孩就因为喝得烂醉，没法挖完墓穴了。一个叫布福德·曼森的黑小子正好来这里用罐子打酒，他只得挖好墓穴，把依然保持坐姿的尸体从早餐桌旁拖过来，按照体面的基督教形式给葬了，并在坟头插上了耶稣基督的十字架，为了防止狗刨坟，坟包上还垒了足够多的土。①

在弗兰纳里·奥康纳代表作《暴力夺取》的结尾，十四岁的塔沃特向毁灭之城行进，在那里，他将遭遇自己的先知生涯：

> 男孩锯齿状的影子时不时地会倾斜在他前面的路上，仿佛是要清理通向他目标道路上的坎坷。他那双被烤焦了的眼睛深陷在眼窝里，似乎已准备好展望等待着他的命运了，但他依然稳步向前，脸坚定地朝向黑色的城市，在那里，上帝的子民正躺着熟睡。 491

在弗兰纳里·奥康纳残忍的幻象中，上帝的子民，我们每一个人，

① 本书中*The Violent Bear It Away*的译文均出自弗兰纳里·奥康纳著，仲召明译：《暴力夺取》，北京，新星出版社，2011年。部分译文有改动。

外在的生命总是处于沉睡状态。年青的塔沃特显然是奥康纳的代理人，从临床的角度来讲处于精神分裂的边缘，受制于听力幻觉，听到了一个想象的朋友提出的建议，而这个想象的朋友很明显是基督教的撒旦。然而，临床术语对奥康纳来讲完全是陌生的，她只接受神学命名和对命名的撤销。这必定是奥康纳作品在精神层面上的优势，但也可能导致审美意义上的注意力分散，毕竟《暴力夺取》是一部关于神奇力量的小说，不是宗教短文。雷拜是老塔沃特和小塔沃特这两个先知的对手，堪称审美灾难，仅凭对他的再现瑕疵，便足以排除《暴力夺取》成为继福克纳《我弥留之际》和纳撒尼尔·韦斯特《寂寞芳心小姐》之后第三部优秀作品的可能性。奥康纳鄙视雷拜，不愿费劲让他的形象拥有最起码的说服力。令我们感到吃惊的是，他的言语中令人难以置信地夹杂着通俗社会学和混乱的心理学术语，连奥康纳的强硬支持者萨利·菲茨杰拉德[①]也被迫承认：

> 她的弱点——她对俗世的社会学家、心理学家和理性主义者的专门用语不是非常熟悉，常常把他们塑造成反面人物，天平的一端很明显地偏离他们——在雷拜（他集这三种身份于一身）这个人物身上显露无遗。

我们几乎无法相信，如果奥康纳对戴维·里斯曼[②]、埃里克·埃里克森[③]和卡尔·波普尔[④]等人的作品非常熟悉，便有能力将可怜的雷拜塑造成一个更加可信的漫画形象，讽刺她所鄙弃的一切。我们记得《暴力夺取》，是因为其中的两个先知，尤其是小塔沃特，他或许可以被称作诺斯替教版本的哈克贝里·费恩。这个最古老的异端邪说认为，是真知让我们获得自由。坚持正统天主教信仰的奥康纳必定认为，是接受耶稣的洗礼让我们获得自由。对她来说，《暴力夺取》的小说标题是最重要的一面，

① 萨利·菲茨杰拉德（Sally Fitzgerald，1917—2000），美国学者，奥康纳研究专家。

② 戴维·里斯曼（David Riesman，1909—2002），美国社会学家、教育家。

③ 埃里克·埃里克森（Erik Erikson，1902—1994），美国精神病学家、发展心理学家和精神分析学家。

④ 卡尔·波普尔（Karl Popper，1902—1994），出生于奥地利，后迁居新西兰和英国，是批判理性主义的创始人。

因为这是耶稣的原话：

> 你们出去究竟是要看什么？要看先知吗？我告诉你们，是的，他比先知大多了。
>
> 经上记着说，我要差遣我的使者在你前面，预备道路。所说的就是这个人。
>
> 我真真切切告诉你们，凡妇人所生的，没有一个大过施洗约翰的。然而神国里最小的比他还大。492
>
> 从施洗约翰的时候直到现在，天国不断遭受猛烈的攻击，强暴的人企图把它夺去。

以上我引用了钦定版《圣经》中《马太福音》第11章第9—12节，其中“强暴的人企图把它夺去”比奥康纳的天主教版本“暴力夺取”更多一些启示性。在奥康纳看来，我们回到了，或者说从未离开过基督的紧急时刻，她的心与大、小塔沃特这样的人在一起，他们知道天国将迫使他们用暴力夺取它：

> 如果这是一部现实主义小说，或者，如果这部小说要求你们所要求的那种现实主义，那么，现实主义的缺省是至关重要的。那个老人很显然不是南方的浸礼会教友，而是一个独立自主的人，一个真正意义上的先知。真正的先知受到的启迪来自圣灵，并非一定要来自他所处地域的主导性宗教。另外，南方传统的新教团体正在逐渐蜕变成世俗主义和体面，在草根阶层逐渐被各种与传统新教没有多少相似之处的奇怪教派所取代：耶和华的见证者、驯蛇者、自由思考的基督徒、独立的先知、骗子、疯子，有时候会有真正受到启迪的。人物必须忠于他的本性，我认为老人就是这样一个人物。他是一个先知，不是教堂成员。作为一个先知，他必须是一个天生的天主教徒。霍桑说自己写的不是长篇小说，而是浪漫传奇；我是他的衣钵弟子之一。

在上述这段洋洋洒洒为自己作品辩护的话里，奥康纳唯一一句有争议的话是把老塔沃特命名为“一个天生的天主教徒”。她当然是霍桑的弟子，承袭自福克纳、T. S. 艾略特和纳撒尼尔·韦斯特，但是霍桑即便会称许她的创作模式，也会对她的创作题材感到震惊。忽视奥康纳作品中真正令人震惊的地方，相当于站不住脚的误读。引起麻烦的不是她笔下无休止的暴力，而是她对暴力激情洋溢的赞同，认为这是惊吓俗世读者、使他们获得精神觉醒的唯一途径。作为一个幻象作家，她下定决心要用暴力夺取我们，把我们夺走，这样我们或许才会敞开心门，面对上帝施与恩典的可能性。著名的短篇小说《好人难寻》中的老太太代表着奥康纳那些难以置信的读者：

> 493 她看到那张扭曲的脸贴近了她的脸，像是就要哭了出来。她低声说："哎呀，你是我的儿呢，你是我的亲儿！"她伸出手去摸他的肩头。"格格不入"像是被蛇咬了似的向后一跃，当胸冲她开了三枪。然后他把枪放在地上，摘下眼镜擦了擦。

在奥康纳看来，老太太相认时的低声耳语最重要。"格格不入"的刻薄话语代表了奥康纳的心声："她可以变成个好人的，要是每分钟都有人对她开枪的话。"我是一个俗世的评论家，必须低声说："那样一来，善良确实变得有点艰难？"然而，奥康纳预料到了我们受到伤害的天性对恩典的强烈抗议，因为我们情有可原地更喜欢一个矫正天性但并不废止天性的幻象。小塔沃特是一个像哈克贝里·费恩一样倔强但美好的少年，不仅抗拒雷拜，还抗拒老塔沃特的教诲。小塔沃特是一条沼泽狐[①]，就像名字被他借用的那个革命英雄，这个男孩等待着自己的召唤；他通过淹死了傻子表弟毕肖而为其施洗，之后才接受了担任先知的神谕，之所以发生这种转变，唯一的原因却是他被魔鬼鸡奸了。奥康纳的大胆让我们想起了创作《圣殿》的福克纳和创作《难圆发财梦》的韦斯特。她称自己的宗教信仰是罗马天主教，但她的情感属于南方的哥特式传统，有詹姆斯一世时期的创作风格，颇像早期的T. S. 艾略特，甚至有诺斯替教的特征，类似卡莱尔的粗鲁风格，奥康纳可能从来没有读过卡莱尔的作品。

① 《沼泽狐》是沃尔特·迪士尼出品的一部电视连续剧，讲述主人公、美国独立战争时期的英雄弗朗西斯·马里恩的故事。"沼泽狐"(Swamp Fox)是他的绰号。

阅读奥康纳的两部长篇小说《智血》和《暴力夺取》，还有她的两部短篇小说集《好人难寻》和《上升的一切必将汇合》，然后从她的小说转向她在《奥秘与风俗》中偶尔出现的散文，以及在《生存的习惯》中的书信，对我而言意味着文学评论的一个难题。写散文和书信的奥康纳指责摩尼教和詹森教派等一切背离正统罗马天主教的教派，而讲故事的奥康纳似乎是两种意识形态的一个奇怪组合：一种来自把《新约全书》读入《〈伊利亚特〉，或力量之诗》的西蒙娜·韦伊，另一种来自让我们确信无暴力宗教之神圣不可能回归的勒内·吉拉尔。然而，真正的奥康纳在信中称韦伊“滑稽可怕”，把这个永久期待恩典的人塑造成“一个瘦削、知性、傲娇的女人，咬紧牙关一寸一寸地接近上帝”，我怀疑她对吉拉尔的暴力学说也会觉得同样滑稽。

奥康纳作为一位俗世神学家，与奥康纳作为一位几乎可以用“杰出”来形容的讲故事者，我们要找到两者之间的差距，这样做也许恰当，也许 494
不恰当，但是无论如何，目的都不是要轻视她的信仰或她的小说。我怀疑，奥康纳小说中隐含的神学观念与她本人的认知大相径庭，这种不同实际上强化了那些长篇与短篇小说的艺术感染力。《我弥留之际》和《寂寞芳心小姐》是奥康纳催促罗伯特·菲茨杰拉德[1]阅读的仅有的两部小说，而早期的艾略特、并非晚期的艾略特总是掌控着她的散文韵律，这两点并非偶然。《荒原》、《我弥留之际》和《寂寞芳心小姐》的主导因素不是天主教想象力，而是格肖姆·肖勒姆称为“以罪施救”的诺斯替教模式。《智血》、《暴力夺取》以及《好人难寻》和残忍的《帕克的背》等短篇小说都发生在与《荒原》、《我弥留之际》和《寂寞芳心小姐》相同的宇宙。这个宇宙便是古代诺斯替教徒称为“虚己亏空”的宇宙空虚的美国版本，一个由篡夺异乡上帝之位的巨匠造物主统治的天体，这个造物主还把上帝驱逐出了历史，远在我们的祈祷能够到达的距离之外。

* * *

我认为奥康纳的小说世界本质上属于诺斯替教，我的看法不仅与她本人对异端邪说的批判存在分歧，也不同于杰斐逊·汉弗莱斯细致入微

① 罗伯特·菲茨杰拉德（Robert Fitzgerald，1911—1985），美国诗人、文学评论家、翻译家，与萨利·菲茨杰拉德有过一段婚姻。

的解读，后者用“暴力美学”的概念把奥康纳与普鲁斯特联系在一起：

> 在奥康纳眼里，人类是自己的巨匠造物主，是自己堕落的始作俑者，是自己牢狱的监管……
>
> 这种对宗教神圣半任性、半传承的疏离所导致的主要后果是，宗教的神圣只能以暴力的方式、以撕碎日常生活肌理的方式闯入人的感知。

按照这种规范的说法，不论是希伯来人，还是天主教徒，我们都因为自己的罪责而堕入虚己亏空。按照诺斯替教的表述，创世与堕落是同一个事件，能够拯救我们的只有我们内心的某个火花，这个火花不是创世的一部分，而是回归了原初的深渊。照亮被毁初创宇宙的宏大或崇高是一种深渊光辉，在布莱克、卡莱尔和早期艾略特的作品里是如此，在福克纳、韦斯特和奥康纳等怪诞派小说大师的作品里也是如此。

奥康纳短篇小说里最丑陋，但也是最震撼的一篇是《上升的一切必
495 将汇合》中的《林中一景》。它的中心人物是七十九岁的福钦恩先生和他九岁的外孙女玛丽·福钦恩·皮茨。我不能确定他们两个中谁的道德品格更可恶或人格更丑恶，部分原因是他俩非常相像，同样自私，同样执拗，拥有同样虚假的自尊，同样郁郁寡欢，具备同样赤裸裸的卑贱。在这篇短篇小说的结尾，两人大打出手，小女孩被掐死，头撞碎在一块岩石上，而她的外祖父心脏病发，看到了最后的“林中一景”。这是奥康纳令人极度不安的典型结尾段落之一：

> 然后，他仰面朝天倒在地上，无助的眼神透过光秃秃的树干，望向松树的树冠。他的心脏抽搐了一下，又开始了一次扩张。心脏扩张的速度如此之快，老人觉得自己仿佛被它拽着穿过树林，仿佛他和丑陋的松树一起快速跑向湖边。他感觉那边会有一块小的空地，一块小地方，他可以甩掉树林，逃向那里。他已经看到了远处那块小地方，那块小空地，白色的天空倒映在湖水里。他朝着它跑过去，它在增长；突然间，整个湖在他面前敞开，泛着涟漪，气势全开，向他的脚边涌过来。他突然意识到自己不会游泳，他没有购买那艘船。在他

> 的两侧，他看到萧索的树木模糊成神秘的黑色纵列，一路行进到湖的对岸，又向远方进发。他绝望地四处张望，想找人来帮他，但是这里空无一人，只有一个高大的黄色怪物，坐在一边，维持一个姿势，贪婪地嚼着黏土。

那个高大的黄色怪物是一台推土机，濒死的福钦恩先生是一台推土机，死去的玛丽·福钦恩·皮茨也是。在这样一个冷漠无情、令人厌恶的世界里，对于如此不讨人喜欢的人物，是什么维系着我们的兴趣？奥康纳本人的评述对于回答这个问题没有帮助，反而招致了属于它自身的困惑：

> 总之，树林是基督的象征。它们渡过湖水，沐浴着红色的光芒，最终离开了老人的视线，翻越山岭，一路远去。这个故事的名字是林中一景，如果有什么涵义的话，树林本身便已足够纯净，完全可以成为基督的象征。这个故事的部分张力来源于玛丽·福钦恩和老人是 496
> 彼此的映像，但最终成了对手。一个得到了拯救，另一个被打入地狱。这一点没有办法逃避，只能点明并强调。他们的命运不同。一个不得不先死，因为一个杀了另一个，不过如果你认为他们死在了不同的地方，那便是你读错了。老人死在她的身边；他只是觉得他跑到了湖边，那是他的幻象。

拯救了玛丽·福钦恩，但把她可怜的外祖父打入地狱，我无法理解这是什么样的神学伦理道德，不过任何时候，奥康纳对万民四末[①]的奇特定义都超出了我的理解能力。更有趣的是奥康纳自己最后看到的林中一景。她的天主教圣礼幻象使她能够在“萧索的树木”中看到基督，这些树木“模糊成神秘的黑色纵列，一路行进到湖的对岸，又向远方进发”。大概在奥康纳眼里，树木向远方进发象征着福钦恩先生被罚入地狱。就这一点而言，作为她的读者，我无法给予奥康纳很高的评价。毫无疑问，玛丽与她的外祖父一样应该受到诅咒，且被罚入地狱，树林也是如此。它们不像正统的基督，而是诺斯替教文本中的耶稣，只有他的幽灵在十字架上

① 万民四末（the four last things），指的是死亡、审判、天堂、地狱。

受难，但基督的真身在遥远的异乡天堂里、在终极深渊里大笑。

奥康纳最终的幻象总是模棱两可，尽管她显然并不希望如此模棱两可。下面的引文出自《天启》的结尾：

> 太阳终于悄悄地溜到了树林背后，特品太太一直待在那里，眼睛向下凝视着他们，仿佛她在吸收某种深不可测的救命知识。她终于抬起了头。天空中只有一抹紫色的霞光，划过猩红色的原野，像是一条公路的延长线，通向渐渐降临的夜幕。她从钢笔的一侧抬起双手，姿势充满玄机，活像僧侣。她的眼里闪过一道幻象的光芒。她把那抹紫霞看作一座巨大的摇摆桥，从地面伸向天空，划过燃烧的原野。桥上有一大群人呼噜噜地缓慢走向天堂。有整连整连的穷白人，生平第一次显得干净清爽，有一队一队穿着白袍的黑人，还有整营整营的怪人和疯子，拍着手大喊大叫，蹦蹦跳跳像青蛙。队伍的最后是她立刻认出来的一群人，他们和她及克劳德一样，总是什么都有一丁点，还有上帝赐予的才智，以便他们正确运用这一丁点东西。她
> 497 探身过去，想看得更仔细一点。他们跟在其他人后面，仪态端庄，一如既往地表现出良好的秩序、常识和受人尊重的行为举止。只有他们踩对了节奏。不过，她从他们震惊变形的面容可以看出，连他们的美德也正在被烧尽。她垂下手，抓紧了猪圈的围栏，眼睛虽小，却一眨不眨地凝视着眼前的一切。过了一会儿，幻象消失了，但她仍停在原处，一动不动。
>
> 最终，她走下来，关掉水龙头，沿着渐渐暗下来的小径，慢慢地向家里走去。在她周围的树林里，蟋蟀们的大合唱已经开始，她听到的却是人声，那些人正一边爬向星空，一边喊着“哈利路亚”。

本意是烧尽虚假的或流于表面的美德，实际上几乎烧光了一切。奥康纳的混杂领域既不是本性也不是恩典，既不是南方的现实也不是私人的幻觉，在那里，一切必须是打入地狱的，实施惩罚的不是一种暴力美学，而是一种诺斯替教美学，后者认为知者只有与所知合二为一，才有获得知识的可能。奥康纳的天主教道德主义在一定程度上掩盖了她的怪诞美学，导致她视而不见。当然，奥康纳的散文《南方小说中怪诞的某些方

面》避开了她在创作实践中的中心问题：

> 每当有人问我，为什么南方作家特别喜欢刻画怪人，我回答说是因为我们仍有能力辨认出怪人。要能辨认出怪人，你必须对健全的人有一个概念，在南方，对人的普遍观念基本上与神学相关。这是一句宽泛的陈述，这样说是有危险的，因为你所说的关于南方信仰的每一句话几乎都有可能在下一秒钟被同样合情合理地否定。然而，如果从作家的角度探讨这个话题，我认为可以笃定地说，尽管南方几乎不以基督为核心，但基督毫无疑问是一个挥之不去的存在。不相信这一点的南方人非常担心自己也许复制和模仿了上帝的形象。鬼魂可能很凶猛，很有启迪。它们投射出奇怪的影子，特别是在我们的文学之中。不论何种情形，当我们觉得怪人可以作为一个形象，指代我们本质上的错位时，他在文学中便获得了某种深度。 498

这里，怪人的错位指的是与“健全”错位，这种错位被描绘成模仿或复制上帝形象的存在。但是错位这种模式不是奥康纳小说中起作用的模式。她笔下的人物当中，她最喜欢年少的塔沃特，他不是怪人，他非常讨人喜欢，因为他把自由看得重于一切人和事，甚至重于作为先知的使命召唤。塔沃特令我们感动，因为他的固执，因为他是幻象大师中的哈克·费恩。然而，他是因为无法逃避的先知使命而感动了奥康纳，甚至让奥康纳产生了认同。努力争取人性自由的塔沃特，被舅姥爷的训练束缚的塔沃特，被内化的魔鬼困住的塔沃特，尤其是被奥康纳的宗教癫狂控制的塔沃特，他们之间的相互作用构成了奥康纳作品非同寻常的艺术性。与奥康纳虔诚崇拜者的观点相反，如果她能够控制自己强烈的精神倾向性，她应该可以留给我们更有艺术感染力、与福克纳作品一样卓尔不凡的长篇小说和短篇小说。 499

加布里埃尔·加西亚·马尔克斯

(1928—2014)

《百年孤独》

据卡洛斯·富恩特斯[①]所言,马孔多"带着哥伦比亚式的约克纳帕塔法的丰富开始繁荣增长"。福克纳是加布里埃尔·加西亚·马尔克斯的文学源泉,其中还杂合了卡夫卡的特点。福克纳的影响无处不在,我们不时会在加西亚·马尔克斯的作品中听到福克纳的老师——乔伊斯和康拉德的声音,不过却几乎总是有福克纳在其中进行调节。《族长的秋天》中可能到处弥漫着福克纳的气息,但《百年孤独》完全吸纳了福克纳,正如它吸纳其他各种影响一样,从而形成一种幻觉效应,如此具有感染力,如此协调一致,乃至读者从不质疑加西亚·马尔克斯的权威。也许正如雷纳尔·阿加斯所暗示的那样,在《百年孤独》中福克纳被替换成卡彭铁尔[②],卡夫卡被替换成博尔赫斯,因此加西亚·马尔克斯的想象力在自己的语言中归化了自己。马孔多作为幻象王国,是一种印第安和西班牙式的意识行为,远离密西西比州的牛津,远离布拉格的犹太人墓地。在后来的作品中,加西亚·马尔克斯又回归了福克纳和卡夫卡,不过《百年孤独》是一个奇迹,且只能发生一次,哪怕只是因为与其说是小说,它更像是一部圣典,即马孔多的《圣经》;魔术师梅尔基亚德斯用梵文写作,与其说他是作者本人的面具,不如说他是博尔赫斯的面具,不过那位讲故事的吉普赛人也把加西亚·马尔克斯与古希伯来讲故事者,即旧约耶典的作者联系了起来,后者既是最伟大的现实主义者,又是最伟大的幻想家,不过最重要的是,作为讲故事者,他是荷马和托尔斯泰唯一真正的对手。

---

① 卡洛斯·富恩特斯(Carlos Fuentes,1928—2012),墨西哥著名小说家和散文家。

② 卡彭铁尔(Alejo Carpentier, 1904—1980),古巴著名小说家、散文家、文学评论家、新闻记者和音乐理论家。

重读《百年孤独》时，我最主要的印象是一种美学上的战斗疲劳，因为每一页都灌满了生命活力，超出了任何单个读者的吸收能力。我不确定这部小说的质地所具有的压紧特质最终是不是一个优点，因为有时我 500
感到自己像一个被邀请参加晚宴的人，人们给他上的菜就是一大浅盘的土耳其软糖。然而它到处都是故事，任何可以想象的和不可思议的事情都发生了，从创世到世界末日，从出生到死亡。罗伯托·冈萨雷斯·埃切瓦里亚大胆猜测，在某种意义上，是读者必须在故事结尾处死去，而且也许是文本的极度丰富摧毁了我们。乔伊斯曾半严肃地预见到一位理想读者忍受失眠的折磨，穷尽一生解读《芬尼根守灵夜》。但读者不需要转译《百年孤独》，因为这是一部不具有任何表面性困难的小说，受到读者欢迎是理所当然的。然而该书为阅读添加了一层新的维度。它的理想读者必须像它最令人印象深刻的人物，即匪夷所思的奥雷连诺·布恩蒂亚上校。奥雷连诺“在娘胎里就会哭，睁着眼睛出世”。这部小说中没有废话，没有纯粹的过渡，而且你在读的时候必须留意一切。它具有连贯性，即便并非总是在文学意义上，至少也是作为神话和隐喻保持了连贯一致。

在非凡的现实面前，意识取代了想象。这句爱默生式的格言是华莱士·史蒂文斯说的，配得上《关于最高虚构的笔记》和《纽黑文的一个寻常傍晚》的幻象大师。马孔多是一个最高级的虚构，在它的边界之内没有寻常的傍晚。讽刺，甚至戏仿，最多的还是幻想——这些体裁如今在美国几乎是不可能存在的了。你如何能够讽刺罗纳德·里根或者杰瑞·法尔威尔[1]？无论何时我访问加利福尼亚州南部，品钦的《拍卖第四十九批》都不再像是幻想，而在纽约乘坐一次地铁就会把所有的文学现实主义缩减为一种理想化投射。拉丁美洲的某些现实甚至超越了加西亚·马尔克斯的创造。据可靠信息来源，我知道绰号“爸爸医生”、显赫一时的海地独裁者老杜瓦利埃就曾命令杀死他的国家里所有的黑狗，因为他相信他的一个主要政敌已经将自己变成了一条黑狗。《百年孤独》中多数稀奇古怪的东西在任何地方也都是稀奇古怪的，但是在北美评论家看来不大可能的现象，则完全有可能是现实的再现。

埃米尔·莫内格尔强调加西亚·马尔克斯的杰作在拉丁美洲小说

① 杰瑞·法尔威尔（Jerry Falwell，1933—2007），美国基督教福音派牧师，持极端保守的政治立场，曾帮助里根入主白宫。

中是独一无二的，与胡里奥·科塔萨尔、卡洛斯·富恩特斯、莱萨马·利马、马里奥·巴尔加斯·略萨、米格尔·安赫尔·阿斯图里亚斯、曼努埃尔·普伊格、吉列尔莫·卡夫列拉·因方特以及许多其他作家的多样化成就迥然有异。莫内格尔和阿里纳斯一样，都注意到了加西亚·马尔克
501 斯同博尔赫斯和卡彭铁尔之间的联系，但莫内格尔的辩证观点似乎说的是，加西亚·马尔克斯的代表性只体现在他和所有的同僚们一样都不具代表性这一点上。然而如今对于大多数北美读者来说，当他们想到美洲的西班牙语小说时，首先进入脑海的便是《百年孤独》。阿莱霍·卡彭铁尔的《光明世纪》或许是一部更具感染力的书，但只有博尔赫斯像加西亚·马尔克斯用他宏大的幻想作品做到的那样占据了北美的文学想象。不可避免的是，我们注定要将《百年孤独》等同于整个一种文化，似乎它就是一部新的《堂吉诃德》，但它绝对不是一部新的《堂吉诃德》。对加西亚·马尔克斯来说，同巴尔扎克的比较，甚至同福克纳的比较都不是十分公平的。巴尔扎克巨人般的创造力令后来的这位幻象大师相形见绌，而哪怕是在马孔多也没有什么能像《我弥留之际》中本德伦一家那可怕的探寻一样，具有一种否定性的崇高感。《百年孤独》在地位上更接近于纳博科夫的《微暗的火》和品钦的《万有引力之虹》，它们均是后来者的奇幻作品，是已在衰亡之中的传统的强大继承者。

不论加西亚·马尔克斯这部主要叙事作品的局限性是什么或不是什么，它如今享有经典的地位，并且承担着一种代表性功能。它的文化地位仍在提升当中，同如此重大的一种现象进行争论是愚蠢的。我只想致力于解决这样一个问题，即作为读者，我们需要在多大程度上严肃对待该书的圣典层面。这部小说的第三句话是："这块天地还是新开辟的，许多东西都叫不出名字，不得不用手指指点点"，[1]而倒数第三句话则长而优美：

> 此时，《圣经》所说的那种飓风变成了猛烈的龙卷风，扬起了尘土和垃圾，团团围住了马孔多。为了避免把时间花在他所熟悉的事情上，奥雷连诺·布恩蒂亚赶紧把羊皮纸手稿翻过十一页，开始破译和他本人有关的几首诗，就像望着一面会讲话的镜子似的，他预见了

① 本书中*One Hundred Years of Solitude*的译文均出自马尔克斯著，高长荣译：《百年孤独》，北京，十月文艺出版社，1984年。

自己的命运。

在这部小说中，创世和世界末日之间的时间跨度是六代人，因此家族的创立者何塞·阿尔卡蒂奥·布恩蒂亚就是最后一代奥雷连诺的祖父的祖父。但丁的祖父的祖父，十字军战士卡萨圭达告诉他的后代但丁说，诗人感受到真理，是因为他注视着那面镜子，此世中的伟人和凡众在思考之前，均会在此镜中看到他们的思想。最后，奥雷连诺读了那个博尔赫斯式的吉普赛占星家留给他的梵文写成的羊皮手稿，照见了一面会说话的镜子，在他思考之前看到了他的思想。但他是否像但丁一样看到了真理？
佛罗伦萨是否像马孔多一样，与地狱、炼狱和天堂的现实相比，是个镜子 502
之城（或者幻景之城）？《百年孤独》是否只是一面说话的镜子？或者它不知怎的包含着一个地狱、一个炼狱和一个天堂？

只有更多的强大读者的经验和受过训练的思索才能多少带有定论地回答这些问题。《百年孤独》最终的卓越地位目前仍不确定。对于该书的同代人而言，清楚的一点就是加西亚·马尔克斯为拉丁美洲以及北美和欧洲的当代文化提供了十来个必要叙事中的一个，而没有这些叙事，我们既无法理解彼此，也无法理解我们自己。

《霍乱时期的爱情》

《百年孤独》里有一句可以算作警句的话："无论什么都消逝了"，或者甚至"一切都消逝了"。《霍乱时期的爱情》的美学原则便是此警句稍加修正后的一个版本。无论什么和一切形成了一种混杂的存在：福克纳、卡夫卡、博尔赫斯、卡彭铁尔、康拉德、乔伊斯。这两部小说都是圣典：《孤独》是《旧约全书》，《霍乱》是《新约全书》，至少对加西亚·马尔克斯及其最忠诚的读者和评论家来说都是如此。我自己将《霍乱》置于《孤独》之上，但这也不过是在宝藏中有所选择而已。

福克纳最看重《圣经》（只是作为文学作品）、莎士比亚、梅尔维尔、康拉德和乔伊斯的作品。他会如何看待上面提及的那些新世界西班牙语杰作，这我无法猜测。他会辨认出那些喷涌而出的文字和他自己的很相像，而那种英雄主义式的个人主义也一定会打动他。但他转变了方向，等待他的末日终结，而他笔下最出色的人物——达尔·本德伦、昆丁·康普生、萨德本、乔·克里斯默斯、金鱼眼——全都十恶不赦。虽然福克纳可以像狄更斯那样充满喜剧感，正如斯诺普斯家族①所见证的那样。该家族如今构成了由汤姆·德·雷·斯诺普斯②领导的得克萨斯共和党，而我们的国家也选择了贝尼托·布什作为“领袖”③。奥斯卡·王尔德总是对的。他说：生活别无选择，只能模仿艺术。

福克纳可能会对加西亚·马尔克斯那古怪的快乐一笑置之，至少在他的悲剧模式中会如此，但他会赞同先驱者和后来者均矢志维护的最后一点人文主义精神。堕落、对乱伦的着魔般的恐惧、溺毙在信息海洋中的创造性孤独：这些都是共同的主题和忧虑。那么，除了加西亚·马尔克
503 斯不可思议的高昂情绪外，这两人之间的区别是什么？

福克纳的希望很少具有说服力：他最出色的人物和莎士比亚的一样具有虚无主义色彩。加西亚·马尔克斯如此受欢迎，是因为他生机勃勃，而这掩盖了他的末世不祥预感。莎士比亚对福克纳具有何种意义，塞万提斯对加西亚·马尔克斯就具有何种意义：他是真正的祖先。塞万提斯有着阴郁的智慧，他的虚无主义倾向并不弱于莎士比亚，而且我并不相信两人是基督徒，福克纳或加西亚·马尔克斯也不能说是基督徒。

加西亚·马尔克斯与这三位的区别在《霍乱》中比在《孤独》中更为明显：他的确对性本能抱有浪漫主义盛期式的信仰，尽管他知道弗洛伊德揭示的真理，即爱情总是死亡冲动的面具。不过，相比《孤独》我更喜欢《霍乱》，最终是因为弗洛伦蒂诺·阿里沙的英勇无畏，正如小说的最后段落所显示的那样：

> “让我们一直向前，向前，向前，再到拉托拉达。”
>
> 费尔明娜·达萨浑身一震，因为她又听出了过去在圣灵启示下的声音。她看看船长，他却不同。但是船长没有看她，因为他被弗洛

---

① 斯诺普斯家族（the Snopes family），福克纳系列小说中出现的一个丑恶家族。现在被用来指称不择手段的商人或政客。此处本书作者给汤姆·德·雷的名字后加上了斯诺普斯这个姓，意在讽刺。

② 汤姆·德·雷（Tom De Lay），来自得克萨斯的众议院共和党“党鞭”（1995—2003），作风强硬，曾于1998年推动了克林顿总统弹劾案。

③ “领袖”（Il Duce），在意大利语中Duce表示“领袖”或“元首”。意大利法西斯主义独裁者贝尼托·墨索里尼在1925年至1945年间使用此称谓。此处本书作者用“贝尼托”这个名字和“领袖”一词来讽刺布什。

伦蒂诺·阿里沙灵感的巨大力量惊呆了。

“您说的是真话?”他问弗洛伦蒂诺·阿里沙。

“从我出生时起,”弗洛伦蒂诺·阿里沙说,“我没有说过一件不是真的事情。”

船长看看费尔明娜·达萨,在她的眼睫毛上,他看到了冬霜的细末。接着,他又看看弗洛伦蒂诺·阿里沙,他看到了他那不可战胜的控制力,他那勇往直前的爱。他害怕地怀疑了,不是死亡而是生活才是永无止境的。

“妈的,您认为我们这样来来往往地航行能持续到什么时候?”他问。

五十三年七个月零十一天以来,弗洛伦蒂诺·阿里沙对此早已胸有成竹。

“一生一世。”他说。[①] 504

① 本书中*Love in the Time of Cholera*的译文均出自马尔克斯著,徐鹤林、魏民译:《霍乱时期的爱情》,桂林,漓江出版社,1987年。

厄休拉·K. 勒古恩
（1929—2018）

《黑暗的左手》

在最近发表的一个寓言故事《她取缔了它们的名字》（《纽约客》1985年1月21日）里，夏娃取缔了亚当所命名的动物们的名字，当代最优秀的奇幻文学家对此行为的后果总结如下：

> 现在没有剩下动物需要取缔名字了，不过我看见它们中的一员游过，或飞过，或跑过，或爬过我的道路或我的皮肤，或者在夜里悄悄跟踪我，或者在白天陪着我走一段路，这个时候我感觉与它们是多么地亲近。它们的名字曾像一堵明白无误的墙，横亘在我与它们之间，现在它们似乎亲近了很多：亲近到了我对它们的恐惧和它们对我的恐惧变成了同一种恐惧。我们中许多动物感受到的相互吸引，想闻一闻彼此身上的鳞片或皮肤或羽毛或毛皮，想尝一尝彼此的血或肉，想彼此取暖——这种吸引如今与恐惧合二为一，无法区分猎人与猎物，也无法区分食客与食物。

上述这段话不妨作为厄休拉·克罗伯·勒古恩到目前为止风格各异的全部作品的尾声。从根本上讲，她是善于建构神话的奇幻作家；她那具有代表性的故事其实属于浪漫传奇这个文学体裁，她在历史较长的美国浪漫传奇传统中占有很高的地位。从霍桑开始直至品钦的《拍卖第四十九批》，浪漫传奇始终是美国文学当中占支配地位的创作体裁。因为科幻小说是一种通俗文学模式，勒古恩被称为科幻小说家，她内心的某
505 种抗拒使得她骄傲地宣称这种命名是准确的。我读了勒古恩在《夜晚的语言》中对菲利普·K. 迪克作品的评述，此后一直阅读迪克的作品，但是

没有人在读了迪克的作品之后，会把勒古恩在非韵文方面的成就与她承认的这位前辈的成就联系起来。对于科幻小说的可能性，勒古恩是狂热的捍卫者，竟然因此称菲利普 · K. 迪克为“我们自己土生土长的博尔赫斯”，甚至暗示说评论家不该将迪克与卡夫卡比较，只是因为迪克“并非荒诞派作家”，他的作品“并非（如卡夫卡作品那样）有自闭症症状”。

读了迪克的作品之后，我们只能私下嘟哝，一个文学评论家几乎不可能置身这样的危险：断定迪克是“我们的博尔赫斯”，或发现迪克与卡夫卡共存于同一宇宙，是我们这个世纪的但丁。然而，勒古恩作为评论家，忠诚于在《梦幻》《星系》《惊奇》《天体轨道》[①]等杂志或文选上发表作品的同仁，她在我眼里，不能等同于那个创作出《地海传说三部曲》《黑暗的左手》《一无所有》《开始之地》的幻象大师。勒古恩是一位想象力非比寻常的创造者和重要的文体家，她以这样的才华选择了“奇幻与科幻小说”（或者说，被它选择）；她是当代此类作家中一位具有压倒性优势的典范，比托尔金优秀，远远胜过多丽丝 · 莱辛。在她最令人叹赏的作品中，比如仍被我视为其代表作的《黑暗的左手》，她提供了一个性幻象，以奇特的方式弥补了品钦《万有引力之虹》和詹姆斯 · 梅里尔《桑多弗变幻着的光》[②]的不足。我只能想到一部比《黑暗的左手》更让我喜欢的现代奇幻作品，那便是戴维 · 林赛[③]的《大角星之旅》；不过林赛的写作糟糕透顶，幸而没有影响他这部作品的离奇梦魇，而勒古恩似乎从未写过一个错误的或糟糕的句子。我们只需引用她一些作品里的结束语来再次感受她的绝对修辞权威：

> 但是他没有带任何东西。他的双手空着，它们从来都是空着的。
>
> 《一无所有》

① 《梦幻》（*Fantastic*）、《星系》（*Galaxy*）、《惊奇》（*Amazing*）、《天体轨道》（*Orbit*），均为知名的科幻杂志或文选。

② 《桑多弗变幻着的光》（*The Changing Light at Sandover*），美国诗人詹姆斯 · 梅里尔（James Merrill，1926—1995）的后期代表作。

③ 戴维 · 林赛（David Lindsay，1876—1945），苏格兰作家，代表作为《大角星之旅》（*A Voyage to Arcturus*，1920）。

> 她面色凝重，和他并肩走过哈夫诺的白色街道，握着他的手，像一个回家的孩子。
>
> 《地海古墓》

> 不止一条公路通向这座城市。
>
> 《开始之地》

> 这个男孩，希莱姆的儿子，结结巴巴地说："你能告诉我们他是怎么死的吗？——你能给我们讲一讲遥远星系间的其他世界吗——其他的人类，其他的生命？"
>
> 506 《黑暗的左手》

当勒古恩准确、辩证的文体——总能唤起情感的共鸣，有时候那种有所节制的感伤力颇显崇高——与她的创造能力天衣无缝地融为一体时，她便获得了一种在当代小说中几乎独一无二的感受力，比如《黑暗的左手》。是这种纯粹讲故事者的感受力在读者心中诱发了一种不确定的状态，**不知道接下来会发生什么**。瓦尔特·本雅明称赞列斯科夫的话完全适用于勒古恩：

> 死亡批准讲故事者能够讲述的一切。他已经从死亡那里借来了他的权威性……
>
> 第一个真正的讲故事者是，而且将继续是，童话的讲述者。无论何时亟需明智的忠告，童话里都有；哪里需求最大，哪里最方便得到它的帮助。这种需求是由神话创造的需求。童话告诉我们人类最早如何安排以摆脱神话压在我们胸膛的梦魇……

本雅明在这篇关于列斯科夫的文章里还谈道："讲故事的艺术行将就木，因为真理的史诗一面，即智慧，已经奄奄一息。"我们可以怀疑本雅明的马克思主义论断：这样一种式微，如果这是式微的话，"只是历史的世俗生产力的伴随症状"。让人印象深刻得多的是，本雅明曾如此评论卡夫卡的短篇小说："叙事艺术重新获得了山鲁佐德[①]所说的重要性：延缓未来。"勒古恩的叙事艺术尽管常常以未来为背景，却不仅从死亡那里借来了权威性，而且发挥了延缓未来的作用，发挥了保护我们免受神话及其梦魇伤害的作用。

我知道，我的观点与勒古恩在散文集《夜晚的语言》中对其叙事目的性的陈述几乎格格不入。但是劳伦斯的箴言非常适用于勒古恩：信任故事，不信任讲故事者；当下用英语创作的作家中没有谁是胜过勒古恩的纯粹的讲故事者。勒古恩真正的信条由她创造的最不可思议的一个人物说了出来，他便是织网者法克谢，一位预言大师。在《黑暗的左手》中精彩的一章"预感的驯服"结尾，他这样说道：

> "未知的一切，"法克谢柔和的声音回荡在森林里，"未被预知的一切，未被证实的一切，都是生命的根基。无知是思想的基础。无证是行动的基础。如果上帝被证实不存在，那将不会有宗教。不会有汉大拉，不会有尤梅什，不会有炉边神，什么都不会有。与此同时，如果上帝被证实是存在的，那么也不会有宗教……告诉我，金瑞，什么 507
> 是已知的？什么是确定的、可预知的、不可避免的——关于我的未来和你的未来，你知道的确定无疑的一件事是什么？"
>
> "那就是，我们都会死。"
>
> "是的。的确只有一个问题有答案，金瑞，而且我们已经知道了答案……造就生命的唯一因素是永恒且无法承受的不确定性：不知道接下来会发生什么。"

以上说话的是预言大师，这个妙不可言的反讽与勒古恩深奥的叙事目的几乎没有关联。她本人便是一位辩证叙事模式大师，在她的叙事模式里，任何事情发生，必然牵涉其对立面。《黑暗的左手》这个标题很聪明地省略了勒古恩的道教诗中至关重要的实词：

> 光明是黑暗的左手

① 山鲁佐德（Scheherazade），《天方夜谭》中萨桑国宰相的女儿，自愿嫁给杀妻成性的国王，以讲故事的方式吸引他，讲了一千零一个故事之后，国王终于被她感动，与她白首偕老。

而黑暗是光明的右手。
合二为一，生与死，并肩
躺着，像发情期[1]的恋人，
像牵在一起的手，
像目的与方法。

这个方法便是道，被勒古恩巧妙地融入了她那本质上属于北欧的神话体系。“发情期”是《黑暗的左手》故事发生地点格森星或冬星上人类性欲循环的活跃阶段。冬星幻象最适合勒古恩的讲故事方式，即便有些作品的内容及语调与她的代表作相距甚远。从孩提时代开始，勒古恩眼里的神话体系似乎便意味着斯堪的纳维亚神话故事，而不是古典神话故事。和布莱克及艾米莉·勃朗特一样，勒古恩的想象力与奥丁和宇宙树[2]一见如故。不过，她改变了《埃达经》[3]的宇宙，使得它失去了一些——并非全部——进攻性的男性气概和禁欲主义的严酷。她的道教信仰具有一种安静的力量，调和了北欧幻象的狂暴，而这不是她那模糊的荣格学说能够做到的。

* * *

“没有差异的瞩目度，没有隐私的孤独”，是勒古恩对星族首都的看法；在她的小说《假象之城》里，公元4370年，星族人统治着曾经的美国。《黑暗的左手》出版七年之后，勒古恩为这本书写了一篇迟来的
508 序言，尖锐地提醒我们：“我创作科幻小说，科幻小说并不关注未来。我并不比你们更了解未来，很有可能了解更少。”她跟织网者法克谢一样，更喜欢对未来一无所知，但她也是和法克谢一样的预言大师，这里的预言，既是又不是一种道德预言。说它是，是因为它提供了一种关注当下的道德幻象；说它不是，也恰恰是因为它拒绝说出“如果你继续怎样

① 勒古恩自创的术语kemmer，类似于“发情期”，处于发情期的男女伴侣会互换性别。

② 奥丁（Odin），北欧神话中的至高神，被称为诸神之父，司掌战争、权力、智慧、魔法和死亡。宇宙树（Yggdrasil），北欧神话中的生命之树、宇宙的核心。

③《埃达经》（Eddas），古斯堪的纳维亚术语，现代学者用来指称中世纪冰岛的两部文学作品，一部为《散文埃达》，另一部为《诗歌埃达》，合称《埃达经》，是斯堪的纳维亚神话的源泉。

下去，结果就会怎样”。1985年的美国仍然提供“没有差异的瞩目度，没有隐私的孤独”。至于4370年的美国，我们不妨引用勒古恩的一首抒情冥想诗《自我》，出自她那几乎被人忽视的诗集《刚硬的话及其他诗歌》：

你无法测量周长
但是有中点：
石块，浅滩边洗涮的一名女子，
从她洗涮的东西里流出棕红色的水。
洞口。铃铛的口。
冬日的天空覆盖着向北飘移的
雪云，玉石的绿色。
星星与它的距离不会远过，
或近于，手中鹅卵石里云母的
闪亮。距离是我的神灵。

距离，周长，无法测量的东西，目标，唯一真实的未来只可能是我们行将死去；这些都是勒古恩回避的话题，她的叙事珍爱智慧或中点。然而，《刚硬的话及其他诗歌》中《自我》之前的那首诗歌有一个巧妙的题目《惊奇的》，这首诗告诉我们智慧何处可寻，在“目光”对“我”的否认里，这并不是一个非爱默生特色的顿悟：

中心不是中心之所在
而是我之所在，当我跟随
石块的线条，石块绕中心蜿蜒而行
中心不在那里
　　　　　　又在那里。
石块线条引向内里，将
跟随者带到了原初，
我所知道的一切都
　　　　　　飞向那里。

石块是石块，又不仅是石块；
中心张开，像眼皮张开。
每朵玫瑰一座迷宫：空山：
我不是我
509 而是目光。

我们想到了勒古恩每部叙事中变换的中心，还有她在另一首诗里把鼹鼠指认为自己的图腾。她是一位迷宫制造者，或“把黑暗形塑/成道路和坑洞的人”，总喜欢另一边的国度。或者，她是“原初的女儿……吟唱着关于石块的歌”。她信奉的道教赞颂水流过石块的力量，而石块是她最有标志性的转义。恰如她的话是刚硬的，她笔下大多数女人和男人也是硬朗严厉，毕竟很适合北欧或冬星神话。我们可以对她下这样的断语：她创作锋芒毕露的幻觉，或者说，在她的奇幻文学世界里，不是自恋的纳西索斯，而是盗火的普罗米修斯，为她提供了隐喻主题。

在一定程度上，勒古恩的全部作品都会激发我们一路追寻到某个乱石丛生的地方，但在那里几乎永远找不到追寻的目标。《一无所有》中的科学家舍维克是她笔下最成熟的追寻者，他逐渐认识到，其实他既是追寻的主体又是追寻的客体，总是已经在途中，总是已经在那里。舍维克是一个普罗米修斯式的无政府主义者，克服了自我意识和自我防卫，但为此失去了意义，代价比较惨重。他代表着勒古恩心目中理想的奥多[①]式社会，在那个社会里，雪莱和克鲁泡特金这样遭到孤立的理想主义者成了标准，而标准的无政府主义无法被再现，除非作为永恒的革命，但永恒的革命抗拒美学和政治意义上的再现。舍维克超越了这些再现的限制，不仅如此，“他的双手空着，它们从来都是空着的”。舍维克被剥夺了受伤的自尊——我们的原型自恋将其转化成攻击性——变得几乎像他的真人原型物理学家罗伯特·奥本海默[②]一样苍白无力。即便如

① 奥多(Odo)是《一无所有》中的一位革命家和领导人，他的思想奥多主义可视作一种克鲁泡特金(Kropotkin，1842—1921，俄国地理学家，无政府主义者)式的无政府主义。

② 罗伯特·奥本海默(Robert Oppenheimer，1904—1967)，美国加州大学伯克利分校物理教授、理论物理学家。他是曼哈顿计划的主要领导者之一，被誉为“原子弹之父”。

勒古恩，也无法两全其美;《一无所有》中的无政府主义意识形态剥夺了勒古恩笔下主人公的自恋型自我，从而在很大程度上剥夺了他作为虚构人物的趣味性。在纯粹的神话领域，比如勒古恩的地海，荣格是一位更合适的心理学导师，胜过他在离我们更近的精神领域，比如在《一无所有》中。

* * *

勒古恩最大的成就是《黑暗的左手》，反映了她的创作才华所处的最佳平衡状态，但是我仍急着强调这是**到目前为止**她最好的作品。五十五岁的她仍是原初的女儿，《开始之地》(1980) 中有非常得体的想象，比《黑暗的左手》(1969) 更巧妙，更大胆。然而，从概念和文体来看，《黑暗的左手》是她已出版的十二部左右重要叙事作品中最强大的一部。这部作品经得起反复阅读，原因之一在于它的谜团无以破解，另一个原因则是它具备伟大再现的重要品质，即提交了对于我们所说的现实的全新视角。尽 510
管《黑暗的左手》广受欢迎(平装本印刷了大约三十次)，在我看来对它的评论过于强调它所谓的漏洞，贬低了它的真正价值。最有名的负面批评来自斯坦尼斯拉夫·莱姆[1]，他认为这部作品里的性元素与故事无关，总之对它的处理不真实。这显然是莱姆愚钝的误读。该书主人公金利·埃伊对冬星居民持续不能理解的一面恰恰便是：他们的性欲给予他们一种意识模式，这种意识模式与他的(以及我们的) 意识模式格格不入。勒古恩运用绝妙的反讽，如此回答女性主义者和其他评论家：的确她“省略了太多”，“只能非常感激那些男读者和女读者们，他们乐于参与实验，发挥了他们的想象力，填满了这些省略的地方”。勒古恩与布莱克一样，太有礼貌，不好意思说她的关注点不在于让白痴对一切一目了然，从读者开始接受《黑暗的左手》至今已有十五年，她明智地把自我澄清的责任交给了自己这部精彩的作品。

这部作品在审美方面的主要亮点在于其对埃斯特拉文性格和个性的再现，为了加快未来的到来，这位首相牺牲了职位、荣誉、自由，最终还有他的生命，为金利·埃伊的艰难使命助一臂之力。埃伊是仁慈的星球

① 斯坦尼斯拉夫·莱姆 (Stanislaw Lem, 1921—2006)，波兰著名科幻作家、哲学家。

联盟伊库盟的使节，他必须摆脱自己作为一个事不关己的文化人类学家的视角，才能理解双性人，他们构成了格森星球上的全部人口，这个孤立的星球还有一个名字：冬星。没有理解，便没有希望说服他们与宇宙的其余星球组成联盟，即便这个出发点明显对他们有利。埃伊（这个名字同时具有自我、目光和痛苦的叫声三个意义）最有趣的地方在于他不情愿走出他的理性界线，因为这将需要他看到自己的性欲与意识模式之间的因果关联。

冬星居民的性欲是勒古恩最巧妙、最令人惊讶的创造：

> 处于发情期初始阶段的格森人，如果独居，或者与一个不在发情期的人在一起，都无法进行性交。不过，这个阶段的性冲动非常强烈，控制了整个人格，其他所有冲动都受制于它的需求。当该个体找到了同样处于发情期的伴侣时，荷尔蒙的分泌便会受到进一步的刺激（起主要作用的是爱抚的分泌物？气味？），直到一方体内的雄性或雌性荷尔蒙占据主导地位。生殖器随之增大或缩小，性交前戏的
> 511 力度加剧，受此刺激，伴侣变换成异性的性别角色（没有特例吗？如果有特例的话，结果便是同处发情期的伴侣变成了同一性别，但这样的特例太罕见，可以忽略不计）。

这里的叙述者既不是埃伊，也不是勒古恩，而是伊库盟的一个实地调查员，讪笑着登记一件怪异之事。她的调查记录增加了很多更尖锐的看法：每二十六天里大约有二十一或二十二天，那些双性人没有任何性欲冲动。任何人都能，而且通常都会生育，“几个孩子的母亲也许是另外几个孩子的父亲”，血统的追根溯源根据母亲一方，她被视为“肉身母亲”。不存在孩子对父母的俄狄浦斯式矛盾心理，不存在强奸或非自愿性交，也不存在把人类划分成主动和被动的二元论做法。所有的格森人都是天生的一元论者，没有升华任何事物的需要，几乎没有打仗的意愿。

勒古恩和她的任何一个叙述者都不曾明确无误地告诉我们，一个几乎常年处于寒冬的世界与其居民双性同体本性之间有何因果关联；然而，小说通篇都能感受到寒冷的语境与每个个体无法预测的性欲之间存在某种不可思议的联系。虽然莱姆坚持认为，焦虑一定伴随着个体性别

的不可预测性，但勒古恩这部作品令人信服地拒绝了任何这样的焦虑。书里有一个充满想象力的暗示：对于必须持续奋斗只为保暖的人来说，自我有五分之一的时间受性欲主导是一件求之不得的好事！在此处，如同在其他各处，勒古恩的幽默感偷偷地渗透出来，一位既严肃又沉静的作家具有这样的品质，真令我们惊讶。

我们渐渐深入了解的唯一一个格森人是埃斯特拉文，与迟钝的埃伊比起来，他当然是一个更讨人喜欢的人物。埃斯特拉文是勒古恩在人物刻画方面取得的最了不起的成就，但他始终保持神秘，他必须如此。我们该如何理解一个完全摆脱了情感矛盾的双性人的心理？关于情感矛盾，公认的好戏毕竟是俄狄浦斯情结。另外，既然格森人极其争强好胜，那么我们该如何理解一个热衷于竞争的人竟然缺乏任何构成性攻击倾向的元素，更不用说性攻击倾向的成因——受到性伤害的自恋心理？从最根本的意义上讲，我们都是二元论者，或许我们不由自主的、普遍存在的弗洛伊德主义（甚至存在于一个公开自称荣格信徒的人，比如勒古恩）是以下原因导致的结果：弗洛伊德主义是最容易被我们接受的概念化的二元论。然而，冬星上的居民是勒古恩巧妙的创造，目的在于向我们展示，所有的二元论——柏拉图主义、使徒保罗主义、笛卡尔主义、弗洛伊德主义——不仅有一个性起源，而且都会永恒存在，因为我们是双性恋者而非雌雄同体。弗洛伊德显然不会不同意，而且很明显的是，勒古恩骨子里的弗洛伊德主义比她自己承认的要强烈。

冬星不是乌托邦，即便不论它那名副其实的恐怖天气。卡亥德王国， 512
埃斯特拉文的国家，由一个临床诊断已发疯的国王统治，而它的对头欧格瑞恩王国的根基是一个几乎没有隐藏的集中营系统。在《黑暗的左手》中，双性同体显然既不是政治理想，也不是性理想。不过神奇又美妙的是，这部作品暗示，冬星上的雌雄同体是一个比我们的双性恋更有想象力的状态。格森人很像弥尔顿笔下没有堕落的天使，懂得的知识多过男性或女性。也和那些天使一样，懂得多并未让他们变得更加善良或更有智慧，不过他们显然看到的比我们多，因为在一定程度上他们人人都是忒瑞西阿斯[1]。而这最终也是埃斯特拉文与金利·埃伊之间的差异。埃斯特拉

① 忒瑞西阿斯（Tiresias），希腊神话中底比斯一位盲人预言家，由他揭示，俄狄浦斯方知杀父娶母的不幸命运在自己身上应验了。

文知道的多，看到的多，拥有更强的爱的能力，也因而比他的朋友拥有更大的牺牲的自由。

不过，这虽然充满想象力，仍只是一项普遍的差异。勒古恩的艺术旨在让我们看到埃伊与埃斯特拉文之间更具个性的差异。埃伊是一个怀疑成性的霍拉旭，他最终爱上了埃斯特拉文，一个雌雄同体的哈姆莱特，但几乎为时已晚，不过他也和霍拉旭一样，幸存了下来，讲述朋友的故事：

> 在我看来，我想他也这么认为，我们现在已经承认并理解我们之间那种性张力的存在，虽然它并未减轻，但那种性张力让我们突然对彼此的友情产生了无比美妙的信心：这是我们在流亡中迫切需要的一种友情，已经在我们艰辛旅程的日日夜夜中得到了强有力的证明，现在也好，将来也好，我们不妨称之为爱。但是这种爱源自我们之间的差异，是我们之间的差异，而不是我们之间的接近与相似。……

这种差异并非局限于性欲，所以无法由性爱来弥合，埃伊和埃斯特拉文也回避性爱。这是一种霍拉旭与哈姆莱特之间的差异，观众代理人与悲剧英雄之间的差异，后者超越了代理人和观众的理解范围。埃斯特拉文死在了埃伊的怀里，但念叨的是自己死去哥哥的名字，那个哥哥曾是他乱伦的恋人，埃斯特拉文儿子的父亲。通过既新奇又感人的情感转移，埃斯特拉文把埃伊联想成失去的哥哥兼恋人，对于哥哥他曾发誓忠贞不渝。置于语境当中，这个情节悲怆凄婉，完全没有怪诞的感觉，而这又是勒古恩的一个长处。《黑暗的左手》的叙事艺术将读者的难以置信等反应搁置了起来。

* * *

在我们这个时代将奇幻小说提升到高雅文学的高度，这方面勒古恩
513 的贡献多于托尔金，在我看来这是显而易见的事实，因为勒古恩笔下的追寻者从未抛弃我们必须居住的世界，弗洛伊德的现实原则主导的世界。她对托尔金的赞扬并未让我确信《指环王》没有强烈的倾向性，没有进行

道德说教，但是她的慷慨大度提供了一幅真实的自画像：

> 因为与所有伟大的艺术家一样，他逃脱了意识形态的控制，方式便是太快，它的网根本无法捕捉；太复杂，不适合它的宏大与简单；太奇幻，与它的理性格格不入；太真实，对抗它的泛泛之论。

我的序言可以就此打住，但我还是想让勒古恩直言不讳地谈一谈自己：

> 词语是我的物质。三十年了
> 我一直凿着一块石头，还没有完工，
> 我看不到的事物的那个意象。
> 我无法完工，给它自由，
> 转化成能量。

勒古恩在散文叙事中大多采用自己的声音，但这里有一丝叶芝的意味，主题却是地道的勒古恩主题：极限感、感官的极限、对于刚硬的话如花岗岩般的打磨功力、不间断的意象——一块尚未完工的石头，这是她的典型转义。恰如她笔下的金利·埃伊，她是一个读取遥远时空的人，这里借用了她用于幻象隐喻的术语。这也是伊丽莎白一世时期修辞学家普滕汉姆[1]用于表示转代比喻（transumption）或进一步转喻法（metalepsis）的术语，一个逆转时间、让迟变成早的转义。在我们称为奇幻文学的真正的浪漫传奇传统中，勒古恩是一个出色的读取遥远时空的人或精通转代比喻的人。勒古恩游刃有余地描画着“我看不到的事物的那个意象”，在这方面我们无人能及。 514

① 普滕汉姆（George Puttenham，1529—1590），16世纪英国作家、文学评论家，被认为是《英语诗歌艺术》（*The Arte of English Poesie*，1589）的作者。

托尼·莫里森
(1931—2019)

《秀拉》

过去的三十年里，政治诠释在学术界和新闻界十分流行。名望地位如托尼·莫里森的当代小说家中，没有谁像她一样执着地渴求她的诠释者提供政治解读。她的要求自然得到了满足：整个一宗派的摇旗呐喊者簇拥着她，追随着她。此时几乎无力反对这种风尚。如果美国在差不多一代人的时间里在社会正义方面取得更大的进步，那么莫里森受到推崇，也许更多会是因为她的叙事艺术、创意和文体风格，而不是她那堪称典范的政治正确。我本人是一个幸存下来的老古董，一条仍潜伏在耶鲁大学和纽约大学大楼里的恐龙，还是一如既往，只为审美体验而阅读。因此，本序言只把《秀拉》视为一种艺术成就，而不是一种武器，由一个著名的美国黑人女性主义者兼马克思主义者挥舞着对抗毋庸置疑的社会压迫。

秀拉是一个全面的叛逆者，反叛一切社会、一切常规和几乎一切道德准则。在黑人社群里，她被视为“恶魔”，其实有点像莉莉丝①，随处获得性满足。她不邪恶，但有某种对末日的渴望；她不顾一切地追求自由，但必定成为自己的受害者；对此，莫里森说得很清楚：

> 从某种意义上讲，她的奇特、她的幼稚、她对等式另一半的渴求，都是一种无意义想象力导致的后果。如果她有颜料，或黏土，如果她了解舞蹈这门学科，或者弦乐；如果她那强大的好奇心和隐喻方面的天分能找到用武之地，那么她或许会把躁动不安和对兴之所
> 515 至的专注用来交换一种活动，后者能够提供她所向往的一切。就像

① 莉莉丝(Lilith)，最早出现于苏美尔神话，亦同时记载于犹太教的拉比文学。犹太传奇文学中亚当的第一个妻子，撒旦的情人，夜之魔女。

任何一个没有艺术形式的艺术家，她变成了一个危险的存在。

请相信故事，而不是讲故事的人：秀拉是一个没有艺术形式的艺术家，抑或像佐拉·尼尔·赫斯顿那样不经意间走进了一部错误小说的活力论者？莫里森不能容忍任何对手：《最蓝的眼睛》和《所罗门之歌》中，拉尔夫·埃里森是隐藏的靶子，而在《秀拉》中，赫斯顿的英雄自我主义遭到戏仿。从审美的角度讲，这些都产生了积极的结果；莫里森最好斗的时候便是她状态最好的时候。秀拉·皮斯[1]的姓名本身便隐含反讽，因为她的个体主义模式无论如何都不可能获得安宁。她的母亲汉娜是最自由的性爱至上者，死于一场火灾事故，只有你的道德出了问题，才会把那场火灾事故理解成惩罚。秀拉很像汉娜，是一个天生的狐狸精，一个巫婆，如果你非要这样理解。但是在我看来，对她悲情遭遇的意识形态解读和道德判断一样毫不相干；秀拉游离了所有的诠释企图，包括莫里森自己的意图。她始终是莫里森笔下最令人难忘的人物，主要原因在于她抗拒被归类。她对社群的挑战既古已有之，又有其独创性；对末日的渴望无法被束缚。她的激情洋溢与命中注定都带着福克纳作品的特点；她可以给予如今被低估的小说《圣殿》另一个维度，同时不会干扰那个充满暴力的宇宙。她是一个生动的人物，在莫里森的小说中有一种奇异的独特性，我们把秀拉寓言化，或者道德化，是我们的损失。没有任何一个“解放”计划能够把她从自己手里解救出来，或者从她那家族历史的独特性中解救出来。

《最蓝的眼睛》

《最蓝的眼睛》是莫里森的第一部长篇小说，在她三十九岁那年出版，完全不像是新手的处女作。迈克尔·伍德是一位真正的文学评论家，对这部“简洁明晰、表达生动的”叙事做了我所见过的最好的评价：

这个家庭的每一个成员都诠释了自己的丑陋，丑陋也是他们的

① 秀拉姓皮斯，即Peace，英文原义为和平、安宁等。

> 行动指南，但他们都不明白：无所不知的主人不是上帝，而是历史和习惯；他们麻木不仁，与已然严酷的社会压迫之外仍在压迫他们的美丑神话沆瀣一气，这不过是他们所持心态的投射。

莫里森本人在1994年撰写的一篇“后记”中，隔着四分之一个世纪进行回顾，强调说她“依赖黑人文化内嵌的密码以达到完全的理解”。不
516 是黑人也不是女性的读者只能尽其所能；1970年我第一次阅读《最蓝的眼睛》，便和迈克尔·伍德一样，发现这部作品简洁明晰。在我看来，这部作品与其后的《秀拉》《所罗门之歌》一样，取得了普适意义上的成功，虽然我们既不同于莫里森的出身，也不同于她的意识形态。《宠儿》，莫里森最有名的浪漫传奇叙事，似乎存在一些问题，尽管它的读者众多。必须等一两代人之后，我们才能公允地评判《宠儿》或莫里森后期的小说《爵士乐》和《天堂》。但是她早期的作品具备许多合乎西方文学传统正典的条件，尽管她激烈地抗拒这个文学传统，认为与己无关。

本论文集收录的论文几乎都与意识形态有关，呼应莫里森的倡议，提供她想要的那种文学鉴赏。这里我加上自己一篇简短的鉴赏文章，我非常清楚我必定是不正确的，因为我是一个废弃的唯美主义者，不是一个“文化批评家”。我永远都不会忘记《最蓝的眼睛》中可怕的倒数第二段文字，叙述者指责自己和朋友离弃佩科拉，这个孩子因被父亲乔利强奸备受创伤而发疯，她的疯癫“最终令我们厌烦”：

> 哦，我们有一些人“爱”她。马其诺防线。乔利爱她。我确定他爱她。无论如何，他是那个因为爱她所以触碰她、包裹她、把他某一部分给予她的人。但是他的触碰是致命的，而他给予她的东西使得她那焦虑的子宫充盈着死亡。爱从来不会比施爱的人更美好。邪恶的人以邪恶的方式爱人，狂暴的人以暴力的方式爱人，柔弱的人以柔弱的方式爱人，愚蠢的人以愚蠢的方式爱人，而一个自由男人的爱从来都不安全。被爱的人没有礼物。施爱的人独自占有爱的礼物。被爱的人在施爱者心灵之眼的怒视下被修剪、被中性化、被冷冻。

无论如何，这段文字里毫无快乐可言的智慧快乐地摆脱了任何一种

文化自恋。阶级、种族，甚至性别，并未以多元的方式决定了**这里的**阴郁晦暗。《宠儿》中，莫里森希望笔下英勇的幸存者们不仅在他们的历史中堂堂正正地站立，而且对抗自己的历史。或许他们这样做了，但他们所承受的痛苦也被详细讲述，且带有强烈的倾向性，这是因为莫里森对内疚的读者们，无论白人还是黑人，无论男人还是女人，都有一种意识形态的企图。《最蓝的眼睛》的叙述者说服了我，但《宠儿》的叙述者没有做到这一点。用D. H. 劳伦斯的话来讲，我信任《最蓝的眼睛》的故事，也信任讲故事的人。但我不信任《宠儿》的故事。

《所罗门之歌》

在我眼里，托尼・莫里森的第三部长篇小说《所罗门之歌》(1977) 是 517
她迄今为止的代表作，尽管《宠儿》(1987) 的读者更多。莫里森从一开始便是一位卓尔不凡、高度自觉的艺术家，也是一位坚定的社会活动家。她的美国黑人女性主义立场堪称典范，因而成了她几乎全部评论家的首要关注点，他们的摇旗呐喊显得有点千篇一律。对此莫里森几乎不需要负责任，但是当我重读了《所罗门之歌》，再重读《宠儿》，然后阅读她最新的作品《爵士乐》和《天堂》，我发现了一种越来越强烈的意识形态热忱。小说家的政治是她全套甲胄的一部分，她的武器和盔甲。时间会让我们的遮盖物变得陈旧；不论作者如何激情洋溢地表达某种忠诚，历久弥新的小说总会历久弥新，而捧场的人无论多么真诚，都不能确保文学作品的幸存。本论文集中，许多论文的标题便可证实它们对政治的痴迷:“黑人文化民族主义”“神话、意识形态与性别”“种族与阶级意识”“政治身份”“彼此竞争的话语”。莫里森比她的狂热追随者要精明得多，在最有说服力的作品里，她超越了自己明确无疑关注的问题。她的艺术根植于美国黑人的现实世界和关注事项，但它的目标和模式并非以自然主义为主。

莫里森言辞激烈地声称，美国黑人文学是她的审美语境：她援用了奴隶叙事、民间故事、黑人灵歌和爵士歌曲。如此先进的一位文体学家和讲故事者，不太可能把佐拉・尼尔・赫斯顿奉为先驱，也不太可能想象自己与理查德・赖特，或詹姆斯・鲍德温之间有任何关系。她真正的对手是创作晚期的拉尔夫・沃尔多・埃里森，后者的《看不见的人》(1952) 始终是美国黑人小说最杰出的成就。从《最蓝的眼睛》(1970)到《天堂》，莫里森巧妙地避开了《看不见的人》(1952)。尽管她对现代主义文学及其批评的“复杂规避系列”持贬低态度，在她自己的复杂规避系列里，莫里森那样的聪明才智无人能及，尤其是规避拉尔夫·埃里森这个多余的强大前辈。这里，我不是暗示埃里森是莫里森的主要前辈：威廉·福克纳总是在莫里森的作品里投下身影，而且激发莫里森在她最好的作品里设计出更具创造性的规避。

我很清楚，我与几乎所有的莫里森评论家存在分歧，他们跟在《黑暗中的游戏：白人特性与文学想象》之后亦步亦趋，这是她最机敏地回避占据中心地位的西方文学传统的作品之一，但事实上这个文学传统培养了她。然而，作为一个专业的文学评论家，我必须声明这并非事不关己，因为我曾提出，我所说的“影响的焦虑”是无法逃避的，但这个观点遭到了文化正确者的辩驳。我常常受到正告：尤其是对于黑人女性作家而言，不存在因受到玷污而产生的焦虑或因继承传统而生发的内疚。父权制、资本主义和男性中心主义的概念必须被丢到一边：它们带有种族歧视和
518 性别歧视，是排他性的，是剥削性的。既然莎士比亚都可能变成“另一个莎士比亚”，那么发育成熟的托尼·莫里森也可以从“黑人雅典娜”的脑袋里跳出来。

每一位强大的作家都欢迎原创的机会，莫里森不动声色地拥抱着美国黑人的文化自恋，她的文学成就证明她这么做是非常正确的。她的评论家们在我眼里是另一回事，但是我的“编者按”是评价他们的合适语境。这里我只想非常简短地讨论《所罗门之歌》真正审美感染力的源泉，即福克纳及埃里森引发的创作焦虑。莫里森非常机敏地运用福克纳的创作元素，同时避开埃里森：强大滋生甜蜜。《所罗门之歌》洋溢着莫里森因感受到胜利而滋生的创作热情，她身陷的竞赛在文学艺术中是不可避免的。雅各布·伯克哈特[①]和弗里德里希·尼采作为先驱，各自提醒我们：雅典人认为文学是一种焦虑。尼采以令人佩服的精简文字在他片段式的大作《荷马的竞赛》中表达了这个洞见：

① 雅各布·伯克哈特(Jacob Burckhardt,1818—1897)，瑞士历史学家，专攻艺术与文化史。

> 每一个天才都在战斗中展现自身……正如青年人通过竞赛受到教育，他们的教育者同样参与了和彼此的竞赛。伟大的抒情诗大师品达与西摩尼得斯[①]并肩站立，互不信任，互相嫉妒；这是竞赛的精神。古希腊哲学教师，即讲授古代的高级教师，遇见另一位哲学教师；连最普遍的戏剧教学法，之所以能够施教于人，也只是凭借伟大的音乐艺术家与戏剧艺术家之间的激烈角力这种形式。太奇妙了！“连艺术家都憎恨艺术家。”现代人最害怕艺术家内心任何私人斗争的情感，而古希腊人只认可身陷个人斗争的艺术家。恰恰正是现代人眼中的艺术作品的弱点，在古希腊人眼中，变成了最大优点的根源。

莫里森很可能对尼采的说法有异议，但持异议的是评论家莫里森，不是小说家莫里森，后者身陷与《看不见的人》及福克纳《八月之光》的个人斗争。莫里森的创作生涯仍在持续；现在预测她能否超越《所罗门之歌》为时尚早。还有，我也清楚《宠儿》是一部非常用心的艺术作品，它的拥趸认为这部作品超越了《所罗门之歌》。我发现《宠儿》在意识形态上有多元决定的因素，因而有些地方倾向性明显，所以我更喜欢《所罗门之歌》。莫里森非常关注从霍桑和梅尔维尔传承至福克纳和埃里森的美 519
国浪漫传奇传统，她在《所罗门之歌》中非常精彩地颠覆了这个传统。她的颠覆并非以意识形态为主，而是恰如其分地运用想象与修正。独来独往的经典人物——海斯特·白兰、亚哈船长、乔·克里斯默斯、看不见的人——行列里，多了另一种独行侠，“奶娃”·戴德。“奶娃”与他的前辈一样寻求真实自我的复原，唯恐自己自始至终都是约拿，但莫里森规划了笔下这位主人公的追寻，使之不由自主地表现出集体主义的特征。她对《宠儿》也是如法炮制，只是带着一种反向的感伤主义，这种后果的根源或许是因为她过于明显地依赖与南方黑人灵歌中固有社会能量相关的政治神话。《所罗门之歌》是一部神话创作更具个性的作品，对社群的完善在审美方面更有说服力。

埃里森笔下看不见的匿名人最终断言，**没有任何**他能够归属其中的社群，不论是黑人的社群抑或白人的社群，他的判断非常有说服力：

① 西摩尼得斯（Simonides，约公元前556—前468），古希腊抒情诗人。

> 你只要走出一般人所谓的现实的狭隘地带，你就置身于混沌之中——只要问问赖因哈特就行了，他可是混乱的能手——或是想象之内。这也是我在地窖里悟到的，而不是靠使我的知觉麻木后学来的，虽然别人看不见我，我可不是个瞎子。[①]

莫里森笔下的“奶娃”·戴德得出的结论彻底修正了埃里森笔下匿名人的观点：

> 在这个国家，这些地名的里头和下面深埋着多少死去的生命和消逝的记忆。记录在册的名字下面是其他的名字，恰如“梅肯·戴德”，记录在某个灰尘斑驳的档案里以便流传后世，却掩盖了真实的人名、地名和物名。有意义的名字……一旦你知道你的名字，就要时刻抓紧它，因为你死了它也会死，除非它被记录下来，被人铭记。

反正看不见的人也不接受名字，他已经步入了混沌**或**想象，同一个实体的两个名词，或者，它们是对立的事物？埃里森作为一个爱默生的信徒，准许两种解读。莫里森出生时名叫克洛伊·安东尼·沃福德，一直坚持用她本来的中名作为她的“真”名。“奶娃”失去了他的假名“戴德”，为的是得到祖先的真名所罗门或沙利马。埃里森或许会断定，莫里森始终囿于狭窄的边界，而她需要更大的疆域；我从未与埃里森探讨过莫里森的作品，故而无从获知，但是美国黑人民族主义，或任何类似的主义，是他在规劝者拉斯这个令人心酸、执迷不悟的人物身上所拒斥的思想。“奶
520 娃”非同一般的辛酸之处在于他根本不是一个规劝者。

在莫里森的作品里，我到处可以看见福克纳的身影，大体都发生了变形，但最终从未被超越。在我们这个世纪，华莱士·史蒂文斯创作出了反映我们气候的诗歌，福克纳创作出了最好的长篇小说，尤其是《我弥留之际》和《八月之光》。“奶娃”回归一个虚构的南方，也回归了福克纳，主要是回归了《熊》及其成长仪式。我不喜欢与莫里森富有激情的文学批

① 本书中 *The Invisible Man* 的译文均出自拉尔夫·埃里森著，任绍曾等译：《看不见的人》，北京，外国文学出版社，1984年。

评声明唱反调，不过我也谈不上是“只把价值置于福克纳施加影响的地方”。约瑟夫·康拉德没有排挤福克纳，福克纳也没有令莫里森的天赋、黑人特质、女性特质、马克思主义特质减弱。即便是最强大的小说家，也无法选择他们的先驱。海明威想宣称《哈克贝里·费恩历险记》是自己的创作源泉，但是《太阳照常升起》的精神气质与创作风格具有明显的康拉德特色。“非洲主义与美国性的定义密不可分。”莫里森坚称。她理应是正确的，如果她是正确的，作为一个民族，我们会更优秀。我相信，如果把美国宗教的源泉追溯到早年在美国的黑人浸礼会教徒，我们便能掌握它的真相，这些黑人教徒随身携带着非洲的真知，认为终极的、未堕落的现实便是“大我中之小我”。莫里森与福克纳一样，对于美国“白人”身份和美国黑人身份，可以给我们传授非常多的真知。如果我们的透视角度足够长远，便会发现福克纳与莫里森也许都在教授同样麻烦的真相。

《宠儿》

说起托尼·莫里森最受欢迎的小说《宠儿》(1987)，可谓如何强调其文化重要性都不为过。十年之后，我刚刚重读了这部作品第41次印刷的平装本；假以时日，它的重印可达几百次，这一点毋庸置疑。莫里森所有的作品中，《宠儿》最令我迷惑不解：文体老练，具有巴洛克式精雕细琢的光华，令人惊叹，叙事的权威性也已牢固树立。在我看来，这部作品的人物存疑；不像莫里森早期小说中的主人公，他们让人联想到表意符号。我认为这是因为《宠儿》是一部倾向性非常强烈的浪漫传奇，对于读者，无论何种种族和性别，它的企图过于明显。《秀拉》(1975) 和《所罗门之歌》(1977) 中的讲故事者被一个令人敬畏的意识形态拥护者取代，这位拥护者或许过于清楚希望她的作品能够取得的效果。

莫里森坚称她的文学语境本质是美国黑人文化，《宠儿》明显援引奴隶叙事作为其先驱。我几乎不会怀疑这部小说的立场是美国黑人女性主义马克思主义，恰如这部论文集里大多数阐释者所声称的那样。不过，就
文学亲缘而言，《宠儿》的文体和叙事程序更接近威廉·福克纳及弗吉尼 521
亚·伍尔夫，而非任何一位美国黑人作家。我知道，这样一个论断似乎与莫里森的警告背道而驰：“在美国黑人文学中找到西方的影响，或者把西

方的影响强加于美国黑人文学，这种做法是有价值的，只要这个被赋予价值的过程没有自我神圣化。”我温和地说（因为我对莫里森怀着莫大的尊重，无论是涉及私人情感还是文学评论）：“找到**或**强加（当然，强调字体是我加的）是一个模棱两可的巧妙说法。”莫里森的散文文体和叙事模式与福克纳及伍尔夫存在一种复杂且永恒的关系。如果我们透视的角度足够长远，便会发现《宠儿》是福克纳代表作《我弥留之际》的子孙，而女主人公塞丝与《八月之光》中莉娜·格鲁夫的共同点多于与美国黑人小说中其他任何女性人物的共同点。从审美的角度来看，这绝对不是一种局限，却被莫里森及其在评论界的信徒拒斥。且不论意识形态的因素，莫里森强烈宣示自己的独立，任何一个强大的作家都会这样做，但是我不认为如此否认自己对毫无疑义的文学渊源的背离能够构成一种评论价值。

如果政治正确的意识形态没有深嵌于《宠儿》，以至于塞丝成了对一个可能存在之人的说服力减弱的再现，那么以上的说法都不重要。塞丝的内疚感超出了福克纳笔下的人物，但这一点与创伤的关系并没有《宠儿》拥趸所宣称的那样深厚。作为幸存者的内疚心理并非独属于受压迫的民族；因内疚而发动的计划几乎是一种普遍的诱惑。《宠儿》由一系列精心计划的震惊之事构成；在一部敬献给美国奴隶制数不胜数的受害者的小说里，关于震惊的记忆是否具备审美意义上的说服力，这个问题的重要性已退居其次。对于一部道德价值和社会价值毫无争议的小说，我们提及它的审美问题时，总是小心翼翼。然而，塞丝是一部幻象型浪漫传奇中的一个人物，这部浪漫传奇亦执着于它在现实和历史层面的真实性。对一个文学人物的最终评判基础是文学标准，这个标准不是“父权制的”，不是“资本主义的”，也不是“西方帝国主义的”。莫里森早期的小说并未像《宠儿》那样被意识形态方面的考虑多元决定，她也许在政治的祭坛上牺牲了相当一部分艺术，这种做法本身或许值得钦佩，但未必是为高雅文学（如果我们愿意承认，这样一个实体仍然存在）服务。

《宠儿》中描绘的恐怖事件也许超出了文学再现的能力范围，文学再现是一个难解的谜，多少作家试图再现纳粹对欧洲犹太人的屠杀，都没有成功。美国黑人评论家斯坦利·克劳奇[1]因表达对《宠儿》的鄙视而遭到

① 斯坦利·克劳奇（Stanley Crouch，1945—2020），美国作家，音乐与文化评论家。

口诛笔伐。我认为克劳奇低估了这部作品的文体成就，但是，唉，他对意识形态的不信任是健康的，而且就《宠儿》的某些方面而言，他的观点切 522
中要害。感伤主义并非在某种意义上与《宠儿》有关联：如果奴隶制是感伤的对象，那么由它引发的任何情感怎么可能显得过多呢？不过，这部小说最后一个关于塞丝的段落可能有一天会成为某种时代性文字：

> 他凝视着被子，但心里想的是她那熟铁一般的后背；她那可爱的嘴挨了埃拉的拳头，嘴角仍旧肿胀着。那双刻薄的黑人眼睛。在火旁冒着热气的湿裙子。她对他颈部饰品——那三根枝杈，仿佛全神贯注的小响尾蛇，弯弯曲曲向空中伸出两英尺——的善待。她是怎样地绝口不提，怎样地回避看它，于是他不用感受到像牲畜被套上项圈一样的羞耻。只有这个女人塞丝才会让他如此完整地拥有自己的男子气概。他想把自己的故事和她的故事放在一起。
>
> “塞丝，”他说，“我和你，我们拥有的昨天比谁都多。我们需要某种明天。”
>
> 他俯下身，握住了她的手。他又用另一只手抚摸着她的脸。“你自己是你最宝贵的一切，塞丝。你真的是。”他的手指紧握着她的手指。
>
> “我？我？”

上述引文中的凄楚令人叹服，超出了得当的范围。这个段落是献给塞丝的直白颂词，整部作品一直试图取得这个效果。她是英勇的美国黑人母亲，经历了自然的和超自然的恐怖事件，幸存了下来，而且她的操守和人性保持不变。莫里森的创作意图得以实现，但是塞丝是一个人还是一个抽象的概念？时间将理清这个问题；文化政治不会回答这样的问题。莫里森创作的《宠儿》必须最终与《我弥留之际》及《达洛卫夫人》对照评判，而不是对照哈丽特·雅各布斯的《女奴生平》(1861)。这才是
《所罗门之歌》的正典级作者所值当的待遇。 523

菲利普·罗斯

（1933—2018）

“朱克曼”四部曲

菲利普·罗斯的合集《被缚的朱克曼》收录了长篇小说《鬼作家》、《解放了的朱克曼》和《解剖学课》，再加上一部狂放不羁的中篇小说《布拉格的狂欢》作为尾声，后者算得上是罗斯已有作品中最悲凉，也最滑稽的一部。作为一个整体，这部合集无疑是罗斯迄今为止在小说创作方面的最高成就，其光彩盖过了他最好的单部小说，即生机勃勃却又声名狼藉的《波特诺的怨诉》，以及风格生猛但被低估的《我作为男人的一生》。《被缚的朱克曼》堪称自我辩护的经典之作，是作为作者的罗斯对自身道德立场的强硬辩解。它描绘的是一个令人难以忍受的宇宙，可说是照搬弗洛伊德的阐释。罗斯知道，对于正在形成中的美国犹太文学文化而言，弗洛伊德与卡夫卡既是源泉，也是限制，而这种文学文化与正统犹太教及其日渐衰落的文化之间，存在着一种令人不安的关系。我怀疑罗斯不仅了解，而且接受了他的代理人朱克曼有时候被愤怒蒙蔽双眼而无法看到的道理：开辟一条新路，既会引发他人的愤怒，又会导致自作自受的结果，即激起众怒的人以自惩谢罪了事。或许这便是爱默生所说的美国法则与补偿的犹太版本：有得必有失。

即便献上不亚于悲喜剧最高美学评价的赞美之词，《被缚的朱克曼》也当之无愧，原因之一是作为一个形式上的整体，它的美学效果远远优于各个部分之和。这些部分呈现出令人惊异的多样性：《鬼作家》是关于小说影响力的詹姆逊式寓言，语言精练，结构匀称，叙述声音控制得当，而《解放了的朱克曼》形式更加自由，措辞更加欢快、更有表现力，罗斯的个人风格更加突出。《解剖学课》是一部近似奇幻文学的闹剧，在罗斯的全
524 部作品中，最为接近纳撒尼尔·韦斯特的创作模式和灵魂。《布拉格的狂

欢》则是罗斯对自我的超越，或者可以这样说，通过这部作品，罗斯或许向自己和他人展示了一个事实：刚过半百的他几乎还没有开始发挥出他的创作才华。近来出版的美国小说中，我尚未读到其他能与托马斯·品钦《拍卖第四十九批》媲美的作品，以及像《万有引力之虹》中“灯泡拜伦的故事”那样吸引人的章节。《布拉格的狂欢》具有那种令人不安的卓越：虽然淫秽的程度令人愤怒，却极其出色地反映了一个已经普遍存在的偏执狂的现实世界。不过我也必须强调罗斯与纳撒尼尔·韦斯特及托马斯·品钦的差异。说起来有点矛盾的是，罗斯仍然执着于道德预言，仍然会被令人愤怒的事情——无论是社会上的，他人的，还是自身的——激怒。在他那里，没有韦斯特对《寂寞芳心小姐》中邪恶如撒旦的编辑施拉克那种立场的诺斯替教偏好，也没有品钦那种施虐—无政府主义的卡巴拉信条。罗斯恣意弥漫的否定性并非服务于否定性神学，而是暗示出一种对于正统的犹太传统曾经生发出的道德观念的怀念。

这便是《被缚的朱克曼》中反复运用、欲罢不能的无情反讽，针对的是文学评论家弥尔顿·阿佩尔（欧文·豪）对朱克曼作品《卡诺夫斯基》（罗斯的《波特诺的怨诉》）的攻击。朱克曼受到了阿佩尔的致命伤害，罗斯试图纪念这一伤害和施害者，其手法与詹姆斯·乔伊斯在《尤利西斯》中的手法如出一辙：后者把爱尔兰诗人、内科医生、“万金油”奥利弗·圣约翰·戈加蒂[①]永远钉在了异乎寻常得足以名垂千古的玛拉基（勃克）·穆利根这根尖桩上。如此了结私怨，在文坛有很多先例：往远的说，可以追溯到希腊化时代的亚历山德里亚；往近的说，则有索尔·贝娄在《赫索格》中以杰克·路德维希[②]为原型塑造了瓦伦丁·戈斯巴赫。罗斯秉承一贯的谨慎，在这桩恩怨上把阿佩尔描写成有尊严、严肃、真诚的人，而朱克曼则是个疯疯癫癫的危险人物，但结果产生了无穷无尽令人捧腹的效果，所以这种报复还是很尖锐的。

至少在我看来，《解放了的朱克曼》表明，罗斯的确是一位犹太作家，在这个意义上索尔·贝娄与伯纳德·马拉默德不是犹太作家，也不想成

① 奥利弗·圣约翰·戈加蒂（Oliver St. John Gogarty, 1878—1957），爱尔兰诗人、作家、耳鼻喉科医生、政治家。青年时代曾与詹姆斯·乔伊斯交往，后来疏远。

② 杰克·路德维希（Jack Ludwig, 1922—2018），出生于加拿大、居住于美国的作家，早年与索尔·贝娄是朋友，后因介入贝娄的婚姻而导致关系破裂。

为这样的犹太作家。贝娄与马拉默德在各自的小说世界中力图做一个北美犹太人，恰如托尔斯泰是俄国人，或福克纳是美国南方人。毫无疑问，罗斯在他的小说世界中是犹太人，因为父母与子女之间、丈夫与妻子之间的痛苦关系是他始终无条件关注的对象；而且他认为，这种痛苦的根源无一例外都是以下两者的互不兼容：一方面是道德标准严苛的正宗传统，能满足其期许的可能性微乎其微；另一方面则是我们的现实生活方式。对于喜欢道德说教的弥尔顿·阿佩尔，乃至其他更为激烈的评论家，朱克曼怀着一腔疯狂的憎恨；他的情绪其实是罗斯刻意的自我戏仿，戏
525 仿的是罗斯对自己被严重误读的反应，不仅仅是反讽。针对阿佩尔和酒神祭司团，罗斯把任何男人都定义为“有抱负的黏土”，辩称朱克曼（和自己）是《塔木德经》版的俄耳甫斯。

让读者心悦诚服的是，罗斯的辩解与定义都包裹在如今所写的最高级别的幽默当中。尤其是《解剖学课》与《布拉格的狂欢》，能诱发有净化作用的持续大笑，有时候笑得如此不可自抑，连大笑本身也成了一种令人吃惊的痛苦。把朱克曼的磨难（不能称为英雄传奇）结集出版，从美学角度来讲，有很多益处，其中之一便是让读者体验到该合集中谐趣风格逐渐加强的过程：先是《鬼作家》中那种淡淡的契诃夫式惆怅，接着是《解放了的朱克曼》中的果戈理式荒谬，然后是《解剖学课》韦斯特式的喧嚣闹剧，最后却结束于《布拉格的狂欢》中无情的卡夫卡式非现实主义。

下面我将主要探讨《布拉格的狂欢》，不仅因为它是合集《被缚的朱克曼》中最新的一部分，还因为它是罗斯最好的作品，称得上是罗斯迄今全部小说的尾声。萦绕其间的必定是卡夫卡的灵魂，对任何作家而言，卡夫卡都是一种危险的影响，到目前为止，对罗斯的影响尤其危险。看一看中篇小说《乳房》吧，从美学角度来讲，这是他迄今最大的败笔，超过了《我们这一帮》和《伟大的美国小说》这两部更为活泼但都不成功的作品。对照《乳房》的缺陷，我们可以读一读《欲望教授》中最滑稽的几页；显而易见，里面那场关于“卡夫卡的婊子”的美妙春梦是《布拉格的狂欢》极富想象力的前奏。罗斯笔下的“欲望教授”戴维·凯普什在布拉格入睡，遭遇了“我所希望的一切”，由一位官方口译员陪同看望了一位老妇人，后者可能曾是卡夫卡的婊子。她披露的一切其实质是罗斯式

的，而非卡夫卡式的，因为她把最伟大的现代犹太作家们与她的其他犹太客户们的幽灵混为一谈：

> “他们干净，他们是绅士。上帝作证，他们从来不打我的屁股。就算在床上，他们也很有礼貌。”
>
> “可是她记不记得跟卡夫卡有关的事情？我来这里，来找她，来布拉格，不是为了聊犹太好男孩。”
>
> 她想了想这个问题；或者更有可能的是，她想都没想。只是坐在那里，装死。
>
> “要知道，他没那么特别，”她终于说。“我不是说他不是绅士。他们都是绅士。”

这可能是典型的罗斯式段落：这个犹太笑话作弄的不是自身，不是犹太人，当然也不是卡夫卡，而是历史，以及事物在过去、现在与将来的发生、发展与变化。与纳撒尼尔·韦斯特（尤其是在《鲍尔索·斯奈尔的梦 526
幻生活》中）和伍迪·艾伦的幽默不同，罗斯的痛苦大笑中没有丝毫犹太反犹主义的痕迹。罗斯的谐趣与弗洛伊德晚年的论文《幽默》(1928) 中阐述的心理模式神奇地吻合；弗洛伊德在此文中推测，超我之所以能容忍开玩笑，是为了“对受到惊吓的自我”说一些“慰藉的好话”。可怜的朱克曼的自我当然是受到了足够大的惊吓，读者获准与他分享一些令人捧腹的安慰话，自然喜不自禁。

上一次我们见到饱受痛苦的朱克曼，是在《解剖学课》的结尾：此前他痛苦地躺在游戏垫上，头枕着《罗杰斯同义词词典》，四个女人伺候着他的各种需求；此刻他已经进步（或倒退），变成了假扮住院实习医生的病人，在一所大学附属医院的走廊里闲逛。几年后，身体痊愈的朱克曼作为文学名人访问布拉格，遭遇到如此偏执的社会现实，对照之下，纽约简直成了昔时阿尔丁[①]的森林。朱克曼，作为“研究犹太魔鬼的美国权威”，找寻着老西诺夫斯基用意第绪语写的从未发表过的故事。老西诺夫斯基也许是被纳粹害死的。流亡的小西诺夫斯基那被遗弃的妻子奥尔加在布

① 阿尔丁 (Arden)，英国中部一片非常广阔、早期树木繁茂的地区，位于斯特拉福西部，为莎士比亚的《皆大欢喜》(*As You Like It*) 提供了背景。

拉格守护着这些手稿。朱克曼必须想办法引诱酗酒成性又贪得无厌的奥尔加，让她发表那些以“福楼拜风格的意第绪语”写成的故事，据说可以媲美肖洛姆·阿莱赫姆①和伊萨克·巴别尔的作品。这段情节其实是对亨利·詹姆斯的《阿斯彭文稿》的故意戏仿。

他毕竟是朱克曼，没有引诱任何人，但最终还是得到了那些意第绪语手稿，不料竟被捷克文化部部长及其暴徒走狗们没收；不仅如此，他们还驱逐了“犹太复国主义特工朱克曼”，把他赶回纽约市“拐角处那个小世界”。在罗斯从未写得如此微妙、如此悲伤、如此滑稽的一个最后场景中，沮丧的朱克曼忍受着文化部部长的道德说教，后者攻击美国遗忘了贝蒂·麦克唐纳德②的“杰作”《鸡蛋与我》。朱克曼由自身联想到了卡夫卡作品《城堡》中的男主人公**K**，遭到驱逐令他怒不可遏，他说了一段话，哀叹他必须抛弃的更为明显的偏执狂倾向：

> ……这里，没有任何关于纯洁与善良的废话；这里，英勇与乖戾的界线不是那么分明；这里，每一种压制都会引发对自由的戏仿，历史上的不幸带来的痛苦在其想象力丰富的受害者心中生成这些形式滑稽的人类的绝望。

这首布拉格告别曲有一个衬腔：这里，朱克曼不是一个反常人物，
527 与其他任何一个有点意思的人相比，他的确是礼节与克制的模范。也许还有一层言下之意：从罗斯的角度来讲，是一首朱克曼告别曲。《被缚的朱克曼》的作者也许终于驱除了《波特诺的怨诉》的残光。《解剖学课》中有一段洋洋洒洒恳请放手的话，朱克曼试图摆脱作为一个作家的命运：

> 在外人看来，这也许是一种自由自在的人生——没有固定的日程安排，自己当家作主，独享荣耀，貌似有权选择写任何东西。但是一旦开始创作，**处处都是**限制。被一个主题束缚。必须围绕该主题

① 肖洛姆·阿莱赫姆（Sholem Aleichem，1859—1916），俄国犹太人作家。

② 贝蒂·麦克唐纳德（Betty MacDonald，1908—1958），美国作家，以自传体作品见长，《鸡蛋与我》（*The Egg and I*，1945）是其代表作，非常畅销，被拍成多部电影。

写出一本书……

的确是被束缚的朱克曼，尤其是被最古老的盟约束缚——即罗斯特有的被选中或自主性入选的关系。在罗斯的文学评论集《阅读自己和他人》(1975)中，《观照卡夫卡》是最后一篇也是写得最好的一篇，重点评述卡夫卡后期小说中体现的变化，认为这些后期小说

> ……散发出一种个人和解与冷嘲式的自我接纳精神，一种对个人独有的疯狂的容忍……一种尖锐的受虐狂式反讽……这里让位给了一种对自我及其全心关注对象的批判，这种批判尽管近似于嘲笑，却不再寻求化解成极致的羞辱与失败的意象。……但是这里不仅仅是一个隐喻，本体是被疯狂捍卫的自我，拼命追求刀枪不入的境界，结果形成了一套防御机制，这套机制反过来必定变成永久关注的对象——这里还有一个很不浪漫、非常务实的寓言，讲述艺术被创造的过程和原因，仿若一幅艺术家的肖像画，画出了他全部的匠心、焦虑、孤立、不满、无情、执迷、诡秘、偏执与自我沉溺，活脱脱一幅走到穷途末路的魔术思想家的画像……

罗斯写这段话的本意是评述卡夫卡的短篇小说《地洞》。如此雄辩又满含辛酸的一段话，若看作《被缚的朱克曼》的描述性预言，尤为恰当。卡夫卡抗拒几乎所有的阐释，所以他最**需要**阐释的地方反倒是他对阐释的规避。罗斯在对前辈的解读中加入了自己的特性，这是文学创作中苦苦寻求自我认同的一个正常的、健康的过程。与卡夫卡不同，罗斯竭力规避的不是阐释，而是负罪感，原因之一是：卡夫卡在《在流放地》中的箴言“负罪感永远无可置疑”是罗斯现实生活的真实写照。罗斯凭着永远无需再质疑的喜剧禀赋，不论接下来他将被这一禀赋带向何方，他都已在
美国文学史上赢得了永恒的一席之地。 528

《波特诺的怨诉》

《波特诺的怨诉》初版至今，已过去了整整一代人的时间，但非同寻

常的是，这本书仍经得起重读。罗斯没有一部作品沦为时代性作品，即便现在看来，与《萨巴斯的戏院》、《美国牧歌》和《人性的污秽》相比，《放任》和《当她是个好女人的时候》似乎是异类。罗斯的一些小说根本吸引不了我，例如《我们这一帮》、《乳房》和《伟大的美国小说》。从《我作为男人的一生》(1974) 至今，罗斯是一个老大师[①]，但《波特诺的怨诉》一直是其早期作品中最具活力的一部。

莎士比亚或福斯塔夫意义上的活力，及其在个性和性格中的体现，是罗斯最了不起的天赋，因此我愿意提名《萨巴斯的戏院》为他的崇高成就。重要的是，我们看到《萨巴斯的戏院》是多么惊人的创造。20世纪下半叶有哪些真正卓越的美国小说？作为一个执迷的读者，我的阅读体验首先聚焦于托马斯·品钦的《拍卖第四十九批》、《万有引力之虹》和《梅森和迪克逊》，再加上科马克·麦卡锡的《血色子午线》和唐·德里罗的《地下世界》。当我看向罗斯时，我仿佛掉进了书的海洋，快乐无比：《被缚的朱克曼》四部曲、《反生活》、《夏洛克行动》，然后还有包括《萨巴斯的戏院》、《美国牧歌》、《我嫁给了共产党人》和《人性的污秽》在内的美国历史系列小说。后期罗斯的发奋与多产让我想到了福克纳早期的辉煌：《我弥留之际》《喧哗与骚动》《八月之光》《押沙龙，押沙龙！》。与巅峰时期的福克纳作比较是一项可怕的冒险，但《萨巴斯的戏院》和《美国牧歌》将经得起这种对照。罗斯没有任何作品具备《我弥留之际》那种奇异的独创性，但《美国牧歌》中那种可怕的悲情与《萨巴斯的戏院》也不乏其独有的奇异之处。现在看来，若把《波特诺的怨诉》视为仅仅四分之一个多世纪之后《萨巴斯的戏院》出现的前奏，前者的狂野与自由似乎给人一种非常不同的感觉。

针对罗斯所谓的自我憎恨，已故的欧文·豪与罗斯发生过冲突，这其实已是陈年旧事了(2003年发生的冲突)，却在这个小说家的美学意识(我们应这样称呼) 中留下了斑斑伤痕。套用莎剧术语，罗斯创作的是喜剧或悲喜剧，遵循的模式是社会问题剧，如《特洛伊罗斯与克瑞西达》《终成眷属》《一报还一报》。莎翁社会问题剧中的极度腐臭似乎不是罗斯的再现对象。莎剧诸多人物中，罗斯似乎最喜欢福斯塔夫和李尔王，他把他

---

① 老大师 (Old Master)，本意为18世纪前欧洲的大画家，或其画作。

们两个都写进了米奇·萨巴斯这个人物，但米奇必定缺少福斯塔夫的风
趣和李尔王的高贵。萨巴斯是一个有英雄气概的活力论者，而回首看去， 529
亚历克斯·波特诺又会是别的什么呢？你若重读《萨巴斯的戏院》，里面的喜剧因素以痛苦发端，继而痛得无法承受。《波特诺的怨诉》中的欢闹又是有多伤人？

从孩提时代起，我有一句最喜欢的意第绪语箴言，我把它翻译如下："睡得快点，我们需要枕头。"对罗斯而言，不可逃避之事便是他已篡夺莎翁社会问题剧这种创作模式，或许不会持续到永远，但是肯定持续了整个21世纪早期。睡得快点是治愈侵染剧痛的良药：侵染源有犹太历史，有卡夫卡，还有罗斯因《波特诺的怨诉》名声大振之后的读者。

亚历克斯·波特诺到了老年，不会变成米奇·萨巴斯：罗斯笔下的主人公们既不是罗斯自己，也不是彼此。但是透过萨巴斯的愤怒回想波特诺，读者可以看到其他时候因被炫得眼花缭乱或笑得不能自已而可能错过的东西。亚历克斯·波特诺被母亲控制的程度不管有多严重，他依旧有惊人的潜能创造更加丰富的人生，尽管他不太可能实现这种潜能。这不是说实现这种潜能将是一种荣耀或拯救；萨巴斯那令人饱受煎熬的活力论帮助他安然闯过疯狂的边际。波特诺思想开明，心怀仁爱（当然，对他渴望的女人除外），他说自己"充满愤怒"，但他最激烈的愤怒与萨巴斯的情色暴怒相比，差距何止几个光年。

除了罗斯复杂的美学意义上的成熟，波特诺与萨巴斯的差异还在于后者身上带有莎翁的影子、李尔王的疯狂和福斯塔夫对怨愤与隔阂的拒斥。萨巴斯在他所理解的人生——情色及它的各种衍生物——的界限之内，为他的人生而战。萨巴斯如此投入，以至于所有针对他的谴责听起来既准确又毫无关系，请看来自他朋友诺曼的指责：

> "简直是会走路的淫秽颂词，"诺曼说，"简直是颠倒过来的圣人，传播的启示是亵渎神圣。都1994年了，还扮演这种叛逆英雄的角色，不让人讨厌吗？在这么怪异的一个时间，居然会想到把性作为叛逆的手段。我们变回劳伦斯笔下的猎场看守人了？这么晚？带着你的胡须出门招摇，守护恋物癖和窥淫癖的美德。挺着你的肚子出门招摇，捍卫色情作品，把你的鸡巴当旗帜到处飘扬。你是一个

> 多么可悲、多么落伍的老怪物啊，米奇·萨巴斯。一个名誉扫地、喜
> 欢与人争辩的男子，只剩最后一口气。甚至在这个史上最血腥的世
> 纪快到头的时候，你还跑出去，夜以继日，奋斗不止，就为了制造一桩
> 情色丑闻。你这个该死的文物，米奇！你这个五十年代的古董！琳
> 达·拉芙蕾丝已经被我们甩在身后好几个光年了，而你还在没完没
> 了地和社会吵架，仿佛艾森豪威尔还在当总统！”不过随后，他又抱
> 530 歉地加了一句：“你的无限孤立让人震惊。我其实就想说这句话。”
>
> “在这一点上你会感到惊讶的，”萨巴斯回答。“我觉得你从未认真尝试过孤立。它是我所知道的为死亡所做的最好的准备。”

罗斯把萨巴斯置于组织化社会的最外层附近：他是一个乞丐，一个
流浪汉，一个向死亡求爱的人。这并不重要：通过纯粹的活力论，萨巴斯
获得了拯救。现在看来，亚历克斯·波特诺似乎更像是戏仿，戏仿对象是
萨巴斯那种狂热的干劲。《波特诺的怨诉》是一部绝妙的喜剧；《萨巴斯的
531 戏院》是一部悲喜剧，莎剧在其中的回响既有合法性，又有说服力。

科马克·麦卡锡
(1933—2023)

《血色子午线》

在我眼里,《血色子午线》(1985) 似乎是地道的美国末日启示录小说,与五十年前相比,在2000年意义更重大。《白鲸》和《我弥留之际》的声名——的确名副其实——由《血色子午线》进一步提升,因为科马克·麦卡锡是梅尔维尔和福克纳两位大师令人称许的弟子。我斗胆说一句,没有其他任何一位在世的美国小说家,包括品钦,给我们创作出了《血色子午线》这样一部强劲有力、令人难忘的作品,尽管我非常欣赏唐·德里罗的《地下世界》,菲利普·罗斯的《被缚的朱克曼》、《萨巴斯的戏院》和《美国牧歌》,以及品钦的《万有引力之虹》和《梅森和迪克逊》。麦卡锡本人最近出版了"边境三部曲",第一部是精彩绝伦的《天下骏马》,但都比不上《血色子午线》,不过《血色子午线》是终极的西部小说,无法被超越。

既然我的关注对象是读者,那么我首先要坦白,头两次试图阅读《血色子午线》,都没有善终,因为麦卡锡描写的令人不知所措的屠杀场景,让我畏惧退缩。暴力开始于小说的第二页,十五岁的少年被子弹击中背部、心脏下方;然后几乎没有丝毫喘息,一直持续到小说结尾,三十年后,霍尔顿法官——美国文学中最可怕的人物——在户外厕所里谋杀了少年。《血色子午线》中持续不断的屠杀和致残可怕到了骇人听闻的地步,我们简直是在阅读联合国关于科索沃恐怖暴行[①]的报告 (1999)。

然而,我督促读者们坚持到底,因为《血色子午线》是堪称正典的想象性文学成就,作为一部关于血腥暴力的悲剧,它既是美国的,又是全人

① 1999年3月24日,以美国为首的北约以"保护人权"之名,对南联盟发动了代号为"盟军"的空袭行动,将南联盟拖入战争的深渊。北约的空袭持续了三个阶段,导致了大量伤亡和难以估量的财产损失。6月10日,联合国安理会通过决议,6月20日,北约正式宣布结束对南轰炸。

类的。霍尔顿法官是一个配得上莎士比亚的反面人物，像伊阿古，魔鬼般的人物，一个认为战争永无休止的理论家。这部作品的壮美——体现于
532 语言、景观、人物、构思——最终超越了暴力，把血淋淋的景象转化成了令人害怕的艺术，可以与梅尔维尔和福克纳的艺术媲美。我讲授这部作品的时候，我的很多学生刚开始很抗拒（跟我过去一样，我的一些朋友一直很抗拒）。电视节目用真实的和想象的暴力塞满了我们的视线，我会扭头拒看，要么震惊，要么厌恶。但是既然现在我知道了如何阅读《血色子午线》，以及必须读它的理由，我便无法拒绝。书里的残杀并非无缘无故，或累赘多余；这些残杀属于1849—1850年间墨西哥与得克萨斯的边境，这是小说大部分故事发生的时空。我认为我们可以称《血色子午线》为“历史小说”，因为这部作品按时间顺序记录了格兰顿队伍的远征活动，这是一支嗜杀成性的准军事部队，由墨西哥和得克萨斯的掌权人物派遣，谋杀尽可能多的印第安人，并且剥下他们的头皮。但是这部作品没有历史小说的氛围，因为随着我们进入第三个千年，这部小说里所描绘的一切仍在持续沸腾，不仅在美国，也几乎包括其他任何地方。霍尔顿法官作为战争的先知，在我们的未来里不太可能不会得到荣誉。

当你学会了容忍麦卡锡描绘的屠杀，你也随之习惯了《血色子午线》的高雅文体，又是很明显的莎士比亚风格，也是很明显的福克纳风格。《拍卖第四十九批》中，有些段落具备梅尔维尔和福克纳那种巴洛克式文体的丰富复杂和强烈情感，品钦其他作品里也有类似的段落，但我们永远无法断定它们是不是戏仿。《血色子午线》的散文风格高昂，却又简约精练，对话总是让人信服，尤其是神秘怪异的霍尔顿法官说的话（第14章，第199页）：

> 法官把双手放在地上。他瞅了瞅这位质问者。我对这块地有权利，他说，然而它上面每个地方都有独立自主的生命。独立自主的。为了使它属于我，除非我特许，任何事物都不许存在于其上。
>
> 托德文穿着靴子盘腿坐在火旁。没人能熟知世上所有东西，他说。
>
> 法官歪着他那巨大的脑袋。一个人，若是相信世界的秘密永远不可获知，那他便活在神秘与恐惧之中。迷信会使他委顿沮丧。雨水会销蚀他生命中的功绩。但一个人若能面对世界之挂毯，从中抽

> 出秩序之线，仅仅因为这一个决定，他便能掌管世界，而且只有通过这样的方式，他才能实现对自身命运的掌控。①

霍尔顿法官是格兰顿军事阻挠队伍的精神领袖，麦卡锡令人信服地给予了这名自封的法官一个神话般的地位，很适合这位内敛的马基 533
雅维里，他的“秩序之线”令人想起伊阿古的魔术之网，奥赛罗、苔丝狄蒙娜、卡西欧都被困其中。尽管全部更加丰富多彩、杀人成性的袭击者们——杀人机器格兰顿和其他队员——都刻画得栩栩如生，整部小说倚赖两个中心人物，霍尔顿法官和少年。我们第一次遇见法官是在第6页：他身材高大，头如秃石，无须无眉也无睫毛。他是一个身高七英尺的白化病人，几乎看似来自另外一个世界，我们学会对他感到好奇：他从不睡觉，跳舞、拉小提琴，技艺超群，活力惊人，强奸、谋杀小男孩和小女孩，他还说自己永远不会死。到了书的结尾，我已经愿意相信法官是永生的。而法官既不像是百分百的人类，又像是超越了人类，与伊阿古和麦克白一样极为个性化，在得克萨斯和墨西哥的边境地区相当逍遥自在，1849—1850年间，我们密切关注着他在那里采取行动，1878年我们又在那里发现了他，时隔二十八年，他一点也没变老。而格兰顿刚开始突袭那里时，少年十六岁，小说结尾他被法官谋杀，此时已经四十五岁。

麦卡锡含蓄地向我们展示了少年长期而缓慢的发展变化：从一个剥印第安人头皮的无脑凶徒变成最后在酒吧里勇敢面对法官并与其辩论的人。然而，尽管少年的道德成熟令人振奋，他的个性却基本成谜，没有特征，恰如他没有具体的名字。这部作品有三个引以为荣的亮点：法官、景观和（很不喜欢这么讲）各种杀戮，麦卡锡用了很多复杂的手法对这些杀戮做了美学陌生化的处理。

读者该如何看待法官呢？作为原则，作为永无休止的战争，他是永生的，但他是人吗？或者其他什么事物？麦卡锡不会告诉我们，这样更好，因为含糊不清最有刺激性。梅尔维尔笔下的亚哈船长尽管是一个普罗米修斯式的半神半人，却必定不是永生的，而是与“佩科特号”及全体船员

① 本书中*Blood Meridian*的译文均出自科马克·麦卡锡著，冯伟译，郑贤清校：《血色子午线》，重庆，重庆出版社，2013年。

一起消亡，只留下以实玛利。霍尔顿法官杀了少年，即《血色子午线》中的以实玛利之后，成了格兰顿剥头皮远征队伍的最后一个幸存者。摧毁西南部印第安人部族的行径几乎无法与猎杀白鲸的行为进行类比，但是麦卡锡让我们看到了两种追寻行为之间奇妙的相近之处。让人印象最深刻的是梅尔维尔《白鲸》第19章，一个自称以利亚的衣衫褴褛的预言家警告以实玛利和魁魁格，不要与“佩科特号”一起出海航行，而在麦卡锡《血色子午线》第4章[①]，“一名精神错乱的老门诺派教徒”警告少年和他的同伴，不要加入沃尔思将军的军事阻挠队伍，那是一场灾难，启动了格兰顿远征行动这一场更加惨重的灾难。

麦卡锡对《白鲸》的借鉴，尽管令人印象深刻，且饱含深意，但其本
534 身并未帮助我们了解霍尔顿法官。亚哈也有近乎神奇的方面，包括他的鱼叉手费达拉、捕鲸小艇上的帕西人[②]船员，船长竟然皈依了他们的印度拜火教。以利亚给以实玛利讲述了亚哈的些许其他神秘之处：他在合恩角昏睡了三天；在圣伊莎贝尔某个可能是天主教的祭坛前杀了一个西班牙人；还有神秘莫测地向“银葫芦”里吐口水。然而，与霍尔顿法官的神秘比起来，亚哈船长像是透明人，前者似乎审判着整个地球，他的名字暗示着一种掌控，想来是对所遭遇一切的掌控。而且，法官与亚哈不同，他并非完全是虚构人物；与格兰顿一样，他是历史上的军事阻挠人员或掠夺兵。在小说接近结尾的地方(第22章，第309—310页)，少年梦见了霍尔顿法官，通过少年的梦境，麦卡锡披露了关于霍尔顿法官的最多信息：

> 在那个梦境中，在后来的梦境中，法官确实出现了。除了他还会有谁？一个步态蹒跚的巨大变种，沉默而安详。无论他的祖先是谁，他都不同于他们所有人，也没有什么系统能将他分成各种类型，找到他的各种起源，因为他从未改变。无论是谁如果想借助他的出生和生平总况来寻找他的历史面对没有始终的虚无之岸最后都会充满忧伤无话可说无论使用何种分析千年之前原始粉尘的科学手段都会找不到任何终极原初之卵来考证他的起源。

① 这里作者可能出现了记忆错误，应是《血色子午线》第3章。

② 帕西人(Parsee)，印度拜火教徒。公元8世纪为逃避穆斯林迫害，由波斯迁往印度。

我认为麦卡锡是在提醒读者：法官像白鲸的程度高于像亚哈的程度。白化病人法官是另一个白色之谜，与白化的鲸鱼莫比·迪克一样，是无法被杀死的。梅尔维尔曾宣称自己是诺斯替教徒，相信某种“无政府主义者的手或宇宙的错误”把我们划分成为两个堕落的性别，他让我们在亚哈身上看到了摩尼教的追寻者形象。麦卡锡把邪恶的天使或巨匠造物主——诺斯替教徒称之为执政官——的权力与目标给予了霍尔顿法官，但是他告诉我们不要这样进行身份认定（评论家利奥·多特蒂[①]已经雄辩地做了这样一番认定）。任何“系统”，包括诺斯替教系统，都不会把法官划回他的起源。“终极原初之卵”不会被找到。读者们能如何对待阴魂不散、吓人不浅的法官呢？

让我们首先声明，霍尔顿法官愉快地预言战争是永无休止的，尽管他的预言具有真正的普适性，但他首先是一个西部美国人，不论他的个人背景多么国际化（他会说各种语言，通晓文理各门学科，会像变魔术一样完成萨满教似的变形）。得克萨斯与墨西哥的边境是一个非同寻常的地方，
非常适合法官这样的战神。他携带一把镶银来复枪，贴腮片下方雕着枪 535
的名字：Et In Arcadia Ego（我也在阿卡迪亚）。在美国的阿卡迪亚，死亡也总是无处不在，它的化身便是法官的武器，弹无虚发的武器。如果说美国的田园牧歌传统实质上是西部片，那么法官便是那个传统的化身，但是他将需要一个超越已故的萨姆·佩金帕[②]几个光年的导演，佩金帕执导的《日落黄沙》与格兰顿的准军事队伍比起来，简直就是温和的写照。和之前一样，我求助于伊阿古，他把战争从营地和野外移到了其他任何地方，是一个纵火狂，用战斗的火焰点燃每一件事物，每一个人。法官也许是《奥赛罗》开场之前的伊阿古，那时候，战神奥赛罗仍然被他这位“正直的”有色人种军官、即他的旗手或旗官崇拜。伊阿古让我惊恐，而法官威风凛凛说的一番话则令我全身发凉：

---

① 利奥·多特蒂（Leo Daugherty），美国学者，是英国文艺复兴时期文学研究领域的专家，也很关注科马克·麦卡锡和艾伦·金斯伯格。

② 萨姆·佩金帕（Sam Peckinpah，1925—1985），美国导演，代表作有《日落黄沙》（*The Wild Bunch*）、《铁十字勋章》（*Cross of Iron*）等。

> 这便是战争的本性，其赌注在于游戏、权威性和正当性，三者缺一不可。如此看来，战争便是最真实的占卜形式。是在更大的意志中，将一人的意志与另一人的意志相互较量，在其中做出选择，因为是这更大意志将它们捆绑在一起。战争之所以是终极的游戏，是因为战争最终是要将万物强行统一。

如果说麦卡锡不希望我们把法官视为诺斯替教执政官或超自然的存在，那么把霍尔顿认定为19世纪伊阿古附体的西部美国人，读者仍然觉得很不充分。鉴于《血色子午线》与篇幅长很多的《白鲸》一样，与其说是小说，不如说是散文体史诗，格兰顿队伍的突袭可以被当作后荷马时代的追寻，在这场追寻里，各个不同的英雄（或恶棍）中间有一个乔装改扮的神，而这似乎便是法官的赫拉克勒斯角色。在第13章结尾，格兰顿队伍从谋杀印第安人、剥印第安人的头皮发展到屠杀雇佣他们的墨西哥人，他们由此变成了一个不祥的审美奇观：

> 他们进入城市，憔悴、肮脏，泛着立约要保护的人民的血的味道。遇害村民的头皮吊在州长府的窗外，金库最后的资金付给了这些游击队员，该组织解散，奖励也被废除。在他们离开这座城市后的一周，告示贴出来，悬赏八千比索，索要格兰顿的人头。

我从中间截出这个段落，原因之一是想指出，从这里开始，这支军事
536 阻挠队伍一路径直走向了末日般的结局，同时想敦促读者聆听、称赏接下
来这个句子的崇高之美，因为我们正处于《血色子午线》的幻象中心：

> 他们骑出城去，走上北方的路，因为那是去艾尔帕索城的方向，但是甚至还未完全消失在城市的视线之外，他们便掉转悲剧般坐骑的头，前往西边，痴迷地、半沉醉地骑向那日的晚红，骑向傍晚的土地和远方日落中的喧嚣。

科马克·麦卡锡的语言常常故作古雅，这一点很像梅尔维尔和福克纳；小说标题中的“子午线”很可能指的是天顶或正午时分太阳在天空

中的位置。格兰顿、法官、少年和他们的同伴们都没有被描述为“悲剧般”的——被描述为“悲剧般”的是他们长期受苦的坐骑——他们是“痴迷地”，半疯狂地（“半沉醉地”），因为他们已经脱离了任何“秩序”的表象。麦卡锡明白，恰如读者们也明白，这个“秩序”强烈要求摧毁整个美国西南部的印第安人口，这是一种道德败坏的秩序理念，但是麦卡锡也希望读者们能明白，此时格兰顿队伍已经意识到，他们已经没有幕后老板，完全可以放任，胡作非为。我引用的以上那个句子在道德层面上具有一种含混不清的崇高，但这正是《血色子午线》的崇高，其实也是荷马和莎士比亚的崇高。麦卡锡对这个句子语境的处理形成了一种令人惊奇的反差，即句子的高雅姿态与杀气腾腾、从而大放异彩的恶棍之间的反差，这种反差不是反讽性的，而是悲剧性的。这个悲剧属于作为读者的我们，而不是格兰顿队伍，因为我们不会哀悼他们的消亡，少年的死亡除外，即便如此，我们的反应也将是模棱两可。

我对《血色子午线》的感情如此强烈，真想继续详细讲解，但是勇敢的读者此刻应该已经（我希望如此）相当投入这部作品的主体进程。这里我给自己设限，只谈一谈不可思议的霍尔顿法官与少年的最后一次见面。二十八年前少年便已退出那场疯狂的远征，如今他已是中年人，必须直面永生不老的法官。他们之间的对话是这部精彩逐步升级的作品中最杰出的成就，《血色子午线》中不会有其他因素更令读者感动。我反复不断地阅读这段对话，无法让自己相信我已经读到了最后。

法官和少年一起饮酒，此前，一心寻仇的法官告诉少年，这天夜里，少年将交出他的灵魂。少年清楚自己不是法官的对手，但他依然针锋相对，法官滔滔不绝地说着豪言壮语，少年的回答简洁有力。法官要求了解被
杀同伴们的尸骨所在，然后问道：“小提琴手何在，舞蹈何在？” 537

> 我看你能告诉我。
>
> 我跟你说。当战争蒙受耻辱，当其崇高备受质疑时，这些认识到鲜血之圣洁的荣耀者会拒绝加入舞蹈，这是战士的权利，因此这种舞蹈将不再是真正的舞蹈，舞者也将不再是真正的舞者。然而仍然会有一人，永远都是真正的舞者，你能猜猜此人是谁吗？
>
> 你啥也不是。

认识了霍尔顿法官，目睹他杀人如麻，告诉他他形同蝼蚁，这些都是英勇无畏的行为。“你所说的比你所知的还真实。”法官回答，两页篇幅之后，他杀了少年，用最恐怖的方式。《血色子午线》结束时，除了一个段落的尾声，其余部分均是法官以胜利的姿态一边跳着舞，一边拉着小提琴，宣称他从不睡觉，永远不会死。然而，麦卡锡没有把最后的文字留给霍尔顿法官。

尾声是《血色子午线》中最奇怪的段落：拂晓时分，一个不知姓名的男人在平原上行进，一边行进一边在地上凿出洞来。他握着有两个把手的工具，“把上帝放在岩石中的火击打出来”。这个男人周围是寻找骨头的流浪者，他继续在洞中击打出火花，然后他们全部继续前进。至此全书结束。

《血色子午线》的副标题是“西部夜晚的血红”，这个副标题属于法官，格兰顿队伍的最后一位幸存者。或许读者可以有几分把握地猜测，黎明时在岩石中击打火花的那个男人是与西部夜晚的血红对立的人物。法官从不睡觉，或许永远不会死；然而，一个新的普罗米修斯也许出现了，将与他对抗到底。

《天下骏马》

如果存在一个美国崇高的实用主义传统，那么科马克·麦卡锡的小说便是其巅峰。《白鲸》和福克纳早期的重要小说是对麦卡锡产生影响的主要作品。梅尔维尔笔下的亚哈将莎士比亚的悲剧主人公——哈姆莱特、李尔、麦克白——融于一身，用一种既有普罗米修斯色彩又有美国特色的追寻将他们串联起来。正如蒙田的柏拉图变成了爱默生的柏拉图，梅尔维尔的莎士比亚变成了科马克·麦卡锡的莎士比亚。虽然评论家会继续将麦卡锡与福克纳联系起来——后者的确影响了麦卡锡在《沙崔》（1979）中的文体风格——但创作《血色子午线》（1985）和《边境三部曲》（1992，1994，1998）的幻象大师与福克纳的共同点少了很多，却以更加深
538 刻的方式分享了梅尔维尔对莎士比亚的师承。

梅尔维尔在为我们塑造亚哈和以实玛利这两个人物的时候，非常注意拉开读者与亚哈的距离，尽管没有拉开读者与亚哈的追寻之间的距离。麦卡锡笔下的主人公们往往都是身份认同意志的信奉者，但是《血色子午线》中如伊阿古附体的霍尔顿法官是个例外，他本人便是意志的化身。约

翰·格雷迪·科尔在《天下骏马》中幸存了下来，却在《平原上的城市》遭遇杀身之祸，取而代之的是《穿越》中的比尔·帕尔汉姆。比尔善于学习英勇的格雷迪·科尔逃避的知识，即耶和华的名字中所包含的意义："所在非我在。"上帝自会选择何时何地显身，不露面的次数多过显身的次数。

《天下骏马》的审美成就超过了《平原上的城市》，即便原因只是麦卡锡对约翰·格雷迪·科尔的情感投入太深，没有让这个年青人（其实是男孩）死去时与作家的意图拉开合适的距离。没有人能够创作出一部与《血色子午线》匹敌的作品，即便麦卡锡本人也做不到，不过《天下骏马》和《穿越》达到了《沙崔》的卓越成就。如果我必须挑选一部能与《血色子午线》比肩的麦卡锡叙事作品，很有可能是《天下骏马》。约翰·格雷迪·科尔追求自由，发现了沙崔和比尔·帕尔汉姆无须发现的真理，即美国语境中的自由是孤独的代名词。在科马克·麦卡锡看来，自我的自由无论如何都与社会无关。

我谈论麦卡锡的时候，是把他看作一位幻象型小说家，未必一定把他看作是得克萨斯州埃尔帕索市的公民。爱默生把自由等同于权力，只有在穿越的时候，在高尔夫球受到击打飞出的时候，在飞镖投向目标的时候才能得到。因为我们喜欢哈姆莱特，即便莎士比亚不喜欢任何人，我们都不得不假定，他也在哈姆莱特身上投入了相当深的感情。《天下骏马》最丰富的一面在于我们学会了强烈关注约翰·格雷迪·科尔的发展变化，或许我们可以推测，科马克·麦卡锡也被他笔下这位最招人同情的主人公感动了。

《天下骏马》出版于《血色子午线》出版七年之后，故事发生的历史时间晚了几乎整整一个世纪。约翰·格雷迪·科尔的年纪与1948年的麦卡锡差不多。我们在多大程度上不会把莎士比亚等同于哈姆莱特王子，也将在同等程度上不会把麦卡锡等同于年青的科尔，科尔显然不可能活到二十岁。然而，《天下骏马》自始至终清晰地回响着一种英勇的悲怆。《血色子午线》中麦卡锡费尽心力才确保作家与少年之间保持距离，也许这种超脱让他付出了太多，在情感的层面。不论我的推测是否准确，读者与麦卡锡一样，对《天下骏马》中作为叙事中心的英勇少年满怀好感。

唐·德里罗
(1936—　)

与《毛二世》相比，我更喜欢《白噪音》、《天秤星座》和《地下世界》，原因各不相同，但是唐·德里罗一个至关重要的成就在于他不可思议地、前瞻性地感受到了恐怖时代的胜利，这是《毛二世》独特的优点。现在是2002年，乔治·W. 布什、约翰·阿什克罗夫特[①]和奥萨马·本·拉登的时代，我们仿佛生活在《毛二世》的世界里。我们可以斗胆指出，人物对德里罗而言无关紧要，因为他完全可以认领这些明显属于虚构世界的人物的版权：达布亚[②]、阿什克罗夫特、奥萨马。至于情节，在一个**万事万物**均为恐怖计划一部分的宇宙里，情节重要吗？这也许像是托马斯·品钦的无政府主义一施虐狂，他早期的偏执狂幻象是德里罗的首要灵感源泉。然而，品钦式的偏执狂是成体系的，而德里罗式的偏执狂保留着一抹随机的色彩，这很可能与不知何故仍在德里罗内心萦绕的浪漫主义超验主义有关联。

德里罗是一个厚道的人，说话温和，不虚伪。你无法将他嵌入他的任何一部小说里，即便是作为《地下世界》中的尼克·谢伊，也无法奏效。他与《毛二世》中的比尔·格雷属于相反的类型，虽然表面上有几分相似。格雷与品钦一样，躲起来写作，但去世时见证了一个新的现实，其中恐怖分子篡夺了小说家的身份。《毛二世》在东贝鲁特降下帷幕，这个东贝鲁特便是新的世界各地。

这部小说开头的场景是扬基体育场（德里罗和我心里的圣地），六千五百对新人在这里举行集体婚礼，由穆恩牧师主持，结尾是在东贝鲁特举行的一场婚礼，由一辆坦克和一辆吉普车护卫，吉普车上架着一杆无

① 约翰·阿什克罗夫特（John Ashcroft, 1949—　），在小布什政府中担任司法部长（2001—2005）。

② 达布亚（Dubya），乔治·W. 布什总统的昵称，用于讥讽他的得克萨斯口音，因为他经常将自己姓名中的W读成Dubya。

反冲的来复枪。若不是德里罗向关于婚礼的最后那个幻象加入了悲情的、甚至于超验性的暗示，这一切将显得平淡无奇：

> 平民们聊着天，大笑着，盛装打扮，二十个大人，半数的孩子，大 540
> 多是女孩，穿着漂亮的裙子、白色及膝长袜和漆皮鞋。这就是令人震惊的事情，她反应片刻才明白过来：路过的竟然是一个结婚队伍。新娘和新郎举着香槟酒杯，一些女孩兴奋地抱着喷射出花洒般光芒的烟花筒。一个穿着淡色燕尾服的客人吸着一支长雪茄，绕着一个弹坑跳舞，孩子们看得很开心。新娘的礼服很美，上身嵌着蕾丝贴花，她看上去出人意料地充满活力，他们看上去都似超越了一切，摆脱了局限性，身处这里，宠辱不惊。他们使得这一切看似很正常：婚礼的队伍由一辆非现役的坦克护送，也可以显得豪华富丽。烟花筒喷射着。其他孩子抱着蕨叶点缀的玫瑰。布里塔紧抓着围栏。她想跳舞，大笑，或跳下阳台。这似乎完全有可能：她将轻柔地降落在他们中间，穿着睡衣睡裤，一路走向天堂。

假如恐怖时代存在一支德里罗对抗力量，那一定是这样的："他们看上去都似超越了一切，摆脱了局限性。"我们学会了从这样接近于顿悟的描写中认出一个德里罗场景。与他的大多数评论家不同，德里罗拥有一种爱默生似的渴望，渴望超验和卓越，渴望特许的时刻。

与《地下世界》相比，《毛二世》的成就在多大程度上是永久性的？让我们立即断言：德里罗**不**写时代性作品，而约翰·厄普代克和索尔·贝娄则没有收手的迹象。比尔·格雷是一个可悲的创造，但他的美学尊严是可圈可点的。他是一个真正的作家，非常担忧全新的恐怖时代会令他的艺术无足轻重。塞缪尔·贝克特能够改变意识；比尔·格雷知道自己做不到。任何一个投弹手都更有能力修正我们对于现实的意识。

《毛二世》出版至今已经十一年，世界贸易中心被毁已经一年，此时重读《毛二世》令人不安。令我们感到震惊的一切必定已经印证了德里罗对于现实极其痛苦的理解。假以时日，《毛二世》似乎会成为第二等的德里罗作品，但是它传递的智慧不会失效，除非我们已经走出了这个不幸福的时代。

《白噪音》

唐·德里罗的代表作是《地下世界》(1997),篇幅很长,质量不均,非常精彩。《白噪音》(1985)似乎是他最受欢迎的长篇小说:我刚刚重读的
541 平装本是第31次印刷。我怀疑这部作品是否具有与《地下世界》一样永久的价值,但是重读此书清楚表明,它不仅仅是一部时代性作品。评论家们时常把德里罗与威廉·加迪斯、罗伯特·库弗[1]联系在一起,恰如常常同时提及他与令人敬畏的托马斯·品钦。《地下世界》与众不同,也许与菲利普·罗斯的亲缘关系更密切,超过与品钦的关联。创作《白噪音》的德里罗是一个浪漫主义盛期作家,身处虚拟现实和相关非现实主义的时代。弗兰克·兰特里夏[2]已经成为德里罗的正典评论家,他正确地指出,杰克·格拉迪尼与乔伊斯的博蒂·布卢姆一脉相承,与博蒂相似,德里罗笔下这位主人公散发出些许诗人的气质。一个大的差异在于格拉迪尼是第一人称叙述者;另一个大的差异则是博蒂是一个无限仁慈的存在,格拉迪尼比不上。虽然博蒂也被妻子戴了绿帽子,但他是一个浪漫主义的个体主义者,恰似乔伊斯本人。一个世纪之后,和蔼可亲的格拉迪尼陷入了一个系统网络,成为信息时代的另一个部件。

德里罗是一位关注精神的喜剧家,心心念念地记挂着我们这个时代终结的预兆。《白噪音》非常有趣,也非常令人不安:它是另一部带有喜剧色彩的美国末日启示录小说,此类作品包括马克·吐温的《神秘的陌生人》、赫尔曼·梅尔维尔的《骗子》、纳撒尼尔·韦斯特的《寂寞芳心小姐》和品钦的《拍卖第四十九批》。这是一群级别很高的伙伴,《白噪音》几乎延续了这个传统。

德里罗是一位笔触肆无忌惮的冷面大师:杰克·格拉迪尼是山上学院希特勒研究系的系主任和教授。尽管他是所属学科的美国创造者,他对希特勒并无情感性反应:这个学科似乎与当今其他任何学科没什么两样,不论是爱斯基摩人女同性恋研究,还是后殖民主义。

---

① 罗伯特·库弗(Robert Coover,1932—2024),美国小说家,擅长元小说的创作。

② 弗兰克·兰特里夏(Frank Lentricchia,1940—),美国文学评论家、小说家。

然而，《白噪音》通篇都是肆无忌惮的笑点；不论是对死亡的恐惧、通奸、空中毒雾事件、家庭罗曼史中的斗争、先进的超市，还是你能想到的任何事物，都变得滑稽有趣。与此同时，一切变得令人焦虑。在这个世界里，连修女都假装相信她们的信仰，格拉迪尼四任妻子中的前三任都与间谍世界有某种联系。

在《地下世界》之前，德里罗笔下的人物是个性与表意符号的奇妙组合。格拉迪尼便是这样一个组合：我们相信他对通奸但好心的妻子芭比特的爱，相信他与多次婚姻所得的不同孩子们之间的温馨关系。然而，正如他是一位丈夫、一位父亲，他同时也是陷入死亡恐惧的人。

《白噪音》中，德里罗在哪里？接近这部作品的结尾，他给了我们一个很长的段落，充满了令人惊讶的力量和特色，堪称20世纪后期美国文学中最令人难忘的段落之一：

> 我们经常到立交桥上去。芭比特、怀尔德和我，我们带了一个
> 装满冰镇茶的保温瓶，先停好车，然后就去观看日落。乌云绝不碍 542
> 事。乌云增强戏剧效果，它们遮掩光线，也赋予其形状。阴沉的天空毫无影响。光线穿透云层，探照灯光和烟雾中的弧光。更多的汽车到来，车停成一行，一直延伸到住宅区。人们从桥的斜坡往上走，来到立交桥上，手里拿着水果、坚果和清凉饮料——大多是中年人和上了年纪的人，有些人还带着网编的沙滩椅，将它们支起来放在人行道上；但是也有年轻的夫妇挽着手臂站在栏杆上向西凝视。天空具有了内容、情感，呈现出一派情绪高昂地诉说的生气。众多彩色的光高高升起，有时好像要散开还原成它们的组成成分。天空中有角塔状的云、小团的暴风雪、轻轻地降落的电子流。实在难以明白我们对此应该作何感受。有些人见到这样的日落而吓呆了，有些人则决计要兴奋一下，但是我们大多数人不知怎么去感受，准备取两种态度中的任何一种。雨绝不碍事。雨呈现出千姿百态、奇妙变换的颜色。越来越多的汽车到来，人们步履蹒跚地走上桥的斜坡。这些暖洋洋的傍晚中所弥漫的精神着实难以言表。空中荡漾着一种期待，但是它并非衣着随意的大众所期盼的仲夏的熙熙攘攘、一场沙地赛事——有前后一致的先例、一部保证有反响的历史。这一期盼是内向的、不

> 平静的,几乎是倒退和羞涩的,趋于沉默。此外我们还有什么感觉?当然有敬畏,完全的敬畏,超越以前任何类型的敬畏。但是,我们不清楚自己观看时是怀着惊奇抑或恐怖;我们不明白自己在观看的是什么,或者它表明了什么;我们也不知道它是否永恒、是否属于经验的某个层次,对此我们将逐步调整适应,我们的疑惑将最终被消解于其中,或者它只是某种昙花一现的神秘气氛而已。折叠椅被吱吱嘎嘎地拉开、支起,老人们落座。还有什么可以诉说?落日不去,我们也流连忘返。天空笼罩在魔力之中,显得强大有力,含着精彩的故事。偶尔,有一辆汽车真的驶过立交桥,缓慢地、恭敬地行进。人们不断地上桥来,有些人因为病残只得坐在轮椅里,照料他们的人低躬着身子,推着轮椅上坡。我以前并不知道城里有多少老弱病残之人,直到那些暖意融融的夜晚吸引那么多人群来到立交桥时才恍然大悟。汽车从西方、从高远的光亮处驶来,它们在我们脚下疾驰而过;我们看着它们,好像为了寻找一种符号,好像它们漆得锃亮的车身表面残留着落日的余晖、几乎看不见的光泽或者泄露天机的薄薄尘埃。
> 543 没有人开收音机或大声说话。某样金黄色的东西从天而降,一股柔意洒向空中。有人在遛狗;有孩子在骑自行车;一个男人手持长镜头的照相机,在等待拍摄的最佳时机。未待黑暗降临、昆虫在热空气中嘶鸣,我们就慢慢地开始散开,怯生生地、有礼貌地,一辆车跟着一辆车,重新恢复到我们原先分离的、防备有素的自我。[①]

这是一首重要的美国散文诗,笼罩着空中毒雾事件的氛围,但平衡于超验性启示的边缘。德里罗很容易被误认为是后现代主义的游戏终盘手,他其实明显是一位幻象大师,一位姗姗来迟的爱默生式的美国浪漫主义者,像是《秋之极光》中在沙滩上茫然转身的华莱士·史蒂文斯。光线穿透云层,天空如同史蒂文斯诗里的描写,呈现出一派情绪高昂地诉说的生气。敬畏超越了恐惧,超越了敬畏的过去。这是惊奇还是恐惧,是顿悟抑或只是还原性污染?重要的是光亮从天而降,然后所有观看者才重新恢复到原先分离的自我。

---

① 本书中 *White Noise* 的译文均出自唐·德里罗著,朱叶译:《白噪音》,南京,译林出版社,2002年。

这不仅仅是最后一搏的超验主义，也不仅仅是式微的浪漫主义。没有任何事物得到证实，连假象也不例外。我们阅读德里罗，感受他的悲哀，也感受他的惊奇，我们恰如其分地相信他高超的艺术水准，相信他远在研究怀旧心理之外的洞见。

《地下世界》

我们不妨斗胆指出，如今仍在写作的重要美国小说家有托马斯·品钦、唐·德里罗、菲利普·罗斯和科马克·麦卡锡。他们写出了我们这个时代的文体风格，而且每位作家都创作了正典作品。就德里罗来说，我认为他的正典作品是《白噪音》、《天秤星座》和《地下世界》，后者是到目前为止他最重要的作品。罗斯非常多产，他创作出了有伤风化的代表作《萨巴斯的戏院》，他的四部曲《被缚的朱克曼》和《美国牧歌》同样很有可能在我们的时代结束之后仍受读者欢迎。麦卡锡的《血色子午线》仍然让我陶醉，《血色子午线》之前的《沙崔》以及近期出版的《天下骏马》都应该具有永恒价值。品钦被托尼·坦纳称为德里罗的前辈，他是我们虚构叙事文学的中流砥柱，恰如约翰·阿什伯里在我们诗歌传统中的地位。《拍卖第四十九批》和《万有引力之虹》已经界定了我们的文化——不妨如此称呼——而《梅森和迪克逊》甚至更加出色，这是一部真诚和善得令人惊讶的作品，是一种毫无希望的希望。

假如只为21世纪早期的美国挑选四部近期的虚构作品，那么它们是《血色子午线》、《萨巴斯的戏院》、《梅森和迪克逊》以及《地下世界》。
德里罗的一切均体现于《地下世界》，1951—1996年间纽约市的一切均体 544
现于《地下世界》。他写的不是这个城市的史诗，或许哈特·克兰已经凭着《桥》(1930) 永久性地完成了这个任务。但是德里罗对20世纪下半叶美国的了解完美地展现在《地下世界》之中。

德里罗是一位智慧型作家，没有向莎士比亚和托尔斯泰发动海明威式的挑战。他也没有与品钦竞争的欲望，尽管托尼·坦纳聪明地暗示说，这是不可避免的。品钦的宇宙充满了偏执狂、不可或缺的废物和人造物消费主义，这是《地下世界》的文学语境。德里罗非常清楚自己姗姗来迟，但是他有着非同小可的聪明才智，他用自己的方式接纳品钦，为的是取得受人尊敬的胜利——胜利克服《地下世界》受到侵染、受到阻碍的苦恼。这部巨著结尾时，德里罗与品钦的关系就像品钦与威廉·加迪斯的《认可》以及与博尔赫斯的关系。品钦与德里罗的隐性竞争变得类似于《血色子午线》与梅尔维尔和福克纳的争斗，或者罗斯作为弗兰兹·卡夫卡侄孙（可以这么说）的永久地位。

坦纳对《地下世界》感到失望，他的论断与我不同，有时候很难进行反驳。听到坦纳说，“而且，至关重要的是，《地下世界》里没有特里斯特罗”，我吃了一惊。特里斯特罗始终是品钦最伟大的创造发明：《万有引力之虹》中系统与基地之间的相互作用比不上《拍卖第四十九批》中可以替代美国邮递系统的极端疯狂、极端颠覆的组织。坦纳的另一个观点也不对，《地下世界》并没有令人信服的普泛联系，不能充分支持该书的观点：万事万物都是彼此关联、相互联系的。不过必须再次强调的是，德里罗清楚这一点，并把所谓的缺点变成一个彻底的优点。

坦纳的另一个论断是正确的，他说德里罗的代理人尼克·谢伊作为一个人物没有存在感，不过谢伊也不想要存在感。《梅森和迪克逊》之前的品钦作品中，唯一一个拥有意识的人物是奥狄芭·马斯，但她也只是出现在中篇小说《拍卖第四十九批》的结尾时刻。德里罗作品中唯一的意识便是德里罗；他被归类于后现代主义，其实却是一个浪漫主义盛期超验主义者，下定决心不做不合时宜的人。如果《地下世界》弥漫着宗教虔诚，它不属于德里罗自己，而是他所刻画的废物的一部分。然而，在德里罗的浪漫主义中，有某种比单纯的怀旧心理更深刻的东西。他真正的师傅是爱默生、梭罗、惠特曼，他的幻象在噪音和废物中闪烁，是历久弥新的启迪。

在《自力更生》的开头，爱默生给我们提供了一个超级精彩的反讽：

> 在每一部天才的作品中，我们认出了我们自己抛弃了的思想：
> 545 它们带着某种疏远的威严，回到了我们的身边。

德里罗借助尼克·谢伊最后的沉思，很有爱地对爱默生的上述反讽进行戏仿：

> 也许，我们对废物，对我们使用和抛弃的东西的拯救性特质怀着一种尊崇之情。看一看它们如何带着一种美妙的沧桑感，重新回到我们身边。①

令坦纳焦虑不安的是德里罗的城市超验主义顿悟，怀疑它们只是为一种衰败的天主教提供了证据。不过在我看来，德里罗身上那充满生气的爱默生主义足够清晰。坦纳认为《地下世界》完全倚赖历史，其实它是自力更生的，而且与爱默生一样，它抗拒历史。我是纽约市布朗克斯区土生土长的老男孩，还是一个棒球迷（我和德里罗都是扬基队的球迷），《地下世界》的“序幕”令我激动万分，我多希望它能保留“墙边的帕夫科”这个标题。虽然你们**可以**说德里罗的幻象遵循棒球史上1951年10月博比·汤姆森②“一棒响遍天下”逆转全垒打的史实，但是我自己对发生在老马球球场的那一幕记忆深刻，我回想的只是历史，“它正在不可磨灭地坠入过去”。无论是《自我之歌》还是《地下世界》，它们的浪漫主义盛期幻象恰恰是不会坠落的。 546

---

① 本书中*Underworld*的译文出自唐·德里罗著，严忠志译：《地下世界》，南京，译林出版社，2013年。这里有些许改动。

② 博比·汤姆森（Bobby Thomson, 1923—2010），苏格兰出生的美国职业棒球手。“一棒响遍天下”的逆转全垒打是他最辉煌的战绩，也是美国职业棒球史上最令人难忘的时刻之一。

托马斯·品钦
(1937—　)

我估计到目前为止，品钦的代表作是《梅森和迪克逊》，但我个人对《拍卖第四十九批》的喜爱过于强烈，不可能转而看重品钦的其他作品。《拍卖第四十九批》的体裁是幻象型浪漫传奇。这部作品似乎包含了其他很多体裁的特点：彻底翻转的侦探故事、社会讽刺、美国末日启示录文学。但从根本上讲，它是一部浪漫传奇，一部将奇幻与美国现实结合得天衣无缝、无法拆分的叙事。主人公奥狄芭和蔼可亲，但她的个性和性格都没有说服力。她不必有说服力。三十六年之后，《拍卖第四十九批》完美地揭示了乔治·W. 布什时代美国盛行的偏执狂状态。

既然现在的美国在我看来处于无序的偏执狂状态（尽管有阿什克罗夫特、波因德克斯特[①]等强悍的执政官不辞辛劳，努力使之恢复有序状态），我们觉得应该会产生一支反对力量，类似于特里斯特罗，一个有点像替代性文化的地下邮递系统。在我们美国，不可能出现任何替代性文化，因为达布亚、娱乐行业、各所大学、传媒都是你中有我、我中有你的关系。偏执狂极其严重的特里斯特罗过于特立独行，不可能被吸纳。它不愿与伊拉克开战，不愿投票，不愿缴税或付邮费。它是品钦在别处所说的施虐—无政府主义。

就其本身而言，特里斯特罗是对五旬节派[②]的戏仿；《拍卖第四十九批》的立场与政治无关，与宗教无关。但这部作品非常关注美国：特里斯特罗系统是美国的无政府主义替代品吗？品钦从不回答问题，不过奥狄芭最后的沉思也许构成了一个含蓄的答案：

① 约翰·波因德克斯特（John Poindexter, 1936—　），退休海军少将，原里根政府国家安全顾问，在小布什政府中担任国防部高级项目研究所信息意识办公室主任。

② 五旬节派（Pentecostalism），五旬节运动，20世纪初兴起的基督新教运动。根据《圣经》记载，耶稣在复活后第五十天差遣圣灵降临，门徒领受圣灵，开始布道，故而教会规定每年复活节后第五十天为“圣灵降临节”，即五旬节。五旬节派强调领受圣灵的外显凭证，比如说外语、治病等非同一般的能力。

> ……在明显的事物背后，要么另有一种意义，要么一无所有。
> 要么奥狄芭处在一个真正的偏执狂的环绕性的入迷，要么有个真实 547
> 的特里斯特罗。要么在美国这份遗产的外表下有个特里斯特罗，要
> 么只有美国，假如只有美国，那么她能够继续设法同它保持关系的唯
> 一途径似乎是，绕了足足一个陌生的、没有留下痕迹的、假定的圈子，
> 成为某种偏执狂。①

这个错综复杂、妙不可言的段落可以归结为对于现实的严峻抉择：偏执狂或施虐—无政府主义。这些天的早晨，我从睡梦中醒来，喝茶，凝视着（我不太能读它）显露偏执狂症状的《纽约时报》。第一页（2002年11月25日，星期一）告诉我，一个女青年福音传教士在黎巴嫩被杀，然后分享一则新闻（根本不是新闻）：达布亚偏执地认为中产阶级正在失去他们的医疗福利。再往下看，是一则关于女性是否可以参加高尔夫球俱乐部的报道。如此这般。最好有一个特里斯特罗，最起码存在于我们的想象之中。

《万有引力之虹》

我们每个人都随身携带一份私人目录，记录的是最重要的体验——我们自己的版本，他们过去称之为崇高。就20世纪美国的审美体验而言，我准备了一份美式崇高的短名单：马克思兄弟组合②主演的电影《鸭汤》的战争结尾、福克纳的《我弥留之际》、华莱士·史蒂文斯的《秋之极光》、哈特·克兰几乎全部的作品、查理·帕克演奏的《帕克的心情》和《我记得你》、巴德·鲍威尔演奏的《有一点疯狂》、纳撒尼尔·韦斯特的《寂寞芳心小姐》，还有最近的作品，即品钦的《万有引力之虹》中灯泡拜伦的故事。

① 本书中*The Crying of Lot 49*的译文均出自托马斯·品钦著，林疑今译：《拍卖第四十九批》，上海，上海译文出版社，1989年。

② 马克思兄弟组合（The Marx Brothers）：1905—1949年间活跃于美国的戏剧舞台和电影屏幕，艺名分别为奇柯（Chico）、哈珀（Harpo）、格劳乔（Groucho）、伽莫（Gummo）和泽珀（Zeppo），擅长喜剧表演。《鸭汤》（*Duck Soup*，比喻易如反掌之事）曾入选美国电影学院评选的十二部最佳喜剧电影。

我不是在暗示说，除了灯泡拜伦的故事所占据的不到八页纸，《万有引力之虹》中便没有更多的崇高。至少自福克纳和韦斯特以降，品钦是最了不起的否定性崇高大师；如果在我看来，《万有引力之虹》中除了灯泡拜伦，没有其他故事像《拍卖第四十九批》整部作品那么完美，也许是因为没人能够期待在没有付出可怕代价的前提下，创作出第一部真正的"后大屠杀小说"，创造出一个整体的幻象。不过在我眼里，灯泡拜伦的故事触及艺术的一个极限，我想在这里仔细阅读它，以便约略展示出品钦作为一个作家、其实是当今至关重要的美国小说家最有活力、最少存疑的成就。按照我的判断，我们目前正处于约翰·阿什伯里和托马斯·品钦的时代，这不是暗示詹姆
548 斯·梅里尔的《桑多弗变幻着的光》和菲利普·罗斯的《被缚的朱克曼》等杰作有缺憾，而是想表明一个评论家对于何为时代精神的主张。

对品钦而言，我们的时代是人造物和偏执狂的时代，被系统控制。没有人会反驳这样的一个观点；每天早晨第一件事便是阅读《纽约时报》，这经验足以让人相信，连品钦的想象力都无法与新闻的非现实性匹敌。品钦让人吃惊的地方在于他找到了办法来再现挑战系统的冲动，即便这种冲动和再现总是被击败。在基地（诺斯替教徒认为那是我们的宇宙，虚己亏空或宇宙空虚）里，系统的力量，他们（诺斯替教徒称为执政官）的力量，在某种意义上是抵挡不了的，所有的多元决定性必定都是抵挡不了的。然而，存在一种对抗力量，其效力并不超群，但从不（或不能）放弃。不幸的是，这种对抗力量的英雄是过于平凡的蒂龙·斯洛思罗普，他的存在是一场永恒的灾难，他的终极命运是"消散分解"（不如理解成《圣经》中这个词的意义）。品钦采用了令人沮丧的平实笔法，对其终极命运进行了刻画。然而，虽然斯洛思罗普在最优秀的品钦评论家那里都没有激发多少好感，他却始终更像是一个英雄，而不是像一个反英雄，尽管这不是评论家的意愿，也不是品钦的意愿。

《万有引力之虹》中有超过四百个有名有姓的人物，或许其中二十个拥有我们可能会称之为个性的特质，但只有蒂龙·斯洛思罗普（不论形象多么负面）能称得上是作者的自我再现（无论多么不由自主）。斯洛思罗普是卡巴拉版本的品钦，很像托马斯·洛夫·皮科克[①]《噩梦隐修院》中

① 托马斯·洛夫·皮科克（Thomas Love Peacock，1785—1866），英国小说家、诗人，东印度公司官员。《噩梦隐修院》（*Nightmare Abbey*）是其代表作。

的诗人赛思罗普，皮科克故意把他写成了对朋友、诗人雪莱的有爱讽刺，但从卡巴拉的角度来讲，赛思罗普是对皮科克自己的再现。我并不想把《噩梦隐修院》加入《万有引力之虹》那个令人发狂的“来源”目录（尽管斯洛思罗普的名字可能指涉赛思罗普的名字，用硕大的树懒形象代替了雪莱式大镰刀的尖锐[①]）。我关心的是卡巴拉意义上的曲径，它是品钦笔下地道的诺斯替教意象，指代火箭最终被击碎时（由系统引发的大屠杀，此时系统处于最邪恶的状态，但应该不是最普遍的状态），光亮若想幸存必须穿过邪恶外壳（kelippot）的路径。

诺曼·梅勒那并非不引人注意的论辩——法西斯主义总是藏在人造物盛行的地方——到了品钦那里，不是论辩，而是一个整体的幻象。梅勒尽管有一个“代表人”的合法地位，但缺乏创新，只有《古代的夜晚》是个例外，只是在这部作品里，他约束不了自己的创新性。就创新而言，品钦超越了福克纳以降的每一个美国作家。最杰出的西方文学评论家塞 549
缪尔·约翰逊博士的观点是正确的：创新是诗歌或小说的精髓。我们可以下结论：品钦最卓越的天赋是其强大的控制能力，一种不可思议的能力，能够将条理赋予其汪洋恣肆的创新性。品钦至高无上的美学品质正是哈兹里特所说的**热忱**（gusto），或布莱克来自地狱的箴言“丰盛即美”（Exuberance is Beauty）包含的意义。

可悲的是，这正是对抗力量所缺乏的：热忱。斯洛思罗普从不放弃；他总被击败，但即便鲜血淋漓，腰弓如虾，也要继续前行；然而，他不得不屈服于熵，屈服于可怕的消散分解。可惜他缺乏旺盛的活力；他是成为条件反射的美国人，暗淡无光，倒霉晦气。

没有什么把或能把《万有引力之虹》凝聚成一个整体——除了斯洛思罗普。当他最终消散分解时，全书戛然而止，预示世界末日的火箭离地升空。不过，斯洛思罗普不只是德里达意义上的播撒（dissemination），即便只是因为他的确能帮品钦把760页的篇幅整合聚拢。《万有引力之虹》也不是如今所说的“文本”。它是一部长篇小说，有开头，有结尾，还有中间一堆丑陋的组合物。如果笨手笨脚的（schlemiel）斯洛思罗普完全令人反感的话，这一切都不可能做到。恰恰相反，斯洛思罗普确实从最精

① 斯洛思罗普（Slothrop）与赛思罗普（Scythrop）的英文拼写和读音接近，其中sloth的意思是树懒，scythe的意思是大镰刀。

英的读者那里赢得了某种至关重要的东西；当书中的英雄，可怜的塑胶人或火箭人，像末日降临一般消散分解时，他赢得的这种东西也随之消散分解了。

如理查德·普瓦里耶准确地看到和表述的那样，品钦是一个怪异的混合体，混杂了深奥难懂、令人发狂的博学与通俗流行，或所谓的通俗流行。或者按照品钦自己的逻辑，他是一个卡巴拉作家，他的深奥难懂体现于神智学用典（像叶芝），更在于他更深层的范式（像创作《火山之下》的马尔科姆·劳瑞[①]）。卡巴拉小说不仅仅是一种矛盾修饰法，之所以如此，不是因为卡巴拉不讲述故事（事实恰恰相反），而是因为它的故事全部都与训诂有关，不论多么狂野或神秘。这的确为解读品钦提供了一个有用的线索，因为品钦总不太像是讲述他那令人迷惑的迷宫一般复杂的故事，更像是在写一个感伤的评论，仿佛这是一个已经讲了两遍的故事，但这个故事从未被讲述过，事实上不可能被讲述。

* * *

接下来我们回到灯泡拜伦，他的故事无法被讲述，因为不屈不挠的可怜的拜伦真正做到了永垂不朽。他永远不会燃尽，对于患了偏执狂的整个系统来讲，这至少是一个烦恼，至多是一种尴尬。他们不能强迫拜伦屈服于熵的法则，或死亡内驱力，但是他们能够拒绝给予他一个语境，在这个语境中，他的不朽至少最终不会是刺激他发疯的原因。灯泡拜伦是
550 一个活着的提示：系统不太可能获胜；同时他也是一个行尸走肉般的提示：系统不太可能失败。拜伦不会像斯洛思罗普那样被消散分解，但是他的高度意识代表着品钦幻象中真知的黑暗命运。诺斯替教尽管存在否定性，却始终是一种超验的信仰。品钦信仰的是一种没有超验性的真知。对抗力量是存在的，但没有供其回归的孕育式深渊。

然而，灯泡被命名为拜伦，是光源，不可能燃尽。为什么是拜伦？好吧，他几乎不可能是灯泡歌德或灯泡华兹华斯或灯泡乔伊斯。他的名字里一定有漫不经心的个人神话。可能他可以是灯泡奥斯卡，与《认真的重要性》的作者同名，或与那个精彩的童话故事《非凡的火箭》的作者同

① 马尔科姆·劳瑞（Malcolm Lowry，1909—1957），英国作家，《火山之下》（*Under the Volcano*，1947）是他的半自传体长篇小说。

名。[①]或许他本可以是灯泡格劳乔。但灯泡拜伦是最好的，不仅是为了反讽的目的。这个受到羞辱但不朽的拜伦或许也会宣称：

> 但是在我的身内确乎有着一种素质，
> 能战胜磨难和时光，我死而它犹存活。
> 这是他们所不知道的非人世的东西，
> 像一张无声的琴留在记忆中的音乐。[②]

灯泡拜伦本质上是基地里的恰尔德·哈罗德：

> 他特立独行，怎肯把心的主权
> 割让给心灵所反对的那些庸人。

与恰尔德·哈罗德一样，灯泡拜伦被迫接受浪漫主义盛期普罗米修斯式的命运：

> 有一种人的灵魂动荡而且燃着火焰，
> 它不愿在自己狭隘的躯壳里居停，
> 却总喜欢作非分的幻想和憧憬；
> 永远难以熄灭，一旦它的火势高涨；
> 它嗜好冒险，除了厌倦休息的安宁，
> 不知厌倦；这种心灵深处的热狂，
> 正是他和同病者们不可救药的致命伤。

唉，灯泡拜伦没有高端的冒险经历。我们第一次看到他，是在灯泡婴儿天堂，这个天堂由系统或公司维护，是其培养巨匠造物主假象的生意的
一部分： 551

---

① 《认真的重要性》(*The Importance of Being Earnest*) 和《非凡的火箭》("The Remarkable Rocket") 都是英国作家奥斯卡·王尔德 (Oscar Wilde, 1854—1900) 的作品。

② 本书中*Childe Harold's Pilgrimage*的译文均出自拜伦著，杨熙龄译：《恰尔德·哈洛尔德游记》，上海，上海译文出版社，1990年。译名有改动。

> 这些活生生的灯泡们以这种或那种方式做着让电流显形的工作，电流在夜晚的背景上显形，却又并非真正的实体。[①]

从一开始，拜伦便是一个异象，试图招募其他灯泡婴儿加入他讨伐公司的大业。他早已是基地内一个掷地有声的人物，因为他与岁月同寿。

> 拜伦的问题在于他是一个很老、很老的人，却被困在一个婴儿灯泡的玻璃囚笼里。

恰如高贵的拜伦勋爵谋划带领希腊人举行革命，推翻土耳其人的统治，灯泡拜伦拥有自己的浪漫主义盛期幻象：

> 战斗动员日终于来临了，拜伦当然高兴极了。他一直在盘算一些非常疯狂而宏伟的计划——他要把所有的灯泡组织起来，在柏林建立一个电力基地，对于闪光术他早已精通，你只要修炼功夫（几乎是瑜伽），把开关频率掌握得接近人类大脑的 α 波状态，就能引发**癫痫**！真的。拜伦曾经在自己房间的椽子上预见了整个欧洲两千万只灯泡的情景：他在电网中有众多代表，在其中一位的组织下，这些灯泡全体以同步脉冲同时开始闪光，两千万个房间里的人狼奔豕突，像海岸上精力十足的鱼——人啊，你们注意了，这是一次警告。下一次，我们有几个会爆炸。哈——哈。没错，我们会派出我们的**神风突击队**！你听说过吉尔吉思之光吗？和我们要——那个的相比，简直就是萤火之光——哦，你没听说过那个——哦，太不幸了。因为有几只灯泡，也就一百万只吧，只占我们队伍的百分之五，非常愿意来一次辉煌的放光，而不愿耐心按照预定寿命苟延残喘……就这样，拜伦等待着自己的游击武装来一次联合爆炸，准确地击中赫伯特·胡佛和斯坦利·鲍德温的脸……

① 本书中 *Gravity's Rainbow* 的译文均出自托马斯·品钦著，张文宇、黄向荣译：《万有引力之虹》，南京，译林出版社，2008年。部分地方有改动。

这里,故作勇敢的辞藻被孤注一掷的辞藻调和、挫败。一场粗鲁的觉醒等待着拜伦,因为系统已经安置到位它的分支机构"太阳神",一个国际灯泡卡特尔,总部当然在瑞士。太阳神是光之神,也是瘟疫之神,"决定 552
世界上所有灯泡的使用寿命",但它还不知道,反抗卡特尔压迫的拜伦是永生不死的。作为一个永生者,拜伦是诺斯替教火花或元气的承载者,必须获得知识,最初获得的是懂得爱之后的悲伤:

> 这个月里,其他灯泡一个个烧坏,去了。头几回拜伦受到很大的打击。他刚来,还没有适应永生。随着照明时间的增加,他开始懂得其他灯泡生命的短暂:懂得了趁他们在的时候更好、更多地爱他们——把照明的每个小时都作为他们生命的最后一小时。拜伦很快就成了烧不坏的老灯泡。其他灯泡一眼就能看出他是长生不老的,不过也只是做一些普通的谈论。这时候从电网其他部分闪闪烁烁地传来了民间传说,关于永生不死的传说,其中一个来自里昂一位犹太神秘哲学家的书房,据说这位哲学家懂魔法;另一个来自挪威一座仓库外面,那座仓库正对着白茫茫的北冰洋,那种禁欲苦行的氛围,靠南边的灯泡们一想起来就微光颤颤的。即便那里**还有**永生的灯泡,也是不声不响的。但这种不声不响包含了很多内容,也许是一切内容。

如果可以包含一切内容,这样的不声不响是一个诺斯替教概念,但是当系统最终派代表来拧下拜伦时,它减弱成了其他灯泡软弱无能的沉默:

> 到了八百小时,这又是一个常规警报线。于是柏林派了代表到鸦片窟,要把拜伦转走。她戴着石棉衬里的手套,穿着七英寸高跟鞋——对了,她不是要赶时髦,而是为了够到灯架,把拜伦卸下来。其他灯泡在旁边看着,恐惧万分,几乎不能自已。消息在电网上传开了。在接近光速时,每个灯泡,包括阿佐斯,看着黑魆魆空荡荡的电木街道;尼特拉腊朋和沃腾·G一家,在看夜间足球赛;还有加斯特—沃尔伏来梅、摩纳瓦特和希瑞尤西思——欧洲所有的灯泡都知道发生了什么。他们软弱无能、不声不响,遇到斗争就投降认输,因

> 为他们觉得这种斗争无异于天方夜谭。“我们无能为力啊，”这种想
> 法很普遍，嗡嗡声中传遍了羊羔睡觉的牧场、高速公路，一直传到北
> 553 方的煤运码头，“我们永远都于事无补……”对于超越，人人都不抱
> 任何希望。“白炽灯异常现象委员会”插手了，把他带走了。或许时
> 不时有灯泡也抗议了，但那只是信息，他们的灯光是受到控制的、毫
> 无危险的，根本无法达到拜伦当初在婴儿室里那种天真的设想，在当
> 权人物的面前爆炸开来。

浪漫主义作家都是“白炽灯异常现象”，这个短语也完全适用于约翰·阿什伯里姗姗来迟的自我觉悟，即遭到挫败的顿悟，它们总是问同一个问题：那是信息吗？品钦给予我们的信息导致拜伦被带到了一个“控制点”，他在那里一直亮着，直到“白炽灯异常现象委员会”派来职业杀手。高贵的拜伦勋爵前往希腊赴死之前，便已几乎爱上了安逸的死亡，灯泡拜伦与他一样，此刻安然接受回收利用的结局，但他被自己的火焰之轮控制，所以必须继续担任一个非自愿的先知和英雄：

> 可就在这时候发生了怪事。没错，怪得邪门。原计划把拜伦砸碎送回到作坊里回炉、进行分类处理(当然是为了重新利用钨丝)，这样他就可以在玻璃吹制工的下一个产品里转世投胎了——那是一个气球，准备从一座白色的摩天大楼顶上放飞的。这对拜伦来说算是不错的归宿了——他和太阳神一样清楚自己曾经有过多长的照明时间。在这个作坊里，他看到了很多玻璃被熔化成没有形状的一摊液体，所有的玻璃制品都是从这些液体里造出或再造出来的。他并不介意自己也这样走一遭。可他是受因果轮回控制的。那灼热的橘黄色熔液是一种嘲弄、一种残酷。拜伦无法逃脱因果，注定要退回到无数的灯头和偷灯贼那里去。魏玛某条街上的顽童小汉赛尔·加速翁狄西嗖地跑了进来，把拜伦从天花板上拧下来，小心翼翼地放进口袋里，然后就**加速嗡的一声**跑出了门！黑暗侵入了玻璃吹制工的梦境。在他的梦境从黑夜空气中所抓取的所有不愉快情景里，熄灭的灯光是最可怕的。在他的梦里，光就是希望，最基本、最要紧的希望。当电流触点螺旋式断开时，希望就成了黑暗，于是今晚的玻璃吹制工

惊醒过来,叫着:"是谁?是谁?"

灯泡拜伦的普罗米修斯之火如今是一种嘲弄、一种残酷。可怜的灯泡的宿命将是一出疯狂的喜剧:"退回到无数的灯头和偷灯贼那里去",这是一种重复的强迫性冲动,类似于笨手笨脚的英雄斯洛思罗普熵一样无序的逃跑与消散分解。太阳神联合集团面色冷峻的搜索组走到了柏林的 554
街道上。而拜伦已经离开,又开始了不情不愿的旅行:柏林到汉堡到黑尔格兰再到纽伦堡,直到(多次死里逃生之后):

> ……第二天,那片野外变得空旷而死寂,剩了些圆柱子,灰扑扑的,还点缀了一些长长的水坑,清晨的云朵在电镀的万十字和花环后面拉得长长的。一个拾破烂的犹太人在那里捡到了他,把他带走了,辗转十五年,躲过了灾祸,躲过了太阳神,得以存留下来。他将被拧入一个又一个Mutter(妈妈)——灯头里的母螺纹在德语里就是这样叫的——其中原因却不得而知。

我们能猜到原因吗?卡特尔放弃了,决定宣布拜伦在法律意义上已经被烧坏了,这个声明骗不了人。

> 拜伦这些年屡屡化险为夷,所有的救星似乎都是偶然出现的。一有机会,他就会对附近的灯泡宣讲太阳神的罪恶本质和团结起来对付灯泡卡特尔的必要性。他慢慢悟出,灯泡必须打破自己只传输光能的界限。太阳神把灯泡的作用就限定在这一点。"可是,除了可见的波段,上下还有其他频率。灯泡还可以发热。灯泡可以给植物提供生长的能量,比如给那些非法的、长在密室里的植物。灯泡可以透过睡觉的眼睛,影响人们的梦境。"有些灯泡听得很专注,还有些灯泡则设法向太阳神告密:一些资格较老的拜伦反对派会有条有理地摆弄自己的参数,以便在瑞士那座山腹中的硬橡胶仪表上显示出来;还有几个灯泡竟然想把杀手扳倒,结果惹来了杀身之祸。

上述无用背叛行为的阴暗性质充实了拜伦屡屡化险为夷的原因。称之为神话的必要性吧，或者说，流言蜚语建设性地成熟，变成了神话的必要性。这不是说太阳神会失去任何一部分利润，而是说它设立了一套更微妙、更错综复杂的国际卡特尔模式：

> 拜伦的照明时间越来越长，对这里面的名堂也看得越来越清
> 楚。他学会了在家里、工厂、街头与其他电器打交道的方法。每样电
> 器都有话对他说。这种模式在他的灵魂（德语是Seele，指早期碳丝
> 555 的核心部分）里积聚起来，变得越来越大，越来越清晰，他也就越来
> 越绝望。到了某一天，他会无所不知，但仍然和先前一样无能为力。
> 他年轻时代把全世界所有的灯泡都组织起来的梦想现在看来是无法
> 实现了——电网现在彻底开放了，所有的信息都可以窃听到，干这事
> 的叛徒又很多。从古到今，预言家们都活不长——要么直接被杀，要
> 么发生事故，其严重程度足以使他们停止活动、进行反思。一般情况
> 下他们都会收手。不过拜伦却碰到了更好的运气。他注定要永远存
> 活下去，知道一切事情却又无力改变什么。他不再尝试去摆脱因果
> 了。他的愤怒和沮丧会无休止地增长，却又发现自己喜欢这样——
> 可怜而背时的灯泡啊……

这在我看来是品钦全部作品中最悲伤的一段文字，至少它对我的伤害最大。在这段文字里，品钦对自己所属诺斯替教卡巴拉的绝望表露无遗，因为灯泡拜伦的确获得了真知、完备的知识，但为了购买这种知识，他变得软弱无力，丧失了力量。拜伦不可能成为殉道者，也不可能背叛他的先知使命。余下的便是疯狂：无穷无尽的愤怒与沮丧，但他最终学会了享受这些情绪。

这便是灯泡拜伦的故事结尾，也终结了品钦内心的某种存在。剩下的是对后末日型沉默新模式的研究——不论是在《万有引力之虹》中，抑或在他正在创作的一部鸿篇巨制中，具体来说这是一部历史小说，描写美国内战的爆发，据称命名为《梅森—迪克逊线》。目前，品钦似乎达到了他的前辈爱默生预言美国幻象大师必须达到的境界：

> 也许会有两个步骤，或三个，或四个，取决于每个人的天资，但对于每一个有眼光的人来说，只有两个引人入胜的事实——**我与深渊**。

如果在最好的情况下，“我”是一个永生但倒霉的灯泡，而**深渊**，我们的诺斯替教意义上的先祖，是将灯泡的可怜的“我”拧入的灯头，那么上述两个引人入胜的事实便已不再引人入胜。 556

保罗·奥斯特
（1947—2024）

《纽约三部曲》

对我来说，重读保罗·奥斯特的《纽约三部曲》是一种奇怪的体验，即便只是因为我从来无法确定如何看待这三部简单、精致的叙事。奥斯特很像是一位用美国英语创作的法国小说家，但他的美国文学素养是广泛的，而且最终起到了决定性的作用。他承认卡夫卡和贝克特是他的师傅，而塞万提斯是他的想象力丰富的典范。“侦探故事”的奇特版本决定了《纽约三部曲》的形式，这种形式与博尔赫斯的创作模式（本身便是卡夫卡式的模式）比较相似，反倒与雷蒙德·钱德勒及其追随者的“硬汉派”侦探小说差距更大一些。如果有一个美国反传统把坡的侦探小说彻底翻转过来，它主要的实践者便是霍桑和梅尔维尔，他们是爱默生与沃尔特·惠特曼那个时代的首席叙事作家。

奥斯特可说是把卡夫卡与霍桑杂交，博尔赫斯也是如此。这位阿根廷寓言作家说，他最喜欢的故事是霍桑的《威克菲尔德》，这是一个彻头彻尾的奥斯特式故事。威克菲尔德从家庭和婚姻中消失，居然只是为了在几条街道之外安家。过了相当长一段时间后，他回归以前的生活，这种重聚与他的退隐一样不可理喻。奥斯特作为诗人的成就更多地体现于散文，而非诗歌，或许他不太像是小说家，更像是浪漫传奇作家，的确擅长前塞万提斯式的阐述。

美学尊严是我读过的每一部奥斯特作品的主音。如果奥斯特的成就有缺憾，那便是喜剧，甚至连怪诞的喜剧元素也缺席。把奥斯特与菲利普·罗斯对比似乎是公平的，后者比他年长半代人，却是弗兰兹·卡夫卡的另一个终生弟子。虽然罗斯的幽默往往充满痛苦，却能让人捧腹大
557 笑，令人振奋。或许罗斯的幽默携带着福佑，携带着犹太传统的“更多生

命”，尽管形式奇特。怪异的是，据此推断，卡夫卡的《饥饿艺术家》（罗斯和奥斯特最喜欢的作品）也携带着这种福佑。卡夫卡用他独有的极端方式做到了包罗万象，足以给罗斯和奥斯特提供各种养分。然而，卡夫卡的忧郁喜剧仍是喜剧，但在奥斯特的文学世界里，似乎没有人会大笑。把弗洛伊德、卡夫卡和罗斯联结起来的犹太笑话在奥斯特的作品里是缺席的。

我认为取而代之的是奥斯特在自己作品中的频繁露面。在《玻璃之城》中，主人公奎恩以坡笔下的威廉·威尔逊[1]作为笔名创作悬疑小说，他喜欢吃“保罗·奥斯特”为他烹制的鸡蛋饼。奎恩和奥斯特不出意料地谈论着塞万提斯，之后奎恩见到了奥斯特的妻子西瑞和儿子丹尼尔。这个情节也在意料之中，挺有趣，但令人疑惑，至少这是我的感觉。那么它在《玻璃之城》中发挥了什么功用呢？既然现在“法国理论”只在皮奥里亚[2]仍然风行，那么再现的破裂便几乎不值一提，因为奥斯特的艺术实践绝对不会寻求对社会现实的模仿。他的《饥饿的艺术》称赞贝克特、卡夫卡、克努特·汉姆生[3]和保罗·策兰是探讨缺席的先知。我想小声说：“是的，但是，”然后对“但是”加以补充说明。这些酷爱省略笔法的文学艺术家们还表现出一种丰富，引导我关注**接下来会发生什么**。奥斯特对此种创作效果似乎并不在意。

奥斯特的创作极简主义打动了国内外许多优秀的读者。因此，如果我与奥斯特无缘，我只能责怪自己。即便如此，我还是会回归我的老师塞缪尔·约翰逊博士，他非常正确地赞扬莎士比亚对一般天性的公正再现。 558

① 威廉·威尔逊（William Wilson），埃德加·爱伦·坡同名短篇小说中的主人公。

② 皮奥里亚（Peoria），美国伊利诺伊州小城，据说此地居民的观点在美国很有代表性。

③ 克努特·汉姆生（Knut Hamsun，1859—1952），挪威作家，1920年获诺贝尔文学奖，代表作有《饥饿》（*Hunger*，1890）等。

谭恩美
（1952—　）

《喜福会》

在一篇高水准的文学评论里，迈拉·杰伦排除万难，指出谭恩美正在向惠特曼的创作立场回归，吟唱着一曲后世的《自我之歌》。这是含而不露的高度赞赏，如果有理有据的话，或许可以在《喜福会》持续拥有的广泛读者源之外，赋予它一种美学上的尊严。这部作品将永远入驻因性别与族裔的考量而“被打开”的美国文学正典修订版吗？或者它终究会成为我们这个时代比比皆是的一时一地的成功之作？

谭恩美是一个技巧纯熟的讲故事者，也有着不同寻常的人格魅力。杰伦的说法很吸引人：“谭恩美读过她的爱默生，她不相信他。这并不奇怪，毕竟他很可能也会怀疑她。”我则会小声嘟哝：这全取决于谭读过**哪一个**爱默生，毕竟有很多个爱默生。我见过谭，也很欣赏她，我会向她推荐《生活的准则》，因为谭以粗犷但亲切的态度面对现实世界，与这本书是一致的。

杰伦在这篇评论的结尾洋洋洒洒地述说着谭与惠特曼的关联及他们之间的显著区别：

> 当精妹像惠特曼一样，能做一个**肉体**的作家，又能做一个**灵魂**的作家，能歌唱他人，又能歌唱自己，她也就终于做了自己。如果她不光是惠特曼的传人，更是他的批评者，那是因为就个体主义而言，美国已经失去了最初的纯真。而且在我们这个时代，普遍自我这个概念的欺骗性已经被揭露，尤其是与谭恩美身份——女性、非白人——类似的人们，以他们的严正主张做到了这一点。因此不足为
> 559 怪的是，精妹的自我诉求不会像惠特曼的那么具有普遍性，付出的代

> 价也不会显而易见。反倒让人惊讶的是，精妹竟然会努力想要拥有一个旧式的、超验的、挪用性的自我，而且竟然会以文化之名唱出一曲后世的《自我之歌》。

与我一样，杰伦也明白，惠特曼不仅试图做男性的代言人，也试图做女性和所有族裔的代言人。杰伦怀疑的是惠特曼那种代表全宇宙的可能性，鉴于我们正处于一个群体身份认同的时代：性别化的认同、以多样化为导向的性取向认同、各种族裔身份认同。然而，惠特曼最好的作品已经永远地打开、并进驻具有广泛代表性的读者的心田。《自我之歌》不是时代性作品。 560

延伸阅读

Armstrong, Nancy. *Desire and Domestic Fiction: A Political History of the Novel*. New York: Oxford University Press, 1995.

Bartram, Graham, ed. *The Cambridge Companion to the Modern German Novel*. Cambridge: Cambridge University Press, 2004.

Bloom, Harold. *The Western Canon: The Books and School of the Ages*. New York: Harcourt Brace & Company, 1994.

Bradbury, Malcolm, ed. *The Atlas of Literature*. London: De Agostini Editions, 1996.

Chase, Richard Volney. *The American Novel and Its Tradition*. Baltimore: Johns Hopkins University Press, 1980.

Davis, Lennard. *Factual Fictions: The Origins of the English Novel*. New York: Columbia University Press, 1983.

Denby, David. *Great Books*. New York: Simon and Schuster, 1996.

Doody, Margaret Anne. *The True Story of the Novel*. New Brunswick: Rutgers University Press, 1996.

Fiedler, Leslie. *Love and Death in the American Novel*. New York: Anchor Books, 1992 (reprint edition).

Forster, E.M. *Aspects of the Novel*. New York: Harcourt Brace, 1956.

Fowler, Alister. *A History of English Literature*. Cambridge: Harvard University Press, 1987.

Hunter, J.P. *Before Novels: The Cultural Contexts of Eighteenth-Century English Fiction*. New York: Norton and Co., 1990.

James, Henry. *The Future of the Novel: Essays on the Art of Fiction*. New York: Vintage Books, 1956.

Lukacs, Georg. *The Theory of the Novel*. Cambridge: MIT Press, 1974.

McKeon, Michael. *The Origins of the English Novel, 1600—1740*. Baltimore: Johns Hopkins University Press, 1987.

McKeon, Michael, ed. *Theory of the Novel: A Historical Approach*. Baltimore: Johns Hopkins University Press, 2000.

Mirsky, D.S., and Francis J. Whitfield. *A History of Russian Literature: From Its Beginnings to 1900*. Evanston: Northwestern University Press, 1999.

Muir, Edwin. *The Structure of the Novel*. London: Hogarth Press, 1957.

Pascal, Roy. *The German Novel*. Toronto: University of Toronto Press, 1956.

Rascoe, Burton. *Titans of Literature: From Homer to the Present*. London: Routledge, 1933.

Ruland, Richard, and Malcolm Bradbury. *From Puritanism to Postmodernism: A History of American Literature*. New York: Penguin Books, 1992.

Turnell, Martin. *The Novel in France: Mme. De La Fayette, Laclos, Constant, Stendhal, Balzac, Flaubert, Proust*. New York: New Directions, 1951.

Turner, Harriet, and Adelaida López de Martínez, ed. *The Cambridge Companion to the Spanish Novel*. Cambridge: Cambridge University Press, 2003.

Unwin, Timothy, ed. *The Cambridge Companion to the French Novel*. Cambridge: Cambridge University Press, 1997.

Watt, Ian. *The Rise of the Novel: Studies in Defoe, Richardson, and Fielding*. Berkley: University of California Press, 1957.

索 引

（条目后的数字为原书页码，见本书边码）